石油和石油产品试验方法 国家标准汇编

2020(四)

中国石油化工集团有限公司科技部
中国标准出版社 编

中国标准出版社

北 京

图书在版编目（CIP）数据

石油和石油产品试验方法国家标准汇编.2020.四/
中国石油化工集团有限公司科技部，中国标准出版社
编.—北京：中国标准出版社，2020.7
ISBN 978-7-5066-9677-7

Ⅰ.①石… Ⅱ.①中… ②中… Ⅲ.①石油—
试验方法—国家标准—汇编—中国②石油产品—试
验方法—国家标准—汇编—中国 Ⅳ.① TE622.5-
65 ② TE626-65

中国版本图书馆 CIP 数据核字（2020）第 068864 号

中国标准出版社出版发行

北京市朝阳区和平里西街甲 2 号（100029）
北京市西城区三里河北街 16 号（100045）
网址：www.spc.net.cn
总编室：（010）68533533　发行中心：（010）51780238
读者服务部：（010）68523946
中国标准出版社秦皇岛印刷厂印刷
各地新华书店经销
*
开本 880×1230 1/16　印张 41.25　字数 1260 千字
2020 年 7 月第一版　2020 年 7 月第一次印刷
*
定价 215.00 元

出版说明

《石油和石油产品试验方法国家标准汇编2016》自2016年出版至今已有5年时间。根据国标委综合[2016]28号《国家标准委关于印发〈推荐性标准集中复审工作方案〉的通知》的要求，全国石油产品和润滑剂标准化技术委员会（SAC/TC 280）对2015年12月底前归口的推荐性国家标准进行了集中复审，并提交了复审结论。根据复审结论，对有些标准进行了修订，有些标准已经废止，同时有新的试验方法标准发布实施。为满足石油产品生产和销售企业、科研和教学单位以及广大用户的使用需求，中国石油化工集团有限公司科技部组织相关单位重新编辑出版了《石油和石油产品试验方法国家标准汇编2020》。

本汇编共四个分册，收录了截至2020年1月底之前发布的石油和石油产品试验方法国家标准207项，其中，第四册含国家标准46项。因受篇幅限制，GB/T 2541—1981《石油产品粘度指数算表》未收入本汇编中。

本汇编全面系统地反映了石油和石油产品试验方法国家标准的最新情况，可为使用者提供最新的试验方法标准信息。

本汇编收集的国家标准的属性已在目录上标明（GB或GB/T），年代号用4位数字表示，且标准号中均不再标注确认年代号。鉴于部分国家标准是在国家标准清理整顿前出版的，现尚未修订，故正文部分仍保留原样；读者在使用这些国家标准时，其属性以目录上的标准为准。本汇编对于标准中的引用标准，其变化情况以编者注的形式加以说明。

本汇编包括的标准，由于出版年代不同，其格式、计量单位及术语不尽相同。本汇编对原标准中的印刷错误一并作了校正。如有疏漏之处，恳请指正。

中国石油化工集团有限公司科技部

2020年5月

2016 版出版说明

《石油和石油产品试验方法国家标准汇编》自 2010 年第五次出版至今已有五年时间，五年来，有些标准进行了复审修订，有些标准经过清理已经废止，同时也有新的试验方法标准发布实施。因此，为满足石油产品的生产和销售企业、科研和教学单位以及广大用户的使用需要，中国石油化工集团公司科技部组织相关单位重新编辑出版了《石油和石油产品试验方法国家标准汇编》。

本汇编分上、中、下三册，共收录了截至 2015 年 12 月底以前批准发布的石油和石油产品试验方法国家标准 186 项。因受篇幅限制，国家标准 GB/T 2541—1981（2004）《石油产品粘度指数算表》未收入本汇编中。

本汇编全面系统地反映了石油和石油产品试验方法国家标准的最新情况，可为使用者提供最新的试验方法标准信息。

本汇编收集的国家标准的属性已在本目录上标明（GB 或 GB/T），年代号用 4 位数字表示。鉴于部分国家标准是在国家标准清理整顿前出版的，现尚未修订，故正文部分仍保留原样；读者在使用这些国家标准时，其属性以本目录上标明的为准（标准正文"引用标准"中的属性请读者注意查对）。本汇编对于标准中的引用标准，其变化情况以编者注的形式加以说明。

标准号中括号内的年代号，表示在该年度确认了该项标准，但没有重新出版。

本套汇编包括的标准，由于出版的年代的不同，其格式、计量单位乃至术语不尽相同。本次汇编只对原标准中技术内容上的错误以及其他明显不当之处做了更正。

本汇编经标准化技术归口单位审阅，如有疏漏之处，恳请指正。

中国石油化工集团公司科技部

2015 年 12 月

注：鉴于本汇编中部分国家标准出版年代较早，且至今尚未修订，为保持与正文一致，目录中"黏"仍按正文保留为"粘"，特此说明。

2010 版出版说明

　　《石油和石油产品试验方法国家标准汇编》自 2005 年第四次出版至今已有五年时间，五年来，有些标准进行了复审修订，有些标准经过清理已经废止，同时也有新的试验方法标准发布实施。因此，为满足石油产品的生产和销售企业、科研和教学单位以及广大用户的使用需要，中国石油化工股份有限公司科技开发部组织相关单位重新编辑出版了《石油和石油产品试验方法国家标准汇编2010》。

　　本汇编分上、下两册，共收录了截至 2010 年 11 月底以前批准发布的石油和石油产品试验方法国家标准 174 项。因受篇幅限制，国家标准 GB/T 2541—1981（2004）《石油产品粘度指数算表》未收入本汇编中。

　　本汇编全面系统地反映了石油和石油产品试验方法国家标准的最新情况，可为使用者提供最新的试验方法标准信息。

　　本汇编收集的国家标准的属性已在目录上标明（GB 或 GB/T），年代号用 4 位数字表示。鉴于部分国家标准是在国家标准清理整顿前出版的，现尚未修订，故正文部分仍保留原样；读者在使用这些国家标准时，其属性以目录上标明的为准（标准正文"引用标准"中的属性请读者注意查对）。本汇编对于标准中的引用标准，其变化情况以编者注的形式加以说明。

　　标准号中括号内的年代号，表示在该年度确认了该项标准，但没有重新出版。

　　本套汇编包括的标准，由于出版的年代的不同，其格式、计量单位乃至术语不尽相同。本次汇编只对原标准中技术内容上的错误以及其他明显不当之处做了更正。

　　本汇编经标准化技术归口单位审阅，如有疏漏之处，恳请指正。

中国石油化工股份有限公司科技开发部

2010 年 11 月

2005 版出版说明

《石油和石油产品试验方法国家标准汇编》自 1998 年第三次出版至今已有七年时间,七年来,有些标准进行了复审修订,有些标准经过清理已经废止,同时不断有新的试验方法标准发布实施。为此,石油产品的生产和销售企业、科研和教学单位以及广大用户,热切期望出版新的标准汇编。为满足各方面的需要,中国石油化工股份有限公司科技开发部组织相关的标准化技术归口单位重新编辑出版了《石油和石油产品试验方法国家标准汇编》。

本汇编分上、下两册,共收录了截至 2004 年 12 月底前批准发布的石油和石油产品试验方法国家标准 170 项。因受篇幅限制,国家标准 GB/T 1885—1998《石油计量表》和 GB/T 2541—1981(1998)《石油产品粘度指数算表》未收入本汇编中。

本汇编全面系统地反映了石油和石油产品试验方法国家标准的最新情况,可为使用者提供最新的试验方法标准信息。

本汇编收集的国家标准的属性已在本目录上标明(GB 或 GB/T),年代号用 4 位数字表示。鉴于部分国家标准是在国家标准清理整顿前出版的,现尚未修订,故正文部分仍保留原样;读者在使用这些国家标准时,其属性以本目录上标明的为准(标准正文"引用标准"中的属性请读者注意查对)。

标准号中括号内的年代号,表示在该年度确认了该项标准,但没有重新出版。

本套汇编包括的标准,由于出版的年代的不同,其格式、计量单位乃至术语不尽相同。本次汇编只对原标准中技术内容上的错误以及其他明显不当之处做了更正。

组织和参加本书编辑的人员有严培嵘、梁红、华祖瑜、刘慧敏、杨国勋、杨婷婷、朱国增、龙化骊、陈延、陈洁、许淑艳、郭涛、陈丽卿、冯熠、王凤秀。

本汇编经标准化技术归口单位审阅,如有疏漏之处,恳请指正。

中国石油化工股份有限公司科技开发部

2005 年 1 月

目　　录

注:为了使用者查找方便,将《石油和石油产品试验方法国家标准汇编 2020》其他分册的目录放本汇编标准正文
之后。

ICS 75.140
E 49

中华人民共和国国家标准

GB/T 19230.4—2003

评价汽油清净剂使用效果的试验方法 第4部分:汽油清净剂对汽油机进气系统 沉积物(ISD)生成倾向影响的试验方法

Test method for evaluating gasoline detergent in use—
Part 4:Test method for influence of induction system deposit(ISD)
tendencies of gasoline detergent

2003-07-01 发布   2003-12-01 实施

中 华 人 民 共 和 国
国家质量监督检验检疫总局 发 布

1

前　言

GB/T 19230—2003《评价汽油清净剂使用效果的试验方法》分为六个部分：

——第 1 部分：汽油清净剂防锈性能试验方法；

——第 2 部分：汽油清净剂破乳性能试验方法；

——第 3 部分：汽油清净剂对电子孔式燃油喷嘴(PFI)堵塞倾向影响的试验方法；

——第 4 部分：汽油清净剂对汽油机进气系统沉积物(ISD)生成倾向影响的试验方法；

——第 5 部分：汽油清净剂对汽油机进气阀和燃烧室沉积物生成倾向影响的发动机台架试验方法
(Ford 2.3 L 法)；

——第 6 部分：汽油清净剂对汽油机进气阀和燃烧室沉积物生成倾向影响的发动机台架试验方法
(M111 法)。

本部分为 GB/T 19230—2003 的第 4 部分,本部分修改采用了美国联邦试验方法标准 FTMNo.
791C 方法 500.1《车用汽油进气系统沉积物(ISD)生成倾向性试验方法》。其主要差异如下：

——删除了"3　样品数量"；

——在"试剂和材料"中增加了基础汽油描述内容；

——在"结果计算"中增加了进气系统沉积物下降率(%)计算内容；

——在"报告"中,以进气系统沉积物下降率(%)为报告结果；

——增加了规范性附录 B。

本部分的附录 A 和附录 B 为规范性附录。

本部分由中华人民共和国交通部提出。

本部分由中国石油化工集团公司归口。

本部分起草单位：交通部公路科学研究所、中国石油润滑油研究开发中心。

本部分主要起草人：聂钢、徐小红、吴键、金恒儒、彭伟、郭东华、郭亦明。

评价汽油清净剂使用效果的试验方法
第4部分：汽油清净剂对汽油机进气系统
沉积物(ISD)生成倾向影响的试验方法

1 范围

本部分规定了汽油清净剂在汽油机进气系统生成沉积物倾向的模拟试验方法与设备。

本部分适用于汽油清净剂对汽油机进气系统沉积物(ISD)清净性的评价。

2 规范性引用文件

下列文件中的条款通过本部分的引用而成为本部分的条款。凡是注日期的引用文件，其随后所有的修改单(不包括勘误的内容)或修订版均不适用于本部分，然而，鼓励根据本部分达成协议的各方研究是否可使用这些文件的最新版本。凡是不注日期的引用文件，其最新版本适用于本部分。

GB/T 380 石油产品硫含量测定法(燃灯法)

GB/T 5096 石油产品铜片腐蚀试验法

GB/T 6536 石油产品蒸馏测定法

GB/T 8017 石油产品蒸气压测定法(雷德法)

GB/T 8019 车用汽油和航空燃料实际胶质测定法(喷射蒸发法)

GB/T 11132 液体石油产品烃类测定法(荧光指示剂吸附法)

SH/T 0174 芳烃和轻质石油产品硫醇定性试验法(博士试验法)

SH/T 0663 汽油中某些醇类和醚类测定法(气相色谱法)

SH/T 0693 汽油中芳烃含量测定法(气相色谱法)

3 方法概要

使油箱中的试验汽油流经测量系统进入喷嘴，与空气混合并以一种扁平喷雾方式喷射到一个已称量、并加热到190 ℃的铝制沉积管上，收集喷完100 mL试验汽油所获得的沉积物质量。以100 mL基础汽油所获得的沉积物质量与100 mL试验汽油所获得的沉积物质量差值除以100 mL基础汽油所获得的沉积物质量分数作为进气系统沉积物下降率(%)。

4 仪器设备

4.1 进气系统沉积物试验设备，试验设备结构简图见图A.1，该设备由以下部件构成：

a) 油箱：要求至少能装200 mL试验汽油，并能承受7 kPa压力的玻璃瓶。

b) 汽油流量计：能够测量的汽油流量在7 kPa压力下达到(2.0 ± 0.1)mL/min。

c) 空气流量计：能够测量的空气流量在83 kPa压力下达到(15.0 ± 0.5)L/min。

d) 喷嘴：用空气将汽油雾化呈扁平喷雾方式喷射到沉积管。

e) 喷嘴冷却套：用于冷却喷嘴以防止在喷嘴处发生汽油气化或形成气阻。

f) 加热棒：其外径与沉积管的内径紧密配合，并能有足够的功率将沉积管温加热到不低于230 ℃。

g) 温度控制器：能够控制沉积管的表面温度波动保持在±1 ℃。

4.2 沉积管：用铝管制成，有热电偶插孔和加热棒插孔。

4.3 干燥器:包含干燥剂。

4.4 防爆烘箱:温度能保持在(100±3)℃。

4.5 天平:能够精确到 0.1 mg。

4.6 过滤材料:具有 10 μm 微孔的聚四氟乙烯薄膜。

5 试剂和材料

5.1 甲苯:分析纯。

5.2 丙酮:分析纯。

5.3 正庚烷:分析纯。

5.4 基础汽油:由一定比例的重催汽油和环戊二烯调合而成,典型数据见附录B,生成的进气系统沉积物质量在(3.0±0.1) mg/100 mL 的范围内。

5.5 试验汽油:加入汽油清净剂的基础汽油。

6 准备工作

6.1 沉积管的准备

6.1.1 在通风橱内将沉积管依次用正庚烷、甲苯、丙酮清洗。将清洗干净后的沉积管放入(100±3)℃的烘箱中不少于 1 h。

注:沉积管清洗后,不能用裸手触摸。

6.1.2 将沉积管由烘箱中取出并立即置于干燥器中冷却至室温。

6.1.3 在冷却后,称沉积管质量,称准至 0.000 2 g,然后再把沉积管放入干燥器内。

6.1.4 过 10 min 后再称沉积管质量,以后每隔 10 min 称一次,直到连续两次称出的质量在允差(见9.1)之内,然后将沉积管放回干燥器中备用。

6.2 仪器设备的准备

6.2.1 关闭沉积物试验设备油箱进气阀,然后调节空气压力调节阀使空气压力达到 83 kPa。

6.2.2 调节空气流量计使空气流量达到(15.0±0.5) L/min,然后关闭汽油排放阀和汽油控制阀。

6.2.3 打开油箱盖,将约 30 mL 甲苯加入油箱内,然后盖上油箱盖。

6.2.4 打开油箱进气阀,调节汽油压力调节阀,使压力达到 6.9 kPa。

6.2.5 将一适当的容器置于汽油排放口下,打开汽油排放阀放出约 15 mL 甲苯,然后关闭此阀。

6.2.6 打开汽油控制阀,使余下的甲苯经汽油线、汽油流量计由喷嘴喷出。

6.2.7 用正庚烷重复 6.2.1 至 6.2.6 步骤。

6.2.8 打开汽油排放阀,使空气流经整个系统至少 5 min。

6.3 油样的准备

6.3.1 用 10 μm 微孔的聚四氟乙烯薄膜过滤基础汽油。

注:过滤的目的是把基础汽油中大于 10 μm 的污染物去掉,避免喷嘴堵塞。

6.3.2 试验汽油——将待评价的汽油清净剂按要求比例调入到上述过滤后的基础汽油中,配置成试验汽油。

7 试验步骤

7.1 接通主电源开关,调节空气压力调节阀使空气压力达到 83 kPa(表压),调节空气流量计使空气流量达到(15.0±0.5) L/min。

7.2 打开油箱盖,将约 30 mL 试验汽油倒入油箱内,然后盖上油箱盖。

7.3 打开沉积物试验设备油箱进气阀,然后调节汽油压力调节阀使汽油压力达到 6.9 kPa(表压)。

7.4 打开汽油排放阀。放出大约 10 mL 试验汽油,然后关闭此阀。

7.5 打开汽油控制阀,直到汽油流量计指示值为最大值,待 10 mL 试验汽油流过后,关上汽油控制阀。

7.6 快速地将汽油排放阀再打开又关闭,以排出剩余的空气。

7.7 关闭油箱进气阀,并打开油箱盖。

7.8 向油箱中加入试验汽油,使液面达到 100 mL 刻度线,然后盖上油箱盖。

7.9 打开油箱进气阀,然后调节汽油压力调节阀使汽油压力达到 6.9 kPa(表压)。

7.10 将沉积管架放进沉积室中。

7.11 将称量后的沉积管由干燥器内取出,并将它小心地放到沉积室中的沉积管架上。

　　注:不能用裸手触摸沉积管。

7.12 把加热棒插入沉积管,直到它刚与管架另一端接触。

7.13 将喷嘴和沉积管热电偶装在相应的插孔中。

　　注:沉积管上两个热电偶插孔形成的面必须垂直于喷嘴。

7.14 调节沉积管温度控制表,使沉积管温度达到(190±3)℃,然后打开冷却水阀门,以保证喷嘴温度不超过 24℃。

7.15 当沉积管的温度已稳定在(190±3)℃后,打开汽油控制阀,使汽油流量达到(2.0±0.1) mL/min。记录喷嘴开始喷油的时间作为试验的开始时间。

　　注:汽油流量极为关键,因为总的试验时间在(50±3) min 内,试验方有效。

7.16 保持空气和汽油的流量及沉积管的温度在规定值内,直到油箱中 100 mL 油样全部喷完。关闭汽油控制阀,并把关闭的时间作为试验结束时间记录下来。

7.17 保持沉积管温度在(190±3)℃下 10 min,关闭加热棒电源,使温度降到 120℃以下。

7.18 取出沉积管中的热电偶及加热棒,然后再将热电偶插入沉积管,待沉积管温度降至 38℃,取出热电偶。

7.19 将沉积管小心地从沉积室取出,然后将沉积管依次地浸入两个装正庚烷的烧杯中,除去可溶于正庚烷的残余物。

7.20 将沉积管放入温度保持在(100±3)℃的烘箱中不少于 15 min。

7.21 由烘箱中取出沉积管,放在干燥器中不少于 4 h。

7.22 将沉积管由干燥器中取出并称量,然后将沉积管放回干燥器中。重复这一步骤直到连续两次称出的质量在允差之内。

7.23 定期用基础汽油重复所有的步骤进行校准。

8 结果计算

8.1 试验汽油生成的进气系统沉积物质量按式(1)计算:

$$m_{ISD} = m_f - m_i \quad\cdots\cdots\cdots\cdots\cdots\cdots\cdots\cdots(1)$$

式中:

m_{ISD}——试验汽油生成的进气系统沉积物质量,mg;

m_f——试验汽油试验沉积管的最终质量,mg;

m_i——试验汽油试验沉积管的初始质量,mg。

8.2 进气系统沉积物下降率(%)按式(2)计算:

$$\delta = \frac{m_{ISD} - m_{ISD1}}{m_{ISD}} \times 100\% \quad\cdots\cdots\cdots\cdots\cdots\cdots(2)$$

式中:

δ——进气系统沉积物下降率,%;

m_{ISD}——基础汽油生成的进气系统沉积物质量,mg。

9 精密度

按下述规定判断试验结果的可靠性(95%置信水平)。

9.1 重复性

同一操作者,在同一实验室使用同一设备,对同一试样重复测定的两个结果重复性见表1:

表 1 试验燃油生成的进气系统沉积物质量重复性

沉积物质量/(mg/100 mL)	允许差值/%
≤1.5	$0.1/ISD \times 100\%$
>1.5~3	$0.2/ISD \times 100\%$
>3	$0.1 \times ISD_1/ISD \times 100\%$

10 报告

10.1 报告内容:

    a) 送样人及送样单位;

    b) 油样名称(油样编号);

    c) 送样日期;

    d) 试验日期;

    e) 基础汽油所产生的沉积物质量;

    f) 试验汽油中清净剂的加入量;

    g) 试验汽油所产生的沉积物质量及下降率。

10.2 以进气系统沉积物下降率(%)报告试验结果,保留小数点后3位。

附　录　A
（规范性附录）
进气系统沉积物试验设备结构简图

进气系统沉积物试验设备结构简图见图 A.1。

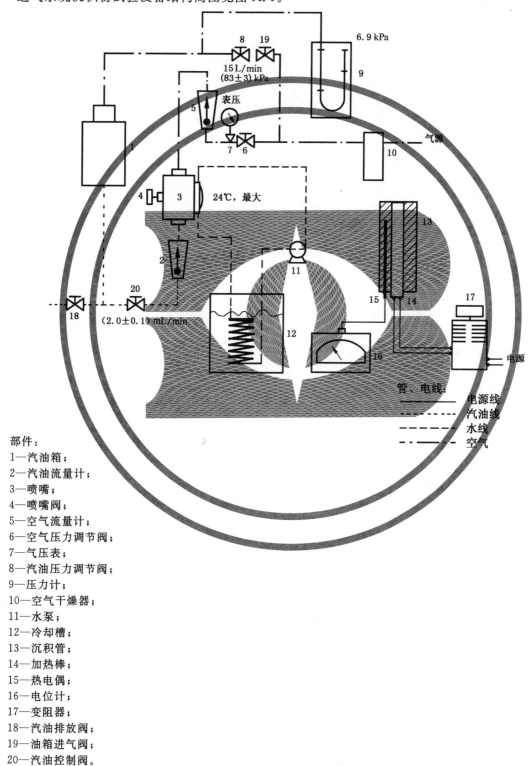

部件：
1—汽油箱；
2—汽油流量计；
3—喷嘴；
4—喷嘴阀；
5—空气流量计；
6—空气压力调节阀；
7—气压表；
8—汽油压力调节阀；
9—压力计；
10—空气干燥器；
11—水泵；
12—冷却槽；
13—沉积管；
14—加热棒；
15—热电偶；
16—电位计；
17—变阻器；
18—汽油排放阀；
19—油箱进气阀；
20—汽油控制阀。

图 A.1　进气系统沉积物试验设备结构简图

附　录　B

（规范性附录）

基　础　汽　油

　　基础汽油:由一定比例的重催汽油和环戊二烯调合而成,生成的进气系统沉积物质量在(3.0±0.1) mg/100 mL 的范围内,其技术要求见表 B.1

表 B.1　基础汽油技术要求

项　目		质量指标	试验方法
馏程(体积分数):			
10%的蒸发温度/℃	≤	70	GB/T 6536
50%的蒸发温度/℃	≤	120	
90%的蒸发温度/℃	≤	190	
终馏点温度/℃	≤	205	
残留量(体积分数)/%	≤	2	
蒸气压/kPa			GB/T 8017
从9月16至3月15日	≤	88	
从3月16日至9月15日	≤	74	
实际胶质含量/(mg/100 mL)	≤	5	GB/T 8019
硫含量(质量分数)/%		0.01～0.10	GB/T 380
铜片腐蚀(50 ℃,3 h)/级	≤	1	GB/T 5096
机械杂质(质量分数)/%		无	目测
氧含量(质量分数)/%	≤	2.7	SH/T 0663
苯含量(体积分数)/%	≤	2.5	SH/T 0693
芳烃含量(体积分数)/%		10～30	GB/T 11132
烯烃含量(体积分数)/%		25～35	GB/T 11132

　　编者注:本标准中引用标准的标准号和标准名称变动如下。

原标准号	现标准号	现标准名称
GB/T 6536	GB/T 6536	石油产品常压蒸馏特性测定法
GB/T 8017	GB/T 8017	石油产品蒸气压的测定　雷德法
GB/T 8019	GB/T 8019	燃料胶质含量的测定　喷射蒸发法
GB/T 11132	GB/T 11132	液体石油产品烃类的测定　荧光指示剂吸附法
SH/T 0174	NB/SH/T 0174	石油产品和烃类溶剂中硫醇和其他硫化物的检验　博士试验法
SH/T 0663	NB/SH/T 0663	汽油中醇类和醚类含量的测定　气相色谱法

ICS 75.140
E 49

中华人民共和国国家标准

GB/T 19230.5—2003

评价汽油清净剂使用效果的试验方法
第5部分:汽油清净剂对汽油机进气阀和燃烧室沉积物生成倾向影响的发动机台架试验方法(Ford 2.3 L方法)

Test method for evaluating gasoline detergent in use—
Part 5:Engine dynamometer test method for influence of intake valve and
combustion chamber deposit tendencies of gasoline detergent
(Ford 2.3 L method)

2003-07-01 发布

2003-12-01 实施

中 华 人 民 共 和 国
国家质量监督检验检疫总局 发 布

前　言

GB/T 19230—2003《评价汽油清净剂使用效果的试验方法》分为六个部分：

——第 1 部分：汽油清净剂防锈性能试验方法；

——第 2 部分：汽油清净剂破乳性能试验方法；

——第 3 部分：汽油清净剂对电子孔式汽油喷嘴(PFI)堵塞倾向影响的试验方法；

——第 4 部分：汽油清净剂对汽油机进气系统沉积物(ISD)生成倾向影响的试验方法；

——第 5 部分：汽油清净剂对汽油机进气阀和燃烧室沉积物生成倾向影响的发动机台架试验方法 (Ford 2.3 L 法)；

——第 6 部分：汽油清净剂对汽油机进气阀和燃烧室沉积物生成倾向影响的发动机台架试验方法 (M111 法)。

本部分为 GB/T 19230—2003 的第 5 部分，对应于 ASTM D 6201—1999《评定车用无铅汽油对进气阀沉积物形成的标准台架试验方法》(英文版)，与该标准一致性程度为修改采用，主要不同之处如下：

——编写顺序：编写本标准时，按照我国标准的习惯对 ASTM D6201—1999 标准的顺序进行了一些调整，并且省略了一些重复的条款。

——台架校准周期：ASTM D6201—1999 标准规定发动机试验台架每隔 180 天必须进行校准试验，我国的发动机试验台架的运行密度较低，因此，本标准规定每 10 次试验后进行发动机试验台架的校准。

——基础汽油：采用能够代表我国市售无铅汽油特点(烯烃含量高)的基础汽油。

——校准汽油：校准汽油用于校准发动机试验台架。由于用量、运输、储存、经费等问题，不能从国外购得，国内调制校准汽油，考虑到完全达到国外校准汽油的标准有相当的难度，因此对部分理化指标进行了修订。

——增加了对燃烧室沉积物的评定项目；

——标准名称。

本部分的附录 A、附录 B、附录 C 均为资料性附录。

本部分由中华人民共和国交通部提出。

本部分由中国石油化工集团公司归口。

本部分起草单位：交通部公路科学研究所、中国石油润滑油研究开发中心。

本部分起草人：刘文俊、牛成继、谢惊春、李文华、郭东华、吴畏、彭伟、郭亦明。

评价汽油清净剂使用效果的试验方法
第5部分:汽油清净剂对汽油机进气阀和
燃烧室沉积物生成倾向影响的发动机台架
试验方法(Ford 2.3 L方法)

1 范围

本部分规定了汽油清净剂对进气阀和燃烧室沉积物影响的标准台架试验方法与试验设备。该试验方法涉及一个评定点燃式发动机使用车用无铅汽油在进气阀和燃烧室形成沉积物趋势的发动机测功机试验程序。

本部分适用于汽油清净剂清净性的评定,也适用于车用无铅汽油的清净性评定。

注:本部分未对所有的安全注意事项作出说明,采取相应的安全、卫生措施以及使用前是否符合有关法规是方法使用者的责任。

2 术语和定义

下列术语和定义适用于本部分。

2.1

校准汽油 calibration gasoline
用于按照本试验方法进行校准发动机台架试验的专用汽油。

2.2

排放物 emissions
汽车的排气排放物、蒸发排放物和曲轴箱排放物的总称,习惯上指其中有害的污染物。

2.3

进气系统 intake system
发动机配制空气-汽油混合物并将其输送到燃烧室的部件。包括节气门、进气歧管、废气再循环(EGR)系统和曲轴箱强制通风(PCV)阀、气缸盖导流板、进气阀和汽油喷嘴等。

2.4

进气阀沉积物 intake valve deposit(IVD)
汽油、机油反应生成的或从外部吸入的任何沉积在进气阀的喇叭口部位的物质。

2.5

总燃烧室沉积物 total combustion chamber deposit(TCD)
汽油、机油反应生成的或从外部吸入的任何沉积在燃烧室(气缸盖和活塞顶部)部位的物质。

2.6

窜气 blow-by
气缸中的高温高压气体通过气缸壁与活塞、活塞环之间的间隙,窜入曲轴箱和油底壳内的现象。

3 方法概要

3.1 试验用的发动机为福特(Ford)汽车公司1994年2.3 L直列四缸、满足美国49个州排放标准的Ranger轻型卡车发动机,缸体和缸盖均为铸铁材料。

3.2 每台试验发动机都有严格的技术要求,使用由Ford公司生产的、经过特殊设计的全套进气阀沉积物试验部件,缸盖上装配新的、称量后的进气阀。每次试验都要安装新的机油滤清器并使用标准的发动机机油。采用能够精确地控制试验参数的程序来确保发动机的运行工况符合试验的要求。在整个试验操作过程中数据采集系统对关键的试验参数进行数据采集。

3.3 整个汽油系统在试验之前用试验汽油进行冲洗。然后再向汽油系统中加注新的试验汽油。

3.4 发动机的工作循环由两个工况构成。第一个工况,发动机转速为 2 000 r/min、进气绝对压力为 30.6 kPa,运转 4 min。第二个工况,发动机转速为 2 800 r/min,进气绝对压力为 71.2 kPa,运转 8 min。两个工况间的过渡时间为 30 s。一个完整的循环时间为 13 min。本试验重复上述工作循环,共运行 100 h。

4 试验相关性和有效性

4.1 试验相关性

4.1.1 试验方法

试验方法通过规定的试验条件(见表1),加速沉积物在进气阀和燃烧室表面的形成,以评价无铅汽油在发动机进气阀和燃烧室生成沉积物的趋势,以及汽油清净剂对沉积物的抑制能力。

表 1 发动机台架试验操作参数和技术条件

项 目	参数[a]	技术条件	
工况	—	1	2
时间	阶段长度/min	4	8
发动机负荷	发动机转速/(r/min)	2 000±25	2 800±10
	发动机负荷/kW	<5	记录
发动机机油	进口温度/℃	100±4	101±3
	出口温度/℃	记录	
	进口压力/℃	记录	
发动机冷却液	进口温度/℃	90±3	
	出口温度/℃	记录	
	压差(表压)/kPa	<41 kPa	
	流量/(L/min)	记录	64.4±1.9
发动机进排气	进口温度/℃	32±3	
	进口压力(表压)/kPa	0.05±0.01	
	进口湿度/(g/kg)	11.4±0.7	
	歧管绝对压力[b]/kPa	30.6±3	71.8±1.3
	排气背压[c],绝对压力/kPa	102±1	105±1
发动机供油	流量/(kg/h)	记录	
	累计流量/kg	记录	
	进口温度/℃	28.5±5	
	当量空燃比	1.00±0.03	
尾气排放	O_2 体积分数/%	记录	0.5±0.3
	CO 体积分数/%	记录	0.7±0.4
	NO_x/(μg/g)	记录	

表 1（续）

项　目	参数[a]	技术条件	
其它	EGR 电压/V	记录	
	校正窜气量/(L/min)	记录	
	点火提前角/°(BTDC)	30±3	25±3

[a] 尽可能使所有的参数保持在中间值附近。在第 1 工况发动机的负荷应该小于 5 kW。两工况之间过渡时间为 30 s，此时转速和歧管绝对压力呈线性变化。每个过渡工况进入 15 s 时的转速应为(2 400±75) r/min，进气歧管绝对压力应为(51.2±6.6) kPa。

[b] 该参数为发动机在海平面的运行参数，实验室应根据当地海拔高度进行修正。

[c] 该参数为发动机在海平面的运行参数，实验室应根据当地海拔高度进行修正。

4.1.2 试验结果

在本试验方法中所使用的发动机的设计和系统操作条件代表了现代众多的汽车发动机，但是并不代表所有的发动机，因此在说明试验结果时应考虑这些因素。

4.2 试验的有效性

4.2.1 满足试验程序参数的要求

如果试验没有完全按照本试验方法的要求进行，或者超出了第 10、11 和 12 章规定的参数范围，试验结果无效。

4.2.2 满足发动机参数的要求

如果没有达到第 8 章和第 10 章中要求校对的参数范围，试验结果无效。

5 试验设备

5.1 实验室设施

实验室应该保持清洁，所有的操作、测量场地应该适当地远离污染物。

5.1.1 发动机及缸盖装配与测量的场地

发动机及缸盖的装配与测量场地应保持相对恒定的温度。

5.1.2 发动机操作场地

应该有风扇冷却进气系统，以利于对进气温度的控制。

5.1.3 汽油喷嘴试验场地

汽油喷嘴试验场地的湿度应维持在相对恒定的、合适的水平。

5.1.4 进气阀清洗和零部件洗涤场地

进气阀清洗和零部件洗涤场地的湿度应维持在相对恒定的、合适的水平。因为沉积物对环境很敏感，所以湿度和温度不能有剧烈的变化。

5.2 试验台、实验室设备

5.2.1 试验台布置

发动机安装在试验台上时，前端应该比后端略高，飞轮摩擦面与铅垂面成(4.0±0.5)°的夹角。发动机通过传动轴和测功机联接。发动机驱动的附件包括自带的冷却泵和惰轮。

5.2.2 测功机转速和负荷控制系统

本试验中使用的测功机及其控制系统应满足表 1 中试验参数以及过渡工况的控制要求。

5.2.3 进气系统

进气系统包括空气滤清器壳体和进气歧管上部之间的连接软管部分。探测进气压力和温度的探头位于空气滤清器壳体上。在该壳体内安装进气温度探头时，探头插入壳体中(50±10) mm。记录进气系统管道内的空气湿度读数。

5.2.4 排气系统

排气系统由排气歧管、排气背压控制阀、排气背压探头、排放采样管(如果使用)和发动机氧传感器组成。排放采样管和排气背压探头顺着废气流动方向与发动机氧传感器的距离不大于 400 mm,并布置在废气气流中央。

5.2.5 供油系统

供油系统应能供应充足的汽油。汽油从外部油库进入实验室,与来自汽油轨回油管的汽油充分混合。混合后的汽油通过换热器调节温度,进入高压泵增大油压向汽油轨供应汽油,对汽油温度的要求详见表1。在高压泵和汽油轨之间的位置测量汽油的温度。

5.2.6 发动机的控制

发动机的控制采用配备在 Ford Ranger 手动变速箱汽车上改进的标准 EEC-IV 处理器。该处理器能在整个试验过程中正确地控制空燃比。不能用别的方法与 EEC-IV 处理器合用或者代替 EEC-IV 处理器调节发动机的空燃比、EGR 和点火提前角。未作改动的 Ford Ranger 手动变速箱标准 EEC-IV 处理器用于发动机的磨合试验。

5.2.7 点火系统

使用改进的 FordRanger 手动变速箱汽车标准 EEC-IV 处理器来控制发动机点火。

5.2.8 发动机冷却系统

发动机冷却系统应能按表1的要求控制冷却液出口温度和流量。该系统没有使用节温器,冷却液的量为(21±4) L。

5.2.9 外部机油系统

外部机油系统的机油换热器应该竖直安装,所有的软管和零部件都要正确、可靠地连接。

5.2.10 窜气量测量系统

该系统用于监测活塞环和缸筒之间的工作状况。

5.2.11 温度的测量设备和位置

5.2.11.1 温度测量设备

热电偶可以采用 J 型、T 型或者 K 型热电偶。安装时,热电偶端部应安装在介质流的中心线上。

5.2.11.2 温度测量位置

发动机机油进口温度——在发动机的机油滤清器接头的壳体处测量。

发动机机油出口温度——在靠近换热器底部的十字接头处测量。

发动机冷却液进口温度——在冷却液换热器和发动机之间,距离发动机机体(430±100) mm 处测量。

发动机冷却液出口温度——在节温器壳体处、距缸盖冷却液出口 50 mm 范围内测量。

进气进口温度——在空气滤清器壳体处测量,热电偶插入深度为(50±10) mm,并且与壳体保持垂直。

汽油温度——在高压泵之后、发动机汽油轨之前的位置测量。

5.2.12 压力测量设备和位置

5.2.12.1 压力测量设备

全套压力测量系统和压力传感器要保证测量的精度及分辨率。

5.2.12.2 压力测量位置

机油进口压力——在机油滤清器接头的壳体处测量。

冷却液压差(出口—进口)——以缸盖和水泵进口前两处的冷却液压差的绝对值作为测量结果。冷却液压差反映了试验台架外部冷却系统的节流作用。两压力测量点距离缸盖和水泵分别在300 mm内。

进气压力——在空气滤清器处测量。进气压力探头插入滤清器壳体深度为(5±3) mm。

歧管绝对压力——在进气歧管根部和节气门之间的位置测量。

排气背压——在顺着废气气流方向、氧传感器后不超过 400 mm 处测量。背压探头应处于介质流中央。背压探头和压力传感器之间应安装一个用于存储废气中冷凝水的储筒。

曲轴箱压力——在机油尺管处测量曲轴箱压力。传感器应能测量正压和负压。

5.2.13 流量测量设备和位置

5.2.13.1 流量测量设备

流量测量系统和流量传感器要保证测量的精度及分辨率。

5.2.13.2 流量测量位置

发动机冷却液流量——在最适合使用测量设备的区域测量发动机冷却液流量,以保证最佳的测量精度。

汽油流量——在最适合使用测量设备的区域测量发动机汽油流量,以保证最佳的测量精度。

5.2.14 转速及负荷的测量设备和位置

5.2.14.1 转速及负荷的测量设备

转速及负荷测量设备和负荷测量传感器应保证测量的精度及分辨率。测功机的控制系统对转速及负荷的控制应满足表 1 的要求。

5.2.14.2 转速及负荷的测量位置

测量转速及负荷的传感器均安装在测功机的末端旋转轴处。

5.2.15 废气排放的测量设备和位置

5.2.15.1 废气排放的测量设备

如要进行废气排放成分的测量,则需要精密的仪器来测量碳氢化合物(HC)、一氧化碳(CO)和氮氧化物(NO_x)。

5.2.15.2 废气排放的测量位置

废气排放采样点在顺着气流方向、距离发动机氧传感器之后不超过 400 mm 处,采样探头处于废气气流中央。

5.2.16 压差式流量传感器(DPFE(EGR))电压的测量设备和位置

5.2.16.1 压差式流量传感器(DPFE(EGR))电压的测量设备

DPFE 电压测量设备要保证测量的精度和分辨率。

5.2.16.2 压差式流量传感器(DPFE(EGR))电压的测量位置

压差式流量传感器(DPFE)压测量位置应该在 EEC-IV 处理器的 27 管脚处测量。管脚 46 为返回信号(接地)。

5.2.17 点火提前角的测量设备和位置

5.2.17.1 点火提前角的测量设备

点火提前角的测量设备要保证测量的精度和分辨率。

5.2.17.2 点火提前角的测量位置

使用点火正时灯对发动机 1 缸点火提前角进行测量。

5.3 试验发动机硬件

5.3.1 所需的新的发动机零配件

以下部分包括为完成这一试验方法准备的发动机所需的新的零配件。

皮带,驱动凸轮轴	垫片,摇臂罩盖
螺栓,缸盖机体	垫片,节气门体
滤清器,汽油	垫片,出水口连接器
滤清器,空气	PCV 阀
滤清器,机油	密封垫,凸轮
垫片,废气再循环(EGR)阀	密封垫,排气阀

垫片,排气歧管	密封垫,进气阀
垫片,缸盖	火花塞
垫片,缸盖—进气歧管	气阀,进气
垫片,强制通风歧管	气阀,排气

5.3.2 试验中可重复使用的零配件

仅有以下零配件可以重复使用,更换周期见脚注。

空气滤清器软管总成,进口	锁夹,气阀弹簧
空气滤清器软管总成,出口	间隙调整器
空气滤清器总成	法兰,凸轮
发电机和惰轮总成	水泵惰轮
皮带,发电机或惰轮	调节器,EGR真空度(EVR)
螺栓,凸轮轴链轮	传感器
凸轮轴	摇臂
线圈	螺栓和垫片,凸轮法兰
缸盖[1]	传感器,进气温度(ACT)
EEC-IV处理器	传感器,曲轴正时总成
发动机导线系统	传感器,发动机冷却液温度(ECT)
发动机总成[2]	传感器,热废气中氧含量(HEGO)
汽油喷嘴[3]	传感器,空气质量流量(MAF)
滤清器,空气	传感器,EGR压力反馈总成(PFE)
导向器,正时皮带	传感器,节气门位置(TPS)
软管,DPFE	链轮,凸轮
点火控制总成	阀,EGR
点火线圈,左	气阀,弹簧和阻尼器
点火线圈,右	垫片,凸轮轴链轮

5.4 专用的测量和装配设备

5.4.1 量筒

在按体积浓度向基础汽油加入汽油清净剂时,宜使用规格为1 000 mL的量筒。

5.4.2 天平

在按质量浓度向基础汽油加入汽油清净剂时,宜使用精度为0.01 g、最大称量为2 000 g的天平。在称量进气阀和燃烧室沉积物的质量(进气阀的质量大约为100 g)时,所用天平的精度应具有0.000 1 g的分辨率。

5.4.3 干燥器

用于存放带有沉积物的进气阀。

5.4.4 烘箱

使用自然对流的烘箱,要有足够高的空间用来垂直地放置进气阀,并能保持(95±5)℃的温度,用于蒸发清洗气阀后残留的溶剂。

---

1) 当缸盖参数满足7.4和7.5的规定时可以重复使用。

2) 发动机总成的重复使用取决于气缸缸盖螺栓孔、气缸的磨损、窜气量和机油消耗量。程序中规定了要求,有关程序对机油消耗量的要求参见9.4.3。

3) 当汽油喷嘴的参数在7.3.1详细规定的范围内时尽量重复使用。

5.4.5 钢丝轮

钢丝轮用于清除进气阀底面的沉积物。

5.4.6 胡桃壳喷砂机

胡桃壳喷砂机采用细的碎胡桃壳代替砂作为研磨材料,可顺利地去除复杂金属表面的积碳而不会伤及金属表面。胡桃壳喷砂机去除进气阀和缸盖表面的沉积物比溶剂或钢丝轮更有效。

5.4.7 气阀杆和气阀导管测量装置

采用能够满足测量尺寸精度要求的设备进行测量。气阀杆和气阀导管之间的间隙会影响机油耗以及进气阀沉积物的积累。

5.4.8 游标卡尺

游标卡尺用于测量缸盖上气阀座圈的宽度。气阀座圈的宽度必须进行精确的测量,因为该参数会影响气阀的热传导,进而影响进气阀沉积物的积累。

5.4.9 气阀弹簧压力试验机

气阀弹簧压力试验机用于评估气阀弹簧的状况,应具有2%的精度及0.45 kg的分辨率。

5.4.10 气阀研磨工具

该设备通过旋转或震动气阀座上气阀的方式进行气阀研磨。

5.4.11 气阀与气阀座的磨削设备

该设备用于保证气阀与气阀座的配合符合要求。

5.4.12 窜气量表

窜气量表用于测量气体通过活塞环进入曲轴箱的流量,该流量反映了活塞环和气缸缸筒之间配合的情况,同时也用于试验质量保证的标准。该仪表应具有5%的精度以及0.3 L/min的分辨率。

5.4.13 汽油喷嘴试验仪

汽油喷嘴试验仪应具有足够的精度,而且可重复地测量孔式汽油喷嘴的流量,用于对汽油喷嘴进行必要的评估。

5.4.14 点火正时指示灯

用于测量点火正时的正时感应灯。

6 试剂与材料

6.1 汽油

6.1.1 汽油管理

本试验对汽油的管理非常严格。所有试验用汽油的储存容器应相对远离所有的污染物。每次新试验都必须按照以下步骤进行。

6.1.1.1 在汽油装入汽油储存容器之前用汽油清洗汽油储存容器并采集至少900 mL的油样用于分析。

6.1.1.2 **向汽油储存容器添加汽油。**

6.1.1.3 从汽油储存容器中采集至少900 mL的油样用于分析。

6.1.1.4 试验用汽油数量

每次试验至少需要大约950 L试验汽油(包括清洗用汽油)。

6.1.2 发动机磨合汽油

磨合发动机大约需要380 L汽油。汽油的抗爆指数不得小于92,以免发生爆震。

6.1.3 对试验汽油加入添加剂调合的要求

要评定汽油清净剂时,试验汽油用添加剂和基础汽油均匀地调合而成。在试验前应调合足够的试验汽油。调合好的试验汽油应存放在油桶或油罐中,并标记清楚以免出错。测量并记录汽油和添加剂的调合、使用情况,以便确定试验汽油的消耗量。

6.1.4 校准汽油

校准汽油的技术要求参见附录A。

6.1.5 基础汽油

基础汽油的技术要求参见附录B。

6.1.6 汽油的储运

汽油的储运容器应具有符合安全和环境规定允许的最小呼吸孔。在运输汽油时,应符合所有可适用的安全和环境方面的要求。

6.1.7 汽油的分析

试验用的所有汽油均要进行分析,通过对分析结果的比较,能够比较成功地检测出整个汽油的污染情况或者由于老化、热氧化或误操作等方面造成的质量变化。

6.2 发动机机油和装配用机油

发动机机油和装配用机油采用福特汽车公司指定的机油,每次试验大约需要4.7 L机油。

6.3 发动机冷却液

冷却液采用商品乙二醇型冷却液的浓缩液和蒸馏水或软化水按1:1体积比配制。

6.4 溶剂和洗涤液

6.4.1 正庚烷

试验选用分析纯正庚烷,用于清洗进气阀。

6.4.2 石脑油溶剂

用于清洗零配件(包括阀系部分、缸盖、进气歧管、节气门体),并作为汽油喷嘴的试验溶液。

6.5 气阀研磨膏

采用1A级金刚砂脂气阀研磨膏研磨气阀。

6.6 干燥剂

采用晶粒状的硫酸钙。未使用时应储存在密封容器中。

7 试验准备

7.1 试验台的准备

7.1.1 仪器的校准

按照要求,在试验前或者试验期间对仪器进行校准。

7.1.2 排气背压和废气采样探头检查

排气背压及废气采样探头可以一直用到不能使用为止。检查探头的磨损、裂纹、污染、堵塞等情况,必要时更换。

7.1.3 外部软管的检查

检查所有的外部软管的磨损、裂纹、污染、堵塞等情况,必要时更换。

7.1.4 发动机线圈线束检查

检查线圈线束连接器、线圈等部分的是否完好,必要时修理或者更换。

7.1.5 废气再循环(EGR)电压显示设备

废气再循环(EGR)电压信号在Ford EEC-IV处理器的27管脚处,在Ford EEC-IV处理器的27管脚处和46管脚处连接电压值显示装置。

7.2 发动机机体准备

7.2.1 活塞顶部的准备和检查

检查活塞顶部。确保活塞顶部没有异常磨损现象(点蚀、磨痕等)。把活塞顶部沉积物彻底清除干净。采用适当的溶剂,使用铸造用的胡桃壳喷砂机或者其它适当的工具来清除活塞顶部沉积物以及活塞—气缸壁缝隙处的所有沉积物。在使用工具时不能损伤活塞金属表面。

7.2.2 气缸筒的检查

检查气缸筒的异常磨损(划痕、点蚀等)。通过对发动机压缩压力、泄漏百分比和机油消耗量的监测来确定发动机机体的技术状况。如发现有异常磨损则应该更换机体。

7.2.3 气缸盖—机体

使用垫片刮刀、适当的溶剂,铸造用胡桃壳喷砂机或者其它合适的工具清除气缸盖—气缸机体表面的残余垫片材料或沉积物。

7.3 发动机各种零部件的准备

7.3.1 汽油喷嘴的准备

在发动机装配之前,使用适当的设备来测试所有的喷嘴(新的和旧的)的喷注形状和流量。喷嘴可以清洗并重复使用。

7.3.1.1 冲洗新喷嘴

在流量测试之前冲洗新喷嘴 30 s,以去除配件上的残渣。

7.3.1.2 流量操作试验台

在整个试验期间向喷嘴提供的流体压力保持在(290±1.4) kPa。

7.3.1.3 喷嘴流量试验

对每个喷嘴进行三次流量试验,每次 60 s。记录每次的测量值。取这三次试验的平均值为该喷嘴的流量。

7.3.1.4 观察喷注质量

在喷嘴喷射时,目测喷注形状。记下每次目测的结果,剔除那些喷射喷注形状异常的喷嘴。在试验液体加压、喷嘴未开启时,至少 30 s 内不应该出现渗漏或者滴漏。剔除渗漏或者滴漏的喷嘴。

7.3.1.5 合格的标准

a) 流量参数—单个喷嘴

测量喷嘴流量使用溶剂的温度为(15～25)℃、密度为(754～820) kg/m³ 的溶剂,测量压力为(290±1.4) kPa。通过调节流体的温度和压力等试验参数调节流量。单个喷嘴的流量应该为(2.13～2.18) mL/s。

b) 流量参数—成套喷嘴

每套四个喷嘴中每个喷嘴与四个喷嘴平均值的偏差不超过 3%。

7.3.2 进气歧管的准备

在每次试验开始之前使用适当的清洗剂把进气歧管清洗干净。检查进气歧管的牢固性。进气歧管可以重复使用。

7.3.3 PCV 阀的准备

使用 PCV 阀流量测量装置检测 PCV 阀在试验前和试验后的流量变化。流量测量两次并取其平均读数。剔除那些流量不在下列范围内的 PCV 阀:

在 60.8 kPa 真空度时为(24.1～32.6) L/min;

在 27.0 kPa 真空度时为(52.4～60.9) L/min。

7.4 气缸盖的准备

7.4.1 清除气缸盖燃烧室的沉积物

把燃烧室沉积物彻底清除干净。采用适当的溶剂,使用铸造的胡桃壳喷砂机或者其它适当的工具清除气缸盖燃烧室的沉积物。

7.4.2 气阀的标记

每次试验都要使用新的进排气阀。在称量前给每个气阀做标记。气阀标记做在气阀杆上介于气阀锁夹槽到气阀密封之间的区域。

7.4.3 气阀座和气阀的磨削

把进、排气阀密封面(和气阀座接触的区域)磨成45°的角。进、排气阀两个气阀座也要磨削。初次磨削的角度为45°。第二次磨削的角度与气阀导管轴线的垂面成30°,位置在气阀座的外径上。用60°的磨削来调节气门面和气阀座圈的接触宽度,使之达到要求。

7.4.4 气阀座和气阀面的研磨

使用1A级金刚砂脂对每个进排气阀研磨20 s。

7.4.5 气阀座和气阀面的清洗

使用正庚烷溶剂清洗气阀和气阀座,并用软毛巾擦拭干净。轻轻抖去进气阀上残余的溶剂,放入(93±5)℃的烘箱中5 min,然后将气阀放入干燥器中干燥至少1 h。

7.4.6 进气阀的称量

称量并记录进气阀质量,精确到0.000 1 g。

7.4.7 气阀杆—导管间隙测量

7.4.7.1 测量并记录进、排气阀气阀杆—导管在导管顶部、中部和底部的间隙值。对导管将进行两个方向的测量,测量距导管顶部3 mm处、导管中央和距导管底部3 mm处的直径。第二次的测量点和第一次的测量点成90°。对应于测量导管的三个位置,气阀杆也将在相应的三个位置处测量。

7.4.7.2 气阀杆—导管间隙参数:

排气:(0.038～0.140) mm;

进气:(0.025～0.069) mm。

7.4.8 气阀座圈宽度测量

7.4.8.1 测量并记录气阀座宽度,精确到0.02 mm。

7.4.8.2 气阀座圈宽度参数:

进气:(1.52～2.02) mm;

排气:(1.78～2.28) mm。

7.4.9 气阀弹簧自由高度测量

测量并记录气阀弹簧自由高度。

7.4.10 弹簧压缩压力测量

7.4.10.1 用气阀弹簧压力试验机把弹簧压缩到29.50 mm的高度时测量并记录其压缩压力。

7.4.10.2 气阀弹簧参数:

自由高度:(50.30～53.80) mm;

压缩压力:在(29.50±0.76) mm高度时压缩压力为(67.3±3.6) kg。

7.5 气缸盖的装配

7.5.1 气阀及气阀密封的安装

用规定的试验机油润滑每个气阀密封及气阀杆,将每个气阀装入缸盖中。用塑料安装套将气阀密封安装在气阀杆上,然后把气阀密封完全安装到位。

7.5.2 气阀弹簧及弹簧护圈的安装

安装预先套好的气阀弹簧及弹簧护圈。在安装气阀弹簧和弹簧护圈时,不要过度压缩弹簧。过度压缩气阀弹簧会损伤气阀密封。

7.5.3 气阀弹簧安装高度测量

测量并记录气阀弹簧的安装高度。安装高度应在(37.85～39.37) mm之间。

7.6 缸盖的安装

7.6.1 缸盖的拧紧

在发动机上装配好缸盖。不要在缸垫上使用任何密封胶或者抗粘结混合物。用机油润滑紧固螺栓,按照图1所示的顺序分两次紧固螺栓,紧固力矩为(75±7) N·m,再顺时针方向转(90～100)°。

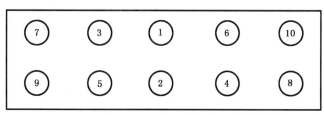

图 1 缸盖螺栓紧固顺序

7.6.2 火花塞安装

将新的火花塞装进缸盖。火花塞的电极间隙调整为(1.06～1.17)mm。火花塞拧紧力矩为(6.8～13.6)N・m。

7.7 发动机总装

7.7.1 凸轮轴、摇臂和凸轮轴驱动链轮的安装

安装凸轮轴、摇臂和凸轮轴驱动链轮。安装摇臂之前松开所有的间隙调节器,以防止张紧皮带时损伤气阀。

7.7.2 凸轮轴驱动链轮的安装

安装辅助轴链轮并对准凸轮轴驱动链轮,拧紧链轮螺钉。安装并张紧凸轮轴驱动皮带。

7.7.3 水泵和水泵皮带的安装

安装水泵和水泵皮带。

7.7.4 凸轮轴驱动皮带罩和曲轴皮带轮的安装

安装凸轮轴驱动皮带罩和曲轴皮带轮。在曲轴皮带轮上做对应于第一缸和第二缸活塞上死点标记,以方便泄漏百分比的测试。

7.7.5 下进气歧管的安装

在发动机的缸盖上安装下进气歧管。

7.7.6 汽油喷嘴及汽油轨的安装

安装汽油喷嘴并将汽油轨安装在下进气歧管支架上。安装时,喷嘴插头向上(12点钟位置)。

7.7.7 摇臂罩和上进气歧管安装

安装摇臂罩和上进气歧管。

7.7.8 进气系统的安装

安装进气系统。试验专用的进气系统由空气滤清器壳体、空气滤清器和连接橡胶软管构成。由于受到发动机布置的限制,表1中的进气温度和进气湿度参数在空气滤清器中测量。每次试验更换专用的滤清器纸芯。

7.7.9 其它零件的安装

7.7.9.1 安装排气歧管、皮带张紧系统、辅助驱动皮带,点火线圈支架和高压点火线。

7.7.9.2 皮带张紧系统由水泵皮带轮、曲轴皮带轮和惰轮构成。所有用于皮带张紧系统中的零件都应转动灵活,不增加额外的摩擦负荷。

7.7.10 发动机冷却系统安装

发动机冷却系统应能满足表1对冷却液出口温度和流量的要求。冷却液采用商品乙二醇型冷却液的浓缩液和蒸馏水或软化水按1：1体积比配制,每次使用量为(21±4)L。

7.7.11 外部机油系统的安装

外部机油系统的安装按设备供应商的规定进行。

7.7.12 汽油系统安装

按设备供应商的规定进行汽油系统的安装。

7.7.13 电阻温度计(RTD)或(与)热电偶的安装

把所有的电阻温度计(RTD)或(与)热电偶安装到各自相应的位置。

7.7.14 压力和真空度管线的安装

把所有的压力和真空度管线安装到各自相应的位置。

7.7.15 废气采样和背压探头的安装

把废气采样和背压探头分别安装在各自相应的位置。

7.7.16 发动机线束的安装

将所有的发动机线束接头连接到发动机和发动机部件上相应的位置。

8 校准

8.1 试验台校准

试验台经过 10 次正式试验后,必须采用校准汽油对台架进行校准。如果校准汽油试验结果不在精度控制范围内,表示台架或者试验室可能有问题。查明原因并解决后再进行校准汽油试验。

8.2 测量仪器的校准

至少每 4 次试验或 6 周要校准测量仪器一次,要求在整个参数的测量范围内进行校准。这些系统包括:

- ——发动机负荷测量系统;
- ——发动机转速测量系统;
- ——发动机歧管压力测量系统;
- ——发动机机油消耗测量系统;
- ——发动机实时空燃比测量系统;
- ——废气分析校准;
- ——压力和温度测量系统。

9 试验步骤

9.1 试验前的准备

9.1.1 发动机冷却系统加料

向发动机冷却系统加入(21±4) L 冷却液,注意液面位置。

9.1.2 试验机油填装

9.1.2.1 向发动机中注入(4.1±0.025) kg 标准试验机油。

9.1.2.2 拆下机油泵驱动轴端盖,并使用手摇柄转动发动机油泵进行预润滑,使发动机润滑系统各部位充满机油。

9.1.2.3 在试验开始 0.6 h 进行压缩压力和泄漏百分率的检查后,通过油底壳的放机油孔放油 20 min。

9.1.2.4 向放出的机油中补加试验机油,使最终量等于(4.1±0.025) kg,并注入发动机中。

9.1.2.5 调节机油尺,设置此时机油液面刻度为满刻度。

9.1.3 汽油系统的准备

在每次试验前更换汽油系统所有的滤清器,彻底清洗汽油系统。在汽油系统被洗净后,从试验台取 900 mL 汽油油样。

9.1.4 PCV 阀安装

在安装 PCV 阀时,挠性管和 PCV 阀之间不能有漏隙,PCV 阀应保持在垂直的方向。

9.1.5 保活存储器

在开始试验前断开 EEC-IV 处理器的保活存储器电源至少 5 min。

9.1.6 发动机磨合程序

在使用新的发动机机体进行试验时,首先应对其进行磨合。磨合试验使用未作改动的 Ford Ranger 手动变速箱标准 EEC-IV 处理器和旧的气缸盖。

9.1.6.1 磨合由 6 个 4 h 的循环组成,每个循环由 13 个工况构成。工况之间的过渡时间为 2 min,时间单独计算。整个磨合期是 26.6 h(6 个循环＝24 h,所有的过渡时间＝2.6 h)。

9.1.6.2 磨合运行参数见表 2。在磨合刚开始的几个工况中,由于发动机转速和负荷较低,允许冷却液出口温度和机油温度低于技术要求。

9.1.6.3 按 7.7.10 的要求向发动机冷却系统加入冷却液,然后把(4.1±0.025) kg 标准机油注入发动机。拆下机油泵驱动轴端盖,使用手摇柄转动发动机油泵进行预润滑。

表 2 IVD 试验磨合工况的技术参数及条件[a]

工况	每工况时间/min	总时间/h	转速/(r/min)	歧管绝对压力[b]/kPa
1	15	6.25	1 000	35.2
2	15	0.50	1 200	36.6
3	15	0.75	1 400	38.6
4	15	1.00	1 600	40.6
5	15	1.25	1 800	43.9
6	30	1.75	2 000	47.2
7	15	2.00	2 200	50.5
8	15	2.25	2 400	53.5
9	15	2.50	2 600	57.2
10	15	2.75	2 800	60.5
11	45	3.50	3 000	67.1
12	15	3.75	3 200	70.5
13	15	4.00	3 400	73.8

a 机油入口温度——记录,℃;汽油总流量——记录,kg;
机油出口温度——记录,℃;汽油入口温度——32℃,最大;
机油入口压力——记录,kPa;冷却液进/出压力差——<41 kPa;
冷却液出口温度——(90±3)℃;EGR 电压——记录,V;
冷却液入口温度——记录,℃;进气压力(表压)——0.05 kPa,最大;
进气入口温度——(32±3)℃;进气入口湿度——(11.4±0.7) g/kg。

b 该参数为海平面高度的要求。各实验室应根据当地的海拔高度和大气压力条件对进气歧管绝对压力和排气绝对压力进行修正。

9.1.7 磨合结束后,对发动机机油进行称量。

9.1.7.1 放出磨合期的发动机机油,并称量。

9.1.7.2 向放出的机油中补加试验油,使最终量等于(4.1±0.025) kg,并注入发动机中。

9.1.7.3 按照表 2 的试验条件运行 24 h。

9.1.7.4 放油 20 min 后,称量并记录。

9.1.7.5 计算试验运行 24 h 期间发动机的机油消耗。

如果 24 h 内机油消耗大于 0.4 kg,可以认定是机油消耗过高。

9.2 发动机操作步骤

9.2.1 发动机操作参数

发动机操作参数详见表 1,需要监控的参数包括发动机尾气排放、EGR 电压、空燃比和点火提前角。

9.2.2 试验时间

试验时间是发动机受控运行的时间,即发动机台架控制系统和试验计时器起作用时运行的时间。任何发动机非受控运行的时间(如初期的启动)不能计入试验时间。每次试验发动机非受控运行的时间最长不超过 1 h。当发动机在非受控状态下运行时,可以为急速或者试验状态。

9.2.2.1 在发动机刚切换至受控状态运行时,会出现某些运行参数没有达到技术要求的情况,应使这些参数尽快达到技术要求,该试验时间也计入试验时间。试验时间为 100 h(大约 462 个循环)。

9.2.3 试验累计停车时间

本试验允许的累计停车时间(包括计划和临时停车)不超过 10 h。

9.2.4 试验累计停车次数

本试验允许的累计停车次数(包括计划和临时停车)不超过 4 次。在启动发动机 1 h 以内,为排除发动机/控制系统故障而多次停车和重新启动的情况只允许出现 1 次,并按 1 次停车次数记录。

9.2.5 计划和临时性停车

除紧急情况外,所有发动机的停车应该在工况 1 的开始阶段进行。在 0.6 h 为检查压缩压力和泄漏百分率的停车为计划性停车。

9.3 定期的测量和操作

9.3.1 机油液位检查步骤

试验期间可以不定期检查机油液位。如果进行液位检查,按如下步骤进行:

9.3.1.1 进入试验阶段 1 后停车。

9.3.1.2 停车后等待 20 min。

9.3.1.3 用校准好的油尺进行机油液位测量。

9.3.1.4 如果机油液位下降量大于 473 mL,加入(0.41±0.01) kg 机油到发动机,并继续进行试验。

9.3.1.5 如果机油液位下降量小于 473 mL,继续试验。

9.3.1.6 记录机油液位及加入的机油量。

9.3.2 如果每 50 h 机油液位下降量大于 950 mL,可以认定是机油油耗过高。

9.3.3 数据采集程序

9.3.3.1 数据自动采集系统对表 3 的参数每 1 min 进行 1 次数据采集。对排放、EGR 电压,空燃比和点火提前角等参数至少每 24 h 采集 1 次。在试验开始后和试验结束前 5 h 内对发动机的窜气量进行测量,并记录。发动机尾气排放超过表 1 要求的运行时间累计不超过 3.0 h。

表 3 需要记录的试验参数

类 别	参 数
时间	试验时间/min
发动机负荷	发动机转速/(r/min)
	发动机负荷/kW
发动机润滑系统	进口温度/℃
	出口温度/℃
	进口压力(表压)/kPa
发动机冷却系统	进口温度/℃
	出口温度/℃
	流量/(L/min)

表 3（续）

类　　别	参　　数
发动机进排气系统	进口温度/℃
	进口压力（表压）/kPa
	进口湿度/(g/kg)
	歧管绝对压力/kPa
	排气绝对压力/kPa
发动机燃油供给系统	流量/(kg/h)
	进口温度/℃

9.3.3.2　在试验开始后和试验结束前 15 h 内对发动机转速和歧管绝对压力的过渡曲线进行观察，转速和歧管绝对压力的采集频率不小于 0.5 Hz。

9.3.4　压缩压力和泄漏率检查

9.3.4.1　在试验开始后(0.6±0.2) h 进行压缩压力和泄漏率检查。压缩压力和泄漏率检查步骤如下：

　　a)　断开汽油管线；

　　b)　断开点火电源；

　　c)　拆下每个缸的火花塞。

9.3.4.2　压缩压力检查：

　　a)　节气门全开；

　　b)　缸压表的接头安装在火花塞孔内，并拧紧；

　　c)　转动发动机曲轴，直到在表上的压缩压力读数稳定为止，但不能超过八个压缩冲程；

　　d)　压缩压力的读数记录在"压缩压力和泄漏百分率"表格内；

　　e)　其余各缸按以上步骤重复进行检查。

9.3.4.3　泄漏率检查：

　　a)　转动曲轴使被测气缸的进、排气阀关闭；

　　b)　泄漏百分表的接头安装在火花塞孔内，并拧紧；

　　c)　690 kPa 的压缩空气通入气缸；

　　d)　表上的泄漏率读数记录在"压缩压力和泄漏百分率"表格内；

　　e)　其余各缸按以上步骤重复进行检查。

9.3.4.4　每个气缸的压缩压力应不小于 1 034 kPa，每个气缸的压缩压力应不小于四个气缸中最高压缩压力的读数的 80%。每个气缸泄漏率应小于 15%。

9.4　试验结束步骤

9.4.1　拆除发动机气缸盖

9.4.1.1　彻底放出系统中的冷却液，从油底壳放油 20 min 并称量，拆下气缸盖，避免冷却液或油污染活塞顶部或缸盖燃烧室。擦净发动机缸体和缸盖表面的冷却液或油。用布盖住发动机和缸盖，防止污染。

9.4.1.2　进气阀的评分、照相和称量应在试验结束后 48 h 内进行。进气阀应放入干燥器中保存。

9.4.2　放油

试验结束后，从油底壳放油 20 min，称量机油质量并记录。

9.4.3　机油消耗

机油消耗量是指开机前加入发动机内的机油量（4.1 kg）与发动机运行过程中补充的机油量之和减

去放出机油量的数学计算值。

如果机油消耗超过 1.0 kg,则该次试验无效。

9.4.4 汽油消耗

汽油消耗是发动机在受控和非受控状态下消耗的汽油。

9.4.5 发动机检查

拆下缸盖后,目测检查气缸筒有无异常的磨损。

10 试验结果的评定

10.1 试验结束后进气阀称量

在进气阀称量前,清除气阀底面和边缘的沉积物。避免清除非上述区域的沉积物。

10.1.1 进气阀的漂洗

用正庚烷轻轻清洗进气阀。一只手戴防护手套提阀杆,另一只手把溶剂从阀杆顶部浇到阀上。在浇溶剂时,轻轻转动气阀,确保冲洗去所有的油脂状残渣,直到流过气阀的溶剂是清澈的为止。轻轻抖掉气阀上残留的溶剂。

10.1.2 去除溶剂

在清洗完进气阀后,立即放进烘箱中 5 min 以使残留的溶剂蒸发掉。烘箱的温度应为(93±5)℃,然后用镊子把热的气阀从烘箱中取出直接放入干燥器。

10.1.3 干燥器

进气阀在干燥器中存放至少 1 h 以上,但是最多不能超过 48 h。

10.1.4 称量

进气阀充分干燥后,应进行称量。用镊子或其他工具抓取阀杆,防止气阀受到污染造成质量增加。进气阀质量精确到0.000 1 g,并记录。每次称量前用标准砝码校准天平。

10.1.4.1 如果沉积物质量小于 0.000 5 g(包括负值),需要清洗气阀并重新称量。在清洗前进行拍照,然后用胡桃壳喷砂机清除气阀上的沉积物,不要使用钢丝轮。用溶剂把气阀清洗干净,烘干,干燥,称量。用此次气阀的质量代替试验前干净气阀的质量计算气阀上沉积物的质量。

10.1.4.2 如果沉积物质量仍然小于−0.001 0 g,那么对气阀的称量是无效的。如果沉积物质量介于(−0.001 0~0.000 0) g 之间,应该用 0.000 0 g 计算沉积物的平均质量。不能用负的质量值进行沉积物平均质量的计算。

10.1.4.3 有效的试验结果应同时具有四个有效的进气阀沉积物质量。

10.2 试件的拍照

试验结果报告中应包括发动机试件的照片。照片应该是彩色而清晰的,以便对沉积物区域进行准确地评价。拍照时应避免造成沉积物脱落。

10.2.1 进气阀

在进气阀称量后进行拍照。四个进气阀按顺序成组拍照,并做标记。

10.2.2 气缸盖燃烧室

从正对进气阀导管方向给四个气缸盖燃烧室拍照,并做标记。

10.2.3 活塞顶部

从正对活塞顶部方向给四个活塞顶部拍照。拍照时活塞应处于上死点,并做标记。

10.2.4 进气道

从燃烧室方向给四个进气道拍照,并做标记。

10.2.5 进气口

从缸盖上的进气歧管方向给四个进气口拍照,并做标记。

10.3 进气系统评分

按照 CRC 手册 No.20 对进气阀、进气道和进气口进行评分。

10.3.1 进气道

评分区域为进气阀的气阀座圈的在进气道上的圆柱投影区域,并且包含壁部。

10.3.2 进气口

评分区域为从进气歧管向缸盖气道延伸 25 mm 的气道内表面区域。

10.3.3 进气阀

评分区域为进气阀阀杆底部到进气阀密封面区域。在进气阀底面清除干净后进行评分。

10.4 燃烧室沉积物的称量

10.4.1 活塞顶部沉积物的称量

用专用工具把活塞顶部的沉积物刮下来,收集在事先称量过的纸上,进行称量,精确到 0.000 1 g。沉积物收集操作规程参见附录 C。

10.4.2 气缸盖沉积物的称量

用专用工具把气缸盖燃烧室的沉积物刮下来,收集在事先称量过的纸上,进行称量,精确到 0.000 1 g。沉积物收集操作规程参见附录 C。

10.5 有效发动机试验一致性的测定

在每次试验期间,严格按照发动机操作条件运行,并用数据采集装置记录下列发动机的运行参数。

10.5.1 每工况中发动机的转速和进气绝对压力[4]

在工况 1 中,整个试验期间发动机平均转速应为(2 000±25) r/min,进气歧管绝对压力应为(30.6±1.3) kPa。在工况 2 中,整个试验期间发动机平均转速应为(2 800±10) r/min,进气歧管绝对压力应为(71.8±1.3)kPa。如与该要求不相符,则试验结果无效。

10.5.2 过渡工况的发动机转速和进气绝对压力[4]

进入过渡工况 15 s 时,发动机转速应为(2 400±75) r/min,歧管绝对压力应为(51.2±6.6) kPa。如与该要求不相符,则试验无效。

10.5.3 发动机机油消耗

在每个加油—放油周期循环中对放出的机油进行称量,计算发动机机油消耗量。在整个试验期间机油消耗不应超过 1.0 kg。如果机油消耗超过 1.0 kg,则试验无效。

10.5.4 试验时间

试验时间为 100 h(大约 462 个循环)。

10.5.5 停车时间

累计停车时间(包括计划和临时停车)不超过 10 h,累计停车次数(包括计划和临时停车)不超过 4 次。如与该要求不相符,则试验无效。

10.5.6 发动机的解体

不允许采用不符合规范的步骤对发动机进行解体。在试验中不允许为了观察而进行发动机解体。

11 报告

11.1 报告内容

11.1.1 报告应注明送样单位、油样名称、油样编号、试验编号、试验时间、试验机油、试验单位和试验汽油、汽油清净剂牌号、汽油清净剂加入量等。确定试验是在有效的方法下完成的,并且签上管理者的名字。

11.1.2 临时停车时间。包括发动机停车时间、停车累计时间以及停车原因。

---

4) 进气绝对压力为海平面高度的要求。各实验室应根据当地的海拔高度和大气压力条件对进气歧管绝对压力和排气绝对压力进行修正。

11.1.3 进气阀沉积物质量。包括试验前和试验后进气阀的质量以及试验前后进气阀质量的变化值。

11.1.4 进气系统评分。包括进气阀、进气道和进气口评分。

11.1.5 总燃烧室沉积物质量。包括活塞顶部沉积物的质量和气缸盖燃烧室沉积物的质量。

11.2 数据采集摘要报告

报告第 1 工况和第 2 工况的最大、最小及平均数据。省略发动机开机预热 20 min 内的数据。

11.3 对特殊零部件进行照相

按照以下顺序进行照相：

11.3.1 成组的进气阀。

11.3.2 进气阀——1 缸和 2 缸,3 缸和 4 缸。

11.3.3 进气道和进气口——1 缸和 2 缸,3 缸和 4 缸。

11.3.4 活塞顶部——1 缸,2 缸,3 缸和 4 缸。

11.3.5 气缸盖燃烧室——1 缸,2 缸,3 缸和 4 缸。

12 重复性和再现性

12.1 重复性

同一操作者在同一设备上、在相同的操作条件下使用相同的原材料,在使用正确和标准的操作方法的情况下,对同一样品成功试验的结果之间的差值。在本试验方法中,每 20 次校准试验的进气阀沉积物质量的差值只允许一次超过 287 mg。

12.2 再现性

不同的操作者在不同试验室的不同设备上,采用各自的试验材料,对同一样品成功试验的结果之间的差值。在本试验方法中,每 20 次校准试验的进气阀沉积物质量的差值只允许一次超过 317 mg。

附 录 A

（资料性附录）

校 准 汽 油

本附录规定了按照本试验方法校准发动机试验的专用汽油的技术指标（见表 A.1）。

表 A.1 校准汽油技术要求

项 目		质量指标	试验方法
蒸气压/kPa	≤	63	GB/T 8017
硫含量(质量分数)/%	≤	0.01～0.04	SH/T 0253
实际胶质量/(mg/100 mL)	≤	5	GB/T 8019
抗爆指数	≥	92	GB/T 503
馏程(体积分数)：			
初馏点温度/℃	≤	50	
10%的蒸发温度/℃	≤	70	
50%的蒸发温度/℃	≤	110	GB/T 6536
90%的蒸发温度/℃	≤	160	
终馏点温度/℃	≤	210	
烃类型：			
芳烃(体积分数)/%		45～55	
烯烃(体积分数)/%		12～17	GB/T 11133
饱和烃(体积分数)/%		28～43	
外观		清澈明亮	
水(体积分数)/%	≤	0.01	GB/T 11133
铅含量/(mg/L)	≤	5	GB/T 8020
氧化安定性/min	≥	1 000	GB/T 8018
注：本校准汽油中不含任何金属有机化合物。			

附　录　B

（资料性附录）

基　础　汽　油

本附录规定了由重油催化裂化汽油组分、连续重整汽油组分和异辛烷等调合而成的基础汽油的技术要求（见表 B.1）。

表 B.1　基础汽油技术要求

项　　　目	质　量　指　标	试　验　方　法
抗爆性： 　研究法辛烷值（RON）　≥ 　抗爆指数（RON＋MON）/2 ≥	 93 88	 GB/T 5487 GB/T 503
铅含量/（g/L）　　　　　≤	0.005	GB/T 8020
馏程（体积分数）： 　10%的蒸发温度/℃　　≤ 　50%的蒸发温度/℃　　≤ 　90%的蒸发温度/℃　　≤ 　终馏点温度/℃　　　　≤ 　残留量（体积分数）/%　≤	 70 120 190 205 2	GB/T 6536
蒸气压/kPa 　从9月16日至3月15日 ≤ 　从3月16日至9月15日 ≤	 88 74	GB/T 8017
实际胶质/（mg/100 mL）　≤	5	GB/T 8019
诱导期/min　　　　　　≥	480	GB/T 8018
硫含量（质量分数）/%　　≤	0.10	SH/T 0253
博士试验	通过	SH/T 0174
苯含量（体积分数）/%　　≤	2.5	SH/T 0693
芳烃含量（体积分数）/%	15～30	GB/T 11132
烯烃含量（体积分数）/%	25～35	GB/T 11132

附 录 C

（资料性附录）

燃烧室沉积物收集操作规程

C.1 收集前准备工作

C.1.1 准备8张白色光滑的纸，可从商店购买，做成8个纸袋，并做好记号。

C.1.2 对8个纸袋进行称量，并记录质量。

C.1.3 确认缸盖、缸体已经照相、评分完毕，并察看标签是否正确。

C.1.4 用干净的透明胶带封住所有的水道和油孔。

C.1.5 转动曲轴，直到所要刮的活塞到达上死点。

C.1.6 用堵头堵住火花塞孔，并安装新的进气门，以堵住进气道。

C.2 正式收集步骤

C.2.1 将纸袋放置好并用专用工具刮积碳。

C.2.2 在收集完活塞顶部（不包括活塞侧面）和汽缸盖燃烧室的积碳后，对纸袋进行称量，并记录质量。

C.2.3 称量完后，用不干胶粘住纸袋封口。

C.2.4 计算质量，并记录。

参 考 文 献

GB/T 503   辛烷值测定法(马达法)

GB/T 5487   辛烷值测定法(研究法)

GB/T 6536   石油产品蒸馏测定法

GB/T 8017   石油产品蒸气压测定法(雷德法)

GB/T 8018   汽油氧化安定性测定法(诱导期法)

GB/T 8019   车用汽油和航空燃料实际胶质测定法(喷射蒸气法)

GB/T 8020   汽油铅含量测定法(原字吸收光谱法)

GB/T 11132   液体石油产品烃类测定法(荧光指示剂吸附法)

GB/T 11133   液体石油产品水含量测定法(卡尔·费休法)

GB/T 17040   液体石油产品硫含量测定法(能量散射 X 射线荧光光谱法)

SH/T 0174   芳烃和轻质石油产品硫醇定性试验法(博士试验法)

SH/T 0253   轻质石油产品中总硫含量测定法(电量法)

SH/T 0693   汽油中芳烃含量测定法(气相色谱法)

ICS 75.140
E 49

中华人民共和国国家标准

GB/T 19230.6—2003

评价汽油清净剂使用效果的试验方法
第6部分:汽油清净剂对汽油机进气阀和
燃烧室沉积物生成倾向影响的发动机台架
试验方法(M111法)

Test method for evaluating gasoline detergent in use—
Part 6:Engine dynamometer test method for influence of intake valve and
combustion chamber deposit tendencies of gasoline detergent(M111 method)

2003-07-01 发布

2003-12-01 实施

中 华 人 民 共 和 国
国家质量监督检验检疫总局 发 布

前　言

GB/T 19230.6—2003《评价汽油清净剂使用效果的试验方法》分为六个部分:
——第1部分:汽油清净剂防锈性能试验方法;
——第2部分:汽油清净剂破乳性能试验方法;
——第3部分:汽油清净剂对电子孔式汽油喷嘴(PFI)堵塞倾向影响的试验方法;
——第4部分:汽油清净剂对汽油机进气系统沉积物(ISD)生成倾向影响的试验方法;
——第5部分:汽油清净剂对汽油机进气阀和燃烧室沉积物生成倾向影响的发动机台架试验方法
　　　(Ford 2.3 L法);
——第6部分:汽油清净剂对汽油机进气阀和燃烧室沉积物生成倾向影响的发动机台架试验方法
　　　(M111法)。
本部分为GB/T 19230—2003的第6部分,对应于CEC(欧洲协调委员会)2001年2月15日修订
批准的CEC F-20-A-98《汽油机燃烧室和进气阀沉积物形成趋势》(英文版),一致性程度为修改采用,与
其的主要不同之处为:
——增加了"1范围"、"2规范性应用文件"和"3方法概要";
——校准汽油的技术指标在附录A中描述;
——参比机油的技术指标在附录B中描述;
——基础汽油的技术指标在附录C中描述;
——沉积物收集工具及其准备在附录D中描述;
——为了便于使用,将原标准中试验数据库纳入到附录E中陈述;
——删除了原标准中的"03健康与安全"、"11比对"、"12记录"、"13鉴定/质量"、"15成员名单"。
本部分的附录D为规范性附录,附录A、附录B、附录C和附录E为资料性附录。
本部分由中华人民共和国交通部提出。
本部分由中国石油化工集团公司归口。
本部分起草单位:交通部公路科学研究所、中国汽车技术研究中心、中石化石油化工科学研究院。
本部分主要起草人:李孟良、谢素华、郭东华、吴畏、彭伟、方茂东、郭亦明。

评价汽油清净剂使用效果的试验方法
第 6 部分:汽油清净剂对汽油机进气阀和
燃烧室沉积物生成倾向影响的发动机台架
试验方法(M111 法)

1 范围

本部分规定了汽油清净剂对进气阀和燃烧室沉积物影响的标准台架试验方法与试验设备。本试验方法涉及一个评价点燃式发动机使用车用无铅汽油在进气阀上沉积物的形成趋势的发动机测功机试验程序。

本部分适用于汽油清净剂清净性评定,也适用于车用无铅汽油清净性的评定。

注:本部分未对所有的安全注意事项作出说明,采取相应的安全、卫生措施以及使用前是否符合有关法规是方法使用者的责任。

2 规范性引用文件

下列文件中的条款通过本部分的引用而成为本部分的条款。凡是注日期的引用文件,其随后所有的修改单(不包括勘误的内容)或修订版均不适用于本部分,然而,鼓励根据本部分达成协议的各方研究是否可使用这些文件的最新版本。凡是不注日期的引用文件,其最新版本适用于本部分。

GB/T 19000—2000 质量管理体系 基础和术语

JJF 1001—1998 通用计量术语及定义

ASTM D 3306 小轿车和轻型卡车用乙二醇型发动机冷却液

ASTM D 5302 内燃机油低温油泥和抗磨损性能评定方法(VE 方法)

3 方法概要

试验用的发动机为戴姆勒-克莱斯勒生产的四缸四冲程、每缸四阀,带电控点火和汽油喷射系统,排量 2.0 L 的 M111 发动机。发动机试验前应按指定的工况磨合(对新发动机),每次试验前按规定的程序清洗有关零部件并进行系统的检查,然后,按严格的试验工况来进行发动机循环试验,在 60 h 内完成800 个循环;用专用的工具仔细收集试验后进气阀和燃烧室沉积物,并在 16 h 之内完成沉积物的评价工作。

4 设备

4.1 发动机

4.1.1 发动机特指戴姆勒·克莱斯勒生产的四缸四冲程、每缸四阀,带电控点火和汽油喷射系统,排量 2.0 L 的 M111 发动机。

4.1.2 发动机的安装

用三个橡胶坐垫将发动机安装在试验台架上。发动机安装位置必须使曲轴与朝排气侧倾斜 15°的缸体水平。宜使用标准变速箱以提供后安装点。变速器也可以改造以方便直接驱动。直接驱动是通过库赛尔离合器和万向节轴来进行调节。如果用 M 102E 或 M 111 标准变速器,则必须锁止第 4 档(1∶1传动比)。布置方案可以用中间轴取代原装的变速器输入和输出轴以及所有的齿轮。中间轴可以通过将输入、输出轴焊接在一起制得或为此特作一个轴。

4.2 供油系统

采用传统的供油系统,其主要零部件包括:

——燃油蒸发控制系统的热阀(开启温度 70℃,关闭温度 35℃);

——膜式压力调节器、膜式压力阻尼器和调节压力的真空元件;

——再生阀和燃油滤清器;

——油箱、通风阀和活性碳罐;

——进气歧管、到压力传感器的真空管(进气歧管真空型)和局部进气歧管预热继电器(PSV);

——排气歧管和催化转换器;

——转速计数器和热氧传感器;

——油泵和油泵继电器;

——运行工况控制(TPM)/怠速控制(LLR)总成;

——A7C 压缩机关闭控制元件、ABS 控制元件和接地的 ABS 液压传动装置支架;

——对比电阻;

——CO 电位计,附带性能图调节器;

——接线板 1,接线 30/接线 61 蓄电池(3 针);

——接线板 2,接线 15/15,不熔断(3 针)(PSV);

——诊断、脉冲读出测试接口(16 针);

——喷油阀。

4.3 电器系统

采用基本的传统电器系统。如果适当的话,交流发电机应该不吸收负荷。Berger 电器元件和手柄必须在发动机运转前安装,因为它模拟许多不适合发动机的电传感器。带稳压高压分电器的点火系统的主要零部件包括:

——冷却液温度传感器 CIS-E,HFM-PMS;

——进气温度传感器;

——曲轴位置传感器;

——怠速控制执行器;

——发动机压力管理(PMS)控制元件;

——火花塞;

——点火线圈 1(气缸 1 和 4);

——点火线圈 1(气缸 2 和 3);

——诊断测试接口(16 针);

——起动机锁止/倒车灯开关。

点火系统、电器系统分别按供应商提供的布置图、ECU 电路平面图布置。

4.4 冷却系统

4.4.1 采用50%去离子水和符合 ASTM D 3306 的冷却液浓缩液。至少每6次试验后检查冰点达到(−37±2)℃。

4.4.2 冷却系统为密封冷却系统。发动机散热器必须更换成水/水的热交换器。冷却系统中所有与冷却液直接接触的零件不能含任何镀锌材料。

4.4.3 发动机冷却液恒温器应该被顶开或用一个空心插件替换,以便关闭短的管路连接(冷却液泵到恒温器),对车辆的加热系统的连接要断开。温度控制靠试验台架控制元件完成。冷却液出口温度不能超过110℃,要有合适的副水箱,副水箱的压力释放帽的额定打开压力是140 kPa。

4.5 排气系统

使用标准的排气系统(包括催化转化器)。也可以用试验台架的排气系统但必须装有标准排气下管和催化转化器。排气背压在 3 800 r/min、40 N·m 工况下必须调整到(3±1) kPa。

4.6 机油冷却系统

4.6.1 必须使用戴姆勒-克莱斯勒 M111 发动机原装机油冷却器。

4.6.2 机油滤清器,主要零部件包括:

——机油滤清器壳;

——机油滤清器盖,扭矩 25 N·m;

——机油滤清器滤网护圈;

——O 型圈;

——机油滤清器滤网;

——衬垫。

4.6.3 回油锁止阀,主要零部件包括:

——阀芯;

——压力弹簧;

——带密封圈的塞子,扭矩 30 N·m;

——连接套管;

——O 型圈;

——带密封圈的塞子,扭矩 70 N·m;

——机油滤清器怠速阀(闭合压力 5 kPa);

——机油滤清器旁通阀(开启压力(300±40) kPa)。

4.7 进气系统

必须使用标准进气系统。为维持进气温度在规定的范围内,可以安装适当的进气加热器和控制器,但这类装置不能影响进气压力。不允许进气歧管内装加热件。它们必须用带有进气孔的平衡装置来代替。

4.8 真空系统

真空系统主要零部件包括:

——热阀(开启温度 70℃/关闭温度 35℃);

——膜式压力调节器和膜式压力阻尼器;

——再生阀;

——模拟压力的真空元件(仅用于自动变速器)和第二变速方式的真空元件(仅用于自动变速器);

——检查阀和真空罐;

——进气歧管;

——怠速控制执行器;

——压力发动机管理控制元件;

——变速方式开关(第二种变速方式,仅用于自动变速器)和减速换档转换阀(仅用于自动变速器);

——转换阀(第二种变速方式)。

4.9 曲轴箱通风

在试验期间使用标准的、免维护的曲轴箱通风系统。只有在窜气测量期间,曲轴箱才通向大气。

注意:为测试强度,正确的窜气系统是关键,它从曲轴箱到 1、4 缸的进气口,并且在 4 个缸的气缸盖到节流阀前分别进入曲轴箱通风。

4.10 仪表

为检查和控制下列变量配适当仪表:

——发动机转速;

——扭矩;

——冷却液进口温度 从水泵进口的上游(300±5)mm;

——冷却液进口温度 从恒温器壳的下游(300±5)mm;

——机油温度 在机油滤清器壳的底部;

——排气温度 在缸盖和排气歧管之间的接口处;

——进气温度 直接在空气滤清器进气管前;

——燃油温度 在燃油管路末端;

——机油压力 缸体排气测润滑油道内;

——燃油压力 1缸和2缸之间的燃油管路内;

——排气背压 两个排气管接口后(300±5)mm;

——进气歧管压力 在检查阀135(不用于试验)的连接处或在进气歧管的型芯孔盖后端;

——大气压力 在实验室;

——废气排放物 从缸盖和排气歧管之间的接口处以及两个排气管接口后(300±5)mm处;

——窜气 在两个管处,通风到大气。

5 校准和测量的不确定度

5.1 参数的测量不确定度

每个参数的测量不确定度要求分为两个等级,见表1。

——A级:对于测量过程中所有控制参数的测量仪器要求具有当代的技术水平。

——B级:对所测量过程中所有"记录"或"检查"参数的测量仪器要求一般的技术水平。

表 1 参数的测量不确定度

被测参数	单位	测量范围	A 级	B 级
发动机转速	r/min	0~7 500	±10	±10
发动机扭矩	N·m	0~100	±(1+1%M)[a]	±(1+2%M)
		100~200	±(2+1%M)	±(2+2%M)
		200~400	±(4+1%M)	±(4+2%M)
		400~1 000	±(10+1%M)	±(10+2%M)
		1 000~2 000	±(20+1%M)	±(20+2%M)
		2 000~4 000	±(40+1%M)	±(40+2%M)
温度	℃	−10~200	±1.5	±3
		200~375	±2	±4
		375~1 200	±15	±25
大气压力	kPa	80~120	±5	±10
压力	kPa	0~300(绝对值)	±15	±25
	kPa	−100~200	±15	±25
		(仪表)		
	kPa	200~1 000	±0.1	±0.2
燃油流量	kg/h	0~100	±(0.1+1%)	±(0.1+5%)
总油耗	kg 或 L		±1.0%	±5.0%
窜气流量	L/min	0~300	±5.0	±10.0
冷却液流量	L/min	0~500	±(1+3.0%)	±(1+5.0%)

表 1（续）

被测参数	单位	测量范围	A 级	B 级
CO 含量（体积分数）	％	0～10	±0.2	±0.5
注 1：当以百分数表示时，测量不确定度为两个单位的比值。				
注 2：上述表中所定义的测量不确定度的限值包括所有与溯源链有关的校准不确定度。				

ª M：试验中可能出现的最大值。

5.2 校准周期、标准和定义

5.2.1 校准周期

GB/T 19000 没有对校准周期进行规定，也必须定期校准，校准按下列情况进行：

——经验；

——测量链的质量；

——使用频繁程度。

每当测量结果出现异常值时，必须对测量链进行重新校准。

5.2.2 校准标准

校准引用如下标准：

——GB/T 19000—2000；

——JJF 1001—1998。

5.2.3 校准的有关定义

5.2.3.1 测量不确定度：表征合理地赋予被测量之值的分散性，与测量结果相联系的参数。

注 1：此参数可以是诸如标准偏差或其倍数，或说明了置信水准的区间的半宽度。

注 2：测量不确定度由多个分量组成，其中一些分量可用测量列结果的统计分布评定，并用试验标准偏差表征。另一些分量则可用于经验及其他信息的假定概率分布评定，也可用标准偏差表征。

注 3：测量结果应理解为被测量之值的最佳估计，而所用的不确定度分量均贡献给了分散性，包括那些有系统效应引起的（如，与修正值和参考测量标准有关的）分量。

5.2.3.2 溯源性：通过一条具有规定不确定度的不间断的比较链，使测量结果或测量标准的值能够与规定的参考标准，通常是与国家测量标准或与国际测量标准联系起来的特征。

注 1：此概念常用形容词"可溯源的"的来表示。

注 2：这条不间断的比较链称为溯源链。

5.2.3.3 操作范围：对任何给定的参数，在整个试验期间，预计可以看到的值的最宽范围（最大和最小值之间的差别）。

5.2.3.4 测量链：测量仪器或测量系统的系列单元，由它们构成测量信号从输入到输出的通道。

5.2.3.5 传感器校准范围：特定传感器的最大工作范围。

5.2.3.6 校准范围：每个测量链被校准的范围。测量链的设定范围一般不超过传感器的校准范围。

5.2.3.7 满量程：在测量链的校准范围内的最大偏离值。

6 校准汽油、参比机油、参比冷却液、试验汽油

6.1 校准汽油

用于校准机器使用校准汽油，参见附录 A。

6.2 参比机油

全部试验所用参比机油性能指标参见附录 B。

注：批号要在试验报告上注明。

6.3 参比冷却液

用去离子水和符合 ASTM D 3306 的冷却液浓缩液各 50％配制成冷却液，每 6 次试验至少检查一

次冰点,冰点应在(-37±2)℃。

6.4 试验汽油

所有试验使用基础汽油(参见附录C)。试验报告注明批号和供应商非常重要。

7 试验准备

7.1 发动机磨合

7.1.1 用新发动机开始试验前,必须完成磨合过程。磨合前,必须完成下列操作:

——放空曲轴箱内的机油;

——必须安装新的机油滤清器;

——发动机应加注 4 000 g RL-177 磨合机油;

——确保发动机加注 6.3 规定的参比冷却液;

——用起动机运转发动机,机油压力没有达到大于 50 kPa 前不能点火,压力到后点火运转发动机;

——不要让发动机转速超过 2 000 r/min;

——检查发动机是否有泄漏,运转声音是否正常;

——按照第一部分磨合工况运转发动机。

7.1.2 第一部分磨合工况

第一部分磨合工况如表2所示。

表 2 第一部分磨合工况

阶段	时间/min	转速/(r/min)	扭矩/N·m	冷却液出口温度/℃	机油温度/℃
1	3	1 500±50	0	<95	<80
2	3	3 000±50	0	<95	<80
3	2	4 500±50	0	<95	<80
4	5	2 850±50	40	90±3	90±5
5	7	750(急速)	0	90±3	90±5

在第 4 阶段期间,如果需要,检查并调整排气背压到(3±1) kPa;

在 5 阶段期间作下列检查:

——电控急速(750±50) r/min,冷却液温度大于 85℃;

——机油压力大于 50 kPa;

——ECU 设定值点火正时上止点前 3.7°;

——CO 水平(体积分数)(1.0±0.5)%。

完成第一部分磨合后,发动机熄火,检查气缸压力。测缸压时,拆掉所有火花塞,节流阀全开,曲轴转速应该在 170 r/min。最小缸压值要达到 1 050 kPa,各缸压力差不得超过 150 kPa。

完成气缸压力检查后,重新启动发动机,进行第 2 部分磨合运转。

7.1.3 第二部分磨合工况

第二部分磨合工况如表3所示。

表 3 第二部分磨合工况

阶段	时间/min	转速/(r/min)	扭矩/N·m	冷却液出口温度/℃	机油温度/℃
1	10	3 000±50	全负荷	90±5	<135
2	10	5 000±50	95.5±2	90±5	<135
3	5	4 000±50	全负荷	90±5	<135

表 3（续）

阶段	时间/min	转速/(r/min)	扭矩/N·m	冷却液出口温度/℃	机油温度/℃
4	5	2 000±50	76.5±2	90±5	<135
5	5	5 000±50	全负荷	90±5	<135
6	5	2 500±50	76.5±2	90±5	<135
7	5	5 200±50	全负荷	90±5	<135
8	5	2 500±50	76.5±2	90±5	<135
9	5	5 500±50	全负荷	90±5	<135
10	5	3 000±50	76.5±2	90±5	<135

第二阶段磨合结束后，允许发动机怠速直到机油温度降至 100℃ 以下。怠速期间检查窜气（到大气）少于 10 L/min。当机油温度降至 100℃ 以下后，关闭发动机，拆掉机油滤清器盖，提起滤芯，拔掉放油阀，让机油流回曲轴箱，放油时间至少 15 min。然后将机油从曲轴箱中放掉。从发动机中放掉冷却液，更换缸盖。

7.2 定位进气阀

定位进气阀减少沉积物重量的标准偏差。因此，为防止进气阀转动必须定位所有的进气阀。只能使用带单槽阀杆和锁圈的阀。

7.3 清洁操作

7.3.1 每次试验前，应该清洗掉下列零件上的所有沉积物：

——进气歧管；

——缸盖进气口；

——缸盖燃烧室；

——活塞顶和气缸顶部；

——排气阀；

——缸盖和缸体的配合表面。

7.3.2 每次试验前，下列零件应该更换：

——缸盖衬垫和密封；

——进气阀；

——阀杆密封；

——机油滤清器。

7.4 其他操作

7.4.1 在每进行五次试验运行后，分别在距进气阀导管的上端和下端(5±1) mm 处测量导管的内径：检查其是否过渡磨损，标称限值是(7.000～7.015) mm。

7.4.2 给每个进、排气阀作记号。

7.4.3 擦拭阀然后在溶剂中清洗，去掉油脂或机油。

7.4.4 进、排气阀干燥后，放在精密天平上称量，天平最小读数到 1 mg。

7.4.5 检查和清洗火花塞，必要时更换，设定火花塞间隙为(0.8±0.05) mm。

7.4.6 检查空气滤清器，必要时更换。

7.4.7 放掉（耗尽）油箱和油耗计中的汽油，随后注满试验汽油。

7.4.8 用新密封重新装配缸盖。

7.4.9 用新的衬垫和密封将缸盖装到发动机上。

7.4.10 检查凸轮正时。

7.4.11 为更好监测发动机各缸间的差别变化,应在缸盖和排气歧管之间装配带热偶器和气体支路的排气歧管适配器。

注意:各缸间的差别变化来自特别的窜气系统,窜气只引到外边的两个缸,如果试验台架安装正确,试验期间,可以通过测试各缸的温度和排气来发现。如果台架系统不正确,试验结束后,可以看到发动机的沉积物分布不对。

7.4.12 安装新的机油滤清器滤芯。

7.4.13 向曲轴箱中加入 4 000 g RL189 号新机油。

7.4.14 加注 50% 去离子水和符合 ASTM D 3306 的冷却液浓缩液。

8 试验程序

8.1 试验前检查

完成"7.3 清洁操作"和"7.4 其他操作"以后,进入以下试验程序:

8.1.1 用起动机运转发动机,机油压力不超过 50 kPa 不能点火,机油压力超过 50 kPa 后,点火运行,但不要让发动机转速超过 2 000 r/min。检查发动机是否有泄漏和不正常噪音。

8.1.2 运行试验前的检查工况见表 4。

表 4 运行试验前的检查工况

阶段	时间/min	转速/(r/min)	扭矩/N·m	冷却液出口温度/℃	机油温度/℃
1	3	1 500±50	0	<95	<80
2	3	3 000±50	0	<95	<80
3	2	4 500±50	0	<95	<80
4	5	3 800±50	40±5	90±3	90±5
5	5	4 500±50	全负荷	90±3	90±5
6	7	750(急速)	0+5	90±3	90±5

8.1.2.1 在第 4 阶段期间,检查并调整排气背压到(3±1) kPa;在第 5 阶段期间测量向大气中的窜气,气流小于 40 L/min。检查后不要忘记将窜气系统装回原位。

8.1.2.2 在第 6 阶段期间,在发动机急速(750±50) r/min、节流阀关闭及冷却液温度大于 85℃ 的工况下,通过 ECU 进行下列电子检查:

——机油压力大于 50 kPa;

——CO 水平(体积分数)(1.0±0.5)%;

——检查窜气流量(向大气)小于 10 L/min;

——检查发动机是否有泄漏和不正常噪音;

——检查 λ 传感器信号在(200~1 100) mV 之间。

8.1.2.3 当机油温度达到 80℃ 后,停发动机。不要打开滤清器盖。从曲轴箱放掉机油,时间至少 15 min。重新拧上放油螺栓,对流出的机油称量,并重新加注到发动机中。为了完成试验前检查运行,还要测量气缸压力。测量气缸压力时,拔掉所有火花塞,节流阀大开,曲轴转速应在 170 r/min 以上。最小气缸压力是 1 050 kPa。各缸之间缸压差不得超过 150 kPa。重新设定油耗测量计数器。

8.2 试验运行

完成 8.1 的操作后,启动发动机,自动控制器工作,发动机按表 5 工况运行 60 h(800 循环)。

表 5　发动机运行工况

阶段	时间/min	转速/(r/min)	扭矩/N·m	排气背压/kPa	进气温度/℃	冷却液出口温度/℃	机油温度/℃	汽油温度/℃	ECU设定值（上止点前）/°
1	0.5	750±50（怠速）	闭合节流阀	测量并记录	30±5	105±3	90±5	27±5	3.7
2	1	1 500±25	40±2		30±5	105±3	90±5	27±5	21.6
3	2	2 500±25	40±2		30±5	105±3	90±5	27±5	31.8
4	1	3 800±25	40±2	3±1	30±5	105±3	90±5	27±5	32.2

注：标准窜气系统由 1/4 和 2/3 两组气缸、定位气阀和单槽气阀组成。

8.2.1　从一个阶段转换到下一个阶段要在 10 s 内完成。第 4 阶段后节流阀必须快速关闭。

8.2.2　试验运行期间，每个循环的每个阶段都要记录数据，应该记录下列数据：

——发动机转速；

——发动机负荷；

——进水温度；

——出水温度；

——机油温度；

——排气温度；

——进气温度；

——汽油温度；

——机油压力；

——汽油压力；

——排气背压；

——进气歧管压力；

——环境压力。

8.2.3　试验期间不应加注机油。试验末端，如果机油量小于油尺的最低刻度线，试验无效。

8.3　试验结束

8.3.1　60 h(800 循环)试验后，关闭发动机。当机油温度降至 80℃ 以下时，从曲轴箱放掉机油，时间至少 15 min。称量放出的机油，并计算机油消耗量。放油期间不要拆机油滤清器盖。

8.3.2　每次试验允许的最大机油消耗量为 700 g，确定并记录总汽油消耗。

8.3.3　从发动机上拆卸缸盖。要小心的拆卸以避免影响缸盖上的沉积物。

9　试验评价

9.1　沉积物评价

9.1.1　试验后沉积物如果长时间暴露在外，其重量和性质会改变。因此，当发动机在最后循环后停止运转时，必须确保 16 h 内开始进行沉积物评价。

9.1.2　沉积物收集工具及其准备见附录 D。小心地拆卸缸盖后，在 2 h 内，开始进行缸盖燃烧沉积物收集和进气阀沉积物评价工作。

9.1.3　为了在沉积物收集过程中不松动任何沉积物，必须使用缸盖盖板和曲轴盖板。缸盖盖板由金属片制成(宜用不锈钢)，见图 D.1。为了竖直放置滤清器，应采用滤清器架子，见图 D.2。

9.2　总燃烧室沉积物评价

9.2.1　仔细地将燃烧室沉积物收集到预先称量的滤清器(滤清器与真空装置相连)中，确定燃烧室沉积物重量。

9.2.2 缸盖用一个滤清器,活塞、曲轴、缸盖衬垫用一个滤清器;也可以缸盖用一个滤清器,活塞用一个滤清器,曲轴、缸盖衬垫用一个滤清器。

9.2.3 刮掉沉积物时必须格外小心操作,确保收集所有沉积物。

9.2.4 为了避免在沉积物收集过程中损失沉积物,缸盖和发动机气缸体必须用一个专用盖板,并定时用沉积物收集工具真空清洁。

9.2.5 沉积物收集工具不使用时必须始终保持竖直状态。用过的滤清器也要竖直放置,以确保滤清器重新称量前收集到的沉积物不会洒到外面。

9.2.6 总燃烧沉积物是气缸盖燃烧沉积物和活塞顶沉积物重量的总和,结果以 mg 表示。

9.2.7 气缸盖燃烧沉积物

9.2.7.1 火花塞孔必须堵死,进气阀仍然保留在进气口内。

9.2.7.2 缸盖拿起放下时,气缸盖盖板必须固定在气缸垫表面。然后,用特殊的工具,如刮刀,刮掉整个气缸盖燃烧室表面的沉积物,包括进、排气阀受火面。

9.2.7.3 小心地从 4 个缸收集所有的沉积物,放到预称量的滤清器内,再称量滤清器确定沉积物重量。精度至少 1 mg,最终气缸盖燃烧沉积物的重量以 mg 表示。

9.2.8 活塞顶沉积物

9.2.8.1 曲轴箱盖板必须与衬垫面装在一起。顺时针转动曲轴将 1、4 缸的活塞转到上止点位置,然后用刮刀刮掉 1、4 缸活塞顶上的沉积物。将沉积物小心地放到预称量的滤清器内;再顺时针转动曲轴将 2、3 缸的活塞转到上止点位置,继续收集沉积物过程。将沉积物小心地放到预称量的滤清器内;然后,顺时针转动曲轴,将 4 个活塞转到中间位置,即上止点和下止点之间。

9.2.8.2 在完成沉积物收集过程前,不应再动活塞。用刮刀刮掉第一道活塞环反向线以上缸径表面的沉积物,使沉积物落到活塞顶上。

9.2.8.3 将缸盖垫放在曲轴箱顶部。用刮刀刮掉道密封垫引燃活塞环表面的所有沉积物,使沉积物落到活塞顶上。最后,将所有气缸和盖板上的沉积物收集到同一个预称量的滤清器内。再称量滤清器确定沉积物重量,精度至少 1 mg,最终活塞顶沉积物的重量以 mg 计量。

9.3 进气阀沉积物评价

9.3.1 在缸盖燃烧室沉积物收集过程中,确信每个进气阀面和阀座以下的沉积物已经被小心地清除。

9.3.2 试验结束后阀被称量之前,阀要在正庚烷中浸泡 10 s。在空气中干燥至少 10 min,最多 2 h。

9.3.3 在精度为 1 mg 的天平上称量阀和它的所有沉积物的重量。进气阀沉积物重量为试验后进气阀重量减去试验前干净进气阀重量的差值。记录计算结果;检查进气阀座和阀杆的过度磨损情况。建议给进气阀和进气孔照相作为永久文件。

10 报告

每个试验必须准备一份完整的试验报告,内部可以使用简本。

10.1 报告内容

试验报告原则上包括 3 部分:

10.1.1 一般信息

a) 实验室的名称和地址;

b) 报告的确认;

c) 每页确认和报告总页数;

d) 委托人姓名和地址;

e) 试验项目的描述和确定;

f) 试验方法的描述;

g) 试验汽油的编号(包括汽油批号和供应商);

h) 试验用机油(包括机油批号)。

10.1.2 试验数据

a) 试验开始前的检查数据；

b) 试验循环各阶段获得的平均试验数据；

c) 超过规定范围运行的记录；

d) 不正常情况记录；

e) 在 60 h 试验循环中，发动机熄火记录。

10.1.3 试验评价

a) 进气阀喇叭口堆积沉积物的重量称量用每个阀试验前后的重量来确定；

b) 总燃烧室沉积物重量通过收集的沉积物称量来确定。

10.2 试验有效性

10.2.1 如果试验经常超出第 8 章规定的工况运行，则试验为无效试验。

10.2.2 消耗机油过多也是无效试验。

10.3 试验结果

10.3.1 每缸平均进气阀沉积物。

10.3.2 每缸平均总燃烧沉积物。

注 1：两个结果都要四舍五入取整，用 mg 表示。

注 2：各缸每个进气阀沉积物重量、缸盖沉积物重量以及活塞顶沉积物重量要分别报告。

注 3：CEC F-20-A-98 中试验数据库参见附录 E。

11 试验方法的精度

——进气阀沉积物最小差别为：每缸 100 mg 基础油，最小差别为±20%；

——总燃烧沉积物最小差别为：每缸基础汽油和加添加剂试验油的量为小于(100±25) mg，最小
差别为±20%。

附　录　A

（资料性附录）

校　准　汽　油

A.1 用于所有试验的校准汽油是无铅、高级汽油，并满足 CEC DF-12-00 技术条件（参见表 A.1 数据表）。试验报告注明批号和供应商非常重要。汽油不含性能添加剂。

A.2 在试验报告中注明供应商和校准汽油批号。

A.3 汽油不含性能添加剂。

A.4 在 CEC F-05-A-93(M102E)试验中混合料必须给(300～600) mg 的进气阀沉积物。

表 A.1　校准汽油数据表

项　　目	CEC DF-12-00 校准汽油	
	限值	
	最小	最大
研究辛烷值	95	
马达辛烷值	85	
密度 15℃/(kg/m³)	720	775
雷德蒸汽压/kPa	60	90
馏程(体积分数):初馏点/%	报告	
70℃/%	22	50
100℃/%	46	71
150℃/%	75	
终馏点/℃		210
残留物(体积分数)/%		2
炭氢分析(体积分数)/%		
烯烃		18
芳香烃		42
饱和烃	平衡	
苯		5
C/H 比	报告	
氧化稳定性:诱导期/min	360	
未洗胶质(含量)/(mg/100 mL)	报告	
铜片腐蚀/50℃		1
铅含量/(mg/L)		
硫含量/(mg/kg)		
氧质量分数/%		2.7
总氧(体积分数)[a]/%	报告	
进气阀沉积物试验(F-05-A-93)/(mg/阀)	300	

表 A.1（续）

项　　目	CEC DF-12-00 校准汽油	
	限值	
	最小	最大
氢（质量分数）/%(m/m)	报告	
炭（质量分数）/%(m/m)	报告	
C/H 比	报告	
H/C 比	报告	
净热值/(MJ/kg)	报告	
净热值/(Btu/1b)	报告	

注1：型号：汽油，无铅，研究辛烷值为95。

注2：应用：进气阀沉积物试验汽油

Opel Kadett 进气阀沉积物试验　CEC F-04-A-87

M102E 进气阀沉积物试验　CEC F-05-A-93

M111 进气阀沉积物试验　CEC F-20-A-98

a　由指令 85/536/EEC 定义。

附　录　B

（资料性附录）

参　比　机　油

B.1 全部试验所用参比机油性能指标参考 RL-189（见表 B.1）。

B.2 批号要在试验报告上注明。

表 B.1　RL 189 参比机油数据表

RL 号	目　　的		
RL 189/6	为 CEC 燃油试验（汽油和柴油）R5 的标准曲轴箱机油，OK，M102E，M111，XUD9		
性能	方法	指标	单位
SAE 级		15W40	
密度@15℃	ASTM D 4052	0.882	$g \cdot cm^{-3}$
闪点	ASTM D 92	181	℃
倾点	ASTM D 97	−33	℃
运动粘度，100℃	ASTM D 445	14.48	$mm^2 \cdot s^{-1}$
运动粘度，40℃	ASTM D 445	104.7	$mm^2 \cdot s^{-1}$
粘度指数	ASTM D 2270	143	
CCS 粘度，−15℃	ASTM D 5293	3300	mPa · s
布氏粘度/℃	ASTM D 2983		mPa · s
MRV/℃	ASTM D 4684		Pa · s
Noack 挥发性（质量分数）	CEC L-40-A-93		%
高温高剪切性	CEC L-36-A-90		mPa · s
总碱值（高氯的）	ASTM D 2896	8.44	$mg\ KOH\ g^{-1}$
总酸值	ASTM D 664	2.71	$mg\ KOH\ g^{-1}$
硫酸盐灰（质量分数）	ASTM D 874	0.90	%
和原炉的 IR 比较		满意的	
元素分析			
锌（质量分数）	ASTM D 5185(ICP)	0.119	%
磷（质量分数）	ASTM D 5185(ICP)	0.096	%
钙（质量分数）	ASTM D 5185(ICP)	0.206	%
铝（质量分数）	ASTM D 5185(ICP)	0.043	%
镍（质量分数）	ASTM D 5185(ICP)		%
成分			
15 W/40 矿物原油满足 CCMC G4 和 PD2 规范			
历史记录			
CCEL 燃料集团—JJ Milesi，ETS			
数量和混合的数据	容器尺寸	购置地址	
40 000	3 060 L 和 205 L	ET&S，Mont-Saint Aignan，France Fuchs Lubricants(UK) plc H Kruger，Oberhausen	

附　录　C
（资料性附录）
基　础　汽　油

本附录规定了由试验单位专门调制的基础汽油的主要技术指标,技术要求见表 C.1。

表 C.1　基础汽油（93 号）技术要求

项　目	质量指标	试验方法
抗爆性： 　研究法辛烷值（RON）　　≥ 　抗爆指数（RON＋MON）/2≥	 93 88	GB/T 5487 GB/T 503 GB/T 5487
铅含量/(g/L)　　　　　　　≤	0.005	GB/T 8020
馏程（体积分数）： 　10％的蒸发温度/℃　　　≤ 　50％的蒸发温度/℃　　　≤ 　90％的蒸发温度/℃　　　≤ 　终馏点温度/℃　　　　　≤ 　残留量（体积分数）/％(V/V)≤	 70 120 190 205 2	GB/T 6536
蒸气压/kPa 　从 9 月 16 日至 3 月 15 日　≤ 　从 3 月 16 日至 9 月 15 日　≤	 88 74	GB/T 8017
实际胶质/(mg/100 mL)　　≤	5	GB/T 8019
诱导期/min　　　　　　　≥	480	GB/T 8018
硫含量（质量分数）/％　　≤	0.10	GB/T 380
硫醇（需满足下列要求之一）： 　博士试验 　硫醇硫含量（质量分数）/％≤	 通过 0.001	 SH/T 0174 GB/T 1792
铜片腐蚀（50℃,3 h）/级　　≤	1	GB/T 5096
水溶性酸或碱	无	GB/T 259
机械杂质及水分	无	目测
苯含量（体积分数）/％　　≤	2.5	SH/T 0693
芳烃含量（体积分数）/％　≤	40	GB/T 11132
烯烃含量（体积分数）/％　≤	35	GB/T 11132

附　录　D

（规范性附录）

沉积物收集工具及其准备

D.1　设备与器材（沉积物收集工具）

D.1.1　应使用图 D.1、图 D.2 和图 D.3 所列示的沉积物收集工具。

D.1.2　收集工具的装配

将 O-型圈装到装配工具上，然后转动装配工具使 O-型圈到前端平面位置，见图 D.4。

将支撑螺栓完全放进手把中，见图 D.5。将过滤器滑进装配工具内，留一个 O-型圈厚度在外面，见图 D.6。

将量孔接头放进过滤器，同时用手从另一端向后拉过滤器，见图 D.7。小心地将 O-型圈推到过滤器上，见图 D.8。

将带量孔接头的过滤器与手把装在一起，见图 D.9。拧上螺母，见图 D.10。装上量孔。见图 D.11。

最后，装上真空装置，限定压力（5.5～10.5）kPa。

D.2　清洗设备和工具

阀的清洗液要求使用正庚烷（注意保持适当的通风及防火保护是很必要的）。

D.3　烘干设备

D.3.1　烘箱：防爆，能够控制温度在（102±2）℃。

D.3.2　干燥器，包括干燥剂：一个带盖的密封容器，能够提供充分的干燥值。

D.4　分析设备

宜使用精度为 1 mg，满量程为 2 000 g 的分析天平。

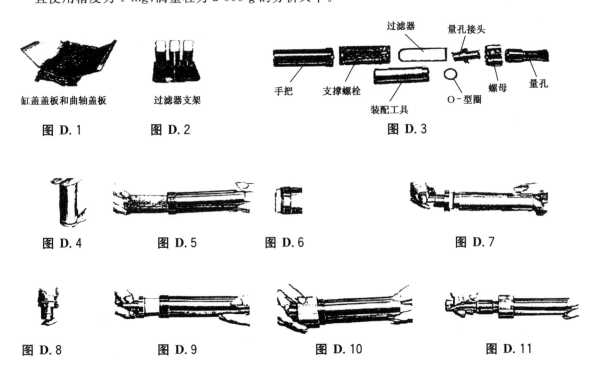

缸盖盖板和曲轴盖板	过滤器支架	手把　支撑螺栓　装配工具　过滤器　量孔接头　O-型圈　螺母　量孔
图 D.1	图 D.2	图 D.3

图 D.4　　　图 D.5　　　图 D.6　　　图 D.7

图 D.8　　　图 D.9　　　图 D.10　　　图 D.11

附　录　E

（资料性附录）

试验数据库

CEC 在汽油清净剂使用效果评定方面做了大量的工作,2001 年 5 月 25 日批准了 CEC F-20-A-98 试验方法。以下提供原标准中的试验数据库,供参考。

E.1　2000 年以前的试验数据库

2000 年以前的试验数据库见表 E.1 和表 E.2。

总燃烧沉积物＝活塞顶沉积物＋缸盖燃烧沉积物

活塞顶沉积物＝(活塞顶＋防火环缸盖垫片＋上部缸径气缸顶部)沉积物

缸盖燃烧沉积物＝(缸盖＋进气阀面＋排气阀面)沉积物

表 E.1　试验数据库 1

年份	汽油	机油	项目	总燃烧沉积物/mg	活塞顶沉积物/mg	缸盖燃烧沉积物/mg	进气阀沉积物/mg 每阀	每缸
1996	RF-83-A-91/6 无添加剂	RL 189/1	平均	1 231	645	582	172	345
			再现性	680	720	350	110	217
			最大	1 708	987	837	229	458
			最小	818	253	423	91	181
			外部管线	无	无	无	无	无
			实验室数	14	12	12	14	14
1996	RF-83-A-91/6 加添加剂	RL 189/1	平均	1 802	1 105	697	2	4
			再现性	400	250	150	5	10
			最大	1 945	1 199	746	3	7
			最小	1 658	1 021	637	0	0
			外部管线	无	无	无	无	无
			实验室数	3	3	3	3	3

表 E.2　试验数据库 2

年份	汽油	机油	项目	总燃烧沉积物/mg	进气阀沉积物/mg
1998	RF-83-A-91/6 无添加剂,汽油 A	RL 189/4	平均	837	269
			再现性	498	122
			最大	1 110	345
			最小	561	209
			外部管线	无	无
			实验室数/测试次数	8/11	8/11
1998	RF-83-A-91/6 加添加剂,汽油 B	RL 189/4	平均	955	75
			再现性	553	137
			最大	1 270	160
			最小	759	14
			外部管线	无	无
			实验室数/测试次数	8/9	8/9

表 E.2（续）

年份	汽油	机油	项目	总燃烧沉积物/mg	进气阀沉积物/mg
1998	RF-83-A-91/6 加添加剂，汽油 C	RL 189/4	平均	1 332	41
			再现性	320	75
			最大	1 504	84
			最小	1 217	16
			外部管线	无	无
			实验室数/测试次数	5/5	5/5

总燃烧沉积物数据处理（DP）/δ 计算：

	汽油 A	汽油 B	汽油 C
汽油 A	……		
汽油 B	7.3	……	
汽油 C	1.7	2.3	……

进气阀沉积物数据处理（DP）/δ 计算：

	汽油 A	汽油 B	汽油 C
汽油 A	……		
汽油 B	6.1	……	
汽油 C	0.9	1.1	……

E.2 2000 年以后的试验数据库

2000 年以后的试验数据库见表 E.3 和表 E.4。

E.2.1 进气阀沉积物（IVDs）

校准汽油：　　　CEC DF-12-00，批号 1　　　机油 RL 189，批号 5

添加剂汽油：　　　CEC DF-12-00，批号 1＋全合成添加剂（相关市场处理率不高，对这种高沉积物 IVD 汽油不是优选的）

表 E.3　试验数据库 3

样品	实验室个数	结果个数	平均/(mg/阀)	重复性标准偏差/(mg/阀)	再现性标准偏差/(mg/阀)	重复性/(mg/阀)	再现性/(mg/阀)
IVD-基准	14	21	806	47	194	132	543
IVD-添加剂	10	11	22	3	30	7	85

数据处理（DP）/δ 计算　　0.9

E.2.2 燃烧总沉积物（TCDs）

表 E.4　试验数据库 4

样品	实验室个数	结果个数	平均/mg	重复性标准偏差/mg	再现性标准偏差/mg	重复性/mg	再现性/mg
TCD-基准	13	20	4 872	216	1 004	605	2 812
TCD-添加剂	10	12	6 583	738	1 413	2 067	3 956

数据处理（DP）/δ 计算　　3.7

参 考 文 献

[1] GB/T 259 石油产品水溶性酸及碱测定法

[2] GB/T 380 石油产品硫含量测定法(燃灯法)

[3] GB/T 503 辛烷值测定法(马达法)

[4] GB/T 1792 馏分燃料中硫醇硫测定法(电位滴定法)

[5] GB/T 5096 石油产品铜片腐蚀试验法

[6] GB/T 5487 辛烷值测定法(研究法)

[7] GB/T 6536 石油产品蒸馏测定法

[8] GB/T 8017 石油产品蒸气压测定法(雷德法)

[9] GB/T 8018 汽油氧化安定性测定法(诱导期法)

[10] GB/T 8019 车用汽油和航空燃料实际胶质测定法(喷射蒸气法)

[11] GB/T 8020 汽油铅含量测定法(原子吸收光谱法)

[12] GB/T 11132 液体石油产品烃类测定法(荧光指示剂吸附法)

[13] SH/T 0174 芳烃和轻质石油产品硫醇定性试验法(博士试验法)

[14] SH/T 0693 汽油中芳烃含量测定法(气相色谱法)

[15] ASTM D 92 用克利夫兰德开杯法测定石油产品的闪点和燃点的试验方法

[16] ASTM D 97 石油的倾点的试验方法

[17] ASTM D 445 透明和不透明液体运动粘度的测试方法(包括动态粘度的计算)

[18] ASTM D 664 电位滴定法测定石油产品酸值的试验方法

[19] ASTM D 874 润滑油和添加剂中硫酸盐类灰分的测试方法

[20] ASTM D 2270 在40℃和100℃下从运动粘度换算成粘度指数的方法

[21] ASTM D 2869 电位高氯酸滴定法对石油产品碱值的试验方法

[22] ASTM D 2983 用布洛克菲尔德回转式粘度计测定汽车液体润滑剂低温粘度的试验方法

[23] ASTM D 4052 数字密度计测定密度和液体相对密度的试验方法

[24] ASTM D 4684 低温下发动机润滑剂的屈服应力和表观粘度的测试方法

[25] ASTM D 5185 用诱导一对等离子体原子发射分光光度计测定原油中的选定元素和用过的润滑油中附加元素、耐磨金属和污染物的标准试验方法

[26] ASTM D 5293 使用低温开裂模拟训练装置在-5℃和-30℃之间的发动机油表面粘度的试验方法

[27] CEC F-05-A-93 M102E进气阀沉积物试验

[28] CEC L-36-A-90 高剪切条件下润滑剂动力粘度的测定(Ravenfield粘度剂)第二版

[29] CEC L-40-A-93 润滑油蒸发损失(NOACK蒸发测试仪)

ICS 75.080
E 30

中华人民共和国国家标准

GB/T 19779—2005

石油和液体石油产品油量计算
静态计量

Petroleum and liquid petroleum products—Calculation of oil
quantities—Static measurement

2005-05-25 发布

2005-11-01 实施

中华人民共和国国家质量监督检验检疫总局
中国国家标准化管理委员会　发布

前　　言

本标准根据美国石油学会(API)的石油计量标准手册(MPMS)第12章　第1节　《静态油量计算第1部分:立式圆筒形油罐和油船》的技术内容,结合国际石油静态计量标准的技术资料和我国油量计算的实际情况重新起草,其一致性程度为修改采用,在附录A中列出了本标准章条编号与MPMS第12.1章第1部分章条编号的对照一览表,主要差异如下:

  ——增加了铁路罐车、卧式油罐及其他储油容器内油量的计算方法;

  ——考虑到我国按油品表观质量进行贸易结算的传统习惯,增加了基于油品表观质量的计算方法、流程和实例;

  ——用我国的法定计量单位重新编写了计算实例;

  ——增加了附录B"本标准术语符号的国内外对照"、附录C"立式油罐量油高度的修正"、附录D"船舱底油(OBQ)或残油(ROB)的计算方法"及附录E"油船纵倾和横倾的修正";

  ——删除了参照标准中的附录B"立式圆筒形钢罐随温度膨胀收缩的罐壁温度修正系数的实例"和附录C"浮顶调整计算实例:方法1和2";

  ——结合我国国情和实际使用,调整了标准的部分章条结构。

本标准的附录A、附录B、附录C、附录D、附录E和附录F为资料性附录;

本标准由原国家石油和化学工业局提出。

本标准由中国石油化工股份有限公司石油化工科学研究院归口。

本标准负责起草单位:中国石油化工股份有限公司石油化工科学研究院。

本标准参加起草单位:中国石油天然气集团公司石油工业计量测试研究所、中国石油股份有限公司兰州石化公司计量中心、中国石化上海石油化工股份有限公司、中国石油化工股份有限公司山西石油分公司、中国石油化工股份有限公司销售公司计量管理站、中华人民共和国大窑湾出入境检验检疫局。

本标准主要起草人:魏进祥、鲍跃春、吉亚伟、周懋民、乔双喜、刘振东、吴云常。

本标准为首次制定。

石油和液体石油产品油量计算
静态计量

1 范围

本标准规定了储油容器内原油、石油产品及石化产品(以下简称油品)静态液体量的计算方法,定义了静态油量计算中使用的术语,给出了计算某些修正系数值的公式。其原则是无论基础数据是手工采集或自动采集,不同用户采用相同的基础数据(油罐容积表、液位、密度和温度等)能够计算出一致的结果。

本标准适用于常压下的立式圆筒形油罐、油船、铁路罐车、卧式圆筒形油罐、汽车罐车及其他储油容器内油品的油量计算。

本标准不包括挂壁油、非液体物质、微量残油和油气空间的油量计算。

本标准计算静态油量的参比条件是:标准温度为20℃,大气压力为101.325 kPa。

2 规范性引用文件

下列文件中的条款通过本标准的引用而成为本标准的条款。凡是注日期的引用文件,其随后所有的修改单(不包括勘误的内容)或修订版均不适用于本标准,然而,鼓励根据本标准达成协议的各方研究是否可使用这些文件的最新版本。凡是不注日期的引用文件,其最新版本适用于本标准。

GB/T 260　石油产品水分测定法

GB/T 1884　原油和液体石油产品密度实验室测定法(密度计法)(GB/T 1884—2000,eqv ISO 3675:1998)

GB/T 1885　石油计量表(GB/T 1885—1998,eqv ISO 91-2)

GB/T 4756　石油液体手工取样法(GB/T 4756—1998,eqv ISO 3170:1988)

GB/T 6531　原油和燃料油中沉淀物测定法(抽提法)(GB/T 6531—1986,eqv ISO 3735:1975)

GB/T 6533　原油中水和沉淀物测定法(离心法)(eqv ASTM D4007:1981)

GB/T 8170　数值修约规则

GB/T 8927　石油和液体石油产品温度测定法

GB/T 8929　原油水含量测定法(蒸馏法)(eqv ASTM D4006:1981)

GB/T 13235.1　石油和液体石油产品　立式圆筒形金属油罐容积标定法(围尺法)(GB/T 13235.1—1991,neq ISO/DIS 7507-1)

GB/T 13235.2　石油和液体石油产品　立式圆筒形金属油罐容积标定法(光学参比线法)(neq ASTM D4738:1990)

GB/T 13235.3　石油和液体石油产品　立式圆筒形金属油罐容积标定法(光电内测距法)(GB/T 13235.3—1995,neq ISO/DIS 7507-4)

GB/T 13377　原油和液体或固体石油产品密度或相对密度测定法(毛细管塞比重瓶和带刻度双毛细管比重瓶法)(GB/T 13377—1992,neq ISO 3838:1983)

GB/T 13894　石油和液体石油产品液位测量法(手工法)(neq API 2545-65:1987)

GB/T 17605　石油和液体石油产品　卧式圆筒形金属油罐容积标定法(手工法)(neq API 2551:1997)

GB/T 18273 石油和液体石油产品 立式罐内油量的直接静态测量法（HTG 质量测量法）（GB/T 18273—2000,eqv ISO 11223-1:1995）

JJG 133 汽车油罐车容量试行检定规程

JJG 140 铁路罐车容积检定规程

JJG 168 立式金属罐容量试行检定规程

JJG 266 卧式金属罐容积检定规程

JJG 702 船舶液货计量舱容量试行检定规程

SH/T 0604 原油和石油产品密度测定法（U 形振动管法）（SH/T 0604—2000,eqv ISO 12185:1996）

ISO/TR 8338 原油交接责任 余留在船上原油量的估算方法

ISO 3171 石油液体 自动管线取样法

API MPMS Chapter 2 油罐标定

API MPMS Chapter 17 油船计量

3 术语和定义

下列术语和定义适用于本标准,术语符号的国内外对照表参见附录 B。

3.1

游离水（FW） free water

在油品中独立分层并主要存在于油品下面的水。V_{FW} 表示游离水的扣除量,其中包括底部沉淀物。

3.2

沉淀物和水（SW） sediment and water

油品中的悬浮沉淀物、溶解水和悬浮水总称为沉淀物和水。其质量分数或体积分数、体积和质量分别用 SW%、V_{sw} 和 m_{sw} 表示。

3.3

沉淀物和水的修正系数 （CSW）correction for SW

为扣除油品中的沉淀物和水（SW）,将毛标准体积修正到净标准体积或将毛质量修正到净质量的修正系数。

3.4

体积修正系数（VCF） volume correction factor

将油品从计量温度下的体积修正到标准体积的修正系数。用标准温度下的体积与其在非标准温度下的体积之比表示。等同于液体温度修正系数（CTL）。

3.5

罐壁温度修正系数（CTSh） correction for temperature of the shell

将油罐从标准温度下的标定容积（即油罐容积表示值）修正到使用温度下实际容积的修正系数。

3.6

总计量体积（V_{to}） total observed volume

在计量温度下,所有油品、沉淀物和水以及游离水的总测量体积。

3.7

毛计量体积（V_{go}） gross observed volume

在计量温度下,已扣除游离水的所有油品以及沉淀物和水的总测量体积。

3.8

毛标准体积(V_{gs}) **gross standard volume**

在标准温度下,已扣除游离水的所有油品及沉淀物和水的总体积。通过计量温度和标准密度所对应的体积修正系数修正毛计量体积可得到毛标准体积。

3.9

净标准体积(V_{ns}) **net standard volume**

在标准温度下,已扣除游离水及沉淀物和水的所有油品的总体积。从毛标准体积中扣除沉淀物和水可得到净标准体积。

3.10

表观质量(m) **weight ,apparent mass in air**

有别于未进行空气浮力影响修正的真空中的质量,表观质量是油品在空气中称重所获得的数值,也习惯称为商业质量或重量。通过空气浮力影响的修正也可以由油品体积计算出油品在空气中的表观质量。

3.11

表观质量换算系数(WCF) **weight converting factor**

将油品从标准体积换算为空气中的表观质量的系数。该系数等于标准密度减去空气浮力修正值。本标准取空气浮力修正值为 1.1 kg/m³ 或 0.001 1 g/cm³。

3.12

毛表观质量(m_g) **gross weight**

与毛标准体积(V_{gs})对应的表观质量。

3.13

净表观质量(m_n) **net weight**

与净标准体积(V_{ns})对应的表观质量。

3.14

总计算体积(V_{tc}) **Total calculated volume**

标准温度下的所有油品及沉淀物和水与计量温度下的游离水的总体积。即毛标准体积与游离水体积之和。

3.15

底油(OBQ) **on-board quantity**

油船装油前就存在的除游离水外的所有油、水和油泥渣等物质。

3.16

残油(ROB) **remaining on board**

油船卸油后残留的除游离水外的所有油、水、油泥渣等物质。

4 数值修约

数值修约方法应符合 GB/T 8170。在多数情况下,所使用的小数位数受数据来源的影响。例如,如果油罐容积表被标定到整数升,则随之导出的体积值也应作相应记录。然而,在没有其他限制因素的情况下,使用者应依照表1规定的小数位数进行修约。表1中的数据不可认为是测量仪器的精度要求。在检验计算方法与本标准的一致性时,显示和打印硬件应具有至少32位二进制字长或能显示10位数。

表 1　有效数位

量的名称		单位名称及符号	小数位数
国内常用	密度	千克每立方米(kg/m³)	××××.×
	密度	克每立方厘米(g/cm³)	×.××××
	VCF		×.××××ᵃ
	SW%		××.×××
	油品温度	摄氏度(℃)	×.×5
	罐壁温度	摄氏度(℃)	×××.0
	CTSh		×.×××××
	CSW		×.×××××
	体积	立方米(m³)	…,×××.×××
	体积	升(L)	…,×××.0
	质量	千克(kg)	…,×××.0
	质量	吨(t)	…,×××.×××
国外及其他	API度,60℉		×××.×
	相对密度		×.××××
	CTL		×.××××
	油品温度	华氏度(℉)	×.×
	体积	加仑(gallons)	…,×××.××
	体积	桶(barrels)	…,×××.××
	质量	磅(pounds)	…,×××.0
	质量	短吨(short tons)	…,×××.×××
	质量	长吨(long tons)	…,×××.×××
ᵃ　石油计量表的使用把 VCF 限制到 4 位小数,查表时的密度分度和温度分度限制到 2.0 kg/m³ 和 0.25℃,发生争议时,应首选计算执行程序计算的 VCF。			

5　基础数据的准备

为获得油罐或油船内油品库存及输转量的准确结果,应首先保证计算油量的基础数据(如液位、油温、密度和水分等)是按规定标准方法同时获得并记录在同一张计量票或计量报告上。

5.1　容积表

储油容器已按相应标准标定,并具备符合标准要求的容积表。其中立式油罐、卧式油罐、铁路罐车、汽车罐车和油船的标定标准依次应为 GB/T 13235.1～GB/T 13235.3(或 JJG 168)、GB/T 17605(或 JJG 266)、JJG 140、JJG 133 和 MPMS Chapter2(Section8A)(或 JJG 702)。

5.2　油品高度

按 GB/T 13894 或其他满足精度要求的自动测量方法准确测量和记录油品的实高或空高,同时也应根据实际需要对使用状态下的检尺口总高和容积表上注明的检尺口总高进行测量和记录。如果容器底部存在游离水和沉淀物,则应测量和记录游离水和底部沉淀物的高度。

5.3　计量温度

油品计量温度按 GB/T 8927 或其他满足精度要求的自动测量方法测量和记录,并最终取得罐内或舱内油品的平均计量温度。

5.4 取样

为确定罐内、舱内或输转油品的密度以及沉淀物和水的质量分数或体积分数,应根据实际计量需要,按 GB/T 4756 或 ISO 3171 的要求取样,以进行实验分析。

5.5 标准密度

按 GB/T 1884、GB/T 13377 或 SH/T 0604 测定第 5.4 条采集样品的标准密度,以最终获得能代表罐内油品的标准密度。

5.6 沉淀物和水的质量分数或体积分数($SW\%$)

根据油品类别和贸易协议,按 GB/T 260 或 GB/T 8929 测定水的质量分数或体积分数,按 GB/T 6531 测定沉淀物的质量分数或体积分数,将二者相加作为沉淀物和水的质量分数和体积分数;此外按照 GB/T 6533 也可一次测出原油中水和沉淀物的质量分数或体积分数。

5.7 环境空气温度

对于非保温罐,罐壁温度受外界环境的影响很大,当计算温度对罐壁影响的修正系数时,除了液体温度以外,还必须考虑环境气体温度。油罐周围的环境气体温度总是一个随机且广泛变动的量,尤其应注意选择最佳的测量位置。建议采用如下方法测量环境气体温度:

  a) 用移动式测温装置在油罐区的背光位置测量一次或多次温度,取平均值作为环境气体温度;

  b) 永久安装在油罐区背光位置的表面温度计;

  c) 采用本地气象站提供的数据。

5.8 油船的附加数据

  a) 前部吃水深度读数;

  b) 后部吃水深度读数;

  c) 横倾。

6 计算毛计量体积(V_{go})

6.1 立式圆筒形油罐

6.1.1 概述

根据式(1),从总计量体积(V_{to})中减去所有游离水(V_{fw}),再将结果乘以罐壁温度修正系数($CTSh$),得到毛计量体积(V_{go})。对于浮顶罐,应从中扣除浮顶的排液体积(V_{frd})。

  注:我国通常以质量作为散装油品的结算依据,因此也按质量扣除浮顶排液量,即省略式(1)中的最后减项,但此时的 V_{go} 中包含浮顶的排液体积,不具有油品体积的实际意义,仅作为油量计算的中间变量。

$$V_{go} = \{(V_{to} - V_{fw}) \times CTSh\} - V_{frd} \qquad\qquad\qquad (1)$$

6.1.2 总计量体积

用 5.2 测量的油品高度查油罐容积表得到对应高度下的标定容积,即油品的总计量体积。当油罐容积表按空罐容积和液体静压膨胀容积分别编制时,总计量体积(V_{to})应按式(2)计算:

$$V_{to} = V_c + \Delta V_c \times \rho_w / \rho_c \qquad\qquad\qquad (2)$$

式中:

  V_c——由油品高度查油罐容积表得到的对应高度下的空罐容积;

  ΔV_c——由油品高度查液体静压力容积修正表得到的油罐在标定液静压力作用下的容积膨胀值;

  ρ_c——编制油罐静压力容积修正表时采用的标定液密度,通常为水的密度;

  ρ_w——油罐运行时工作液体的计量密度,可用标准密度(ρ_{20})乘以计量温度下的体积修正系数(VCF)求得。

  注:用量油尺或自动液位计直接或间接测量的液体实高,应考虑油品温度对量油尺读数以及检尺口总高的影响。

  用液体高度查油罐容积表之前,应参照附录C推荐的方法进行修正。

6.1.3 扣除游离水（FW）和罐底沉淀物

在油品转移前后，应测定游离水和罐底沉淀物的数量，以对毛计量体积作出适当修正。用游离水和沉淀物的深度查油罐容积表可确定它们应扣除的体积。

6.1.4 罐壁温度对标定容积的影响（$CTSh$）

油罐在温度发生变化时，其体积也要发生相应的变化。油罐容积表给出的通常是在标准温度下的容积，实际计量时的罐壁温度通常不同于标准温度，对此应对标定容积作出相应修正。对于立式圆筒油罐，罐壁温度对体积影响的修正系数可以用对横截面积影响的修正系数表示，因此罐壁温度修正系数（$CTSh$）可以按式（3）计算，温度对液位测量影响的修正系数可参见附录 C 单独考虑。

$$CTSh = 1 + 2\alpha(T_s - 20) \qquad\qquad\qquad (3)$$

式中：

α——罐壁材质的线膨胀系数（低碳钢取 $\alpha = 0.000\,012$），$℃^{-1}$；

T_s——油罐计量时的罐壁温度，$℃$；

罐壁温度通常受罐内油品温度和罐外环境温度的影响，因此在计算罐壁温度对标定容积的影响时，均应给予考虑。对于保温罐，可以将罐内油品的平均温度近似作为罐壁温度，即 $T_s = T_L$。对于非保温罐，罐壁温度按式（4）计算：

$$T_s = [(7 \times T_l) + T_a]/8 \qquad\qquad\qquad (4)$$

式中：

T_l——罐内油品的平均温度，$℃$；

T_a——油罐周围的环境空气温度，$℃$。

注：用罐壁温度修正系数修正油罐的标定容积，与计算产品自身体积膨胀或收缩的修正无关。根据特殊需要，罐壁温度修正系数也可以按特定的工作温度编入油罐容积表中。

6.1.5 浮顶修正

6.1.5.1 概述

由于罐内油品密度会经常发生变化，与油品密度有关的浮顶的排液体积也随之变化，因此通常不把浮顶修正直接编入油罐容积表中，而是在油量计算中再扣除。

6.1.5.2 按体积扣除

在油量计算时，如果浮顶排液量在计算毛计量体积时扣除，则浮顶的排液体积（V_{frd}）按式（5）计算：

$$V_{frd} = m_{fr}/[WCF \times VCF] \qquad\qquad\qquad (5)$$

式中：

m_{fr}——浮顶的表观质量。

注：WCF 的单位应与浮顶表观质量的单位相互对应。

6.1.5.3 按质量扣除

由于我国散装油品主要按油品的质量结算，因此在计算带有浮顶的立式圆筒形油罐内的毛计量体积时，可以不扣除浮顶排液体积，而是在计算油品毛表观质量时再扣除浮顶的表观质量。

注：如果液位降落在浮顶最低点至起浮点区间时，浮顶修正不准确，对应数据不适合作计量交接使用。此外，上述浮顶修正不适用于浮顶最低点以下的油量计算。

6.2 油船

6.2.1 概述

根据式（6），从油船舱容表获得的总计量体积（V_{to}）中扣除游离水的体积（V_{fw}）可计算出毛计量体积（V_{go}）。

$$V_{go} = V_{to} - V_{fw} \qquad\qquad\qquad (6)$$

如果修正油船纵倾或横倾的是体积修正值，则可按式（7）计算：

$$V_{go} = (V_{to} \pm 纵倾或横倾修正) - V_{fw} \qquad\qquad\qquad (7)$$

6.2.2 总计量体积(V_{to})

根据油船舱容表的不同配置,油舱内油品的总计量体积(V_{to})可以通过如下三种方式查表得到:

——如果纵倾和/或横倾修正是体积调整量,则首先用测量空高或实高查表得到 V_{to},将纵倾和/或横倾修正值加到 V_{to} 中可得到经过纵倾和/或横倾修正的 V_{to}。

——由经过纵倾和/或横倾修正的空高或实高查表得到 V_{to}。

——有些容积表已经给出了相同检尺高度上随不同纵倾变化的 V_{to} 值,可用测量空高或实高及油船纵倾查表得到 V_{to}。

6.2.3 纵倾修正

纵倾修正用于补偿由于船舱纵向横截面不水平所引起的液位变化。用船尾吃水读数减去船头吃水读数的结果表示纵倾。如果纵倾为正值(即船尾吃水读数较大),就称油船为"艉倾";如果纵倾为负值(即船头吃水读数较大),就称油船为"艏倾"。对此,应注意如下几点:

——在油舱容积表中可以查到纵倾修正,通常是对测量实高或空高的修正。然而,它也可能是对总计量体积的体积调整量;

——纵倾修正值可正可负。纵倾修正表规定了修正值的具体用法;

——如果在舱容表中没有给出纵倾修正值,可以参照式(8)和图1计算。

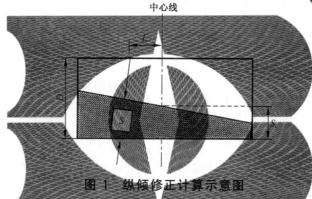

图 1 纵倾修正计算示意图

在油船舱容表中通常提供了纵倾修正值,因此往往不在现场进行如下计算。然而,在需要的场合,也可以采用式(8)计算出对实高的纵倾修正值。

$$S_c = S \times \sqrt{T^2 + LBP^2}/LBP - D \times (T/LBP)^2 \pm L \times (T/LBP) \qquad\cdots\cdots(8)$$

式中:

D——自参照点算起的舱高;

S——检尺高度;

L——检尺口到油舱中心线的距离;

S_c——经纵倾修正的检尺高度;

LBP——垂直线间的船长;

T——油船纵倾。

需要注意的是,当油船处于艉倾情况时,当检尺位置在偏离中心线的船头方向时,应加上最后一项;当检尺位置在偏离中心线的船尾方向时,应减去最后一项。当油船处于艏倾情况时,则正好相反。

当罐内液位达不到前端时,则形成楔形,采用纵倾修正将不再给出真实的检尺高度,可以参照附录 D 计算楔形油品的体积。

6.2.4 横倾修正

横倾修正用于补偿因油船纵向竖直面不垂直于水平面所引起的液位变化。通常用倾斜仪读出油船横倾值。如果没有倾斜仪或怀疑其准确性,则可由船身中部左舷和右弦的吃水读数计算横倾。计算方法可参见如下示例。

示例:如图 2 所示,已知左舷吃水(PA)=10.0 m,右舷吃水(SB)=12.0 m,船身宽度(XY)=30.0 m。根据横倾的计算原理,横倾角(∠LCV 或∠SCX)=θ,tanθ=(右舷吃水—左舷吃水)/船体宽度,则 tanθ=(12.0—10.0)/30=0.066 7,θ=4°(修约到 0.5°),即油船向右横倾 4°。

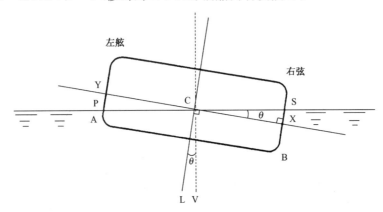

图 2 用船体中部吃水读数计算油船横倾的方法

横倾修正的使用方法应注意如下几点:

——横倾修正值的使用方法与纵倾修正值相同;

——横倾修正值可正可负。在横倾修正表中给出了该修正值的具体用法;

——如果舱容表中没有给出横倾修正值,可以参照附录 E 计算该值。

6.2.5 横倾和纵倾的组合修正

在多数情况下,由于两种修正只有在其中一种不存在时适用,因此横倾修正和纵倾修正最好不放在一起组合使用,当两种情况都存在时,应尽可能消除其中之一。对于横倾和纵倾组合修正的计算方法可以参见附录 E。

6.2.6 游离水的体积

用游离水的实高或空高查油舱容积表可得到其体积。油舱内的任何液体都将受到纵倾和横倾影响,如果游离水接触到全部舱壁,前面引用的纵倾和横倾修正对其同样适用。如果游离水不接触到全部舱壁时,船舱中的液体以楔形体积存在,上述纵倾修正不再适用。计算楔形体积是否存在的规则、楔形表/公式的应用及楔形体积的计算可参见附录 D 或美国石油计量标准手册的第 17.4 章。

6.3 卧式金属罐、铁路罐车和汽车罐车

6.3.1 概述

根据式(9),从总计量体积(V_{to})中减去游离水,再将结果乘以罐壁温度修正系数($CTSh$),就得到毛计量体积(V_{go})。

$$V_{go} = \{(V_{to} - V_{fw}) \times CTSh\} \qquad\qquad\cdots\cdots\cdots\cdots\cdots(9)$$

6.3.2 总计量体积

用油品高度查油罐容积表可以得到标准温度下的油罐在对应高度下的标定容积(V_c)。如果油品高度介于编表高度之间,则可以采用内插法进行计算。对于此类小型油罐,可以不考虑液体静压力的膨胀影响,总计量体积近似等于标定容积($V_{to}=V_c$)。

6.3.3 扣除游离水和罐底沉淀物

按与 6.1.3 相同的方法,扣除游离水和底部沉淀物的体积。

6.3.4 罐壁温度对标定容积的影响($CTSh$)

对于卧式油罐、铁路罐车和汽车罐车,其罐壁温度对标定容积影响的修正系数和罐壁温度按与立式圆筒形油罐相同的方法确定,量油尺的测量液位参照 C.2 进行修正。

6.4 其他容器

其他容器在可获得内部液体毛计量体积(V_{go})的基础上,自第 7 章继续计算。

7 计算毛标准体积

7.1 体积修正系数

根据 GB/T 1885，由 5.3 确定的油品的计量温度和 5.5 确定的标准密度查对应油品的体积修正系数表得到将毛计量体积修正到毛标准体积的体积修正系数(VCF)。

7.2 毛标准体积

将第 7 章确定的毛计量体积(V_{go})乘以体积修正系数(VCF)，就得到毛标准体积(V_{gs})。

$$V_{gs} = V_{go} \times VCF \qquad\qquad\cdots\cdots\cdots\cdots\cdots\cdots(10)$$

8 沉淀物和水

原油和某些石油产品中含有沉淀物和水(SW)，其修正值(CSW)应采用 5.6 中的测试结果按下式计算：

$$CSW = 1 - SW\% \qquad\qquad\cdots\cdots\cdots\cdots\cdots\cdots(11)$$

除非是贸易需要或有其他特殊要求，石油产品通常不进行沉淀物和水的修正，此时的净标准体积等于毛标准体积。

> 注：沉淀物和水(SW)的含量($SW\%$)有体积分数和质量分数两种确定方式，应根据油量计算是基于体积还是基于质量来选择使用。

9 计算净标准体积

用毛标准体积(V_{gs})乘以沉淀物和水的修正值(CSW)，即得到净标准体积(V_{ns})。

$$V_{ns} = V_{gs} \times CSW \qquad\qquad\cdots\cdots\cdots\cdots\cdots\cdots(12)$$

$$V_{sw} = V_{gs} - V_{ns} \qquad\qquad\cdots\cdots\cdots\cdots\cdots\cdots(13)$$

> 注：如果最终需要的只是油品的表观质量，则也可以按第 10 节由毛标准体积(V_{go})直接计算毛表观质量(m_g)，从毛表观质量中按质量分数扣除沉淀物和水得到净表观质量(m_n)，本步计算可以省去。

10 计算表观质量

10.1 概述

用 V_{gs} 或 V_{ns} 乘以表观质量换算系数(WCF)可以计算出油品的毛表观质量(m_g)或净表观质量(m_n)。

10.2 浮顶排液量及沉淀物和水(SW)已按体积扣除

$$m_n = V_{ns} \times WCF \qquad\qquad\cdots\cdots\cdots\cdots\cdots\cdots(14)$$

10.3 按质量修正浮顶排液量及沉淀物和水

将毛标准体积(V_{gs})乘以表观质量换算系数(WCF)，减去浮顶的表观质量(m_{fr})（对于浮顶罐）得到油品的毛表观质量(m_g)，将其乘以沉淀物和水的修正系数(CSW)计算出油品的净表观质量(m_n)：

$$m_g = V_{gs} \times WCF - m_{fr} \qquad\qquad\cdots\cdots\cdots\cdots\cdots\cdots(15)$$

$$m_n = m_g \times CSW \qquad\qquad\cdots\cdots\cdots\cdots\cdots\cdots(16)$$

$$m_{sw} = m_g - m_n \qquad\qquad\cdots\cdots\cdots\cdots\cdots\cdots(17)$$

11 计算质量（真空中的质量）

对于原油及其产品，通常优先用 V_{gs} 和 V_{ns} 乘以标准密度(ρ_{20})计算质量。然而，也可以用相同计量温度下的密度和体积相乘来计算质量，此时的体积应是毛计量体积(V_{go})，密度一般用由计量温度和标准密度查 GB/T 1885 中的体积修正系数表得到的 VCF 和标准密度来计算。石油化工产品通常用后一种方法计算数量。

注：对于石油化工产品，一般应先已知或实测其密度温度系数，由密度温度系数和已知密度计算出计量温度下的密度，再计算质量。

12 直接质量计量

某些计量方法通过测量液体静压而不是液位来测定质量，例如静压式油罐测量系统。它们使用的计算方法可能包括了温度对液体的影响、液体密度对浮顶的影响或者温度对罐壁的影响的修正。在这种情况下，不应重复这些修正。其计算方法可参见 GB/T 18273。

13 计算顺序

13.1 概述

如果已拥有计算净油量所需的全部基础数据，则可以根据交接协议选定如下计算步骤中的一种进行计算。至于获得基础数据的方法则不属于本标准的范围。在计算过程中，对特殊场合不适用的扣除作为零扣除，不适用的任何修正固定为 1.000 0。油品库存和输转量的计算流程见附录 F。

13.2 基于体积的计算步骤

a) 由油水总高查油罐容积表，得到总计量体积（V_{to}）。

b) 扣除用游离水高度查油罐容积表得到的游离水体积（V_{fw}）。

c) 应用罐壁温度影响的修正系数 $CTSh$，得到毛计量体积（V_{go}）。

d) 对于浮顶罐，还应从中扣除浮顶排液体积（V_{frd}）。

e) 将毛计量体积（V_{go}）修正到标准温度，得到毛标准体积（V_{gs}）。

f) 用沉淀物和水（SW）的修正值（CSW）修正毛标准体积（V_{gs}），可以得到净标准体积（V_{ns}）。

g) 如果需要油品的净表观质量（m_n），可通过净标准体积（V_{ns}）与表观质量换算系数（WCF）相乘得到。

13.3 基于质量的计算步骤

a) 由油水总高查油罐容积表，得到总计量体积（V_{to}）。

b) 扣除用游离水高度查油罐容积表得到的游离水体积（V_{fw}）。

c) 应用罐壁温度影响的修正系数 $CTSh$，得到毛计量体积（V_{go}）。

d) 将毛计量体积（V_{go}）修正到标准温度，得到毛标准体积（V_{gs}）。

e) 用毛标准体积（V_{gs}）乘以表观质量换算系数（WCF），再减去浮顶的表观质量（m_{fr}）得到油品的毛表观质量（m_g）。

f) 用沉淀物和水（SW）的修正值（CSW）修正油品的毛表观质量（m_g），可得到油品的净表观质量（m_n）。

注：在基于表观质量的计算步骤中，由于浮顶的排液量在计算油品毛表观质量时扣除，c)和d)涉及的毛计量体积和毛标准体积包含了浮顶的排液体积。将净表观质量（W_n）除以表观质量换算系数（WCF）可间接计算出净标准体积（V_{ns}）。

13.4 油量计算公式汇总

13.4.1 基于体积

$$V_{gs} = \{[(V_{to} - V_{fw}) \times CTSh] - V_{frd}\} \times VCF \qquad\qquad (18)$$

$$V_{ns} = V_{gs} \times CSW$$

$$m_n = V_{ns} \times WCF$$

13.4.2 基于质量

$$m_g = \{[(V_{to} - V_{fw}) \times CTSh] \times VCF \times WCF\} - m_{fr} \qquad\qquad (19)$$

$$m_n = m_g \times CSW$$

$$V_{ns} = m_n / WCF \qquad\qquad (20)$$

13.5 修约方法

在上述计算油品数量的步骤中,只修约油品数量的最终结果。如果必须报告中间结果,则应按第5章的要求进行数据修约,但修约结果不得插入计算过程中使用。岸罐和油船的油量计算实例见附录F。

14 计量票(或报告)

计量票是表明储油容器的库存、收发油量及油品损益的书面文件。如果储油容器在收发作业期间,油品的所有权或保管权发生了变化,则计量票可以作为记载油品收发数量的文件或凭证,为相关单位查验油品数量提供服务。其技术内容应主要包括:

——计量器具的名称及编号;

——作业日期和时间;

——作业前后的油品密度;

——作业前后的沉淀物和水;

——作业前后的液位高度;

——作业前后的游离水高度;

——作业前后的油品温度及环境温度;

——作业前后罐内的游离水体积;

——作业前后罐内库存油品的净标准体积;

——作业前后罐内库存油品的净表观质量;

——收发油的净标准体积和/或表观质量。

在填写计量票时,应确保所有副本清晰可见,除非买卖双方同意,否则禁止涂改。如果出现错误需要改正,计量票应注名"无效",然后再编制一张新票,并将无效票附到新票上。另一种经常采用的替代方法是编写修正差量的调整票。

附　录　A

（资料性附录）

本标准章条编号与MPMS第12.1章第1部分的章条编号对照

表 A.1 给出了本标准章条编号与 MPMS 第 12.1 章第 1 部分章条编号对照一览表。

表 A.1　本标准章条编号与 MPMS 第 12.1 章第 1 部分的章条编号对照

本标准章条编号	对应的 MPMS 第 12.1 章第 1 部分章条编号
1	0
—	1
3.1	3.2.5
3.3	3.2.1
3.4	3.2.14
3.5	3.2.3
3.6	3.2.12
3.7	3.2.16
3.8	3.2.7
3.9	3.2.9
3.11	3.2.15
3.12	3.2.8
3.13	3.2.10
3.14	3.2.11
4	6.1、6.2
5	7
6	9
7	10
8	11
9	12
10	13
11	14
12	15
13	16
14	4

附 录 B

（资料性附录）

本标准术语符号的国内外对照

表 B.1 给出了本标准常用的国内外术语符号的对照一览表。

表 B.1 本标准常用的国内外术语符号对照

术语名称	国内符号	国外符号
游离水体积	V_{fw}	FW
沉淀物和水的质量分数或体积分数	$SW\%$	S&W%
总计量体积	V_{to}	TOV
毛计量体积	V_{go}	GOV
毛标准体积	V_{gs}	GSV
净标准体积	V_{ns}	NSV
毛表观质量	m_{g}	GSW
净表观质量	m_{n}	NSW
总计算体积	V_{tc}	TCV

附 录 C

（资料性附录）

立式油罐量油高度的修正

C.1 引言

用量油尺测量液位高度时，如果测量时量油尺的温度不同于其检定温度（我国通常为标准温度 20℃），量油尺发生膨胀或收缩，则应将量油尺的观察读数修正到其检定温度，以计算出实际液位高度。其修正系数 F 按式（C.1）计算：

$$F = 1 + \alpha \times (t_d - 20) \qquad \cdots\cdots\cdots\cdots\cdots\cdots\cdots\cdots\cdots (\text{C.1})$$

式中：

α——量油尺材质的线膨胀系数（低碳钢取 $\alpha = 0.000\ 012$），℃$^{-1}$；

t_d——测量时量油尺的温度，℃。

油罐的检尺口总高随罐壁温度变化发生膨胀或收缩，而油罐容积表上给出的通常是标定温度下的固定高度，因此在由空高和检尺口总高计算油品实高时，应对检尺口总高的膨胀或收缩进行修正。

本附录仅给出了修正检测液位的简单算法，适用于罐壁与量油尺膨胀系数相同或非常接近的多数情况。对于确定检尺温度修正对油罐体积的影响，本方法完全满足需要。

C.2 用量油尺直接测量油品实高

假定量油尺的温度等于油品温度，将量油尺测量的油品实高的观察读数乘以按式（C.1）计算的修正系数 F，计算出实际的油品实高。

C.3 用量油尺测量油品空高

C.3.1 对于非保温罐

假定检尺口总高的变化仅由罐壁浸液部分的膨胀收缩引起，而且浸液罐壁温度等于液体温度，浸液罐壁只发生竖直方向的膨胀或收缩。用检尺口总高减去观测空高，再乘以按式（C.1）计算的修正系数 F，计算出实际的油品实高。

C.3.2 对于保温罐

假定油气空间和液体空间与罐内液体具有相同的温度，而且油罐检尺口总高整体膨胀或收缩，在油气空间的测空量油尺也膨胀或收缩。用检尺口总高减去观测空高，再乘以按式（C.1）计算的修正系数 F1，计算出实际的油品实高。对于外浮顶保温罐，液位高度的修正方法同非保温罐。

C.4 带有非接触式 ATG 的油罐

对于带有非接触式 ATG 的油罐，油汽空间不会对雷达液位计的测量空高造成影响。

C.4.1 对于非保温罐，液位高度的修正方法与 C.3.1 相同。

C.4.2 对于保温罐，首先将油罐检尺口总高乘以按式（C.1）计算的修正系数 F，再减去雷达液位计的测量空高，即可计算出罐内实际的液体实高。

附 录 D
（资料性附录）
船舱底油（OBQ）或残油（ROB）的计算方法

D.1 对于装卸原油或其他特殊油品的油船，在卸油结束或装油开始时，油舱底部有时会存在部分油品。本附录参照 ISO/TR 8338 给出了舱底残油的估算方法。

D.2 当残油为非流动状态时，进一步检测确定其平均实高，直接由实高查舱容表得到残油数量。

D.3 如图 D.1 所示，当残油为流动状态时，舱内液位因纵倾达不到前端或后端，因此形成楔形油品体积，采用纵倾系数计算油量。纵倾系数是楔形体容积与楔形体同高度下船舱矩形体容积的比值（V_w/V_d），楔形体同高度下船舱容量表的正浮标定容积（V_s）与纵倾系数的乘积为残油量。其计算步骤如下：

a) 计算楔形油液高度（D_t），当油船艉倾时

$$D_t = S + Y \times T/LBP \quad \cdots\cdots\cdots\cdots\cdots\cdots (D.1)$$

当油船艏倾时

$$D_t = S + (L_t - Y) \times T/LBP \quad \cdots\cdots\cdots\cdots (D.2)$$

式中：

S——残油检尺高度；

Y——检尺口到后舱壁的距离；

T——艏艉吃水差；

LBP——艏尾垂线间的长度；

L_t——油舱长度。

b) 计算纵倾系数（V_w/V_d）

$$V_w/V_d = D_t \times LBP/(2 \times T \times L_t) \quad \cdots\cdots\cdots (D.3)$$

检查 V_w/V_d 的值，如果大于 0.5，使用纵倾修正计算油量；如果不大于 0.5，按如下步骤计算油量。

c) 根据楔形油液的高度（D_t）在舱容表中查出相应的正浮标定容积（V_s）。

d) 计算纵倾系数与平船标定容积的乘积，得到残油量。

$$ROB(OBQ) = V_s \times V_w/V_d \quad \cdots\cdots\cdots\cdots\cdots (D.4)$$

注：油舱中成楔形状态的底部游离水应单独应用纵倾系数计算。

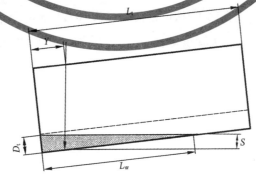

图 D.1　用纵倾系数计算舱底残油的示意图

<h1 style="text-align:center">附 录 E</h1>

（资料性附录）

<h2 style="text-align:center">油船的纵倾和横倾修正</h2>

当油舱船脊在纵向和横向倾斜，且液体接触四周全部罐壁但不接触甲板内面时，容积表必须包括对所得计量高度的修正表。

对于油舱纵倾超出修正表范围的情况，计量空高应按图 E.1 所示由式（E.1）进行纵倾修正。当检尺点位于油舱长度中点后部时，公式中表达式第二部分的符号为正值，反之为负值。

$$U_T = U_M \times \left[\sqrt{(L^2+T^2)}/L\right] \pm (T/L)(L_T/2 - K) \qquad \cdots\cdots\cdots(E.1)$$

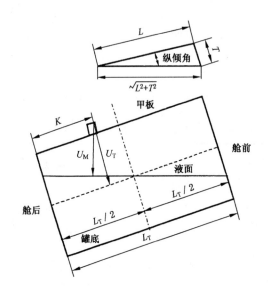

图 E.1 纵倾修正

同样，计量空高 U_M 也应按图 E.2 所示，由式（E.2）进行横倾修正。当横倾朝向检尺点一面时，公式中表达式第二部分的符号为正值，反之为负值。

$$U_T = (U_m/\cos\theta) \pm Z \times \tan\theta \qquad \cdots\cdots\cdots\cdots\cdots(E.2)$$

当需要进行纵倾和横倾的组合修正时，可以使用式（E.3）。

$$U_T = U_M \times \sqrt{(L^2+T^2)}/(L \times \cos\theta) + Z \times \tan\theta\,\sqrt{(L^2+T^2)}/L \pm (T/L) \times (L_T/2 - K) \quad \cdots(E.3)$$

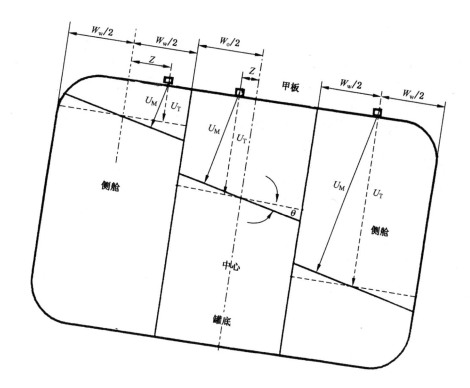

图 E.2 横倾修正

附　录　F

（资料性附录）

岸罐和油船的计算流程及实例

F.1　本附录按基于体积和基于表观质量的两种形式,给出了计算油品库存及收发量的计算流程和实例,见图 F.1、图 F.2、表 F.1、表 F.2 和表 F.3。

F.2　在涉及多个油罐的油品计量作业时,单独计算每个油罐内的油量,将每个油罐内的油量相加得到计算油品的库存总量,将每个油罐的收油量或发油量对应相加得到油品的收油总量或发油总量。但无论是库存量还是收发量,必须将输转前后输油管线内的液体量的变化考虑在内。为便于计量,管线内液体最好完全充满或放空。

F.3　针对装油前和卸油后油船上残留的部分液体（油舱底部物、粘附物及输油管线中的液体）,在计量装油量或卸油量时,应加以扣除。船上残留物的计算方法不属于本标准的范围,在国内相关标准尚未建立的情况下,可以参照 ISO/TR 8338《原油交接责任　余留在船上原油量的估算方法》及美国石油计量标准手册（MPMS）第 17 章的相关内容计算。

注：为方便计算,附录 D 参照 ISO/TR 8338 给出了油舱底部残油的计算方法。

F.4　由于船舱容积的标定精度通常低于立式油罐,因此在确定船舱内的油品数量时,经贸易双方同意,可以利用船舱经验系数（VEF）来调整船舱内油品的总计算体积（V_{tc}）。确定 VEF 的数据资料应源于权威检测机构符合标准方法的检测报告,有关 VEF 来源的详细内容参见美国石油计量标准手册（MPMS）第 17 章。

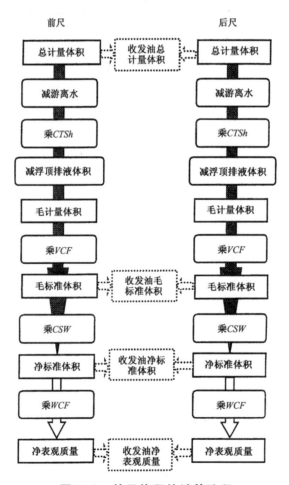

图 F.1　基于体积的计算流程

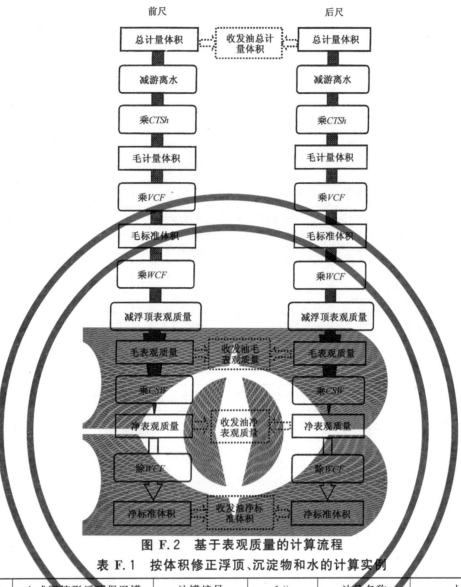

图 F.2　基于表观质量的计算流程

表 F.1　按体积修正浮顶、沉淀物和水的计算实例

油罐类型	立式圆筒形浮顶保温罐		油罐编号	1#	油品名称	大庆原油
数据名称	单位	符号	前尺	后尺		备注
油水总高	m	h	4.500	8.421		
游离水高	m	h_{FW}	0.842	0.400		
平均油温	℃	T_1	40	41		
环境温度	℃	T_a				
罐壁温度	℃	T_s	40	41		$T_s = T_1$
标准密度	kg/m³	ρ_{20}	854.6	856.2		
计量密度	kg/m³	ρ_t	840.2	841.1		
沉淀物和水		$SW\%$	1.000%	1.200%		体积分数
总计量体积	m³	V_{to}	5 654.866	10 582.141		查罐容表
游离水	m³	V_{fw}	429.770	502.655		查罐容表
毛计量体积	m³	V_{go}	5 225.096	10 079.486		

表 F.1（续）

油罐类型	立式圆筒形浮顶保温罐		油罐编号	1#	油品名称	大庆原油
数据名称	单位	符号	前尺	后尺	备注	
罐壁温度修正值		CTSh	1.000 45	1.000 47		
毛计量体积	m³	V_{go}	5 227.447	10 084.223		
浮顶排液体积	m³	V_{frd}	47.671	47.616	浮顶质量为 40 000 kg	
毛计量体积	m³	V_{go}	5 179.776	10 036.607		
体积修正系数		VCF	0.983 1	0.982 4	查石油计量表	
毛标准体积	m³	V_{gs}	5 092.238	9 859.963		
沉淀物和水修正值		CSW	0.990 00	0.988 00		
净标准体积	m³	V_{ns}	5 041.316	9 741.644		
接收油的净标准体积	m³	ΔV_{ns}	4 700.328			
表观质量换算系数	kg/m³	WCF	853.5	855.1		
净表观质量	kg	m_n	4 302 763	8 330 079		
接收油的净表观质量	kg	Δm_n	4 027 316			

表 F.2 按表观质量修正浮顶、沉淀物和水的计算实例

油罐类型	立式圆筒浮顶保温罐		油罐编号	1#	油品名称	大庆原油
数据名称	单位	符号	作业开始	作业结束	备注	
油水总高	m	h	4.500	8.421		
游离水高	m	h_{FW}	0.342	0.400		
平均油温	℃	T_1	40	41		
环境温度	℃	T_a				
罐壁温度	℃	T_s	40	41		
标准密度	kg/m³	ρ_{20}	854.6	856.2		
沉淀物和水		SW%	1.025 %	1.200 %	质量分数	
总计量体积	m³	V_{to}	5 654.866	10 582.141	查罐容表	
游离水	m³	V_{fw}	429.770	502.655	查罐容表	
毛计量体积	m³	V_{go}	5 225.096	10 079.486	仅作为计算过程变量	
罐壁温度修正值		CTSh	1.000 45	1.000 47		
毛计量体积	m³	V_{go}	5 227.447	10 084.223	仅作为计算过程变量	
体积修正系数		VCF	0.983 1	0.982 4	查石油计量表	
毛标准体积	m³	V_{gs}	5 139.103	9 906.741	仅作为计算过程变量	
表观质量换算系数	kg/m³	WCF	853.5	855.1		

表 F.2（续）

油罐类型	立式圆筒浮顶保温罐			油罐编号	1#	油品名称	大庆原油
数据名称	单位	符号	作业开始		作业结束	备 注	
毛表观质量	kg	m_g	4 386 225		8 471 254	仅作为计算过程变量	
减浮顶表观质量	kg	m_{fr}	40 000		40 000		
毛表观质量	kg	m_g	4 346 225		8 431 254		
沉淀物和水修正值		CSW	0.989 75		0.988 00		
净表观质量	kg	m_n	4 301 676		8 330 079		
接收油的净表观质量	kg	Δm_n	+4 028 403				
净标准体积	m^3	V_{ns}	5 040.042		9 741.643		
接收油的净标准体积	m^3	ΔV_{ns}	+4 701.601				

表 F.3 油船计算实例

油船名称	前进号油船				油品名称	大庆原油
数据名称	单位	符号	作业开始	作业结束	备 注	
油水总高	m	h	8.456	3.234		
游离水高	m	h_{FW}	0.500	0.500		
平均油温	℃	T_0	40	40		
标准密度	kg/m^3	ρ_{20}	855.3	855.3		
沉淀物和水		SW%	2.000%	2.000%	体积分数	
前部吃水	m		4.500	3.400		
后部吃水	m		5.200	3.780		
纵倾			0.700	0.380		
横倾			无	无		
总计量体积	m^3	V_{to}	15 450	2 300	舱容表已含纵倾修正	
纵倾修正（容积式）		Trim				
横倾修正		List				
总计量体积	m^3	V_{to}	15 450	2 300		
游离水	m^3	V_{fw}	321	302	查舱容表	
毛计量体积	m^3	V_{go}	15 129	1998		
体积修正系数		VCF	0.983 2	0.983 2	查石油计量表	
毛标准体积	m^3	V_{gs}	14 874.833	1 964.434		
沉淀物和水修正值		CSW	0.980 00	0.980 00		
净标准体积	m^3	V_{ns}	14 577.336	1 925.145		
发出油的净标准体积	m^3	ΔV_{ns}	12 652.191			
重量换算系数	kg/m^3	WCF	854.2	854.2		
净质量	kg	m_n	12 451 961	1 644 459		
发出油的净质量	kg	Δm_n	10 807 502		发油	

编者注：本标准中引用标准的标准号和标准名称变动如下。

原标准号	现标准号	现标准名称
GB/T 260	GB/T 260	石油产品水含量的测定　蒸馏法
GB/T 6533	GB/T 6533	原油中水和沉淀物的测定　离心法
GB/T 8170	GB/T 8170	数值修约规则与极限数值的表示和判定
GB/T 8927	GB/T 8927	石油和液体石油产品温度测量　手工法
GB/T 8929	GB/T 8929	原油水含量的测定　蒸馏法
GB/T 13235.1	GB/T 13235.1	石油和液体石油产品　立式圆筒形油罐容积标定　第1部分:围尺法
GB/T 13377	GB/T 13377	原油和液体或固体石油产品　密度或相对密度的测定　毛细管塞比重瓶和带刻度双毛细管比重瓶法

ICS 75.080

E 30

中华人民共和国国家标准

GB/T 19780—2005

球形金属罐的容积标定
全站仪外测法

Capacity calibration of spherical metal tank—
Total station external measuring method

2005-05-25 发布

2005-11-01 实施

中华人民共和国国家质量监督检验检疫总局
中国国家标准化管理委员会 发布

前　言

本标准的附录 A 和附录 B 为资料性附录。

本标准由中国石油化工集团公司提出。

本标准由中国石油化工股份有限公司石油化工科学研究院归口。

本标准负责起草单位:中国石油化工股份有限公司石油化工科学研究院和中国石油化工股份有限公司北京燕山分公司炼油厂。

本标准参加起草单位:国家大容量第一计量站。

本标准主要起草人:魏进祥、关鸿权、李风岐、佟明星。

本标准为首次制定。

球形金属罐的容积标定
全站仪外测法

1 范围

本标准规定了用全站仪外部标定球形金属罐容积的测量方法和计算步骤。

本标准适用于半径为 1 m 以上的球形金属罐的标定。

2 规范性引用文件

下列文件中的条款通过本标准的引用而成为本标准的条款。凡是注日期的引用文件,其随后所有修改单(不包括勘误的内容)或修订版均不适用于本标准,然而,鼓励本标准达成协议的各方研究是否可使用这些文件的最新版本。凡是不注日期的引用文件,其最新版本适用于本标准。

GB 12337 钢制球形储罐

GB 13236 石油用量油尺和钢围尺的技术条件

GB/T 15181 球形金属罐容积标定法(围尺法)

3 术语和定义

GB/T 15181 确立的以及下列术语和定义适用于本标准。

3.1

全站仪 total station

由电子测角、电子测距和数据自动记录等系统组成,测量结果能自动显示、计算和存储,并能与外围设备交换信息的多功能测量仪器。

3.2

水平测站 horizontal station

在距球罐一定距离的周围地面上,为安置全站仪及其附属设施,以测量球罐半径所确定的点。

3.3

切点半径 tangent radius

在水平测站上测量的正对球面圆周上球面切点至球心的距离。

3.4

测站半径 station radius

在水平测站上测得的各切点半径的算术平均值

3.5

测距目标点 ranging target

全站仪仪器中心到球心的连线与罐壁的交点。

4 方法概要

在距球罐适当距离的周围地面上,建立至少 3 个均匀分布的水平测站。在每个测站上,用全站仪测量球心方向的水平角和垂直角以及沿球心方向到罐壁的距离,再瞄准正对球罐圆周上均匀分布的 8 个球罐切点,测量相应的水平角和垂直角,计算出各切点半径,将 8 个切点半径的算术平均值作为测站半径。根据各测站半径计算出球罐的平均半径,进而编制球罐容积表。

5 标定要求

5.1 被标定的球形罐应符合 GB 12337 的要求。

5.2 标定应在压力检验合格之后及罐体保温之前进行,保温罐应采用其他方法内测标定。

5.3 标定中,全站仪和球罐测量点之间不得有影响光线通过的障碍,确保标定在无外界干扰的条件下进行。

5.4 标定中,罐内不得有收发作业。

5.5 测量环境中不宜存在易燃易爆气体。

5.6 GB/T 15181 中规定的安全措施也应遵守。

6 测量设备

6.1 全站仪

6.1.1 测角单元:最小分度值不超过 1″;重复性不超过 1″;不确定度不超过 3″。

6.1.2 测距单元:最小分度值不超过 1 mm;重复性不超过 2 mm;不确定度不超过 3 mm。

6.2 数据终端:通过它可以编程实现数据的自动测量、采集、存储和计算。全站仪通常已具有数据终端的功能,因此不必另配;如果全站仪没有此项功能,则必须单独购置可现场使用的数据终端,如笔记本电脑。

6.3 量油尺:符合 GB 13236 的要求。

6.4 超声波测厚仪:最小分度值为 0.1 mm。

6.5 水准仪:自动安平,准确度等级不低于 S3 级。

6.6 垂直标尺

7 仪器检验

测量前,应重新校准全站仪的视准差、指标差及补偿器的零点差。测角单元与测距单元非同轴配置的全站仪必须在现场进行平行性检验。

8 半径测量

8.1 建立测站

如图 1 所示,在绕球罐圆周方向的地面上,建立均匀分布至少 3 个水平测站,各水平测站到测距目标点的垂直距离大于 5 m 或 2 倍球罐半径的较大值,但应控制在 40 m 以内,确保通过 3 个水平测站观测到的球罐区域能相互重叠,并覆盖整个球罐。由于现场环境问题,当观测范围不能完全覆盖球罐或 3 个测站不能均匀分布时,应适当增加水平测站的数目。如果在相邻两测站测量的球罐半径的相对偏差超过 0.3% 时,可在两测站之间增加一个测站。

测距目标点的所在球面应光滑可见,其偏离焊缝或其他障碍物的距离至少 300 mm,否则应通过移动水平测站来改变测距目标点的位置。

8.2 测量测站半径

8.2.1 安置仪器

在第一个测站上,架设三脚架,并用适当方法固定,确保测量期间牢固稳定。将全站仪安装在三脚架上调平。启动仪器,并预热稳定。

8.2.2 球心定位

8.2.2.1 确定球心方向的水平角

如图 2 所示,调整全站仪的垂直角,在正对球面圆周上选择一条尽可能长的水平弦 AB,确保用全站仪能看到水平弦的两个端点。调节水平角,用望远镜十字中心对准左端点,记录水平角 H_L;在保持垂直角不变的情况下,旋转全站仪对准右端点,记录水平角 H_R。由式(1)计算球心方向的水平角 H_M。在测量中,应预先设置好水平角的零位方向,保证 $H_R > H_L$。

$$H_M = (H_L + H_R)/2 \qquad \cdots\cdots\cdots\cdots\cdots\cdots (1)$$

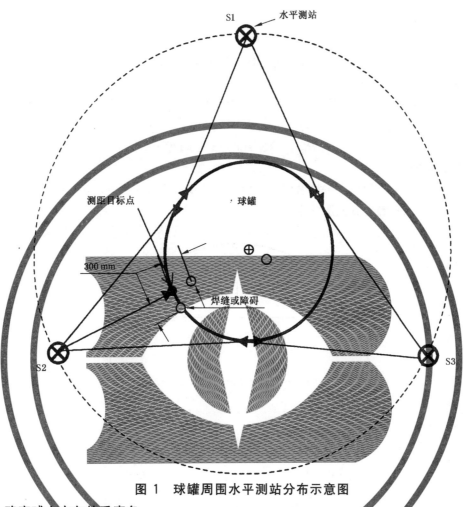

图 1 球罐周围水平测站分布示意图

8.2.2.2 确定球心方向的垂直角

如图 2 所示,调整全站仪的水平角,在正对球面圆周上选择一条尽可能长的垂直弦 CD,确保用全站仪能看到垂直弦的两个端点。调节垂直角,用望远镜十字中心对准上端点,记录垂直角 V_U;在保持水平角不变的情况下,旋转全站仪对准下端点,记录垂直角 V_D。由式(2)计算球心方向的垂直角 V_M。

$$V_M = (V_U + V_D)/2 \qquad \cdots\cdots\cdots\cdots\cdots\cdots (2)$$

注:为确保球心方向水平角和垂直角的测定精度,可以选择不止一条水平弦或垂直弦来确定球心方向的角度。

8.2.3 球心测距

根据 8.2.2 确定的球心方向的水平角 H_M 和垂直角 V_M,将全站仪对准球心方向,测量并记录全站仪到球罐壁的垂直距离 D'。

当全站仪的测距单元和测角单元非同轴配置时,测距方向偏离通过球心的测角方向,应采用式(3)将所测距离 D' 修正到球心方向的距离 D。反之,则不用修正,$D = D'$。

$$D = D' - (R_N - \sqrt{R_N{}^2 - C^2}) \qquad \cdots\cdots\cdots\cdots\cdots (3)$$

式中:

R_N——球罐的设计半径,mm;

C——全站仪的测距单元与测角单元的平行配置距离,mm。

8.2.4 切向测角

如图2,在全站仪正对的球面圆周上,用粗瞄器选择均匀分布的8个球面切点。起始点的定位应确保能用全站仪观察到全部8个切点,个别切点因表面障碍确实需要调整时,其调整量应尽量小,最大不得超过300 mm,而且其相对圆心的对称点也应作相应调整。用全站仪依次瞄准各切点,测量记录相应的水平角 H_P 和垂直角 V_P。

在各切点的方位角测量完成后,使全站仪在原位置保持不动,按8.2.3再次进行球心测距,两次测量的距离不应超过2 mm,否则应从8.2.2重新测量,直至满足要求。

8.2.5 计算切点半径

如图3所示,由球心方向的水平角 H_M、垂直角 V_M 和距离 D 及切点方向的水平角 H_P 和垂直角 V_P,换算出球心方向和切点方向的立体夹角 θ,用式(4)计算切点半径 R_P。

$$R_P = D \times \sin\theta/(1 - \sin\theta) \quad \cdots\cdots\cdots\cdots\cdots\cdots\cdots\cdots\cdots\cdots\cdots\cdots\cdots (4)$$

8.2.6 计算测站半径

取本测站8个切点半径的算术平均值作为对应的测站半径 R_s。

8.2.7 按8.2.1～8.2.6确定其他测站半径

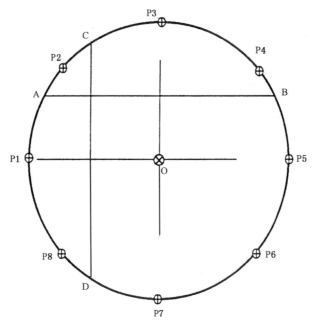

P1～P8——球面切点;

AB、CD——用于确定球心方向的弦。

图 2 球心定位及切点测量示意图

8.3 计算球罐半径

取全部测站半径的算术平均值作为球罐半径 R_W。

9 其他测量

按照GB/T 15181测量记录如下数据:

——罐内总高;

注:对于使用中的球罐,如果不能直接测量罐内总高,可以参照附录B,采用全站仪间接测量。

——罐壁厚度;

——大气温度、罐内温度或罐体温度;

——液面计标尺零位至罐底零点高度修正值;

——球罐的工作压力 p(MPa)。

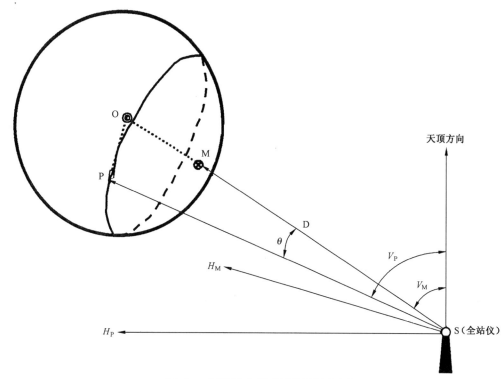

图 3 球罐切点半径测量示意图

10 计算编表

10.1 计算内半径

$$R_n' = R_w - S \qquad \cdots\cdots\cdots\cdots\cdots\cdots\cdots\cdots (5)$$

式中：

R_w——球罐的平均外半径，mm；

R_n'——球罐内半径，mm；

S——罐壁厚度，mm。

10.2 半径的温度修正

当罐体温度偏离标准温度时，应采用式(6)将罐体温度下的 R_n' 修正到标准温度。

$$R_n = R_n' \cdot [1 - \alpha_S \cdot (t_S - 20)] \qquad \cdots\cdots\cdots\cdots\cdots\cdots\cdots\cdots (6)$$

式中：

R_n——球罐在标准温度下的内半径，mm；

α_S——罐壁材质的线膨胀系数(低碳钢取 $\alpha_S = 11.5 \times 10^{-6} ℃^{-1}$)，$℃^{-1}$；

t_S——罐体温度，℃。

10.3 罐内总高(H)的计算

10.3.1 由极点处测量时的计算

$$H = H'[1 + \alpha_d \cdot (t_d - t_s)] + \Delta L_d$$

式中：

H'——由球罐上极点处测量的罐内垂直高度，mm；

α_d——量油尺的线膨胀系数(低碳钢量油尺取 $\alpha_d = 11.5 \times 10^{-6} ℃^{-1}$)，$℃^{-1}$；

t_d——量油尺的温度(取罐内空间温度)，℃；

t_s——罐体温度(取大气温度与罐内空间温度的算术平均值)，℃；

ΔL_d——量油尺的修正值，mm。

10.3.2 偏离极点测量时的计算

$$H = \sqrt{(H_m + \Delta L_d)^2 + 4L_m^2} \cdot [1 + \alpha_d \cdot (t_d - t_s)]$$

式中：

H_m——偏离极点测量的罐内垂直高度，mm；

L_m——偏离极点的水平距离，mm。

10.4 计算标定状态下的总容积 V（L）

$$V = (4\pi/3) \cdot R_n^3 \cdot 10^{-6} \quad \cdots\cdots\cdots\cdots\cdots\cdots\cdots\cdots\cdots\cdots\cdots\cdots\cdots\cdots(7)$$

计算结果精确到整数升（L）。

10.5 计算承压容积

10.5.1 承压容积增大值 ΔV（L）

球罐在空罐状态下标定时，应按式（8）计算承压容积增大值 ΔV，如果球罐在工作压力下标定，则取 $\Delta V = 0$。

$$\Delta V = V \cdot R_n \cdot p/(E \cdot S) \quad \cdots\cdots\cdots\cdots\cdots\cdots\cdots\cdots\cdots(8)$$

式中：

p——被标球罐的工作压力，MPa；

E——罐壁材质的扬氏弹性模量（碳钢为 206×10^3），MPa。

计算结果精确到整数升（L）。

10.5.2 承压总容积 V_p（L）

$$V_p = V + \Delta V$$

10.5.3 承压部分容积 V_n（L）

$$V_n = V_p \cdot (H_n/H)^2 \cdot (3 - 2H_n/H) \quad \cdots\cdots\cdots\cdots\cdots\cdots(9)$$

式中：

H——罐内总高，cm；

H_n——计算部分容积的高度，cm。

计算结果精确到整数升（L）。

10.6 编表

根据式（9）及 GB/T 15181 的要求编制厘米间隔的球罐客积表，编写标定报告。

11 容积标定的总不确定度

本标准标定球形金属罐容积的不确定度不大于 0.2%（95% 的置信水平）。

附　录　A

（资料性附录）

全站仪外测法测量数据记录表

球罐编号：　#　　　设计半径：　　mm　　　角度单位：　　　长度单位：mm　　　第　　页

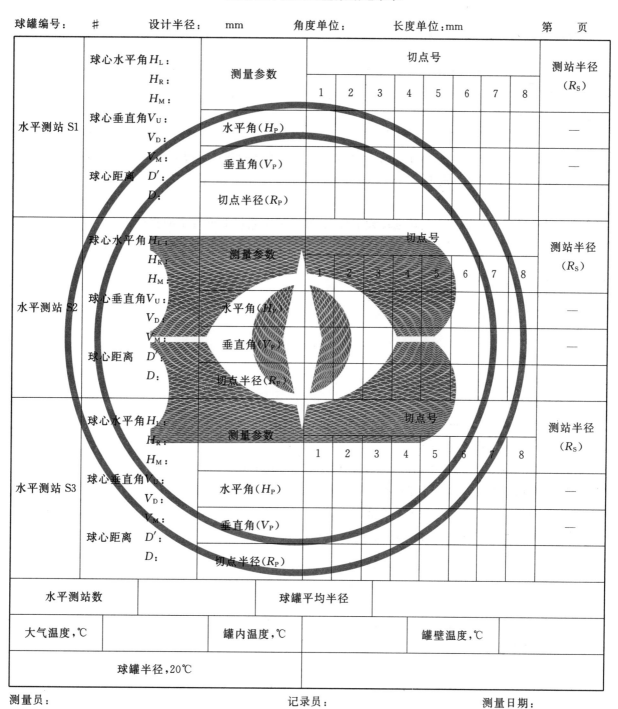

水平测站 S1	球心水平角H_L： H_R： H_M： 球心垂直角V_U： V_D： V_M： 球心距离 D'： D：	测量参数	切点号								测站半径 （R_S）
			1	2	3	4	5	6	7	8	
		水平角（H_P）									—
		垂直角（V_P）									—
		切点半径（R_P）									
水平测站 S2	球心水平角H_L： H_R： H_M： 球心垂直角V_U： V_D： V_M： 球心距离 D'： D：	测量参数	切点号								测站半径 （R_S）
			1	2	3	4	5	6	7	8	
		水平角（H_P）									—
		垂直角（V_P）									—
		切点半径（R_P）									
水平测站 S3	球心水平角H_L： H_R： H_M： 球心垂直角V_U： V_D： V_M： 球心距离 D'： D：	测量参数	切点号								测站半径 （R_S）
			1	2	3	4	5	6	7	8	
		水平角（H_P）									—
		垂直角（V_P）									—
		切点半径（R_P）									

水平测站数		球罐平均半径	
大气温度，℃		罐内温度，℃		罐壁温度，℃	
球罐半径，20℃					

测量员：　　　　　　　　　　　　记录员：　　　　　　　　　　　　测量日期：

附 录 B

（资料性附录）

采用全站仪间接测量罐内总高

B.1 概述

在罐内总高不能采用量油尺直接测量时，可以采用全站仪和带棱镜的标尺按下述方法间接测量出罐内总高（H）。

B.2 测量

B.2.1 如图 B.1 所示，在球罐上极点垂直架设一已知高度（h_T）的带棱镜的标尺，在测量球罐半径的某个测站上，用全站仪测量棱镜中心的垂直角（V）和斜距（D）。此后，用测厚仪和/或钢直尺测量出上极点到球罐内壁的距离（S_T）。

B.2.2 将标尺零点沿铅垂方向对准球罐下极点，同时将全站仪的垂直角调整至 90°（即水平方向），读出标尺的读数（h_B）。此后，用测厚仪和/或钢直尺测量出下极点到球罐内壁的距离（S_B）。

B.3 计算

B.3.1 罐体温度下的罐内总高 H' 可按式（B.1）计算：

$$H = D \cdot \cos(V) - (h_T + h_B) - (S_T + S_B) \qquad \cdots\cdots\cdots\cdots\cdots（B.1）$$

式中：

D——由全站仪测量的棱镜中心的斜距，mm；

V——由全站仪测量的棱镜中心的垂直角；

h_T——棱镜标尺的高度，mm；

h_B——标尺读数，即球罐下极点到全站仪确定的水平面的距离，mm；

S_T——球罐上极点到对应内壁的距离，mm；

S_B——球罐下极点到对应内壁的距离，mm。

B.3.2 标准温度下的罐内总高 H 按式（B.2）计算：

$$H = H' \cdot [1 - \alpha_S \cdot (t_S - 20)] \qquad \cdots\cdots\cdots\cdots\cdots\cdots（B.2）$$

式中：

α_S——罐壁材质的线膨胀系数（低碳钢取 $\alpha_S = 11.5 \times 10^{-6}\,℃^{-1}$），$℃^{-1}$；

t_S——罐体温度，℃。

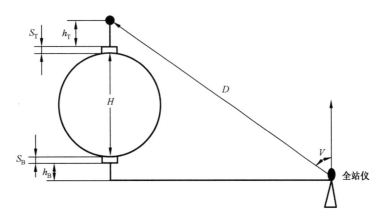

图 B.1 采用全站仪测量罐内总高

编者注：本标准中引用标准的标准号和标准名称变动如下。

原标准号	现标准号	现标准名称
GB 12337	GB/T 12337	钢制球形储罐
GB 13236	GB/T 13236	石油和液体石油产品　储罐液位手工测量设备

ICS 75.080
E 08

中华人民共和国国家标准

GB/T 21450—2008

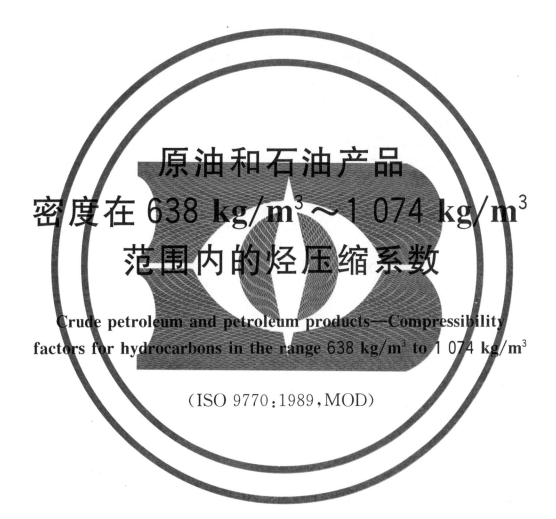

原油和石油产品
密度在 638 kg/m³～1 074 kg/m³
范围内的烃压缩系数

Crude petroleum and petroleum products—Compressibility
factors for hydrocarbons in the range 638 kg/m³ to 1 074 kg/m³

（ISO 9770:1989,MOD）

2008-02-13 发布　　　　　　　　　　　　　　2008-09-01 实施

中华人民共和国国家质量监督检验检疫总局
中国国家标准化管理委员会　　发 布

前　言

本标准修改采用 ISO 9770:1989《原油和石油产品——密度在 638 kg/m³～1 074 kg/m³ 范围内的烃压缩系数》(英文版)。

本标准根据 ISO 9770:1989 重新起草。按照 GB/T 20000.2 的要求,将国际标准中的参考文献放在本标准的最后。

本标准与 ISO 9770:1989 的主要差异:

——根据 GB/T 1885—1998《石油计量表》和本标准的数学模型补充编制了直接以 20℃ 密度查表的原油和石油产品的压缩系数表,并节选其中一页作为附录 B;

——增加了以 20℃ 密度查压缩系数表的应用实例。

本标准涉及的原油和石油产品的压缩系数表将单独出版。

本标准的附录 A 和附录 B 为规范性附录。

本标准由中国石油化工集团公司提出。

本标准由中国石油化工股份有限公司石油化工科学研究院归口。

本标准负责起草单位:中国石油化工股份有限公司石油化工科学研究院。

本标准参加起草单位:中国石油天然气股份有限公司管道分公司和中国石油化工股份有限公司管道储运分公司。

本标准主要起草人:魏进祥、庞永庆、肖勇、王志学。

本标准为首次制定。

原油和石油产品
密度在 638 kg/m³～1 074 kg/m³
范围内的烃压缩系数

1 范围

本标准给出了获取原油和石油产品压缩系数的数学模型、计算步骤和压缩系数表,目的是由压缩系数将计量温度下的烃类由压力条件下计量的体积修正到平衡压力下的对应体积。

本标准规定的压缩系数表与计量温度和计量介质的 15℃密度有关,温度范围为－30℃～90℃,密度范围为 638 kg/m³～1 074 kg/m³。

本标准也给出了由计量温度和 20℃密度直接查取的压缩系数表,温度范围为－30℃～90℃,密度范围为 634 kg/m³～1 074 kg/m³。

本标准不包括润滑油的压缩系数。

2 研发进程

烃类早期的压缩系数标准(API 1101,附录 B,表Ⅱ)制定于 1945 年,其 API 度的范围是 0°API～90°API[1]。它主要建立在由纯化合物和润滑油类介质获得的有限数据的基础上,也是在未借助数学模型的情况下研发的。

在 1981 年,建立了石油静态计量委员会的工作组,修订 API 1101 的压缩系数表。该工作组进行了广泛的文献调查,找到了三个来源的压缩性资料。所得到的数据基础与早期标准中使用的数据相比,具有更宽的范围,但还没有大到完全覆盖目前的商业运营范围。当可以获得更新的数据时,新数据将被并入到已扩展的标准中。本标准代替已废止的 API 1101 中附录 B 的表Ⅱ,API 度的范围是 0°API～100°API。

3 数据基础与范围

本标准的核心是单独印刷压缩系数表。用于生成本标准的数学模型和计算机步骤只是作为本标准的辅助部分,可以使用它们开发对应各种语言和机器的计算机程序,重现印刷表中的结果。通过美国石油学会可以得到相关的计算机磁带,其中包括与印刷表一致的信息,该磁带可以用于各种计算机的程序开发中。本标准的数据基础(见表 1)源自 Jessup[2]、Downer 和 Gardiner[3] 以及 Downer[4],包括了 7 个原油样品,5 个汽油样品和 7 个中间馏分和重馏分油的样品,而其中的润滑油数据未包括在内。模拟结果显示润滑油与原油和其他炼制产品相比,属于一个不同的数据组,将它们包括进去将使压缩系数的相关不确定性增加 2 倍。由于润滑油一般在常压下计量,因此也不需要使用本标准。

试验数据覆盖的密度、温度和压力范围依次为 681 kg/m³～934 kg/m³、0℃～150℃和 0 kPa～4 902 kPa。通过美国静态石油计量委员会(COSM)和石油计量委员会(COPM)的测试,标准的实际范围可以扩展到 638 kg/m³～1 074 kg/m³、－30℃～90℃和 0 kPa～10 300 kPa。因此本标准某些部分所表示的属于外推结果(图 1)。对于外推部分,5.1 中的不确定度分析可能无效。

本标准的温度和密度的增量间隔分别为 0.25℃和 2 kg/m³。对于更小增量,建议不采用内插法。对于本标准以 20℃密度直接查表的压缩系数表,当 20℃密度位于表中两相邻密度之间时,应根据压缩系数表不同的密度范围以及不同分界密度对应的箭头方向,采用两相邻密度中箭头所示的密度查表。

表 1 数据基础和试验条件

样品名称和来源	15℃密度/(kg/m³)	温度/℃	压力/kPa	数据点数	参考文献
原油					
ADMEG(Zakum)出口原油	825.2	4.44～76.67	0～3 503	5	3
巴罗岛原油	839.5	4.44～76.67	0～3 503	5	3
利比亚(托布鲁克)出口原油	842.5	37.78～76.67	0～3 503	3	3
伊朗出口轻质原油	856.4	4.44～76.67	0～3 503	5	3
科威特出口原油	870.4	4.44～76.67	0～3 503	5	3
伊朗出口重质原油	872.7	4.44～76.67	0～3 503	5	3
阿拉斯加(北坡)原油	890.9	15.56～76.67	0～3 503	4	3
汽油					
轻质催化裂化汽油	680.9	4.44～37.78	0～3 399	3	4
直馏汽油	734.4	4.44～60.0	0～3 399	4	4
裂化汽油	768.0	0.0～65.0	0～4 902	5	2
航空汽油	697.0	0.0～70.0	0～4 902	5	2
航空汽油	695.0	0.0～70.0	0～4 902	5	2
煤油和轻质燃料					
煤油(无味)	789.7	4.44～76.67	0～3 399	5	4
车用柴油	847.6	4.44～76.67	0～3 399	5	4
粗柴油和重质燃料油					
重馏分油	833.6	4.44～76.67	0～3 399	5	4
工业燃料油	934.1	37.78～60.0	0～3 399	2	4
洛杉矶盆地重馏分油	873.4	0.0～150.0	0～4 902	3	2
俄克拉何马重馏分油	880.7	0.0～150.0	0～4 902	3	2
美国中州重馏分油	883.0	0.0～150.0	0～4 902	3	2

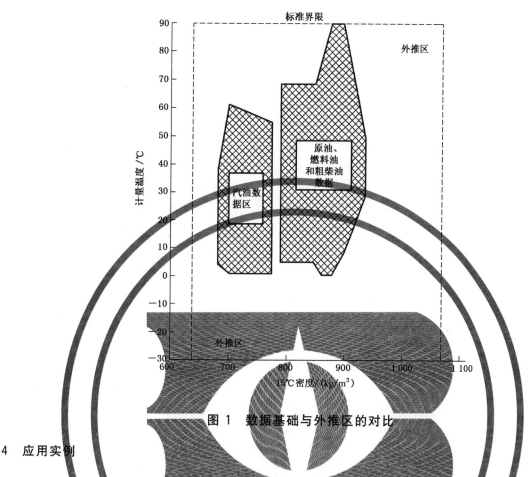

图 1 数据基础与外推区的对比

4 应用实例

在应用本标准时,压缩系数(F)应按照体积修正的方式使用。在用查表法确定压缩系数时,既可以查附录 A 所示的压缩系数表(温度修约到 0.25℃,密度修约到 2 kg/m³),也可以查附录 B 所示的压缩系数表(温度修约到 0.25℃,密度修约到 0.1 kg/m³)。

$$V_e = V_m / [1 - F(p_m - p_e)] \quad\quad\quad\quad\quad\quad\quad\quad\quad (1)$$

式中:

F——压缩系数(查表或计算),单位为每千帕(kPa^{-1});

p_e——液体在计量温度下的平衡压力(表压),单位为千帕,(kPa);

p_m——液体的计量压力(表压),单位为千帕(kPa);

V_e——在平衡压力 p_e 下的体积;

V_m——计量压力 p_m 下的体积。

注1:当原油和石油产品在计量温度下的饱和蒸气压不大于大气压力时,本标准所指的平衡压力为石油液体和气体计量的参比条件所规定的压力 101.32 kPa,此时用表压表示的平衡压力 p_e 等于零,反之则为原油和石油产品在计量温度下的饱和蒸气压。

注2:在以 20℃密度查表的压缩系数表中,给出了分界密度和查表取向的标注,"×××.×"代表分界密度,"‖"代表相邻密度中间值,"→"代表查表的密度取向,当查表密度介于两相邻密度之间时,应比较查表密度和分界密度的大小,按箭头所示密度查表。"[×××.×‖]→"表示当查表密度大于等于中间值左侧的分界密度时,用右侧密度查表;[‖×××.×]→"表示当查表密度大于等于中间值右侧的分界密度时,用右侧密度查表;"[‖]→"表示当查表密度大于等于中间值时,用右侧密度查表;反之,用左侧密度查表。"←"表示查表密度位于相邻两密度之间时,用左侧密度查表。

例1：一种15℃密度为933.6 kg/m³的燃料油，在压力为3 450 kPa，温度为37.85℃下的计量体积为1 000 m³，计算平衡压力下的体积。假定 $p_e=0$ kPa。首先将密度和温度修约到接近2 kg/m³和0.25℃，这样对应的密度和温度为934 kg/m³和37.75℃。由该密度和温度数据查附录A给出的压缩系数表，得 F 系数为 0.649×10^{-6} 或0.000 000 649。则

$$V_e=1\ 000/(1-0.000\ 000\ 649\times3\ 450)=1\ 002.2\ \text{m}^3$$

例2：一种20℃密度为927.1 kg/m³的原油，在压力为1 450 kPa，温度为41.35℃下的计量体积为1 000 m³，计算平衡压力下的体积。假定 $p_e=0$ kPa。第一种查表方法是查石油计量表（原油部分）的表 E.1，由20℃密度927.1 kg/m³，查得15℃密度为930.4 kg/m³，然后将密度和温度修约到接近2 kg/m³和0.25℃，修约后的密度和温度为930 kg/m³和41.25℃，由该密度和温度查附录A中的压缩系数表，查得 F 系数为 0.668/1 000 000 或0.000 000 668。第二种查表方式是密度修约到0.1 kg/m³为927.1 kg/m³，温度修约到0.25℃为41.25℃，由20℃密度927.1 kg/m³和温度41.25℃直接查附录B给出的压缩系数表，密度介于926 kg/m³和928 kg/m³之间，按照表中分界密度和查表取向的标注"[‖×××.7]→"，分界密度为927.7 kg/m³，查表密度927.1 kg/m³小于分界密度，因此应按左侧密度926 kg/m³查表，查得 F 系数同样为 0.668×10^{-6} 或0.000 000 668。则

$$V_e=1\ 000/(1-0.000\ 000\ 668\times1\ 450)=1\ 001.0\ \text{m}^3$$

对于其他例子和更多的细节，可参见动态油量计算标准 GB/T 9109.5[5] 或 ISO 4276-2[6]。

5 数学模型

5.1 基本模型和不确定度分析

用于编制本标准的基本数学模型涉及到压缩系数与温度和摩尔体积平方的指数关系，即，

$$F=\text{EXP}(A+B\times T+C/\rho_{15}{}^2+D\times T/\rho_{15}{}^2) \quad\cdots\cdots\cdots\cdots\cdots\cdots\cdots（2）$$

式中：

A,B,C 和 D——常数；

$\quad T$——温度，℃；

$\quad\rho_{15}$——15℃密度（在计算程序中，用 RHO 表示它），g/cm³。$1/\rho_{15}$ 与摩尔体积成正比。

因此，压缩系数是两项摩尔体积和温度相互影响的结果。式(2)的推理与 API 2540(石油计量标准手册)中烃类热膨胀系数的推理一致。T 和 RHO 使用较高幂次对于降低压缩系数的不确定度不会产生太大作用。

采用式(2)和上述基础数据，压缩系数的最大不确定度为 6.5%，其置信水平为 95%。因此在最差情况下，预计一个给定物质的压缩系数的实际值与标准中的值相比，可能高 6.5%，或低 6.5%。上述不确定度只在基础数据范围内时是正确的，而在本标准的外推区域时，它可能不正确。

在采用上述基础数据和式(2)计算平衡压力下的体积时，可以采用两种方法评价其可能的不确定度，首先是假定关联不确定度只在平均压缩性的 6.5%内有意义。按照这种方法，测量体积的不确定度取决于运行条件(表2，算法 A)应当在 0.02%～0.10%的范围内，这符合 COSM 和 COPM 报告建议的0.10%的最大不确定度。

这种体积不确定度的分析是假定平均压缩性不是压力的函数。对于低压力，本假设完全适用。对于较高压力，平均压缩系数将会随压力的增加而减少。对于本标准涉及的介质，这种影响在多大压力应引起重视仍无法确切知道。然而，Jessup[2] 的数据分析表明随着压力增加，平均压缩性每千帕可能减小约 0.000 73%。将压缩性的关联不确定度和可能的压力不确定度合并，由此产生的体积不确定度在0.03%～0.21%的范围内(表2，算法 A+B)。因此，在工作压力超过 4 902 kPa 的试验极限时，使用本标准可能使计算体积的不确定度超过以现有数据为基础的不确定度的 2 倍。

表 2 体积不确定度的分析

平均压缩性 kPa^{-1}	不同压力(kPa)下体积不确定度的百分数					
	只有关联不确定度 算法 A[a]			关联不确定度+压力不确定度 算法 A+B[b]		
	3 447	6 895	10 342	3 447	6 895	10 342
1.45×10^{-6}[c]	0.03	0.07	0.10	0.05	0.12	0.21
0.87×10^{-6}[d]	0.02	0.04	0.06	0.03	0.08	0.13
[a] 平均压缩性关联不确定度的预测值为 6.5%。						
[b] 由压力影响产生的平均压缩性的不确定度为 0.000 73%/kPa。						
[c] 15℃密度为 720 kg/m³ 的汽油在 38℃下或 15℃密度为 800 kg/m³ 的燃料油在 93℃下的典型压缩系数值。						
[d] 15℃密度为 738 kg/m³ 的汽油在 −7℃下或 15℃密度为 850 kg/m³ 的原油在 38℃下的典型压缩系数值。						

5.2 计算程序

本程序建议计算机的运算精度具有或高于 6 个浮点数位。

第 1 步:初始化温度(℃)

T=XX.XX:−30.00≤T≤90.00,通过如下方法将其修约到接近 0.25℃:

TT=INT(T):即截断

DIFF=T−TT

If DIFF≥0 then SIGN=1.0 else SIGN=−1.0

DIFF=ABS(DIFF):即绝对值

If DIFF<0.125 then T=TT

If 0.125≤DIFF<0.375 then T=TT+0.25 * SIGN

If 0.375≤DIFF<0.625 then T=TT+0.50 * SIGN

If 0.625≤DIFF<0.875 then T=TT+0.75 * SIGN

If DIFF≥0.875 then T=TT+1.00 * SIGN

第 2 步:初始化密度(kg/m³)

RHO=XXXX:638≤RHO≤1 074,用如下方法修约到 2:

RHOH=INT(RHO/2.0)

DIFF=RHO−2 * RHOH

If DIFF≥1.0 then RHO=2+2 * RHOH else RHO=2 * RHOH

第 3 步:计算密度(g/cm³)和密度的平方。

RHO=RHO * 0.001

RHOSQR=RHO * RHO=X.XXXXX,按下式修约至 0.000 01:

RHOSQR=INT(RHOSQR * 100 000.0+0.5) * 0.000 01

第 4 步:计算压缩系数

F=EXP(−1.620 80+0.000 215 92 * T+0.870 96/RHOSQR+0.004 209 2 * T/RHOSQR)

通过下述方法修约每项至 0.000 01:

If T<0 then SIGN=−1.0 else SIGN=1.0

TERM1=−1.620 80

TERM2=INT(21.592 * T+0.5 * SIGN) * 0.000 01

TERM3=INT(87 096.0/RHOSQR+0.5) * 0.000 01

TERM4=INT(420.92 * T/RHOSQR+0.5 * SIGN) * 0.000 01

F＝EXP(TERM1＋TERM2＋TERM3＋TERM4)＝X.XXXX

然后通过下式修约 F 至 0.001

F＝INT(F＊1 000.0＋0.5)＊0.001

修约后的 F 为压缩系数表中的数值。

INT 函数通过舍去小数点右边的所有数字返回一个整数。指数函数 EXP 必须返回一个精确至 0.000 1结果。

附　录　A
（规范性附录）
以 15℃密度查表的原油和石油产品压缩系数表的示例

原油和石油产品压缩系数表
（压缩系数,kPa⁻¹—查表值×10⁻⁶）

温度/℃	15℃密度/(kg/m³)											温度/℃
	918	920	922	924	926	928	930	932	934	936	938	
37.50	0.676	0.672	0.669	0.665	0.662	0.658	0.655	0.652	0.648	0.645	0.642	37.50
37.75	0.677	0.673	0.670	0.666	0.663	0.659	0.656	0.652	0.649	0.646	0.643	37.75
38.00	0.678	0.674	0.670	0.667	0.663	0.660	0.657	0.653	0.650	0.647	0.643	38.00
38.25	0.678	0.675	0.671	0.668	0.664	0.661	0.657	0.654	0.651	0.647	0.644	38.25
38.50	0.679	0.676	0.672	0.669	0.665	0.662	0.658	0.655	0.652	0.648	0.645	38.50
38.75	0.680	0.677	0.673	0.669	0.666	0.663	0.659	0.656	0.652	0.649	0.646	38.75
39.00	0.681	0.677	0.674	0.670	0.667	0.663	0.660	0.657	0.653	0.650	0.647	39.00
39.25	0.682	0.678	0.675	0.671	0.668	0.664	0.661	0.657	0.654	0.651	0.647	39.25
39.50	0.683	0.679	0.676	0.672	0.669	0.665	0.662	0.658	0.655	0.652	0.648	39.50
39.75	0.684	0.680	0.676	0.673	0.669	0.666	0.662	0.659	0.656	0.652	0.649	39.75
40.00	0.685	0.681	0.677	0.674	0.670	0.667	0.663	0.660	0.657	0.653	0.650	40.00
40.25	0.686	0.682	0.678	0.675	0.671	0.668	0.664	0.661	0.657	0.654	0.651	40.25
40.50	0.686	0.683	0.679	0.676	0.672	0.668	0.665	0.662	0.658	0.655	0.652	40.50
40.75	0.687	0.684	0.680	0.676	0.673	0.669	0.666	0.662	0.659	0.656	0.652	40.75
41.00	0.688	0.685	0.681	0.677	0.674	0.670	0.667	0.663	0.660	0.656	0.653	41.00
41.25	0.689	0.685	0.682	0.678	0.675	0.671	0.668	0.664	0.661	0.657	0.654	41.25
41.50	0.690	0.686	0.683	0.679	0.675	0.672	0.668	0.665	0.662	0.658	0.655	41.50
41.75	0.691	0.687	0.684	0.680	0.676	0.673	0.669	0.666	0.662	0.659	0.656	41.75
42.00	0.692	0.688	0.684	0.681	0.677	0.674	0.670	0.667	0.663	0.660	0.656	42.00
42.25	0.693	0.689	0.685	0.682	0.678	0.674	0.671	0.667	0.664	0.661	0.657	42.25
42.50	0.694	0.690	0.686	0.683	0.679	0.675	0.672	0.668	0.665	0.661	0.658	42.50
42.75	0.695	0.691	0.687	0.683	0.680	0.676	0.673	0.669	0.666	0.662	0.659	42.75
43.00	0.695	0.692	0.688	0.684	0.681	0.677	0.674	0.670	0.667	0.663	0.660	43.00
43.25	0.696	0.693	0.689	0.685	0.682	0.678	0.674	0.671	0.667	0.664	0.661	43.25
43.50	0.697	0.693	0.690	0.686	0.682	0.679	0.675	0.672	0.668	0.665	0.661	43.50
43.75	0.698	0.694	0.691	0.687	0.683	0.680	0.676	0.673	0.669	0.666	0.662	43.75
44.00	0.699	0.695	0.692	0.688	0.684	6.681	0.677	0.673	0.670	0.666	0.663	44.00
44.25	0.700	0.696	0.692	0.689	0.685	0.681	0.678	0.674	0.671	0.667	0.664	44.25
44.50	0.701	0.697	0.693	0.690	0.686	0.682	0.679	0.675	0.672	0.668	0.665	44.50
44.75	0.702	0.698	0.694	0.690	0.687	0.683	0.680	0.676	0.672	0.669	0.666	44.75

密度:918 kg/m³～938 kg/m³

附　录　B

（规范性附录）

以 20℃ 密度查表的原油和石油产品压缩系数表的示例

原油和石油产品压缩系数表

（压缩系数，kPa^{-1}—查表值×10^{-6}）

温度/℃	20℃密度/(kg/m³)											温度/℃
	914	916	918	920	922	924	926	928	930	932	934	
	[‖×××.7]→											
37.50	0.676	0.672	0.669	0.665	0.662	0.658	0.655	0.652	0.648	0.645	0.642	37.50
37.75	0.677	0.673	0.670	0.666	0.663	0.659	0.656	0.652	0.649	0.646	0.643	37.75
38.00	0.678	0.674	0.670	0.667	0.663	0.660	0.657	0.653	0.650	0.647	0.643	38.00
38.25	0.678	0.675	0.671	0.668	0.664	0.661	0.657	0.654	0.651	0.647	0.644	38.25
38.50	0.679	0.676	0.672	0.669	0.665	0.662	0.658	0.655	0.652	0.648	0.645	38.50
38.75	0.680	0.677	0.673	0.669	0.666	0.663	0.659	0.656	0.652	0.649	0.646	38.75
39.00	0.681	0.677	0.674	0.670	0.667	0.663	0.660	0.657	0.653	0.650	0.647	39.00
39.25	0.682	0.678	0.675	0.671	0.668	0.664	0.661	0.657	0.654	0.651	0.647	39.25
39.50	0.683	0.679	0.676	0.672	0.669	0.665	0.662	0.658	0.655	0.652	0.648	39.50
39.75	0.684	0.680	0.676	0.673	0.669	0.666	0.662	0.659	0.656	0.652	0.649	39.75
40.00	0.685	0.681	0.677	0.674	0.670	0.667	0.663	0.660	0.657	0.653	0.650	40.00
40.25	0.686	0.682	0.678	0.675	0.671	0.668	0.664	0.661	0.657	0.654	0.651	40.25
40.50	0.686	0.683	0.679	0.676	0.672	0.668	0.665	0.662	0.658	0.655	0.652	40.50
40.75	0.687	0.684	0.680	0.676	0.673	0.669	0.666	0.662	0.659	0.656	0.652	40.75
41.00	0.688	0.685	0.681	0.677	0.674	0.670	0.667	0.663	0.660	0.656	0.653	41.00
41.25	0.689	0.685	0.682	0.678	0.675	0.671	0.668	0.664	0.661	0.657	0.654	41.25
41.50	0.690	0.686	0.683	0.679	0.675	0.672	0.668	0.665	0.662	0.658	0.655	41.50
41.75	0.691	0.687	0.684	0.680	0.676	0.673	0.669	0.666	0.662	0.659	0.656	41.75
42.00	0.692	0.688	0.684	0.681	0.677	0.674	0.670	0.667	0.663	0.660	0.656	42.00
42.25	0.693	0.689	0.685	0.682	0.678	0.674	0.671	0.667	0.664	0.661	0.657	42.25
42.50	0.694	0.690	0.686	0.683	0.679	0.675	0.672	0.668	0.665	0.661	0.658	42.50
42.75	0.695	0.691	0.687	0.683	0.680	0.676	0.673	0.669	0.666	0.662	0.659	42.75
43.00	0.695	0.692	0.688	0.684	0.681	0.677	0.674	0.670	0.667	0.663	0.660	43.00
43.25	0.696	0.693	0.689	0.685	0.682	0.678	0.674	0.671	0.667	0.664	0.661	43.25
43.50	0.697	0.693	0.690	0.686	0.682	0.679	0.675	0.672	0.668	0.665	0.661	43.50
43.75	0.698	0.694	0.691	0.687	0.683	0.680	0.676	0.673	0.669	0.666	0.662	43.75
44.00	0.699	0.695	0.692	0.688	0.684	0.681	0.677	0.673	0.670	0.666	0.663	44.00
44.25	0.700	0.696	0.692	0.689	0.685	0.681	0.678	0.674	0.671	0.667	0.664	44.25
44.50	0.701	0.697	0.693	0.690	0.686	0.682	0.679	0.675	0.672	0.668	0.665	44.50
44.75	0.702	0.698	0.694	0.690	0.687	0.683	0.680	0.676	0.672	0.669	0.666	44.75

密度:914 kg/m³～934 kg/m³

参 考 文 献

［1］ Jacobson,E. W. ,Ambrosius,E. E. ,Dashiell,J. W. ,and Crawford,C. L. "Second Progress Report on Study of Existing Data on Compressibility of Liquid Hydrocarbons,"Report of the Central Committee on Pipe-Line Transportation,Vol. 2（Ⅳ）,p. 39-45,American Petroleum Institute, Washington,D. C. ,1945.

［2］ Jessup,R. S. ,"Compressibility and Thermal Expansion of Petroleum Oils in the Range 0℃ to 300℃ ,"*Bureau of Standards Journal of Research* ,Vol. 5, July to December 1930,p. 985-1039, National Bureau of Standards,Washington,D. C.

［3］ Downer,L. ,and Gardiner,K. E. S. "Bulk Oil Measurement Compressibility Measurements on Crude Oils Deviations from API Standard 1101,"BP Research Centre Report NO. 20587/M （8 pages）,October 28,1970.

［4］ Downer,L. "Bulk OIL Measurement Compressibility Data on Crude Oils and Petroleum Products Viewed as a Basis for Revised International Tables（API Standard 1101 Tables）,"BP Research Centre Report No. 20639（21 pages）,January 17,1972.

［5］ GB/T 9109.5—1988 原油动态计量 油量计算

［6］ ISO 4267-2:1988 Petroleum and liquid petroleum products—Calculation of oil quantities— Part 2:Dynamic measurement

ICS 75.180.30
E 98

中华人民共和国国家标准

GB/T 21451.1—2015

石油和液体石油产品 储罐中液位和 温度自动测量法 第 1 部分：常压罐中的液位测量

Petroleum and liquid petroleum products—Measurement of level and
temperature in storage tanks by automatic methods—
Part 1：Measurement of level in atmospheric tanks

(ISO 4266-1：2002，MOD)

2015-10-09 发布

2016-03-01 实施

中华人民共和国国家质量监督检验检疫总局
中国国家标准化管理委员会 发布

前　言

GB/T 21451《石油和液体石油产品　储罐中液位和温度自动测量法》分为六个部分：
——第1部分：常压罐中的液位测量；
——第2部分：油船舱中的液位测量；
——第3部分：带压罐中的液位测量；
——第4部分：常压罐中的温度测量；
——第5部分：油船舱中的温度测量；
——第6部分：带压罐中的温度测量。

本部分为GB/T 21451的第1部分。

本部分按照GB/T 1.1—2009给出的规则起草。

本部分使用重新起草法修改采用ISO 4266-1:2002《石油和液体石油产品　储罐中液位和温度自动测量法　第1部分：常压罐中的液位测量》。

本部分与ISO 4266-1:2002的技术性差异及其原因如下：
——在范围第1段和第2段之间增加一段："本部分适用于库存管理和贸易交接罐的液位测量。"，强调用于库存管理和交接计量，与ISO 4266其他部分相一致；
——关于规范性引用文件，GB/T 21451的本部分做了具有技术性差异的调整，以适应我国的技术条件，调整的情况集中反映在第2章"规范性引用文件"中，具体调整如下：
　　• 用修改采用国际标准的GB/T 13236代替ISO 4512:2000（见7.2.3）；
　　• 增加引用GB/T 13894（见4.3.7,7.2.2）。
——修改术语"3.5　量油尺"的英文表述和定义，以与GB/T 13236—2011相一致，并将原定义部分内容作为注；
——修改术语"3.7　计量参照点"的定义，以与GB/T 13236—2011相一致；
——修改术语"3.12　空高"的定义，以与GB/T 13236—2011相一致；
——在6.4.1后增加"由此避免或减小由液体高度和温度变化造成的ALG安装点的位移。"，以强化稳液管的重要作用；
——在6.4.4的前半句之后增加"同时处于背阴或阳光直射的一侧，"，避免不同温度膨胀引起的误差；
——修改图2中段的编写顺序，将图2中的段放在图注之前，以适应我国标准的编写要求；
——在6.5.7中增加"当罐内油品的流动性较差时，增加通槽或通孔的列数、宽度或直径，缩短相邻孔或槽的间隔，油品会更易于自由流入或流出稳液管，从而确保稳液管和罐内液位的一致性。"，避免或降低稳液管内外密度分层不同所造成的影响；
——增加6.5.9"当稳液管安装在紧靠手工计量管或计量口的位置时，测深基准板最好直接连接到稳液管上，确保ALG的安装位置相对测深基准板的高度保持基本不变。"，强化测深基准板和稳液管的一体化设计，满足设置和检验的基本要求；
——将7.2.2中的ISO 4512修改为GB/T 13894，所指内容应为液位测量方法，而不是液位测量设备的技术条件，目前尚无正式的国际标准；
——增加"7.2.5　液体静压的影响"，后面的章条号作相应改变，强调测深基准点、计量参照点和ALG安装点位移的影响及其解决办法；
——删除7.4.1中最后第一种检验比对后面的"或者"，两种比对实际都应进行，用"或者"并不合适；

——将 7.4.3.2 中的 f)修改为 g)，以符合标准所要表达的意思；

——将 8.4 的第一段第一句"对贸易交接用的 ALG，应将 7.4.3.3 中的试验差作为后期检验允差使用。"修改为"对贸易交接用的 ALG，应将 7.4.3.3 中的检验允差作为后期检验允差使用。"，以符合实际情况。

本部分做了下列编辑性修改：

——在 3.4 增加注；

——为 3.11 增加注；

——在 5.2 中增加注 2；

——删除 5.3 中的注 2，注 3 变为注 2，将注 2 内容并入注 1，对注 1 内容重新编写；

——在 5.3 中增加新注 3；

——在 5.4.2 中增加注；

——在 6.4.4 中增加注；

——在 7.2.3 中增加注；

——在 7.3.1、7.3.2、7.4.3.1 和 7.4.3.2 中分别增加注 2；

——在 7.4.3.3 中增加注；

——将参考文献 ISO 4268:2000 用我国标准 GB/T 8927—2008 代替；

——将参考文献 ISO 7507(所有部分)用我国标准 GB/T 13235(所有部分)代替；

——增加 GB/T 25964—2010 作为参考文献。

本部分由全国石油产品和润滑剂标准化技术委员会(SAC/TC 280)提出并归口。

本部分由中国石油化工股份有限公司石油化工科学研究院负责起草，北京瑞赛长城航空测控技术有限公司、中国石油化工股份有限公司北京石油分公司、中国石油化工股份有限公司福建石油分公司参加起草。

本部分主要起草人：魏进祥、董海风、黄岑越、孙岩、曾凡明、陈洪。

石油和液体石油产品 储罐中液位和温度自动测量法
第1部分：常压罐中的液位测量

1 范围

GB/T 21451 本部分给出了在常压罐内储存的、雷德蒸气压小于100 kPa的石油和石油产品液位测量用的浸入和非浸入式自动液位计的准确度、安装、调试、校准和检验指南。

本部分适用于库存管理和贸易交接罐的液位测量。

本部分不适用于安装自动液位计（ALG）的冷冻储罐的液位测量。

2 规范性引用文件

下列文件对于本文件的应用是必不可少的。凡是注日期的引用文件，仅注日期的版本适用于本文件。凡是不注日期的引用文件，其最新版本（包括所有的修改单）适用于本文件。

GB/T 13236 石油和液体石油产品 储罐液位手工测量设备（GB/T 13236—2011，ISO 4512：2000，MOD）

GB/T 13894 石油和液体石油产品液位测量法（手工法）

ISO 1998（所有部分） 石油工业 术语（Petroleum industry—Terminology）

3 术语和定义

ISO 1998 界定的以及下列术语和定义适用于本文件。

3.1
锚锤 anchor weight
吊在自动液位计检测元件的导向线上，将导向线拉紧并拉直的压载物。

3.2
自动液位计 automatic level gauge；ALG
连续测量储罐内液位高度（实高或空高）的仪器。

3.3
实高 dip；innage
测深基准点和液面之间的垂直距离，即测深基准点以上的罐内液体高度。

3.4
测深基准板 dipping datum plate
测深基准点 dipping datum point
测深板 dip-plate
在计量参照点正下方，为手工测量液体深度提供固定接触面而设置的水平金属板。

注：测深基准点位于测深基准板上，是测深尺坨与测深基准板的接触点。

3.5

量油尺　master dip-tape

由具有资质的实验室检定或校准合格、溯源至国家长度基准的具有已知精度的尺带和尺砣的组合体。

注：用量油尺通过测量实高或空高可直接或间接获得罐内油或水的深度。

3.6

计量口　gauge-hatch

计量点　gauging access point

测深口　dip-hatch

在油罐顶部为测深、测空、测温和/或取样而设立的开口。

3.7

计量参照点　gauging reference point

参照计量点　reference gauge point

为指示手工测深或测空的位置（上部基准），在测深基准点正上方计量口上清晰标记的点。

3.8

实高型 ALG　innage-based ALG

为测量液体深度设计安装，在罐底或接近罐底位置设置一个参照点，通过该点将测量深度关联到测深基准板的 ALG。

3.9

浸入式 ALG　intrusive ALG

液面感应装置进到罐内并与液体接触的 ALG，如浮子和伺服式的 ALG。

3.10

非浸入式 ALG　non-intrusive ALG

液面感应装置可进到罐内但不接触液体的 ALG，如微波或雷达式的 ALG。

3.11

稳液管　still-well；stilling-well；still-pipe；guide pole

计量管

为降低因液体波动、表面流动或液体搅拌引起的测量误差而装入罐内的打过孔的立管。

注：将 ALG 安装在稳液管的上面，可尽量避免罐体收缩或膨胀对其安装位置稳定性的影响。

3.12

空高　ullage outage

计量参照点到油面的垂直距离。

3.13

空高型 ALG　ullage-based ALG

为测量 ALG 上部参照点到液面的空距而设计安装的 ALG。

4　措施

4.1　安全措施

当使用 ALG 设备时，应遵循有关安全的国家标准、政府法规及材料兼容性要求。除此之外，还应按厂家给出的建议安装和使用设备，严格遵守进入危险区域的所有规定。

4.2 设备措施

4.2.1 所有 ALG 设备应能承受实际运行中可能遇到的压力、温度、操作和环境条件。

4.2.2 确认 ALG 适用于所安装的危险区域范围。

4.2.3 采取措施确保 ALG 暴露的所有金属部件与油罐具有相同的电位。

4.2.4 所有 ALG 设备应保持在安全的操作状态,应按厂家要求进行定期维护。

注1:ALG 的设计和安装应得到国家计量组织的批准,该组织通常要为 ALG 的设计适合于实际应用的特定服务发布一项型式批准。型式批准通常在对 ALG 进行一系列的特定试验之后发布,而且以按批准方式安装的 ALG 为条件。

注2:型式批准试验可包括如下内容:外观检察、性能、振动、潮湿、干热、倾斜、电源波动、绝缘、电阻、电磁兼容性和高电压。

4.3 常规措施

4.3.1 在 4.3.2 到 4.3.8 中给出的常规措施适用于各种 ALG,在使用它们的场合应加以遵守。

4.3.2 在测量油罐液位时,应同时测量罐内液体具有代表性的温度。

4.3.3 当计量散装液体的输送量时,应及时记录已测量的液位。

4.3.4 在测量罐内液体的输转量时,应采取相同的常规措施测量油罐输转前后的液位。

4.3.5 为避免产品污染和 ALG 的腐蚀,与产品或其蒸气接触的所有部件应与产品化学兼容。

4.3.6 为跟踪油罐最快收发油时的液位变化,ALG 应具有足够的动态响应。

4.3.7 在油品输转之后,罐内液位在测量前应留出一定的稳定时间,宜符合 GB/T 13894 的规定。

4.3.8 为防止非权威性的调整或篡改,应对 ALG 进行加密。对于贸易交接用的 ALG,应为校准调整提供加密便利。

5 准确度

5.1 ALG 的固有误差

ALG 的固有误差是 ALG 在厂家规定的控制条件下检验时的误差,所有 ALG 液位测量的准确度都受到它的影响。

5.2 安装前的校准

在 ALG 的整个量程范围内,贸易交接用 ALG 的读数与有证标准相比,二者相差应在 ±1 mm 以内。有证标准应溯源至国家标准且具有校准修正表,在应用校准修正值后,其不确定度应不超过 0.5 mm。

注1:对于有证标准的不确定度,其计量要求可能更严格。

注2:按照 GB/T 25964—2010,当液位计作为混合式油罐测量系统的主要组件并用于确定油品质量时,液位计的误差对体积和密度的影响相互抵消,因此当混合式油罐测量系统以获得油品质量为主时,液位计的固有误差可大于本部分规定的数值,但应符合 GB/T 25964—2010 的要求。

5.3 安装和运行条件造成的误差

在安装、运行条件改变、液体和/或蒸气的物理及电性能变化满足 ALG 厂家要求的条件下,这些因素引起的对贸易交接用 ALG 总误差的影响应不超过 ±3 mm。

注1:在油罐收发油期间,ALG 的测量准确度受限于校准 ALG 用的测深基准板、计量参照点和 ALG 固定点的垂向位移。由液体静压引起的罐壁膨胀和罐底变形可能影响 ALG 的测量准确度。由液体对罐底和/或罐壁压力引起的测深基准板、计量参照点和 ALG 固定点的垂向位移或许可通过在 ALG 中的修正进行补偿。

注 2：以下因素制约油罐的计量准确度，与使用的 ALG 无关。这些因素对液位手工计量和各种自动液位计的总准确度都构成重大影响，而且/或者也会严重影响罐内液体量的准确度。

    a)   罐容表的不确定度（包括油罐倾斜和静压的影响）；

    b)   罐底位移；

    c)   罐壁结垢；

    d)   由温度引起的罐径膨胀；

    e)   液位、密度以及温度测量的随机和系统误差；

    f)   输转油使用的操作方法；

    g)   前尺和后尺的最小液位差（批量）。

注 3：按照 GB/T 25964—2010，当混合式油罐测量系统以获得罐内油品质量为主时，安装和运行条件对液位计造成的误差可大于本部分规定的数值，但应符合 GB/T 25964—2010 的要求。

5.4　总准确度

5.4.1　概述

ALG 的固有误差、安装方法的影响以及运行条件的影响会制约 ALG 在安装后测量液位的总准确度。

注：ALG 安装后的总准确度决定 ALG 可否用于贸易交接。贸易交接用的 ALG 应具有尽可能高的准确度。其他用途的 ALG（如库存控制或厂站管理）一般不需要太高的准确度。

5.4.2　贸易交接用的 ALG

安装前的 ALG 应满足校准允差（见 5.2）的要求。

安装后的 ALG 受到安装方法和运行条件变化的影响（见 5.3），应满足现场检验允差（见 7.4.3.3）的要求。

注：按照 GB/T 25964—2010，当混合式油罐测量系统以获得罐内油品质量为主时，液位计的现场检验允差可大于本部分规定的数值，但应符合 GB/T 25964—2010 的要求。

如果使用远传数据显示设备，应满足本部分给出的要求（见第 9 章）。

6　ALG 的安装

6.1　概述

6.2 到 6.5 概括阐述了安装 ALG 的建议和措施。

6.2　安装位置

ALG 的安装位置可能影响其安装后的精度。为满足贸易交接的准确度要求，ALG 的安装位置应非常稳定，在所有实际运行条件（如液体静压、蒸气压力和罐顶或计量操作台的负载等）下，具有最小的垂向位移（见 6.5）。

6.3　厂家要求

按厂家要求进行 ALG 和液位变送器的安装和布线。

6.4　安装

6.4.1　为满足贸易交接的准确度要求，如图 1 和图 2 所示，空高型 ALG 应最好安装在经过适当支撑并打过孔的稳液管上，以避免或减小由液体高度和温度变化造成的 ALG 安装点的位移。

6.4.2 作为替代方法,空高型 ALG 还可安装在罐顶或由罐壁顶圈支撑的"吊架"上。在 ALG 的液位算法中,应包括 ALG 相对计量参照点(或测深基准点)位移(由液体高度和温度引起)的补偿或修正。"吊架"的设计可采用各种形式,其安装示例见图 3。某些空高型 ALG 的安装可能涉及与罐底附近罐壁外侧的连接固定,其安装示例见图 4。

注:液体高度和温度会引起 ALG 的位移,ALG 可包括相应的补偿或修正程序。

6.4.3 实高型 ALG 应安装在油罐底部一个稳定位置,由此可将由液体波动和/或罐底位移所造成的影响减到最小,其安装示例见图 5。

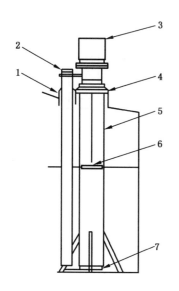 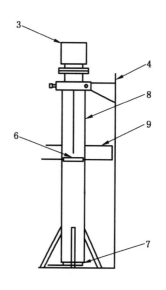

a) 顶装 ALG 在固定顶罐稳液管上的安装   b) 顶装 ALG 在外浮顶罐或内浮顶罐稳液管上的安装

说明:

1——弹性橡胶密封;

2——见注 1;

3——安装到稳液管顶部的自动液位计(ALG);

4——稳液管滑动导向件;

5——打过孔的稳液管(见注 1 和注 5);

6——液位检测元件(见注 2);

7——基准板(见注 4);

8——打过孔的稳液管(见注 1 和注 3);

9——浮顶。

注 1:专用于手工检尺和温度测量的计量管应安装在靠近 ALG 稳液管的位置。

注 2:某些典型的浸入式 ALG。非浸入式顶装 ALG 也可采用类似的安装方法。

注 3:当地的环境制约可能要求在外浮顶罐上使用未打过孔的稳液管,但可能导致严重的计量误差,而且在特定情况下,会带来安全隐患(油罐冒顶的风险)(见 6.5.7)。

注 4:基准板应安装在稳液管以下的油罐底部或直接连到稳液管上(如图)。

注 5:ALG 也可安装在固定顶罐顶部的稳定区域(未在图中给出)。

图 1 在由罐底支撑的稳液管上安装 ALG(浸入或非浸入)的例子

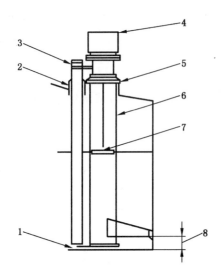 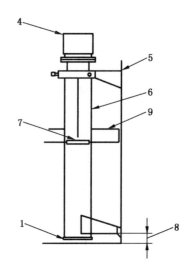

a) 顶装 ALG 在固定顶罐稳液管上的安装　　　　b) 顶装 ALG 在外浮顶罐或内浮顶罐稳液管上的安装

说明:
1——基准板(见注5);
2——稳液管滑动导向件和橡胶密封;
3——见注1;
4——安装到稳液管顶部的自动液位计(ALG);
5——稳液管滑动导向件;
6——打过孔的稳液管(见注1和注3);
7——液位检测元件(见注2);
8——见注4;
9——浮顶。
为减小由罐壁静压变形引起的稳液管的垂向位移,支撑架的设计应能消除罐壁对稳液管的影响。
注1:专用于手工检尺和温度测量用的计量管应安装在靠近 ALG 稳液管的位置。
注2:某些典型的浸入式 ALG。安装在顶部的非浸入式 ALG 可采用类似的安装方法。
注3:当地的环境制约可能要求在外浮顶罐上使用未打孔的稳液管,但可能导致严重的计量误差,而且在特定情况下,会带来安全隐患(油罐冒顶的风险)(见6.5.7)。
注4:在实际可行时,应靠近罐底,距罐底一般不超过 250 mm。
注5:基准板应固定到稳液管(如图)或罐底板上。
注6:ALG 也可安装在固定顶罐顶部的稳定区域(未在图中给出)。

图 2　稳液管由绞接到低处罐壁的托架支撑,在其上安装 ALG(浸入或非浸入)的例子

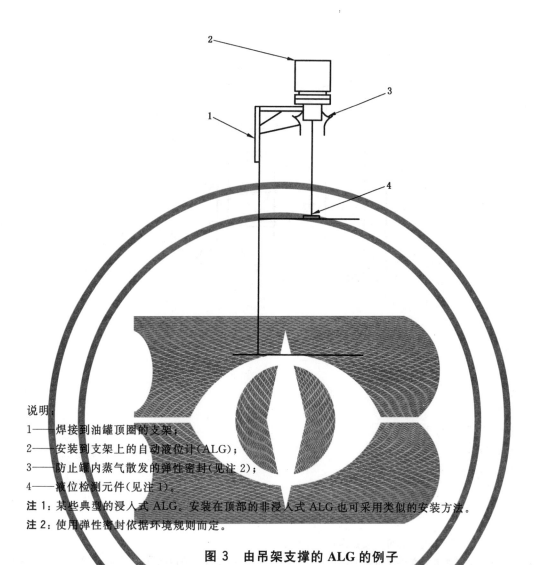

说明：

1——焊接到油罐顶圈的支架；

2——安装到支架上的自动液位计(ALG)；

3——防止罐内蒸气散发的弹性密封(见注2)；

4——液位检测元件(见注1)。

注1：某些典型的浸入式 ALG。安装在顶部的非浸入式 ALG 也可采用类似的安装方法。

注2：使用弹性密封依据环境规则而定。

图 3   由吊架支撑的 ALG 的例子

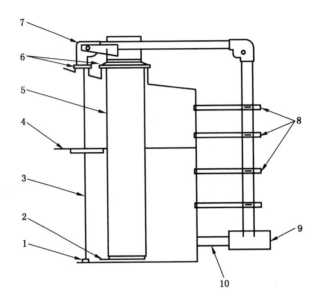

说明：

1 ——锚杆或锚锤；

2 ——基准板（见注 3）；

3 ——导向线；

4 ——液位检测元件；

5 ——打过孔的计量管（见注 1 和注 2）；

6 ——滑动导向件；

7 ——装到计量管顶部的滑轮架；

8 ——滑动导向件；

9 ——装到罐壁上的自动液位计（ALG）；

10——支架。

注 1：专用于自动油罐温度计的立管可安装在靠近手工计量管的位置。

注 2：当地的环境限制可能需要在外浮顶罐上使用未打孔的计量管，但在特定的情况下（见 6.5.7），可能导致严重的
　　　计量误差并带来安全隐患。

注 3：测深基准板应安装在油罐底部位于计量管以下的位置或直接连到计量管上（如图）。

注 4：手工检尺的计量管可选用铰接架支撑，如图 2 所示。

图 4　连接到罐底附近罐壁上的浸入式 ALG（排液型）的例子

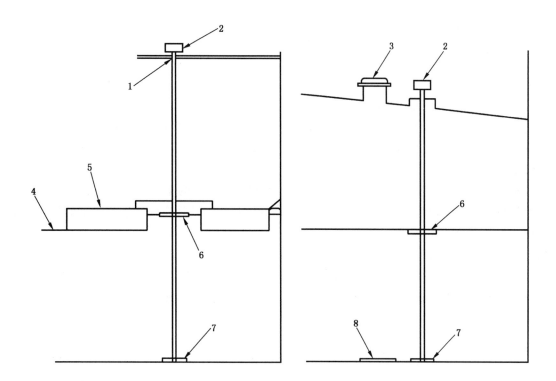

说明:

1——由检尺台导向的 ALG;

2——ALG(见注 1 到注 3);

3——手工计量口;

4——浮顶;

5——浮筒(箱);

6——液位传感器;

7——ALG 固定件;

8——测深基准板。

注1：实高型 ALG 经常不需要稳液管,特别是在小罐上。在用稳液管进行保护、稳定安装以及减小波动影响时,应
　　　为稳液管打孔(见6.5.7)。

注2：应在罐底提供固定和支撑实高型 ALG 的手段。

注3：实高型 ALG 不应硬性固定或吊在罐顶(固定顶罐)或检尺台上(外浮顶罐),而是应通过罐顶或检尺台的导向,
　　　使其保持铅垂,不受罐内液体静压变化和/或热胀冷缩引起的罐壁鼓起造成的罐顶/检尺台位移的影响。

图 5　固定于罐底的实高型 ALG 的例子

6.4.4 ALG 应尽可能安装在靠近手工计量口的位置,同时处于背阴或阳光直射的一侧,而且离检尺台
应足够近,以便通过手工检尺能很容易地检验 ALG 的精度。ALG 的固定件和手工检尺口的计量参照
点应刚性连接,避免因不同和无法预测的位移所引起的误差。

　　注：当 ALG 的安装位置靠近手工检尺位置(计量参照点)甚至连成一体时,罐内液位、油品温度以及阳光照射引起
　　　　的 ALG 安装点和计量参照点(或测深基准点)的位移可能更为接近,确保 ALG 相对计量参照点或测深基准点
　　　　的位移在可接受的限值内或可进行有效补偿。

6.5　稳液管设计

6.5.1　选用 6.5.2 和 6.5.3 中给出的两种方法之一连接固定稳液管。

6.5.2 稳液管可支撑在罐底上。图1a)是在支撑于固定顶罐底板的稳液管上安装ALG的例子。图1b)是在支撑于浮顶罐底板的稳液管上安装ALG的例子。

> 注：当油罐充满液体时，罐底在直接靠近底部连接处的区域可能要随着罐壁的角偏移而向上偏移，而远离罐壁的底部可能要向下偏移。偏移量取决于土壤条件、基础设计以及罐壁和底部的材质和结构。

在多数情况下，离罐壁约450 mm，罐壁鼓起不再造成底部位移。从油罐结构考虑，稳液管及其支撑应安放在该距离以外(见图1和图2)。

6.5.3 稳液管可支撑在一个连接到罐壁底圈的耳轴或活动节上。用耳轴支撑稳液管的设计目的是减小垂向位移。图2a)是在固定顶罐由罐壁耳轴支撑的稳液管上安装ALG的例子。图2b)是在浮顶罐由罐壁耳轴支撑的稳液管上安装ALG的例子。

为减小由罐壁静压变形引起的稳液管的垂向位移，建议支撑架的设计应消除罐壁对稳液管的影响。

6.5.4 当罐壁鼓起或垂向移动时，稳液管上端及滑动导向机构的设计应使罐顶沿稳液管能自由地垂向移动。稳液管和罐顶的导向结构不应限制罐顶的垂向移动。

如果ALG的液位检测元件受到过度的液体扰动，某些类型的ALG可能会偏离校准结果而无法正常运行。当使用这些ALG时，液位检测元件宜放在离油罐进出油口足够远的位置，以降低液体涡动、直流和波动的影响。如无法满足此项要求，宜通过稳液管将液位检测元件保护起来。对安装搅拌器的油罐，用户应向ALG的厂家作相关咨询。

6.5.5 稳液管直径建议最小为200 mm。根据所用ALG的类型和设计，也可使用更小直径的稳液管，但应对设计及结构的机械强度进行检查。某些类型的ALG具有更大的液位检测元件，稳液管直径可能也要求更大。

6.5.6 稳液管底部到罐底的距离应小于300 mm。稳液管顶部应在最大液位以上。

6.5.7 按不超过300 mm的间距，从稳液管的最底端到最大液位以上，在其上打出一列或两列宽度或直径不小于25 mm的通槽或通孔，或者按照ALG厂家建议的尺寸开槽或打孔。当罐内油品的流动性较差时，增加通槽或通孔的列数、宽度或直径，缩短相邻孔或槽的间隔，油品会更易于自由流入或流出稳液管，从而确保稳液管和罐内液位的一致性。稳液管内应保持直滑，因此应去掉其内部的毛刺和焊缝。

> 注：使用未打孔的稳液管会导致严重的液位测量误差。

6.5.8 油罐在完成液体静压试验后，稳液管应保持垂直向下。

6.5.9 当稳液管安装在紧靠手工计量管或计量口的位置时，测深基准板最好直接连接到稳液管上，确保ALG的安装位置相对测深基准板的高度保持基本不变。

7 现场的初始设置和初始检验

7.1 引言

初始设置是将ALG的读数设置成由手工参比液位测量确定的平均液位的程序(在一个单独液位)。初始检验是检验或确认ALG的安装准确度适用于预期服务的程序，要求在三个不同的液位，将ALG与手工参比液位测量的数据进行比对，并对手工与ALG的读数差做出评价。

7.2 一般措施

7.2.1 初始条件

新安装的或维修过的ALG在初始设置或初始检验前，油罐应在一固定液位静止足够长的时间，使空气或蒸气从液体中释放出来，并使罐底到达一个稳定位置。新罐应充满并静置，以减小由底部初始沉降产生的误差。在设置或检验前，为使罐内液体达到静止，油罐搅拌器应关闭足够长的时间。油罐应在充满和放空速率的正常范围内，运行至少一个充满和放空的操作循环。

7.2.2 手工参比液位测量

当通过与手工参比液位测量的比对,进行 ALG 的液位设置或检验时,应进行高精度的手工测量(见 GB/T 13894)。手工参比测量应由具有资质的专业人员来完成。

7.2.3 标准量油尺的校准

设置或检验 ALG 用的量油尺应是一把标准量油尺,经公认的校准实验室校准合格并溯源至国家测量标准,或是一把工作量油尺,最近与校准过的标准量油尺进行过比对,满足 GB/T 13236 规定的最大允差要求。在实际测量中,应使用量油尺的校准修正值。

> 注:便携式电子计量装置(PEGD)作为液位手工测量设备的重要选项(GB/T 13236),其测量精度高于传统量油尺,可同样用于 ALG 的设置和检验。

7.2.4 天气影响

大风、暴雨、雪或风暴可能造成罐壁、ALG 的安装位置和/或液面的位移,影响手工检尺和 ALG 的读数,但对手工检尺和 ALG 的影响可能不同。在气候条件不利或风速超过 8 m/s 的情况下,不应进行 ALG 的设置和检验。

7.2.5 液体静压的影响

液体对罐体的压力随液位面变化,罐底、罐壁和罐顶会发生不同程度的位移。当测深基准点、计量参照点和 ALG 安装点的位置选择不当,油罐的建造质量不符合相关要求时,它们之间的相对位置随液位升降可能发生变化,从而破坏用手工法设置 ALG 的基础条件,影响 ALG 的设置、检验以及全量程范围内液位测量的准确度。ALG 除了需要一个稳定的安装点以外,用于手工计量的测深基准点和/或计量参照点也应非常稳定。测深基准点应设置在稳定的罐底上或从靠近罐底的罐壁上焊接的水平金属板上,或者最好使用计量管,将测深基准板设置在计量管的底部,而计量参照点也应设置在计量管上或罐顶的稳定部位。

7.2.6 ALG 专有技术的考虑

影响 ALG 检验的其他专有技术应给予考虑。在初始设置(见 7.3)前,可能要采取附加步骤来进行 ALG 的准备。例如,罐内液体和蒸气的物理和电性能影响、液位传感器自由移动的检查以及其他方面,都应包括在要考虑的专有技术之内,同时也应参考 ALG 厂家的技术文件。

7.2.7 特殊应用的考虑

对于储存重质和粘性液体的油罐,对手工检尺或 ALG 的参照高度进行测量或检验可能比较困难。在这些情况下,可能无法按 7.3 和 7.4 测量参照高度。

7.3 初始设置

7.3.1 按手工测量参比空高进行设置

按手工测量的参比空高设置 ALG 的步骤如下:

a) 当罐内液体静止在满液位 1/3 和 2/3 之间的液位时,计量员在上罐前,应记录 ALG 的稳定读数。上罐后,在进行手工参比测量前,应再次记录 ALG 的当前读数。检察计量员在罐顶的存在是否影响 ALG 的读数。如果 ALG 的读数变化超过 1 mm,应在下一步进行前查明原因。

b) 在油罐容量表对应的计量参照点位置,测量油罐的参照高度,直到三次连续测量数据的一致性在 1 mm 以内,或五次连续测量数据的一致性在 2 mm 以内。计算参照高度的算术平均值

（即连续测量数据的平均值），并与罐容表上的参照高度进行比对。当参照高度的测量值与标定值相差超过 2 mm 时，初始检验可能有困难，应在下一步进行前查明原因。

注 1：油罐参照高度的测量重复性未达到要求可能是由于不利的气候条件、基准板上残渣的堆积、液体的波动或测量方法的不一致。参照高度的测量值与标定值未达到一致可能是由于在罐内不同的液位上，一个或多个参照基准受到液体静压变化的影响。

注 2：液体静压引起参照高度的变化可能导致测量值与标定值相差超过 2 mm，若暂时无法解决且参照高度的变化可重复，则进入下一步也是可能的。

c) 从相同的计量参照点，手工测量罐内液体的参比空高（使用相同的量油尺），直到三次连续测量数据一致性在 1 mm 以内，或五次连续测量数据一致性在 2 mm 以内。计算空高的算术平均值（即连续测量数据的平均值）。

d) 用油罐参照高度的测量平均值减去手工测量的空高平均值，获得等效实高。

e) 在进行手工参比测量后，立即再次记录 ALG 的读数，确认其在手工检尺期间未发生变化。当 ALG 的读数相对 a)中上罐后记录的读数发生变化（即超过 ALG 的分辨力）时，应核实油罐是否有收发作业、阀门是否关闭或内漏，并从第 a)步重复上述步骤。

f) 将 ALG 的读数与等效实高的计算值进行对比，如果二者不一致（即超过 ALG 的分辨力），应将 ALG 设置成与等效实高相同的读数。

7.3.2 按手工测量参比实高进行设置

按手工测量的参比实高检验 ALG 的步骤如下：

a) 当罐内液体静止在满液位 1/3 和 2/3 之间的液位时，计量员在上罐前，应记录 ALG 的稳定读数。上罐后，在进行手工参比测量前，应再次记录 ALG 的当前读数。检察计量员在罐顶的存在是否影响 ALG 的读数。如果 ALG 的读数变化超过 1 mm，应在下一步进行前查明原因。

b) 在油罐容量表对应的计量参照点位置，测量油罐的参照高度，直到三次连续测量数据的一致性在 1 mm 以内，或五次连续测量数据的一致性在 2 mm 以内。计算参照高度的算术平均值（即连续测量数据的平均值），并与参照高度的标定值对比。当参照高度的测量值和标定值相差超过 2 mm 时，初始检验可能遇到困难，应在下一步进行前查明原因。

注 1：油罐参照高度的测量重复性未达到要求可能是由于不利的气候条件、基准板上残渣的堆积、液体的波动或测量方法的不一致。参照高度的测量值与标定值未达到一致可能是由于在罐内不同的液位上，一个或多个参照基准受到液体静压变化的影响。

注 2：液体静压引起参照高度的变化可能导致测量值与标定值相差超过 2 mm，若暂时无法解决且参照高度的变化可重复，则进入下一步也是可能的。

c) 从相同的计量参照点，通过手工测量参比实高确定罐内液位，直到三次连续测量数据的一致性在 1 mm 以内，或五次连续测量数据的一致性在 2 mm 以内。在手工测量参比实高时，应检验油罐的参照高度。在任何情况下，如发现参照高度与 b)中测量的平均参照高度相差超过 1 mm，因存在疑问，应废弃这次实高测量。

手工测量未达到允差要求可能是由于不利的气候条件、液面位移或测量方法不一致。在进行有关修正后，应重复测量和检验程序。

d) 计算参比实高的算术平均值［即步骤 c)获得的连续测量数据的平均值］。

e) 在进行手工参比测量后，立即再次记录 ALG 的读数，并确认其在手工检尺期间未发生变化。当 ALG 的读数相对步骤 a)上罐后记录的读数发生变化（即超过 ALG 的分辨力）时，应核实油罐是否有收发作业、阀门是否关闭或内漏，并从第 a)步重复上述过程。

f) 将 ALG 的读数与手工参比实高的平均值进行对比，如果二者不一致（即超过 ALG 的分辨力），应将 ALG 设置成与手工参比实高平均值相同的读数。

7.4 初始检验

7.4.1 引言

空高型 ALG 设计用于 ALG 参照点到液面距离的测量。某些空高型 ALG 能补偿油罐参照基准的位移(其中这些位移已被量化并可重复)。然而,多数传统类型的空高型 ALG 还不能对本部分提出的油罐液位测量准确度的许多限制进行补偿。

实高型 ALG 设计用于液体深度的直接测量。对空高型 ALG 影响较大的油罐稳定性的某些问题,对实高型 ALG 的液位测量精度却不易造成影响,但要求固定 ALG 的油罐底部应是稳定的。

除油罐参照点(即测深基准板和计量参照点)的稳定性对 ALG 和液位手工测量的精度影响以外,其他因素也可能导致液位测量误差,在 ALG 检验期间应有所考虑,这些因素包括:
- ——油罐安装误差;
- ——运行条件的变化;
- ——液体和/或蒸气物理性能的变化;
- ——液体和/或蒸气电性能的变化;
- ——当地环境条件的变化;
- ——手工检尺的误差;
- ——ALG 的固有误差。

在对 ALG 进行初始设置后,应通过如下测量比对检验其总的准确度:
- ——在三个不同液位,将 ALG 与手工测量的参比液位数据进行对比,计算 ALG 的读数与手工参比测量数据之间的差值;
- ——在测量这三个液位的同时,测量油罐的参照高度,计算参照高度的变化。

当检验结果满足本部分给出的检验允差时,该油罐和 ALG 的组合可考虑用于贸易交接计量。

7.4.2 检验条件

ALG 的初始检验需要在油罐工作容量的上、中、下各三分之一区间对应的液位进行测量比对。中部的液位测量可采用初始设置期间(见 7.3)的相同数据,或也可重复测量。

检验比对只应在油罐无液体收发作业的静态条件下进行。

在三个不同液位上,检验测量之间的时间间隔应尽可能短。

7.4.3 初始检验程序

7.4.3.1 按手工测量参比空高进行检验

按手工测量的参比空高检验 ALG 的步骤如下:
a) 在 ALG 的初始设置(见 7.3)后,进行油罐的输转作业,使液位到达油罐工作容量的上 1/3 或下 1/3 以内(7.4.2)。
b) 上罐前,计量员应记录 ALG 的稳定读数。上罐后,在进行手工参比测量前,立即再次记录 ALG 的读数。检察计量员在罐顶的存在是否影响 ALG 的读数。当 ALG 的读数变化超过 1 mm 时,应在下一步进行前查明原因。
c) 在油罐容量表对应的计量参照点位置,测量油罐的参照高度,直到三次连续测量数据的一致性在 1 mm 以内,或五次连续测量数据的一致性在 2 mm 以内。在不修约的情况下,计算参照高度的算术平均值(即符合规定允差的连续测量数据的平均值),并与参照高度的标定值对比。当参照高度的测量值与标定值相差超过 2 mm 时,应在下一步进行前查明原因。

注 1:油罐参照高度的测量重复性未达到要求可能是由于不利的气候条件、基准板上残渣的堆积、液体的波动或测量方法的不一致。参照高度的测量值与标定值未达到一致可能是由于在罐内不同的液位上,一个或多个参照基准受到液体静压变化的影响。

注2:液体静压引起参照高度的变化可能导致测量值与标定值相差超过 2 mm,若暂时无法解决且参照高度的变化可重复,则进入下一步也是可能的。

d) 从相同的计量参照点,手工测量罐内液体的参比空高(使用相同的量油尺),直到三次连续测量数据的一致性在 1 mm 以内,或五次连续测量数据一致性在 2 mm 以内。

手工测量未达到允差要求可能是由于不利的气候条件、液面位移或测量方法的不一致。在进行有关修正后,应重复这一检验过程。

e) 计算空高的算术平均值(即符合规定允差的连续测量数据的平均值),结果不修约。

f) 用油罐参照高度的测量平均值减去手工测量的平均空高,获得等效实高。

g) 在进行手工参比测量后,立即再次记录 ALG 的读数,并确认在手工检尺期间未发生变化。当 ALG 的读数偏离了步骤 b)上罐后记录的数据(即超过 ALG 的分辨力)时,应核实油罐有无收发作业,油罐阀门是否关闭或内漏,并从步骤 b)重复这一过程。

h) 将 ALG 的读数与等效实高进行比对。这两个测量数据的差称为"试验差"。

i) 安排油罐的输转作业,使液位到达另外 1/3(即上 1/3 或下 1/3)的工作容量内,重复 b)到 h),确定该液位的试验差。

7.4.3.2 按手工测量参比实高进行检验

按手工测量的参比实高设置 ALG 的步骤如下:

a) 在 ALG 的初始设置(见7.3)后,进行油罐的输转作业,使液位达到油罐工作容量的上 1/3 或下 1/3 以内(7.4.2)。

b) 上罐前,计量员应记录 ALG 的稳定读数。上罐后,在进行手工参比测量前,应再次记录 ALG 的读数。检察计量员在罐顶的存在是否影响 ALG 的读数。如果 ALG 的读数变化超过 1 mm,应在下一步进行前查明原因。

c) 在油罐容量表对应的计量参照点位置,测量油罐的参照高度,直到三次连续测量数据的一致性在 1 mm 以内,或五次连续测量数据一致性在 2 mm 以内。在不修约的情况下,计算参照高度的算术平均值(即符合规定允差的连续测量数据的平均值),并与参照高度的标定值比对。如果参照高度的测量值与标定值相差超过 2 mm,应在下一步进行前查明原因。

注1:油罐参照高度的测量重复性未达到要求可能是由于不利的气候条件、基准板上残渣的堆积、液体的波动或测量方法的不一致。参照高度的测量值与标定值未达到一致可能是由于在罐内不同的液位上,一个或多个参照基准受到液体静压变化的影响。

注2:液体静压引起参照高度的变化可能导致测量值与标定值相差超过 2 mm,若暂时无法解决且参照高度的变化可重复,则进入下一步也是可能的。

d) 从相同的计量参照点位置,手工测量罐内液体的参比实高(使用相同的量油尺),直到三次连续测量数据一致性在 1 mm 以内,或五次连续测量数据的一致性在 2 mm 以内。在每次测量参比实高时,检验油罐的参照高度。当参照高度与步骤 c)的测量平均值相差超过 1 mm 时,应拒绝使用该实高的测量数据。

手工测量未达到允差要求可能是由于不利的气候条件、液面位移或测量方法的不一致。在进行有关修正后,应重复这一检验过程。

e) 计算实高的算术平均值(即符合规定允差的连续测量数据的平均值),结果不修约。

f) 在进行手工参比测量后,立即再次记录 ALG 的读数,并确认其在手工检尺期间未发生变化。当 ALG 的读数偏离了步骤 b)上罐后的记录数据(即超过 ALG 的分辨力)时,应核实油罐有无收发作业,油罐阀门是否关闭或内漏,并重复步骤 b)的测量过程。

g) 将 ALG 的读数与手工测量的平均参比实高[见步骤 e)]进行比对。这两个测量数据的差称为

"试验差"。

h) 安排油罐的输转作业,使液位达到另外 1/3(即上 1/3 或下 1/3)的工作容量内,重复 b)到 g),确定该液位的试验差。

7.4.3.3 用于贸易交接的检验允差

贸易交接用 ALG 的检验目的,是确保其在安装后能精确感应和指示其测量范围内的液位,达到比手工参比液位测量更高的准确度。

在任一检验液位,如果试验差不超过 4 mm,则该 ALG 适合作贸易交接计量使用。当任一检验液位的试验差超过 4 mm 时,应检察油罐参照基准的稳定性,并对 ALG 的安装和/或油罐稳定性的可能问题做出核实。

> 注:检查参照高度在不同液位下的变化,如果参照高度的变化可重复,而且试验差的大小与参照高度的变化存在一定的对应关系,则可对 ALG 进行参照高度变化的补偿或修正,由此保证试验差不超过 4 mm,但可能需要在整个液位高度上按一定的高度间隔,进行手工参比液位、参照高度和 ALG 读数的数据积累。

7.5 记录保存

保存每台 ALG 初始设置、初始检验和后期检验的全部记录,其维护记录也应做同样保存。

8 ALG 的后期检验

8.1 概述

对贸易交接用的 ALG,应制定检验计划。

8.2 后期检验的频率

对贸易交接用的 ALG,应定期检验。开始时每月至少检查一次,在一个液位上检验其校准值。按操作经验,在不加调整或重新设置的情况下,如果确认其运转性能至少连续六个月稳定在检验允差(7.4.3.3)以内,检验计划可延长到每三个月一次。

> 注:一些权威的管理机构可能要求按规定间隔(如按月)对贸易交接用的 ALG 进行性能检验。

8.3 后期检验的方法

首先进行 ALG 的相关检查,而后在油罐正常运行的前后尺读数(即库存液位)的典型液位检验其准确度。检验程序与 7.4 的初始现场检验相同,但只需在一个液位进行检验。

8.4 后期检验的允差

对贸易交接用的 ALG,应将 7.4.3.3 中的检验允差作为后期检验允差使用。当满足该允差时,ALG 符合检验要求,适合继续作贸易交接使用。

当 ALG 无法满足允差要求时,应查明原因并进行相应修正,按 7.4 对 ALG 进行重新检验。

当 ALG 需要重新调整或重新设置时,应按 7.4 的程序进行重新检验。

9 数据通讯与接收

对液位信号发射器和接收器之间的通讯规格提出如下建议。除了 ALG 的测量数据以外,还可包括其他信息。

ALG 系统的设计和安装应使发送和接收单元满足如下要求:

——不损失测量精度,即远端接收单元显示的液位读数与罐端 ALG 显示(测量)的液位读数之差
　　不应超过±1 mm;

——不损失测量输出信号的分辨力;

——为测量数据提供特殊的加密和保护,确保数据的完整性;

——提供足够的速度,满足接收单元的更新时间;

——免受电磁场的干扰。

参 考 文 献

[1] GB/T 8927—2008 石油和液体石油产品温度测量 手工法

[2] GB/T 13235(所有部分) 石油和液体石油产品 立式圆筒形油罐容积标定法

[3] GB/T 25964—2010 石油和液体石油产品 采用混合式油罐测量系统 测量立式圆筒形油罐内油品体积、密度和质量的方法

ICS 75.180.30
E 30

中华人民共和国国家标准

GB/T 21451.2—2019

石油和液体石油产品
储罐中液位和温度自动测量法
第 2 部分：油船舱中的液位测量

Petroleum and liquid petroleum products—
Measurement of level and temperature in storage tanks by automatic methods—
Part 2：Measurement of level in marine vessels

（ISO 4266-2：2002，MOD）

2019-03-25 发布

2019-10-01 实施

国家市场监督管理总局
中国国家标准化管理委员会 发布

前　言

GB/T 21451《石油和液体石油产品　储罐中液位和温度自动测量法》分为 6 个部分：

——第 1 部分：常压罐中的液位测量；

——第 2 部分：油船舱中的液位测量；

——第 3 部分：带压罐(非冷冻)中的液位测量；

——第 4 部分：常压罐中的温度测量；

——第 5 部分：油船舱中的温度测量；

——第 6 部分：带压罐(非冷冻)中的温度测量。

本部分为 GB/T 21451 的第 2 部分。

本部分按照 GB/T 1.1—2009 给出的规则起草。

本部分使用重新起草法修改采用 ISO 4266-2:2002《石油和液体石油产品　储罐中液位和温度自动测量法　第 2 部分：油船舱中的液位测量》。

本部分与 ISO 4266-2:2002 的技术性差异及其原因如下：

——关于规范性引用文件，本部分做了具有技术性差异的调整，以适应我国的技术文件，调整的情况集中反映在第 2 章"规范性引用文件"中，具体调整如下：

- 用修改采用国际标准的 GB/T 13236 代替 ISO 4512:2000(见 4.2.4)；
- 用修改采用国际标准的 GB/T 21451.5 代替 ISO 4266-5(见 4.2.7)；
- 增加引用了 GB/T 13894(见 4.2.4)。

——删除了 5.2 中第二段，并将删除部分内容与第一段进行合并，以保证相关内容在系列标准中叙述的一致性。

——删除了"为得到最高准确度，船体应……，并应最好消除横倾"(见 7.4.3)，删除部分内容与 4.2.6中第一段内容重复。

本部分做了下列编辑性修改：

——删除了 4.1.2.3 中的"注 1"和"注 2"；

——在 4.2.6 中增加了"注"；

——在 7.3 中增加了"注"；

——增加了"有证标准"的解释内容(见 5.2 中的"注")；

——删除了 ISO 4266-2:2002 的"参考文献"。

本部分由全国石油产品和润滑剂标准化技术委员会(SAC/TC 280)提出并归口。

本部分负责起草单位：中国石油化工股份有限公司石油化工科学研究院。

本部分参加起草单位：青岛海关。

本部分主要起草人：孙岩、魏进祥、刘冲伟、戴建。

石油和液体石油产品
储罐中液位和温度自动测量法
第2部分:油船舱中的液位测量

1 范围

GB/T 21451 的本部分给出了在油船舱中运输的、雷德蒸气压小于 100 kPa 的石油和液体石油产品液位测量用的浸入和非浸入式自动液位计(ALG)的准确度、安装、校准和检验指南。

本部分也给出了将船用 ALG 用于交接计量的指南,但通常需要交接双方一致同意。

本部分不适用于冷冻油船舱中的液位测量。

2 规范性引用文件

下列文件对于本文件的应用是必不可少的。凡是注日期的引用文件,仅注日期的版本适用于本文件。凡是不注日期的引用文件,其最新版本(包括所有的修改单)适用于本文件。

GB/T 13236 石油和液体石油产品 储罐液位手工测量设备(GB/T 13236—2011,ISO 4512:2000,MOD)

GB/T 13894 石油和液体石油产品液位测量法(手工法)

GB/T 21451.5 石油和液体石油产品 储罐中液位和温度自动测量法 第5部分:油船舱中的温度测量(GB/T 21451.5—2019,ISO 4266-5:2002,MOD)

ISO 1998(所有部分) 石油工业 术语(Petroleum industry—Terminology)

ISO 8697:1999 原油和石油产品 运输责任 底油与残油评估[Crude petroleum and petroleum products—Transfer accoutability—Assessment of on board quantity(OBQ) and quantity remaining on board(ROB)]

3 术语和定义

ISO 1998 界定的以及下列术语和定义适用于本文件。

3.1

自动液位计 automatic level gauge;ALG;automatic tank gauge;ATG
连续测量油船舱中液位高度(实高或空高)的仪器。

3.2

实高 dip;innage
测深基准点和液面之间的垂直距离。

3.3

实高型 ALG innage-based ALG
为测量液体深度设计安装的 ALG。

3.4

稳液管 still-pipe
为降低因液体波动、表面流动或液体搅拌引起的测量误差而设计安装在舱中的打过孔的并且可以为 ALG 提供稳定安装位置的立管。

3.5

空高 ullage；outage

沿垂直测量轴线测量的液面到计量上参照点之间的距离。

3.6

空高型 ALG ullage-based ALG

为测量 ALG 上参照点到液面的空距而设计安装的 ALG。

4 要求

4.1 安全要求

4.1.1 概述

在使用船用 ALG 设备时,应遵守国家标准、船级社及 ISGOTT 在安全及材料兼容性方面的要求。除此之外,应遵守生产厂家对于设备安装和使用的建议。

4.1.2 设备要求

4.1.2.1 所有船用 ALG 设备应能经受住压力、温度及海洋工况中所遇到的其他环境条件。当 ALG 安装在腐蚀工况下时,所有暴露于液体或蒸气的部分应具有持久抗腐蚀特性。

4.1.2.2 所有 ALG 设备应进行密封以经受住油舱内液体所带来的蒸气压力。安装在具有惰性气体系统(IGS)油船上的 ALG 在设计时应使其能够经受住惰性气体系统的工作压力。

4.1.2.3 船用 ALG 的选定和安装都应与我国及国际海洋电气安全标准(IMO,IEC,CENELEC,ISGOTT,ISO 等)一致。为便于安装,应对 ALG 的危险使用区域进行分类,同时,在危险区域使用 ALG 时应对其进行认证。

所有 ALG 设备应保持在安全运行状态并按厂家要求进行定期维护。

4.1.2.4 应采取加密措施,防止对 ALG 进行非授权的改动。在用于交接计量时,对校准 ALG 的调整装置应施加封识。

4.2 常规要求

4.2.1 准确度和性能

4.2.2～4.2.10 中给出的常规要求影响各种类型船用 ALG 的准确度和性能,当这些要求适用时应加以遵守。

4.2.2 响应速度

为跟踪油船舱最快收发油的液位变化,ALG 应具有足够的动态响应速度。

4.2.3 机械损伤防护

船用 ALG 的设计应使其能够经受住油船移动时油船舱中液体波动所带来的损伤。同时也能经受住洗舱时水或油的高速射流所带来的损伤。

注 1:这项防护措施需要将 ALG 安装在稳液管内。

注 2:此外,这项防护措施可能需要将具有浮盘或浮子液位感应元件的 ALG 在不使用时举升到"存放"位置。注意以上表述不意味 ALG 可以在洗舱时使用。

4.2.4 手工检尺

当采用手工检尺对 ALG 进行设置或检验时,手工检尺应达到最高的准确度(见 GB/T 13236 和 GB/T 13894)。

4.2.5 最低测量液位

ALG 应能测量接近油船舱底部的液位。这可能需要双层底油船在油船舱底部提供凹槽。

注:一些类型 ALG 的最低测量液位可能会限制它们测量小体积底油/残油的能力。

4.2.6 纵倾与横倾

为取得最高准确度,油船应保持正浮状态。在纵倾与横倾同时出现的情况下,应尽量消除至少一种状况,并应最好消除横倾。

对于长方体油船舱,如果 ALG 安装在其甲板区的几何中心,则无须进行纵倾和横倾修正,否则需要进行修正。当油船舱含有弯曲部分时,例如油船艏艉边舱,建议进行纵倾和横倾修正。允许使用 ISO 8697 给出的方法,通过查表或计算的方法对纵倾、横倾和楔形部分进行修正。

注:正浮状态是一种船舶艏艉、左右舷吃水深度相等的状态。

4.2.7 液体温度

在测量油船舱中的液位时,应同时测量油船舱中液体温度。该温度应是油船舱中液体具有代表性的温度,温度测量方法按 GB/T 21451.5 进行。

4.2.8 兼容性

为避免油船舱中液体污染,与液体相接触的 ALG 的所有部件应与液体相兼容。

4.2.9 混入的空气与蒸气

在液位计量前,应留出足够的时间使混入的空气或蒸气从液体中充分溢出。

4.2.10 油船摇摆

在过驳、海上作业或当油船停泊在开敞式泊位时,油船摇摆会引起油船舱中液面波动。在最短时间内,应至少进行三次读数并将读数平均。当波浪较大导致油船剧烈摇摆时,在最短时间内,应至少进行五次读数。

作为数显装置的一部分,一些 ALG 提供内部筛选算法,每隔一段时间对液位读数进行平均处理。筛选时间可以固定也可以根据船舶运动情况进行相应调整。

4.3 船用 ALG 在交接计量中的使用

由于附录 A 和附录 B 所给出的影响因素,船用 ALG 通常无法用于交接计量。然而,在无其他测量方法可以可靠地替代使用时,船用 ALG 的测量液位也可用于交接计量,但通常需要交接双方一致同意。

5 准确度

5.1 ALG 的固有误差

ALG 的固有误差是 ALG 在厂家规定的控制条件下检验时的误差。所有 ALG 液位测量的准确度都受到其固有误差的影响。

5.2 安装前的校准

在交接计量中使用的船用 ALG,应在安装前(即在工厂或实验室)进行校准。在 ALG 预期测量范围至少三个点处,ALG 与有证标准相差应在 3 mm 以内。有证标准应溯源至国家基准且具有校准修正表,在应用校准修正值后,其不确定度应不超过 0.5 mm。

注:有证标准是指具有有效的检定或校准证书的参考标准。对于有证标准的不确定度,其计量学要求可能更为严格。

5.3 船坞内的初始调整

按照 ALG 制造商的要求进行船坞内的调整(设置),这种调整方法主要是对 ALG 进行设置,由此可通过 ALG 正确读出最低液位和调零设置点的读数,在此应引用调零设置点到舱容表零点的距离。

ALG 的设置也包括确认远程数显与液位变送器(如果 ALG 提供现场数显设备)的读数一致(相差在 ±1 mm 以内)。

5.4 运行条件造成的误差

由于运行条件的不同,ALG 测量的总误差会产生波动且很难进行量化。

5.5 总准确度

5.5.1 概述

ALG 的固有误差、安装方法以及运行条件会制约 ALG 在安装后测量液位的总准确度。

注:ALG 用于交接计量或监控计量取决于安装后 ALG 的总准确度。交接计量用的 ALG 准确度要求尽可能最高,监控计量用的 ALG 准确度要求可相对较低。

5.5.2 ALG 在交接计量中的使用

ALG 应满足安装前的校准允差(见 5.2)。

ALG 应满足安装后的校准允差和船坞内初始调整的要求(见 5.3)。

ALG 应满足船上检验允差的要求(见第 7 章)。

6 船用 ALG 的安装

6.1 概述

船用 ALG 应按生产厂商要求进行安装。

6.2 安装位置

ALG 应定位在油船舱中液面紊流和波动影响较弱的位置。安装位置在设计时应考虑避免洗舱时带来的损伤。不能经受液面波动或洗舱作业的机械浮子式 ALG,在不使用时,应提供储存浮子的功能。

对于长方体油船舱,ALG 应定位在油船舱的几何中心,这样可避免进行纵倾和横倾修正。对于含有曲边的油船舱,例如油船艏艉边舱,为避免油船舱底部弯曲部分的影响,ALG 应尽量靠近内侧舱壁安装。

目前,船舶设计与 ALG 技术的组合水平限制了 ALG 用于部分载货或满载船舶的计量。因此,需采用其他测量位置以满足小体积(残油/底油)计量的需要(见 ISO 8697)。

6.3 手工校准核查点的位置

为准确比对手工检尺与自动计量的液位,手工校准核查点应定位在靠近(即 1 m 以内)ALG 的位置。

6.4 惰化油船舱计量

对于连接惰性气体系统的油船舱,ALG 的设计与安装应保证其在不减压的情况下进行维护和校准。

7 船用 ALG 的船上检验

7.1 常规要求

7.1.1 在船坞内核查液位感应元件的运行平稳性

浸入式 ALG 在安装后至校准前,核查液位感应元件,确保其在整个量程范围内可自由运行。以上核查应缓慢进行,目的是模拟实际运行工况并避免 ALG 的损伤。

7.1.2 ALG 特定技术的考虑

影响 ALG 检验的其他特定技术应给予考虑。检验前,可能要采取附加步骤进行 ALG 的准备。例如,油船舱中液体和蒸气的物理和电性能影响,液位传感器自由移动的核查以及其他方面,都应包括在要考虑的特定技术之内,同时也应参考 ALG 厂家的技术文件。

7.2 用实高检尺或空高检尺进行检验

由顶部向下测量空高的船用空高型 ALG 应通过手工测量空高进行检验。由底部向上测量实高的船用实高型 ALG 应通过手工测量实高进行检验。

7.3 初始检验

在离开船坞至首航这一期间,多数油船在一些油船舱内注水,目的是检查船上泵、阀门及管线的运行情况。在油船舱初始注水阶段,应通过手工检尺对 ALG 进行初始检验。

注:检验方法可参考 7.4。

7.4 后期检验

7.4.1 概述

油船在装货港装载后至卸货港卸载前这一期间,常规做法是通过手工检尺核查 ALG 的读数。手工检尺测量的液位通常用于货物报告。为减少油船摆动及外部不利条件带来的影响,检验应在液位平稳的情况下进行。检验 ALG 的液位应在其预期的运行范围内。

注:当手工检尺的计量参照点不同于 ALG 时,需要进行相应修正。

7.4.2 ALG 读数与手工检尺读数的一致性

当 ALG 读数与手工检尺读数相差在 6 mm 以内,无须采取进一步的措施。

7.4.3 读数平均值的使用

当 ALG 的读数与手工检尺读数相差超过 6 mm,ALG 读数与手工检尺应重复操作三次(如果油船舱中有波动,应重复操作五次),对比手工检尺读数平均值与 ALG 读数平均值。

7.4.4　ALG的调整

7.4.4.1　当ALG的平均读数与手工检尺的平均读数相差超过6 mm时,应对ALG重新调整或设置,以实现与手工检尺值相一致。以上设置及设置原因应记录在油船设备保养记录中。

7.4.4.2　重新调整后,按7.4.3对比ALG读数与手工检尺读数。如果ALG的平均读数与手工检尺的平均读数相差在6 mm以内,无须采取进一步的措施。

7.4.4.3　当ALG不能调整到与手工检尺的平均读数相一致时,可对其进行修正。修正值应标注在ALG数显设备附近并用来修正ALG读数。修正情况应记录在船舶文件中。

7.5　替代方法检验

实际上,由于操作限制(如密闭或受限的检尺要求)、缺少正确定位的手工检尺点或不利的海洋条件(例如:涌浪,船体摇摆),通常难以获得可靠的手工检尺数据来检验ALG。作为替代方法,可以通过比较ALG测量值与油船舱或ALG稳液管上预先设定的稳定参照高度值进行船上检验。以上方法和步骤可能随ALG类型发生变化,应按照ALG制造商的要求进行。

7.6　ALG的定期检验计划

对于无法按规定对ALG的准确度进行确认(通过与手工检尺或预设的参照高度值进行对比)的油船,应至少每个季度进行一次检验。

7.7　数据保存

ALG检验记录应登记在案并方便当事方检查。记录数据应保存至少一年或20航次。

8　数据通信

8.1　引言

本章对液位信号发射器和接收器之间的通信规格提出了如下建议。

通信方法应符合国家标准并且适用于本部分所覆盖的ALG。如果没有适用的国家标准,数据通信要求应符合国际标准的规定和守则。

8.2　远端数显装置在交接计量中的使用

如果整个系统(包括远端数显装置)符合本部分给出的校准允差要求,远端数显装置可以用于交接计量。

注:一些数显装置可以设置高低液位报警。一些数显装置也可以查阅罐容表,并应用合适的膨胀系数计算标准体积。

8.3　数据通信与数显装置

ALG系统的设计和安装应保证数据通信单元满足如下要求:

——测量准确性不损失,即远端接收单元显示的液位读数与舱端ALG显示(或测量)的液位读数相差不超过1 mm;

——测量输出信号的分辨力不损失;

——对测量数据提供加密保护,确保数据的完整可靠;

——提供足够的速度,满足接收单元所需要的更新时间;

——不受电磁影响。

附 录 A
（资料性附录）
油船舱液位测量影响因素

与所使用的 ALG 无关，船用 ALG 的液位测量受以下内在缺陷的影响：

a) 小体积（残油或底油）的测量。使用 ALG 测量小体积残油或底油的液位具有困难。

b) 纵倾与横倾的准确测定。准确测定纵倾与横倾具有困难，并且纵倾与横倾修正会影响油船舱液位测量的准确度。由于隆起、下垂、扭转及弯曲，可能需要测量多点的吃水深度，并使用与油舱适合的纵倾修正。如果 ALG 数显装置具有对纵倾和横倾的修正功能，修正方法应与 ISO 8697 一致。

c) 油船摇摆引起的油船舱内波动所带来的影响。液位平均值的测量因油船舱中波动变得十分困难。许多 ALG 的示值是测量点处得瞬时液位，然而手工液位检尺倾向于测量波峰高度，因此难以在油船舱中出现波动时对 ALG 进行校准。一些 ALG 通过数显装置提供内部筛选算法，计算一段时间内液位读数的平均值。筛选时间可以固定也可以根据船舶摇摆情况进行相应调整。

d) 油或水的温度引起的油船舱尺寸变化。油船舱尺寸随水或油的温度及其他因素变化而变化，因而影响到液位和体积之间的转换。油船舱垂直高度的变化会改变参照高度，进而影响安装在顶层甲板上 ALG 的液位测量准确度。

e) 隆起或下垂引起油船舱尺寸的变化。隆起或下垂会改变参照高度，进而影响安装在顶层甲板上 ALG 的液位测量准确度。

以上列举的内在缺陷可能会显著影响各种类型船用 ALG 液位测量的总准确度。

附　录　B

（资料性附录）

油船舱体积测量影响因素

在油船舱计量中,存在如下固有缺陷,影响基于液位的体积测量:

a)　油船舱容积表准确度。一些油船舱容积表在接近满舱或空舱时是准确的,然而在部分装液时会存在较大误差。

b)　油垢。油垢是当油船舱放空时粘接在内壁（舱壁）的液膜。油垢不影响液位测量但可能影响体积输转量。

c)　沉淀物和水（SW）及游离水。原油的船舶测量包括水和油的测量。测量后的沉淀物和水及游离水需从总体积中扣除。沉淀物和水的准确测量需要准确的采样、样品处理及实验室分析。游离水的准确测定具有困难,特别是污油舱中的游离水。

d)　温度测量。由于舱壁可能会与海水接触产生温差,获得准确的载货平均温度具有困难。

e)　油船管线内油品。输转油品的体积受油船管线及泵内液体体积的影响。准确的体积测量需要在油品输转前后对这些体积进行量化或估算。

f)　船舶经验系数。通过船用ALG与手工测量确定的船舶经验系数可能存在不同。

以上列举的内在缺陷可能会显著影响油船舱液位自动测量（以及液位手工测量）获得体积的总准确度。

ICS 75.180.30
E 30

中华人民共和国国家标准

GB/T 21451.3—2017

石油和液体石油产品

储罐中液位和温度自动测量法

第 3 部分：带压罐（非冷冻）中的液位测量

Petroleum and liquid petroleum products—Measurement of level and
temperature in storage tanks by automatic methods—
Part 3：Measurement of level in pressurized tanks（non-refrigerated）

（ISO 4266-3：2002，MOD）

2017-10-14 发布

2018-05-01 实施

中华人民共和国国家质量监督检验检疫总局
中国国家标准化管理委员会
发 布

前　言

GB/T 21451《石油和液体石油产品　储罐中液位和温度自动测量法》分为六个部分：

——第1部分：常压罐中的液位测量；

——第2部分：油船舱中的液位测量；

——第3部分：带压罐（非冷冻）中的液位测量；

——第4部分：常压罐中的温度测量；

——第5部分：油船舱中的温度测量；

——第6部分：带压罐（非冷冻）中的温度测量。

本部分为 GB/T 21451 的第3部分。

本部分按照 GB/T 1.1—2009 给出的规则起草。

本部分使用重新起草法修改采用 ISO 4266-3:2002《石油和液体石油产品　储罐中液位和温度自动测量法　第3部分：带压罐（非冷冻）中的液位测量》。

本部分与 ISO 4266-3:2002 的技术性差异及其原因如下：

——在 6.4.1.2 的结尾增加"将 ALG 通过校准室（或校准接头）与隔离阀连接，可很好地解决 ALG 的设置、检验以及浮子的维护问题。"，以解决 ALG 的有效校准问题；

——将 6.4.3.2 改为"为避免罐底干扰回波的影响，在靠近罐底位置，应提供可使回波减弱或偏离垂直方向的反射板（如图3所示），或类似的装置或方式。反射板可作为基准板使用，其安装方式最好便于用手工法准确测量距离 L。"，以明确反射板的作用并与图3的标注呼应；

——将 6.4.3.3 中的"可能不需要为其安装维护用的隔离阀"改为"可根据需要为其安装维护用的隔离阀"，以准确表达使用隔离阀的实际情况；

——删除 6.4.4，将其内容并入 6.2.3，原 6.4.5 成为 6.4.4，对 6.2.3 的内容重新编写，以避免液位计安装位置内容的重复；

——在 7.1.1 最后增加一段："通过上述关键距离可获得设置或检验 ALG 用的参照点到罐底最低点或罐表液位零点的高度。"，以说明关键距离测量的目的；

——增加"7.1.2　安装液位计的参照法兰相对储罐最低点高度的罐外测量"，原 7.1.2 和 7.1.3 顺序变为 7.1.3 和 7.1.4，以解决带压设置和检验中关键距离通常无法直接测量的问题；

——在 7.1.4 所述内容后增加"在 ALG 的设置和检验前，应做好罐内待装或已装产品相关数据的预先核查，必要时应进行相应的补偿或修正。"，以完整表达本条内容的真正用意；

——将 7.2.2.1b)中的"参照点"修改为"基准板（或下参照点）"，与 a)保持一致；

——在 7.2.2.2 中，增加" b)将 ALG 的读数调整到与预先确定的上参照点相一致。调整应包括使用中产品密度和 ALG 排液件/浮子影响的补偿值或修正系数。"，将原来的 b)变为 c)，并修改为"c)将液位感应元件降回至液面，并再次提升至上参照点，记录 ALG 的读数。"，将原来的 c)变为 d)，并将其内容中的"重复 a)和 b)三次"修改为"重复 c)三次"，以符合设置的实际用意；

——将 7.3.1 中的"——当 ALG 允许时，测量参照高度。"修改为"——在条件允许时，实测参照高度（见 7.1.2），以检验 ALG 的平均读数与已知测量距离的相符性。"，使句子的表述更完整明确；

——删除 8.4 中的"当满足该允差要求时，ALG 符合校准要求，适用于贸易交接。"，利于对 8.4 和 8.5 相互关系的理解；

——将 8.5.4 的第一句改为"当超过 8.5.2 和 8.5.3 规定的任一允差时，即使符合了 8.4 的允差要求，也应对 ALG 测量系统的准确度提出质疑,其仍可能不适用于贸易交接。",呼应 8.4,将 8.4 和 8.5 作为整体考虑。

本部分做了下列编辑性修改:

——在 3.4 中增加注,说明测深基准板在本部分的实际用意;

——在 3.7 中增加注,说明计量参照点在本部分的实际用意;

——在 3.11 稳液管中,增加注,说明稳液管对液位计的作用;

——将 5.3 注 3 a)中的"准确度"修改为"不确定度";

——在图 3 说明下增加"注:本图所示的衰减或致偏板垂直于雷达波的射入方向,可直接作基准板使用,但如致偏板通过改变其与雷达波射入方向的夹角(大于 90°)使雷达波反射到稳液管以外,或许要另行配置基准板。";

——将参考文献 ISO 4268:2000 用我国标准 GB/T 8927—2008 代替;

——将参考文献 ISO 4512—2000 用我国标准 GB/T 13236—2011 代替。

本部分由全国石油产品和润滑剂标准化技术委员会(SAC/TC 280)提出并归口。

本部分负责起草单位:中国石油化工股份有限公司石油化工科学研究院。

本部分参加起草单位:中国石油化工股份有限公司镇海炼化分公司、霍尼韦尔(中国)有限公司、艾默生过程控制有限公司、北京瑞赛长城航空测控技术有限公司。

本部分主要起草人:魏进祥、孙岩、陈磊、吕东风、王宏志、张劲广。

石油和液体石油产品
储罐中液位和温度自动测量法
第 3 部分：带压罐（非冷冻）中的液位测量

1 范围

GB/T 21451 的本部分规定了石油和液体石油产品液位测量用自动液位计的准确度、安装、调试、校准和检验，并给出了在贸易交接中自动液位计（ALG）的使用指南。

本部分适用于使用浸入式和非浸入式自动液位计对在带压罐内储存的、蒸气压不超过 4 MPa 的石油和液体石油产品液位的测量。本部分不适用于山洞和冷冻储罐内使用的 ALG 的液位测量。

2 规范性引用文件

下列文件对于本文件的应用是必不可少的。凡是注日期的引用文件，仅注日期的版本适用于本文件。凡是不注日期的引用文件，其最新版本（包括所有的修改单）适用于本文件。

ISO 1998（所有部分） 石油工业 术语（Petroleum industry—Terminology）

3 术语和定义

ISO 1998 界定的以及下列术语和定义适用于本文件。

3.1

锚锤 anchor weight

吊在自动液位计检测元件的导向线上，将导向线拉紧并拉直的压载物。

3.2

自动液位计 automatic level gauge(ALG)；automatic tank gauge(ATG)

连续测量储罐内液位高度（实高或空高）的仪器。

3.3

实高 dip；innage

测深基准点和液面之间的垂直距离。

3.4

测深基准板 dipping datum plate

测深基准点 dipping datum point

测深板 dip-plate

在计量参照点正下方，为手工测量液体深度提供固定接触面而设置的水平金属板。

注：本部分的测深基准板主要用于自动液位计的校准和检验，与常压立式罐可能具有不同的用意，一般也不作为罐容表的编表零点。

3.5

量油尺 dip-tape

通过测深直接或通过测空间接测量罐内油或水深度用的由尺砣拉紧的带刻度的钢带尺。

3.6

计量口 gauge-hatch

计量点 gauging access point

测深口 dip-hatch

在储罐顶部可进行计量和取样操作的开口。

3.7

计量参照点 gauging reference point

参照计量点 reference gauge point

为指示手工测深或测空的位置(上部基准),在测深基准点正上方计量口上清晰标记的点。

注：在本部分中,其主要指校准和检验液位计的参照点,如测深基准点、校准室的校准点、检验针的位置。

3.8

实高型 ALG innage-based ALGs

为测量液体深度设计安装的,在罐底或接近罐底位置设置一参照点,通过该点将测量深度关联到测深基准板的 ALG。

3.9

浸入式 ALG intrusive ALG

液面感应装置下到罐内并与液体接触的 ALG,如浮子和伺服式的 ALG。

3.10

非浸入式 ALG non-intrusive ALG

液面感应装置可进到罐内但不接触液体的 ALG,如微波或雷达式的 ALG。

3.11

稳液管 still-well;stilling-well;still-pipe;guide pole

为降低因液体波动、表面流动或液体搅拌引起的测量误差而设计安装在罐内的打过孔的立管。

注：稳液管可使伺服液位计的感应浮子免受液体波动的影响,还可作雷达液位计的导波管使用,并可防止液面波动及沸腾干扰液位测量。

3.12

空高 ullage;outage

沿垂直测量轴线测量的液面和计量参照点之间的距离。

3.13

空高型 ALG ullage-based ALGs

为测量 ALG 上参照点到液面的空距而设计安装的 ALG。

4 措施

4.1 安全措施

当使用 ALG 设备时,应遵循国家有关安全的标准、法规及材料兼容性措施。除此之外,还应按厂家给出的建议安装和使用设备,严格遵守进入危险区域的所有规定。

4.2 设备措施

4.2.1 所有 ALG 设备应能承受实际运行中可能遇到的压力、温度、操作和环境条件。

4.2.2 确认 ALG 适用于所安装的危险区域范围。

4.2.3 采取措施确保 ALG 暴露的所有金属部件与罐体具有相同的电位。

4.2.4 所有 ALG 设备应保持在安全的操作状态,应按厂家要求进行定期维护。

注1：ALG 的设计和安装用于特定服务可能需要获得国家计量机构（或组织）的批准。这通常需要对 ALG 进行一系列的特定试验，并以按批准方式安装的 ALG 为条件。

注2：型式批准试验可包括如下内容：外观检察、性能、振动、潮湿、干热、倾斜、电源波动、绝缘、电阻、电磁兼容性和高电压。

4.3 常规措施

4.3.1 在 4.3.2～4.3.9 中给出的常规措施影响各种 ALG 的准确度和性能，在使用它们的场合应加以遵守。

4.3.2 在测量罐内液位时，应同时进行罐内蒸气的压力和温度、液体温度以及其他相关参数的测量。液体温度应代表罐内的所有液体。

4.3.3 在计量散装液体的交接量时，应及时记录已测量的全部数据。

4.3.4 无论散装液体输转前（前尺），还是散装液体输转后（后尺），在测量罐内液体量时，应采用相同的方法测量罐内液位。

4.3.5 为避免产品污染和 ALG 的腐蚀，ALG 与产品或其蒸气接触的所有部件应与产品具有化学相容性。

4.3.6 为跟踪储罐最大的输入或输出速度，ALG 应具有足够的动态响应。

4.3.7 在液体输转后，罐内液体在液位测量前应留出一定的稳定时间。

4.3.8 随着环境条件的快速改变，液面可能显示暂时性的不稳定。液位测量设备应能检测到这种现象，或者能消除这种液位不稳定的影响。

4.3.9 为防止未经授权的调整或干预，应为 ALG 提供安全防护措施。对贸易交接用的 ALG，应为其提供校准调整器的密封条件。

5 准确度

5.1 ALG 的固有误差

ALG 的固有误差是在厂家规定的控制条件下校准时的误差。所有 ALG 液位测量的准确度都受到其固有误差的影响。

5.2 安装前的校准

在 ALG 的整个量程范围内，贸易交接用 ALG 的读数与有证标准相比，二者相差应在±1 mm 以内。有证标准应溯源至国家标准且具有校准修正表，在应用校准修正值后，其不确定度应不超过 0.5 mm。

注：对于有证标准的不确定度，其计量学要求可能更严格。

5.3 由安装和运行条件造成的误差

在运行条件符合厂家要求的情况下，安装和运行条件对带压罐上贸易交接用 ALG 造成的误差不应超过±3 mm。

注1：在储罐收发作业期间，空高型 ALG 的测量准确度可能受到校准其用的计量参照点垂向位移或其顶部固定点垂向位移的影响，也可能受到罐体倾斜、液体静压和蒸气压力的影响。

注2：在储罐收发作业和/或压力变动期间，实高型 ALG 的测量准确度可能受其底部固定点垂向位移的影响。

注3：无论用何种 ALG，其在储罐上使用的体积测量数据还要受如下准确度因素的限制。这些因素对液位手工计量以及各种自动液位计的总准确度都可能有重大影响，而且/或者也会严重影响罐内液体量的准确度。

a) 罐容表的不确定度（包括储罐倾斜和液体静压的影响）；

b) 由温度引起的罐体几何形状的改变；

c) 液位、液体和蒸气密度、压力和温度测量中的随机和系统误差；

d) 输转中使用的测量方法；

e) 前后尺的最小液位差(批量)。

对带压罐内蒸气空间存在的产品数量,应对其体积和/或质量的计量进行专门考虑。

5.4 总准确度

5.4.1 概述

ALG 在安装后测量液位的总准确度受到其固有误差、安装方法以及运行条件变化的影响。

注：ALG 安装后的总准确度(安装后的准确度)决定其可否用于贸易交接。贸易交接用的 ALG 应具有尽可能高的准确度,其他用途 ALG 一般不需要太高的准确度。

5.4.2 贸易交接用的 ALG

ALG 应满足安装前校准允差(见 5.2)的要求。

安装后的 ALG 受到安装方法和运行条件变化的影响(见 5.3),应满足现场检验允差(见 7.3.3)的要求。

如果使用远传数据显示设备,应满足本部分给出的要求(见第 9 章)。

6 ALG 的安装

6.1 概述

当 ALG 所用技术与本部分不同时,只要准确度符合使用要求,则同样可用于贸易交接。对于本部分所述的 ALG,比较法可用于其在罐上使用时的检验。

6.2～6.5 规定了安装 ALG 的建议和措施。

6.2 安装位置

6.2.1 ALG 的安装位置可影响其安装后的准确度。为达到贸易交接的准确度要求,在实际运行条件(如液体压力和/或蒸气压力的变化)下,ALG 的安装位置应稳定不动,并具有最小的垂向位移。

6.2.2 ALG 应最好安装在靠近罐体垂向中心线的位置。

6.2.3 液位感应元件应受到保护,避免液体自进出口出入带来的过度扰动。如达不到此项要求,应考虑使用稳液管。

6.3 厂家要求

ALG 和液位变送器应按厂家的要求进行安装和接线。

6.4 安装

6.4.1 置于稳液管上的浸入式空高型 ALG(如浮子式和伺服式)的安装

6.4.1.1 为满足贸易交接的准确度要求,ALG 应安装在一根正确悬垂的稳液管上。安装实例如图 1 所示。稳液管保护 ALG 的液位感应元件,使其免受液体波动的影响,并可提供基准板的固定点。

6.4.1.2 为便于维护和检验,安装 ALG 应使其能与储罐隔开(如通过隔离阀)。将 ALG 通过校准室(或校准接头)与隔离阀连接,可很好地解决 ALG 的校准、检验以及浮子的维护问题。

注：对其他用途的 ALG,不强求使用稳液管。

6.4.2 使用导向缆的浸入式空高型 ALG(如浮子式和伺服式)的安装

6.4.2.1 为满足贸易交接和运行的准确度要求,ALG 应安装在正确固定的管口上。安装实例如图 2 所示。弹性拉力导向缆可保护液位感应元件,避免受到液体波动的影响。

6.4.2.2 为便于维护和检验,安装 ALG 应使液位感应元件能与储罐隔开(如通过隔离阀)。为能触摸到液位感应元件,应为此提供适当的方式(如带检查口的校准室)。

6.4.3 置于稳液管上的非浸入式空高型液位计的安装

6.4.3.1 为满足贸易交接的准确度要求,也为满足实际操作的需要,ALG 应安装在正确支撑的稳液管上。安装实例如图 3 所示。在稳液管的设计中,应确保在压力储罐放空期间发生沸腾的条件下,也能获得足够的信号强度。

6.4.3.2 为避免罐底干扰回波的影响,在靠近罐底位置,应提供可使回波减弱或偏离垂直方向的反射板(如图 3 所示),或类似的装置或方式。反射板可作为基准板使用,其安装方式最好便于用手工法准确测量距离 L。

6.4.3.3 当 ALG 通过透明的永久性压力密封测量时,可根据需要为其安装维护用的隔离阀。

6.4.3.4 为 ALG 提供足够的维护和检验手段,如稳液管中定位不同高度的检验针。最高检验针应定位在最大装液高度以上,以满足储罐充满时的调试需要。

6.4.4 不同于本部分的 ALG 的安装

不同于本部分的 ALG,其安装准则也应与本部分一致。

6.5 稳液管的设计

6.5.1 稳液管应从罐顶上悬吊而下。罐体静压变形会引起稳液管的垂向位移,稳液管下端可安装在一个可允许这种位移的腔体之内。如果需要,其结构应能对稳液管的垂直度进行调整。

6.5.2 稳液管直径和厚度的设计应使其具有足够的刚性和强度,以满足预期的使用要求,并适用于 ALG 的类型。如果稳液管由不止一段的多段管子制成,安装后整根管子的内部应非常直滑(如无毛刺)。

6.5.3 稳液管下端到罐底的距离通常应小于 300 mm。为使测量范围最大化,该距离应尽可能短。

6.5.4 稳液管上的通孔或通槽(直径或宽度通常为 10 mm)、它们的间距(通常为 300 mm)以及稳液管的直径应符合 ALG 制造厂的要求。使用未开孔(或槽)的稳液管会导致严重的液位测量误差。

6.5.5 储罐在进行完液体静压试验之后,检查稳液管,确保依然垂直。

7 ALG 在现场的初始设置和初始检验

7.1 准备

7.1.1 关键距离的核查

在储罐加压或产品进罐前,当如下关键距离适用于所安装的 ALG 类型时,应对它们进行确认(如通过几何测量法)和记录,测量结果的不确定度应不超过 1 mm。如图 1~图 3 所示,对应不同类型的 ALG,这些关键距离包括:

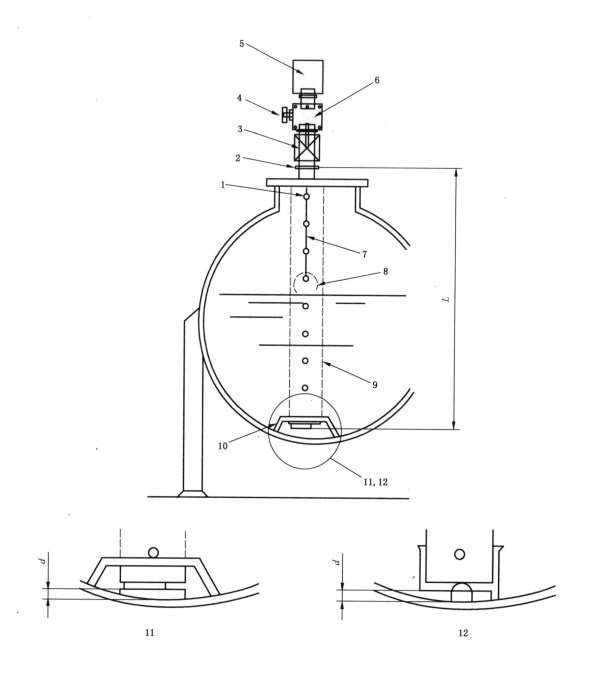

说明:

1 ——最高液位以上的高位开孔;
2 ——参照法兰;
3 ——隔离阀;
4 ——排气阀;
5 ——液位计的表头;
6 ——校准室或校准接头;
7 ——带或线;
8 ——液位检测元件;
9 ——稳液管;
10——能调整稳液管垂直度的滑动导轨;
11——连接到稳液管上的基准面;
12——固定到罐壁上的基准面。

注:d 和 L 定义在 7.1.1 中。

图 1 带压罐上(带稳液管)浸入式(如浮子和伺服式)空高型 ALG 的安装示例

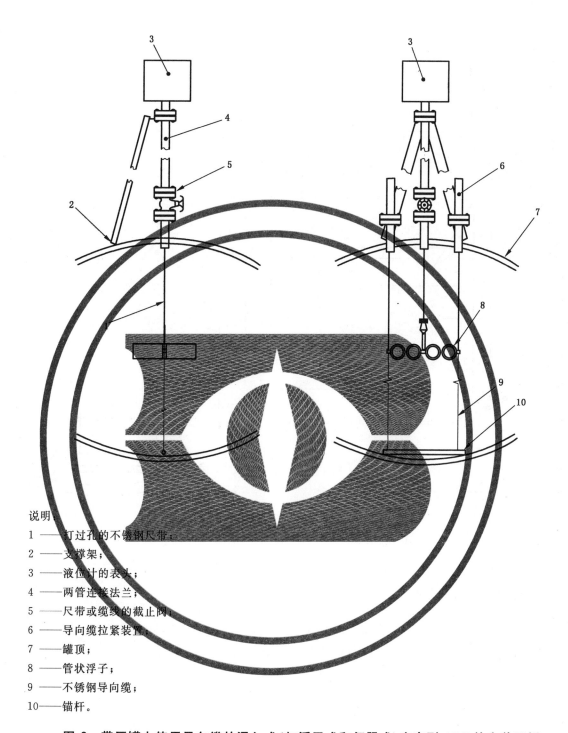

说明：
1 —— 打过孔的不锈钢尺带；

2 —— 支撑架；

3 —— 液位计的表头；

4 —— 两管连接法兰；

5 —— 尺带或缆线的截止阀；

6 —— 导向缆拉紧装置；

7 —— 罐顶；

8 —— 管状浮子；

9 —— 不锈钢导向缆；

10—— 锚杆。

图 2　带压罐上使用导向缆的浸入式（如浮子式和伺服式）空高型 ALG 的安装示例

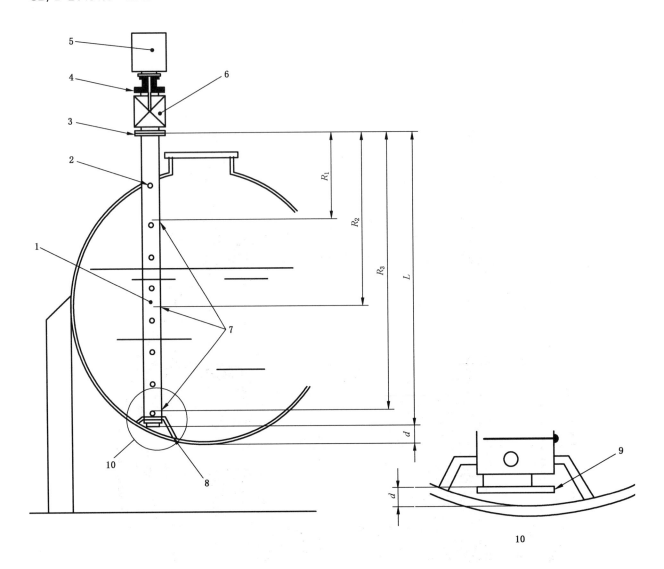

说明：

1 ——稳液管；

2 ——最高液位以上的高位开孔；

3 ——参照法兰；

4 ——压力密封；

5 ——液位计的表头；

6 ——隔离阀（可选）；

7 ——检验针；

8 ——调整稳液管垂直度的滑动导向架；

9 ——衰减或致偏板；

10——$d<300$ mm，最好尽可能小一些。

注：本图所示的衰减或致偏板垂直于雷达波的射入方向，可直接作基准板使用，但如致偏板通过改变其与雷达波射
入方向的夹角（大于 90°）使雷达波反射到稳液管以外，或许要另行配置基准板。

图 3 带压罐（配稳液管）非浸入式（如微波或雷达）空高型 ALG 的安装示例

——基准板和罐底间的距离 d（见图 1 和图 3）；

——基准板和安装 ALG 的参照法兰之间的距离 L（见图 1 和图 3）；

——参照法兰（在其上安装 ALG 设备）与检验针（或其他类似的检验方法）之间的距离 R_1，R_2，R_3。

检验针的位置应能覆盖 ALG 的测量范围。为进行储罐充满时的调整,最高检验针应定位在最大装液高度以上。

通过上述关键距离可获得设置或检验 ALG 用的参照点到罐底最低点(或罐表液位零点)的高度。

注:某些 ALG 需要按制造厂的要求测量检验针的指向,并符合一定的不确定度。

7.1.2 安装液位计的参照法兰相对储罐最低点高度的罐外测量

储罐在充液加压后,安装液位计的参照法兰相对罐底最低点的高度(7.1.1 中的 L 和 d 之和)可能会发生变化,从而影响液位计测量的准确性。在储罐加压和产品进罐前,宜采用几何测量法外测参照法兰相对罐底最低点的高度,测量不确定度不应超过 1 mm,将其与 7.1.1 中的测量数据进行比对,二者相差不应超过 2 mm,并在罐体上作出罐底最低点的标记。在储罐充液加压后,当对使用中的液位计进行检验时,按同样方法再次测量参照法兰相对罐底最低点的高度,可获得参照点相对罐底最低点的当前高度,通过与液位计在参照点的读数比较,可进行液位计的检验、修正或再校准。

注:用具有自动测角、测距功能的全站仪测量参照法兰和罐底最低点的标高,扣除对应位置的板厚,可获得满意的测量数据。

7.1.3 浸入式 ALG 液位感应元件自由移动的检查

对于浸入式 ALG,液位感应元件在从罐顶至罐底的标称范围内移动时,应平稳自由,无约束或摩擦。一台新的或修理过的 ALG 在安装后和设置前,应检查感应元件(如感应浮子)和导向机构(如尺带、缆线和连接元件),确保 ALG 的液位感应元件在整个工作范围内能自由平稳地运行。为模拟实际运行并避免 ALG 感应元件结构的损坏,检查应缓慢进行。

7.1.4 产品(蒸气/液体)物理和电性能变化影响的核查

ALG 应用的许多技术以某种方式受到液体或蒸气的物理性能(如密度、温度、压力)和/或电性能(如介电常数)变化的影响,ALG 厂家应给出这种影响的量化数据。在 ALG 的设置和检验前,应做好罐内待装或已装产品相关数据的核查,必要时应进行相应的补偿或修正。

7.2 初始设置

7.2.1 概述

ALG 的设置通常是在校准范围内的单点设置,由此将其匹配到某一参照点的高度。这样的参照点通常可是如下三点中的某一点(或多点):

——校准室内的参照点;
——隔离阀的顶部或检验针的安置点;
——储罐基准板。

确定并记录测深基准板以上各参照点的高度以及偏差修正值。

对不同于本部分的 ALG,其调整和检验应与本部分给出的准确度检验标准相一致。

注:很多 ALG 在安装前校准(即在工厂或实验室),其量程在现场不可调的。因此在现场只能对它们进行检验,而不能再进行校准。

7.2.2 浸入式空高型 ALG 的设置

7.2.2.1 空罐条件下浸入式空高型 ALG(如浮子或伺服式)的设置或储罐运行时能测量到储罐基准板距离的 ALG 的设置

a) 将液位感应元件降至基准板(或下参照点)。

b) 将 ALG 的读数调整到与预先确定的基准板(或下参照点)相一致。调整应包括使用中产品密度和 ALG 排液件/浮子影响的补偿值或修正系数。

注1：对于液体密度和排液件/浮子结构引起的浮力影响,其修正系数或补偿值通常由 ALG 的厂家提供。

c) 将液位感应元件升回至上参照点(见 7.2.1),并再次将液位感应元件降至基准板(或下参照点),记录读数。

d) 重复 c)步三次,获得对应两参照点的连续三次读数,变动量不应超过 3 mm。如有必要,应对 ALG 进行重新设置,使其与预先确定的参照点一致。设置或调整应包括使用中产品密度和 ALG 排液件/浮子影响的补偿值或修正系数。

当只有一个参照点可用时,该点就成为 ALG 设置的唯一选择。建议用液面以上最低位置的参照点设置 ALG。

注2：对于液体密度和排液件/浮子结构引起的浮力影响,其修正系数或补偿值通常由 ALG 的厂家提供。

7.2.2.2 浸入式 ALG(如浮子或伺服式 ALG)在储罐运行中的设置和储罐运行中不能测量到基准板距离的 ALG 的设置

a) 将液位感应元件提升至上参照点(见 7.2.1),记录 ALG 的读数。

b) 当 ALG 的读数不同于上参照点的实际液位时,将 ALG 的读数调整到与预先确定的上参照点相一致。调整应包括使用中产品密度和 ALG 排液件/浮子影响的补偿值或修正系数。

c) 将液位感应元件降回至液面,并再次提升至上参照点,记录 ALG 的读数。

d) 重复 c)步三次,连续获得上参照点的三次读数,变动量不应超过 3 mm。如有必要,重新设置 ALG,使其与上参照点一致。设置和调整应包括对使用中产品密度和 ALG 排液件/浮子结构影响的补偿值或修正系数。

注：对于液体密度和排液件/浮子结构引起的浮力影响,其修正系数或补偿值通常由 ALG 的厂家提供。

7.2.3 非浸入式 ALG 的设置

7.2.3.1 空罐条件下非浸入式 ALG(如微波或雷达式)的设置

用 ALG 测量检验针(或类似的检验装置)的所在高度,将 ALG 的测量数据与检验针的实际高度进行对比。

分别对准每个检验针,采集 ALG 的三次读数,最大变化不应超过 3 mm。将 ALG 设置到最低检验针位置的正确值。

7.2.3.2 储罐使用中非浸入式 ALG(如微波或雷达式)的设置

用 ALG 测量可测检验针(或类似的检验装置)的所在高度,将 ALG 的测量数据与检验针的实际高度进行对比。罐内装液最好少于一半,应使用最低位置可测的检验针。

对准最低位置可测的检验针,采集 ALG 的三次读数,最大变化不应超过 3 mm。将最低检验针位置的正确值设置给 ALG。

7.2.4 不同于本部分的其他 ALG

不同于本部分的其他 ALG,为使其读数与预先确定且稳定的参照点一致,也应进行同样设置。设置方法取决于 ALG 的技术和/或设计,可能有所变化,应符合 7.2.1～7.2.3 给出的准则,以满足其设置要求。

7.3 初始现场检验

7.3.1 引言

在 ALG 检验期间,应考虑可能导致液位测量误差的以下因素：

——ALG 在罐上安装位置的误差；

——储罐运行条件的变化；

——ALG 工作原理固有的误差。

在 ALG 调试完成后,按以下要求检验其总准确度:

——依照对参照点多次检验的记录值,进行 ALG 读数的比较;

——在条件允许时,实测参照高度(见 7.1.2),以检验 ALG 的平均读数与实测距离的相符性。

根据结果,当满足本部分给出的校准/检验允差时,可认为储罐和 ALG 的组合适用于贸易交接。

7.3.2 检验过程

7.3.2.1 修约

在检验过程中,ALG 的读数不修约,应使用 ALG 的最高分辨力。

7.3.2.2 过程

在储罐运行中可用的一个(或多个)参照点上,连续采集 ALG 的三次读数,进行初始现场检验。按 7.2 规定的步骤,获取 ALG 的读数。检验应在储罐使用的情况下进行。

在 ALG 的每个参照点上,用连续三次读数的最大变化评估其重复性。

7.3.2.3 ALG 在初始检验期间的重新设置或重新调试

根据 ALG 的类型,按 7.2 所述步骤,获得 ALG 的读数,但在初始检验期间,不应对其进行重新调试或重新设置。当 ALG 不能满足 7.3.3 给出的允差要求时,即对其重新调试或重新设置,但随后应重新检验。

7.3.3 初始现场检验的允差

对贸易交接用的 ALG,在检验期间连续获得其三次读数,任意两次间的最大变化不应超过 3 mm。此外,ALG 的平均读数与参照点实测距离的一致程度应在 3 mm 以内。

注:通过检验与储罐基准板或罐底对应的 ALG 读数,可提供工作条件下储罐可能变形的相关信息。

7.4 记录保管

ALG 的初始设置以及随后的全部检验记录,应妥善保管,同时还应保管好日常维护的全部记录。

8 ALG 的后期检验

8.1 概述

对于贸易交接用的 ALG,应为其制定检验计划。重复检验应符合 ALG 厂家的相关要求。

8.2 后期检验频率

贸易交接用的 ALG,应定期检验。每三个月至少进行一次检查和校准结果的检验。当操作经验确认其性能稳定,且未超过检验允差时,检验计划最长可延到每年一次。

基于统计控制原理的检验允差控制曲线可用来确定检验频率。

8.3 步骤

8.3.1 ALG 后期检验的液位最好不同于其上次检验的液位。检验 ALG 应只在一个液位进行,检验方法符合 7.3 的要求。

8.3.2 对使用中的储罐,在选定参照点上,通过连续采集 ALG 的三次读数,对其进行后期检验。用每个参照点连续三次读数的最大变化评估 ALG 的重复性(见 8.4)。

8.3.3 对贸易交接用的 ALG,其平均读数还应与上次检验的平均读数以及初始设置值进行对比,但应在相同的参照点上进行。在不同检验期内(在相同的参照点)记录的任一差值,其符号或大小的任何变化不应超过 8.5 给出的允差要求。

注:这些对比意在评估 ALG 的长期漂移、参照点位移和/或运行条件变化产生的影响。

8.4 贸易交接用 ALG 的后期检验允差

满足 7.3.3 给出的允差要求,即检验时获得的 ALG 三次连续读数中任意两次的变化不应超过 3 mm,ALG 的平均读数与参照点实测距离的一致程度应在 3 mm 以内。

当 ALG 不能满足该允差要求时,应查明原因。当 ALG 需要重新调试或重新设置时,应按本部分规定的程序进行重新检验。

8.5 ALG 当前检验与上次检验的读数对比

8.5.1 对贸易交接用的 ALG,当前检验的平均读数应与上次检验的平均读数进行对比,而且还应与其"初始设置值"进行对比,但应在相同的参照点上进行。

8.5.2 将 ALG 当前检验的平均读数与其上次检验的平均读数进行对比。当前检验的平均读数与上次检验的平均读数最大相差不应超过 6 mm。

8.5.3 将 ALG 当前检验的平均读数与其初始设置值进行对比。当前检验的平均读数与其初始设置值最大相差不应超过 12 mm。

8.5.4 当超过 8.5.2 和 8.5.3 规定的任一允差时,即使符合了 8.4 的允差要求,也应对 ALG 测量系统的准确度提出质疑,其仍可能不适用于贸易交接。检查 ALG 测量系统,确定问题是由参照点的移动(或变化)造成的,还是运行条件变化造成的,或是 ALG 固有的长期漂移造成的。

8.6 后期检验中的调整

除非 ALG 存在故障,或者读数检验的曲线或表格显示其存在正或负的趋势,否则,不宜对 ALG 进行重新调整(或重新设置)。

9 数据通讯与接收

对液位变送器和接收器相互间的通讯规格,提出以下建议。ALG 的测量数据还可包括其他信息。

ALG 系统的设计和安装应使数据输送和接收单元满足如下要求:

——不危害测量准确度,即远端接收单元显示的液位读数与罐端 ALG 显示(或测量)的液位读数之差不应超过±1 mm;

——不危害测量输出信号的分辨力;

——对测量数据提供全面的安全与防护,确保其完整性;

——提供足够速度,满足接收单元所要求的更新时间;

——不受电磁影响。

参 考 文 献

[1]　GB/T 8927—2008　石油和液体石油产品温度测量　手工法

[2]　GB/T 13236—2011　石油和液体石油产品　储罐液位手工测量设备

ICS 75.180.30
E 30

中华人民共和国国家标准

GB/T 21451.4—2008

石油和液体石油产品　储罐中液位和
温度自动测量法
第 4 部分：常压罐中的温度测量

Petroleum and liquid petroleum products—Measurement of level and
temperature in storage tanks by automatic methods—
Part 4：Measurement of temperature in atmospheric tanks

（ISO 4266-4：2002，MOD）

2008-02-13 发布

2008-09-01 实施

中华人民共和国国家质量监督检验检疫总局
中国国家标准化管理委员会　发布

前　言

GB/T 21451《石油和液体石油产品　储罐中液位和温度自动测量法》分为6个部分：

——第1部分：常压罐中的液位测量；

——第2部分：油船舱中的液位测量；

——第3部分：带压罐中的液位测量；

——第4部分：常压罐中的温度测量；

——第5部分：油船舱中的温度测量；

——第6部分：带压罐中的温度测量。

本部分为GB/T 21451的第4部分。

本部分修改采用ISO 4266-4:2002《石油和液体石油产品——储罐中液位和温度自动测量法——第4部分：常压罐中的温度测量》(英文版)。

本部分根据ISO 4266-4:2002重新起草。

为便于实际使用，对ISO 4266-4:2002进行了如下修改：

——将规范性引用文件中"ISO 4268:2000 石油和液体石油产品——温度测量——手工法"改为"GB/T 8927 石油和液体石油产品温度测量　手工法"；

——去掉6.2中的"(1 000桶)"；

——将标准中的"贸易/保管交接计量"改为"交接计量"；

——去掉标准中不确定度数值前的"±"；

——考虑到汉语习惯和语言简练，进行了编辑性修改。

本部分由全国石油产品和润滑剂标准化技术委员会(SAC/TC 280)提出。

本部分由中国石油化工股份有限公司石油化工科学研究院归口。

本部分负责起草单位：中国石油化工股份有限公司石油化工科学研究院、中国石油化工股份有限公司北京燕山分公司炼油厂。

本部分参加起草单位：北京瑞赛长城航空测控技术有限公司、北京美航自控系统工程有限责任公司。

本部分主要起草人：魏进祥、关鸿权、董海风、刘家彬。

本部分为首次制定。

石油和液体石油产品　储罐中液位和
温度自动测量法
第4部分：常压罐中的温度测量

1　范围

本部分规定了在交接计量中使用的自动式油罐温度计（ATT）的选型、准确度、安装调试、校准和校验方法，适用于常压储罐中雷德蒸气压小于 100 kPa 的石油和液体石油产品的温度测量。

本部分不适用于洞穴或冷冻储罐内的温度测量。

2　规范性引用文件

下列文件中的条款通过本部分的引用而成为本部分的条款。凡是注日期的引用文件，其随后所有的修改单（不包括勘误的内容）或修订版均不适用于本部分，然而，鼓励根据本部分达成协议的各方研究是否可使用这些文件的最新版本。凡是不注日期的引用文件，其最新版本适用于本部分。

GB/T 8927　石油和液体石油产品温度测量　手工法（GB/T 8927—2008，ISO 4268：2000，MOD）

ISO 4266-1　石油和液体石油产品——储罐中液位和温度自动测量法——第 1 部分：常压罐中的液位测量[1]

ISO 1998（所有部分）　石油工业——术语

3　术语和定义

ISO 1998 中确立的以及如下术语和定义适用于本部分。

3.1

自动式油罐温度计（ATT）　automatic tank thermometer
连续测量储罐内温度的仪器。

注：ATT，也称作自动式油罐测温系统，通常包括精确的温度传感器、安装在现场用于电信号传送的变送器以及接收/数显装置。

3.2

电阻式温度传感器（RTD）　resistance temperature detector
通过电阻随温度变化的原理来测量储罐内液体温度的电子感应元件。

3.3

单点 ATT　single-point ATT（spot ATT）
用点温元件测量罐内特定点位温度的 ATT。

3.4

多点 ATT　multiple-point ATT
由多个（通常为 3 个以上）点温元件组成来测量选定液位温度的 ATT。

注：数显装置的读数应该由容器中浸没在液体里的感温元件获得，不仅可以由它们计算液体的平均温度，而且也可以显示罐内液体的温度分布。

---

[1]　ISO 4266-1　即将转化为国家标准，转化后可直接引用。

3.5 平均ATT averaging ATT

3.5.1

多点平均ATT multiple-point averaging ATT

数显设备选用浸没在液体中若干独立的点温元件来测定罐内液体平均温度的平均ATT。

3.5.2

可变长度平均ATT variable-length averaging ATT

平均ATT由数根不同长度的感温元件组成,所有感温元件由接近罐底的位置向上延伸,其数显设备选择完全浸没的最长的感温元件测定罐内液体的平均温度。

3.6

温度变送器 temperature transmitter

一种为感温元件提供电源,将感温元件测量的温度转换为电或电子信号,并把此信号发送到数显设备的仪器。

注:可以提供现场数显,温度变送功能经常由自动液位计(ALG)的液位变送器提供。

4 措施

4.1 安全措施

当使用ATT设备时,应当执行相关的国际安全标准、国家安全法规以及材料相容性的安全措施。此外,也应当遵守涉及设备安装和使用的生产厂家的建议以及进入危险区域的所有规定。

4.2 设备措施

4.2.1 ATT的全部设备应能够承受在使用中可能遇到的压力、温度、操作和环境条件。

4.2.2 确认ATT的防爆级别适合安装在指定的危险区域。

4.2.3 进行电位测量,确保ATT裸露的所有金属部件与油罐具有相同的电位。

4.2.4 接触油品或蒸气的ATT部件应与油品具有化学相容性,以避免油品污染和ATT的腐蚀。

4.2.5 ATT的全部设备应进行安全运行保养,使用者应遵守厂家的保养规定。

4.2.6 感温元件应放在合适的位置,其测量温度不应是可能出现在油罐中的底部沉淀物或游离水的温度。

4.3 常规措施

4.3.1 在4.3.2到4.3.6中给出的常规措施适用于各种类型的ATT,使用者应务必遵守。

4.3.2 在测量油罐温度的同时测量液位。

4.3.3 油品温度在测量后应立即记录,除非远端的数显设备能定时自动记录温度。

4.3.4 在油品输转前后,应采取相同的方法测量油罐温度。

4.3.5 采取加密措施,防止对ATT进行非权威的改动。在用于交接计量时,校准ATT的调整装置应进行铅封。

4.3.6 ATT在用于贸易等特殊服务时,其设计和安装可能需要得到国家计量机构的型式批准。在对ATT进行一系列的特定测试并且符合批准的安装方式后,型式批准通常才会正式发布。型式批准的检验可能包括如下内容:外观检测、性能、震动、湿度、干热、倾斜、电压波动、绝缘、电阻、电磁相容性和高压。

5 准确度

5.1 概述

ATT测量油品温度的准确度应当与液位计量系统测量液位的准确度相协调,这样才不至于严重降低标准体积计量的准确度。遵守ISO 4266-1和本部分给出的液位和温度计量系统的准确度要求可以确保避免这种情况的发生。

5.2 固有误差

当在厂家规定的控制条件下进行校准时，ATT 的固有误差可能是其安装之后温度测量不确定度的主要分量。用于校准 ATT 的标准参比装置应当能够溯源到相应的国家基准。

注：固定式温度自动测量系统的感温元件和现场变送器应在安装前进行校准。变送器通常不提供现场校准的调整开关。

5.3 安装前的校准

5.3.1 概述

在交接计量中使用的 ATT，可以按照系统（见 3.1）或组件进行校准。

5.3.2 按系统校准

如果按照系统进行校准，在覆盖 ATT 预期测温范围的至少 3 个试验温度点，ATT 数显装置的温度读数与恒温控制的参比浴或参比箱的温度相差应在 0.25℃以内。

注：9.2.1、9.3.1 和 9.4.1 都引用了本条关于按照整体或系统现场校准 ATT 的内容。

5.3.3 按组件校准

如果按照组件进行校准：

a) 测温电阻的等效温度与参比浴的温度在每个温度点的一致性应在 0.20℃以内；

b) 温度变送器和 ATT 数显装置应当使用精确的电阻器或新校准过的温度校准器来检查。ATT 数显装置与电阻器或校准器的等效温度在每个温度点相差应在 0.15℃以内。

注：按组件现场校准 ATT 的内容见 9.2.1、9.3.1 和 9.4.1。

5.3.4 多点 ATT

每个点温元件的准确度要求取决于校准方法，在 5.3.2 或 5.3.3 中给出。

5.3.5 可变长度 ATT

每个感温元件的准确度要求取决于校准方法，在 5.3.2 或 5.3.3 中给出。

5.3.6 工作基准的不确定度

工作基准的不确定度应不超过 0.05℃。

5.4 安装和操作条件造成的误差

在交接计量中使用的 ATT，其总误差可能受到安装和运行条件变化的影响。

注 1：ATT 的准确度取决于：
- ——温度感应元件的数量；
- ——温度感应元件的位置。

注 2：罐内液体温度可能受到分层的影响，这种分层随如下因素变化：
- ——罐内液体的混合；
- ——多渠道来油；
- ——罐内液体的黏度；
- ——罐体的保温。

注 3：除非对罐内液体进行整体混合，否则大罐（≥700 m³）内经常会发生温度分层。预计高黏度液体会产生更严重的分层现象。

注 4：当采用其他的液位测量技术（例如以压力为基础的静压油罐计量）时，测量单点温度可能就足够了。

5.5 准确度

5.5.1 概述

在安装之后，ATT 测量温度的准确度将受到其固有误差（温度感应元件、变送器和数显装置）、安装方法和运行条件的影响。

当使用自动液位计测量罐内液位并将其用于交接计量时，应使用能够提供罐内液体有代表性平均温度的 ATT。在有竖向温度分层的罐内，温度梯度很少是线性的。在已经证明运行条件（例如使用油罐混合器和/或罐内液体循环方式）能够使单点感温元件的测量温度具有代表性（见 GB/T 8927）时，完全可以直接使用它测量罐内液体的平均温度。在其他情况下，建议采用多点或其他 ATT 系统。

5.5.2 准确度要求

如果 ATT 系统满足如下现场检验允差,那么 ATT 系统可以在交接计量中使用。

ATT 应满足安装前的校准允差(见 5.3)。

ATT 应满足现场校验允差(见 9.2.2、9.3.2 和 9.4.2),其中包括安装方法和运行条件变化的影响。

如果使用远端数显装置,则应满足本部分相应条款的要求(见第 10 章)。

6 设备选型

6.1 概述

温度感应元件通常使用的材料为铜或铂,称为电阻式温度传感器(RTD)。广泛使用的三种 ATT 元件是:

——单点 ATT(见 3.3);

——多点 ATT(见 3.4);

——可变长度平均 ATT(见 3.5.2)。

提供类似性能的其他种类的 ATT 元件也可以使用。

基于如下准则选择合适的 ATT:

a) 准确度要求;

b) 可能影响准确度的运行条件(例如可能发生的油品温度分层);

c) 需要测量温度的罐内最低液位;

d) 环境条件;

e) 油罐的个数、类型和大小;

f) 新建或现有油罐的有效入口;

g) 现场和远端数显、信号变送及布线的要求。

6.2 选型说明

在交接计量中,使用自动法测量温度的油罐应配备平均测温设备,但如下情况除外:

——油罐配备了可有效使用的混合器或重复循环系统;

——最大的竖向温度变化小于 1℃;

——油罐的容量小于 159 m^3 或液位低于 3 m;

——使用手工法测量平均温度。

当已经证明罐内液体温度均匀或罐内温度分层不十分明显并可以接受时(见 GB/T 8927),可以测量油罐内的单点温度。

罐内液体的中部温度可能无法给出准确的平均温度。

小罐、储存液体温度均匀的罐或配有足够混合设备的油罐很少有温度分层,因此测量单点温度可能就具备了足够的代表性。

加热罐或储存黏性液体的罐极少具有均匀的温度。拥有多个油品供应源的油罐也极少具有均匀的温度。在这些情况下,建议不使用单点感温元件。

注:如果使用 ALG 计算油罐接收或发出的一批按体积加权的油品平均温度,则有可能使用单点感温元件放在油罐的进口或出口测定油罐输转液体的平均温度。

7 设备说明

7.1 概述

大多数地面以上的液体储罐都装备了至少一个安装在固定温度套管内可以现场直接读数的温度计,不应该把这种现场温度计作为 ATT 的组件,而且不应当将其用于交接计量中的温度测定,除非能够证明在常规操作条件下,其温度读数可以代表罐内液体的温度(见 GB/T 8927)。

7.2 感温元件

7.2.1 电阻式感温元件

对通常用在自动测温中的温度测量设备,其基本工作原理是金属(如铜或铂)的电阻随温度变化。

铜或铂的电阻感应元件(RTD)通常用于交接计量中的温度测量,原因是它们具有很高的准确度和稳定性。RTD 的电阻可以通过韦斯通桥式电路或其他合适的电子部件来测量。RTD 可以是缠绕在非导体支撑芯上的电阻线,也可以是薄膜类型或其他类型。该元件应特别密封在一个壳子里。如果需要,电路应为本质安全型。感温元件通常装在一个温度套管里。感温元件温度感应部分的长度应不超过100 mm。

7.2.2 其他感温元件

其他种类的感温元件(热电偶、热敏电阻、半导体、光纤维等)也可以使用,但必须经过校准而且满足本部分给出的校准允差,否则它们的准确度不适用于交接计量。

8 安装

8.1 概述

ATT 的感温元件应尽可能定位在远离加热管和旋转臂的位置,而且应安装在油罐内与进出管线和油罐混合器相对的位置,以使液体扰动对安装元件的影响减到最小。此外应尽可能把它们安装在油罐的背阴一侧,并靠近检尺台。

8.2 单点感温元件

单点感温元件应安装在可以对它们进行现场检验的位置。一般使用如下 3 种安装方法:

a) 元件应安放在通过罐壁插入罐内至少 1 m 的金属测温套管里,以减少来自测温套管的传热影响。此外应将其放在罐底之上高度至少 1 m 的位置。

b) 元件被安装在一合适的金属或非金属管内,管的上部悬吊于罐顶,下部直接固定到罐底或用锚砣稳定。元件的位置距罐壁不小于 900 mm,距罐底应该在 1 m 以上的高度。

c) 元件的另一种安装方式是将感温元件固定到摆动式虹吸管线的弹性弯头上或按垂向布置悬挂到浮顶上(见 8.3.5)。

8.3 平均感温元件

8.3.1 概述

对于固定式平均温度测量设备,感温元件的安装同样应遵守单点感温元件的相关规定(即元件应安装在距罐壁至少 900 mm 的位置)。通常使用在 8.3.2~8.3.7 中给出的各种配置。

8.3.2 上中下感温元件

上感温元件悬挂在液面下 1 m 的位置。中感温元件悬挂在液位的中部位置。安装方法是将感温元件固定到摆动式虹吸管线的弹性弯管上或按垂向分布将感温元件悬吊或悬浮在液体之中。底部感温元件安装在罐底以上大约 1 m 的位置。将 3 个元件的电阻进行组合或将它们的读数平均,可确定油品的平均温度。

8.3.3 多点感温元件

多点感温元件(见表1)通常是等间隔(大约 3 m)安装。用于计算油罐平均温度的最低元件通常放在罐底以上大约 1 m 的位置。油罐在低于 1 m 的液位运行时,可以在低于实际液位的位置放置附加感温元件,但仅用于这种情况。

注:用附加感温元件(1 m 以下)测量可能会受到地面温度的影响。

对于固定顶油罐,可以把 ATT 元件安装在插入罐壁的温度套管里。对于浮顶或内浮顶罐,通过套管可以将它们安装在一个专门打过孔的立管或类似装置里。通常测量的是所有点的温度,而且全部发送到集成于 ALG 系统具有计算能力的中心温度数显装置。温度数显装置只是将浸没元件的测量温度平均。另一方面,该装置还可以传送各浸没元件的测量温度,从而提供温度的垂向分布。图1给出了多点感温元件的典型安装图。

表 1 多点 ATT 感温元件的数目

油 罐 高 度	最 少 元 件 数
<9 m	4
9 m～15 m	5
>15 m	6

注1:如果罐高不超过3 m,则在油罐半高位置测量一个中液位温度即可满足最低要求。

注2:如果最低的感温元件到罐底的距离小于1 m,测量温度可能会受到地面温度的影响。

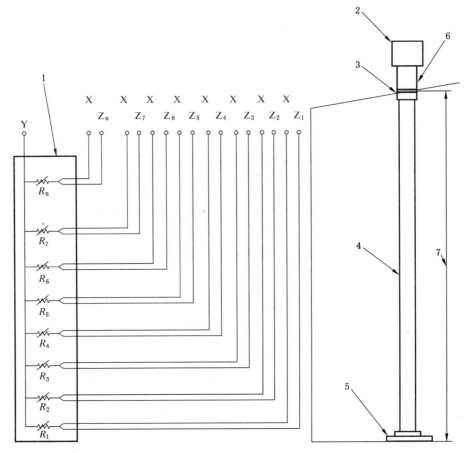

1——传感器套管;

2——接线盒或温度变送器;

3——固紧装置(配或不配法兰盘);

4——元件弹性套管;

5——锚砣;

6——伸长件;

7——安装高度。

图 1 多点感温元件的安装实例

8.3.4 可变长度 RTD 感温元件

将若干不同长度的 RTD 自上至下全部延伸至距罐底 900 mm 以内的位置,并密封在一个弹性的套管里。只使用浸没最长的 RTD 测定罐内液体的平均温度。通过 ALG 的开关装置或 ALG 系统远端数显装置(通常为计算机)的软件来选择相应的 RTD。多元件系统可以安装在罐内一个密闭的温度套管里,其中填满热传导液和/或用隔板配置,或者直接浸没在液体中,并悬吊在罐顶或检尺台上。不同长度ATT 的典型安装图如图 2 所示。

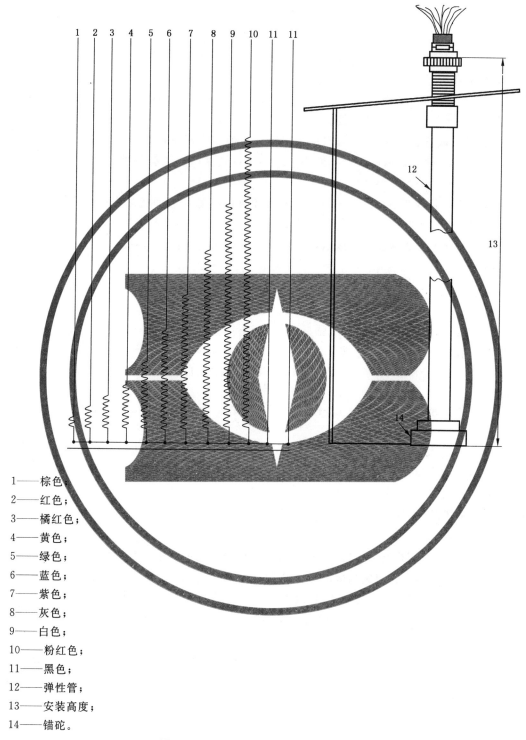

1——棕色;

2——红色;

3——橘红色;

4——黄色;

5——绿色;

6——蓝色;

7——紫色;

8——灰色;

9——白色;

10——粉红色;

11——黑色;

12——弹性管;

13——安装高度;

14——锚砣。

图 2　不同长度 RTD 感温元件的安装实例

8.3.5　中液位感温元件

中液位感温元件是悬吊在液高中部位置的独立感温元件。安装方法是将该元件连接到摆动式虹吸管线的弹性弯管上或垂直悬吊到浮顶上。

应当注意,液位中部温度可能无法代表罐内油品的平均温度。基于 ATT 的中液位感温元件的校准与基于 ATT 的单点感温元件的校准相同。

8.3.6 可移动点温元件

连接到伺服式液位计浮子上的点温元件经动力驱动在液体中升降,通过停留在多个合适的位置,测量罐内油品的平均温度。在每个位置上应该提供足够的时间,确保点温元件与周围液体达到温度平衡。

8.3.7 其他方法

为满足本部分给出的罐内油品平均温度的测量要求,也可以使用其他测量方法。

8.4 电子感温元件的套管

固定式感温元件的温度套管应插入罐壁至少 900 mm,以降低由罐内液体和大气之间的温差所引起的误差。套管材质应该与液体具有相容性。

为便于维护,套管应放置在扶梯附近,并且应尽可能远离加热管和油罐进出口放置。

对于浮顶罐或浮盘罐,插入罐壁的套管不能用于最小浮顶高度以上。有各种具有专利权的温度套管可以固定浮顶或浮盘罐的平均感温元件。

为便于安装,在 ATT 传感器和温度套管之间应提供足够的间隙。然而实际上应保留较小的间隙,以降低热交换的时间延迟。为防止由于套管与传感器之间间隙内的热传递循环所引起的测量误差,套管内应填充热传导液并提供填充液的热膨胀数据。此外,可以在套管内配备隔板。

9 校准和现场校验

9.1 概述

在测量温度用于交接计量时,ATT(包括感温元件、变送器和数显装置)应满足本部分规定的校准允差,其校准基准应溯源到相应的国家基准。

> 注1:固定式自动油罐温度计使用的电子感温元件和现场变送器在安装前应进行校准。变送器通常不提供现场校准的调整开关。
>
> 注2:通过下述方法可以校验 ATT 的校准充分性及安装后的准确度(包括感温元件、变送器和本地/远端数显装置)。

当采用手工温度测量法校验 ATT 时,手工温度测量应按照 GB/T 8927 进行。用新校准过的便携式电子温度计作为现场校准基准,其不确定度不应超过 0.1℃。

ATT 可以按照系统(见 3.1)或组件进行校准和校验。

9.2 单点或中液位 ATT 的校准

9.2.1 安装前的校准

安装前,单点或中液位 ATT 应该在可控条件下(即工厂或实验室)用下述两种方法中的一种进行校准。校准 ATT 的工作基准应溯源到相应的国家基准。

    a) ATT(包括温度传感器、温度变送器/转换器以及数显装置)作为一个整体可以采用恒温水浴,在覆盖测温范围的 3 个或更多的温度进行校准。水浴温度应当采用标准温度计进行测量(准确度要求见 5.3.2)。

    b) 另外一种替代方法是单独校准 ATT 的组件。测量水浴内感温元件的电阻。使用精确的电阻器或温度校准器(最近按照可溯源的国家基准进行过校准)模拟温度输入到 ATT 的温度变送器和数显装置(准确度要求见 5.3.3)。

9.2.2 初始现场校验

9.2.2.1 组件校验

9.2.2.1.1 感温元件

使用便携式电子温度计按照 GB/T 8927 校验感温元件的测量数据。将温度计的测温探头放到 ATT 感温元件所安置的深度,上下(在大约 300 mm 的范围内)移动温度计的测温探头,直到测量温度稳定。由 ATT 温度传感器测量的温度与便携式电子温度计测量的温度相差应在 0.4℃ 以内。

9.2.2.1.2 温度变送器

用温度校准器(如精确的电阻器)代替感温元件,模拟输入覆盖预计油罐运行范围的3个或更多的温度来校验ATT。ATT的数显装置与电阻器的等效温度相比在每个温度点相差不超过0.25℃。

9.2.2.2 系统校验

作为将感温元件和变送器分开校验的替代方法,可以使用便携式电子温度计对ATT进行整体检验。由于不可能将温度计的感应探头定位到离感温元件很近的位置,而且两者之间可能存在轻微的水平温度梯度,因此两个温度计的测量数据可能不完全一致。对于常温储罐,如果将便携式电子温度计的测温探头定位在离固定式感温元件1m以内的位置,则采用便携式电子温度计进行检验应该是可以接受的。

ATT系统(感温元件、温度变送器/转换器和数显装置)读出的温度与便携式电子温度计测量的温度相比,二者相差应在0.5℃以内。

9.3 上中下或多点ATT的校准

9.3.1 安装前的校准

按照在9.2.1中规定的单点或中液位ATT的校准方法检查ATT(需要的准确度见5.3.4)的每一点(即温度感应元件)。

9.3.2 初始现场校验

9.3.2.1 按组件校验

9.3.2.1.1 感温元件

使用便携式电子温度计校验感温元件的测量数据。将温度计的测温探头下降到RTD放置的深度,上下移动温度计的测温探头(在大约300mm的范围内),直到温度稳定。每个感温元件与便携式电子温度计测量的温度相差应在0.4℃以内。

9.3.2.1.2 温度变送器

用温度校准器(如精确的电阻器)代替感温元件,模拟输入覆盖预计油罐运行范围的3个或更多的温度来校验ATT。对应每个感温元件,数显装置在每个温度点的温度读数与电阻器的等效温度相差应在0.25℃以内。

9.3.2.2 按系统校验

作为将感温元件和变送器分开校验的替代方法,可以使用便携式电子温度计对ATT进行整体检验。油罐最好接近充满[2],使所有感温元件浸没在油品中。在覆盖整个液位的范围内,按均匀的间隔或每500mm到600mm采集温度读数。在每个测量位置,上下移动温度计的测温探头(在大约300mm的范围内),直到温度稳定。来自便携式温度计的手工平均温度就是各位置温度读数的平均值。由ATT读出的平均温度是浸没在液体中的所有感温元件的平均温度。由ATT系统读出的平均温度与便携式电子温度计读出的至少5个均匀分布点温度的平均值相差应在0.5℃以内。

对于小罐(即罐高不超过3m),可以采用3个温度读数(上、中、下)计算平均温度。

注:多点自动油罐测温系统既可以提供单点温度,也可以提供平均油罐温度。

9.4 可变长度ATT的校准

9.4.1 安装前的校准

按照在9.2.1中规定的单点或中液位ATT的校准方法检验ATT的每个感温元件读出的平均温度(包括多点RTD)(准确度要求见5.3.5)。

9.4.2 初始现场校验

本方法用于校验可变长度的平均ATT,该ATT可以自动选择最长的完全浸没元件测定罐内油品的平均温度。用便携式电子温度计对ATT进行整体校验。

---

2) 按照液位自动调整的"上中下"ATT,油罐不需要充满。

油罐最好应完全充满,所有感温元件完全浸没。在整个液位高度上按照大约 500 mm 的均匀间隔采集温度读数。在每个测量位置,上下(在大约 300 mm 的范围)移动温度计的测温探头,直到温度稳定。手工选择每个感温元件(通过软件或硬件开关)。将由便携式电子温度计读数所计算的平均温度与 ATT 数显装置选择和显示的感温元件测量的平均温度进行比较。

ATT 系统读出的平均温度与便携式电子温度计读出的对应温度的平均值相比,相差应在 0.5℃以内。

9.5 后期校验

9.5.1 概述

对用于交接计量的 ATT,应为其制定定期校验计划。按照产品说明书的要求核查其所有必要的安装组件。每套 ATT 除了常规检查之外,还应按照在 9.3.2 中规定的方法(初始现场校验)校验测量精度。

9.5.2 校验周期

在交接计量中使用的 ATT 应进行定期校验。最初,每个季度至少要检查一次,同时其测量精度也要校验一次。如果运行记录证明其性能稳定在校验的允差之内,则校验周期可以延长到每年一次。

9.5.3 记录保存

对用于交接计量的 ATT,应保存初始校准和定期校验的全部记录。

10 数据通讯和接收

本章给出了温度变送器和接收器之间相互通讯的规格要求。

只要整个系统,包括远端数显装置,符合本部分规定的校准允差,那么合格 ATT 的远端数显装置就可以用于交接计量。

注:现代油罐计量设备通常为显示和/或记录液位和温度提供了便利。选择最长的、完全浸没的、可变长度的 RTD 或者将浸没的点温元件平均,本数显设备能够确定油品的平均温度。

数显设备可以编程实现高温或低温报警,也可以通过它查阅油罐容积表,并采用相应的石油计量表计算罐内油品的标准体积。

ATT 的设计和安装应保证数据的发送和接收满足如下要求:

——不损害测量精度,即由远端接收单元所显示的温度和罐上温度变送器显示(或测量)的温度之差不超过 0.1℃;

——不损失测量输出信号的分辨率;

——对测量数据能够提供加密保护,确保数据的完整可靠;

——提供足够的速度,满足接收单元所需要的更新时间;

——不受电磁影响。

ICS 75.180.30
E 30

中华人民共和国国家标准

GB/T 21451.5—2019

石油和液体石油产品
储罐中液位和温度自动测量法
第 5 部分：油船舱中的温度测量

Petroleum and liquid petroleum products—
Measurement of level and temperature in storage tanks by automatic methods—
Part 5：Measurement of temperature in marine vessels

（ISO 4266-5：2002，MOD）

2019-03-25 发布 2019-10-01 实施

国家市场监督管理总局
中国国家标准化管理委员会 发 布

前　　言

GB/T 21451《石油和液体石油产品　储罐中液位和温度自动测量法》分为 6 个部分：

——第 1 部分：常压罐中的液位测量；

——第 2 部分：油船舱中的液位测量；

——第 3 部分：带压罐（非冷冻）中的液位测量；

——第 4 部分：常压罐中的温度测量；

——第 5 部分：油船舱中的温度测量；

——第 6 部分：带压罐（非冷冻）中的温度测量。

本部分为 GB/T 21451 的第 5 部分。

本部分按照 GB/T 1.1—2009 给出的规则起草。

本部分使用重新起草法修改采用 ISO 4266-5：2002《石油和液体石油产品　储罐中液位和温度自动测量法　第 5 部分：油船舱中的温度测量》。

本部分与 ISO 4266-5：2002 的技术性差异及其原因如下：

——关于规范性引用文件，本部分做了具有技术性差异的调整，以适应我国的技术条件，调整的情况集中反映在第 2 章"规范性引用文件"中，具体调整如下：

  ● 增加引用了 GB/T 8927（见第 9 章）；

——将"范围"第一段分两段编写，第一段修改为"GB/T 21451 的本部分给出了油船舱内石油和液体石油产品测温用自动油罐温度计（ATT）的选择、准确度、安装、调试、校准和检验指南"，第二段为"本部分适用于雷德蒸气压不超过 100 kPa 的石油和液体石油产品的交接计量"，原第二段成为第三段，目的是简化第一段内容，并符合标准范围的编写要求；

——将 3.2 电阻式温度传感器（RTD）的定义修改为"通过电阻随温度变化的原理来测量储罐内液体温度的电子感温元件"，以与 GB/T 21451.4 和 GB/T 21451.6 中相同术语的定义一致；

——删除 3.5 关于"温度变送器"的术语和定义，作为常规术语，其不必在标准中定义；

——删除 4.3.6 的最后一句，不必列出具体的型式批准项目；

——将 5.1 后半句"目的是不严重降低标准体积计量的总准确度"修改为"目的是不严重降低标准体积或质量计量的总准确度"，以适应国内现主要以质量表述油品数量的需要；

——删除 5.3.5 中的"±"，原因是不确定度用正值表述；

——将 6.1 中的"单点（点）ATT"改为"单点 ATT"，仅使用单点 ATT 的表述，以避免混乱；

——删除 6.2 中"（1 000 桶）"，国内一般不使用这种计量单位；

——在 8.2 a）的段尾，增加"当下部感温元件位于 3 m 以上时，如有低液位计量等特殊需求，可在舱底以上 1 m～1.5 m 的位置安装附加感温元件，但仅用于这种情况"，以此监测舱底附近液体温度的变化并可满足低液位的计量需要；

——将 8.2 b）最后一句修改为"感温元件的高度可取决于 ALG 的安装方式，或可随液位感应元件移至所要求的测温位置"，以示感温元件的位置可能是非固定的；

——将 9.2 的标题修改为"交接计量用单点 ATT 的校准和检验"，以对应其检验内容；

——将 9.2.1 第一段后面一句"校准 ATT 的参考标准应溯源至相应的国家基准"置于段首，以适应我国标准列项的编写格式；

——将 9.2.2.2.2 最后一句修改为"在每个温度点，ATT 数显温度与电阻器的等效温度之差应在 0.25 ℃以内"，本条对应的并非多点 ATT，且实际用意也与单点或多点 ATT 无关；

——将 9.3 的标题修改为"交接计量用多点 ATT 的校准和检验",以对应其检验内容;

——删除 9.4.3,增加 9.5,将 9.4.3 的内容纳入 9.5,并将内容修改为"当 ATT 用于交接计量时,其初始校准和定期检验的全部记录应至少保存一个校准或检验周期",目的是避免与 9.4 的标题内容不一致,并一次解决校准和检验记录保存时长的问题。

本部分做了下列编辑性修改:

——将 3.2 电阻式温度传感器的定义转为该术语的注;

——将 9.3.2.3 的脚注改为条文注,原脚注的内容作为注 1 的内容,并置于其下的两段之间,原本条的注成为注 2;

——删除 ISO 4266-5:2002 的参考文献。

本部分由全国石油产品和润滑剂标准化技术委员会(SAC/TC 280)提出并归口。

本部分负责起草单位:中国石油化工股份有限公司石油化工科学研究院。

本部分参加起草单位:青岛海关。

本部分主要起草人:魏进祥、孙岩、刘冲伟、戴建。

石油和液体石油产品
储罐中液位和温度自动测量法
第5部分：油船舱中的温度测量

1 范围

GB/T 21451 的本部分给出了油船船舱内石油和液体石油产品测温用自动油罐温度计（ATT）的选择、准确度、安装、调试、校准和检验指南。

本部分适用于雷德蒸气压不超过 100 kPa 的石油和液体石油产品的交接计量。

本部分不适用于船上冷冻货舱或压力货舱内的温度测量。

2 规范性引用文件

下列文件对于本文件的应用是必不可少的。凡是注日期的引用文件，仅注日期的版本适用于本文件。凡是不注日期的引用文件，其最新版本（包括所有的修改单）适用于本文件。

GB/T 8927 石油和液体石油产品温度测量 手工法（GB/T 8927—2008，ISO 4268:2000，MOD）

ISO 1998（所有部分） 石油工业 术语（Petroleum industry Terminology）

3 术语和定义

ISO 1998 界定的以及下列术语和定义适用于本文件。

3.1

自动油罐温度计 automatic tank thermometer；ATT

连续测量储（或货）罐内温度的仪器。

注：一种船用 ATT，也称自动式油罐测温系统，通常包括精确的温度传感器、安装在甲板上用于电信号传输的变送器以及接收/数显装置。

3.2

电阻式温度传感器 resistance temperature detector；RTD

通过电阻随温度变化的原理来测量储罐内液体温度的电子感温元件。

注：RTD 广泛用于储罐内液体或气体温度的测量。

3.3

单点 ATT single-point ATT；spot ATT

用点式感温元件测量罐内特定点位温度的 ATT。

3.4

多点 ATT multiple-point ATT

由多个（通常为 3 个或更多）点温元件组成来测量选定液位温度的 ATT。

注：数显装置可将浸没温度元件的读数平均，以计算罐内液体的平均温度，并也可显示罐内液体的温度分布。

4 要求

4.1 安全要求

当使用船用 ATT 时，应遵守关于安全和材料兼容性措施的国家标准、船级社规则以及油轮及油码头安全指南(ISGOTT),并还应遵守设备厂家关于设备安装和使用的建议以及进入危险区域的所有规定。

4.2 设备要求

4.2.1 所有船用ATT应能承受在航运中可能遇到的压力、温度及其他环境条件。当ATT安装在腐蚀性环境中时,为避免产品污染和ATT的腐蚀,暴露在液体或蒸气中的所有部件应具有耐用、抗腐蚀结构。为抵抗罐内液体的蒸气压力,ATT应全部密封。当为配有惰性气体系统(IGS)的油船舱安装ATT时,ATT应设计成可承受IGS的工作压力。

4.2.2 所有船用ATT应按照相应的国家和/或国际(IMO,IEC,CENELEC,ISGOTT,ISO等)船舶电子安全标准进行设计、选型和安装。ATT应具有与所用危险区域分类相符的证明文件。

4.2.3 在船舱上安装的ATT,其所有裸露的金属部件应牢固接地,即连接到船体上。

4.2.4 所有ATT设备应保持在安全的运行条件下,并应按厂家要求进行保养。

4.3 一般要求

4.3.1 4.3.2～4.3.6给出的一般要求适用于各种ATT。

4.3.2 油船舱内的温度和液位应同时测量。

4.3.3 当为散货输转测量温度时,应立即记录,除非远端数显设备能定期自动记录温度。

4.3.4 当在多个港口装和/或卸时,在产品输转前(前尺)和产品输转后(后尺),应采用相同的标准程序,测量油舱温度。

4.3.5 为防止非授权的调整或干预,应为ATT提供安全保障。当ATT用于交接计量时,应为密封其校准调整装置提供条件。

> 注1:这种防护可能需要将ATT的传感器安装在温度套管里。
>
> 注2:ATT的传感器可集成在自动液位计(ALG)的组合体中(如浮子、带或杆)。某些设计(浮子、带)在不用时,可能需要将液位/温度传感器的组合体提升到"保存"位置。在洗罐期间,无法使用ATT。

4.3.6 当ATT用于特殊场合时,其设计和安装可能需要获得国家相关机构的形式批准。在ATT进行一系列的特定测试并符合批准的安装方式后,通常才会为其发布形式批准。

5 准确度

5.1 概述

ATT测量油品温度的准确度应与液位自动计量系统测量液位的准确度相吻合,目的是不严重降低标准体积或质量计量的总准确度。

5.2 ATT的固有误差

ATT的固有误差,代表了ATT在厂家规定的控制条件下检验时的准确度,可成为安装后ATT温度测量不确定度的主要部分。校准ATT的参考标准应溯源到相应的国家基准。

> 注:固定式自动测温使用的温度元件和现场变送器需要在安装前校准,变送器通常不提供现场校准调整装置。

5.3 安装前的校准

5.3.1 概述

ATT可按系统(见3.1)或组件进行校准/检定。

5.3.2 按系统校准 ATT

在覆盖 ATT 预期工作量程的至少 3 个试验温度点,ATT 数显装置的温度读数与恒温控制的参比浴或参比箱的温度相差应在 0.25 ℃以内。

5.3.3 按组件校准 ATT

按组件校准 ATT 分为如下两步:

a) 在每个温度点,测量电阻的等效温度与参比浴的温度相差应在 0.20 ℃以内;

b) 温度变送器/转换器和 ATT 数显装置应使用精确的电阻器或最近校准过的温度校准器进行核查。在每个温度点,ATT 数显装置与电阻器或校准器的等效温度相差应在 0.15 ℃以内。

5.3.4 多点 ATT 的校准

每个点温元件的准确度取决于校准方法,应符合 5.3.2 或 5.3.3 的要求。

5.3.5 参考标准的不确定度

校准用参考标准的不确定度应在 0.05 ℃以内。

5.4 由安装和运行条件造成的误差

当 ATT 用于交接计量时,其总误差可能受到安装和运行条件变化的影响。

注 1:ATT 的准确度取决于如下因素:

——温度感应元件的数量;

——温度感应元件的位置。

注 2:罐内液体温度可能受分层影响,取决于以下因素的变化:

——货物加热方法和/或加热盘管的位置;

——货物的来源;

——舱内液体黏度;

——舱体保温;

——相邻油舱的温度;

——与船体及其底部接触的海水温度。

注 3:除非对大型油舱(750 m³ 或更大)进行整体混合,否则内部液体会经常发生竖向的温度分层。高黏度石油液体预计会有更严重的分层。受海洋温度的影响,边舱温度也可能存在竖向分层。

5.5 总准确度

5.5.1 概述

安装后 ATT 测量温度的总准确度受限于 ATT 设备的固有误差(感温元件、变送器和数显装置)、安装方法以及运行条件的影响。

在有竖向温度分层的油舱内,温度梯度很少是线性的。在交接计量中,应使用平均温度。舱内液体的中液位温度可能无法给出准确的平均温度。

5.5.2 用于交接计量的 ATT

当 ATT 系统满足以下船上检验允差时,ATT 系统可适用于交接计量。

ATT 应满足安装前的校准允差(见 5.3)。

将安装方法和运行条件变化的影响考虑在内,ATT 应满足船上检验允差(见 9.2.2 和 9.3.2)。

如果使用远端数显装置,应符合本部分给出的相关建议(见第 10 章)。

6 ATT 的选择

6.1 概述

在油船舱的温度测量中,通常使用铜或铂的感温元件,即电阻式温度传感器(RTD),并广泛使用以下类型的 ATT:

——单点 ATT(见 3.3);

——多点 ATT(见 3.4)。

其他种类具有相当性能的 ATT 也可以使用。

选择合适的 ATT 应基于以下准则:

a) 准确度要求;

b) 可能影响准确度的运行条件(如预计的产品温度分层);

c) 舱内需要测量温度的最低液位;

d) 环境条件;

e) 油舱的数目、类型和大小;

f) 现场及远端的数显、信号传输和布线要求。

6.2 用于交接计量的 ATT

在交接计量中,用自动法确定温度的油舱最好装配多点 ATT,但以下情况除外:

——货舱容量小于 159 m³,或液位低于 3 m;

——竖向温度最大变化小于 1 ℃;

——将手工测量的平均温度用于交接计量。

注:当舱内液体温度均匀或舱内温度分层较小且可接受(见 GB/T 8927)时,可使用单点温度计量。

7 ATT 设备——电子感温元件的说明

7.1 电阻式温度传感器

对普遍使用的自动测温设备,其基本工作原理是金属(如铜或铂)的电阻随温度的变化而变化。

铜或铂的 RTD 通常用于交接计量的温度测量,原因是它们具有很高的准确度和稳定性。RTD 的电阻可通过韦斯通电桥电路或其他合适的电子组件来测量。RTD 可以是缠绕在非导体支撑芯上的电阻丝,也可以是薄膜型或其他类型。该元件应正确装在一个不锈钢的壳体里。如果需要,电路应为本质安全型。感温元件应装在一个合适的温度套管里。点式感温元件感应部分的长度应不超过 100 mm。

7.2 其他感温元件

其他感温元件(如热电偶、热敏电阻、半导体、光纤维等)也可使用,但应经过校准并符合本部分给出的检验允差,否则不应认为它们的准确度适用于交接计量。

8 船用 ATT 的安装

8.1 概述

船用 ATT 的安装应符合 ATT 和 ALG 厂家说明书的要求。

8.2 感温元件的位置

单点和/或多点感温元件的安装位置应靠近蒸气闭锁阀、计量口或其他合适的计量点。通常使用以下安装方法:

a) 感温元件安装在穿过甲板(舱顶)的金属温度套管里。这种垂直套管可容下一个或更多(通常为三个)的固定到甲板上的感温元件,由各自的金属缆线吊在舱内不同的深度。当使用三个感温元件时,应分别放置在上三分之一(近于舱高的70%~80%)、中部(近于舱高的40%~50%)和下三分之一(近于舱高的15%~20%)的位置。当下部感温元件在3 m以上时,如有低液位计量等特殊需求,可在舱底以上1 m~1.5 m的位置安装附加感温元件,但仅用于这种情况。

b) 感温元件作为ALG的一部分,安装在与液体接触的液位感应元件上。感温元件的高度可取决于ALG的安装方式,或可随液位感应元件移至所要求的测温位置。

对于以上两种方法,操作者可以很方便地得到每个舱每个感温元件深度对应的空高以及其他ALG/ATT的系统数据。

8.3 手工计量(测温)口的位置

为能进行手工测温和自动测温的准确比较,手工计量位置应与ATT在甲板上的开口相互靠近(最好在1 m以内)。

8.4 惰化油舱的温度测量

对连接油船惰气系统(IGS)的货舱,ATT的设计和安装应确保其在IGS不降压的情况下能进行维护和校准。

9 船用ATT的校准和现场检验

9.1 概述

当ATT(包括温度元件、变送器和数显装置)用于交接计量的温度测量时,应满足本部分给出的校准允差。校准ATT的参考标准应溯源至相应的国家标准。

注1:固定式自动油罐温度计使用的精确电子温度元件和现场变送器在安装前校准,变送器通常不提供现场校准调整装置。

注2:9.2~9.4的目的是检验安装后ATT(包括温度元件、变送器和现场/远端数显装置)的校准充分性及其准确度。

当用手工测温检验或校准ATT时,手工测温应按GB/T 8927进行。现场校准用参考标准的不确定度不应超过0.1 ℃(应用必要的校准修正值)。

ATT可按系统或组件进行校准/检验。

9.2 交接计量用单点ATT的校准和检验

9.2.1 安装前的校准

校准ATT的参考标准应溯源至相应的国家基准。安装前,单点ATT应在可控条件下(即工厂或实验室),按如下两种方法之一进行校准:

a) 在ATT运行范围内的三个或更多温度点,通过恒温浴并用标准温度计测量其温度,对ATT(包括温度传感器、温度变送器/转换器以及数显装置)进行整体校准,准确度要求见5.3.2。

b) 或者是单独校准 ATT 的组件。测量恒温浴内温度元件的电阻,用精确的电阻器或热量校准器(最近经过国家计量机构校准),分别模拟 ATT 温度变送器及数显装置的输入温度,准确度要求见 5.3.3。

9.2.2 在船厂或海试期间的初始检验

9.2.2.1 概述

在船厂或海试期间,应按 ATT 的厂家说明书进行初始检验与调试。在实际可行时,还应使用 9.2.2.2 和 9.2.2.3 中给出的一种方法。

9.2.2.2 按组件检验

9.2.2.2.1 感温元件

使用最近校准过的便携式电子温度计(PET)检验感温元件的测量数据。当货舱装满时,将 PET 的测温探头下降到感温元件的安放深度,上下移动 PET 的测温探头(在大约 300 mm 的范围内),直到温度稳定。由 RTD 温度传感器测量的温度与 PET 测量的温度之差应在 0.75 ℃以内。

> 注:该允差大于岸罐的 ATT 系统,原因是用 PET(通过蒸气闭锁阀或其他合适的计量点)手工测温的位置经常无法靠近 ATT 的感温元件,而且存在导致船运货物温度测量精度较低的其他因素(参见附录 A)。

9.2.2.2.2 温度变送器

用温度校准器(如精确的电阻器或热量校准器)模拟输入船舱预期运行范围三个或更多的温度,对不包括温度元件的 ATT 进行检验。在每个温度点,ATT 数显温度与电阻器的等效温度之差应在 0.25 ℃以内。

9.2.2.3 按系统检验

作为感温元件和变送器单独校准核查的替代方法,可用检验前刚校准过的 PET 对 ATT 进行整体检验,货舱最好接近充满,感温元件全部浸没。由于不可能将 PET 定位到接近感温元件的位置,并且在水平方向存在轻微的温度分层,因此两项测温数据不可能完全一致。

ATT 系统(温度元件、温度变送器/转换器及数显装置)的温度读数与最近校准过的 PET 的测量温度之差应在 1 ℃以内。

> 注:该允差大于岸罐的 ATT 系统,原因是用 PET(通过蒸气闭锁阀或其他合适的计量点)手工测温的位置经常无法靠近 ATT 温度元件的位置,而且存在导致船运货物温度测量精度较低的其他因素(参见附录 A)。

9.3 交接计量用多点 ATT 的校准和检验

9.3.1 安装前的校准

按 9.2.1 给出的单点 ATT 的校准程序核查 ATT 每个感温元件,准确度要求见 5.3.4。

9.3.2 在船厂或海试期间的初始现场检验

9.3.2.1 概述

在船厂或海试期间,应按 ATT 的厂家说明书进行初始检验与调试。在实际可行时,还应使用 9.3.2.2 和 9.3.2.3 中给出的一种方法。

9.3.2.2 按组件检验

9.3.2.2.1 感温元件

使用最近校准的 PET 检验感温元件的测量数据。当货舱接近充满时,将 PET 的测温探头下降到感温元件放置的深度,上下移动测温探头(在大约 300 mm 的范围内),直到温度稳定。多点 ATT 每个温度传感器的测量温度与 PET 的测量温度相差应在 0.75 ℃以内。

9.3.2.2.2 温度变送器

使用温度校准器(如精确的电阻器或热量校准器)模拟输入船舱预期运行范围的三个或更多的温度,对不包括感温元件的 ATT 进行检验。在每个温度点,ATT 的数显温度与电阻器的等效温度相差应在 0.25 ℃以内。

9.3.2.3 按系统检验

作为感温元件和变送器单独校准的替代方法,可使用检验前刚校准过的 PET 对 ATT 进行整体检验。油罐最好接近充满,所有感温元件全部浸没。测量感温元件所在深度的液体温度。在每个测量位置,上下移动 PET 的测温探头(在大约 300 mm 的范围内),直到温度稳定。由 PET 获得的手工平均温度为其各位置读数的平均值。由 ATT 获得的平均温度为浸没在液体中的所有感温元件的平均温度。

注:按液位自动调整的"上-中-下"ATT,油舱没有充满的必要。

由 ATT 系统获得的平均温度与由 PET 获得的平均温度相差应在 1 ℃以内。

注:该允差大于岸罐的 ATT 系统,原因是用 PET(通过蒸气闭锁阀或其他合适的计量点)手工测温的位置经常无法靠近 ATT 感温元件的位置,而且存在导致船运货物温度测量精度较低的其他因素(参见附录 A)。

9.4 ATT 的后期检验

9.4.1 概述

当 ATT 用于交接计量时,应为其制定后期检验计划。按厂家说明书的建议检查 ATT 所有基本组件。检查每台 ATT,并使用 9.2.2 或 9.3.2 中的方法验证其校准情况。

9.4.2 后期检验频率

当 ATT 用于交接计量时,应进行定期检验。每季度至少一次,先检查 ATT,再检验其校准情况。当运行经验确认其性能在检验允差内保持稳定时,检验计划可延长到每年一次。

9.5 记录保存

当 ATT 用于交接计量时,其初始校准和定期检验的全部记录应至少保存一个校准或检验周期。

10 数据通信

温度变送器与接收器相互通信宜符合本章要求。

当整个系统(含远端数显)满足本部分的校准允差时,ATT 的远端数显可用于交接计量。

注1:某些数显设备可编程进行高低温报警。

注2:某些 ATT 不提供舱前的温度数显。

ATT 的设计和安装应使数据传输符合如下要求:

——不影响测量精度,即远端接收单元的显示温度和舱前温度变送器的显示(或测量)温度之差不超过 0.1 ℃;

——不影响测量输出信号的分辨率;

——为测量数据提供合适的安全与保护,确保其完整性;

——提供足够的速度,满足接收单元需要的更新时间;

——不受电磁影响。

附　录　A
（资料性附录）
船舱温度测量准确度的影响因素

通过船用 ATT 测量船舱温度,受如下与所用 ATT 无关的内在因素的影响:

a) 由装液温度引起的货物温度的变化。装货后不久,在与海水接触的货舱内,假定货物温度高于海水温度,货物在水线上下的热交换速率存在较大差别,导致垂直方向的温度梯度发生不连续的急变。在水线以下,货物与海水通过船体垂直部分进行热交换,从而引发一种强对流循环。在水平方向,由于对流循环的影响比较均衡,货物的温差比较小。然而在开始阶段,边舱和中心舱可能存在明显温差,原因是中心舱主要通过边舱与海水进行热交换,边舱会形成二者间的一个屏障。

b) 由海水温度引起的货物温度的变化。因舱壁与海洋接触,货物可能存在温差,从而难以测定其准确的平均温度。

c) 由邻近货舱温度引起的货物温度的变化。

d) 由货物加热引起的货物温度的变化。

e) 由温度套管的设计和性能引起的热量抵消和时间延迟。

上述因素可能对各种船用 ATT 测量温度的总准确度构成重大影响。

ICS 75.180.30
E 30

中华人民共和国国家标准

GB/T 21451.6—2017

石油和液体石油产品 储罐中液位和
温度自动测量法
第 6 部分：带压罐（非冷冻）中的温度测量

Petroleum and liquid petroleum products—Measurement of level and
temperature in storage tanks by automatic methods—Part 6：Measurement of
temperature in pressurized storage tanks（non-refrigerated）

（ISO 4266-6：2002，MOD）

2017-10-14 发布

2018-05-01 实施

中华人民共和国国家质量监督检验检疫总局
中国国家标准化管理委员会 发 布

前　言

GB/T 21451《石油和液体石油产品　储罐中液位和温度自动测量法》分为六个部分：

——第1部分：常压罐中的液位测量；

——第2部分：油船舱中的液位测量；

——第3部分：带压罐（非冷冻）中的液位测量；

——第4部分：常压罐中的温度测量；

——第5部分：油船舱中的温度测量；

——第6部分：带压罐（非冷冻）中的温度测量。

本部分为 GB/T 21451 的第6部分。

本部分按照 GB/T 1.1—2009 给出的规则起草。

本部分使用重新起草法修改采用 ISO 4266-6:2002《石油和液体石油产品　储罐中液位和温度自动测量法　第6部分：带压罐（非冷冻）中的温度测量》。

本部分与 ISO 4266-6:2002 的技术性差异及其原因如下：

——用修改采用国际标准的 GB/T 8927 代替 ISO 4268:2000（见9.1、9.2.2.1.1、9.3.2.1.1）作为规范性引用文件，以适应我国的技术条件。

——删除了标准中所有不确定度值前的"±"。根据 JJF 1059.1—2002，不确定度恒为正值。

——在9.3.2.1.1 第一段最后一句的末尾增加"该检验方法仅在条件允许的情况下进行。"在实际检验中，不排除将感温元件移出储罐进行检验的方法。

——将9.4.1 第二句修改为"每套 ATT 应按照9.2 或9.3 的规定进行检查和检验。"ATT 不仅是单点温度计一种类型，多点 ATT 的检验方法规定于9.3 中。

本部分做了下列编辑性修改：

——删除了参考文献。

本部分由全国石油产品和润滑剂标准化技术委员会（SAC/TC 280）提出并归口。

本部分负责起草单位：中国石油化工股份有限公司石油化工科学研究院。

本部分参加起草单位：中国石油化工股份有限公司镇海炼化分公司、霍尼韦尔（中国）有限公司、艾默生过程控制有限公司、北京瑞赛长城航空测控技术有限公司。

本部分主要起草人：孙岩、魏进祥、陈磊、吕东风、王宏志、张劲广。

石油和液体石油产品 储罐中液位和温度自动测量法
第6部分：带压罐（非冷冻）中的温度测量

1 范围

GB/T 21451 的本部分给出了带压罐中石油和液体石油产品温度测量用的自动式储罐温度计（ATTS）的选型、准确度、安装调试、校准和校验指南。

本部分适用于贸易交接储罐（洞罐或冷冻储罐除外）的温度测量。

2 规范性引用文件

下列文件对于本文件的应用是必不可少的。凡是注日期的引用文件，仅注日期的版本适用于本文件。凡是不注日期的引用文件，其最新版本（包括所有的修改单）适用于本文件。

GB/T 8927 石油和液体石油产品温度测量 手工法（GB/T 8927—2008,ISO 4268:2000,MOD）

ISO 1998（所有部分） 石油工业 术语（Petroleum industry—Terminology）

3 术语和定义

ISO 1998（所有部分）界定的以及下列术语和定义适用于本文件。

3.1

自动式储罐温度计 automatic tank thermometer；ATT

连续测量储罐内温度的仪器。

注：ATT，也称作自动式储罐测温系统，通常包括精确的温度传感器、安装在现场用于电信号传送的变送器以及接收/数显装置。

3.2

电阻式温度传感器 resistance temperature detector；RTD

通过电阻随温度变化的原理来测量储罐内介质温度的电子感应元件。

3.3

单点 ATT single-point ATT（spot ATT）

用点温元件测量储罐内特定点位温度的 ATT。

3.4

多点 ATT multiple-point ATT

由多个（通常为 3 个以上）点温元件组成测量选定液位温度的 ATT。

注：数显设备的读数应由容器中浸没在液体里的感温元件获得，不仅可由它们计算液体的平均温度，也可显示罐内液体的温度分布。

3.5

多点平均 ATT multiple-point averaging ATT

数显设备选用浸没在液体中若干独立的点温元件来测定罐内平均温度的平均 ATT。

3.6

可变长度平均 ATT   variable-length averaging ATT

由数根不同长度的感温元件组成,所有感温元件由接近罐底的位置向上延伸,其数显设备选择完全浸没的最长的感温元件测定罐内液体平均温度的平均 ATT。

3.7

温度变送器   temperature transmitter

一种为感温元件提供电源,将感温元件测量的温度转换为电或电子信号,并把此信号发送到远端数显设备的仪表。

注:可以提供现场数显,温度变送功能经常由自动液位计(ALG)的液位变送器提供。

4 措施

4.1 安全措施

当使用 ATT 设备时,应遵循国家有关安全的标准、法规以及材料相容性的安全措施。此外,应遵守生产厂家对于设备安装和使用的建议以及进入危险区域的所有规定。

4.2 设备措施

4.2.1 ATT 的全部设备应能经受住运行中所遇到的压力、温度、操作和环境条件。

4.2.2 应确认 ATT 的防爆级别适合安装在指定的危险区域。

4.2.3 应进行电位测试,确保 ATT 裸露的所有金属部件与储罐具有相同的电位。

4.2.4 接触产品或产品蒸气的 ATT 部件应与油品具有化学相容性,以避免油品污染和 ATT 的腐蚀。

4.2.5 ATT 的全部设备应进行安全运行保养,使用者应遵守厂家的保养规定。

4.3 常规措施

4.3.1 在 4.3.2~4.3.6 中给出的常规措施适用于各种类型的 ATT,使用者应予遵守。

4.3.2 在测量储罐温度的同时测量液位。

4.3.3 产品温度在测量后应立即记录,除非远端的数显设备能定时自动记录温度。

4.3.4 在产品输转前后,应采取相同的方法测量储罐温度。

4.3.5 为防止未经授权的调整或干预,应对 ATT 提供安全防护措施。用于贸易交接的 ATT 应为其校准调整器提供密封条件。

4.3.6 ATT 在用于贸易等特殊服务时,其设计和安装可能需要得到国家计量机构的型式批准。在对 ATT 进行一系列的特定测试并且符合批准的安装方式后,型式批准通常才会正式发布。型式批准的检验可能包括如下内容:外观检测、性能、震动、湿度、干热、倾斜、电压波动、绝缘、电阻、电磁相容性和高电压。

5 准确度

5.1 概述

ATT 测量产品温度的准确度应与液位计量系统测量液位的准确度相协调,这样才不会严重降低标准体积计量的准确度。

5.2 固有误差

当在厂家规定的控制条件下进行校准时,ATT 的固有误差可能是其安装后温度测量不确定度的主要分量。用于校准 ATT 的标准参比装置应溯源到相应的国家标准。

注：对固定式温度自动测量系统，感温元件和现场变送器的校准是在安装前。变送器通常不进行现场校准调整。

5.3 安装前的校准

5.3.1 概述

贸易交接用的 ATT，可按系统（见 3.1）或组件进行校准。

5.3.2 按系统校准

如果按系统对 ATT 进行校准，在覆盖 ATT 预期测温范围的至少 3 个试验温度点，ATT 数显装置的温度读数与恒温控制的参比浴或参比箱的温度一致性应在 0.25 ℃以内。

5.3.3 按组件校准

如果按组件对 ATT 进行校准：

a) 测量电阻的等效温度与参比浴的温度在每个温度点的一致性应在 0.20 ℃以内。

b) 用精确的电阻器或近期校准过的热校准器核查温度变送器和 ATT 数显装置。ATT 数显装置与电阻器或校准器的等效温度在每个温度点的一致性应在 0.15 ℃以内。

5.3.4 多点 ATT

每个点温元件的准确度要求取决于校准方法，见 5.3.2 或 5.3.3。

5.3.5 标准器的不确定度

标准器的不确定度不应超过 0.05 ℃。

5.4 安装和运行条件造成的误差

在贸易交接中使用的 ATT，其总误差可能受到安装和运行条件变化的影响。

注 1：ATT 的准确度取决于：
——温度感应元件的数量；
——温度感应元件的位置。

注 2：罐内产品可能发生温度分层现象，这种分层情况随如下因素变化：
——罐内产品的混合；
——产品来源于多渠道；
——罐内产品的黏度；
——罐体的保温；
——储罐形状（例如：过长的卧式储罐）。

注 3：由于来液变化，在 700 m³ 以上的储罐内，经常会发生温度分层。由产品高黏度引起的温度分层在带压罐中并不常见，原因是带压罐中储存的产品通常具有较低的黏度。

5.5 准确度

5.5.1 概述

安装后，ATT 测量温度的准确度将受到其固有误差（温度感应元件，变送器和数显装置）、安装方法和运行条件的影响。

5.5.2 ATT 在贸易交接中的应用

当满足如下检验允差时，ATT 系统可在贸易交接中使用。

179

ATT 应满足安装前的校准允差(见 5.3)。

ATT 应满足现场检验允差(见 9.2.2 和 9.3.2),其中包括安装方法和运行条件变化的影响。

如果使用远端数显装置,应满足本部分相应条款的要求(见第 10 章)。

6 设备选型

6.1 概述

RTD 使用的材料通常为铜或铂。带压罐中广泛使用的两种 ATT 元件是:

——单点 ATT(见 3.3);

——多点 ATT(见 3.4)。

提供类似性能的其他种类的 ATT 元件也可使用。

注:一般不建议使用可变长度的 ATT,因为在非圆筒形储罐内,当发生温度分层时,这种 ATT 会产生罐内产品错误的温度平均值。线性分布的感温元件要求储罐具有线性的形状。

ATT 的正确选择应基于以下准则:

a) 准确度要求;

b) 可能影响准确度的运行条件(如可能发生的产品温度分层);

c) 需要测量温度的罐内最低液位;

d) 环境条件;

e) 储罐的个数、类型和大小;

f) 新建或现有储罐的有效入口;

g) 现场和远端数显、信号变送及布线的要求;

h) 储罐形状(如不应选择可变长度平均 ATT 用于非线性储罐)。

6.2 选型说明

在贸易交接中,使用自动法测量温度的储罐可安装单点 ATT 或多点 ATT。对于非冷冻型 LPG 储罐,有时单点 ATT 就可满足需要。然而,当预计产品会发生温度分层时,应考虑使用多点 ATT。

当使用多点 ATT 时,由于带压罐多数为非圆筒形储罐,因此应使用合适的平均温度计算方法。计算罐内产品平均温度应根据储罐形状对每个感温元件的温度值进行加权平均。

注:压力储罐通常用于储存温度分层不明显的低黏度产品。因此,测量单点温度可能就具备了足够的代表性。

7 设备说明

7.1 引言

大多数地面以上的液体储罐,都装备了至少一个安装在固定温度套管内可现场直接读数的温度计。这种现场温度计不应作为 ATT 的组件,并且不应将其用于贸易交接中的温度测定。

7.2 感温元件

7.2.1 电阻式感温元件

自动测温中通常使用的温度测量设备按照金属(例如:铜或铂)电阻随温度变化的原理工作。

铜或铂的电阻感温元件(RTD)通常用于贸易交接中的温度测定,原因是它们具有很高的准确度和稳定性。RTD 的电阻通过韦斯通桥式电路或其他合适的电子部件来测量。RTD 可以是缠绕在非导体支撑芯上的电阻线,也可以是薄膜类型或其他类型。该元件应特别密封在一个壳体内。感温元件通常装在一个温度套管内。感温元件温度感应部分的长度不应超过 100 mm。

7.2.2 其他感温元件

其他种类的感温元件(热电偶、热敏电阻、半导体、光纤等)也可以使用,但应经过校准并满足本部分给出的校准允差,否则它们的准确度不适用于贸易交接。

8 安装

8.1 概述

ATT 的感温元件应安装在储罐内与进出管口相对的位置,以减少液体扰动对元件安装的影响。在可能的情况下,应将它们安装在储罐的背阴一侧并可触及的位置。

8.2 单点感温元件

单点感温元件一般安装在一根穿过罐壁经过压力密封的温度套管内,感温元件深入罐内至少 1 m,以减少来自温度套管的传热影响。此外应将其安装在罐底之上高度至少 1 m 的位置。

另一个测量罐内蒸气温度的感温元件应安装在储罐最大填液高度以上。

注:使用蒸气感温元件测量蒸气温度的目的之一是计算气液转换量或蒸气质量。

8.3 多点感温元件

多点感温元件通常按等间隔(约 3 m)安装在压力密封的温度套管内。用于计算储罐平均温度的最低元件通常位于罐底以上大约 1 m 的位置。当储罐在低于 1 m 的液位运行时,可在低于实际液位的位置放置附加感温元件,但仅用于这种情况。感温元件在液面以上时也能测量蒸气温度。

对于带压罐,可把感温元件安装在插入罐壁的温度套管内。通常测量的是所有点的温度,而且全部发送到集成于 ALG 系统具有计算能力的中心温度数显装置。温度数显装置应只将浸没元件的测量温度进行平均。对于非圆筒形储罐,平均算法应能算出与储罐形状相对应的加权平均值。此外,该装置还可传送浸没元件的测量温度,从而提供温度的垂向分布。

8.4 可移动点温元件

连接到伺服式液位计浮子上的点温元件经动力驱动在液体中升降,通过停留在多个合适的位置,测量罐内产品的平均温度。在每个位置上应提供足够的时间,确保点温元件与周围液体达到温度平衡。为计算产品的平均温度,平均算法应将储罐的非线性几何形状考虑在内。

注:连接在 ALG 浮子上的可移动点温元件不能进行连续测温。

8.5 其他方法

为满足本部分给出的罐内产品平均温度的测量要求,也可使用其他测量方法。

8.6 电子感温元件的温度套管

固定式感温元件的温度套管应插入罐壁至少 1 m,以降低由罐内液体和大气之间的温差所引起的误差。套管材质应与液体具有相容性,并按规定压力进行设计。

温度套管应放置在距储罐进出口尽可能远的位置处。

8.7 检验用温度套管

储罐加压后,一般不能对安装好的多点 ATT 进行检验,然而可通过使用在 ATT 套管附近安装的独立温度套管来实现对多点 ATT 的检验。当用便携式电子温度计对 ATT 的测量准确度进行手工检验时，可使用这种独立温度套管。

> 注：为满足安全要求，通常禁止在带压罐中安装独立温度套管，因而此类套管往往不会得到使用。

9 校准和现场检验

9.1 引言

当测量温度用于贸易交接时，ATT（包括感温元件、变送器和数显装置）应满足本部分规定的校准允差，其标准器应溯源到相应的国家标准。

> 注 1：对固定式温度自动测量系统，感温元件和现场变送器的校准是在安装前。变送器通常不进行现场校准调整。
> 注 2：通过下述方法可检验 ATT 的校准充分性及安装后的准确度（包括感温元件、变送器和本地/远端数显装置）。

当采用手工温度测量法检查或校准 ATT 时，手工温度测量应按照 GB/T 8927 进行。用新校准过的便携式电子温度计作为现场标准器，其不确定度不应超过 0.1 ℃。

9.2 单点 ATT 的校准

9.2.1 安装前的校准

安装前，ATT 应在可控条件下（即工厂或实验室）用下述两种方法中的一种进行校准。用于校准 ATT 的标准器应溯源到相应的国家标准。

a) ATT（包括温度传感器，温度变送器/转换器及数显装置）作为一个整体可采用恒温水浴，在覆盖测温范围的三个或更多的温度进行校准。水浴温度应采用标准温度计进行测量（准确度要求见 5.3.2）。

b) 另外一种替代方法是单独校准 ATT 的组件。测量水浴内感温元件的电阻。使用精确的电阻器或热校准器（近期按照可溯源的国家标准进行过校准）模拟温度输入到 ATT 的温度变送器和数显装置（准确度要求见 5.3.3）。

9.2.2 初始现场检验

9.2.2.1 按组件检验

9.2.2.1.1 感温元件

除非可以使用独立的温度套管（见 8.7），否则安装在储罐内的单点感温元件一般不能再进行检验。因此，实际做法通常是储罐在每次减压后进行检验，即储罐停止工作或将单点 ATT 移动到储罐外进行检验。当在储罐外进行检验时，应按 9.2.1 给出的步骤进行。

在装液减压罐内（如储罐静压测试期间）检验 ATT 的感温元件时，应按以下步骤进行。

使用近期校准过的便携式电子温度计按照 GB/T 8927 检验感温元件的测量数据。将温度计的测温探头投放到 ATT 感温元件所安置的深度，上下（在大约 300 mm 的范围内）移动温度计的测温探头，直到测量温度稳定。由 ATT 感温元件测量的温度与便携式电子温度计测量的温度相差应在 0.4 ℃以内。

9.2.2.1.2 温度变送器

使用温度校准器（如精确的电阻器或热校准器）代替感温元件，模拟输入覆盖储罐运行范围的 3 个或更多的温度来检验 ATT。ATT 数显装置与电阻器等效温度相比，在每个温度点相差应在 0.25 ℃以内。

9.2.2.2 按系统检验

当储罐减压或使用独立的温度套管时,可按以下步骤进行检验。

作为将感温元件和变送器分开检验的替代方法,可使用近期校准过的便携式电子温度计对 ATT 进行整体检验。由于难以将温度计的测温探头定位到离感温元件很近的位置,而且两者之间可能存在轻微的水平温度梯度,因此两个温度计的测量数据可能不会完全一致。通常,对于常温储罐,如果便携式电子温度计的测温探头可放在离固定式感温元件 1 m 以内的位置,则使用便携式电子温度计进行检验是可以接受的。

ATT(感温元件,温度变送器/转换器和数显装置)读出的温度与便携式电子温度计测量的温度相比,两者相差应在 0.5 ℃ 以内。

9.3 上中下或多点 ATT 的校准

9.3.1 安装前的校准

按 9.2.1 规定的单点 ATT 的校准步骤检查 ATT 的每个感温元件,准确度要求见 5.3.4。

9.3.2 初始现场检验

9.3.2.1 按组件检验

9.3.2.1.1 感温元件

除非可以使用独立的温度套管(见 8.7),否则安装在储罐内的多点感温元件一般不能再进行检验。因此,实际做法通常是储罐在每次减压后进行检验,即在储罐停止工作期间。将多点感温元件移出储罐进行检验通常不切实际,并且可能会损坏感温元件的连接,该检验方法仅在条件允许的情况下进行。

当在减压储罐或独立的温度套管内对多点 ATT 进行检验时,应按以下步骤进行。

使用近期校准过的便携式电子温度计按照 GB/T 8927 检验感温元件的测量数据。将温度计的测温探头投放到 ATT 感温元件所安置的深度,上下(在大约 300 mm 的范围内)移动温度计的测温探头,直到测量温度稳定。多点 ATT 每个感温元件测量的温度与便携式电子温度计测量的温度相差应在 0.4 ℃ 以内。

9.3.2.1.2 温度变送器

使用温度校准器(如精确的电阻器或热校准器)代替感温元件,模拟输入覆盖储罐运行范围的 3 个或更多的温度来检验 ATT。对于每个感温元件,ATT 的数显装置与电阻器的等效温度相比,在每个温度点相差应在 0.25 ℃ 以内。

9.3.2.2 按系统检验

当储罐减压或使用独立的温度套管时,可按以下步骤进行检验。

作为将感温元件和变送器分开检验的替代方法,可使用近期校准过的便携式电子温度计对 ATT 进行整体检验。在覆盖整个液位的范围内,按均匀间隔或每 500 mm～600 mm 采集温度读数。在每个测量位置,上下(在大约 300 mm 的范围内)移动温度计的测温探头,直到温度稳定。由便携式电子温度计手工测量的平均温度就是各测量点温度读数的平均值。由 ATT 读出的平均温度是浸没在液体中的所有感温元件的平均温度。ATT 系统读出的平均温度与便携式电子温度计读出的平均温度相比,两者相差应在 0.5 ℃ 以内。(如有必要,需考虑各点温度所占权重)。

注:多点自动储罐测温系统既可提供单点温度,也可提供储罐平均温度。

9.4 后期检验

9.4.1 概述

应按照产品说明书的要求检查 ATT 所有必要的安装组件。每套 ATT 应按照 9.2 或 9.3 的规定进行检查和检验。

9.4.2 检验周期

贸易交接用的 ATT 应进行定期检验。作为最低要求,储罐每次停用时,应对 ATT 进行检查和检验。

9.4.3 记录保存

对于贸易交接用的 ATT,应保存初始校准和定期检验的全部记录。

10 数据通讯和接收

本章给出了温度变送器和接收器之间相互通讯的规格要求。

当整个系统(包括远端数显装置)符合本部分规定的校准允差时,ATT 的远端数显装置就可用于贸易交接。

注 1:现代储罐计量设备通常在远端数显设备上提供了显示和/或记录液位和温度的功能。数显设备通过对选定的、完全浸没的点温元件进行平均,可以确定产品的平均温度。

注 2:数显设备可编程实现高温或低温报警,也可通过它查阅储罐容积表,并采用相应的产品膨胀系数计算罐内产品的标准体积。

ATT 的设计和安装应保证数据的发送和接收满足如下要求:

——不严重损害测量准确度,即由远端接收单元所显示的温度和罐端温度变送器显示(或测量)的温度之差不超过 0.1 ℃;

——不损失测量输出信号的分辨率;

——对测量数据提供加密保护,确保数据的完整可靠;

——提供足够的速度,满足接收单元所需要的更新时间;

——不受电磁影响。

ICS 75.160.20
E 31

中华人民共和国国家标准

GB/T 21452—2008

中间馏分燃料颗粒物含量的测定
实验室过滤法

Petroleum products—Determination of particulate content of middle distillate
fuels—Laboratory filtration method

(ISO 15167:1999,MOD)

2008-02-13 发布 　　　　　　　　　　　　　2008-09-01 实施

中华人民共和国国家质量监督检验检疫总局
中国国家标准化管理委员会　发布

前　　言

本标准修改采用 ISO 15167:1999《石油产品——中间馏分燃料颗粒物含量测定法(实验室过滤法)》(英文版)。

本标准根据 ISO 15167:1999 重新起草。

为了适合我国国情,本标准在采用 ISO 15167:1999 时进行了修改。本标准与 ISO 15167:1999 的主要差异如下:

——引用标准采用我国相应的国家标准;

——重复性和再现性文字表述按我国习惯改写;

——删除第 14 章试验报告。

本标准由全国石油产品和润滑剂标准化技术委员会(SAC/TC 280)提出并归口。

本标准起草单位:中国石化集团洛阳石油化工工程公司工程研究院。

本标准主要起草人:刘峰阳、吕大伟、王艳星。

本标准为首次发布。

中间馏分燃料颗粒物含量的测定
实验室过滤法

警告:本标准可能涉及某些危险材料、操作和设备,但并未对使用中涉及到的所有安全问题都提出建议。因此在使用本标准前,用户有责任建立合适的安全和健康措施并制定相应的管理制度。

1 范围

1.1 本标准适用于测定闭口闪点不低于38℃(采用GB/T 261测定)的中间馏分燃料的颗粒物含量,不适用于测定轻馏分燃料(如汽油)或喷气燃料。

1.2 对用于柴油发动机和民用的中间馏分燃料中颗粒物含量的限制,可以防止过滤器堵塞以及其他操作问题。本标准测定范围为不大于 25 g/m³。

1.3 只有严格按照本标准条款进行测定,特别是滤膜材质(见 6.9 注)、试样量及试样完全过滤均符合本标准规定时,本标准的精密度才是有效的。

2 规范性引用文件

下列文件中的条款通过本标准的引用而成为本标准的条款。凡是注日期的引用文件,其随后所有的修改单(不包括勘误的内容)或修订版均不适用于本标准,然而,鼓励根据本标准达成协议的各方研究是否可使用这些文件的最新版本。凡是不注日期的引用文件,其最新版本适用于本标准。

GB/T 261 石油产品闪点测定法(闭口杯法)(GB/T 261—1983, eqv ISO 2719:1973)

GB/T 4756 石油液体手工取样法(GB/T 4756—1998, eqv ISO 3170:1988)

GB/T 6682 分析实验室用水规格和试验方法(GB/T 6682—1992, neq ISO 3696:1987)

3 术语和定义

下列术语和定义适用于本标准。

3.1

颗粒物含量 particulate content

在本标准的试验条件下,截留在公称孔径为 0.8 μm 滤膜上物质的量,以 g/m³ 表示。

4 方法概要

一定体积的试样用预先称量的测试滤膜过滤,经冲洗和烘干后称量得到测试滤膜的质量增量,同时也可得到位于测试滤膜下面的控制滤膜的质量增量。用测试滤膜的质量增量减去控制滤膜的质量增量得到试样的颗粒物含量。

5 试剂和材料

除非另有说明,所有试验过程中均使用分析纯的试剂。水应符合GB/T 6682中的三级水的要求。

5.1 异丙醇:化学纯,使用前用孔径为 0.45 μm 或孔径更小的滤膜过滤。

5.2 液体洗涤剂:水溶性。

5.3 冲洗液:正庚烷或 2,2,4-三甲基戊烷。使用前用孔径为 0.45 μm 或孔径更小的滤膜过滤。

5.4 自来水:清洁、达到饮用标准。如果没有合适的水,按照5.3过滤得到合适的水或者使用市售的纯净水代替。

6 仪器

6.1 分析天平:单盘或双盘,称量精度为0.1 mg或更高。

6.2 空气离子发生器:用于天平箱中。

注1:当使用固定盘天平时,只要在称量滤膜时确保滤膜不超出称量盘的边缘,可以不用空气离子发生器。

注2:空气离子发生器应在生产一年内使用。

6.3 烘箱:防爆式,不应用空气循环风扇,可控温90℃±5℃。

6.4 培养皿:直径约125 mm,内有可移动的用于支撑滤膜的玻璃支架。

注:手表大小的玻璃盖适合作滤膜的支架。

6.5 镊子:不锈钢,端头扁平,无锯齿。

6.6 实验室夹子:不锈钢或其他合适的耐腐蚀材料制成,用于闭合容器盖。

6.7 真空系统:能保持绝对压力为1 kPa～100 kPa。

6.8 测试滤膜:平面,直径47 mm,公称孔径为0.8 μm,材质为尼龙或纤维素酯(见6.9注)。

6.9 控制滤膜:直径47 mm,公称孔径为0.8 μm,材质为尼龙或纤维素酯,平面或网格状。

注:本标准的精密度仅使用尼龙滤膜获得。

6.10 冲洗液分配器:通常装配有公称孔径为0.45 μm或孔径更小的滤膜,如图1所示。

注:如果冲洗液用公称孔径为0.45 μm或孔径更小的滤膜预先过滤,并有措施保证洗液瓶内有良好的清洁度,也可以使用标准的实验室洗液瓶。

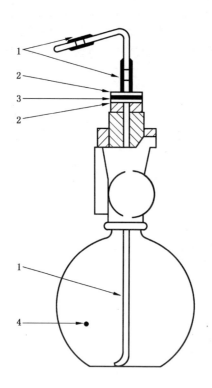

1——耐试剂的塑料管;

2——支撑板;

3——滤膜,0.45 μm;

4——溶剂过滤分配器。

图1 冲洗液过滤及分配装置

6.11 过滤装置:如图2所示。

6.11.1 过滤漏斗:由漏斗和支撑滤膜的漏斗托板组成,通过锁定环或弹性夹子将滤膜固定在漏斗密封面和漏斗托板之间。

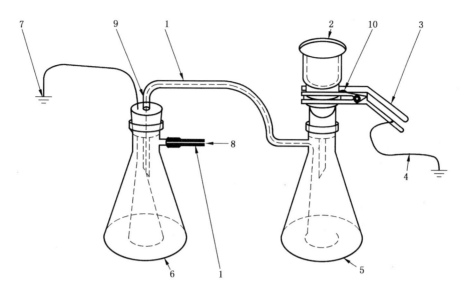

1——真空管；

2——漏斗；

3——夹子；

4——地线；

5——接收瓶；

6——缓冲瓶；

7——实验室地面；

8——至真空泵；

9——用合适的密封材料确保管子、塞子和地线之间良好密封；

10——夹子的夹头和手柄,地线与手柄裸露金属处相接。

图 2 颗粒物含量测定装置

6.11.2 接收瓶:硼硅玻璃材质,容量 1 L,最好有刻度。用于接收过滤后的试样和冲洗时的洗液(见10.1 和 10.10)。接收瓶支管与缓冲瓶(6.11.3)相连,通过缓冲瓶连向真空系统。使用时按图 2 装配,这样可以防止烧瓶破裂。

注:可用密集的、结实的塑料网或胶带缠住烧瓶,防止烧瓶碎裂后玻璃碎片到处散落。

6.11.3 缓冲瓶:最小容量 600 mL,硼硅玻璃材质。支管与接收瓶(6.11.2)相连,注意保护,防止烧瓶破裂。

6.11.4 地线:直径为 0.912 mm～2.59 mm,柔软的不锈钢或铜线。如图 2 所示,与烧瓶相连并接地。

6.12 塑料膜:聚乙烯膜或其他清洁的耐试剂和样品的膜。

注:也可用清洁的铝箔。

6.13 量筒:硼硅玻璃材质,容量 100 mL～500 mL。

7 样品容器和仪器的准备

7.1 按 7.2～7.7 的要求彻底清洗样品容器(清除掉所有的标记、标签等)、取样器以及有可能和样品或冲洗液接触或可将杂质带到滤膜上的仪器部件的所有表面。

7.2 用含有洗涤剂(5.2)的热自来水(5.4)冲洗。

7.3 用热自来水彻底漂洗。

7.4 在这个过程和接下来的清洗中,用清洁的实验室夹子(6.6)夹住容器盖的外表面,用水彻底冲洗。

7.5 用异丙醇(5.1)彻底冲洗。

7.6 用冲洗液(5.3)彻底冲洗。

7.7 用预先冲洗(用冲洗液冲洗)干净并晾干的塑料膜(6.12)覆盖样品容器的顶部和连接有过滤仪器的漏斗的开口部分。

8 样品和取样

8.1 取样过程中确保取样设备应按第7章规定清洗。尽可能做到取样点和规定的取样设备有相同的清洁度,最大可能的避免外界环境对样品造成污染。

8.2 仅采用容量为 1 L±0.15 L 的样品容器。

8.3 取样容器可用玻璃瓶,也可用衬有环氧树脂的桶、聚四氟乙烯或无色高密度聚乙烯材料的容器。使用无色玻璃容器的好处是,很容易看清容器内部是否清洗干净。但透明的玻璃容器暴露于紫外光下有产生颗粒物的危险。如果使用透明的玻璃容器,尽可能避免样品暴露于紫外光线下。

8.4 样品应装满至容器容量的 85%～95%。

8.5 按照 GB/T 4756 规定取样,样品最好从产品分配线或现场取样装置的取样口上动态取样。在取样前,确保取样管线用待测样品冲洗过。

8.6 按照 GB/T 4756 的要求从固定贮存罐中取样时,应确保样品不要经过其他容器而直接装入事先准备好的容器中。

> 注:从固定贮存罐中取样,燃料中的颗粒很可能沉淀导致测定结果偏低。如果可能,在取样前打循环或搅拌罐中的组分,或罐装满后立即取样。

9 滤膜的准备

9.1 每个试验至少准备两组滤膜,每一组包括测试滤膜(6.8)和控制滤膜(6.9)。

9.2 在培养皿(6.4)上做好标记以区分滤膜。

9.3 确保所有玻璃器具按第7章规定清洗过。

9.4 用镊子(6.5)将测试滤膜(6.8)和控制滤膜(6.9)紧挨着放在培养皿中的玻璃支架上。

9.5 将培养皿的盖子稍微打开,放入烘箱(6.3)中干燥 30 min。

9.6 从烘箱中取出每个培养皿并且放在天平(6.1)附近,培养皿的盖子保持微开,但要保护滤膜防止空气污染。放置 30 min,使滤膜与室内有相同的温度和湿度。

9.7 用镊子(6.5)夹住控制滤膜的边缘,从培养皿中取出控制滤膜,将其放在天平称量盘的中间称量,精确至 0.1 mg,记录质量。然后将称量好的控制滤膜放回培养皿中。

9.8 按 9.7 同样的方法称量测试滤膜的质量。

9.9 用清洁的镊子(6.5)夹住滤膜的边缘,将称过质量的控制滤膜放在过滤仪器(见图2)滤膜的托板上,再将称过质量的测试滤膜放在控制滤膜的上面,然后按图2所示用锁定环或弹性夹子夹住漏斗的上下部分,将滤膜固定。过滤开始前不要从漏斗口上移开塑料膜。

10 试验步骤

10.1 样品容器中的所有内容物都要按照本标准的分析步骤来完成。因此,很有必要将装有过滤样品的容器和装有其他任何材料(如冲洗液)的容器分开放置。准备好清洁的、正确标记的样品容器,以便在迅速转移过滤后的样品时用,这样就可以把因污染造成样品其他性质的变化降到最小。

10.2 首先用含有洗涤剂(5.2)的热水(5.4)彻底洗涤样品容器顶部区域的外表面,再用自来水洗,然后用异丙醇(5.1)洗。弃去冲洗后的废液。

10.3 用力摇晃样品容器 30 s±5 s。

10.4 打开样品容器的盖子,用冲洗液(5.3)冲洗掉盖子内部密封面处的任何污物,确保冲洗液不进入样品容器内。将冲洗液收集到清洁干燥的容器内,用塑料膜(6.12)盖上。

10.5 按图 2 安装好过滤仪器，放在通风橱内。

10.6 将样品容器中的样品倒入 500 mL 的量筒(6.13)中，记录试样体积，抽真空并分步将试样倒入过滤漏斗中进行过滤。

> 注：大多数样品能快速地被过滤。但是，有些样品由于颗粒物的量和/或性质影响，过滤中可能堵塞滤膜。如果过滤速度很慢，建议使用 100 mL 的量筒。

10.7 如果第一次倒入过滤漏斗中的试样过滤速度很快，重复 10.6 直到样品容器中的所有样品过滤完，测量已过滤试样的体积。

10.8 移开接收瓶，将过滤后的试样迅速装入清洁干燥的容器(10.1)中。

10.9 如果过滤速度很慢，以至于 100 mL 试样超过 10 min 才能完成过滤，记下已过滤的试样体积，按10.8 操作后再按 10.10 操作。将第二组滤膜按 9.9 所述装在过滤仪器上，重复 10.6 和 10.7。重复次数按需要而定。

> 注：如果过滤速度很慢(10.6 注)，建议减少每次倒入过滤漏斗中的试样量，以使过滤堵塞时滤膜上滞留的液体量最少。

10.10 如果过滤漏斗中的试样完全停止流动，此时滤膜上仍有液体，按 10.10.1 进行。如果液体流动速度比 10.9 的要求还慢，但滤膜上的液体已过滤完，按 10.10.2 进行。

10.10.1 将接收瓶与真空系统断开，小心的移开过滤漏斗并保持垂直。用第二组(或更多)已装配好的带有一对称过质量的滤膜的漏斗代替接收瓶上的第一组漏斗。小心地将第一组漏斗中滤膜上的液体倒入第二组漏斗中。重新连接真空系统，继续过滤。将第一组过滤漏斗安装在另外的接收瓶上，按10.10.2 进行。

10.10.2 用另一只接收瓶(不需要有相同标准的清洁度)代替原接收瓶，用冲洗液彻底冲洗漏斗的内壁和滤膜托板相连的表面。继续抽真空，小心地卸下漏斗的上部，用一束缓缓的冲洗液从边向内冲洗滤膜的边缘，注意不要把滤膜表面上的颗粒物冲掉。继续抽真空直到洗涤结束后 10 s～15 s 或直到所有的冲洗液从滤膜上除去。

用清洁的镊子(6.5)小心地从滤膜托板上取下测试滤膜和控制滤膜，放在清洁的培养皿中，按 9.5～9.7 干燥和称量。注意不要扰动试验滤膜表面上的颗粒物。

10.11 样品容器中的所有内容物过滤完后，记录已过滤试样的体积，用另外一只接收瓶(不需要有相同标准的清洁度)代替原接收瓶，用冲洗液(5.3)彻底地冲洗样品容器和量筒。每个容器冲洗 3 次，每次用量 25 mL，确保容器中的颗粒物都清洗掉，倾倒冲洗液并通过过滤漏斗。10.4 得到的冲洗液也要通过过滤漏斗，并用一份 25 mL 冲洗液清洗该容器，冲洗液也要通过过滤漏斗。卸下装置，倒出洗液。按10.10.2 干燥和称量。

11 计算

按式(1)计算试样中颗粒物含量 $P(g/m^3)$。

$$P = \frac{(m_2 - m_1) - (m_4 - m_3)}{V} \times 10^6 \quad \cdots\cdots\cdots\cdots\cdots\cdots\cdots\cdots\cdots (1)$$

式中：

m_1——试样过滤前测试滤膜质量的数值，单位为克(g)；

m_2——试样过滤后测试滤膜质量的数值，单位为克(g)；

m_3——试样过滤前控制滤膜质量的数值，单位为克(g)；

m_4——试样过滤后控制滤膜质量的数值，单位为克(g)；

V——已过滤试样总体积的数值，单位为毫升(mL)。

12 结果表述

报告试样的颗粒物含量(g/m³)，精确至 0.1 g/m³。同时还需报告试验过程中已过滤试样的总体积(mL)。如果使用一组以上的滤膜,也要将使用滤膜的组数在括号中标明。

报告格式为:

颗粒物含量(g/m³)/已过滤试样总体积(mL)(滤膜组数)   14.2/985(3)

13 精密度

13.1 总则

本标准的精密度是由实验室间测试结果统计分析确定的,表述如下(95%的置信水平)。

13.2 重复性(r)

同一操作者,在同一实验室使用同一仪器,按照方法规定的步骤,对同一试样进行测定的两个结果之差,不应超出式(2)计算值。重复性典型值见表1。

$$r = 0.689\,4X^{0.5} \quad \cdots\cdots\cdots\cdots\cdots\cdots\cdots\cdots(2)$$

式中:

X——两个结果的平均值。

13.3 再现性(R)

不同操作者,在不同实验室,按照方法规定的步骤,对同一试样进行测定的两个独立的试验结果之差,不应超出式(3)计算值。再现性典型值见表1。

$$R = 1.133X^{0.5} \quad \cdots\cdots\cdots\cdots\cdots\cdots\cdots\cdots(3)$$

式中:

X——两个结果的平均值。

表 1 精密度典型值   单位为克每立方米

平均值	0.3	1.0	2.0	5.0	10.0	20.0	25.0
重复性 r	0.4	0.7	1.0	1.5	2.2	3.0	3.4
再现性 R	0.6	1.1	1.6	2.5	3.6	5.1	5.7

编者注:本标准中引用标准的标准号和标准名称变动如下:

原标准号	现标准号	现标准名称
GB/T 261	GB/T 261	闪点的测定 宾斯基-马丁闭口杯法

ICS 75.100
E 34

中华人民共和国国家标准

GB/T 23800—2009

有机热载体热稳定性测定法

Heat transfer fluids—Determination of thermal stability

2009-05-18 发布

2009-11-01 实施

中华人民共和国国家质量监督检验检疫总局
中国国家标准化管理委员会 发布

前　言

本标准修改采用德国国家标准 DIN 51528:1998《未使用过的热传导液热稳定性测定法》(英文版)。

本标准根据 DIN 51528:1998 重新起草。

为了适合我国国情,本标准在采用 DIN 51528:1998 时进行了修改。本标准与 DIN 51528:1998 的主要技术差异如下:

——标准名称修改为"有机热载体热稳定性测定法";

——温度单位由 K 改为℃;

——增加对试样及仪器称量精度的要求;

——玻璃安瓿的最小容积由 5 mL 增加至 15 mL;

——增加加热后试样外观的报告;

——增加气相色谱分析要求;

——6.1.1 增加保证温度均匀分布;

——每种试样的试验时间由不少于 480 h 修改为不少于 720 h。

本标准由全国石油产品和润滑剂标准化技术委员会(SAC/TC 280)提出。

本标准由全国石油产品和润滑剂标准化技术委员会石油燃料和润滑剂分技术委员会(SAC/TC 280/SC 1)归口。

本标准起草单位:中国石油化工股份有限公司石油化工科学研究院。

本标准主要起草人:康茵、梁红、金珂。

有机热载体热稳定性测定法

1 范围

1.1 本标准规定了未使用过的有机热载体热稳定性的试验方法,包括常压下最高使用温度高于其沸点的有机热载体。

1.2 本标准未对有机硅类热载体的适用性作出评价。

1.3 本标准涉及某些有危险性的物质、操作和设备,无意对与此有关的所有安全问题提出建议。因此,在使用本标准之前应建立适当的安全和防护措施,并确定相关规章限制的适用性。

2 规范性引用文件

下列文件中的条款通过本标准的引用而成为本标准的条款。凡是注日期的引用文件,其随后所有的修改单(不包括勘误的内容)或修订版均不适用于本标准,然而,鼓励根据本标准达成协议的各方研究是否可使用这些文件的最新版本。凡是不注日期的引用文件,其最新版本适用于本标准。

HG/T 3115 硼硅酸盐玻璃 3.3 的性能(HG/T 3115—1998,idt ISO 3585:1991)

SH/T 0558—1993 石油馏分沸程分布测定法(气相色谱法)

3 术语和定义

下列术语和定义适用于本标准。

3.1

有机热载体 heat transfer fluids

有机热载体是作为传热介质使用的有机物质的统称。

注:有机热载体包括被称为热传导液(heat transfer fluids)、导热油(hot oils)、有机传热介质(organic heat carriers)、热媒(heating media)等用于间接传热目的的所有有机介质。

3.2

热稳定性 thermal stability

有机热载体在高温下抵抗化学分解的能力。

注:随着温度的升高,有机热载体将发生化学反应或分子重排,所生成的气相分解产物、低沸物、高沸物和不能蒸发的产物将影响有机热载体的使用性能。

3.3

气相分解产物 gaseous decomposition products

常压下其沸点在室温以下的物质,如氢气和甲烷。

3.4

低沸物 low-boiling components

通过模拟蒸馏方法测得加热后试样的沸程在未使用有机热载体初馏点以下的物质。

3.5

高沸物 high-boiling components

通过模拟蒸馏方法测得加热后试样的沸程在未使用有机热载体终馏点以上的物质。

3.6

不能蒸发的产物 nonvolatile decomposition products

不能通过模拟蒸馏方法分离出来的物质,它是球管蒸馏器在一定条件下定量测定出的残渣。

4 方法概要

4.1 将有机热载体在规定温度下加热,通过测定有机热载体的变质率,评价有机热载体的热稳定性。变质率为高沸物、低沸物、气相分解产物和不能蒸发物的质量分数之和。气相分解产物的质量分数通常可忽略(见7.5.1)。

4.1.1 未使用过的有机热载体可密封于放置在金属保护管中的玻璃安瓿中,或是加入钢制试验器中并进行密封。装有玻璃安瓿的金属保护管或钢制试验器在规定的试验温度下加热至规定时间,试验温度最好是处于被试验产品使用温度范围的上限之内。

4.1.2 加热至规定时间后,打开玻璃安瓿或钢制试验器,采用SH/T 0558—1993气相色谱方法测定高沸物和低沸物的质量分数。采用球管蒸馏器测定不能蒸发物含量。

4.1.3 对有机热载体加热前后的试验结果进行比较。

5 意义和用途

5.1 在本标准规定的实验室条件下,本方法记录并反映了热作为温度和加热时间的函数对有机热载体的影响。试验结果提供了不同类型有机热载体在一定加热温度和加热时间下热稳定性的信息。

5.2 不能通过本方法试验结果外推获得在工业热传导装置中有机热载体性能的信息,因为在装置中有机热载体的性能还会受到其他材料、各种污染物、热量累积、循环系统中的温度及其他因素的影响。

6 仪器与材料

6.1 仪器

6.1.1 加热器:温度可控制在试验温度±1 ℃范围内,并保证温度均匀分布。确保有机热载体的安全存放。

6.1.2 试验器:符合HG/T 3115的硼硅酸盐玻璃制成的玻璃安瓿,容积至少为15 mL,带有可密封的钢制或其他金属制保护管,或为不锈钢制可密封的试验器。

6.1.3 气相色谱仪:符合SH/T 0558—1993要求。

6.1.4 球管蒸馏器:BUCHI B-580型(也可采用符合7.4.3要求的其他型号)。

6.1.5 真空泵:压力可抽至10 Pa以下。

6.1.6 天平:感量为0.1 mg。

6.1.7 杜瓦瓶:含有丙酮或异丙醇和干冰的混合物。

6.1.8 色谱柱:在测试条件下典型的石油烃能按沸点增加次序分离,以及柱分离度(见SH/T 0558—1993中8.3)在3~8的毛细管色谱柱。

6.2 材料

6.2.1 氮气:纯度(质量分数)99.99%以上。

6.2.2 参考油:参考油1号或参考油2号,其沸程分布见SH/T 0558—1993附录B。

7 试验步骤

7.1 试验准备

室温下,称量清洁干燥的玻璃安瓿或钢制试验器质量(m_1),精确至0.1 mg。然后将试样装至约玻璃安瓿或钢制试验器容积的一半,再称重(m_2),精确至0.1 mg。向玻璃安瓿或钢制试验器中通入氮气,排除所余空间的空气。小心地将玻璃安瓿密封后再称重(m_3),必要时冷却有机热载体,精确至0.1 mg。然后将其置于保护管中。在准备过程中,不应加热试样。将保护管用螺旋帽盖紧后置于加热器中。或将钢制试验器密封后再称重(m_3),精确至0.1 mg,然后将其放入加热器中。在试验器下面放置接收板防止有机热载体溢出。为保证试验结果的准确性,每种有机热载体至少应准备3个试样。

7.2 试样加热

从室温开始加热,当温度上升至低于试验温度 50 ℃时,将加热速率控制在 2 ℃/min 以下。试验期间保持温度恒定,使有机热载体任何一点(包括试验器加热壁)的温度偏差不超过试验温度的±1 ℃范围。试验时间为达到设置的试验温度至停止加热的时间,每种试样的试验时间不少于 720 h。试验温度和试验时间根据有关产品标准或规定的要求确定。然后根据 7.4 测定试样的变质率。

7.3 打开试验器

7.3.1 概述

待试验器冷却至室温后将其移出加热器,然后记录试样的外观,完成相应的称量。

根据试验温度和试验时间,打开玻璃安瓿或钢制试验器时,应采取适当的安全措施。

7.3.2 打开玻璃安瓿

将玻璃安瓿置于杜瓦瓶中,在丙酮或异丙醇和干冰混合物(约−70 ℃)的冷冻下,使其内部压力降低。经过 5 min~10 min,打开玻璃安瓿,在室温下使气体完全挥发,恢复至室温后,立即称量玻璃安瓿的质量(m_4),精确至 0.1 mg。称量时应包括所有的玻璃碎片,并去掉附着的冷凝水。将部分试样置于气相色谱瓶中作色谱分析,剩余试样贮存于密封性很好的玻璃瓶中用于其他分析。

7.3.3 打开钢制试验器

将钢制试验器置于杜瓦瓶中,在丙酮或异丙醇和干冰混合物(约−70 ℃)的冷冻下,使其内部压力降低。经过 5 min~10 min,小心打开钢试验器的密封盖,在室温下使气体完全挥发,恢复至室温后,去掉附着的冷凝水。称量钢制试验器的质量(m_4),精确至 0.1 mg。将部分试样置于气相色谱瓶中作色谱分析,剩余试样贮存于密封性很好的玻璃瓶中用于其他分析。

7.4 分析

7.4.1 根据玻璃安瓿或钢制试验器打开前后的质量差确定气相分解产物含量。

7.4.2 采用 SH/T 0558—1993 气相色谱法模拟蒸馏确定加热前后试样的沸点范围。使用毛细管色谱柱。测定前,应先测定参考油的沸点范围。测定的参考油的沸点应满足 SH/T 0558—1993 方法重复性要求。以 SH/T 0558—1993 方法测定试样时,只报告终馏点为 538 ℃以前的馏分沸程分布结果,对于试样中高于 538 ℃的馏分,应按照 7.5.2 计算不能蒸发产物含量。

7.4.3 称量球管蒸馏器中空尾球的质量(m_5),精确至 0.1 mg。然后向尾球中滴加加热后的试样约 4 g,准确称量尾球加试样质量(m_6),精确至 0.1 mg。旋转球管蒸馏器中的球管,用真空泵抽真空,在蒸馏结束时压力应达到 10 Pa±0.2 Pa 以下。球管蒸馏器的温度慢慢加热至 250 ℃,以使有机热载体在蒸馏过程中不要进一步热分解和避免沸腾滞后现象的发生,温度偏差不超过试验温度的±1 ℃范围。继续蒸馏直到残余物质量恒定。称量试验后尾球(含残余物)的质量(m_7),精确至 0.1 mg。可用气相色谱评定蒸馏过程是否进行完全。残余物中仍能挥发的部分应小于有机热载体总质量的 0.1%。

7.5 评价

7.5.1 试样气相分解产物含量的计算

按式(1)计算试样的气相分解产物质量分数 G,%:

$$G = (m_3 - m_4)/(m_2 - m_1) \times 100 \qquad\qquad\cdots\cdots\cdots\cdots\cdots\cdots (1)$$

式中:

m_1——空玻璃安瓿或钢制试验器质量,单位为克(g);

m_2——装有未加热试样的玻璃安瓿或钢制试验器质量,单位为克(g);

m_3——密封后玻璃安瓿或钢制试验器质量,单位为克(g);

m_4——打开后玻璃安瓿或钢制试验器质量,单位为克(g)。

注:试样气相分解产物质量分数在 0.5%以下可忽略不计。

7.5.2 试样不能蒸发产物含量计算

按式(2)计算试样不能蒸发产物质量分数 U,%:

$$U = (m_7 - m_5)/(m_6 - m_5) \times 100 \qquad \cdots\cdots\cdots\cdots (2)$$

式中：

m_5——空尾球质量，单位为克（g）；

m_6——尾球加加热后试样质量，单位为克（g）；

m_7——试验后尾球（含残余物）质量，单位为克（g）。

注：试样不能蒸发产物质量分数在 0.5% 以下可忽略不计。

7.5.3 试样低沸物含量（质量分数）N（%）和高沸物含量（质量分数）H（%）计算

7.5.3.1 图 1 给出了两种试样加热前后的模拟蒸馏曲线。其中图 1a）是试样加热后产生低沸物和高沸物的模拟蒸馏曲线，图 1b）是试样加热后只产生低沸物的模拟蒸馏曲线。现以图 1a）为例，计算加热后试样未校正的低沸物含量（质量分数）N'（%）和未校正的高沸物含量（质量分数）H'（%）。

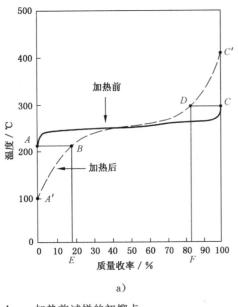
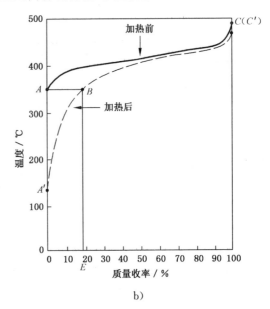

a)　　　　　　　　　　　　　　b)

A——加热前试样的初馏点；

A'——加热后试样的初馏点；

C——加热前试样的终馏点；

C'——加热后试样的终馏点；

AB——未校正的低沸物含量；

CD——未校正的高沸物含量。

图 1　加热前后试样的模拟蒸馏曲线

在图 1a）中，A 点为加热前试样的初馏点，过 A 点作水平线与加热后试样的模拟蒸馏曲线交于 B 点；过 B 点作垂线与收率轴交于 E 点，则试样未校正的低沸物含量（质量分数）N'（%）为 E 点所对应的百分数。

C 点为加热前试样的终馏点，过 C 点作水平线与加热后试样的模拟蒸馏曲线交于 D 点；过 D 点作垂线与收率轴交于 F 点，则试样未校正的高沸物含量（质量分数）H'（%）为 100% 减去 F 点对应的百分数。

7.5.3.2 考虑到采用气相色谱法无法测定气相分解产物的含量和不能蒸发产物的含量，所以必须通过式（3）和式（4）对未校正的低沸物含量（质量分数）N'（%）和高沸物含量（质量分数）H'（%）进行校正：

$$N = N' \times (100 - G - U)/100 \qquad \cdots\cdots\cdots\cdots (3)$$

式中：

N——校正后试样的低沸物含量（质量分数），%；

N'——通过试样模拟蒸馏曲线确定的低沸物含量（质量分数），%；

G——试样的气相分解产物含量（质量分数），％；

U——试样不能蒸发产物含量（质量分数），％。

$$H = H' \times (100 - G - U)/100 \quad \cdots\cdots\cdots\cdots\cdots\cdots\cdots (4)$$

式中：

H——校正后试样的高沸物含量（质量分数），％；

H'——通过试样模拟蒸馏曲线确定的高沸物含量（质量分数），％；

G——试样的气相分解产物含量（质量分数），％；

U——试样不能蒸发产物含量（质量分数），％。

7.5.4 试样变质率计算

试样变质率（质量分数）Z（％）按式（5）计算：

$$Z = G + N + H + U \quad \cdots\cdots\cdots\cdots\cdots\cdots\cdots (5)$$

式中：

G——试样的气相分解产物含量（质量分数），％；

N——校正后试样的低沸物含量（质量分数），％；

H——校正后试样的高沸物含量（质量分数），％；

U——试样不能蒸发产物含量（质量分数），％。

8 报告

8.1 有机热载体类型；

8.2 试验时间，h；

8.3 试验温度，℃；

8.4 加热后试样外观；

8.5 气相分解产物和低沸物含量（质量分数），％，并精确至小数点后一位；

8.6 高沸物和不能蒸发产物含量（质量分数），％，并精确至小数点后一位；

8.7 变质率（质量分数），取 3 个试验结果的平均值，％，并精确至小数点后一位；

8.8 加热前和加热后试样的初馏点和终馏点，℃；

8.9 与本标准不一致的试验条件；

8.10 试验日期。

ICS 75.160.20
E 31

中华人民共和国国家标准

GB/T 23801—2009

中间馏分油中脂肪酸甲酯含量的测定
红外光谱法

Determination of fatty acid methyl esters（FAME）in middle distillates
by infrared spectroscopy method

2009-05-18 发布
2009-12-01 实施

中华人民共和国国家质量监督检验检疫总局
中国国家标准化管理委员会　发布

前　言

本标准修改采用欧洲标准 EN 14078:2003《液体石油产品——中间馏分油中脂肪酸甲酯(FAME)含量的测定——红外光谱法》。

本标准根据 EN 14078:2003 重新起草。

为了适合我国国情,本标准在采用 EN 14078:2003 时进行了修改。本标准与 EN 14078:2003 的主要技术差异是:

——本标准将方法适用范围修改为"本标准规定了采用红外光谱法测定柴油机燃料中脂肪酸甲酯(FAME)体积分数的方法,测定范围为 FAME 体积分数约为 1.7%～22.7%。对 FAME 含量超过所规定范围的样品及其他中间馏分油样品,也可采用本方法进行测定,但其精密度未经验证"。

——本标准引用标准采用我国相应的国家标准。

——本标准增加了校准用 FAME 中"甲酯质量分数(按 EN 14103:2003 方法测定)大于或等于96.5%的 FAME;或色谱纯油酸甲酯"的限定。

本标准由全国石油产品和润滑剂标准化技术委员会提出。

本标准由全国石油产品和润滑剂标准化技术委员会石油燃料和润滑剂分技术委员会(SAC/TC 280/SC 1)归口。

本标准起草单位:中国石油化工股份有限公司石油化工科学研究院。

本标准主要起草人:李率、蔺建民、张永光。

本标准为首次发布。

中间馏分油中脂肪酸甲酯含量的测定
红外光谱法

1 范围

1.1 本标准规定了采用红外光谱法测定柴油机燃料中脂肪酸甲酯（FAME）体积分数的方法，测定范围为 FAME 体积分数约为 $1.7\%\sim22.7\%$。对 FAME 含量超过所规定范围的样品及其他中间馏分油样品，也可采用本方法进行测定，但其精密度未经验证。

1.2 本标准经证实适用于含有符合 GB/T 20828 要求的 FAME 样品。为得到可靠的定量数据，样品中应不含有显著量的其他干扰组分，尤其是酯类。这部分干扰组分在定量分析 FAME 时所用的光谱区中有吸收，能够使此方法得到的数据值偏大。

> 注1：如怀疑样品中有干扰组分存在，建议记录全部红外光谱图，并将其与含有已知 FAME 组分的样品谱图进行比对。
>
> 注2：单位 g/L 在体积分数的换算中，FAME 密度采用固定值 880.0 kg/m³。

1.3 本标准的使用可能包括具有危险性的材料、操作和仪器。本标准没有给出与其使用有关的所有安全问题的说明。本标准的使用者有责任在使用前建立适当的安全保健措施，并确定相关规章限制的适用性。

2 规范性引用文件

下列文件中的条款通过本标准的引用而成为本标准的条款。凡是注日期的引用文件，其随后所有的修改单（不包括勘误的内容）或修订版均不适用于本标准，然而，鼓励根据本标准达成协议的各方研究是否可使用这些文件的最新版本。凡是不注日期的引用文件，其最新版本适用于本标准。

GB/T 4756 石油液体手工取样法（GB/T 4756—1998，eqv ISO 3170:1988）

GB/T 20828 柴油机燃料调合用生物柴油（BD100）

EN 14103:2003 油脂衍生物——脂肪酸甲酯（FAME）中甲酯含量和亚麻酸甲酯含量测定法

3 方法概要

将试样用环己烷稀释到合适浓度，记录所测定的中红外吸收谱图。测量其在约 1 745 cm⁻¹ ± 5 cm⁻¹ 处的典型酯类吸收带的最大峰值吸收。并通过由已知 FAME 浓度的标准溶液得到的校准公式计算出 FAME 含量。

4 试剂和材料

4.1 校准用 FAME：符合 GB/T 20828 要求且甲酯质量分数（按 EN 14103:2003 方法测定）大于或等于 96.5% 的 FAME；或色谱纯油酸甲酯。

4.2 环己烷：纯度大于 99.5%。

5 仪器

5.1 红外光谱仪：色散或干涉型，波数范围 400 cm⁻¹～4 000 cm⁻¹，吸光度在 0.1～1.1 之间线性吸收，最小精度 4 cm⁻¹。

5.2 样品池：材质为 KBr 或 NaCl 或 CaF₂，具有光程数值。

> 示例：FAME 质量浓度为 3 g/L（体积分数约为 0.34%）的溶液在使用光程为 0.5 mm 的样品池时，在约 1 745 cm⁻¹ 处吸光度约为 0.4。

6 取样

如产品标准中没有其他说明,取样按 GB/T 4756 进行。

7 试验步骤

7.1 概述

由于 FAME 溶液的黏度影响,清洗测量所用的样品池具有重要意义。应用环己烷反复清洗样品池。通过将其注满环己烷并记录其红外光谱(IR)谱图来检验是否清洗干净。如 IR 谱图与参照的环己烷谱图精确符合,则说明样品池已清洗干净。

7.2 校准

7.2.1 校准溶液的准备

通过将校准用 FAME 称重并置入适当容量瓶中,注入环己烷至刻度线的方式配制一系列(至少五个)已知 FAME 精确浓度的环己烷标准溶液。五个标准溶液的 FAME 浓度应选择在约 1 745 cm^{-1} 的最大吸收峰处的吸光度在 0.1~1.1。

示例:对于光程为 0.5 mm 的样品池,校准溶液为 1 g/L、2 g/L、4 g/L、6 g/L、10 g/L。

校准和测量应选用同样的样品池进行,这十分重要。

7.2.2 谱图测量

本步骤对于校准溶液和试样溶液(见 7.3.2)是相同的。试样溶液或校准溶液注入至样品池中,并以环己烷谱图为背景记录其 IR 谱图。测量在约 1 745 cm^{-1} 处的最大峰值吸收的吸光度,基线范围 1 670 cm^{-1}~1 820 cm^{-1}。

注:以环己烷谱图为背景进行精确测量操作时应十分认真。环己烷的 IR 吸收带应该进行直接光波补偿(双光束设备)或计算削减(单光束设备)。

7.2.3 校准公式

测定系列 FAME 校准溶液(见 7.2.1)的吸光度,并以吸光度 A 为因变量,以质量浓度 q 为自变量进行线性回归或作图。校准公式见式(1)(计算的标准样品池光程为 1 cm):

$$A/L = aq + b \qquad\qquad\qquad\cdots\cdots\cdots\cdots\cdots\cdots (1)$$

式中:

A——测定所得吸光度;

L——所用样品池的光程,cm;

q——FAME 质量浓度,g/L;

a——回归线的斜率;

b——回归线在 y 轴的截距。

如回归线的关联系数(R^2)低于 0.99,应重复校准程序。

7.3 定量分析

7.3.1 试样准备

含有 FAME 的中间馏分油试样经环己烷适当稀释后再分析。如试样溶液的吸光度没有落在校准吸光度范围内,重新对试样进行更合适的稀释。对于 FAME 质量浓度小于 100 g/L(体积分数 11.4%)的试样,稀释比率最低为 1∶10(体积比)。对于 FAME 质量浓度大于 100 g/L(体积分数 11.4%)并且小于 200 g/L(体积分数 22.7%)的试样,稀释比率最低为 1∶20(体积比)。

注1:如试样 FAME 质量浓度高于 200 g/L(体积分数 22.7%),需进行充分稀释使其吸光度在校准所特定的吸光度范围内。

注2:给定的稀释比率是基于光程为 0.5 mm 的样品池。

7.3.2 谱图测量

谱图测量的操作参照7.2.2,典型的中红外光谱图见图1。确保用于试样测量和校准的样品池相同是十分重要的。

由于样品池的清洗非常重要,建议在每个试样之间测定环己烷,通过环己烷的 IR 谱图检验样品池是否清洗干净(见7.1)。

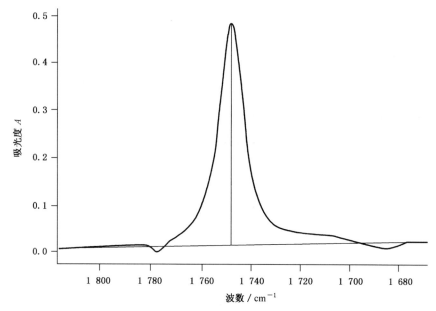

图 1　用环己烷稀释后的柴油机燃料中 FAME 的典型红外光谱图
(样品池0.5 mm,将 FAME 质量浓度为 44 g/L 的试样按体积比 1∶10 稀释)

8　计算

用式(2)计算试样中的 FAME 含量(体积分数):

$$\varphi = \frac{X}{a}\left[\frac{A}{L} - b\right]\frac{100}{d} \quad\cdots\cdots\cdots\cdots\cdots\cdots\cdots(2)$$

式中:

φ——FAME 体积分数,%;

X——稀释系数(如 $X=10$ 表示稀释比率 1∶10);

a——回归线的斜率;

b——回归线在 y 轴的截距;

A——根据7.3.2测量的吸光度;

L——所用样品池的光程,cm;

d——FAME 在 20 ℃的密度,$d=880.0$ kg/m³。

9　结果表示

报告试样的 FAME 体积分数,修约至0.1%。

10　精密度

按下述规定判断试验结果的可靠性(95%置信水平)。

10.1　重复性

由同一操作者、采用同一仪器、对同一试样进行重复测定所得到的两个试验结果之差的绝对值不应超过0.3%。

10.2 再现性

在不同实验室的不同的操作者、采用不同仪器、对相同的样品进行测定所得到两个单个独立的试验结果之差,对于 FAME 体积分数小于或等于 11.4%,其绝对值不应超过 0.9%。对于 FAME 体积分数大于 11.4%且小于 22.7%,其绝对值不应超过 1.4%。

11 试验报告

试验报告至少要包含下列信息:

a) 对本标准的引用;

b) 样品类型和名称;

c) 试验结果(见第 9 章);

d) 由协议或其他原因造成的与规定步骤的偏差;

e) 试验日期。

————————

编者注:本标准中引用标准的标准号和标准名称变动如下。

原标准号	现标准号	现标准名称	备注
GB/T 20828	GB 25199—2017	B5 柴油	4.1 中"GB/T 20828"改为"GB 25199—2017 中附录 C"

ICS 75.140
E 38

中华人民共和国国家标准

GB/T 25961—2010

电气绝缘油中腐蚀性硫的试验法

Standard test method for corrosive sulfur in electrical insulating oils

2011-01-10 发布
2011-05-01 实施

中华人民共和国国家质量监督检验检疫总局
中国国家标准化管理委员会　发布

前　言

本标准修改采用美国试验与材料协会标准 ASTM D1275-06《电气绝缘油腐蚀性硫试验法》。

本标准根据 ASTM D1275-06 重新起草。

本标准删除了 ASTM D1275-06 的第 4 章、第 8 章、第 13 章,其他章编号依删除后顺序调整。

为了适合我国国情,本标准在采用 ASTM D1275-06 时作了部分修改。本标准与 ASTM D1275-06 的主要技术差异如下:

——本标准在第 1 章中增加了"本标准适用于……",将 ASTM D1275-06 中的 1.2 作为本标准的引言;

——本标准删除了 ASTM D1275-06 中的 1.3,因为本标准使用的单位均为国际单位制单位,标准中不再赘述;

——将 ASTM D1275-06 中的 1.4 内容作为本标准的警告,以符合国家标准编写规定;

——第 2 章增加引用标准 GB/T 6682,因为在试验瓶的清洗过程中用到蒸馏水;

——为了符合国家标准编写要求,将 ASTM D1275-06 中的第 4 章意义和用途内容作为本标准的引言,章条序号做相应修改;

——本标准删除了 ASTM D1275-06 中的 3.1 和第 8 章有关方法 A 的内容,因 ASTM D1275-06 中方法 A 的技术内容已转化为我国石油化工行业标准;

——试剂一章中增加了石油醚、无水乙醇和蒸馏水,用于铜片的清洗;

——本标准删除了 ASTM D1275-06 中第 13 章关键词。

本标准由全国石油产品和润滑剂标准化技术委员会(SAC/TC 280)提出。

本标准由全国石油产品和润滑剂标准化技术委员会石油燃料和润滑剂分技术委员会(SAC/TC 280/SC 1)归口。

本标准主要起草单位:中国石油天然气股份有限公司克拉玛依润滑油研究所。

本标准参加起草单位:华东电力试验研究院有限公司、中国石油化工股份有限公司润滑油研发(上海)中心、安徽省电力科学研究院。

本标准主要起草人:张绮、于会民、马书杰、张玲俊、彭伟、林斌、李云岗、郭春梅、黄莺。

引　言

在绝缘油使用的许多场合中,都与易产生腐蚀的金属持续接触。腐蚀性硫化物的存在会导致金属材料变坏劣化,这种变坏劣化的程度取决于腐蚀物质的数量和类型及时间和温度等因素。检测这些非理想的杂质,即使不是定量检测,也是识别危害物质的有效手段。

新的和在用的石油基电气绝缘油中可能含有某些物质,在特定使用条件下会产生腐蚀。本标准在规定的条件下,使铜与油品接触,以检测是否存在游离(单质)硫和腐蚀性硫化物或其形成的趋势。

电气绝缘油中腐蚀性硫的试验法

警告:本标准涉及某些有危险性材料、操作和设备,但并未对与此有关的所有安全问题都提出建议。因此,用户在使用本标准前,应建立适当的安全和防护措施,并确定相关规章限制的适用性。

1 范围

本标准规定了石油基电气绝缘油中腐蚀性硫化物(无机和有机硫化物)的检测方法。

本标准适用于新的和在用的石油基电气绝缘油。

2 规范性引用文件

下列文件中的条款通过本标准的引用而成为本标准的条款。凡是注日期的引用文件,其随后所有的修改单(不包括勘误的内容)或修订版均不适用于本标准,然而,鼓励根据本标准达成协议的各方研究是否可使用这些文件的最新版本。凡是不注日期的引用文件,其最新版本适用于本标准。

GB/T 2480 普通磨料 碳化硅

GB/T 5096 石油产品铜片腐蚀试验法

GB/T 6682 分析实验室用水规格和试验方法(GB/T 6682—2008,ISO 3696:1987,MOD)

3 方法概要

将处理好的铜片放入盛有 220 mL 绝缘油的密封厚壁耐高温试验瓶中,在 150 ℃下保持 48 h,试验结束后观察铜片的颜色变化,来判定硫、硫化物造成的腐蚀情况。

4 仪器与材料

4.1 烘箱:温度控制在 150 ℃±2 ℃。最好使用循环式鼓风恒温烘箱。

4.2 试验瓶:250 mL 细颈带内螺纹的厚壁耐高温试验瓶。由耐化学腐蚀的玻璃制成,试验瓶的颈部为螺纹口,用带有氟橡胶"O"形圈的 PTFE(聚四氟乙烯)螺纹塞子密封,以防止空气进入。如图1。

4.3 镊子:不锈钢制,扁平头。

4.4 铜片:纯度为 99.9%,厚度为 0.127 mm～0.254 mm,无污染。

4.5 研磨料:颗粒尺寸为 63 μm 的 240 号碳化硅砂纸或砂布,63 μm 碳化硅粉,符合 GB/T 2480 的要求。

5 试剂

5.1 丙酮:分析纯。

5.2 石油醚:分析纯。

5.3 无水乙醇:分析纯。

5.4 蒸馏水:符合 GB/T 6682 中三级水要求。

5.5 氮气:纯度不低于 99.9%。

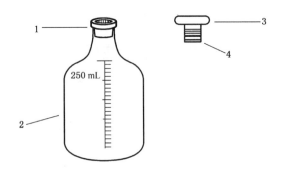

1——内螺纹口;

2——250 mL 细颈带内螺纹的厚壁耐高温玻璃瓶;

3——PTFE(聚四氟乙烯)螺纹塞;

4——氟橡胶 O 形圈。

图 1　试验瓶示意图

6　准备工作

6.1　试验瓶的清洗

先用化学溶剂(如石油醚、无水乙醇等)冲洗试验瓶、PTFE 螺纹塞以除去油污,接着用无硫洗衣粉或其他无硫的洗涤剂清洗,再用自来水冲洗,然后用蒸馏水冲洗,最后在烘箱中烘干。

6.2　铜片的制备

切割一块 6 mm×25 mm 的铜片,用 240 号碳化硅粗砂纸擦去表面污点。处理后的铜片储存在无硫的丙酮中备用,使用前,从丙酮中取出铜片做最后的抛光。垫上定量滤纸,戴上化纤手套按住铜片,用一片经丙酮沾湿的医用脱脂棉从玻璃板上蘸起适量 63 μm 的碳化硅粉对铜片表面进行抛光。接着用镊子夹一片新的医用脱脂棉沿长轴方向用力擦拭铜片,清除所有金属粉末和研磨剂,直到新的棉花无脏痕为止。弯曲打磨处理好的铜片呈 V 字型,角度大约为 60°,相继用丙酮、蒸馏水和丙酮清洗,于 80 ℃～100 ℃的烘箱中干燥 3 min～5 min,立即取出并浸泡在试样中。不应用压缩空气或惰性气体吹干铜片。

注:也可用一种方便的方法,抛光一大片铜片,然后再按正确尺寸剪切成几个铜片。

7　试验步骤

7.1　试样不应过滤。

7.2　迅速把准备好的铜片放入盛有 220 mL 试样的 250 mL 干净的试验瓶中,将制备好的铜片以长边缘着地立着放于瓶底,以避免铜片表面接触瓶底。用一根内径为 1.6 mm 的玻璃管或不锈钢管与氮气瓶的减压阀或针形阀连接(橡胶管必须是无硫的),以 0.5 L/min 的速率向试验瓶中的试样通氮气 5 min,然后迅速装上带有氟橡胶"O"形圈的 PTFE 瓶塞并拧紧。

7.3　把试验瓶放入 150 ℃的烘箱中,加热大约 15 min 后,将瓶塞拧松释放压力,然后再把它拧紧,以防止试验瓶爆裂。装有试样的试验瓶在 150 ℃±2 ℃的温度下,保持 48 h±20 min 后取出,冷却至室温后,使用镊子小心取出铜片,用丙酮或其他适合的溶剂清洗铜片并在空气中晾干。不应用压缩空气吹干铜片。

7.4　为便于观察,持被测铜片,使光线从铜片反射成约 45°角度进行观察,如果铜片表面有边线或不清洁,用一干净的滤纸用力擦拭其表面,只要有沉积物脱落,就报告为腐蚀,沉积物就是腐蚀的结果。

8　结果判断

根据表 1 判断试样是否有腐蚀性。腐蚀性的判断也可借助于 GB/T 5096 中铜片腐蚀标准色板。表 2 中提供了腐蚀标准色板的分级,仅供参考。

表 1 铜片腐蚀性的判断依据

结果判断	试验铜片的描述
无腐蚀性	试片呈橙色,红色,淡紫色,带有淡紫蓝色,或银色,或两种都有,并分别覆盖在紫红色上的多彩色,银色,黄铜色或金黄色,洋红色覆盖在黄铜色上的多彩色,有红和绿显示的多彩色(孔雀绿),但不带灰色。
腐蚀性	试片明显的黑色、深灰色或褐色;石墨黑色或无光泽的黑色;有光泽的黑色或乌黑发亮的黑色,有任何程度的剥落。

表 2 铜片腐蚀标准色板的分级

分 级	名 称	说 明
新磨光的铜片	—	新打磨的铜片因老化而使其外观无法重现,因此没有进行描述
1	轻度变色	a. 淡橙色,几乎与新磨光的铜片一样 b. 深橙色
2	中度变色	a. 紫红色 b. 淡紫色 c. 带有淡紫蓝色或银色,或两种都有,并分别覆盖在紫红色上的多彩色 d. 银色 e. 黄铜色或金黄色
3	深度变色	a. 洋红色覆盖在黄铜色上的多彩色 b. 有红和绿显示的多彩色(孔雀绿),但不带灰色
4	腐蚀	a. 明显的黑色、深灰色或仅带有孔雀绿的棕色 b. 石墨黑色或无光泽的黑色 c. 有光泽的黑色或乌黑发亮的黑色

9 报告

报告以下内容:
——样品名称及编号;
——试样为腐蚀性或无腐蚀性;
——变色级别,依据 GB/T 5096。

10 精密度和偏差

本标准没有规定精密度和偏差,由于试验结果仅表明是否与所规定的评判依据相吻合,而不是定量分析。

ICS 75.100
E 36

中华人民共和国国家标准

GB/T 25962—2010

高速条件下汽车轮毂轴承
润滑脂漏失量测定法

Standard test method for determining the leakage tendencies of
automotive wheel bearing grease under accelerated conditions

2011-01-10 发布

2011-05-01 实施

中华人民共和国国家质量监督检验检疫总局
中国国家标准化管理委员会   发 布

前　言

本标准按照 GB/T 1.1—2009 给出的规则起草。

本标准使用重新起草法修改采用美国材料与试验协会标准 ASTM D4290-07《高速条件下汽车轮毂轴承漏失量测定法》。

本标准删除了 ASTM D4290-07 的第 5 章和第 14 章，其他章条编号顺延。

本标准与 ASTM D4290-07 的技术性差异及原因如下：

——规范性引用文件中增加了我国现行国家标准 GB/T 686、GB 1922、GB/T 11121、GB/T 11122、GB/T 11117.2 和行业标准 HG/T 2892，因在第 7 章中提出了对试剂的要求；

——清洗溶剂戊烯酮改为丙酮，因丙酮比戊烯酮便宜易得，使用丙酮完全可以达到清洗部件的目的；

——删除了 ASTM D4290-07 第 5 章"意义和用途"，其内容作为本标准的引言；

——按编写规定删除了 ASTM D4290-07 第 14 章"关键词"。

本标准进行了如下编辑性修改：

——删除了 ASTM D4290-07 资料性附录 X1.2 的内容，附录 X1.2 的内容是图中尺寸单位换算表，本标准图中的尺寸已由英制单位换算为国际单位制单位；

——图中涉及到的英制单位换算为国际单位制单位。

本标准的附录 A 为资料性附录。

本标准由全国石油产品和润滑剂标准化技术委员会（SAC/TC 280）提出。

本标准由全国石油产品和润滑剂标准化技术委员会石油产品和润滑剂分技术委员会（SAC/TC 280/SC 1）归口。

本标准起草单位：中国石油化工股份有限公司石油化工科学研究院。

本标准主要起草人：刘中其。

引　言

本标准可用于区别具有显著不同高温漏失特性的轮轴承润滑脂。本标准不等同于长时间的寿命试验。

已证明本标准在筛选汽车轮毂轴承润滑脂的漏失倾向方面是有帮助的。

对于熟练操作者,观察试验期间所发生的润滑脂特性的变化是可能的,如润滑脂状态。漏失量是作为定量数值报告的,而润滑脂状态的评定会受到操作者个人判断差别,并且不能有效地用于定量的测定。

高速条件下汽车轮毂轴承
润滑脂漏失量测定法

警告：本标准可能涉及某些有危险性的物质、操作和设备，本标准无意对与此有关的所有安全问题提出建议。因此，用户在使用本标准之前应建立相应的安全和防护措施，并确定相关规章限制的适用性。

1 范围

本标准规定了高速条件下汽车轮毂轴承润滑脂的漏失量的测定方法。

本标准适用于在规定条件下实验室评定汽车轮毂轴承润滑脂的漏失量。

2 规范性引用文件

下列文件对于本文件的应用是必不可少的。凡是注日期的引用文件，仅所注日期的版本适用于本文件。凡是不注日期的引用文件，其最新版本（包括所有的修改单）适用于本标准。

GB/T 686　化学试剂 丙酮（GB/T 686—2008，ISO 6353-2：1983 NEQ）

GB 1922　油漆及清洗用溶剂油

GB/T 11121　汽油机油

GB/T 11122　柴油机油

GB/T 11117.2　爆震试验参比燃料　参比燃料　正庚烷

HG/T 2892　化学试剂　异丙醇（HG/T 2892—1997，neq ISO 6353-3：1987）

美国抗磨轴承制造商协会标准 19—1974（美国国家标准 B.3.19—1975）（AFBMA Standard 19 1974（ANSI B.3.19—1975））

3 术语和定义

下列术语和定义适用于本标准。

3.1 通用术语和定义

3.1.1

润滑剂 lubricant

加到两相对运动表面间能减小摩擦或降低磨损的物质。

3.1.2

润滑脂 lubricating grease

将稠化剂分散在液体润滑剂中所形成的一种稳定的半流体状到固体状的产物。

注：稠化剂的分散形成一个两相系统，并通过表面张力和其他物理力使液体润滑剂不流动，润滑脂中通常包含提供特殊性能的其他成分。

3.1.3

稠化剂 thickener

在润滑脂中,微小分散颗粒组成的物质,其分散在液体润滑剂中可形成骨架结构。

注:不溶解或至多只有少量溶解在液体润滑剂中的固体稠化剂胶团或皂晶可以是纤维状(如各种金属皂)或片状、
球状(如某些非皂基稠化剂)。对稠化剂的基本要求是固体颗粒要极小,分散均匀,且能与液体润滑剂形成相
对稳定的凝胶状结构。

3.2 专用术语和定义

3.2.1

汽车轮毂轴承润滑脂 automotive wheel bearing grease

特指用于汽车轮毂轴承的润滑可耐较高温度和转速的润滑脂。

3.2.2

漏失量 leakage

由于高温和轴承旋转使润滑脂或油从填充的润滑脂中分离或溢出的质量。

4 方法概要

将试验润滑脂分布在改进的汽车前轮毂-轴-轴承组合件中。试验时轴承的轴向负荷为 111 N,轮毂
转速为 1 000 r/min,轴温保持在 160 ℃,经 20 h 运转。试验结束后,测定润滑脂和(或)油的漏失量,并
记录轴承表面的情况。

5 仪器

5.1 试验装置,如图 1 和图 2 所示。

单位为毫米

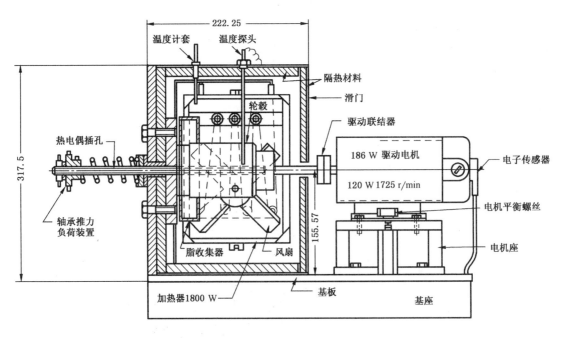

图 1 轮轴承润滑脂试验机(正视图)

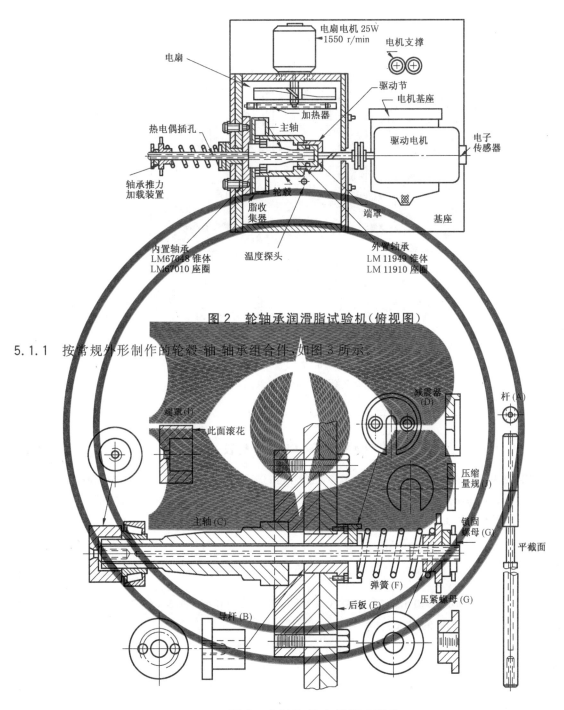

图 2　轮轴承润滑脂试验机（俯视图）

5.1.1　按常规外形制作的轮毂-轴-轴承组合件，如图 3 所示。

图 3　主轴和推力杆组成部分

5.1.2　烘箱：1 800 W 电加热器，控制主轴温度恒定在 160 ℃±1.5 ℃。

5.1.3　主轴驱动电机：186 W、1725 r/min、120 V 直流电控制，电机转矩显示在一个可调的自动停止仪表上。

5.1.4　风扇驱动电机：25 W、1550 r/min、120 V 直流电控制。

5.2　附属装置：控制或监测电机转速、箱温、轴温、运转时间和转矩。

5.3　一个从原始设计上增加的使漏失油脂掉落到脂收集器内的钢圈。如图 4 所示，分别是 Koehler 和 Pam 的沟槽和钢圈。

单位为毫米

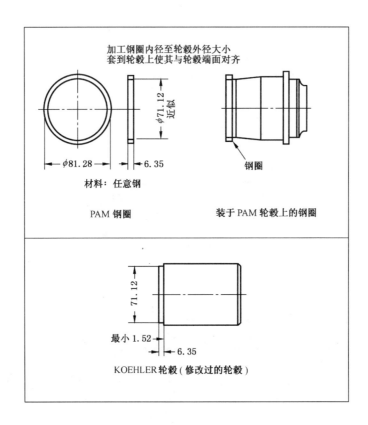

图 4 PAM 和 KOEHLER 轮毂

> 注:应用钢圈是为了防止漏失油脂沿着轮毂壁爬移,进而掉落到脂收集器外。试验过程中漏失的油脂爬移可导致试验结果偏低,增加该钢圈不会影响试验结果的精度,因为这种设计没有显示漏失油脂爬移。

5.4 天平,最小称量值 100 g,感量 0.1 g。

6 试验轴承

分别使用 LM67048-LM67010 和 LM11949-LM11910 做内置和外置轴承,符合美国抗磨轴承制造商协会 AFBMA 标准 19,1974 的要求。

7 试剂与材料

7.1 丙酮:化学纯。符合 GB/T 686 要求。
警告:易燃,蒸气有害。

7.2 正庚烷:化学纯。符合 GB/T 11117.2 要求。
警告:易燃,如吸入有害。

7.3 异丙醇:99%,化学纯。符合 HG/T 2892 要求。
警告:易燃。

7.4 溶剂油:符合 GB 1922 中 3 号溶剂油要求。
警告:易燃,蒸气有害。

7.5 机油:符合 GB/T 11121 或 GB/T 11122 中 10 W 的要求。

7.6　00 号钢丝绒。

8　轴承准备

8.1　小心地将新轴承(轴承外圈和轴承锥体)从包装中取出并放入一个 250 mL 干净烧杯中。用正庚烷清洗轴承除去防锈剂。

8.2　再用新正庚烷清洗两次,确保除去所有防锈剂。每次应使用干净的烧杯。

8.3　沥干轴承中的正庚烷并将轴承放到干净绸布上风干。

注:可使用超声波清洗仪清洗轴承。

9　试验步骤

9.1　每次试验前,检查主轴中推力负荷杆(图3)的运动自由度,如果发现粘结,需取下并清洁负荷杆和主轴孔。

9.2　按照图1和图2的位置将轴承外圈装入清洗过的轮毂中。

9.3　称量内置和外置轴承锥体,准确至 0.1 g。使用另外一套轴承外圈和图5与图6所示的润滑脂装填器将试样加入轴承锥体。当将轴承锥体从轴承外圈中取出时以及以后的擦拭等操作过程中,应避免转动滚柱或移动轴承部件。用一个小刮刀刮掉轴承锥体溢出的多余润滑脂试样,用一块干净的绸布擦拭锥体轴孔、轴承锥体后侧面、保持架外表面及露出滚柱的表面,并再次称重。调整内、外置轴承锥体中润滑脂质量分别为 3 g±0.1 g 和 2 g±0.1 g。在轴承外圈上涂抹一薄层润滑脂。

单位为毫米

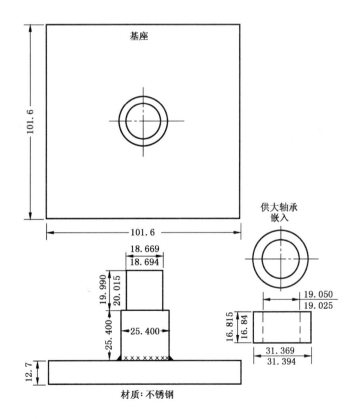

图 5　轴承装脂器

单位为毫米

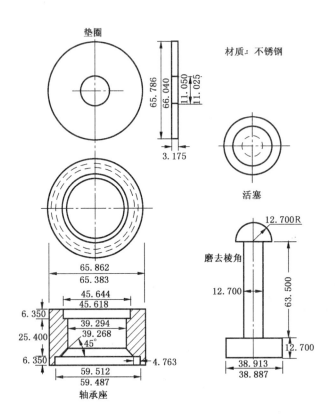

图6　轴承装脂器

9.4　把 55 g±0.2 g 润滑脂均匀地涂于轮毂内。

9.5　称量润滑脂漏失收集器,准确至 0.1 g。

9.6　把润滑脂漏失收集器、内置锥体、轮毂和外置锥体安装在主轴上(图2)。在轴上用端帽和螺丝固定组合件。安装驱动结。

9.7　参照图3,按下列步骤调整轴向负荷:拧上压紧螺母 G 直到弹簧 F 位于恰顶住后板 E 的位置,但不要压紧。把锁固螺母 H 拧到压紧螺母 G 处,不移动 H,拧紧 G 使弹簧 F 压紧直到量规 J 插入 H 和 G 之间。保持 J 于原位,回拧 G 直到 J 被紧紧地夹在 H 和 G 之间。

　　注:加工量规 J 具有下列功能,嵌入量规 J 并调节 G 可以使弹簧 F 压缩并在轮轴承上施加 111 N 轴向负荷。

9.8　把热电偶插入主轴推力杆内,并使接点位于外置轴承中心,合上箱盖。这时不要将电机连上驱动节。开动电机并调节速度到 1 000 r/min±50 r/min。这时要观察和记录空载电机电流值(N)。

9.9　关掉电机,将电机接上驱动节,并固定于此位置。设定计时器,开始进行 20 h 运转。重新启动电机并重新调节速度到 1 000 r/min±50 r/min。打开加热器并调节箱温,直到保持轴温在 160 ℃±1.5 ℃。当轴温稳定在试验温度后,试验期间不要再调节箱温。

9.10　开始运行的 2 h 可形成稳定的运转转矩,并显示稳定的电流。记录这一数值作为稳定状态电流(T)。测定电机中断值如下:

$$C = 8(T - N) + N \quad\quad\quad\quad\quad (1)$$

式中:

C——电机中断值,单位为安培(A);

T——稳定状态电流,单位为安培(A);

N——空载电机电流,单位为安培(A)。

设定电机到中断值为 C。

9.11 在规定的负荷、速度和温度的条件下,将仪器运转 20 h±0.25 h。如果电机电流超过中断值,试验将会自动停止。

注:电机受 30 s 继电器保护。

9.12 打开箱盖并让试验机自然冷却到大约 55 ℃以便拆卸。

9.13 称量润滑脂漏失收集器,精确至 0.1 g,并报告所增质量作为润滑脂漏失量。润滑脂收集器在溢流前将容纳 15 g。这表示大约为润滑脂填装总量的 25%。如果收集器溢流,报告润滑脂漏失为大于 25%。

10 部件清洗

10.1 用一适合的刮刀,尽可能地把润滑脂从轮毂、润滑脂收集器、轮毂帽和驱动节中除去。

10.2 把这些部件放到合适的容器(最好是不锈钢)内,并用丙酮浸泡。盖上一个不严密的盖子并渐渐地加热(50 ℃)直到部件清洁为止(约需几小时)。避免延长(整夜)加热,以免部件发生腐蚀。

10.3 从溶剂中取出部件并用流动热水冲洗。马上用异丙醇冲洗。风干。如部件不立刻使用,就涂一薄层 SAE10W 机油。

10.4 用一合适的刮刀,刮掉轴上的润滑脂。再用"00"号钢丝绒和溶剂油从主轴上除去剩余的附着物。如果不能除去粘着在主轴上的残留物,则拆下主轴,用丙酮洗涤。

11 报告

11.1 报告按本标准 9.13 称量的润滑脂漏失克数,精确至 0.1 g。

11.2 报告其他现象,例如在轮毂里润滑脂的移动,轴承的状况等。

11.3 当润滑脂除去之后,报告在轴承表面上有明显的任何粘着的漆状粘附物、胶质或类漆物质。

注:有些轮轴承润滑脂的稠化剂,用正庚烷是不能从轴承上完全洗掉的。因此,可能有一薄层润滑脂稠化剂留在轴承上。这种薄层能够容易地与润滑剂变质产生的漆、胶质或类漆附着物相区别。

12 精密度与偏差

12.1 精密度

12.1.1 本试验方法的精密度根据 12 个实验室间协同试验结果的统计分析(见附录 A),按下述规定判断试验结果的可靠性(95%置信水平):

12.1.1.1 重复性(r):由同一操作者在同一实验室使用同一台仪器,在相同操作条件下,对同一试样进行连续重复测定,所得的两个试验结果之差不应超过式(2)要求。

$$r = 1.504X^{1/2} \qquad \cdots\cdots\cdots\cdots\cdots\cdots (2)$$

式中:

X——两次试验结果的平均值。

12.1.1.2 再现性(R):由不同操作者在不同实验室使用不同仪器,对同一试样在规定的试验验条件下进行试验,所得的两个单一独立试验结果之差不应超过式(3)要求。

$$R = 3.848X^{1/2} \qquad \cdots\cdots\cdots\cdots\cdots\cdots (3)$$

式中:

X——两个试验结果的平均值。

12.2 偏差

按本方法操作步骤测定高速条件下汽车轮毂轴承润滑脂漏失量没有偏差,因为润滑脂漏失量仅根据本试验方法而定义。

附　录　A

（资料性附录）

实验室间协同试验数据

表 A.1 列出了 11 个实验室作出的试验数据。

表 A.1　试验结果——汽车轮毂轴承漏失量

单位为克

实验室数[a]	试验次数	G-8018	G-8019	G-8020	G-8023	G-8024
1	X_1[b]	13.0	1.3	3.5	8.9	12.1
K	X_2[c]	7.7	0.6	7.0	11.2	7.7
1	X_1	10.2	3.2			
P	X_2	11.5	2.9			
2	X_1	10.3	3.3	2.5	11.5	2.0
P	X_2	5.2	2.4	3.8	11.5	3.0
3	X_1	14.1	4.5	7.3	15.2	15.2
P	X_2	12.4	5.4	8.6	15.9	11.4
4	X_1	14.5	3.1	8.0	15.0	10.0
P	X_2	15.5	3.0	9.3	13.0	9.0
5	X_1	7.7	2.0	3.4	9.1	4.3
K	X_2	10.8	2.1	4.9	7.4	4.6
6	X_1	10.2	0.2	0.0		
P	X_2	11.5	0.0	0.0		
7	X_1	10.6	1.0	3.5	25.3	7.9
P	X_2	9.8	0.6	3.3	27.5	5.4
8	X_1	12.6	2.4	5.6	9.8	7.2
P	X_2	14.8	1.2	4.8	11.7	5.1
9	X_1	10.0	8.0	12.0	16.0	12.0
P	X_2	13.0	6.5	8.1	15.0	16.0
10	X_1	9.6	0.1	1.8	5.0	3.3
K	X_2	8.8	0.0	1.1	6.2	2.8
11	X_1	12.6	0.6	3.6	9.5	4.5
P	X_2	11.3	1.8	3.2	9.1	6.6

[a]　实验室总数＝m＝11＋1，有的实验室不止 1 台试验机，本统计认为每台试验机为 1 个实验室。

[b]　X_1 是第一次试验。

[c]　X_2 是第二次试验。

———————————

编者注：本标准中引用标准的标准号和标准名称变动如下。

原标准号	现标准号	现标准名称
GB/T 11117.2	GB/T 11117.2—1989	爆震试验参比燃料　参比燃料正庚烷
GB/T 11121	GB 11121	汽油机油
GB/T 11122	GB 11122	柴油机油

ICS 75.160.20
E 31

中华人民共和国国家标准

GB/T 25963—2010

含脂肪酸甲酯中间馏分芳烃含量的测定
示差折光检测器高效液相色谱法

Determination of aromatic hydrocarbon types in middle distillates containing
fatty acid methyl esters—High performance liquid chromatography method
with refractive index detection

2011-01-10 发布

2011-05-01 实施

中华人民共和国国家质量监督检验检疫总局
中国国家标准化管理委员会 发布

前　言

本标准修改采用欧洲标准 EN 12916：2006《石油产品　中间馏分芳烃含量测定法　示差折光检测器高效液相色谱法》。

本标准根据 EN 12916：2006 重新起草。

为了适合我国国情，本标准在采用 EN 12916：2006 时进行了修改。本标准与 EN 12916：2006 的结构差异为：本标准 13.1 第 1 段的内容对应 EN 12916：2006 第 1 章第 3 段的内容；其余章条结构无差异。

本标准与 EN 12916：2006 的主要差异如下：

——将 EN 12916：2006 中第 1 章范围中的警告内容置于本标准的开始部分，以符合我国标准编写规定；

——将 EN 12916：2006 第 2 章中的引用标准 EN 14214《车用燃料　用于柴油机的脂肪酸甲酯（FAME）　要求和测试方法》，用我国相应国家标准 GB/T 20828《柴油机燃料调合用生物柴油（BD100）》代替，以方便使用。

本标准还作了如下编辑性修改：

——删除了 EN 12916：2006 中目次和前言的内容。

本标准的附录 A 是资料性附录。

本标准由全国石油产品和润滑剂标准化技术委员会（SAC/TC 280）提出。

本标准由全国石油产品和润滑剂标准化技术委员会石油燃料和润滑剂分技术委员会（SAC/TC 280/SC 1）归口。

本标准起草单位：中国石化集团洛阳石油化工工程公司。

本标准主要起草人：林玉、白正伟、李怿。

含脂肪酸甲酯中间馏分芳烃含量的测定
示差折光检测器高效液相色谱法

警告：本标准涉及某些危险的材料、操作和设备，但是并未对与此有关的安全问题提出建议。用户在使用本标准前，应建立适当的安全防护措施，并制订相应的规章制度。

1 范围

本标准规定了用高效液相色谱法测定含脂肪酸甲酯（FAME）体积分数小于5%的柴油和馏程在150 ℃～400 ℃的石油馏分中单环芳烃、双环芳烃和三环+芳烃含量的方法。多环芳烃含量由双环芳烃和三环+芳烃含量加和求得，总芳烃含量由单环芳烃、双环芳烃和三环+芳烃含量加和求得。

本标准适用于测定含脂肪酸甲酯（FAME）体积分数小于5%的柴油和馏程在150 ℃～400 ℃的石油馏分中单环芳烃、双环芳烃和三环+芳烃含量。在试样单环芳烃含量（质量分数）为6%～30%，双环芳烃含量（质量分数）为1%～10%，三环+芳烃含量（质量分数）为0～2%，多环芳烃含量（质量分数）为1%～12%，总芳烃含量（质量分数）为7%～42%的范围，进行了方法精密度确定。试样中含有硫、氮和氧的化合物可能对测定结果有影响。单烯烃对测定结果无影响，但是共轭二烯烃和共轭多烯烃，可能对测定结果有影响。

注1：在本标准中，用%（质量分数）表示质量百分含量，%（体积分数）表示体积百分含量。

注2：通常，芳烃类型是根据它们在特定的液相色谱柱上的洗脱性质与模型化合物相比较来定义的，单环芳烃、双环芳烃和三环+芳烃的含量用外标物的工作曲线进行定量。本标准中单环芳烃、双环芳烃和三环+芳烃各用一个单独的芳烃化合物作为外标物，这些化合物可能代表（也许不能代表）样品中存在的芳烃。其他方法对每种芳烃类型的定义和定量与本方法可能不同。

2 规范性引用文件

下列文件中的条款通过本标准的引用而成为本标准的条款。凡是注日期的引用文件，其随后所有的修改单（不包括勘误的内容）或修订版均不适用于本标准，然而，鼓励根据本标准达成协议的各方研究是否可使用这些文件的最新版本。凡是不注日期的引用文件，其最新版本适用于本标准。

GB/T 4756 石油液体手工取样法（GB/T 4756—1998，eqv ISO 3170：1988）

GB/T 12806—1991 实验室玻璃仪器 单标线容量瓶（GB/T 12806—1991，eqv ISO 1042：1983）

GB/T 20828 柴油机燃料调合用生物柴油（BD100）

SY/T 5317 石油液体管线自动取样法（SY/T 5317—2006，ISO 3171：1988，IDT）

3 术语和定义

下列术语和定义适用于本标准。

3.1

非芳烃 non-aromatic hydrocarbon

定义为在特定的极性柱上，保留时间比大多数单环芳烃短的化合物。

3.2

单环芳烃 mono-aromatic hydrocarbon

MAH

定义为在特定的极性柱上，保留时间比大多数非芳烃长但是比大多数双环芳烃短的化合物。

3.3

双环芳烃 di-aromatic hydrocarbon

DAH

定义为在特定的极性柱上,保留时间比大多数单环芳烃长但是比三环⁺芳烃短的化合物。

3.4

三环⁺芳烃 tri⁺-aromatic hydrocarbon

T⁺AH

定义为在特定的极性柱上,保留时间比大多数双环芳烃长但是比䓛短的化合物。

3.5

多环芳烃 polycyclic aromatic hydrocarbon

POLY-AH

定义为双环芳烃(DAH)和三环⁺芳烃(T+AH)的和。

3.6

总芳烃 total aromatic hydrocarbon

定义为单环芳烃(MAH)、双环芳烃(DAH)、三环⁺芳烃(T+AH)的和。

注:已公开和未公开的数据表明各种类型的烃类主要组成如下:

    a) 非芳烃:非环烷烃和环烷烃(链烷烃、环烷烃)、单烯烃(如果存在);

    b) 单环芳烃:苯、四氢萘和更高的环烷基苯(如八氢菲)、噻吩、苯乙烯、共轭多烯烃;

    c) 双环芳烃:萘、联苯、茚、芴、苊、苯并噻吩、二苯并噻吩;

    d) 三环⁺芳烃:菲、芘、荧蒽、䓛、苯并菲、苯并蒽。

3.7

脂肪酸甲酯 fatty acid methyl ester

FAME

由动植物油脂与甲醇经酯交换反应制得的脂肪酸甲酯,以 BD100 表示。

4 方法概要

已知量的试样用正庚烷稀释后,取一定量的试样溶液注入装有极性柱的高效液相色谱系统。极性柱对非芳烃几乎没有亲和力而对芳烃有很好的选择性。因此,芳烃与非芳烃被分开,并根据环的结构分离成单环芳烃、双环芳烃和三环⁺芳烃的谱带。

色谱柱连接到示差折光检测器上,当组分被洗脱出来后进行检测。从检测器产生的电信号被数据处理器持续监测。由试样溶液中芳烃产生的信号大小与预先测定的标准溶液的信号进行对比,计算出单环芳烃、双环芳烃和三环⁺芳烃含量。多环芳烃含量由双环芳烃和三环⁺芳烃含量加和求得,总芳烃含量由单环芳烃、双环芳烃和三环⁺芳烃含量加和求得。

5 试剂和材料

警告:在处理芳烃化合物时应该戴防护手套。

注:尽量采用能得到的最高纯度的标准试剂,液相色谱级试剂可以从供应商处购买。

5.1 环己烷:纯度(质量分数)不低于 99%。

注:环己烷可能含有苯杂质。

5.2 正庚烷:高效液相色谱(HPLC)级,作为液相色谱流动相。

注1:流动相的批与批之间水分含量、黏度、折光指数和纯度的变化可能会导致不可预测的柱行为,对流动相脱水(如通过活化的 5 A 分子筛)和过滤有助于降低微量杂质的影响。

注2:推荐对流动相脱气,可以采用氦气吹扫、真空脱气或者超声波搅动。脱气不好可能导致负峰。

5.3 十二烷基苯：纯度（质量分数）不低于98%。

5.4 邻二甲苯：纯度（质量分数）不低于98%。

5.5 六甲基苯：纯度（质量分数）不低于98%。

5.6 萘：纯度（质量分数）不低于98%。

5.7 芴：纯度（质量分数）不低于98%。

5.8 菲：纯度（质量分数）不低于98%。

5.9 二苯并噻吩：纯度（质量分数）不低于95%。

5.10 9-甲基蒽：纯度（质量分数）不低于95%。

5.11 苊：纯度（质量分数）不低于95%。

5.12 脂肪酸甲酯，符合 GB/T 20828 的要求。

6 仪器

6.1 液相色谱仪：可以使流动相以 0.5 mL/min～1.5 mL/min 的流速进入系统、在第8章规定的条件下精密度优于 0.5%、波动小于满偏刻度1%的任何高效液相色谱仪都可以使用。

6.2 进样系统：能够注入 10 μL 试样溶液，重复性优于1%的进样系统都可以使用。

    注1：试样溶液和标准溶液推荐采用相同的进样量。只要操作正确，满足重复性要求的手动和自动进样系统（可以是部分充满进样环也可以是全部充满进样环）都可以使用。当采用部分充满进样方式时，推荐进样量要小于环体积的一半。当采用全部充满进样方式时，至少充满进样环6次才能获得好的结果。

    进样系统的重复性可以通过至少注射4次系统校正标准溶液（见8.3），然后比较它们的峰面积求得。

    注2：进样量可以不是 10 μL（一般是 3 μL～20 μL），只要满足进样重复性要求、示差折光检测器的灵敏度和线性要求（见9.4）和柱分辨率要求（见8.9），都可以使用。

6.3 试样过滤器：如果需要（见10.1），推荐采用孔径不大于 0.45 μm 的微过滤器除去试样溶液中的颗粒，要求微过滤器对烃类溶剂是惰性的。

6.4 柱系统：只要满足 8.6、8.7 和 8.9 规定的分辨率要求，任何填充有氨基键合（或者极性氨基/氰基键合）的硅胶固定相、粒径为 3 μm、5 μm 或者 10 μm 的高效液相色谱不锈钢柱都可以使用。参考附录A来选用合适的柱子。

6.5 温度控制：高效液相色谱柱温箱要求能够在 20 ℃～40 ℃ 范围内保持恒温（±1 ℃），可以采用加热块、空气循环或者其他恒温方法，如恒温实验室。

    注：示差折光检测器对流动相温度的突然或者逐渐变化都很敏感，建议采取相应的措施保持高效液相色谱系统温度恒定。根据固定相对温度进行预先进行优化。

6.6 示差折光检测器：折光指数检测范围在 1.3～1.6 内、在测定范围内线性响应并能输出合适的信号到数据系统的示差折光检测器都可以使用。

    注：如果示差折光检测器有单独的温控装置，将它设定到与柱温箱相同的温度。

6.7 计算机或积分仪：只要与示差折光检测器相匹配、最小采集速率 1 Hz、能测量峰面积和保留时间的数据系统都可以使用。数据系统要能进行如基线校正和重新积分等后处理基本功能。

    注：推荐采用能进行自动峰检测和识别并可以从峰面积计算试样浓度的数据系统，但这不是必须的。

6.8 容量瓶：容量为 10 mL 和 100 mL，准确度满足 GB/T 12806 规定的 B 级要求。

6.9 分析天平：感量为 0.1 mg。

7 取样

    用于实验室分析的试样要有代表性，除非在产品标准中另有说明，试样应根据 GB/T 4756 或 SY/T 5317 或者等同的方法取得。

8 仪器准备

8.1 根据相应的手册连接(见图1)液相色谱仪(6.1)、进样系统(6.2)、色谱柱(6.4)、示差折光检测器(6.6)、积分仪(6.7)。如果有柱温箱(6.5),色谱柱要装在柱温箱中。进样阀要与试样溶液的温度相同,通常是室温。

> 注:为保持系统稳定,建议对液相色谱仪以及组件进行定期维护。过滤器、过滤器板、注射器针头、进样阀的泄漏或者部分堵塞都会引起流动相的流速不稳或者进样系统的进样量重复性变差。

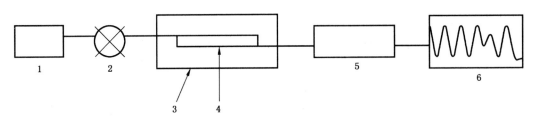

1——泵;
2——进样系统;
3——柱温箱;
4——色谱柱;
5——示差折光检测器;
6——数据处理器。

图 1 液相色谱示意图

8.2 调节流动相的流速在 0.8 mL/min 至 1.2 mL/min 之间并保持恒定,保证示差折光检测器的参考池内充满流动相(见注)。如有温控装置,保持色谱柱的温度和示差折光检测器的温度稳定。

> 注:保持参考池内充满流动相,可以使基线漂移最小。有两种合适的方法:1)在分析前使流动相通过参考池,然后封闭以防止挥发。2)持续向参考池以恒定的流速补充流动相以补偿溶剂的挥发。预先优化补充流速以便使由液体挥发(参考池)、温度或压力梯度(参考池或者分析池,取决于检测器类型)引起的参考池和分析池的不匹配最小。对一些检测器,可以把补充流速设置为分析流速的十分之一来满足要求。

8.3 配制系统校正标准溶液 1(SCS1):称量 1.0 g±0.1 g 环己烷(5.1)、0.1 g±0.01 g 十二烷基苯(5.3)、0.5 g±0.05 g 邻二甲苯(5.4)、0.1 g±0.01 g 六甲基苯(5.5)、0.1 g±0.01 g 萘(5.6)、0.05 g±0.005 g 二苯并噻吩(5.9)、0.05 g±0.005 g 9-甲基蒽(5.10),精确到 0.000 1 g,置于 100 mL 容量瓶中,用超声波的方法使所有组分溶解于环己烷和邻二甲苯中,用正庚烷稀释至刻度。

> 注:如果容量瓶密封较好,且在冷暗条件下保存(如冰箱中),系统校正标准溶液 SCS1 可以使用一年。

8.4 配制系统校正标准溶液 2(SCS2):称量 0.4 g±0.1 gFAME(5.12)、0.04 g±0.01 g 蒽(5.11),精确到 0.000 1 g,置于 100 mL 容量瓶中,用正庚烷(5.2)补充至刻度,用超声波的方法并保持温度在 35 ℃溶解标准溶液,确保组分全部溶解,没有残留。

> 注1:25 min 可以确保组分全部溶解。
>
> 注2:如果容量瓶密封较好,且在冷暗条件下保存(如冰箱中),系统校正标准溶液 SCS2 可以使用一年。

8.5 操作条件稳定后(基线水平后),向色谱进样系统注入 10 μL 系统校正标准溶液 SCS1(8.3),记录谱图,确保在分析周期内,基线漂移不应超过环己烷峰高的 0.5%。

> 注:如果超出此值,可能是色谱柱和示差折光检测器的温控有问题,和(或)色谱柱上的极性材料流失。

8.6 确保系统校正标准溶液 SCS1 的组分按照以下顺序流出:环己烷、十二烷基苯、邻二甲苯、六甲基苯、萘、二苯并噻吩和 9-甲基蒽。

8.7 确保所有组分达到基线分离(见图2)。

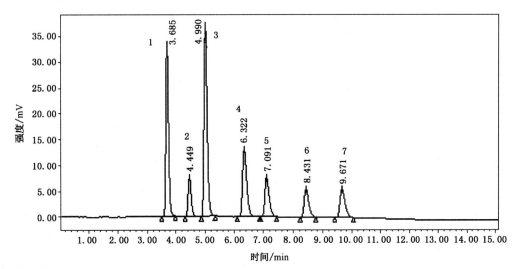

1——环己烷；

2——十二烷基苯；

3——邻二甲苯；

4——六甲基苯；

5——萘；

6——二苯并噻吩；

7——9-甲基蒽。

图 2　系统校正标准溶液色谱图

8.8　测量环己烷、十二烷基苯、邻二甲苯、六甲基苯、萘、二苯并噻吩和9-甲基蒽的保留时间。

8.9　确保环己烷和邻二甲苯的分辨率在5.7~10之间(见11.2)。

8.10　用11.3条所述的方法确定切割时间。

8.11　确保系统校正标准溶液SCS2(8.4)样品均匀,向色谱进样系统注入10 μL SCS2标准溶液,使蒎刚好在FAME的第一个峰前流出或者与其一起流出。

确保蒎的保留时间比9-甲基蒽长。

注:开始使用新的色谱柱、色谱柱使用一段时间活性下降或者要分析含FAME的试样时,先用系统校正标准溶液SCS2检查色谱柱的性能。

9　校正

9.1　参照表1的浓度配制标准溶液A、B、C和D,称量标准物质,精确到0.000 1 g,并置于100 mL容量瓶中,用正庚烷(5.2)稀释至刻度。

注:如果容量瓶(如100 mL容量瓶)密封较好,且在冷暗条件下保存(如冰箱中),标准溶液可以使用六个月。

9.2　操作条件稳定后(见8.4),进10 μL标准溶液A,记录谱图,测量各个标准物质的峰面积(见图3)。

表 1　标准溶液的浓度

标准物质	邻二甲苯 g/100 mL	芴 g/100 mL	菲 g/100 mL
A	4.0	2.0	0.4
B	1.0	1.0	0.2
C	0.25	0.25	0.05
D	0.05	0.02	0.01

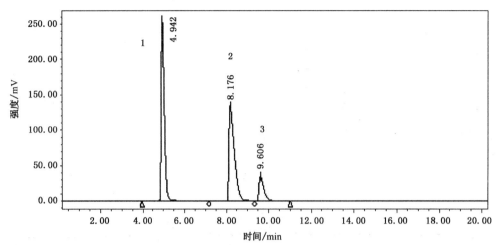

1——邻二甲苯；
2——芴；
3——菲。

图 3 标准溶液 A 色谱图

9.3 用标准溶液 B、C、D 重复 9.2 的步骤，如果标准溶液 D 中的菲面积太小不能准确测量，制备一个新的、含有较高浓度菲的标准溶液 D⁺（如 0.02 g/100 mL）。

9.4 用各个芳烃标准物质（邻二甲苯、芴、菲）的浓度（g/100 mL）对峰面积作图。工作曲线应为直线，相关系数要大于 0.999，截矩要小于±0.01 g/100 mL。

注：可以用计算机或数据处理系统来制作工作曲线。

10 试验步骤

10.1 称量 0.9 g～1.1 g（精确到 0.001 g）试样，置于 10 mL 容量瓶中，用正庚烷（5.2）稀释至刻度。用力摇动使试样溶液混合均匀后，放置 10 min，如果有必要，过滤除去试样溶液中的颗粒物（6.3）。

有些试样的芳烃浓度超出工作曲线范围，要根据情况配制更浓（如 2 g/10 mL）或更稀（如 0.5 g/10 mL）的试样。

注：如果采用了与上述不同的稀释倍数，可能会使保留时间和算出的含量改变。

10.2 当操作条件稳定（见 8.4）且与制作工作曲线时的条件相同时（第 9 章），向色谱进样系统注入 10 μL 试样溶液（10.1），采集数据。

10.3 正确区分单环芳烃、双环芳烃和三环⁺芳烃：

——单环芳烃的保留时间在 t_b 点和 t_c 点之间（见 11.3）；

——双环芳烃的保留时间在 t_c 点和 t_d 点之间（见 11.3）；

——三环⁺芳烃的保留时间在 t_d 点和 t_e 点之间（见 11.3）。

10.4 从非芳烃峰的开始处（图 4 中 A，t_a）到三环⁺芳烃峰的刚结束处（图 4 中 E，t_e）作基线，在 E 处信号回到基线值（等于经过补偿基线漂移后 A 点处的值，8.5）。

如果试样溶液不含双环芳烃和（或）三环⁺芳烃，E 点应该前移，只要信号回到基线值（等于经过补偿基线漂移后 A 点处的值，8.5）。

10.5 从非芳烃峰和单环芳烃峰的峰谷处（图 4 中 B，t_b）作基线的垂线（10.4），如果有很多峰谷，选择离 t_b 最近的那个（见 11.3）。

10.6 从单环芳烃峰和双环芳烃峰的峰谷处（图 4 中 C，t_c）作基线的垂线（10.4），如果有很多峰谷，选择离 t_c 最近的那个（见 11.3）。

10.7 从双环芳烃峰和三环⁺芳烃峰的峰谷处（图 4 中 D，t_d）作基线的垂线（10.4），选择离 t_d 最近的那个（见 11.3）。

10.8 从 B 点到 C 点进行积分,此为单环芳烃。

10.9 从 C 点到 D 点进行积分,此为双环芳烃。

10.10 从 D 点到 E 点进行积分,此为三环+芳烃。

10.11 如果色谱数据处理是自动进行的,要检查峰识别和峰面积积分是否正确。

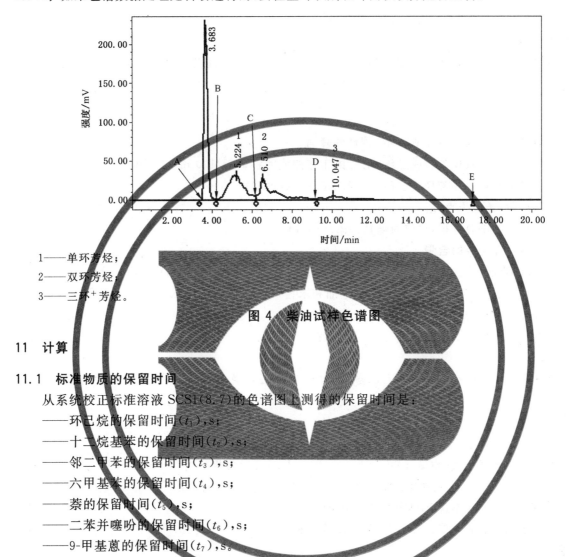

1——单环芳烃;
2——双环芳烃;
3——三环+芳烃。

图 4 柴油试样色谱图

11 计算

11.1 标准物质的保留时间

从系统校正标准溶液 SCS1(8.7)的色谱图上测得的保留时间是:

——环已烷的保留时间(t_1),s;

——十二烷基苯的保留时间(t_2),s;

——邻二甲苯的保留时间(t_3),s;

——六甲基苯的保留时间(t_4),s;

——萘的保留时间(t_5),s;

——二苯并噻吩的保留时间(t_6),s;

——9-甲基蒽的保留时间(t_7),s。

11.2 柱分辨率

环已烷和邻二甲苯的分辨率 R 由式(1)计算:

$$R = \frac{2(t_3 - t_1)}{1.699(y_1 + y_3)} \qquad \cdots\cdots\cdots\cdots\cdots\cdots (1)$$

式中:

t_1——环已烷的保留时间,单位为秒(s);

t_3——邻二甲苯的保留时间,单位为秒(s);

y_1——环已烷的半峰宽,单位为秒(s);

y_3——邻二甲苯的半峰宽,单位为秒(s);

2——平均峰宽系数 1/2 的倒数;

1.699——峰宽/半峰宽的系数。

11.3 切割时间

切割时间由下述方法确定:

t_a 是基线上刚好在非芳烃峰前的那一点;

$t_b = 0.5(t_1 + t_2)$;

t_c 是 t_4;

$t_d = t_6 + 0.4(t_7 - t_6)$;

t_e 是基线上所有三环⁺芳烃峰后的那一点。

11.4 各类芳烃的含量

单环芳烃、双环芳烃和三环⁺芳烃含量(质量分数)C,用数据系统直接得到或者由式(2)计算:

$$C = \frac{[(A \times S) + I] \times V}{m} \quad\quad\quad\quad\quad (2)$$

式中:

A ——单环芳烃或双环芳烃或三环⁺芳烃的峰面积;

S ——单环芳烃或双环芳烃或三环⁺芳烃的工作曲线的斜率(g/100 mL 对峰面积);

I ——单环芳烃或双环芳烃或三环⁺芳烃的工作曲线的截矩;

m ——试样量,单位为克(g)(10.1);

V ——试样溶液的总体积,单位为毫升(mL)(10.1)。

11.5 多环芳烃和总芳烃的含量

试样中多环芳烃含量由双环芳烃含量和三环⁺芳烃含量加和求得(即 DAH 和 T+AH 之和);总芳烃含量由单环芳烃、双环芳烃和三环⁺芳烃含量加和求得(即 MAH,DAH 和 T+AH 之和),各类芳烃含量均以 %(质量分数)表示。

12 结果表示

报告单环芳烃、双环芳烃、三环⁺芳烃、多环芳烃和总芳烃含量,均以质量分数表示,精确到 0.1%。

13 精密度

13.1 总述

本标准用单环芳烃含量(质量分数)为 6%～30%,双环芳烃含量(质量分数)为 1%～10%、三环⁺芳烃含量(质量分数)为 0～2%、多环芳烃含量(质量分数)为 1%～12%、总芳烃含量(质量分数)为 7%～42%范围,含有 FAME 和不含 FAME 的柴油确定精密度。

用下述规定判断试验结果的可靠性(95%置信水平)。

13.2 重复性

同一操作者用同一仪器对同一试样重复测定的两个结果之差不应大于表 2 的值。

13.3 再现性

不同操作者在不同的实验室对同一试样各自测定,所得两个单一和独立结果之差不应大于表 2 的值。

表 2 精密度

芳烃类型	含量(质量分数)/%	重复性(质量分数)/%	再现性(质量分数)/%
单环芳烃	6～30	$0.032X - 0.161$	$0.144X - 0.344$
双环芳烃	1～10	$0.151X - 0.036$	$0.363X - 0.087$
三环⁺芳烃	0～2	$0.092X + 0.098$	$0.442X + 0.471$
多环芳烃	1～12	$0.074X + 0.186$	$0.185X + 0.465$
总芳烃	7～42	$0.040X - 0.070$	$0.172X - 1.094$
注:X 为所比较的两个结果的平均值(质量分数),%。			

14 试验报告

试验报告至少包括以下内容：

——试样名称；

——使用标准；

——试验结果（见第 12 章）；

——与规定步骤的偏离；

——试验日期。

附　录　A
（资料性附录）
色谱柱选择和使用

比较适用的色谱柱的柱长为 150 mm～300 mm、内径为 4 mm～5 mm。最好采用保护柱（如规格为 4.6 mm×30 mm，装有氨基键合的硅胶柱），并定期更换。

一些商品固定相由于批与批之间的差别，会使柱分辨率和对芳烃的选择性有差异。因此建议实验室在购买色谱柱前要对每根色谱柱进行测试，确保满足分辨率和选择性的最低要求。

新色谱柱里的流动相可能与本标准不同，因此应该用本标准中的流动相进行冲洗老化。推荐最少要在 1 mL/min 的流速下冲洗 2 h，但是有时需要冲洗 2 d。也可以在低流速下（0.25 mL/min）至少冲洗 12 h。

在进行精密度测试时采用的色谱柱都能够在长时间内保持稳定，柱寿命可以达到 2 y 甚至更长。但是，在缺乏相应的质控手段时，色谱柱性能的细小变化可能无法察觉。推荐日常记录柱前压和标准物质的保留时间并用作系统和色谱柱性能的检测手段。建议参加实验室比对和（或）采用质量控制试样评价色谱柱性能。

使用过的色谱柱，如果不能满足本标准要求，可以用极性溶剂（如二氯甲烷，1 mL/min 的流速下冲洗 2 h）反冲洗，然后像新色谱柱那样老化。在废弃旧色谱柱前，要仔细检查色谱系统的死体积和色谱柱以外的组件是否泄漏或堵塞，因为过滤器、过滤器板、注射器针头、管路、密封圈、进样阀的问题也会引起系统性能变差。

编者注：本标准中引用标准的标准号和标准名称变动如下。

原标准号	现标准号	现标准名称	备注
GB/T 12806—199	GB/T 12806—1991	实验室玻璃仪器　单标线容量瓶	
GB/T 20828	GB 25199—2017	B5 柴油	5.12 中"GB/T 20828"改为"GB 25199—2017 中附录 C"
SY/T 5317	GB/T 27867	石油液体管线自动取样法	

ICS 75.180.30
E 30

中华人民共和国国家标准

GB/T 25964—2010

石油和液体石油产品
采用混合式油罐测量系统
测量立式圆筒形油罐内油品体积、
密度和质量的方法

Petroleum and liquid petroleum products—Determination of volume,
density and mass of the hydrocarbon content of vertical cylindrical tanks by
hybrid tank measurement systems

(ISO 15169:2003,MOD)

2011-01-10 发布
2011-05-01 实施

中华人民共和国国家质量监督检验检疫总局
中国国家标准化管理委员会
发 布

前　言

本标准修改采用 ISO 15169:2003《石油和液体石油产品　采用混合式油罐测量系统测量立式圆筒形油罐内液体体积、密度和质量的方法》。

本标准根据 ISO 15169:2003 重新起草,本标准的章条结构与国际标准一致。

在采用 ISO 15169:2003 时,本标准结合我国国情进行了下列技术性修改:

——鉴于罐壁温度采用 GB/T 19779 的算法,因此增加 GB/T 19779《石油和液体石油产品油量计算　静态计量》作为规范性引用文件;

——由于现场不便采用组件校准,因此将表 3 中自动油罐温度计基于体积交接计量的固有精度统一改为按系统校准的固有精度;

——对于 6.2 第 4 段中的"如果 HTMS 主要用于质量或密度测量,……。",删除其中的"或密度",理由是 ALG 精度的降低会对密度测量结果造成较大影响;

——为避免造成误解,将 8.5.2.1 中的"1)　对于零点调整,应断开变送器通向大气的压力端口。……"改为"1)　对于零点调整,应断开压力变送器与油罐的连接管线,并使其引压口通向大气。……";

——为适合于我国的使用习惯,在表 5 中补充用石油计量表确定标准密度(D_{ref})和体积修正系数(VCF)的内容;

——表 6 中的公式 $D_{obs}=D_{ref}/VCF$ 有错误,应将其改为 $D_{obs}=D_{ref}\times VCF$;

——为适合于我国的使用习惯,在表 6 中补充用石油计量表确定体积修正系数(VCF)的内容。

本标准还做了下列编辑性修改:

——将 5.2.1 中涉及压力传感器命名习惯内容说明的注放到 5.3.1 中;

——在 6.3 的最后增加"注:压力传感器的最大误差应包含温度附加误差。";

——将资料性附录 A 的 A.2 中毛计量体积的计算公式中的浮顶调整量(FRA)改为浮顶的排液体积(FRV),同时补充计算浮顶排液量的公式;

——修改了资料性附录 B 的表 B.3、表 B.4、表 B.5 和 B.6 中的部分计算数据;

——将资料性附录 B 的 B.2 中 B 值公式中的"$U_{P1-zero}$"改为"$U_{P3-zero}$"。

本标准的附录 A 和附录 B 为资料性附录。

本标准由全国石油产品和润滑剂标准化技术委员会(SAC/TC 280)提出。

本标准由全国石油产品和润滑剂标准化技术委员会石油静态和轻烃计量分技术委员会(SAC/TC 280/SC 2)归口。

本标准负责起草单位:中国石油化工股份有限公司石油化工科学研究院、北京瑞赛长城航空测控技术有限公司。

本标准参加起草单位:中国石油化工股份有限公司浙江石油分公司。

本标准起草人:魏进祥、董海风、黄岑越、徐顺福。

石油和液体石油产品
采用混合式油罐测量系统
测量立式圆筒形油罐内油品体积、
密度和质量的方法

1 范围

本标准给出了混合式油罐测量系统（HTMS）的选型、安装、调试、校准和检验指南，通过该系统可以测量罐内储存的石油和石油产品的液位、静态质量、计量体积和标准体积以及计量密度和标准密度，以满足油品交接计量的需要。在交接计量中，采用油品的体积数或质量数由用户决定，但本标准仍包括了相关不确定度的分析及实例，目的是帮助用户正确选择 HTMS 的组件配置，以达到预期的计量指标。

本标准适用于静止不动的立式圆筒形油罐，其储存油品的雷德蒸气压（RVP）低于 103.42 kPa。

本标准不适用于压力罐或船舱计量。

注 1：术语"质量"用于指示真空中的质量（真实质量）。在石油工业中，表观质量（空气中）常用于商业交接。因此，标准中也提供了关于质量和空气中表观质量的计算方法（参见附录 A）。

注 2：本标准的计算方法也可用于其他形状的油罐，这些油罐已按国家标准方法进行过标定。在附录 B 中给出了球形和水平圆筒形油罐不确定度分析的计算实例。

2 规范性引用文件

下列文件中的条款通过本标准的引用而成为本标准的条款。凡是注日期的引用文件，其随后所有的修改单（不包括勘误的内容）或修订版均不适用于本标准，然而，鼓励根据本标准达成协议的各方研究是否可使用这些文件的最新版本。凡是不注日期的引用文件，其最新版本适用于本标准。

GB/T 1884　原油和液体石油产品密度实验室测定法（密度计法）（GB/T 1884—2000，eqv ISO 3675:1998）

GB/T 1885　石油计量表（GB/T 1885—1998，eqv ISO 91-2:1991）

GB/T 4756　石油液体手工取样法（GB/T 4756—1998，eqv ISO 3170:1988）

GB/T 18273　石油和液体石油产品　立式罐内油量的直接静态测量法（HTG 质量测量法）（GB/T 18273—2000，eqv ISO 11223-1:1995）

GB/T 19779　石油和液体石油产品油量计算　静态计量

GB/T 21451.4　石油和液体石油产品　储罐中液位和温度自动测量法　第 4 部分:常压罐中的温度测量（GB/T 21451.4—2008，ISO 4266-4:2002，MOD）[1)]

SH/T 0604　原油和石油产品密度测定法（U 形振动管法）（SH/T 0604—2000，eqv ISO 12185:1996）

ISO 91-1:1992　石油计量表　第 1 部分:以 15 ℃和 60 ℉为标准温度的表

ISO 1998（所有部分）　石油工业　术语

ISO 4266-1　石油和液体石油产品　储罐中液位和温度的自动测量法　第 1 部分:常压罐中的液位测量

3 术语和定义

ISO 1998（所有部分）确立的以及下列术语和定义适用于本标准。

---

1)　GB/T 21451 包括 6 个部分，目前颁布实施只有 GB/T 21451.4，其他部分正在制定中。

3.1

混合式油罐测量系统 hybrid tank measurement system

HTMS

采用自动液位计(ALG)测量的油品液位,自动油罐温度计(ATT)测量的油品温度以及一个或更多的压力传感器测量的液体静压进行计量的系统。

注:这些测量数据与油罐容积表和石油计量表一起使用,提供液位、温度、质量、计量体积和标准体积、以及计量密度和标准密度。

3.2

混合式处理器 hybrid processor

使用 HTMS 测量的液位、温度和压力数据,结合储罐参数计算密度、体积和质量的计算装置。

3.3

混合法参照点 hybrid reference point

位于罐壁外侧,用来测量混合式压力传感器位置的稳定清晰的标记点。

注:混合法参照点应相对于基准点进行测量。

3.4

压力变送器的零点误差 zero error of pressure transmitter

作用到压力变送器的输入压力和环境压力不存在压差时的压力变送器的显示值。

注:该值用压力计量单位表示,如 Pa。

3.5

压力变送器的线性误差 linearity error of a pressure transmitter

压力变送器示值相对于输入变送器的实际压力的偏差。

注:该值不应包括零点偏差,用相对于实际压力的分数或百分数表示(即读数的几分之几或百分之几)。

4 常规预防措施

4.1 安全预防措施

4.1.1 概述

在使用 HTMS 设备时,应遵守有关安全的法律法规以及材料兼容性的预防措施,同时也应遵守生产厂关于设备使用和安装的建议以及进入危险区域包括的所有规定。

4.1.2 机械安全

HTMS 传感器的连接件与油罐结构构成一个整体。HTMS 的所有设备应该能够承受在实际使用中可能遇到的压力、温度、运行和环境条件。

4.1.3 电器安全

用于电气分类区域的 HTMS 系统的所有电器组件应符合区域分类规定,而且也应符合相应的国家电气安全标准和/或国际电气安全标准(例如:IEC,CSA,CENELEC,ISO)。

4.2 设备预防措施

4.2.1 HTMS 设备应该能够承受在实际运行中可能遇到的压力、温度、运转和环境条件。

4.2.2 所有电气设备及组件应保证适合于它们安装的危险区域。

4.2.3 进行实际测量,确保 HTMS 裸露的所有金属部件与油罐具有相同的电位。

4.2.4 接触油品或蒸气的所有设备或部件与油品应具有化学兼容性,以避免产品污染和设备腐蚀。

4.2.5 HTMS 所有设备及部件应该保持在安全的操作条件下,而且应该遵守生产厂的保养规定。

注:HTMS 或其组件的设计和安装可能要通过国家计量主管部门的批准,该组织通常要为 HTMS 的设计用于特殊服务发布型式批准。型式批准通常在 HTMS 已经通过一系列检验之后发布,而且附属于按批准方式安装的HTMS。

型式批准可以包括如下内容:外观检察、性能、振动、湿度、爆热、倾斜、供电波动、绝缘、电阻、电磁兼容性以及高压。

5 系统设备的选择和安装

5.1 概述

混合式油罐测量系统包括四个主要组件：自动液位计（ALG）、自动油罐温度计（ATT）、一个或多个压力传感器以及存储油罐参数并执行计算的混合处理器。在 5.2 到 5.6 中规定了各组件的技术要求。

用户应该明确 HTMS 主要用于计量标准体积，还是计量质量，以及交接计量需要达到的计量精度。

用户和生产厂应选择 HTMS 的组件并进行系统配置，以满足使用要求。用户计量的精度要求决定了 HTMS 每个组件的精度要求。

注：附录 A 提供了 HTMS 的测量原理和计算方法。第 6 章和附录 B 提供了组件选择影响 HTMS 总精度的评估方法。

5.2 自动液位计

5.2.1 按照 HTMS 的使用目的选择自动液位计（ALG），例如：是用于基于体积的交接计量，还是用于基于质量的交接计量，或两者兼有。同样，ALG 安装后的精度应适合于使用需要。

5.2.2 由设备厂家校准证实的 ALG 的固有精度以及在现场检验期间证实的安装后的精度应符合表 1 的规定。

表 1 ALG 的最大允许误差

精度类型	最大允许误差	
	基于体积的交接计量	基于质量的交接计量
固有精度	1 mm	3 mm
安装后的精度	4 mm	12 mm
注：对于基于体积的交接计量，ALG 的最大允许误差源于 ISO 4266-1。		

ALG 的精度对压力传感器 P_1 以上液位计算的质量没有影响，原因是密度误差与体积误差的抵消影响。然而由 ALG 测量误差引起的计算密度的不确定度会影响根部质量（即 P_1 以下的部分）。因此，对于基于质量的交接计量，按表 1 选择 ALG 的精度要尽可能减小根部质量的误差。此外，通过减小在计算密度中的不确定度，也可以提供一种方式来专门监测压力变送器的性能。

5.2.3 按照 ISO 4266-1 进行 ALG 的选型和安装，但对基于质量交接的 HTMS，ALG 的最低精度应符合表 1 的规定。

5.3 压力传感器

5.3.1 按照实际应用中不确定度的计算选择 HTMS 的压力传感器（参见第 6 节和附录 B）。压力传感器的安装应符合 GB/T 18273 的相关规定。压力传感器的精度要求取决于 HTMS 的应用目的，即是基于体积的交接计量，还是基于质量的交接计量，或两者兼有。最大允许误差见表 2。

注：压力传感器（靠近罐底的 P_1，油气空间的 P_3）的命名习惯与 GB/T 18273 一致，该标准描述了一种静压式油罐计量（参见图 A.1）。

表 2 压力传感器的最大允许误差

精度类型		最大允许误差	
		基于体积的交接计量	基于质量的交接计量
P_1	零点误差	100 Pa	50 Pa
	线性误差	读数的 0.1%	读数的 0.07%
P_3[a]	零点误差	40 Pa	24 Pa
	线性误差	读数的 0.5%	读数的 0.2%
[a] 假如使用 P_3。			

压力传感器 P_3 的量程可能远小于压力传感器 P_1 所选择的量程,原因是油气压力最大测量值一般不超过 5 kPa。

5.3.2 HTMS 的压力传感器应该精确稳定,并且牢固安装在罐壁的规定位置(或浸没在参比基准板以上的规定位置)。用于常压储罐的压力传感器应当是表压变送器(一个端口开向大气)。

5.3.3 使用电子模拟输出或数字输出取决于对预期使用的压力传感器的总精度要求。

5.4 自动油罐温度计(ATT)

5.4.1 根据 HTMS 的使用目的选择自动油罐温度计,例如:是基于体积的交接计量,还是基于质量的交接计量,或两者兼有。同样,ATT 的安装精度也应该适合于使用需要。

5.4.2 由厂家校准证实的 ATT 的固有精度以及在现场检验期间证实的安装精度应符合表 3 的规定。

表 3　ATT 的最大允许误差

精度类型	最大允许误差	
	基于体积的交接计量	基于质量的交接计量
固有精度	0.25 ℃	0.5 ℃
安装后的精度	0.5 ℃	1.0 ℃
注:对于基于体积的交接计量,ATT 的最大允许误差源于 GB/T 21451.4。		

5.4.3 按照 GB/T 21451.4 进行 ATT 的选型和安装,但对基于质量交接的 HTMS,ATT 的最低精度应符合表 3 的规定。

5.4.4 取决于 HTMS 的使用目的和精度要求,ATT 可以是平均 ATT,或者是单个的点温传感器,其中平均 ATT 由安装于适当高度的多个固定式的温度传感器或一系列点温传感器组成。当 HTMS 主要用于确定标准体积时,则应使用能提供平均温度的 ATT;当 HTMS 主要用于确定质量时,则使用一个单点或点局部温度(RTD)就足够了。

5.4.5 如果存在多个元件并可由未浸没的元件独立测量油蒸气的温度,则可以选用 ATT 计算油蒸气的密度。对于保温罐,ATT 的浸没元件也可以替代用于油蒸气密度的测定。

5.5 混合式处理器

5.5.1 混合式处理器可用多种方式实现,包括本机安装的微处理器、远传计算机或用户的计算机系统。混合式处理器可专用于一个罐或共用于几个罐。

5.5.2 混合式处理器从传感器接收数据,将该数据与油罐和油品的参数一起使用来计算储罐中库存油品的计量密度、标准密度、质量、计量体积和标准体积(参见图 A.1)。储存参数划分为六组:油罐数据、ALG 数据、ATT 数据、压力传感器的数据、油品数据和环境数据(见表 4)。

表 4　典型的 HTMS 参数

参数组别	参　数	注　释
油罐数据	罐顶类型	固定顶、外浮顶或内浮顶
	浮顶(盘)质量	仅指浮顶罐
	临界区高度	仅指浮顶罐
	支腿高度	仅指浮顶罐
	罐壁类型	保温或非保温
	罐壁材质	热膨胀系数
	罐容表	规定液位的容积
	油罐标定温度	罐容表修正到的温度
	液位 h_{min}	对于所有罐(见 6.2)
	液位 h_o	混合法参照点到基准板(点)的距离

表 4（续）

参数组别	参 数	注 释
ALG 组件的数据	测量数据 参比高度	实高、空高 基准板（点）到 ALG 的垂直距离
压力传感器数据	传感器的配置 传感器的位置 h_b 传感器 P_3 的高度	油罐可以拥有一个或更多的传感器 相对混合法参照点的高度（见图 A.1）
ATT 组件的数据	ATT 的类型 元件类型 元件数目 元件的垂向位置	可以在 ALG 中编程 电阻式或其他方式，可以在 ALG 中编程
油品数据	储存产品对应的石油计量表 蒸气参数 游离水高度	详细资料见 GB/T 1885
环境数据	当地的重力加速度 环境温度 环境压力	由权威机构得到 可选 可选

5.5.3 混合式处理器也可以进行多种 HTMS 组件的线性化和/或温度补偿修正。

5.5.4 混合式处理器测量和计算的所有变量应能够显示、打印或传输到其他处理器。

注：混合式处理器通常进行的计算参见附录 A。

5.6 可选传感器

5.6.1 压力变送器

用中部变送器（P_2）可计算出用于比较或警示目的的替代密度（即静压式油罐计量或 HTG），也可以将其用于 ALG 无法使用时备用密度的计算（详见 GB/T 18273）。

5.6.2 测定大气密度的手段

5.6.2.1 环境空气密度是 HTMS 密度计算中需要获得的次要参数。本标准没有给出环境空气密度的测定方法。如果需要，可以使用环境气体温度和压力的传感器更精确地测定环境空气密度。

5.6.2.2 大气温度和压力的单个测量数据可以用于相同位置的所有罐。

6 HTMS 组件的精度影响

6.1 概述

HTMS 每个组件的精度影响一个或更多的测量或计算参数。在某些应用中，可以将 HTMS 设计成为某些参数提供较高的精度，但可能也要接受其余参数的精度损失。例如，如果所设计的 HTMS 主要是用 HTMS 测量的油品密度来获得毛标准体积，则所选择的组件应使平均油品密度的精度不会影响到体积修正系数（VCF）的确定（参见表 B.6 中的例子）。

在 6.2 到 6.4 中给出了组件精度对测量和计算参数的影响。附录 B 中的公式可以帮助用户由 HTMS 每个基本测量数据（液位、压力和温度）的不确定度计算出由它们引起的计量密度、质量和毛标准体积静态测量的误差大小。

6.2 ALG 的精度影响

组件 ALG 及其安装精度对液位、计量密度和标准密度以及计量体积和标准体积的影响最大。

液位测量误差对计算质量影响很小，原因是油品体积和密度的误差相互抵消。

注：在立式罐中，质量误差的抵消影响是最大的。在球形或水平圆筒形罐中，质量误差的抵消影响稍微小一些。对于不同几何结构的油罐，可以使用 B.3 中不确定度的公式预测 ALG 精度对质量的影响。

如果使用 HTMS 测量交接计量中的标准体积,则 ALG 的精度应满足 ISO 4266-1 的相关规定。如果 HTMS 主要用于质量测量,则 ALG 的精度与 ISO 4266-1 的规定相比,可以稍微降低。上述两种情况下 ALG 的最大允许误差见表 1。

6.3 压力传感器的精度影响

压力传感器(P_1 和 P_3)的精度对计量密度、标准密度和质量有直接影响。然而,P_1 和 P_3 的测量误差对计量体积几乎没有影响,且只对标准体积有较小影响。

压力传感器的总精度取决于零点和线性误差两个方面。零点误差属于绝对误差,用压力测量单位表示(例如,帕斯卡)。线性误差通常用读数的百分数表示。在液位较低时,零点误差是不确定度分析中的主要因素。生产厂应明确给出在预期操作温度范围内的零点和线性误差(零点误差用绝对单位表示,线性误差用读数的百分数表示)。用户通过它就能够检验压力传感器对总不确定度的误差贡献是否适用于 HTMS 精度要求(参见附录 B)。(零点误差和线性误差的最大允许值见表 2)。

以压力单位表示的压力传感器的总误差可以用下式计算:

$$U_{\text{P-total}} = U_{\text{P-zero}} + (p_{\text{applied}} \times U_{\text{P-linearity}})/100$$

式中:

$U_{\text{P-total}}$——压力传感器的总误差,单位为帕斯卡(Pa);

$U_{\text{P-zero}}$——压力传感器的零点误差,单位为帕斯卡(Pa);

p_{applied}——输入到压力传感器的压力,单位为帕斯卡(Pa);

$U_{\text{P-linearity}}$——压力传感器的线性误差,用读数的百分数表示。

作用在压力传感器 P_1 上的压力($p_{1\ \text{applied}}$)大约是液体压头、蒸气压头以及压力安全阀最大设置压力的总和(参见附录 B)。

对于压力传感器 P_3,蒸气压力与液位无关,因此应该将压力安全阀的最大值(即 $p_{3\ \max}$)作为 $p_{3\ \text{applied}}$。(关于压力传感器的最大允许误差见表 2)。

注:压力传感器的最大误差应包含温度附加误差。

6.4 ATT 的精度影响

ATT 的精度直接影响标准密度和标准体积的精度。测量平均温度的目的是准确测定标准密度和标准体积(见 GB/T 21451.4)。

ATT 的精度对任意结构油罐内的计量密度没有影响,只对 HTMS 测定的质量有较小影响。对主要用于质量测量所设计的 HTMS,采用单点或局部温度(例如 RTD)应该就足够了。

注:由于罐壁的工作温度一般不同于油罐标定的参比温度,因此应进行罐壁的热膨胀修正,则温度误差会影响计算体积和质量的精度。

7 HTMS 的测量和计算

7.1 概述

当油品液位靠近底部压力传感器(P_1)时,计算(计量)密度的不确定度会变得较大。这是因为随着液位降低,ALG 测量液位的不确定度作为液位百分数会逐渐增加,P_1 测量压力的不确定度作为液体压头百分数也会逐渐增加。在低液位各种参数的计算中,应考虑这种影响。

HTMS 的测量和计算定义为两种模式,它不仅取决于用户以那种计量数据为主要数据(即标准体积或质量),而且也取决于油品的特性(即均匀密度或分层密度)。HTMS 的模式(模式 1 和模式 2)可以由用户根据使用目的和油品特性自行选配。

7.2 HTMS 模式 1

当主要关心的是标准体积,而且油品密度在低液位保持相对一致时,HTMS 模式 1 为最佳选择。当液位在预定液位($h_{\min}$)之上时,模式 1 连续计算出罐内液体的平均密度。当液位在 $h_{\min}$ 以下时,模式 1 使用液位下降到 $h_{\min}$ 时最后计算的标准密度(D_{ref})。

另一种替代办法是当液位在 h_{min} 以下时,如果油品分层或有新油品进入油罐,D_{ref} 可以手工输入。

表5(方法 A)和表6(方法 B)分别规定了液位在高于 h_{min} 和低于 h_{min} 时,模式1所要求的 HTMS 的测量和计算方法。

在 HTMS 模式1中,随液位变化使用方法 A 和方法 B 计算的附加解释见图1。

表 5 HTMS 的测量数据和计算数据汇总——计算法 A

参　数	测量或计算方法
油品液位(L)	由 ALG 测得
油品平均温度(t)	由 ATT 测得
油品计量密度(D_{obs})	用 A.3 中的公式计算
标准密度(D_{ref})	先将 D_{obs} 修正到相当于玻璃密度计的视密度(修正公式见 SH/T 0604),然后查石油计量表的标准密度表获得,或者由 D_{obs} 和 t 通过迭代的方法计算[a]
体积修正系数(VCF)	由标准密度 D_{ref} 和油品的平均温度 t 查石油计量表的体积修正系数表或按 VCF$=D_{obs}/D_{ref}$ 计算
毛计量体积(GOV)	由 ALG 测得的液位 L 和罐容表计算[b]
毛标准体积(GSV)	按 GSV$=$GOV$\times$VCF 计算
质量(真空中)	按 $m_{真空}=$GOV$\times D_{obs}$ 计算

注1:本表仅适用于模式1在 h_{min} 及其以上的液位。
注2:本表仅适用于模式2在 P_1"断开"以上的液位。
注3:油品在空气中表观质量的算法参见附录 A 的 A.5。

[a]　如果 HTMS 的测量密度不可靠或不存在,则可以使用手工密度。
[b]　如果存在游离水(FW),应该将其从罐内液体的总计量体积(TOV)中扣除后获得。GOV$=$TOV$-$FW。

表 6 HTMS 测量数据和计算数据汇总——计算法 B

参　数	测量或计算方法
油品液位(L)	由 ALG 测得
油品平均温度(t)	由 ATT 测得
油品计量密度(D_{obs})	按 $D_{obs}=D_{ref}\times$VCF
标准密度(D_{ref})	使用上次 D_{ref} 的计算值。对于模式1,当 L 在 h_{min} 以下时;对于模式2,L 在 P_1 以下时,D_{ref} 保持不变[a]
体积修正系数(VCF)	由 ATT 测量的温度 t 和模式1中 $L=h_{min}$ 时或者模式2中 L 在 P_1 以下时储存的标准密度 D_{ref} 查石油计量表的体积修正系数表得到
毛计量体积(GOV)	由 ALG 测得的液位 L 和罐容表计算[b]
毛标准体积(GSV)	按 GSV$=$GOV$\times$VCF 计算
质量(真空中)	按 $m_{真空}=$GSV$\times D_{ref}$

注1:本表适用于模式1在 h_{min} 以下和"P_1 断开液位"以下的液位。
注2:油品在空气中表观质量的算法参见附录 A 的 A.5。

[a]　HTMS 的测量密度不可靠或不存在,可以使用手工密度。
[b]　在游离水(FW),应该将其从罐内液体的总计量体积(TOV)中扣除后获得。GOV$=$TOV$-$FW。

7.3 HTMS 模式 2

当主要关心的输出值是油品质量时,HTMS 模式 2 为最佳选择。当标准体积为主要输出值,而且用户预计在低液位时储存的标准密度(模式 1)不代表实际的标准密度(由分层或引入新油品引起)时,模式 2 也是最好的选择。

HTMS 模式 2 不使用 h_{min} 或保存的油品密度。对于这种模式,在 P_1 以上所有液位,HTMS 会计算标准密度(D_{ref})。然而,为确保压力传感器总是完全浸没,本模式引入了"P_1 断开液位"。如果油品在断开液位或其以下液位时,应使用最后计算的 D_{ref} 并保持不变。在该液位以上时,按方法 A(表 5)进行全部的测量和计算。在该液位以下时,按方法 B(表 6)进行测量和计算。

在 HTMS 模式 2 中,随液位变化使用方法 A 和方法 B 计算的附加解释见图 1。

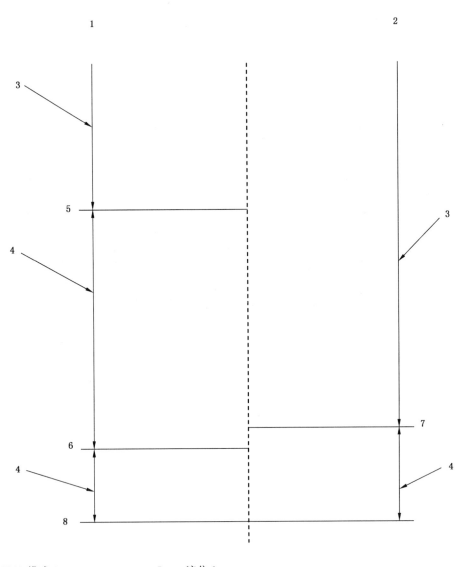

1——HTMS 模式 1;
2——HTMS 模式 2;
3——方法 A;
4——方法 B;
5——液位 h_{min};
6——P_1 位置;
7——P_1 断开位置;
8——基准板。

图 1 HTMS 与液位相关的模式 1 和模式 2 的计算方法简图

8 初始校准与现场检验

8.1 概述

所有测量组件在安装前通常在工厂校准。在 HTMS 系统投入使用前,HTMS 应进行调试,这不仅涉及到校准,而且涉及到配置和检验。

8.2 初始准备

8.2.1 罐容表的确认

混合处理器通常要储存能再现油罐容积表的足够数据,应对照油罐容积表核实这些数据。

8.2.2 混合法参照点的建立

压力变送器 P_1 和 ALG 相对油罐容积表对应的基准点的位置应准确确定。为便于实际使用,引入混合法参照点的概念。混合法参照点通过 h_o 与油罐基准点关联起来(参见图 A.1)。

建议将混合法参照点定位在靠近压力变送器 P_1 的引压件位置,并且应清晰永久地标记在油罐外壁上。

混合法参照点相对油罐基准点的高度(h_o)应精确测量、记录并输入到混合处理器。压力传感器有效中心到混合法参照点的高度(h_b)也要测量。压力传感器相对油罐基准点的高度($z = h_o + h_b$)由此计算出来并输入到混合处理器(参见图 A.1)。

> 注:混合法参照点能用于变送器 P_1 今后位置的检验或变送器重新安装后的测定。由此可避免重新测量变送器 P_1 相对油罐基准的位置。

8.2.3 HTMS 的参数输入

建立 HTMS 的参数并输入到混合处理器。这些参数包括油罐数据(例如容积表)、混合法参照点和传感器 P_1 之间的高度、混合法参照点和油罐基准点之间的高度、ALG 参比高度、HTMS 的模式、h_{min} 的值、"P_1 断开液位"、大气数据、压力传感器的参数、ALG 和 ATT 的组件参数以及油品参数(见表4)。

8.3 初始校准

8.3.1 概述

HTMS 的每个组件应分别校准,例如不应使用由压力传感器导出的数据校准 ALG,反之亦然。

8.3.2 ALG 的校准

按照 GB/T 21451.1(或 ISO 4266-1)现场校准 ALG,但应符合本标准表1中给出的合适允差。

8.3.3 压力传感器的校准和零点调整

HTMS 的压力传感器通常由生产厂负责校准。除了压力传感器的零点调整外,在现场通常不能进行其他调整。压力传感器在安装后的校准应使用可溯源到国家基准的精确压力校准器进行检查。如果发现压力传感器超出了规定要求,则应进行更换。

压力传感器的零点调整应使用 GB/T 18273 中给出的方法进行。

8.3.4 ATT 的校准

ATT 应按照 GB/T 21451.4 进行校准,但应符合本标准表3中给出的合适允差。

8.4 混合处理器计算结果的检验

采用合适的检验数据,用手工计算检查混合处理器的计算结果,二者应相互一致。

8.5 初始现场检验

8.5.1 概述

在 HTMS 调试和初始检验中,其最后一步是对照手工法进行检验。如果手工检查表明 HTMS 的数据没有落在系统预期的允差之内,则应重复部分或全部的调试校准和手工检验的程序。

8.5.2 基于体积计量的初始现场检验

8.5.2.1 基于体积的 HTMS 用于交接计量时,其主要组件应作如下检验:

a) ALG 应按 ISO 4266-1 给出的程序和允差进行检验;

b) ATT 应按 GB/T 21451.4 给出的程序和允差进行检验;

    c) 压力传感器(如果压力传感器和变送器是相互独立的装置,则还应包括变送器)应进行现场调零和线性检验。因此,应通过现场显示器、手持终端或专用计算机来提供读取压力传感器数字压力值的方法:

        1) 对于零点调整,应断开压力变送器与油罐的连接管线,并使其引压口通向大气。调整后的零点误差应大约为零;

        2) 使用已溯源到国家基准的高精度的压力基准检验压力传感器的线性。线性检验应当在压力范围大约 50% 和 100% 的至少两个试验压力进行。通过计算压力传感器示值(减去观察到的零点误差)和压力基准之间的偏差给出相对的线性误差,该误差也可以转化为误差百分数,由此可以确定线性误差。对于任何试验压力,所产生的线性误差不应超过表 2 给出的最大线性误差;

        注:对于高精度的压力变送器,在现场条件下可能难以或不能实际调整变送器的线性。

        3) 传感器/变送器在完成调零和线性检验之后,应该进行最后一次检查,确定零点误差是否保持在表 2 给出的精度之内。残留的零点读数和线性误差应记载成文件资料。

8.5.2.2 由 HTMS 测定的标准密度也应当与通过检验有代表性的罐内样品所测定的油品平均密度进行对比。其中取样按 GB/T 4756 进行,密度测定按照 GB/T 1884 或 SH/T 0604 进行。

    当 HTMS 提供在线测量密度时,即液位在 h_{min} 以上,密度比较应当在 P_1 之上大约 (4 ± 0.5) m 的液位进行。HTMS 测定的油品密度与油罐样品的密度之差应在密度读数的 $\pm0.5\%$ 内。如果罐内油品均匀,由手工取样引起的不确定度应该降低,因此可以使用更严格的允差(即小于读数的 $\pm0.5\%$),该允差可以使用统计质量控制的方法建立。

    如果罐内储存的是完全均匀的产品(例如某些纯净的石化液体),则其标准密度可以根据物理学的方法准确测定,并可将其作为该产品最准确的代表密度,HTMS 的测量密度可与该标准密度进行比对。

    注1:$\pm0.5\%$ 的允差建立在手工取样的不确定度和实验室分析的重复性的基础上。手工取样的不确定度可能随着罐内密度的分层而改变较大,而且取决于取样使用的计量口位置以及实际使用的方法。

    注2:HTMS 测量密度可接受的不确定度是根据该不确定度对体积修正系数(VCF)或液体温度修正系数(CTL)的影响来确定的。

    此外,对于均匀油品,如果可以使用在线密度计测量密度,而且该密度计已经采用已溯源到国家基准的标定基准进行过校准,则对于进出油罐的批量油品,可以将 HTMS 测得的平均密度与密度计测量的密度进行比对,而且也可以使用上述允差。

8.5.3 基于质量计量的初始现场检验

8.5.3.1 基于质量的 HTMS 用于交接计量时,其主要组件应作如下检验:

    a) ALG 应按 ISO 4266-1 给出的程序进行检验,但允差可以放宽到 12 mm;

    b) ATT 应按 GB/T 21451.4 给出的程序和允差进行检验,但允差可以放宽到 1 ℃;

    c) 压力传感器(如果压力传感器和压力变送器是独立装置,则还应包括变送器)影响质量测量的精度,应进行调零并使用合适的已溯源到国家基准的压力基准(例如一种手持终端或精确的压力校准器)进行测量,确定传感器/变送器是否保持在表 2 所给出的精度以内。

    注:对于高精度的压力变送器,在现场条件下可能难以或不能实际测量变送器,因此可能无法执行该步骤。

8.5.3.2 按照 8.5.2.2 中给出的方法检验 HTMS 的测量密度。

8.5.3.3 HTMS 质量计量的精度应使用 GB/T 18273 规定的方法进行检验。

    注:GB/T 18273 中给出的精度是"输转精度",因此检验涉及到油罐输入或输出的液体量。

9 定期检验

9.1 概述

    用于交接计量的 HTMS 在完成调试和初始现场检验之后,还应该在现场进行定期检验。定期检验也称为"确认"。

在 9.2 和 9.6 中规定了调试后 HTMS 的检验和必要的再校准方法。

注：检验不同于校准，其中不涉及传感器或混合处理器参数的修正。

9.2 目的

定期检验有如下的目的：

a) 确保 HTMS 的性能保持在所要求的精度范围内；

b) 只要交接各方能够接受，则允许使用统计质量控制的方法建立重复校准的频率。

9.3 定期检验期间的调整

如果检验过程确认了 HTMS 的性能变动超出了预定的范围，则应对其进行重新校准和/或重新调整。否则，在检验过程中，不应进行调整。该范围应考虑到 HTMS、标准设备以及 HTMS 性能要求的预期组合测量不确定度。

9.4 基于体积交接的定期检验

9.4.1 方法和允差

9.4.1.1 基于体积交接的 HTMS，应对其主要组件进行如下检验：

a) ALG 应按照 ISO 4266-1 中给出的定期检验的方法和允差进行检验(对于立式圆筒形罐)；

b) ATT 应按照 GB/T 21451.4 中给出的定期检验的方法和允差进行检验(对于立式圆筒形罐)；

c) 压力传感器/变送器的稳定性应进行如下检验：

1) 现场检验变送器的零点。零点读数("存在")值不应超过表 2 中给出的零点误差的厂家规定值或最大建议值。如果零点读数大于表 2 给出的最大建议值，且不超过厂家的规定值，则变送器应调零，或者进行零点的软件修正。零点读数"存在"值和"残余"值应记载成文件资料。如果超过厂家的规定值，则应向厂家咨询；

2) 使用已溯源到国家基准的高精度的压力校准器现场检验变送器的线性。线性误差不应超过制造厂的规定值或表 2 给出的最大建议值。如果超过了厂家的规定值，则应向厂家咨询。线性读数"存在"值和"残余"值应记载成文件资料。

注：对于高精度的压力变送器，在现场条件下，难于或不能实际调整变送器的线性。

9.4.1.2 HTMS 测定的油品密度也应当与通过对具有代表性的油罐样品的实验分析所测定的产品密度进行比对。其中取样按 GB/T 4756 进行，密度测定按照 GB/T 1884 或 SH/T 0604 进行。

密度比对应当在大约 (4 ± 0.5) m 的液位以及 HTMS 可以在线测量密度(即液位在 h_{min} 以上)时进行。HTMS 测量的油品密度与油罐样品密度之差应在密度读数的 $\pm 0.5\%$ 内。如果罐内产品均匀，由手工取样引起的不确定度应该降低。在这种情况下，可以使用更严格的允差(即小于读数的 $\pm 0.5\%$)，该允差可以使用统计质量控制的方法建立。

9.4.2 定期检验的频率

9.4.2.1 HTMS 主要组件的定期检验频率应该符合如下规定：

a) ALG 应按照 ISO 4266-1 中给出的关于定期现场检验的频率进行检验。开始使用时，应该每个月进行一次检验。当连续运行六个月，性能一直稳定在检验允差以内时，检验时间间隔可以延长到每三个月一次；

b) ATT 应按照 GB/T 21451.4 中给出的关于定期现场检验的频率进行检验。新安装的或修理过 ATT 应每三个月检验一次。如果 ATT 的性能稳定，检验频率可减小到每年一次；

c) 对于压力传感器，压力传感器/变送器的零点稳定性和线性稳定性每年至少应按照初始检验程序检验一次。

9.4.2.2 使用 9.4.1.2 中规定的方法按照初始检验程序至少每三个月进行一次产品密度的比对。

注 1：通过使用质量控制方法，但不使用上述预定的时间，也可以确定定期检验的频率。

注 2：产品密度的多次比对可以使 ALG、ATT 或压力传感器/变送器组件存在的问题能够得到及早发现，而且可以提供 HTMS 有价值的统计数据。

9.5 基于质量交接的定期检验

9.5.1 方法和允差

9.5.1.1 基于质量交接的 HTMS,应对其主要组件进行如下检验:

 a) ALG 应按 ISO 4266-1 给出的定期校准检验程序进行检验,而且应满足表 1 中规定的允差;

 b) ATT 应按 GB/T 21451.4 给出的定期校准检验程序进行检验,而且应满足表 3 中规定的允差;

 c) 压力传感器/变送器零点和线性的稳定性应按照 9.4.1.1c)中给出的方法进行检验,并且应满足表 2 中给出的允差。

9.5.1.2 在基于质量的交接计量中,HTMS 测量的产品密度与手工法确定的产品密度的比对不是必须进行的。如果需要,这种比对应按照 9.4.1.2 进行。

9.5.2 定期检验频率

在基于质量的交接计量中,对所用 HTMS 主要组件/测量性能的定期检验频率有如下规定:

 a) 新安装的或修理过的 ALG 应每三个月检验一次。如果 ALG 的性能稳定,则检验频率可以降低到每六个月一次,然而每三个月应进行一次密度比对,而且统计数据表明整个系统是稳定的;

 b) 新安装的或修理过的 ATT 应按照与 ALG 一致的频率进行检验;

 c) 压力传感器/变送器的零点和线性稳定性应按照初始检验程序每季度检验一次。如果压力传感器/变送器的线性是稳定的,则线性检验的频率可以降低到每六个月一次;

 d) HTMS 测量的产品密度与手工法测定密度的比对不是必须进行的。除此之外,如果密度比对用作降低 ALG 定期检验[9.5.2a)]频率的依据,则密度比对至少应每季度进行一次。

注:经常比较产品密度可确保早期发现 ALG、ATT 或压力传感器/变送器中的问题,并提供有价值的统计数据。

9.6 用于交接计量的 HTMS 在定期检验期间的超差处理

9.6.1 在定期现场检验期间,如果发现 HTMS 的组件超差,应该查明原因以确定该组件是否需要调整、校准、重新设置或修理。

9.6.2 在调整或修理之后,应使用 8.5 规定的程序重新检验对应组件。

附 录 A

（资料性附录）

计 算 综 述

A.1 概述

本附录给出了由 HTMS 混合处理器计算油罐液体密度及其他变量的方法，计算中各参数的单位及换算常数见表 A.1。有些厂家设计的 HTMS 可能比较独特，其特殊计算和相关细节不包括在内（如压力传感器的线性公式）。

表 A.1 HTMS 的公式单位表

常数	公式中使用的单位						
N	输入量			计算结果			
	计量压力	容积表容积	当地重力加速度	液位	计量体积和标准体积	计量密度和标准密度	质量
1.000	Pa	m³	m/s²	m	m³	kg/m³	kg
1 000.0	kPa	m³	m/s²	m	m³	kg/m³	kg
100.0	mbar	m³	m/s²	m	m³	kg/m³	kg
100 000	bar	m³	m/s²	m	m³	kg/m³	kg

对于常压油罐，罐内蒸气密度以及环境空气密度仅对计算变量有次要影响，可以把它们作为常数处理，为了获得更高的精度，也可以使用计算法计算获得。罐内蒸气密度可以使用气体状态方程，由绝对蒸气压力和绝对蒸气温度以及蒸气相对密度计算得到。

环境空气密度可以使用气体状态方程，由绝对环境压力和绝对环境温度计算得到。环境空气密度的变化仅对计量密度有次要影响。提供给混合处理器的所有传感器的输入数据必须是同步的。

A.2 毛计量体积（GOV）

$$\text{GOV}=[(\text{TOV}-\text{FW})\times\text{CTSh}]-\text{FRV}$$

式中：

GOV——毛计量体积；

TOV——由 ALG 和罐容表计算出的总计量体积；

FW——游离水的体积；

FRV——对于浮顶罐，液位高于起浮高度时的排液体积。

$$\text{FRV}=\text{FRW}/[(D_{\text{ref}}-1.1)\times\text{VCF}]$$

式中：

FRW——浮顶的表观质量（重量）；

D_{ref}——油品的标准密度；

VCF——由标准密度和计量温度查石油计量表得到的体积修正系数；

CTSh——罐壁热膨胀修正值。

$$\text{CTSh}=1+2\alpha(\Delta t)+\alpha^2(\Delta t)^2$$

式中：

α——表 A.2 中给出的线膨胀系数。

注：CTSh 计算公式中的最后一项 $\alpha^2(\Delta t)^2$ 对计算结果影响很小，可忽略不计。

$$\Delta t = t_{sh} - t_B$$

式中：

t_{sh}——罐壁温度（按 GB/T 19779 确定）；

t_B——罐容表的标定温度（编制罐容表设定的罐壁温度，我国通常为 20 ℃）；

注：由 ALG 测量的液位 L 是相对于油罐容积表基准点的液位，温度线膨胀系数的影响已经在 L 中进行了补偿修正。

表 A.2 线膨胀系数

罐壁材质	$\alpha/℃^{-1}$
低碳钢	0.000 011 2
304 不锈钢	0.000 017 3
316 不锈钢	0.000 015 9
17-4PH 不锈钢	0.000 010 8

A.3 油品计量密度（真空中）（D_{obs}）

混合法计算密度的依据是压力平衡。任意两点间的压力增量和与其增加的路径无关。因此：

$p1 - p3 = $（总液体产品压头＋罐内蒸气压头）—$P_1$ 和 P_3 之间的环境空气压头

液体或蒸气的压头也可以通过油品的平均密度和高度近似计算出来，即：

液体压头 $= g \times (L-Z) \times D_{obs}$（在 P_1 位置）

罐内蒸气压头 $= g \times [h_t - (L-Z)] \times D_V$（在液面位置）

环境空气压头 $= g \times h_t \times D_a$（在 P_1 位置）

因此，D_{obs} 值可以由下式计算：

$$D_{obs} = D_V + \frac{N \times (p_1 - p_3) - g \times (D_V - D_a) \times h_t}{g \times (L-Z)}$$

式中：

D_{obs}——真空中液体的计量密度；

N——单位常数（见表 A.1）；

L——ALG 的液位（实高）读数；

Z——$h_b + h_o$（变送器 P_1 到油罐基准板的根部高度，见图 A.1）；

h_b——从混合法参照点到传感器 P_1 压力中心的垂直距离；

h_o——油罐基准板到混合法参照点的垂直距离；

g——当地的重力加速度；

h_t——传感器 P_1 和 P_3 膜片受力中心之间的垂直距离；

D_V——罐内蒸气密度；

D_a——环境空气密度。

注：如果混合法参照点与油罐基准板位于相同高度，$h_o = 0$。

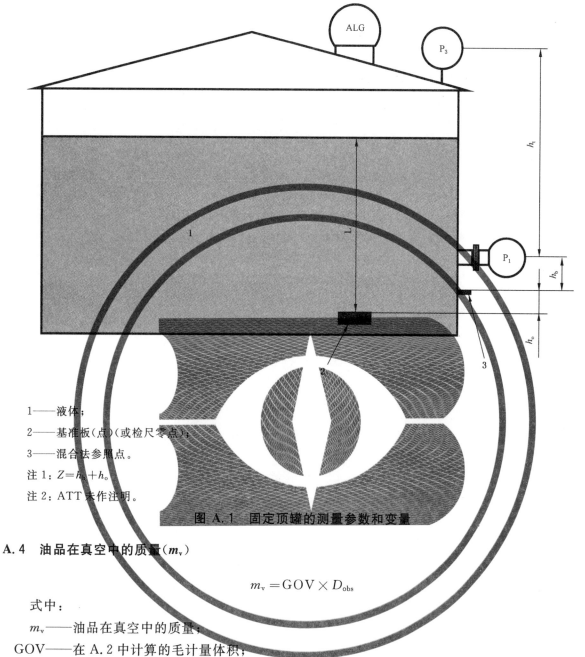

1——液体；

2——基准板（点）（或检尺零点）；

3——混合法参照点。

注1：$Z=h_\mathrm{b}+h_\mathrm{o}$

注2：ATT未作注明。

图 A.1　固定顶罐的测量参数和变量

A.4　油品在真空中的质量（m_v）

$$m_\mathrm{v}=\mathrm{GOV}\times D_\mathrm{obs}$$

式中：

m_v——油品在真空中的质量；

GOV——在 A.2 中计算的毛计量体积；

D_obs——在 A.3 中计算的油品计量密度（在真空中）。

注：对于常压储罐，$m_{蒸气}$可以假定为零。

A.5　油品在空气中的表观质量（m_a）

$$m_\mathrm{a}=m_\mathrm{v}\times(1-D_\mathrm{a}/D_\mathrm{obs})$$

式中：

m_a——油品在空气中的表观质量；

m_v——在 A.4 计算的油品在真空中的质量；

D_a——环境空气密度（当无法直接测量时，空气密度按 1.1 kg/m³ 计算）；

D_obs——在 A.3 中计算的液体计量密度（在真空中）。

A.6 毛标准体积（GSV）

$$GSV = GOV \times VCF$$

式中：

GOV——在 A.2 中计算的毛计量体积；

VCF——通常由 GB/T 1885 获得的体积修正系数。

附　录　B
（资料性附录）
测量精度和不确定度分析

B.1　概述

只要 ALG 和压力传感器的安装正确,则计算密度、质量和标准体积的精度就取决于压力传感器、ALG 传感器、ATT 传感器、混合法参照点的位置测量、油罐容积表以及当地重力加速度的组合精度。

重力加速度的不确定度可以估算为 0.005%。在 B.2 到 B.4 的精度公式中,忽略不计重力加速度的不确定度。

在油品库存精度的计算公式中所使用的符号、定义和单位如下所示:

符号	定义	单位
L	ALG 的实高读数	m
p_1	压力传感器 P_1 的读数	Pa
p_3	压力传感器 P_3 的读数	Pa
t	ATT 温度传感器的读数	℃
Z	P_1 相对油罐基准点的偏距($=h_o+h_b$)	m
D_V	蒸气密度	kg/m³
g	当地的重力加速度	m/s²
D_{15}	15 ℃下的标准密度	kg/m³
D	实际密度 (注:在不确定度的计算中,该密度为假定的实际密度,如果没有测量误差,则实际密度等同于计量密度。)	kg/m³
U_{AE}	以百分数表示的油罐容积表的不确定度	%
U_{D15}	以百分数表示的标准密度的不确定度	%
U_D	以百分数表示的计量密度的不确定度	%
U_L	ALG 测量液位的不确定度	m
$U_{P1-zero}$	无压力作用时 P_1 的不确定度	Pa
$U_{P1-linearity}$	与作用压力相关的 P_1 的不确定度	读数的百分数
$U_{P1-total}$	P_1 的总不确定度(零点和线性误差的组合)	Pa
$U_{P3-zero}$	无压力作用时 P_3 的不确定度	Pa
$U_{P3-linearity}$	与作用压力相关的 P_3 的不确定度	读数的百分数
$U_{P3-total}$	P_3 的总不确定度(零点和线性误差的组合)	Pa
U_Z	根部高度 Z 的不确定度	m
U_t	ATT 测量温度的不确定度	℃
t_{ref}	标准体积的参比温度	℃
K_1,K_0	ISO 91 定义的热膨胀系数的常数	
F_Q	油罐结构系数(对于立式圆筒形罐,$F_Q=1.0$) (公式见 B.5)	

在本附录中,不确定度的计算实例忽略了如下四项影响较小的不确定度来源:重力加速度(g)、环境空气密度 D_a、蒸气密度 D_V 和距离 h_t。

在 B.2 到 B.6 中,分三种情况给出了 HTMS 不确定度的计算实例,描述了 HTMS 的组件配置和相应的组合精度。每种情况都使用了每个参数的最大允许测量不确定度,每个参数都将其不确定度贡献给了最终的不确定度。这三种情况是:

——情况 1:基于质量和体积两种交接计量而配置的 HTMS;

——情况 2:基于体积交接计量而配置的 HTMS;

——情况 3:基于质量交接计量而配置的 HTMS。

B.2 计量密度的不确定度

计量密度的不确定度(百分数)可以按如下公式评估:

$$U_D = \sqrt{\frac{U_{P1\text{-total}}^2 + U_{P3\text{-total}}^2}{g^2 D^2 (L-Z)^2} + \frac{U_L^2 + U_Z^2}{(L-Z)^2} \times \frac{(D-D_V)^2}{D^2}} \times 100$$

$$U_{P1\text{-total}} = U_{P1\text{-zero}} + p_{1\text{applied}} \times U_{P1\text{-linearity}}$$

$$p_{1\text{applied}} = g(L-Z)D + g[h_t - (L-Z)]D_V + p_{3\max} - gh_t D_a \approx g(L-Z)(D-D_V) + p_{3\max}$$

$$U_{P1\text{-total}} = U_{P1\text{-zero}} + [g(L-Z)(D-D_V) + p_{3\max}] \times U_{P1\text{-linearity}}$$

$$U_{P3\text{-total}} = U_{P3\text{-zero}} + p_{3\max} \times U_{P3\text{-linearity}}$$

计算实例见表 B.1 和表 B.2。

表 B.1 计量密度不确定度的实例——浮顶罐

产品:浮顶罐中的汽油				
$D=741.0$ kg/m³ $D_V=1.2$ kg/m³ $Z=0.2$ m $g=9.81$ m/s²				
传感器或测量数据的不确定度				
误差来源	单位	情况 1	情况 2	情况 3
P₁ 零点误差($U_{P1\text{-zero}}$) 线性误差($U_{P1\text{-linerity}}$)	Pa 读数百分数	50 0.000 7	100 0.001 0	50 0.000 7
U_L	m	0.004	0.004	0.012
U_Z	m	0.003	0.003	0.003
立式圆筒形罐计量密度的不确定度[读数的±%]				
$L=4$ m		0.283	0.480	0.411
$L=10$ m		0.149	0.246	0.188
$L=16$ m		0.118	0.190	0.138

表 B.2 计量密度不确定度的实例——固定顶罐

产品:各种结构的固定顶常压罐中柴油(或混合油)				
$D=842.9$ kg/m³ $D_V=1.2$ kg/m³ $Z=0.2$ m $g=9.81$ m/s² $p_{3\max}=5\ 000$ Pa				
传感器或测量数据的不确定度				
误差来源	单位	情况 1	情况 2	情况 3
P₁ 零点误差($U_{P1\text{-zero}}$) 线性误差($U_{P1\text{-linerity}}$)	Pa 读数百分数	50 0.000 7	100 0.001 0	50 0.000 7
P₃ 零点误差($U_{P3\text{-zero}}$) 线性误差($U_{P3\text{-linerity}}$)	Pa 读数百分数	24 0.002	40 0.005	24 0.002
U_L	m	0.004	0.004	0.012
U_Z	m	0.003	0.003	0.003

表 B.2（续）

计量密度的不确定度[读数的±%]			
立式圆筒形罐			
$L=4$ m	0.294	0.498	0.418
$L=10$ m	0.151	0.248	0.190
$L=16$ m	0.118	0.190	0.138
球形罐,直径=20 m			
$L=4$ m	0.294	0.498	0.418
$L=10$ m	0.151	0.248	0.190
$L=16$ m	0.118	0.190	0.138
水平圆筒形罐			
$L=1$ m	1.194	2.050	1.849
$L=2$ m	0.560	0.957	0.841
$L=3.5$ m	0.330	0.561	0.476

B.3 质量的不确定度

质量计量的不确定度（百分数）可以由下式估算：

$$U_m = \sqrt{\left[\frac{U_L}{L}\left(F_Q - \frac{L}{L-Z}\times\frac{D-D_V}{D}\right)\right]^2 \left(\frac{U_{P1\text{-total}}^2 - U_{P3\text{-total}}^2}{g^2 D^2 (L-Z)^2} + \frac{U_Z^2}{(L-Z)^2}\times\frac{(D-D_V)^2}{D^2} + U_{AE}^2\right)} \times 100$$

$$U_{P1\text{-total}} = U_{P1\text{-zero}} + p_{1\text{applied}}\times U_{P1\text{linearity}}$$

$$p_{1\text{applied}} = g(L-Z)D + g h_3 (L-Z)^2 D_V + p_{3\max} - g h_3 D_3 \approx g(L-Z)(D-D_V) + p_{3\max}$$

$$U_{P1\text{-total}} = U_{P1\text{-zero}} + [g(L-Z)(D-D_V)+p_{3\max}]\times U_{P1\text{-linearity}}$$

$$U_{P3\text{-total}} = U_{P3\text{-zero}} + p_{3\max}\times U_{P3\text{linearity}}$$

计算实例见表 B.3 和表 B.4。这些实例适用于静态条件（即油面和温度固定不变），而且不可与输转精度相混淆。

表 B.3 质量计量不确定度的实例——浮顶罐

产品:浮顶罐中的汽油 $D=741.0$ kg/m³　　$D_V=1.2$ kg/m³　　$Z=0.2$ m　　　$g=9.81$ m/s²				
传感器或测量数据的不确定度				
误差来源	单位	情况 1	情况 2	情况 3
P_1　零点误差（$U_{P1\text{-zero}}$）	Pa	50	100	50
线性误差（$U_{P1\text{-linerity}}$）	读数百分数	0.000 7	0.001 0	0.000 7
U_L	m	0.004	0.004	0.012
U_Z	m	0.003	0.003	0.003
U_{AE}	百分不确定度	0.001	0.001	0.001
立式圆筒形罐的质量计量不确定度[读数的±%]				
$L=4$ m		0.281	0.479	0.282
$L=10$ m		0.175	0.262	0.175
$L=16$ m		0.152	0.213	0.152

表 B.4 质量计量不确定度的实例——固定顶罐

产品:各种结构的固定顶常压罐中的柴油(或混合油)				
$D=842.9$ kg/m³ $\quad D_V=1.2$ kg/m³ $\quad Z=0.2$ m $\quad g=9.81$ m/s² $\quad p_{3max}=5\,000$ Pa				
传感器或测量数据的不确定度				
误差来源	单位	情况 1	情况 2	情况 3
P_1 零点误差($U_{P1\text{-zero}}$)	Pa	50	100	50
线性误差($U_{P1\text{-linerity}}$)	读数百分数	0.000 7	0.001 0	0.000 7
P_3 零点误差($U_{P3\text{-zero}}$)	Pa	24	40	24
线性误差($U_{P3\text{-linerity}}$)	读数百分数	0.002	0.005	0.002
U_L	m	0.004	0.004	0.012
U_Z	m	0.003	0.003	0.003
U_{AE}	百分不确定度	0.001	0.001	0.001
质量计量的不确定度[读数的±%]				
立式圆筒形罐				
$L=4$ m		0.293	0.497	0.293
$L=10$ m		0.177	0.265	0.177
$L=16$ m		0.153	0.213	0.153
球形罐,直径=20 m				
$L=4$ m		0.303	0.501	0.377
$L=10$ m		0.178	0.265	0.186
$L=16$ m		0.153	0.213	0.153
水平圆筒形罐,直径=4 m				
$L=1$ m		1.091	1.992	1.106
$L=2$ m		0.524	0.937	0.533
$L=3.5$ m		0.325	0.557	0.336

B.4 标准体积的不确定度

标准体积的库存不确定度(百分数)可以由下式估算:

$$U_{VS}=\sqrt{\left[\left(F_Q\times\frac{U_L}{L}\right)^2+(U_{AE})^2+\left(\frac{K_1}{D_{15}}+2\,\frac{K}{D_{15}^{\ 2}}\right)^2\times(t-t_{ref})^2\times(U_{D15})^2+a^2U_t^2\right]}\times100$$

计算实例见表 B.5 和 B.6。这些实例适用于静态条件(即油面和温度固定不变),而且不可与输转精度相混淆。

表 B.5 标准体积计量不确定度的实例——浮顶罐

产品:浮顶罐中的汽油				
$t_{ref}=15$ ℃ $\quad t=25$ ℃ $\quad D_{15}=750$ kg/m³ $\quad K_0=346.422\,8$/℃ $\quad K_1=0.438\,8$/℃				
传感器或测量数据的不确定度				
误差来源	单位	情况 1	情况 2	情况 3
U_L	m	0.004	0.004	0.012
U_t	℃	0.5	0.5	1.0

表 B.5（续）

U_{AE}	百分不确定度	0.001	0.001	0.001
U_{D15}	百分不确定度	0.005	0.005	0.005
标准体积计量的不确定度［读数的±％］				
$L=4$ m		0.142	0.142	0.316
$L=10$ m		0.108	0.108	0.156
$L=16$ m		0.103	0.103	0.125

表 B.6　标准体积计量不确定度的实例——固定顶罐

产品：各种结构的固定顶常压罐中的柴油（或混合油）

$t_{ref}=15$ ℃　　$t=25$ ℃　　$D_{15}=850$ kg/m^3　　$K_0=186.969\ 6/$℃　　$K_1=0.486\ 2/$℃

传感器或测量数据的不确定度				
误差来源	单位	情况 1	情况 2	情况 3
U_L	m	0.004	0.004	0.012
U_t	℃	0.5	0.5	1.0
U_{AE}	百分不确定度	0.001	0.001	0.001
U_{D15}	百分不确定度	0.005	0.005	0.005
标准体积计量的不确定度［读数的±％］				
立式圆筒形罐				
$L=4$ m		0.142	0.142	0.316
$L=10$ m		0.108	0.108	0.156
$L=16$ m		0.103	0.103	0.125
球形罐,直径＝20 m				
$L=4$ m		0.210	0.210	0.563
$L=10$ m		0.117	0.117	0.206
$L=16$ m		0.102	0.102	0.119
水平圆筒形罐,直径＝4 m				
$L=1$ m		0.573	0.573	1.695
$L=2$ m		0.274	0.274	0.770
$L=3.5$ m		0.138	0.138	0.302

B.5　油罐结构系数

对于不同的油罐形状,可以用系数 F_Q 调整 B.3（质量）和 B.4（标准体积）中给出的精度公式。

B.5.1　立式圆筒形罐

$$F_Q=1.0$$

B.5.2　球形罐（d_i 为内直径）

$$F_Q=\frac{6-6\left(\dfrac{L}{d_i}\right)}{3-2\left(\dfrac{L}{d_i}\right)}$$

B.5.3 水平圆筒形罐(d_i 为内直径)

$$F_Q = \frac{2\left(\dfrac{L}{d_i}\right)^2 \sqrt{\dfrac{d_i}{L}-1}}{0.25 \arccos\left[1-2\left(\dfrac{L}{d_i}\right)\right] + \left(\dfrac{L}{d_i}-0.5\right) \times \sqrt{\dfrac{L}{d}-\left(\dfrac{L}{d_i}\right)^2}}$$

B.6 h_{min} 的确定

h_{min} 代表某一液位,在低于该液位时,计量密度的精度低于用户定义的允许值。h_{min} 可以按如下方法计算。

——定义如下两个常数(A 和 B)以简化 h_{min} 的公式:

$$A = U_{P1\text{-}zero} + p_{3max} \times U_{P1\text{-}linearity}$$

$$B = (U_{P3\text{-}zero} + p_{3max} \times U_{P3\text{-}linearity})^2 + (g^2 \times U_L^2 + g^2 \times U_Z^2) \times (D-D_V)^2$$

——由下式计算 h_{min}:

$$L = Z + \frac{A \times (D-D_V) \times U_{P1\text{-}linearity} + \sqrt{A^2 \times U_D^2 \times D^2 + [D^2 \times U_D^2 - (D-D_V)^2 \times U_{P1\text{-}linearity}^2] \times B}}{g \times [D^2 \times U_D^2 - (D-D_V)^2 \times U_{P1\text{-}linearity}^2]}$$

h_{min} 的计算实例见表 B.7 和 B.8。

表 B.7 h_{min} 的计算实例——浮顶罐

产品:浮顶罐中的汽油 $D=741.0 \text{ kg/m}^3$ $D_V=1.2 \text{ kg/m}^3$ $Z=0.2 \text{ m}$ $g=9.81 \text{ m/s}^2$				
传感器或测量数据的不确定度				
误差来源	单位	情况 1	情况 2	情况 3
P_1 零点误差($U_{P1\text{-}zero}$) 线性误差($U_{P1\text{-}linerity}$)	Pa 读数百分数	50 0.000 7	100 0.001 0	50 0.000 7
U_L	m	0.004	0.004	0.012
U_Z	m	0.003	0.003	0.003
立式圆筒形油罐的 h_{min}/m				
密度不确定度=0.2%		6.31	14.38	9.24
密度不确定度=0.3%		3.73	7.37	5.64
密度不确定度=0.5%		2.12	3.81	3.26
密度不确定度=1.0%		1.10	1.82	1.67

表 B.8 h_{min} 的计算实例——固定顶罐

产品:各种结构的固定顶常压罐中的柴油(或混合油) $D=842.9 \text{ kg/m}^3$ $D_V=1.2 \text{ kg/m}^3$ $Z=0.2 \text{ m}$ $g=9.81 \text{ m/s}^2$ $p_{3max}=5\,000 \text{ Pa}$				
传感器或测量数据的不确定度				
误差来源	单位	情况 1	情况 2	情况 3
P_1 零点误差($U_{P1\text{-}zero}$) 线性误差($U_{P1\text{-}linerity}$)	Pa 读数百分数	50 0.000 7	100 0.001 0	50 0.000 7
P_3 零点误差($U_{P3\text{-}zero}$) 线性误差($U_{P3\text{-}linerity}$)	Pa 读数百分数	24 0.002	40 0.005	24 0.002

表 B.8（续）

U_L	m	0.004	0.004	0.012
U_Z	m	0.003	0.003	0.003
	h_{min}/m			
与油罐形状无关				
密度不确定度＝0.2%		6.54	14.44	9.35
密度不确定度＝0.3%		3.91	7.57	5.74
密度不确定度＝0.5%		2.24	3.99	3.33
密度不确定度＝1.0%		1.16	1.92	1.70

B.7 密度不确定度对体积修正系数（VCF）的影响

对于原油和石油产品，计量密度（D_{obs}）对计算 VCF 的影响可以在表 B.9 和 B.10 的例子中看到。

对于重油，如原油，VCF 随油品密度误差变化的敏感性较小，也可在表 B.9 和 B.10 中看到。

表 B.9　原油密度不确定度对体积修正系数影响的例子

依据：油品温度＝20 ℃　"真实"标准密度是 885 kg/m³
体积修正系数表：ISO 91-1:1992，表 54A

15 ℃密度 kg/m³	881.5	882.3	885.0	887.7	888.5	889.4	891.6	892.1	893.9
不确定度（读数百分数）	−0.40	−0.3	0.00	0.30	0.40	0.50	0.75	0.80	1.00
计算的 VCF	0.996 0	0.996 1	0.996 1	0.996 1	0.996 1	0.996 1	0.996 1	0.996 1	0.996 2

表 B.10　石油产品密度不确定度对体积修正系数影响的例子

依据：油品温度＝20 ℃　"真实"密度是 745 kg/m³
体积修正系数表：ISO 91-1:1992，表 54B

15 ℃密度 kg/m³	739.0	739.4	741.3	742.0	742.8	745.0	745.8	746.5	746.9	747.2
不确定度（读数百分数）	−0.80	−0.75	−0.50	−0.40	−0.30	0.00	0.10	0.20	0.25	0.30
计算的 VCF	0.993 8	0.993 9	0.993 9	0.993 9	0.993 9	0.993 9	0.993 9	0.993 9	0.993 9	0.994 0

ICS 75.160.20
E 31

中华人民共和国国家标准

GB/T 28768—2012

车用汽油烃类组成和含氧化合物的测定 多维气相色谱法

Determination of hydrocarbon types and oxygenates in automotive-motor gasoline by multidimensional gas chromatography method

(ISO 22854:2008,Liquid petroleum products—Determination of hydrocarbon types and oxygenates in automotive-motor gasoline— Multidimensional gas chromatography method,MOD)

2012-11-05 发布

2013-03-01 实施

中华人民共和国国家质量监督检验检疫总局
中国国家标准化管理委员会 发布

前　言

本标准按照 GB/T 1.1—2009 给出的规则起草。

本标准使用重新起草法修改采用 ISO 22854:2008《液体石油产品　车用汽油烃类组成和含氧化合物测定　多维气相色谱法》。

本标准与 ISO 22854:2008 相比在结构上有些调整,具体章条对照情况参见附录 A 中表 A.1。本标准与 ISO 22854:2008 技术性差异及其原因如下:

——本标准在 3.1.3"芳烃"的术语和定义中增加了芳烯烃隶属于芳烃的解释,由于芳烯烃是含有三键的芳环状的碳氢化合物;

——本标准在方法概要的 4.1 中增加了方法流程图,以明确方法的操作程序(见图 1);

——本标准将 ISO 22854:2008 的 5.2 中进样小瓶前增加了"适用于自动进样器用"的内容,以明确进样小瓶要适用于自动进样器使用(见 5.2);

——本标准将 ISO 22854:2008 的 8.1 中"根据制造商的说明使仪器达到要求"修改为"参照附录 B 仪器规范的要求配置仪器设备",以满足对本标准的使用要求(见 8.1);

——本标准在 8.4 中增加了推荐的适当气体流量参数和推荐的系统温度控制条件参数,以及为鉴别复杂的含氧化合物所添加的含氧化合物纯组分的添加比例和纯组分纯度的相关内容,以满足对本标准的使用要求;

——本标准在 8.5 中增加了参考样品标准值的一种获得方法,以满足对本标准的使用要求;

——本标准删除了 ISO 22854:2008 的 8.6"分析样品的准备"和 8.7"仪器和测试条件的准备"的相关内容,在本标准 8.6 中增加了样品分析的内容,以简化和完善操作步骤;

——本标准增加了附录 C(规范性附录),给出了推荐的色谱系统温度控制条件参数和示例,以补充色谱控制条件。

本标准还进行了下列编辑性修改:

——本标准在 4.2 的注中增加了甲醇在汽油中的挥发损失比较大,该类样品的前处理不规范会影响其精密度的内容,以对该类样品的测定加以注意;

——本标准在 5.1.3 的注中增加了对压缩空气、氢气和氮气管线安装合适的气体净化器的内容,以减少色谱系统的干扰;

——本标准在 5.3 的注中增加了车用汽油中硫含量高低的示例,以满足对本标准的使用要求;

——本标准在附录 B 的表 B.1 中增加了 5A 分子筛柱的内容,以补充色谱配置信息。

本标准由全国石油产品和润滑剂标准化技术委员会(SAC/TC 280)提出。

本标准由全国石油产品和润滑剂标准化技术委员会石油燃料和润滑剂分技术委员会(SAC/TC 280/SC 1)归口。

本标准起草单位:中国石油天然气股份有限公司乌鲁木齐石化分公司、中国石油天然气股份有限公司兰州润滑油研究开发中心和中国石油天然气股份有限公司石油化工研究院。

本标准参加起草单位:中国石油化工股份有限公司炼油事业部、中国石油化工股份有限公司北京燕山分公司、中国石油天然气股份有限公司大连西太平洋石化分公司和中国石化扬子石油化工股份有限公司。

本标准主要起草人:陈国强、周亚斌、李文乐、赵新枝、宁长青、张宝生、王建明、王玲、尹彤华、刘红灵、郭建民、丁大喜。

车用汽油烃类组成和含氧化合物的测定
多维气相色谱法

1 范围

本标准规定了采用气相色谱法测定车用汽油中饱和烃、烯烃和芳烃的方法。本标准也可测定车用汽油中苯含量、含氧化合物和总氧含量。

本标准适用于测定总芳烃含量(体积分数)为不大于 50%,总烯烃含量(体积分数)为 1.5%~30%,含氧化合物含量(体积分数)为 0.8%~15%,总氧含量(质量分数)为 1.5%~3%,苯含量(体积分数)为不大于 2% 的车用汽油。

> 注 1:开发本标准时,其终沸点限值为 215 ℃。
>
> 注 2:本标准对于含氧化合物,含有甲基叔丁基醚(MTBE)、乙基叔丁基醚(ETBE)、叔戊基甲醚(TAME)、异丙醇、异丁醇、叔丁醇、甲醇和乙醇的车用汽油样品确定了精密度数据,甲醇的精密度数据也可以不遵从本标准中列出的精密度计算公式。本标准的适用性也已证实可用于测定车用汽油中的正丙醇、丙酮和二异丙醚(DIPE),但是没有确定这些化合物的精密度数据。
>
> 本标准虽然可用于测定烯烃含量(体积分数)高达 50% 的汽油样品,但是仅给出了烯烃含量(体积分数)为 1.5%~30% 的精密度数据。
>
> 本标准虽然可用于含有含氧化合物的车用汽油的分析,但也可用于其他具有相同沸点范围的烃类的分析,例如石脑油和重整生成油。
>
> 注 3:虽然可能出现碳 9 和碳 10 芳烃的重叠,但是,总量是准确的,异丙苯从碳 8 芳烃中分离出,包含在碳 9 芳烃中。

2 规范性引用文件

下列文件对于本文件的应用是必不可少的,凡是注日期的引用文件,仅注日期的版本适用于本文件,凡是不注日期的引用文件,其最新版本(包括所有的修改单)适用于本文件。

GB/T 4756　石油液体手工取样法(GB/T 4756—1998,eqv ISO 3170:1988)

SY/T 5317　石油液体管线自动取样法(SY/T 5317—2006,ISO 3171:1988,IDT)

3 术语和定义

下列术语和定义适用于本文件。

3.1

烃族　hydrocarbon group

同一类型的碳氢化合物。例如:饱和烃和烯烃等。

3.1.1

饱和烃　saturated hydrocarbon

不含任何双键的 3~12 个碳原子数的直链或环状的碳氢化合物。例如:正构烷烃、异构烷烃、环烷烃和多环烷烃。

3.1.2

烯烃　olefinic hydrocarbon

包含双键和三键的 3～10 个碳原子数的碳氢化合物。例如:正构烯烃,异构烯烃和环烯烃。

3.1.3

芳烃　aromatic hydrocarbon

包含双键和三键的芳环状的碳氢化合物。例如:苯、甲苯、及含 6～10 个碳原子数的同系碳氢化合物、芳烯烃和多达 12 个碳原子的萘类。

3.2

含氧化合物　oxygenate

含有氧的直链或环状的碳氢化合物,是按照现行车用汽油规格允许加入的含氧化合物。例如:醇类和醚类。

3.3

部分族组分　partial group

PG

含相同数量原子数的碳氢化合物,可以是单个化合物如甲苯,也可以是异构体的混合物如正丁烷和异丁烷等。

4　方法概要

4.1　样品采用气相色谱分析,使用特殊的柱组合和柱切换程序,分离成烃族。样品注入到气相色谱系统中并气化分离成不同族,通常使用火焰离子化检测器(FID)检测。

采用气相色谱法测定车用汽油中烃类组成和含氧化合物的方法流程图见图 1。

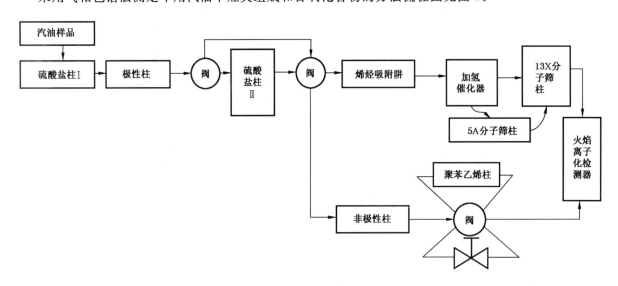

图 1　方法流程图

4.2　每个被测化合物或烃族的质量浓度是把相对响应因子(见 9.1)应用到检测的峰面积,再归一至 100%而获得。对于样品中含有的本标准不能测定的含氧化合物,结果要用 100%减去用其他方法测得含氧化合物的含量,每一个被测的化合物或烃族的体积浓度是采用被测峰的质量浓度和其密度值(见 9.2)计算并归一到 100%后所得。

　　注:参考本标准推荐的条件操作,以确保所有化合物被正确地鉴别出来,这尤其适用于含氧化合物的鉴别,因为它们的响应因子范围很宽,因此,宜采用添加所关注的含氧化合物纯组分的汽油样品来鉴别本标准中列举的含

氧化合物。甲醇在汽油中的挥发损失比较大,要关注该类样品的前处理,该类样品的前处理不规范会影响其精密度。

4.3 经上述分离后,车用汽油样品分离成烃族,然后按原子数分离,借助于相应的相对响应因子,可计算出各族的含量。

5 试剂和材料

5.1 气体

5.1.1 氢气:纯度 99.999%。

警告:当空气中氢气浓度(体积分数)达到 4%～75%时会发生爆炸,参见仪器制造厂家的操作手册。

5.1.2 氦气:纯度 99.999%。

5.1.3 压缩空气。

注:建议对压缩空气、氢气和氦气管线安装合适的气体净化器。

5.2 适用于自动进样器用的进样小瓶

使用密封的惰性进样小瓶,如用带自封的聚四氟乙烯(PTFE)材料的橡胶膜盖子的小试剂瓶。

5.3 (各种)参考样品

用组分和浓度与实际样品类似的汽油作为参考样品。

警告:可燃,吸入有害。

注:汽油中的含硫化合物在烯烃吸附阱中会不可逆转的被吸附,并可能降低烯烃吸附阱容纳烯烃的能力,含硫化合物也可能在醇和醚-醇-芳烃吸附阱中被捕集,虽然低含量的含硫化合物(例如小于 50 mg/kg 的硫含量)对不同的吸附阱或柱的影响是很小的,但还是应该注意硫含量高(例如大于 1 000 mg/kg 的硫含量)的汽油样品。

6 仪器

6.1 气相色谱仪

由计算机控制的多维气相色谱装置、进样系统、火焰离子化检测器(FID)、合适的色谱柱、吸附阱以及加氢催化器,参见附录 B 仪器规范中的描述。

6.2 切换阀

适当的切换阀用来将气相色谱内的化合物从一个色谱柱转移到另一个色谱柱。

切换阀应该有表面惰性和死体积小的特性。

6.3 吸附阱

适当短的色谱柱(参见附录 B 仪器规范中的表 B.1 推荐的色谱柱要求)用温度控制来选择性地保留车用汽油中的某些组分,被捕集的化合物的吸附应是可逆的,一个典型洗脱顺序示例参见附录 C 中的 C.2 示例。

7 取样

除非有特殊要求,取样应按照 GB/T 4756 或 SY/T 5317 的规定进行。

8 试验步骤

8.1 仪器的准备

参照附录 B 仪器规范的要求配置仪器设备。

8.2 分析样品的准备

冷却样品以防止其挥发损失,将待分析样品转移到适用于自动进样器使用的进样小瓶(见 5.2)并且迅速用能自封的聚四氟乙烯(见 5.2)的盖子将其盖紧并密封。

注:建议将样品冷却至 0 ℃~5 ℃之间。

8.3 进样体积

进样体积大小应采用这种方式来确定:不能超过色谱柱容量能力,并且保证检测器是线性有效的。

注:进样体积为 0.1 μL 被证明是最佳的。

8.4 仪器和测试条件的验证

推荐的适当气体流量参数见表 1,推荐的色谱系统温度控制条件参数见附录 C 的 C.1 推荐的色谱系统温度控制条件参数。运行(各种)参考样品(见 5.3),并检查其仪器参数,切割时间,分族时间,如果不正确,按照仪器生产商推荐的参数进行调整,并重新测试。

表 1 推荐的适当气体流量参数 单位为毫升每分钟

气体名称	流量
氦气(前进样口)	22±2
氦气(后进样口)	12±1
氢气(铂柱)	14±2
氢气(FID)	30~35
空气(FID)	400~450

注意色谱峰的族选择性宜接近分离界限,如苯、烯烃和含氧化合物,应仔细鉴别含氧化合物,建议用添加了所关注的含氧化合物纯组分的汽油参考样品来鉴别复杂的含氧化合物,所添加的含氧化合物纯组分含量(体积分数)添加比例为 0.8%~15%,纯组分的纯度不得低于色谱纯。附录 D 样品色谱图展示了几种样品色谱图,并且对洗脱时间划分和可能的干扰提供了证据。

8.5 核查

重新测试参考样品,并把得到的结果与其标准值比较,与标准值的绝对差值不得超过第 11 章所列出的各参数的再现性要求。

宜每周进行一次参考样品的核查,以检查设备的正常功能。

核查的参考样品和待测样品宜有相近的组分和浓度,参考样品的标准值是通过多个(大于 16 个)有资质的实验室进行的比对试验而获得的值。测试含有新的含氧化合物样品之前宜进行仪器核查。

8.6 样品分析

按 8.2 和 8.3 规定的准备程序来准备分析样品,将具有代表性的汽油试样用自动进样器导入按

8.1建立的气相色谱仪中,载气将试样带入气相色谱仪系统中将各组分分离,一个典型样品洗脱分离顺序示例见附录C的C.2示例。用火焰离子化检测器检测试样中的各组分,火焰离子化检测器检测到的信号由计算机系统处理得到汽油试样的各组分含量。

9 计算和报告

9.1 按质量分数计算

采用对峰面积进行积分来测定,色谱峰根据它们在第3章所述的族的存在来分类,表2和表3给出了部分族组分和含氧化合物的相对响应因子,用相对响应因子校正后,所有部分族组分的质量分数都可以计算出来,并且归一化到100%,部分族组分根据烃族类型和碳原子数目进行分类。

对于样品中含有的本标准不能测定的含氧化合物,要用不同的方法,如SH/T 0720或SH/T 0663进行测定,它们将不被积分,总面积不能归一化到100%,而是用100%减去用其他方法测得含氧化合物的含量,其数值应记录在报告中。

表2 部分族组分在FID下的相对响应因子

碳数	相对响应因子 $F_{RR.PG}$				
	烷烃 (正构＋异构)	环烷烃	烯烃 (正构＋异构)	环烯烃	芳烃
3	0.916	—	0.916	—	—
4	0.906	—	0.906	—	—
5	0.899	0.874	0.899	0.874	—
6	0.895	0.874	0.895	0.874	0.811
7	0.892	0.874	0.892	0.874	0.820
8	0.890	0.874	0.890	0.874	0.827
9	0.888	0.874	0.888	0.874	0.832
10	0.887	0.874	0.887	0.874	0.837
11+	0.887	—	—	—	0.840

每个部分族组分的相对响应因子 $F_{RR.PG}$ 的计算(甲烷的响应设置为1个单位)可由式(1)得出:

$$F_{RR.PG} = \frac{[(M_C \times n_C) + (M_H \times n_H)] \times 0.7487}{M_C \times n_C} \qquad (1)$$

式中:

M_C——碳原子量,12.011;

n_C——族中的碳原子数;

M_H——氢原子量,1.008;

n_H——族中氢原子数;

0.7487——是把甲烷响应值设置为1个单位的修正因子。

对于每个部分族组分,以质量分数表示的每个部分族组分 w_{PG} 可由式(2)计算:

$$w_{PG} = \frac{100 \times A_{PG} \times F_{RR.PG}}{\sum_i (A_{PG.i} \times F_{RR.PG.i})} \qquad (2)$$

式中:

A_{PG}——每个部分族组分面积的总和。

表 3　含氧化合物在 FID 下的相对响应因子

含氧化合物	相对响应因子[a] $F_{RR,PG}$
甲基叔丁基醚	1.33
二异丙醚	1.32
乙基叔丁基醚	1.31
叔戊基甲醚	1.24
甲醇	3.80
乙醇	1.91
正丙醇	1.87
异丙醇	1.74
正丁醇	1.55
异丁醇	1.39
仲丁醇	1.39
叔丁醇	1.23
2-甲基-2-丁醇	1.40
[a]　含氧化合物的相对响应因子已通过试验确定。	

9.2　按体积分数计算

利用部分族组分 i 的密度和质量分数,可转换为以体积分数表示的 ϕ_{PG},可由式(3)计算出,表 4 和表 5 列出了部分族组分在 15 ℃下的密度值。

$$\phi_{PG}=\frac{100\times w_{PG}/\rho_{PG}}{\sum\limits_{i}(w_{PG,i}/\rho_{PG,i})} \qquad\cdots\cdots\cdots\cdots\cdots\cdots\cdots\cdots(3)$$

式中:

w_{PG}——部分族组分的质量分数,以%计;

ρ_{PG}——部分族组分的密度,单位为千克每立方米(kg/m³)。

表 4　15 ℃下的部分族组分密度　　　　　　　　　单位为千克每立方米

碳数	密度[a] ρ_{PG}				
	烷烃(正构＋异构)	环烷烃	烯烃(正构＋异构)	环烯烃	芳烃
3	506.5	—	502.4	—	—
4	577.9	—	613.7	—	—
5	626.9	750.3	656.5	773.3	—
6	662.2	760.6	685.9	785.3	884.3
7	688.8	762.1	704.0	790.5	871.6
8	708.4	780.5	719.3	805.2	871.9
9	728.1	792.5	738.2	812.5	878.0
10	734.0	812.8	748.6	817.6	892.8
11＋	759.0	—	—	—	894.4
[a]　对同分异构混合物,其密度是根据它们在车用汽油中所占比例加权计算的。					

表5　15 ℃下含氧化合物的密度
单位为千克每立方米

含氧化合物	密度 ρ_{PG}
甲基叔丁基醚	745.3
二异丙醚	729.2
乙基叔丁基醚	745.6
叔戊基甲醚	775.2
甲醇	795.8
乙醇	794.8
正丙醇	813.3
异丙醇	789.5
正丁醇	813.3
异丁醇	810.6
仲丁醇	805.8
叔丁醇	791.0
2-甲基-2-丁醇	813.5

9.3　按质量分数计算总氧含量

根据所有已知的含氧化合物 i，以质量分数表示的总氧含量 w_O，可由式（4）计算出：

$$w_O = \sum_i \left(\frac{n_O \times M_O}{M_i} \times w_i \right) \quad\cdots\cdots\cdots\cdots\cdots\cdots\cdots\cdots（4）$$

式中：

n_O——分子中的氧原子数（通常是 1）；

M_O——氧的原子量；

M_i——含氧化合物的分子量；

w_i——样品中组分的质量分数，%。

示例：下面的例子使用甲基叔丁基醚（MTBE（$C_5H_{12}O$））作为唯一的含氧化合物，因此使用下述的原子量：

$$C：12.011；H：1.008；O：16.000$$

$$w_O = \sum_i \left(\frac{n_O \times M_O}{M_i} \times w_i \right) = \frac{1 \times 16.000}{5 \times 12.011 + 12 \times 1.008 + 1 \times 16.000} \times w_i = 0.1815 \times w_i$$

9.4　依据汽油规格来报告数据

为使报告和现行汽油规格一致，需要对结果进行四舍五入或求和：

——饱和烃总量的测定是通过烷烃、环烷烃和高沸点的多环烷烃体积分数的加和得到的；

——总烯烃含量的测定是通过烯烃和环烯烃的体积分数加和得到的；

——总芳烃含量的报告不变；

——苯含量以体积分数来报告；

——含氧化合物含量以体积分数来报告；

——总氧含量按9.3计算，以质量分数来报告。

10 结果表述

结果按下列要求,以体积分数或质量分数来报告(见9.4):
——饱和烃含量精确到0.1%;
——芳烃含量精确到0.1%;
——烯烃含量精确到0.1%;
——苯含量精确到0.01%;
——含氧化合物含量精确到0.01%;
——总氧含量精确到0.01%。

11 精密度

11.1 概述

根据ISO 4259,精密度是通过统计多个实验室的测试结果来给出的,表6中列举了公式计算的精密度值,结果被四舍五入成适当的小数位,这些小数位应和第10章中指定的一样。

11.2 重复性(95%置信水平)

同一操作者,使用同一台仪器,在相同的测试条件下,正确地按照标准操作,对同一试样两次测定结果的差值不能超过表6中重复性值(r)。

11.3 再现性(95%置信水平)

由不同的操作者,在不同的实验室,正确地按照标准操作,对同一试样得到的两个单一和独立的测定结果的差值不能超过表6中再现性值(R)。

注1:异丙醇的再现性数据要高于其他的组分,特别是出现双峰时,需要对两个峰进行合适的鉴定(参见4.2的注),参照EN/TR 15745比对试验研究报告制定,其中列举了结果报告的要求。

注2:甲醇的再现性数据要比期待的再现性数据要高很多,由于甲醇是一个活泼的组分,在取样时需要小心并确保以合适的方式将其导入预柱,参照EN/TR 15745比对试验研究报告制定,其中列举了结果报告的要求。

表6 重复性和再现性 体积分数,%

组分或族		重复性(r)	再现性(R)
饱和烃		0.5	1.6
芳烃		$0.009\,5X+0.195\,2$	$0.045\,0X+0.138\,4$
烯烃		$0.018\,5X+0.141\,5$	$0.117\,6X+0.511\,8$
苯	含量≥0.8	$0.014\,7X+0.003\,1$	$0.0777X-0.025\,0$
	含量<0.8	0.02	0.04
含氧化合物		$0.019\,3X+0.002\,4$	$0.025\,1X+0.351\,5$
注:X是两次结果的平均值。			

12 报告

测试报告至少要包括如下信息:

——对本标准的引用；

——样品的类型和完整的鉴定；

——样品取样方法（见第 7 章）；

——测试结果（见第 10 章）；

——如适用，用其他方法定量测定的组分含量（见 9.1）；

——由协议或其他方式确定的与本标准规定步骤的任何差异；

——测试日期。

附　录　A

（资料性附录）

本标准与 ISO 22854:2008 的章条编号对照

本标准与 ISO 22854:2008 相比在结构上有些调整,具体章条对照情况见表 A.1。

表 A.1　本标准与 ISO 22854:2008 的章条编号对照一览表

本标准章条编号	ISO 22854:2008 章条编号
8.6	—
—	8.6
—	8.7
附录 A	—
附录 B	附录 A
附录 C	—
附录 D	附录 B
注：表中以外的本标准其他章条编号与 ISO 22854:2008 章条编号均相同且内容相对应。	

附 录 B
（资料性附录）
仪器规范

表 B.1 给出了推荐的色谱柱要求,推荐试验仪器的色谱柱参照表 B.1 推荐的色谱柱要求,并参照图 B.1 仪器典型配置图和供应商的要求来组装仪器部件。

图 B.1 给出了仪器的典型配置图。

表 B.1 推荐的色谱柱要求

名称	长度/cm	内径/mm	固定相	说明
硫酸盐柱 I	30	2	150 μm ～ 178 μm 的 Chromosorb[a] 750 上,涂 50% 硫酸盐	捕集醇类和芳烃
极性柱	270	2	178 μm ～ 250 μm 的 Chromosorb[a] PAW 上,涂 30% OV 275	分离脂肪烃和低沸点芳烃
非极性柱	1500	0.53	5 μm OV 101 甲基硅氧烷	分离醇和高沸点芳烃
13X 分子筛柱	170	1.7	150 μm ～ 178 μm 的 Chromosorb[a] 750 上,涂 3% 13X 分子筛	分离烷烃和环烷烃
硫酸盐柱 II	30	3	150 μm ～ 178 μm 的 Chromosorb[a] 750 上,涂 50% 硫酸盐	捕集醚类
烯烃吸附阱	30	3	8% 的银盐涂在 150 μm～178 μm 的硅胶上	捕集烯烃
聚苯乙烯柱	90	2	150 μm～178 μm 的 Porapak[b] P	分离芳烃、醇和醚
加氢催化器	5.5	1.7	2% 铂涂在氧化铝上	对不饱和碳氢化合物加氢
5A 分子筛柱	30	2	5A 分子筛	分离正构烃和异构烃

[a] Chromosorb 是 Johns-Manville 公司商品名称,提供此信息是为了方便用户,如果能够证明其他产品能得到相同的结果,也可用该产品。

[b] Porapak 是 Associates 公司商品名称,提供此信息是为了方便用户,如果能够证明其他产品能得到相同的结果,也可用该产品。

GB/T 28768—2012

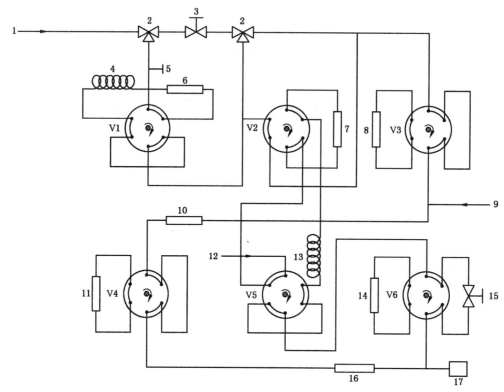

说明：

V1～V6 是色谱柱开关阀。

1——载气前入口；
2——三通阀；
3——针形阀；
4——OV-275 柱；
5——进样口；
6——硫酸盐柱Ⅰ；
7——硫酸盐柱Ⅱ；
8——烯烃吸附阱；
9——铂柱的氢气；

10——铂柱（加氢催化器）；
11——5A 分子筛柱；
12——载气后入口；
13——非极性柱；
14——聚苯乙烯柱；
15——旁通阀；
16——13X 分子筛柱；
17——火焰离子化检测器。

图 B.1 仪器典型配置图

附 录 C

（规范性附录）

推荐的色谱系统温度控制条件参数和示例

C.1 推荐的色谱系统温度控制条件参数

表C.1～表C.4中给出推荐的色谱系统温度控制条件参数，试验仪器按照表C.1～表C.4中提到的内容来设置相关参数。

表C.1 推荐的车用汽油（无含氧化合物）色谱系统温度控制条件参数表

名称	温度/℃	最大加热时间/min	最大冷却时间/min
硫酸盐柱 I	175（恒温）	—	—
极性柱	130（恒温）	—	—
非极性柱	130（恒温）	—	—
烯烃吸附阱	第一阶段捕集温度：95±5； 第二阶段捕集温度：148±2； 烯烃解析温度：280	1	5
13X 分子筛柱	90～430，升温速率10 ℃/min	—	—
聚苯乙烯柱	115（恒温）	—	—
硫酸盐柱 II	110（恒温）	—	—
铂柱（加氢催化器）	180（恒温）	—	—
5A 分子筛柱	120～450，升温速率10 ℃/min	—	—
色谱柱切换阀	130（恒温）	—	—
进样口	130（恒温）	—	—
检测器	190（恒温）	—	—
柱温箱	130（恒温）	—	—

表C.2 推荐的车用汽油（有含氧化合物）色谱系统温度控制条件参数表

名称	温度/℃	最大加热时间/min	最大冷却时间/min
硫酸盐柱 I	初始温度：163±3； 含氧化合物解析温度：280	2	5
极性柱	130（恒温）	—	—
非极性柱	130（恒温）	—	—
烯烃吸附阱	第一阶段捕集温度：95±5； 第二阶段捕集温度：148±2； 烯烃解析温度：280	1	5

表 C.2（续）

名称	温度/℃	最大加热时间/min	最大冷却时间/min
13X 分子筛柱	90～430,升温速率 10 ℃/min	—	—
聚苯乙烯柱	初始温度:120±5,洗脱温度:280	1	5
硫酸盐柱 II	初始温度:170±5;含氧化合物解析温度:280	1	5
铂柱(加氢催化器)	180(恒温)	—	—
5A 分子筛柱	120～450,升温速率 10 ℃/min	—	—
色谱柱切换阀	130(恒温)	—	—
进样口	130(恒温)	—	—
检测器	190(恒温)	—	—
柱温箱	130(恒温)	—	—

表 C.3　推荐的重整汽油色谱系统温度控制条件参数表

名称	温度/℃	最大加热时间/min	最大冷却时间/min
硫酸盐柱 I	175(恒温)	—	—
极性柱	130(恒温)	—	—
非极性柱	130(恒温)	—	—
烯烃吸附阱	捕集温度:165;烯烃解析温度:280	1	5
13X 分子筛柱	90～430,升温速率 10 ℃/min	—	—
聚苯乙烯柱	115(恒温)	—	—
硫酸盐柱 II	110(恒温)	—	—
铂柱(加氢催化器)	180(恒温)	—	—
5A 分子筛柱	120～450,升温速率 10 ℃/min	—	—
色谱柱切换阀	130(恒温)	—	—
进样口	130(恒温)	—	—
检测器	190(恒温)	—	—
柱温箱	130(恒温)	—	—

表 C.4　推荐的重整原料油色谱系统温度控制条件参数表

名称	温度/℃
硫酸盐柱 I	175(恒温)
极性柱	130(恒温)
非极性柱	130(恒温)

表 C.4（续）

名称	温度/℃
13X分子筛柱	90～430,升温速率10 ℃/min
聚苯乙烯柱	115（恒温）
硫酸盐柱Ⅱ	110（恒温）
铂柱（加氢催化器）	180（恒温）
5A分子筛柱	150～450,升温速率10 ℃/min
色谱柱切换阀	130（恒温）
进样口	130（恒温）
检测器	190（恒温）
柱温箱	130（恒温）

C.2 示例

C.2.1 一个典型洗脱顺序示例如下：

——首先醇和高沸点的芳烃被捕集在一个吸附阱上（硫酸盐柱Ⅰ），轻芳烃通过一个极性色谱柱（例如 OV 275）与其他组分分离；

——通过另一个吸附阱（硫酸盐柱Ⅱ），醚被捕集与其它组分分离；

——烯烃通过烯烃吸附阱（例如银盐），分两步与饱和烃分离，由于烯烃吸附阱的捕集能力有限，对于丁烯含量很高或总烯烃含量很高的组分，分两步捕集是有必要的，只要烯烃吸附阱的容量允许，也可以一步分离；

——接下来用13X分子筛色谱柱将剩余的饱和烃按碳数分离成烷烃和环烷烃；

——醚从吸附阱（硫酸盐柱Ⅱ）被解析出来，并按照其沸点被分离和检测；

——烯烃从烯烃吸附阱中解析后，在铂柱（加氢催化器）上被加氢饱和转化成相应的饱和烃，通过13X分子筛色谱柱分离和检测；

——醇和高沸点芳烃从极性色谱柱和吸附阱（硫酸盐柱Ⅰ）中被洗脱出来，用非极性色谱柱（例如 OV 101）将其分离，并按照其沸点分离和检测。

C.2.2 附录D中D.1典型样品色谱图展示了附录C.2示例中提及的典型样品洗脱示例。

附　录　D

（资料性附录）

样品色谱图

D.1　典型样品色谱图

图 D.1 和图 D.2 展示了附录 C.2 示例中提及的一个样品色谱图,该色谱图具有典型的洗脱顺序。图 D.3 给出一个显示乙醇洗脱的更详细的色谱图,该图表明乙醇正好在碳 9 芳烃之前洗脱出来(正如谱图中所示)。

参照 EN/TR 15745 比对试验研究报告制定,其中列举了结果报告的要求,其他详细的色谱图参见研究报告或制造商手册。

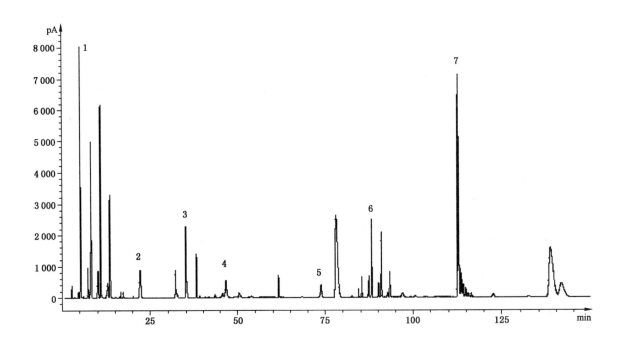

说明:

1——饱和烃碳 3～碳 8;

2——甲基叔丁基醚;

3——烯烃碳 4～碳 6;

4——饱和烃碳 7～碳 10;

5——苯;

6——烯烃;

7——芳烃。

图 D.1　含有甲基叔丁基醚的汽油样品的典型色谱图

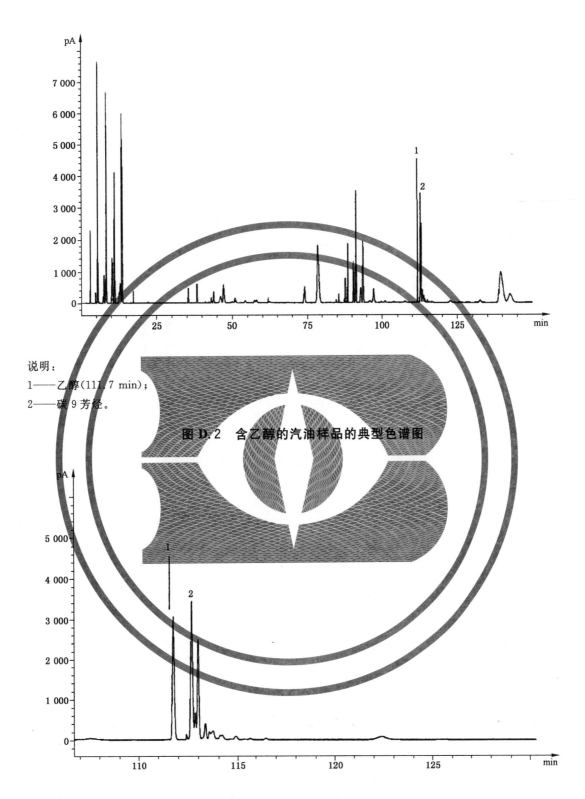

说明：
1——乙醇(111.7 min)；
2——碳 9 芳烃。

图 D.2　含乙醇的汽油样品的典型色谱图

说明：
1——乙醇(111.7 min)；
2——碳 9 芳烃。

图 D.3　图 D.2 的放大部分，显示乙醇的洗脱色谱图

D.2 硫酸盐柱Ⅱ分离温度高的干扰

如果硫酸盐柱Ⅱ的分离温度太高,部分醚(甲基叔丁基醚、乙基叔丁基醚)可能被该柱洗脱出来,将会(部分)保留在烯烃吸附阱上,随后醚会作为C4烯烃洗脱出来。图D.4a)显示分离温度超过125 ℃的谱图,图 D.4b)显示分离温度超过115℃的色谱图。

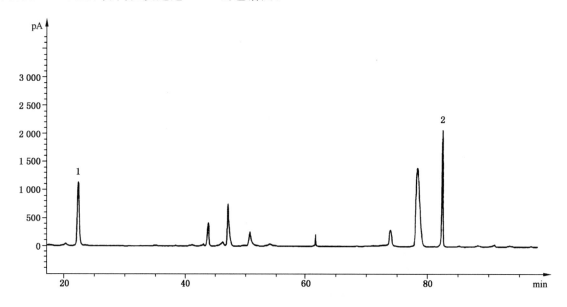

a) 分离温度超过 125 ℃ 的色谱图

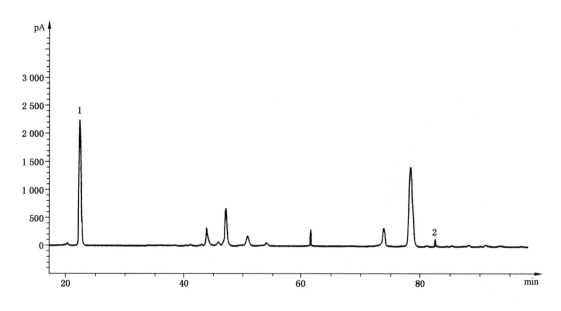

b) 分离温度超过 115 ℃ 的色谱图

说明:

1——甲基叔丁基醚;

2——碳 4 烯烃。

图 D.4 硫酸盐柱Ⅱ分离温度太高,醚的干扰色谱图

D.3 硫酸盐柱Ⅰ分离温度低的干扰

如果硫酸盐柱Ⅰ的分离温度太低,不是所有的醚(最可能的是叔戊基甲醚)都从该柱洗脱出来,而是在第一段芳烃馏分中洗脱出来,在叔戊基甲醚存在的情况下,它可能作为苯的肩峰洗脱,具体参见图 D.5。

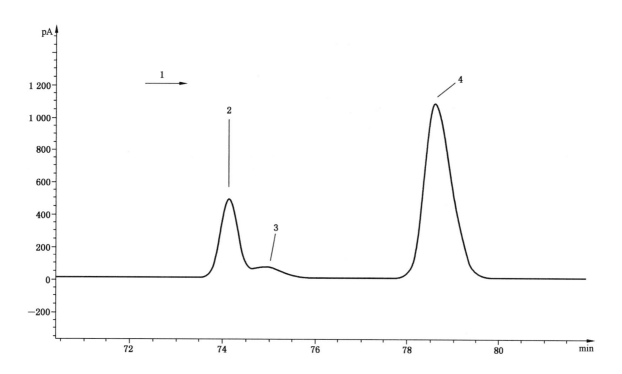

说明:
1——第一段芳烃馏分;
2——苯;
3——叔戊基甲醚肩部;
4——甲苯。

图 D.5 硫酸盐柱Ⅰ分离温度太低,醚的干扰色谱图

参 考 文 献

[1]　SH/T 0663　汽油中某些醇类和醚类测定法(气相色谱法)

[2]　SH/T 0720　汽油中含氧化合物测定法(气相色谱及氧选择性火焰离子化检测器法)

[3]　ISO 4259　石油产品试验方法精密度数据的确定和应用

[4]　EN/TR 15745　液体石油产品　烃类组成和含氧化合物的测定(多维气相色谱法)　比对试验研究报告

编者注：本标准中引用标准的标准号和标准名称变动如下。

原标准号	现标准号	现标准名称
SY/T 5317	GB/T 27867	石油液体管线自动取样法

ICS 75.160.20
E 31

中华人民共和国国家标准

GB/T 28769—2012

脂肪酸甲酯中游离甘油含量的测定
气相色谱法

Test method for determination of free glycerol content in Fatty Acid
Methyl Esters(FAME) by gas chromatography

2012-11-05 发布　　　　　　　　　　　　　　2013-03-01 实施

中华人民共和国国家质量监督检验检疫总局
中国国家标准化管理委员会　　发布

前　言

本标准按照 GB/T 1.1—2009 给出的规则起草。

本标准使用重新起草法修改采用欧洲标准 EN 14106:2003《动植物油脂衍生物　脂肪酸甲酯　游离甘油含量测定法》。

本标准与 EN 14106:2003 的主要差异如下：

——在 9.1 中增加了采用不分流进样方式的色谱条件以提高测定的灵敏度。

本标准由全国石油产品和润滑剂标准化技术委员会(SAC/TC 280)提出。

本标准由全国石油产品和润滑剂标准化技术委员会石油燃料和润滑剂分技术委员会(SAC/TC 280/SC 1)归口。

本标准起草单位:中国石油化工股份有限公司石油化工科学研究院。

本标准主要起草人:李长秀。

脂肪酸甲酯中游离甘油含量的测定
气相色谱法

警告:本标准的应用可能涉及某些有危险性的材料、操作和设备,但并未对与此有关的所有安全问题都提出建议。用户在使用本标准前有责任制定相应的安全和防护措施,并确定相关规章限制的适用性。

1 范围

1.1 本标准规定了采用气相色谱法测定脂肪酸甲酯(FAME)中质量分数范围为0.005%~0.07%的游离甘油含量的方法。

1.2 本标准适用于评价纯态生物柴油的脂肪酸甲酯的质量。甘油作为酯交换反应的副产物,其浓度会影响燃料的性能。

2 规范性引用文件

下列文件对于本文件的应用是必不可少的。凡是注日期的引用文件,仅注日期的版本适用于本文件。凡是不注日期的引用文件,其最新版本(包括所有的修改单)适用于本文件。

GB/T 4756 石油液体手工取样法(GB/T 4756—1998,eqv ISO 3170:1988)

GB/T 15687 动植物油脂 试样的制备(GB/T 15687—2008,ISO 661:2003,IDT)

3 术语和定义

下列术语和定义适用于本文件。

3.1

游离甘油含量 free glycerol content

动植物油脂经酯交换反应并将甘油相分离后残存于脂肪酸甲酯中的少量甘油。

4 方法概要

将乙醇、水和正己烷及一定量的内标物加入到已知量的试样中,使混合物形成两相。游离甘油定量转移至下层溶液中。采用气相色谱法测定下层溶液以定量确定游离甘油的含量。

5 试剂和材料

如非特别说明,所有试剂均为分析纯。

5.1 正己烷。

5.2 1,4-丁二醇:纯度不低于99%。

5.3 乙醇:纯度不低于95%。

5.4 甲酸:纯度不低于99%。

5.5　甘油:纯度不低于 99%。

5.6　载气:氮气或氢气,符合气相色谱载气要求,一般纯度不低于 99.99%。

5.7　辅助气体:
    ——氢气:纯度不低于 99.99%,不含水和有机化合物;
    ——空气:干燥空气,不含有机化合物。

5.8　内标物溶液:在 100 mL 容量瓶中准确称量约 80 mg(精确至 0.1 mg)1,4-丁二醇,用少量蒸馏水溶解,加入 1 mL 甲酸,用蒸馏水稀释至刻度。按此步骤制备的溶液在室温下可以稳定存放 24 h。

6　仪器

6.1　具备有下列配置的气相色谱仪。

6.1.1　色谱柱箱:设定温度的控制精度为±1 ℃。

6.1.2　进样口:分流/无分流进样口或填充柱进样口。

6.1.3　火焰离子化检测器(FID)及信号转换/放大系统。

6.1.4　记录仪/积分仪:能够与信号转换/放大系统连接使用,最大响应时间小于 1 s,绘图速度可以调节。

6.1.5　毛细管色谱柱:类型为 PoraPLOT Q,长度 10 m,内径 0.32 mm,液膜厚度 10 μm(见注),或采用固定相为 CHROMOSORB 101,内径 4 mm,长度 1 m 的填充柱。采用的色谱柱应满足甘油和内标物的色谱峰完全分离(两色谱峰之间的基线接近零点),分析时间小于 15 min,并且按照 9.3 测定得到的甘油的校正因子不超过 2.5。

> 注:已注意到不同生产商所提供的毛细管色谱柱的性能存在差别,有些在使用中会带来一些问题。有人提出使用游离脂肪酸分析用固定相(FFAP)或聚乙二醇固定相的毛细管色谱柱。无论使用何种类型色谱柱,其分离效果需满足指标要求。

6.1.6　流量控制器,用于载气和辅助气流量控制。

6.2　气相色谱用微量注射器:5 μL 或 10 μL。

6.3　容量瓶:50 mL 和 100 mL。

6.4　移液管:1 mL。

6.5　带刻度移液管:5 mL。

6.6　分析天平:感量 0.1 mg。

6.7　玻璃锥形离心试管:10 mL。

6.8　离心机:转速可达到 2 000 r/min。

7　取样

7.1　按照 GB/T 4756 的方法取样。

7.2　取样过程应考虑到脂肪酸甲酯中的游离甘油与玻璃容器有很强的亲和性,因此应避免使用玻璃容器收集和储存样品,可使用合适的塑料容器。

8　试样制备

按照 GB/T 15687 的要求准备试样。试样不能加热或过滤。

9 操作步骤

9.1 色谱条件

9.1.1 毛细管柱可使用下列条件：
——不分流模式：
a) 色谱柱箱温度：初温 150 ℃，保持 1 min，升温速率 40 ℃/min，终温 210 ℃，保持 12 min；
b) 进样口温度：250 ℃；
c) 检测器温度：250 ℃；
d) 进样 0.5 min 后打开分流阀，分流比约 20∶1；
e) 载气流量：3 mL/min。
——分流模式：
a) 色谱柱箱温度：210 ℃；
b) 进样口温度：230 ℃；
c) 检测器温度：250 ℃；
d) 分流比：约 50∶1；
e) 载气流量：1 mL/min～2 mL/min。

9.1.2 填充柱可使用下列条件：
——色谱柱箱温度：200 ℃；
——进样口温度：230 ℃；
——检测器温度：250 ℃；
——载气流量：20 mL/min～30 mL/min。
注：推荐采用毛细管柱的不分流进样模式色谱条件，以保证测定的灵敏度。

9.2 色谱峰定性

根据相同条件下甘油和内标物的保留时间可以确定试样中甘油和内标物的色谱峰。图 1 为典型色谱图。

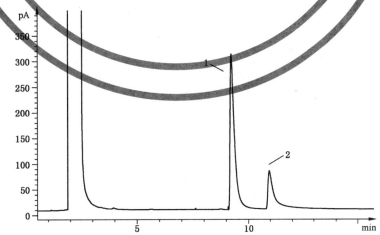

说明：
1——1,4 丁二醇；
2——甘油。

图 1 用于甘油校正因子测定的混合溶液的典型色谱图

9.3 甘油校正因子的测定

准确称量约 100 mg(精确至 0.1 mg)甘油和 100 mg(精确至 0.1 mg)1,4-丁二醇于 100 mL 容量瓶中,加入 50 mL 乙醇(见 5.3)溶解,并用蒸馏水稀释至刻度。配制过程中注意水/醇混合时的放热效应和体积的减少。取 1 μL 此混合溶液注入色谱系统并按照前述色谱条件进行分析,至少平行测定三次,计算甘油的校正因子。该溶液在室温下可以稳定储存几周。根据色谱图结果和式(1)计算甘油的校正因子 F_r:

$$F_r = \frac{A_1/M_1}{A_2/M_2} \quad\cdots\cdots\cdots\cdots\cdots\cdots\cdots\cdots\cdots\cdots\cdots(1)$$

式中:

A_1——1,4-丁二醇峰面积;

A_2——甘油峰面积;

M_1——溶液中 1,4-丁二醇的质量,单位为毫克(mg);

M_2——溶液中甘油的质量,单位为毫克(mg)。

按照式(2)计算的甘油校正因子 F_r 应不超过 2.5(见 6.1.5 中注)。

9.4 定量分析

9.4.1 试样准备

称量约 3.5 g(精确至 0.1 mg)试样(约 4 mL)于 10 mL 离心试管中,加入 1 mL 乙醇(见 5.3),轻轻振摇使混合均匀。准确加入 1 mL 内标物溶液(见 5.8)和 4 mL 正己烷,盖紧试管塞并剧烈振荡 5 min。离心分离 15 min。取下层溶液进行色谱分析。

9.4.2 色谱分析

用微量注射器取约 1 μL 下层溶液,然后抽入一定量的空气使针头中无溶液滞留("热针"技术),仔细将注射器及针头用纸巾擦拭干净,将注射器针头通过隔垫插入进样口,等待 5 s,快速将试样注入汽化室,5 s 后拔出进样针头。在色谱图上标记进样时间,甘油色谱峰流出后继续几分钟。

10 计算和报告

根据积分结果计算试样中的游离甘油的含量。游离甘油的质量分数 $w(\%)$ 按式(2)计算:

$$w = \frac{(A_2/A_1) \times F_r \times m_1}{m} \times 100\% \quad\cdots\cdots\cdots\cdots\cdots\cdots\cdots\cdots\cdots(2)$$

式中:

A_1、A_2、F_r——与式(1)中含义相同;

m_1——试样中加入的 1,4-丁二醇的质量,单位为毫克(mg);

m——试样的质量,单位为毫克(mg)。

结果以质量分数(%)表示,精确至小数点后第 2 位。

11 精密度

11.1 实验室间精密度详细测定数据见附录 A。据此得出的精密度值不适用于超出所列试样类型和浓度范围的试样测试。按照下述规定判断试验结果的可靠性(95%置信水平)。

11.2 重复性(r)

同一实验室、同一操作人员、采用同一仪器设备,在相同的实验条件下,对同一试样两次重复测定结果之差不应超过表1中重复性(r)的值。

11.3 再现性(R)

不同实验室、不同操作人员、采用不同仪器,对同一试样两个单一和独立测定结果之差的绝对值,不应超过表1中再现性(R)的值。

表 1 测定重复性和再现性(r 和 R)

精密度	$r = 0.466\,4w - 0.001\,2$	$R = 0.781\,2w + 0.003\,2$
注：w 为两个测定结果的平均值,质量分数(%)。		

12 试验报告

试验报告应注明：

——识别试样的必要信息；

——所用采样方法；

——分析方法及标准号；

——本标准未列出的操作细节,以及有可能影响分析结果的其他因素；

——测定结果(见第 10 章)。

附 录 A

（资料性附录）

实验室间试验结果

实验室协作试验涉及欧洲范围 5 个国家 7 个实验室对 5 个试样的分析结果。

试样 1：由葵花籽油制备的脂肪酸甲酯。

试样 2：由菜籽油制备的脂肪酸甲酯 1。

试样 3：由菜籽油和葵花籽油混合制备的脂肪酸甲酯（75：25）。

试样 4：由菜籽油制备的脂肪酸甲酯 2。

试样 5：由菜籽油和葵花籽油混合制备的脂肪酸甲酯（25：75）。

本试验项目由欧洲标准化委员会 CEN/TC 307/WG 1 工作组于 1999 年组织进行，获得的试验结果按照 ISO 4259 的要求进行统计分析，得到的精密度数据见表 A.1。

表 A.1 精密度数据

试样	1	2	3	4	5
参加的实验室数目/N	7	7	7	7	7
去除界外实验室后的实验室数/N	6	6	6	6	6
测定平均值（质量分数）/%	0.018	0.014	0.032	0.001	0.048
重复性测定标准偏差（质量分数）/%	0.001	0.001	0.005	0.000	0.006
再现性测定标准偏差（质量分数）/%	0.003	0.004	0.007	0.002	0.012
重复性允许差（质量分数）r/%	0.004	0.004	0.018	0.001	0.020
再现性允许差（质量分数）R/%	0.011	0.015	0.025	0.006	0.042

ICS 75.080；17.060.00
E 30

中华人民共和国国家标准

GB/T 30514—2014

玻璃毛细管运动黏度计　规格和操作说明

Glass capillary kinematic viscometers—Specifications and operating instructions

(ISO 3105:1994,MOD)

2014-02-19 发布　　　　　　　　　　　2014-06-01 实施

中华人民共和国国家质量监督检验检疫总局
中国国家标准化管理委员会　　发布

前　言

本标准按照 GB/T 1.1—2009 给出的规则起草。

本标准使用重新起草法修改采用 ISO 3105:1994《玻璃毛细管运动黏度计　规格和操作说明》。

本标准与 ISO 3105:1994 相比,在结构上增加了第 8 章和第 9 章。

本标准与 ISO 3105:1994 的技术性差异及其原因如下:

——在第 2 章规范性引用文件中增加了 JJG 155、SH/T 0173—1992 和 SH/T 0526,以满足我国黏度计应用和检定的实际需要;

——在 6.3 中增加可使用符合我国相关标准要求的黏度标准油,以满足我国黏度计校准和检定的实际使用;

——增加第 8 章黏度计的校准要求,补充在黏度计出售和使用前,需按本标准规定进行校准或检定,并对我国常用工作毛细管黏度计所使用的检定规程予以明确,以确保黏度计生产和使用质量符合标准要求;

——增加第 9 章标志和包装,对黏度计上应有的标志予以说明,并给出黏度计的包装要求,以规范黏度计的标志和包装;

——在附录 A 的表 A.8 中,删除了 ISO 3105:1994 表 A.8 中对平开维奇黏度计管 N、P 和 E 处管内径的尺寸规定,因该内径尺寸不符合平开维奇玻璃毛细管黏度计的设计原理和使用要求;

——在附录 C 有关坎农-芬斯克不透明黏度计的图 C.1 中,增加此黏度计带支管的管 L 局部的图示,以方便黏度计的操作使用。

本标准还做了下列编辑性修改:

——在第 1 章范围中增加注,明确我国现行石油化工行业标准 SH/T 0173—1992 中所规定的 BMN-1 型、BMN-2 型和 BMN-3 型黏度计,符合 GB/T 30515 透明和不透明液体石油产品运动黏度测定方法标准的精密度要求,以方便我国石油产品运动黏度测定的实际应用;

——在 6.2.5 有关重力加速度对黏度计校正常数的修正说明后增加注,明确不同实验室之间重力加速度比值的影响范围,以方便使用;

——在 A.1.1 中增加注,说明符合 SH/T 0173—1992 中 BMN-1 型和 BMN-2 型要求的平开维奇黏度计,可较好满足 GB/T 30515 中透明液体石油产品运动黏度测定方法的精密度要求,以提供设计更为合理可靠的平开维奇黏度计,方便我国石油产品运动黏度测定的使用需要;

——在 B.1 有关悬液式黏度计种类概述中,增加了 ISO 3105:1994 所遗漏的 DIN 乌别洛德黏度计;

——将图 C.4 中 ISO 3105:1994 所标注的 L-18 更改为 N-18,与操作说明的文字相对应;

——对 ISO 3105:1994 中有些黏度计规格尺寸表,包括表 A.5、表 B.2、表 B.4 和表 C.1 中的个别尺寸数字的错误进行了更正。

本标准由全国石油产品和润滑剂标准化技术委员会(SAC/TC 280)提出。

本标准由全国石油产品和润滑剂标准化技术委员会石油燃料和润滑剂分技术委员会(SAC/TC 280/SC 1)归口。

本标准起草单位:中国石油化工股份有限公司石油化工科学研究院、中国检验检疫科学研究院。

本标准主要起草人:杨婷婷、郭涛、陈洁、陈会明、王玎。

玻璃毛细管运动黏度计 规格和操作说明

警告：本标准的使用可能涉及某些有危险的材料、操作和设备，但并未对与此有关的所有安全问题都提出建议。使用者在应用本标准之前有责任制定相应的安全和保护措施，并确定相关规章限制的适用性。

1 范围

本标准规定了玻璃毛细管运动黏度计的规格和操作说明，也规定了这些黏度计的校准方法。

本标准适用于按 GB/T 30515 步骤应用于石油产品运动黏度测定的玻璃毛细管黏度计。

本标准所规定的黏度计类型为改进型奥斯特瓦尔德(Ostwald)(奥氏)黏度计(附录 A)、悬液式黏度计(附录 B)和逆流黏度计(附录 C)。其他可满足 GB/T 30515 运动黏度测定精密度要求的玻璃毛细管黏度计也可使用。

> **注**：经验证，SH/T 0173—1992 中 BMN-1 型和 BMN-2 型平开维奇(Pinkevitch)黏度计可满足 GB/T 30515 中透明液体石油产品运动黏度测定的精密度要求；SH/T 0173—1992 中 BMN-3 型坎农-芬斯克(Cannon-Fenske)不透明黏度计可满足 GB/T 30515 中不透明液体石油产品运动黏度测定的精密度要求。

2 规范性引用文件

下列文件对于本文件的应用是必不可少的。凡是注日期的引用文件，仅注日期的版本适用于本文件。凡是不注日期的引用文件，其最新版本(包括所有修改单)适用于本文件。

GB/T 27025　检测和校准实验室能力的通用要求(GB/T 27025—2008，ISO/IEC 17025：2005，IDT)

GB/T 30515　透明和不透明液体石油产品运动黏度测定法及动力黏度计算法 (GB/T 30515—2014，ISO 3104：1994，MOD)

JJG 155　工作毛细管黏度计检定规程

SH/T 0173—1992　玻璃毛细管黏度计技术条件

SH/T 0526　黏度标准油

3 黏度计各部件的标示符号

对各附录中所述的每支黏度计的各指定部件采用字母标示，当在正文中对这些黏度计进行引用时，也采用这些字母符号标示。在各附录中各黏度计图中最常用的字母符号如下：

——A：下贮球；

——B：悬置水平球；

——C、J：计时球；

——D：上贮球；

——E、F、I：计时标线；

——G、H：装样标线；

——K：溢流管；

——L:夹持管；

——M:下部通气管；

——N:上部通气管；

——P:连接管；

——R:工作毛细管。

4 黏度计的材料和制造

4.1 所有黏度计都应采用完全退火的、低膨胀的硼硅玻璃制造。每支黏度计都应固定标有尺寸标号、序列号以及生产厂家标识。所有计时标线均应蚀刻，并用不透明的颜料充填，或使其成为黏度计的固定部分。

4.2 除菲茨西蒙斯(FitzSimons)黏度计和亚特兰泰克(Atlantic)黏度计外，所有黏度计的构造均应适于穿过恒温浴盖上直径为 51 mm 的孔口而安置于恒温浴中。恒温浴中液体深度至少为 280 mm。设定恒温浴液面距浴盖顶部的距离应不大于 45 mm。

> 注:对某些恒温浴,特别是在低温或高温时,需将黏度计最上部的管制成比附录黏度计图中所示更长的管,以保证黏度计在恒温浴中有合适的浸入深度。如此改制的黏度计可使其运动黏度测定符合方法精密度要求。附录A~附录C中各黏度计图中各管长和球的尺寸公差应保持在±10%或±10 mm 以内,取二者中的较小值,这样,黏度计校准常数的变化不会大于标称值的±15%。

5 黏度计的夹持器和校直

对于构造为在流动时间内液体上下液面中心垂直相对(即液体上弯月面正对其下弯月面)的所有黏度计(附录 A 中的坎农-芬斯克常规黏度计和附录 B 中的所有黏度计),当置于恒温浴中时,采用铅垂线或其他同等精度检验手段进行观察,应使其管 L 位于垂直方向的 1°范围内。

> 注:许多市售的夹持器已设计成使管 L 垂直于恒温浴盖;尽管如此,为确保管 L 的垂直,还是应该用铅垂线或其他方法检验黏度计的位置。

对于构造为在流动时间内液体上下液面中心位置有所偏离(即液体上弯月面与其下弯月面不重合)的黏度计(附录 A 中除坎农-芬斯克常规黏度计外的其他黏度计和附录 C 中的所有黏度计),当置于恒温浴中时,应使其管 L 位于垂直方向的 0.3°范围内。

> 注:通常,在蔡特富克斯(Zeitfuchs)黏度计、蔡特富克斯十字臂黏度计和兰茨-蔡特富克斯(Lantz-Zeitfuchs)黏度计上粘接有可与恒温浴盖上 51 mm 孔口适配的圆形金属盖,这样,这些黏度计便可固定地安装在浴盖上;也有相适配的 25 mm×59 mm 长方形金属盖,通常可粘接在蔡特富克斯十字臂黏度计和蔡特富克斯黏度计上。已粘接有金属盖的黏度计也应借助铅垂线进行检验,使其垂直地安装在恒温浴中。

在附录 A~附录 C 各图中,黏度计中各管的标示字母之后的数字是以毫米表示的管外径。保证这些外径尺寸和规定的间距尺寸的准确十分重要,以确保夹持器能够互换。

6 黏度计的校准方法

6.1 试验步骤

本标准所规定的各种玻璃毛细管运动黏度计按附录 A~附录 C 所述步骤进行校准。

6.2 标准黏度计法

6.2.1 选择一种清澈、无固体颗粒并具有牛顿流体特性的油品,其运动黏度应该在标准黏度计和被校准黏度计的运动黏度测定范围内,且在标准黏度计和被校准黏度计中其最小流动时间均应大于附录相应的表中所规定的值,以便使动能修正(见 7.1 和 7.2)小于 0.2%。

6.2.2 选择一支已知黏度计常数为 C_2 的已校准过的黏度计。

注1:此黏度计可以是一支标准黏度计(驱动压头至少为 400 mm),该黏度计是用依次递增方法,用直径逐步增大的黏度计,先以蒸馏水作为运动黏度初始基准液校准过的,或是已与标准黏度计相比较校准过的相同类型的工作黏度计。

注2:标准黏度计仅应由被认可的、符合要求(如 GB/T 27025)的实验室进行校准。

将校准过的黏度计与被校准的黏度计安放在同一个浴中,并按 GB/T 30515 方法测定油品的流动时间。

6.2.3 被校准的黏度计常数 C_1,按式(1)计算:

$$C_1 = (t_2 \times C_2)/t_1 \qquad\qquad\qquad (1)$$

式中:

C_1——被校准的黏度计常数,单位为二次方毫米每二次方秒(mm^2/s^2);

t_1——在被校准的黏度计中油品的流动时间(精确至 0.1 s),单位为秒(s);

C_2——已校准的黏度计常数,单位为二次方毫米每二次方秒(mm^2/s^2);

t_2——在已校准的黏度计中油品的流动时间(精确至 0.1 s),单位为秒(s)。

6.2.4 用比第一个油品流动时间至少长 50% 的第二个油品重复 6.2.1~6.2.3。对附录A和附录B中所列的黏度计,如果两个 C_1 值之差小于 0.2%,或对附录C中所列的黏度计,如果两个 C_1 值之差小于 0.3%,则取其平均值作为被校准黏度计的常数。如果两个 C_1 值之差大于规定值,则仔细地检查所有可能造成误差的原因,重新进行试验。

6.2.5 校准常数 C 取决于校准所在地的重力加速度,其值及仪器常数应由校准实验室提供。当进行运动黏度测定时,测试实验室与校准实验室所提供的重力加速度 g 的差别大于 0.1% 时,校准常数应按式(2)进行修正:

$$C_1 = (g_1/g_2)C_2 \qquad\qquad\qquad (2)$$

式中下标 1 和 2,分别表示测试实验室和校准实验室。

注:通常 g_1 与 g_2 的比值介于 0.999~1.001 之间时,不需进行重力加速度修正。

6.3 黏度标准油法

表1中列出了具有所示近似运动黏度的黏度标准油。黏度标准油的运动黏度公认参考值可由实验室间协作试验确定,并随黏度标准油一同提供。也可使用符合 SH/T 0526 要求的黏度标准油。

注:在有些国家,黏度标准油可从国家实验室或其他授权的来源得到。这些黏度标准油可涵盖本标准中所有黏度计的使用范围。

表 1 典型的黏度标准油

黏度标准油标号	近似的运动黏度/(mm^2/s)					
	−40 ℃	20 ℃	25 ℃	40 ℃	50 ℃	100 ℃
3	80	4.6	4.0	2.9	—	1.2
6	—	11	8.9	5.7	—	1.8
20	—	44	34	18	—	3.9
60	—	170	120	54	—	7.2
200	—	640	450	180	—	17
600	—	2 400	1 600	520	280	32

表 1（续）

黏度标准油标号	近似的运动黏度/(mm²/s)					
	−40 ℃	20 ℃	25 ℃	40 ℃	50 ℃	100 ℃
2 000	—	8 700	5 600	1 700	—	75
8 000	—	37 000	23 000	6 700	—	—
30 000	—	—	81 000	23 000	11 000	—

6.3.1 从表 1 中选择一种在校准温度下，运动黏度在被校准黏度计运动黏度范围的黏度标准油，并且其最小流动时间要大于在附录中相应的黏度计规格表中所规定的最小流动时间。按 GB/T 30515 方法测定流动时间，精确至 0.1 s，并按式（3）计算黏度计常数 C：

$$C = \nu/t \qquad\qquad\qquad\qquad (3)$$

式中：

ν——黏度标准油的运动黏度，单位为二次方毫米每秒（mm²/s）；

t——流动时间，单位为秒（s）。

6.3.2 用比第一个黏度标准油流动时间至少长 50% 的第二个黏度标准油重新测定。对附录 A 和附录 B 中所列的黏度计，如果两个 C 值之差小于 0.2%，或对附录 C 中所列的黏度计，如果两个 C 值之差小于 0.3%，则取其平均值作为被校准黏度计的常数。如果两个 C 值之差大于规定值，则仔细地检查所有可能造成误差的原因，重新进行试验。

6.4 黏度计常数的表示

报告黏度计常数，精确至其测定值的 0.1%。通常，在 $1 \times 10^N \sim 6.999 \times 10^N$ 范围，取四位有效数字，在 $7 \times 10^N \sim 9.99 \times 10^N$ 范围，取三位有效数字。

7 运动黏度的计算

7.1 基础公式

原则上，根据哈根-泊肃叶（Hagen-Poiseuille）定律，运动黏度的计算与黏度计的尺寸有关，如式（4）：

$$\nu = [10^6 \pi g d^4 ht/(128Vl)] - E/t^2 \qquad\qquad (4)$$

式中：

ν——运动黏度，单位为二次方毫米每秒（mm²/s）；

g——重力加速度，单位为米每二次方秒（m/s²）；

d——毛细管直径，单位为米（m）；

l——毛细管长度，单位为米（m）；

h——液体上、下弯月面之间的平均距离（平均驱动压头），单位为米（m）；

V——通过毛细管的被计时液体体积（近似于计时球的体积），单位为立方米（m³）；

E——动能系数，单位为二次方毫米秒（mm²·s）；

t——流动时间，单位为秒（s）。

如果所选择的黏度计其最小流动时间超过了附录 A～附录 C 中所规定的值，则动能修正项 E/t^2 可忽略，且可将式（4）通过组合不变项成为一个常数 C，简化为式（5）：

$$\nu = Ct \qquad\qquad\qquad\qquad (5)$$

7.2 动能修正

按照附录 A～附录 C 所述黏度计的设计,如果流动时间大于 200 s,其动能修正项 E/t^2 可忽略不计。对测量低运动黏度液体所需的几种尺寸的黏度计,为使动能修正项 E/t^2 可忽略不计,则要求最小流动时间比 200 s 更大。黏度计测定不同范围运动黏度所需的最小流动时间以脚注的形式在附录 A～附录 C 相应的黏度计尺寸表中给出。

对常数 C 小于或等于 $0.01 \text{ mm}^2/\text{s}^2$ 的黏度计,如果最小流动时间未达到 200 s,则动能修正项可能会较大。

7.3 最大流动时间

为方便操作,人为确定 1 000 s 作为本标准所规定黏度计的推荐最大流动时间。也可采用更长的流动时间。

7.4 表面张力修正

如果在流动时间内液体上下两个弯月面的平均直径不相同,且若试样的表面张力与校准液体的表面张力有实质差别,则有必要进行表面张力的修正。修正后的常数 C_{corr},可近似地按式(6)得到:

$$C_{\text{corr}} = C\{1 + [2/(gh)] \times (1/r_{\text{u}} - 1/r_{\text{l}}) \times (\gamma_{\text{c}}/\rho_{\text{c}} - \gamma_{\text{t}}/\rho_{\text{t}})\} \quad\cdots\cdots\cdots\cdots\cdots\quad(6)$$

式中:

g——重力加速度,单位为米每二次方秒(m/s^2);

h——驱动压头的平均长度,单位为米(m);

r_{u}——上弯月面的平均半径,单位为米(m);

r_{l}——下弯月面的平均半径,单位为米(m);

γ——表面张力,单位为牛顿每米(N/m);

ρ——密度,单位为千克每立方米(kg/m^3)。

下标 c 和 t 分别表示校准液体和试样所得的值。

表面张力的修正适用于所有黏度计,而许多黏度计也设计成使表面张力的修正尽量最小。通常当采用以水校准的黏度计来测定油品时,其表面张力的修正最大。通常采用与被测烃类试样表面张力足够接近的烃类校准液体进行黏度计校准,以使表面张力修正可忽略不计。

7.5 温度影响

7.5.1 对那些在浴温下试样体积经过调整的黏度计和所有悬液式黏度计,其黏度计常数 C 不受温度的影响。

7.5.2 下述在环境温度下充装试样液体体积固定的各种黏度计,其黏度计常数 C 会随温度变化而改变:坎农-芬斯克常规黏度计、平开维奇黏度计、坎农-曼宁(Cannon-Manning)半微量黏度计和坎农-芬斯克不透明黏度计。

7.5.2.1 式(7)用于计算与校准温度不同的其他测试温度下的坎农-芬斯克常规黏度计、平开维奇黏度计、坎农-曼宁半微量黏度计的黏度计常数。

$$C_4 = C_3\{1 + [4\ 000V_1(\rho_2 - \rho_1)]/(\pi D_1{}^2 h_1 \rho_2)\} \quad\cdots\cdots\cdots\cdots\cdots\quad(7)$$

式中:

C_3——在相同温度下充装液体和校准时的黏度计常数,单位为二次方毫米每二次方秒(mm^2/s^2);

V_1——所充装液体的体积,单位为毫升(mL);

D_1——对坎农—芬斯克常规黏度计、平开维奇黏度计和坎农-曼宁半微量黏度计,其下贮球中液体弯月面的平均直径,单位为毫米(mm);

h_1——驱动压头的平均长度,单位为毫米(mm);

ρ_1——在充装温度下被测液体的密度,单位为千克每升$[\mathrm{kg}/(\mathrm{m}^3 \times 10^{-3})]$;

ρ_2——在试验温度下被测液体的密度,单位为千克每升$[\mathrm{kg}/(\mathrm{m}^3 \times 10^{-3})]$。

7.5.2.2 坎农-芬斯克不透明黏度计常数的温度影响按式(8)计算:

$$C_4 = C_3 \{1 - [4\,000V_1(\rho_2 - \rho_1)]/(\pi D_2^2 h_1 \rho_2)\} \qquad \cdots\cdots\cdots\cdots\cdots\cdots(8)$$

式中:

D_2——坎农-芬斯克不透明黏度计的上贮球中液体弯月面的平均直径,单位为毫米(mm)。

8 黏度计的校准要求

8.1 玻璃毛细管运动黏度计在出售或使用之前,应按照本标准的相关规定进行校准或检定。校准或检定结果应符合本标准中相应黏度计的技术规格要求。

8.2 对有些工作毛细管黏度计,可按照国家计量检定规程 JJG 155 进行校准和检定。

9 标志和包装

在黏度计管身上一般应标明制造商名称或商标、尺寸标号、仪器编号、制造年月等标志。黏度计应按照玻璃仪器的包装要求进行包装。

附 录 A

（规范性附录）

改进型奥斯特瓦尔德黏度计

A.1 概述

下述用于测定透明液体运动黏度的改进型奥氏黏度计,沿袭了奥氏黏度计的基本设计,但为确保黏度计中恒定的试样体积,对 A.1.1 和 A.1.2 中所列的黏度计作了改进。

这些黏度计用于测定运动黏度高达 20 000mm²/s 的透明牛顿液体。

对于各种改进型奥氏黏度计,其详图、尺寸标号、标称黏度计常数、运动黏度范围、毛细管直径和球体积如图 A.1～A.7 所示,并在表 A.1～表 A.8 中给出。

A.1.1 在充装温度下液体体积恒定的黏度计:

——坎农-芬斯克常规黏度计;

——坎农-曼宁半微量黏度计;

——平开维奇黏度计。

注:符合 SH/T 0173—1992 中 BMN-1 型和 BMN-2 型要求的平开维奇黏度计,其设计合理,可较好地满足 GB/T 30515 中透明液体石油产品运动黏度测定方法的精密度要求。

A.1.2 在试验温度下液体体积恒定的黏度计:

——蔡特富克斯黏度计;

——SIL 黏度计;

——BS/U 型黏度计;

——BS/U/M 小型黏度计。

A.2 操作说明

适用于所有玻璃毛细管运动黏度计的标准操作步骤已在 GB/T 30515 中给出。A.2.1～A.2.6 概述了改进型奥氏黏度计的操作说明,并侧重于专属此类黏度计的操作步骤。

A.2.1 选择一支清洁、干燥并已校准的黏度计,其流动时间应大于 200 s 或相应黏度计尺寸表中所规定的最小流动时间,选二者之中的较大值。

A.2.2 按仪器设计要求的方法,将试样充装入黏度计,此操作应与校准仪器时采用的方法一致。若认为样品中含有纤维或固体颗粒,则在充装试样时,使用 75 μm 的筛网进行过滤。

A.2.2.1 向坎农-芬斯克常规黏度计、坎农-曼宁半微量黏度计和平开维奇黏度计中充装试样时,将黏度计倒置,将管 N 浸入试样中,从管 L 抽吸试样(平开维奇黏度计有一个抽真空的支管 O,用手指封堵管 L 以控制液体流量)。将试样抽吸到坎农-芬斯克常规黏度计和平开维奇黏度计的计时标线 F,而对坎农-曼宁半微量黏度计,将试样抽吸至装样标线 G。将黏度计直立地安装在恒温浴中,保持管 L 垂直。

A.2.2.2 将蔡特富克斯黏度计安装在恒温浴中,保持管 L 垂直。通过管 L 将试样倒入并装至装样标线 G。使试样在 15 min 内达到浴温,排除空气泡。将管 K 与带有旋塞和收集器的真空管路连接。将真空管路上的旋塞打开一部分,并采用手指封堵管 N 的办法,缓慢地将试样抽吸进入计时球 C。允许过量液体流进上贮球 D,并通过管 K 进入到真空管路中的收集器。当管 L 中液体达到装样标线 H 之上 2 mm～5 mm 时,为使液体保持在此液面,按表 A.1 所示时间,用手指交替启闭通向大气的管 N,使试样从管 L 壁流下。

抽吸试样以调节试样工作体积,使试样下弯月面刚好达到装样标线 H,并确保试样完全充装在黏度计的装样标线 H 和球 D 的溢流口顶部之间;在这次最后调节试样的工作体积之后,将手指挪开,关闭或卸除仪器与真空源的连接。也可采用切断真空并用橡胶球向管 L 加压的方法,更方便地进行最后的调节。

表 A.1 不同运动黏度范围的试样在蔡特富克斯黏度计中的流液时间

试样的运动黏度/(mm²/s)	流液时间/s
$\nu < 10$	10～20
$10 \leqslant \nu < 100$	40～60
$100 \leqslant \nu \leqslant 1\,000$	100～120
$1\,000 < \nu$	180～200

A.2.2.3 对 SIL 黏度计,充装试样时将黏度计倾斜,使其与垂直方向夹角约 30°,且下贮球 A 位于毛细管 R 之下。将足够的试样充装入管 L 使下贮球 A 完全充满,并溢流至集液道中。将黏度计返回到垂直位置,并安装在恒温浴中,使管 L 呈垂直状态。充装的试样量应使位于下贮球中的试样液面比开口 S 高 3 mm～ 14 mm。在毛细管 R 中的试样将会上升到比开口 S 略高一点。当温度达到平衡后,用从管 K 进行抽吸的方法,从集液道中除去过量的试样。

A.2.2.4 将 BS/U 型黏度计或 BS/U/M 小型黏度计安装在恒温浴中,并保持管 L 呈垂直状态。为尽量减少管 L 中装样标线 G 以上的部分被试样沾染,采用一支长的移液管,使试样充满下贮球 A,并稍微过量一些。当试样达到浴温后,用移液管抽取试样的办法调节试样的体积,使试样液面位于装样标线 G 的 0.2 mm 范围内。

A.2.3 将已装样的黏度计在浴中保持足够长的时间,以达到试验温度。由于温度平衡时间根据仪器、温度和运动黏度的不同而不同,故需通过试验来确定适当的平衡时间(除具有很高运动黏度的试样外,30 min 应足够)。一个浴中通常可放置多个黏度计,不应在一支黏度计测定流动时间时放入或取出另一支黏度计。

A.2.4 采用真空抽吸的方式(或如果试样含有挥发性组分,则采用加压的方式),将试样经过球 C 吸取至超过上部计时标线 E 约 5 mm 处。切断真空,使试样靠重力流下。

A.2.5 测定试样上弯月面底缘从计时标线 E 流至计时标线 F 所需的时间,精确至 0.1s。如果流动时间小于黏度计规定的最小流动时间,则选择一支毛细管内径更小的黏度计,重复 A.2.2～A.2.5 的步骤。

A.2.6 重复 A.2.4 和 A.2.5 步骤,再次测定试样的流动时间。如果两次测定结果符合 GB/T 30515 方法中对被测石油产品所规定的确定性允差要求,则用其平均值计算试样的运动黏度。

A.2.7 将黏度计先用可与试样完全互溶的适当溶剂冲洗几次,再用一种完全挥发的溶剂彻底洗净。用经过滤的干燥空气流缓慢通过并干燥黏度计 2 min,或直至最后的溶剂痕迹被除去。因可能会造成黏度计校准值的变化,故不推荐使用碱性清洗溶液。

单位为毫米

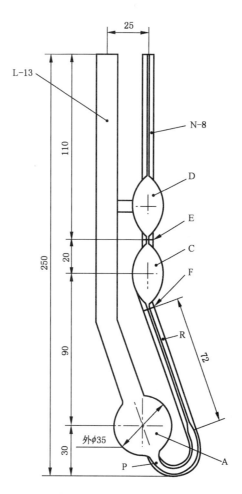

注：仅对 25 号黏度计，其毛细管 N 笔直地延伸穿过球 D 和球 C 至低于球 C 约 10 mm 处；计时标线 F 环绕此毛细管 N。长度尺寸公差见 4.2 规定。

图 A.1　坎农-芬斯克常规黏度计

表 A.2　坎农-芬斯克常规黏度计的尺寸和运动黏度范围

尺寸标号	标称黏度计常数/ (mm²/s²)	运动黏度范围/ (mm²/s)	管 R 内径 (±2%)/mm	管 N、P 和 E 处管 内径(±2%)/mm	球体积(±5%)/mL	
					D	C
25	0.002	0.5ᵃ～2	0.30	2.6～3.0	3.1	1.6
50	0.004	0.8～4	0.44	2.6～3.0	3.1	3.1
75	0.008	1.6～8	0.54	2.6～3.2	3.1	3.1
100	0.015	3～15	0.63	2.8～3.6	3.1	3.1
150	0.035	7～35	0.78	2.8～3.6	3.1	3.1
200	0.1	20～100	1.01	2.8～3.6	3.1	3.1
300	0.25	50～250	1.27	2.8～3.6	3.1	3.1
350	0.5	100～500	1.52	3.0～3.8	3.1	3.1
400	1.2	240～1 200	1.92	3.0～3.8	3.1	3.1

表 A.2（续）

尺寸标号	标称黏度计常数/ （mm²/s²）	运动黏度范围/ （mm²/s）	管 R 内径 （±2%）/mm	管 N、P 和 E 处管 内径（±2%）/mm	球体积（±5%）/mL	
					D	C
450	2.5	500～2 500	2.35	3.5～4.2	3.1	3.1
500	8	1 600～8 000	3.20	3.7～4.2	3.1	3.1
600	20	4 000～20 000	4.20	4.4～5.0	4.3	3.1

ᵃ 最小流动时间为 250 s;其余尺寸标号黏度计的最小流动时间均为 200 s。

单位为毫米

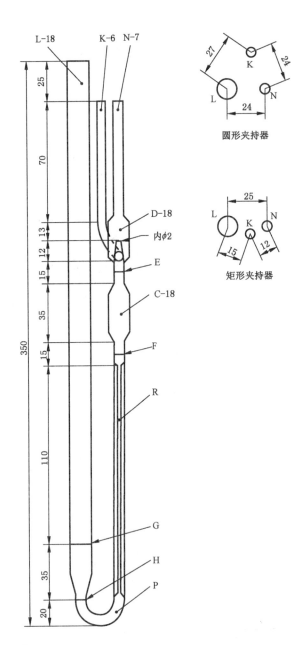

注：长度尺寸公差见 4.2 规定。

图 A.2　蔡特富克斯黏度计

表 A.3　蔡特富克斯黏度计的尺寸和运动黏度范围

尺寸标号	标称黏度计常数/（mm²/s²）	运动黏度范围[a]/（mm²/s）	管 R 内径（±2%）/mm	管 P 及 E 和 F 处管内径（±2%）/mm	球 C 体积（±5%）/mL
1	0.003	0.6～3	0.42	3.8～4.2	3.0
2	0.01	2～10	0.59	3.8～4.2	4.0
3	0.03	6～30	0.78	3.8～4.2	4.0
4	0.1	20～100	1.16	3.8～4.2	5.0
5	0.3	60～300	1.54	3.8～4.2	5.0
6	1.0	200～1 000	2.08	3.8～4.2	5.0
7	3.0	600～3 000	2.76	3.8～4.2	5.0

[a]　所有尺寸标号黏度计的最小流动时间均为 200 s。

单位为毫米

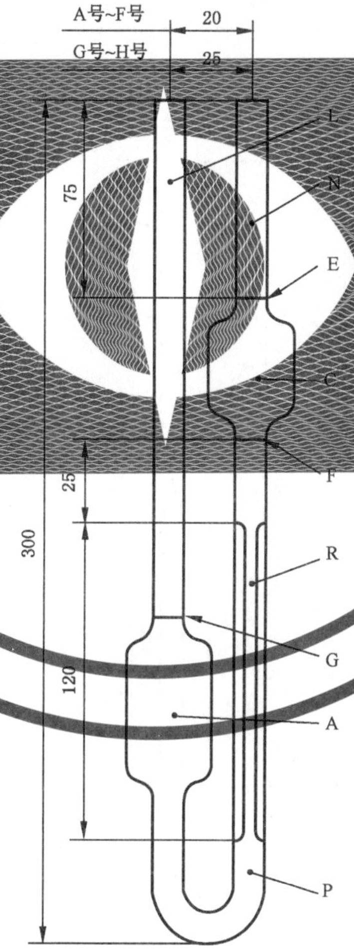

注：长度尺寸公差见 4.2 规定。

图 A.3　BS/U 型黏度计

表 A.4 BS/U 型黏度计的尺寸和运动黏度范围

尺寸标号	标称黏度计常数/（mm²/s²）	运动黏度范围/（mm²/s）	管 R 内径（±2%）/mm	管外径ª/mm		球 C 体积（±5%）/mL	F 到 G 的垂直距离/mm	球 A 和球 C 外径/mm
				L 和 P	N			
A	0.003	0.9ᵇ～3	0.50	8～9	6～7	5.0	91±4	21～23
B	0.01	2.0～10	0.71	8～9	6～7	5.0	87±4	21～23
C	0.03	6～30	0.88	8～9	6～7	5.0	83±4	21～23
D	0.1	20～100	1.40	9～10	7～8	10.0	78±4	25～27
E	0.3	60～300	2.00	9～10	7～8	10.0	73±4	25～27
F	1.0	200～1 000	2.50	9～10	7～8	10.0	70±4	25～27
G	3.0	600～3 000	4.00	10～11	9～10	20.0	60±3	32～35
H	10.0	2 000～10 000	6.10	10～11	9～10	20.0	50±3	32～35
ª 管 L、P 和 N 的壁厚为 1 mm～1.25 mm。								
ᵇ 最小流动时间为 300 s;其余尺寸标号黏度计的最小流动时间均为 200 s。								

单位为毫米

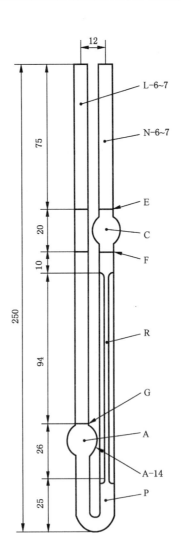

注:长度尺寸公差见 4.2 规定。

图 A.4 BS/U/M 小型黏度计

表 A.5　BS/U/M 小型黏度计的尺寸和运动黏度范围

尺寸标号	标称黏度计常数/（mm²/s²）	运动黏度范围[a]/（mm²/s）	管 R 内径（±2%）/mm	管 L、N 和 P 外径[b]/mm	球 C 体积（±5%）/mL
M1	0.001	0.2～1	0.20	6～7	0.50
M2	0.005	1～5	0.30	6～7	0.50
M3	0.015	3～15	0.40	6～7	0.50
M4	0.04	8～40	0.50	6～7	0.50
M5	0.1	20～100	0.65	6～7	0.50

[a]　所有尺寸标号黏度计的最小流动时间均为 200 s。

[b]　管 L、N 和 P 的壁厚为 1 mm～1.25 mm。

单位为毫米

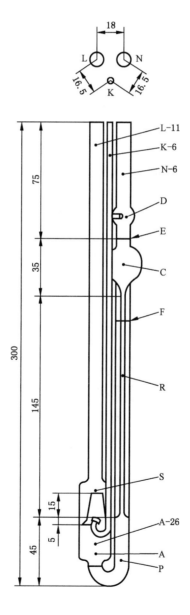

注：长度尺寸公差见 4.2 规定。

图 A.5　SIL 黏度计

表 A.6　SIL 黏度计的尺寸和运动黏度范围

尺寸标号	标称黏度计常数/ (mm²/s²)	运动黏度范围[a]/ (mm²/s)	管 R 内径(±2%)/ mm	管 P 和 E 处管内径/ mm	球 C 体积(±5%)/ mL
0C	0.003	0.6～3	0.41	4.5～5.5	3.0
1	0.01	2.0～10	0.61	4.5～5.5	4.0
1C	0.03	6～30	0.79	4.5～5.5	4.0
2	0.1	20～100	1.14	4.5～5.5	5.0
2C	0.3	60～300	1.50	4.5～5.5	5.0
3	1.0	200～1 000	2.03	4.5～5.5	5.0
3C	3.0	600～3 000	2.68	4.5～5.5	5.0
4	10.0	2 000～10 000	3.61	4.5～5.5	5.0
[a]　所有尺寸标号黏度计的最小流动时间均为 200 s。					

单位为毫米

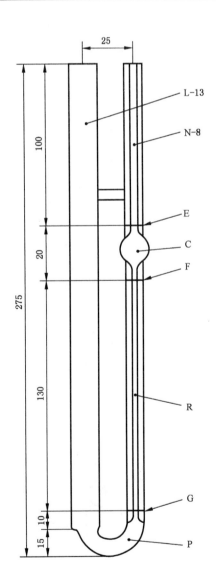

注：长度尺寸公差见 4.2 规定。

图 A.6　坎农-曼宁半微量黏度计

表 A.7　坎农-曼宁半微量黏度计的尺寸和运动黏度范围

尺寸标号	标称黏度计常数/(mm²/s²)	运动黏度范围ᵃ/(mm²/s)	管R内径(±2%)/mm	管内径/mm		球C体积(±5%)/mL
				N	P	
25	0.002	0.4~2.0	0.22±0.01	1.0~1.2	0.4~0.7	0.31
50	0.004	0.8~4	0.26±0.01	1.0~1.2	0.5~0.8	0.31
75	0.008	1.6~8	0.31±0.01	1.1~1.3	0.6~0.8	0.31
100	0.015	3~15	0.36±0.02	1.2~1.4	0.7~0.9	0.31
150	0.035	7~35	0.47±0.02	1.2~1.4	0.8~1.0	0.31
200	0.1	20~100	0.61±0.02	1.4~1.7	0.9~1.2	0.31
300	0.25	50~250	0.76±0.02	1.5~1.8	1.2~1.6	0.31
350	0.5	100~500	0.90±0.03	1.8~2.2	1.5~1.8	0.31
400	1.2	240~1 200	1.13±0.03	2.0~2.4	1.6~2.0	0.31
450	2.5	500~2 500	1.40±0.04	2.2~2.6	2.0~2.5	0.31
500	8	1 600~8 000	1.85±0.05	2.4~2.8	2.5~2.8	0.31
600	20	4 000~20 000	2.35±0.05	3.0~3.4	2.7~3.0	0.31

ᵃ　所有尺寸标号黏度计的最小流动时间均为 200 s。

单位为毫米

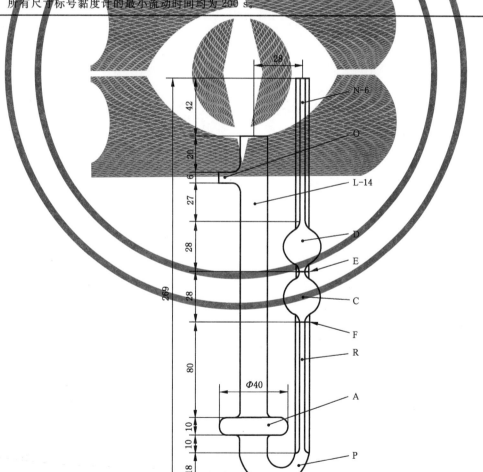

注：长度尺寸公差见 4.2 规定。

图 A.7　平开维奇黏度计

表 A.8 平开维奇黏度计的尺寸和运动黏度范围

尺寸标号	标称黏度计常数/ (mm^2/s^2)	运动黏度范围/ (mm^2/s)	管 R 内径(±2%)/ mm	球体积(±5%)/mL	
				D	C
0	0.001 7	0.6ª~1.7	0.40	3.7	3.7
1	0.008 5	1.7~8.5	0.60	3.7	3.7
2	0.027	5.4~27	0.80	3.7	3.7
3	0.065	13~65	1.00	3.7	3.7
4	0.14	28~140	1.20	3.7	3.7
5	0.35	70~350	1.50	3.7	3.7
6	1.0	200~1 000	2.00	3.7	3.7
7	2.6	520~2 600	2.50	3.7	3.7
8	5.3	1 060~5 300	3.00	3.7	3.7
9	9.9	1 980~9 900	3.50	3.7	3.7
10	17	3 400~17 000	4.00	3.7	3.7
ª 最小流动时间为 350 s;其余尺寸标号黏度计的最小流动时间均为 200 s。					

附　录　B

（规范性附录）

悬液式黏度计

B.1　概述

悬液式黏度计包括 BS/IP/SL 黏度计、BS/IP/SL(S) 黏度计、BS/IP/MSL 黏度计、乌别洛德(Ubbe-lohde)黏度计、菲茨西蒙斯黏度计、艾特兰泰克黏度计、坎农-乌别洛德(Cannon-Ubbelohde)黏度计、坎农-乌别洛德半微量黏度计和 DIN 乌别洛德黏度计。悬液式黏度计的特点是液体完全充满毛细管，并悬留在毛细管中。这种悬留可保证黏度计中的液体不受所充装试样数量的影响而具有均匀的驱动压头，从而使黏度计常数不受温度影响。通过使液体下弯月面的直径近似等于上弯月面的平均直径，可大大减少表面张力的修正。悬液式黏度计可用于测定运动黏度高达 100 000 mm²/s 的透明牛顿液体。

每种悬液式黏度计的详图、尺寸标号、标称黏度计常数、运动黏度范围、毛细管直径和球体积如图 B.1～图 B.9 所示，并在表 B.1～表 B.9 中给出。

B.2　操作说明

适用于所有玻璃毛细管运动黏度计的标准操作步骤已在 GB/T 30515 中给出。B.2.1～B.2.6 概述了悬液式黏度计的操作说明，并侧重于专属此类黏度计的操作步骤。

B.2.1　选择一支清洁、干燥并已校准的黏度计，其流动时间应大于 200s 或相应黏度计尺寸表中所规定的最小流动时间，选二者之中的较大值。

B.2.2　按仪器设计要求的方法，将试样充装入黏度计，此操作应与校准仪器时采用的方法一致。若认为样品含有纤维或固体颗粒，则在充装试样时，使用 75 μm 的筛网进行过滤。

B.2.2.1　对乌别洛德黏度计和坎农-乌别洛德黏度计，充装试样时将黏度计倾斜，使其与垂直方向夹角约 30°，并通过管 L 向球 A 中倒入足够的试样，以使在黏度计返回垂直状态时，试样弯月面位于装样标线 G 和 H 之间，并且使管 P 完全充满，且不夹带任何气泡。将黏度计放入恒温浴中，保持管 L 呈垂直状态。为便于非常黏稠液体试样的充装，可将黏度计倒置，将管 L 插入试样中。用手指或橡胶塞封闭管 M，对管 N 进行真空抽吸；抽吸足够的试样进入管 L，从而当擦净管 L 并将黏度计置于恒温浴中时，使球 A 中充入的试样符合上述要求。坎农-乌别洛德半微量黏度计中并无装样标线 G 和 H，因这种黏度计既可用于半微量测定也可用于稀释测定；通过管 L 将足够的试样倒入球 A，并确保毛细管 R 和球 C 如 B.2.4 所述充满试样。

B.2.2.2　将足够的试样通过管 L 装入 BS/IP/SL 黏度计、BS/IP/SL(S) 黏度计、BS/IP/MSL 黏度计和菲茨西蒙斯黏度计，使试样充满球 A，但不充满球 B。黏度计可在装入试样之前或之后垂直地放入恒温浴中。

B.2.2.3　将艾特兰泰克黏度计固定安装在恒温浴中，使其扩张部分 S 置于恒温浴顶部的对开颈圈环上，并使毛细管 R 的底端距浴底 25 mm。将试样倒入一个清洁的 50 mL 烧杯中。黏度计充装试样时，可将烧杯和试样放在管 L 的下面，以使管 L 浸入试样中。转动连通真空系统的三通旋塞 O，缓慢地对管 N 施加真空。抽吸试样使其充满毛细管 R 和计时球 C，并部分充满上贮球 D。关闭三通旋塞 O，将试样保持在黏度计中。如果只有很少量的样品，则可将一根顶端装有橡胶管的短玻璃管放在烧杯中，使橡胶管的另一端对接毛细管 R 的底部，按上述方法抽吸试样。

B.2.3 将已装样的黏度计在浴中保持足够长的时间,以达到试验温度。由于温度平衡时间根据仪器、温度和运动黏度的不同而不同,故需通过试验来确定适当的平衡时间(除具有很高运动黏度的试样外,30 min 应是足够的)。一个浴中通常可放置多个黏度计,不应在一支黏度计测定流动时间时放入或取出另一支黏度计。

B.2.4 除了所充装试样已处于适当位置的艾特兰泰克黏度计外,对其他黏度计,用手指封闭管 M,并用真空抽吸的方式(如果试样含有挥发性组分,则可采用加压的方式),将试样通过球 C 慢慢地吸至高于上部计时标线 E 约 8 mm 处。切断管 N 中的真空,并立即将手指从管 M 移到管 N,使试样上弯月面保持在计时标线 E 的上方,直到试样下弯月面降落到低于毛细管 R 底端的球 B 中为止。松开手指使试样靠重力流动。

B.2.5 测定试样上弯月面底缘从计时标线 E 流至计时标线 F 所需的时间,精确至 0.1 s。如果所测流动时间小于 200 s,则选择另一支毛细管内径更小的黏度计,并重复 B.2.2~B.2.5 步骤。

B.2.6 重复 B.2.4 和 B.2.5 步骤,再次测定试样的流动时间。如果两次测定的流动时间符合 GB/T 30515方法中对被测石油产品所规定的确定性允差要求,则用其平均值计算试样的运动黏度。

B.2.7 将黏度计先用可与试样完全互溶的适当溶剂冲洗几次,再用一种完全挥发的溶剂彻底洗净。用经过滤的干燥空气流缓慢通过并干燥黏度计 2 min,或直至最后的溶剂痕迹被除去。因可能会造成黏度计校准值的变化,故不推荐使用碱性清洗溶液。

单位为毫米

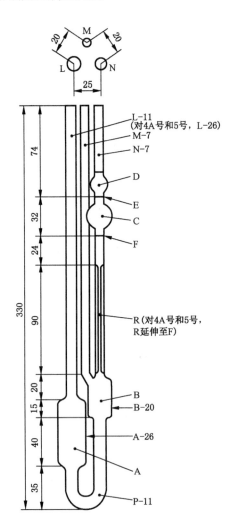

注：长度尺寸公差见 4.2 规定。

图 B.1　BS/IP/SL 黏度计

表 B.1 BS/IP/SL 黏度计的尺寸和运动黏度范围

尺寸标号	标称黏度计常数/ (mm²/s²)	运动黏度范围/ (mm²/s)	管 R 内径(±2%)/ mm	球 C 体积(±5%)/ mL	管 P 和 E 处管内径/ mm
1	0.01	3.5ᵃ~10	0.64	5.6	2.8~3.2
1A	0.03	6~30	0.84	5.6	2.8~3.2
2	0.1	20~100	1.15	5.6	2.8~3.2
2A	0.3	60~300	1.51	5.6	2.8~3.2
3	1.0	200~1 000	2.06	5.6	3.7~4.3
3A	3.0	600~3 000	2.74	5.6	4.6~5.4
4	10	2 000~10 000	3.70	5.6	4.6~5.4
4A	30	6 000~30 000	4.97	5.6	5.6~6.4
5	100	20 000~100 000	6.76	5.6	6.8~7.5

ᵃ 最小流动时间为 350 s;其余尺寸标号黏度计的最小流动时间均为 200 s。

单位为毫米

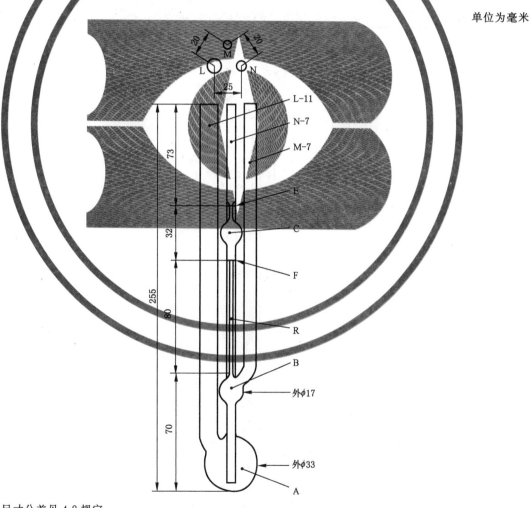

注:长度尺寸公差见 4.2 规定。

图 B.2 BS/IP/SL(S)黏度计

表 B.2 BS/IP/SL(S)黏度计的尺寸和运动黏度范围

尺寸标号	标称黏度计常数/(mm²/s²)	运动黏度范围/(mm²/s)	管 R 内径(±2%)/mm	球 C 体积(±5%)/mL	管 N 内径/mm	E 处管内径/mm
1	0.000 8	最小 1.05[a]	0.36	5.6	2.8～3.2	3
2	0.003	2.1[b]～3	0.49	5.6	2.8～3.2	3
3	0.01	3.8[c]～10	0.66	5.6	2.8～3.2	3
4	0.03	6～30	0.87	5.6	2.8～3.2	3
5	0.1	20～100	1.18	5.6	2.8～3.2	3
6	0.3	60～300	1.55	5.6	2.8～3.2	3
7	1.0	200～1 000	2.10	5.6	3.7～4.3	4
8	3.0	600～3 000	2.76	5.6	4.6～5.4	5
9	10.0	2 000～10 000	3.80	5.6	4.6～5.4	5

[a] 最小流动时间为 1 320 s。

[b] 最小流动时间为 600 s。

[c] 最小流动时间为 380 s;其余尺寸标号黏度计的最小流动时间均为 200 s。

单位为毫米

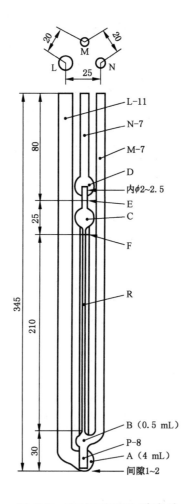

注:长度尺寸公差见 4.2 规定。

图 B.3 BS/IP/MSL 黏度计

表 B.3 BS/IP/MSL 黏度计的尺寸和运动黏度范围

尺寸标号	标称黏度计常数/（mm²/s²）	运动黏度范围[a]/（mm²/s）	管 R 内径(±2%)/mm	球 C 体积(±5%)/mL	管 N 和 P 内径/mm
1	0.003	0.6～3	0.35	1.2	4～6
2	0.01	2～10	0.45	1.2	4～6
3	0.03	6～30	0.62	1.2	4～6
4	0.1	20～100	0.81	1.2	4～6
5	0.3	60～300	1.10	1.2	4～6
6	1.0	200～1 000	1.45	1.2	4～6
7	3.0	600～3 000	1.98	1.2	4～6
[a] 所有尺寸标号黏度计的最小流动时间均为 200 s。					

单位为毫米

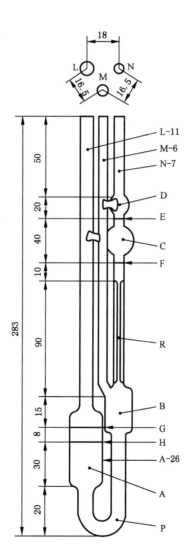

注：长度尺寸公差见4.2规定。

图 B.4　乌别洛德黏度计

表 B.4 乌别洛德黏度计尺寸和运动黏度范围

尺寸标号	标称黏度计常数/ (mm²/s²)	运动黏度范围/ (mm²/s)	管 R 内径(±2%)/ mm	球 C 体积(±5%)/ mL	管 P 内径(±5%)/ mm
0	0.001	0.3ª~1	0.24	1.0	6.0
0C	0.003	0.6~3	0.36	2.0	6.0
0B	0.005	1~5	0.46	3.0	6.0
1	0.01	2~10	0.58	4.0	6.0
1C	0.03	6~30	0.78	4.0	6.0
1B	0.05	10~50	0.88	4.0	6.0
2	0.1	20~100	1.03	4.0	6.0
2C	0.3	60~300	1.36	4.0	6.0
2B	0.5	100~500	1.55	4.0	6.0
3	1.0	200~1 000	1.83	4.0	6.0
3C	3.0	600~3 000	2.43	4.0	6.0
3B	5.0	1 000~5 000	2.75	4.0	6.5
4	10	2 000~10 000	3.27	4.0	7.0
4C	30	6 000~30 000	4.32	4.0	8.0
4B	50	10 000~50 000	5.20	5.0	8.5
5	100	20 000~100 000	6.25	5.0	10.0
ª 最小流动时间为 300 s;其余尺寸标号黏度计的最小流动时间为 200 s。					

单位为毫米

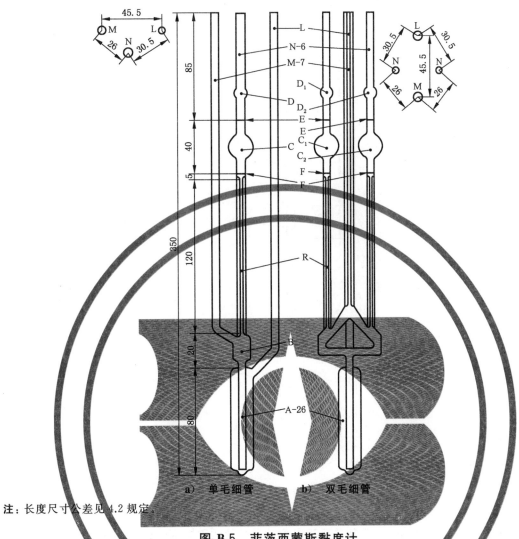

注：长度尺寸公差见4.2规定。

a) 单毛细管　　b) 双毛细管

图 B.5　菲茨西蒙斯黏度计

表 B.5　菲茨西蒙斯黏度计尺寸和运动黏度范围

尺寸标号	标称黏度计常数/ （mm²/s²)	运动黏度范围[a]/ （mm²/s)	管 R 内径（±2%)/ mm	球 C 体积（±5%)/ mL
1	0.003	0.6～3.0	0.43	3.0
2	0.01	2～10	0.60	3.7
3	0.035	7～35	0.81	3.7
4	0.10	20～100	1.05	3.7
5	0.25	50～150	1.32	3.7
6	1.20	240～1 200	1.96	3.7
[a]　所有尺寸标号黏度计的最小流动时间均为 200 s。				

单位为毫米

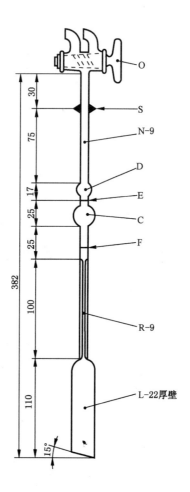

注：长度尺寸公差见4.2规定。

图 B.6　艾特兰泰克黏度计

表 B.6　艾特兰泰克黏度计尺寸和运动黏度范围

尺寸标号	标称黏度计常数/ （mm²/s²）	运动黏度范围/ （mm²/s）	管 R 内径（±2%）/ mm	球 C 体积（±5%）/ mL
0C	0.003	0.7ª～3	0.42	3.2
0B	0.005	1～5	0.46	3.2
1	0.01	2～10	0.56	3.2
1C	0.03	6～30	0.74	3.2
1B	0.05	10～50	0.83	3.2
2	0.1	20～100	1.00	3.2
2C	0.3	60～300	1.31	3.2
2B	0.5	100～500	1.48	3.2
3	1.0	200～1 000	1.77	3.2
3C	3.0	600～3 000	2.33	3.2
3B	5.0	1 000～5 000	2.64	3.2
ª 最小流动时间为250 s；其余尺寸标号黏度计的最小流动时间均为200 s。				

单位为毫米

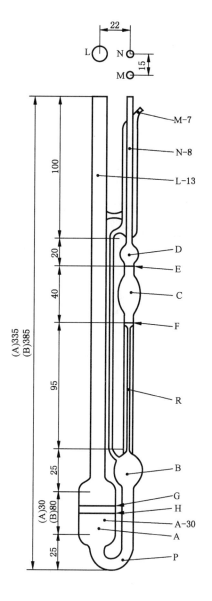

注：长度尺寸公差见4.2规定。

图 B.7 坎农-乌别洛德黏度计(A)和坎农-乌别洛德稀释黏度计(B)

表 B.7 坎农-乌别洛德黏度计(A)和坎农-乌别洛德稀释黏度计(B)尺寸和运动黏度范围

尺寸标号	标称黏度计常数/ (mm^2/s^2)	运动黏度范围/ (mm^2/s)	管 R 内径(±2%)/ mm	球 C 体积(±5%)/ mL
25	0.002	0.5[a]～2	0.31	1.5
50	0.004	0.8～4.0	0.44	3.0
75	0.008	1.6～8.0	0.54	3.0
100	0.015	3～15	0.63	3.0
150	0.035	7～35	0.78	3.0
200	0.1	20～100	1.01	3.0
300	0.25	50～250	1.26	3.0
350	0.5	100～500	1.48	3.0

表 B.7（续）

尺寸标号	标称黏度计常数/ （mm²/s²）	运动黏度范围/ （mm²/s）	管 R 内径(±2%)/ mm	球 C 体积(±5%)/ mL
400	1.2	240～1 200	1.88	3.0
450	2.5	500～2 500	2.25	3.0
500	8	1 600～8 000	3.00	3.0
600	20	4 000～20 000	3.75	3.0
650	45	9 000～45 000	4.60	3.0
700	100	20 000～100 000	5.60	3.0
ª 最小流动时间为 250 s;其余尺寸标号黏度计的最小流动时间均为 200 s。				

单位为毫米

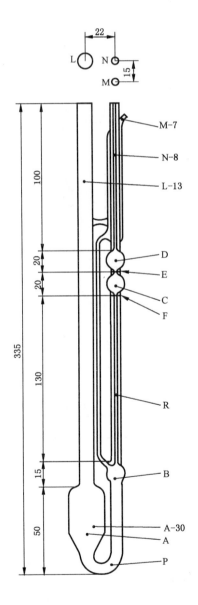

注：长度尺寸公差见 4.2 规定。

图 B.8 坎农-乌别洛德半微量黏度计

表 B.8 坎农-乌别洛德半微量黏度计尺寸和运动黏度范围

尺寸标号	标称黏度计常数/(mm²/s²)	运动黏度范围ᵃ/(mm²/s)	管 R 内径(±2%)/mm	球 C 体积(±5%)/mL	管 N、P 和 E、F处管内径/mm
25	0.002	0.4～2.0	0.22	0.30	1.2～1.4
50	0.004	0.8～4	0.25	0.30	1.2～1.4
75	0.008	1.6～8	0.30	0.30	1.2～1.4
100	0.015	3～15	0.36	0.30	1.2～1.4
150	0.035	7～35	0.47	0.30	1.2～1.4
200	0.1	20～100	0.61	0.30	1.4～1.7
300	0.25	50～250	0.76	0.30	1.5～1.8
350	0.5	100～500	0.90	0.30	1.8～2.2
400	1.2	240～1 200	1.13	0.30	2.1～2.5
450	2.5	500～2 500	1.40	0.30	2.4～2.8
500	8	1 600～8 000	1.85	0.30	2.7～3.1
600	20	4 000～20 000	2.35	0.30	3.7～4.0
ᵃ 所有尺寸标号黏度计的最小流动时间均为 200 s。					

单位为毫米

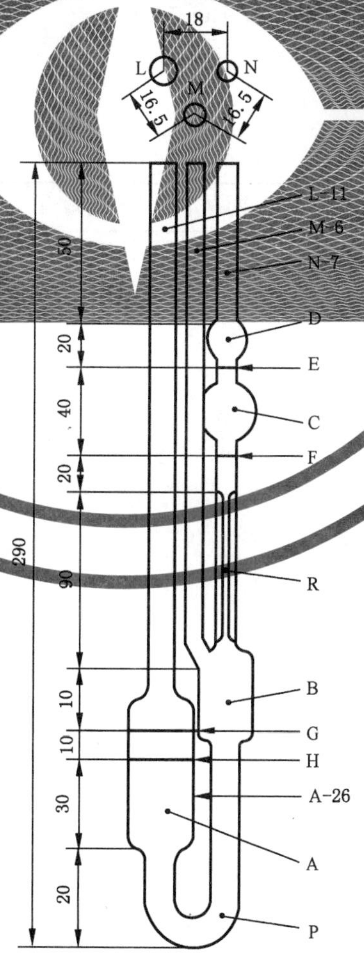

注：长度尺寸公差见 4.2 规定。

图 B.9　DIN 乌别洛德黏度计

323

表 B.9 DIN 乌别洛德黏度计的尺寸和运动黏度范围

尺寸标号	标称黏度计常数/ （mm²/s²）	运动黏度范围/ （mm²/s）	管 R 内径（±2%）/ mm	球 C 体积（±5%）/ mL
0	0.001	0.35ª～1	0.36	5.7
0c	0.003	0.7～3	0.47	5.7
0a	0.005	1～5	0.53	5.7
I	0.01	2～10	0.63	5.7
I c	0.03	6～30	0.84	5.7
I a	0.05	10～50	0.95	5.7
II	0.1	20～100	1.13	5.7
II c	0.3	60～300	1.50	5.7
II a	0.5	100～500	1.69	5.7
III	1	200～1 000	2.01	5.7
III c	3	600～3 000	2.65	5.7
III a	5	1 000～5 000	3.00	5.7
IV	10	2 000～10 000	3.60	5.7
IV c	30	6 000～30 000	4.70	5.7
IV a	50	10 000～50 000	5.34	5.7
ª 最小流动时间为 350 s；其余尺寸标号黏度计的最小流动时间均为 200 s。				

附　录　C
（规范性附录）
逆流黏度计

C.1　概述

用于测定透明和不透明液体运动黏度的逆流黏度计包括蔡特富克斯十字臂黏度计、坎农-芬斯克不透明黏度计、BS/IP/RF U 型黏度计和兰茨-蔡特富克斯黏度计。不同于改进型奥氏黏度计和悬液式黏度计，逆流黏度计中的液体试样流入一个预先没有沾染试样的计时球，从而可对液体的不透明液层进行计时。逆流黏度计可用于测定运动黏度高达 300 000 mm²/s 的不透明和透明液体。

各种逆流黏度计的详图、尺寸标号、标称黏度计常数、运动黏度范围、毛细管直径和球体积如图 C.1～图 C.4 所示，并在表 C.1～表 C.4 中给出。

C.2　操作说明

适用于所有玻璃毛细管运动黏度计的标准操作步骤已在 GB/T 30515 中给出。C.2.1～C.2.6 概述了逆流黏度计的操作说明，并侧重于专属此类黏度计的操作步骤。

C.2.1　选择一支清洁、干燥并已校准的黏度计，且其流动时间应大于 200s，动能修正小于 0.2%。

C.2.2　按仪器设计要求的方法，将试样充装入黏度计，此操作应与校准仪器时采用的方法一致。若认为样品含有纤维或固体颗粒，则在充装试样时，使用 75 μm 的筛网进行过滤。

C.2.2.1　对坎农-芬斯克不透明黏度计，充装试样时，将黏度计倒置，并将管 N 浸入液体样品中，抽吸管 L，通过管 N 将试样抽入球 D 至装样标线 G。擦去管 N 上过量的试样，并将黏度计返回到正常位置。将黏度计安装到恒温浴中，保持管 L 呈垂直状态。用橡胶塞或一段带螺旋夹的短橡胶管将管 N 封闭。

C.2.2.2　将蔡特富克斯十字臂黏度计安装在恒温浴中，保持管 N 呈垂直状态。通过管 N 将试样装入十字臂 D，直至使试样液面处于虹吸管上装样标线 G 的 0.5 mm 范围内，充装试样时注意不要使试样沾挂管 N 壁。

C.2.2.3　将兰茨-蔡特富克斯黏度计安装在恒温浴中，保持管 N 呈垂直状态。通过管 N 装入足够量的试样至完全充满球 D，并稍溢出至溢流管 K。如果试样在高于试验温度时装入，则黏度计中的试样需 15 min 才能达到浴温，且需补加试样至稍溢出至溢流管 K。

C.2.2.4　将 BS/IP/RF U 型黏度计安装在恒温浴中，保持毛细管 R 的竖直部分呈垂直状态，用铅垂线从互为直角的两个方向进行观察，或按校准证书所述方法进行检验。

使黏度计达到浴温，然后将足够量已过滤的试样倒入管 N 至恰好低于装样标线 G，避免试样沾挂装样标线 G 以上的管壁。

使液体试样流过毛细管 R，注意保持液柱不中断，直至到达装样标线 H 以下约 5 mm 处，然后用橡胶塞塞住管 L，使试样在此点停止流动。最好在橡胶塞上装配带旋塞的玻璃管，以便对管 L 施加可控的、微过量的压力。

向管 N 中添加更多的试样，使试样上液面恰好低于装样标线 G。使试样达到浴温，且使气泡都升至液面（至少需要 30 min）。

缓慢地操控用于封堵管 L 的旋塞或橡胶塞，直至试样下液面停留在装样标线 H。试样与玻璃壁相接触的最高油环应与装样标线 H 底部齐平。将试样加入管 N，直至其与管 N 壁相接触的最高油环与装样标线 G 的底部齐平。

C.2.3 将已装样的黏度计在浴中保持足够长的时间,以达到试验温度。由于温度平衡时间根据仪器、温度和运动黏度的不同而不同,故需通过试验来确定适当的平衡时间(除具有很高运动黏度的试样外,30 min 应足够)。一个浴中通常可放置多个黏度计,不应在一支黏度计测定流动时间时放入或取出另一支黏度计。

C.2.4 对坎农-芬斯克不透明黏度计和 BS/IP/RF U 型黏度计,分别取下管 N 和管 L 上的橡胶塞,使试样靠重力流动。对蔡特富克斯十字臂黏度计,对管 M 稍稍抽真空(或对管 N 加压),使液体试样的弯月面越过虹吸管,并达到毛细管 R 中低于管 D 液面约 30 mm 处;此时开始重力流动。对兰茨-蔡特富克斯黏度计,对管 M 稍稍抽真空(或将管 K 封闭,对管 N 加压),直至液体的下弯月面处于与下部计时标线 E 相对的位置;使试样靠重力流动。

C.2.5 测定试样与玻璃壁相接触的最高油环从计时标线 E 底部上升至计时标线 F 底部所需的时间,精确至 0.1 s。如果黏度计有装样标线 H,注意不能将下部装样标线 H 与下部计时标线 E 相混淆。如果流动时间小于黏度计规定的最小流动时间,则选择一支毛细管内径更小的黏度计,并重复 C.2.1~C.2.5 步骤。

C.2.6 将此支黏度计经充分清洗和干燥后再次使用,或使用第二支清洁和干燥的黏度计,重复 C.2.2~C.2.5 步骤,再次测定试样的运动黏度。如果两次测定结果符合 GB/T 30515 方法中对被测石油产品所规定的确定性允差要求,则报告两次运动黏度测定结果的平均值。应注意,附录 C 中的黏度计测定精密度比附录 A 和附录 B 中的黏度计测定精密度要稍差些,见 6.3.2。

C.2.7 将黏度计先用可与试样完全互溶的适当溶剂冲洗几次,再用一种完全挥发的溶剂彻底洗净。用经过滤的干燥空气流缓慢通过并干燥黏度计 2 min,或直到最后的溶剂痕迹被除去为止。因可能会造成黏度计校准值的变化,故不推荐使用碱性清洗溶液。

单位为毫米

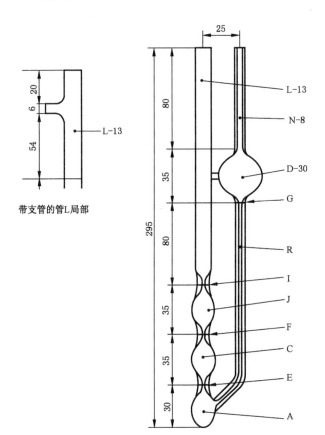

带支管的管L局部

注: 长度尺寸公差见 4.2 规定。

图 C.1 坎农-芬斯克不透明黏度计

表 C.1 坎农-芬斯克不透明黏度计尺寸和运动黏度范围

尺寸标号	标称黏度计常数/(mm^2/s^2)	运动黏度范围[a]/(mm^2/s)	管 R 内径（±2%）/mm	管 N 及 E、F 和 I 处管内径（±5%）/mm	球 A、C 和 J 体积（±5%）/mL	球 D 体积（±5%）/mL
25	0.002	0.4～2	0.31	3.0	1.6	11
50	0.004	0.8～4	0.42	3.0	2.1	11
75	0.008	1.6～8	0.54	3.0	2.1	11
100	0.015	3～15	0.63	3.2	2.1	11
150	0.035	7～35	0.78	3.2	2.1	11
200	0.1	20～100	1.02	3.2	2.1	11
300	0.25	50～200	1.26	3.4	2.1	11
350	0.5	100～500	1.48	3.4	2.1	11
400	1.2	240～1 200	1.88	3.4	2.1	11
450	2.5	500～2 500	2.20	3.7	2.1	11
500	8	1 600～8 000	3.10	4.0	2.1	11
600	20	4 000～20 000	4.00	4.7	2.1	13
[a] 所有尺寸标号黏度计的最小流动时间均为 200 s。						

单位为毫米

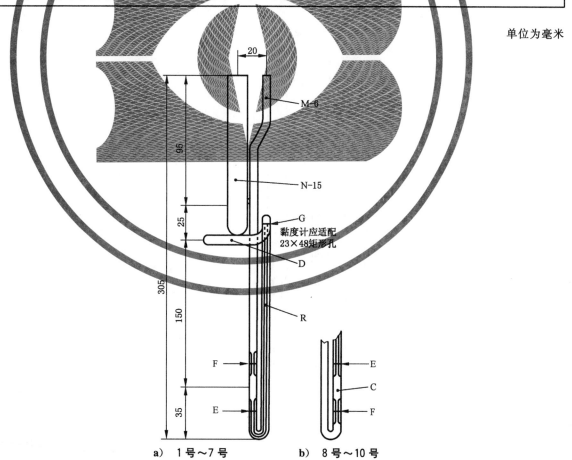

a) 1号～7号   b) 8号～10号

注：长度尺寸公差见 4.2 规定。

图 C.2 蔡特富克斯十字臂黏度计

表 C.2 蔡特富克斯十字臂黏度计的尺寸和运动黏度范围

尺寸标号	标称黏度计常数/(mm^2/s^2)	运动黏度范围[a]/(mm^2/s)	管 R 内径（±2%）/mm	管 R 长度/mm	下球体积（±5%）/mL	水平管 D 直径（±5%）/mL
1	0.003	0.6～3	0.26	210	0.25	3.9
2	0.01	2～10	0.35	210	0.25	3.9
3	0.03	6～30	0.47	210	0.25	3.9
4	0.10	20～100	0.63	210	0.25	3.9
5	0.3	60～300	0.84	210	0.25	3.9
6	1.0	200～1 000	1.12	210	0.25	4.3
7	3.0	600～3 000	1.48	210	0.25	4.3
8	10.0	2 000～10 000	1.83	165	0.25	4.3
9	30.0	6 000～30 000	2.40	165	0.25	4.3
10	100.0	20 000～100 000	2.95	165	0.25	4.3
[a] 所有尺寸标号黏度计的最小流动时间均为 200 s。						

单位为毫米

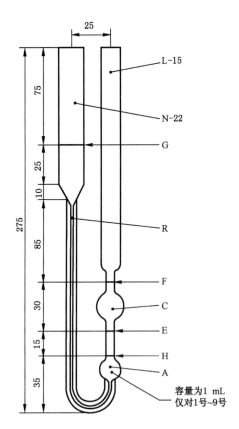

注：长度尺寸公差见 4.2 规定。

图 C.3 IP/BS/RF U 型逆流黏度计

表 C.3 IP/BS/RF U 型逆流黏度计尺寸和运动黏度范围

尺寸标号	标称黏度计常数/ (mm^2/s^2)	运动黏度范围[a]/ (mm^2/s)	管 R 内径 $(±2\%)/$ mm	管 R 长度 $(±5\%)/$ mm	E、F 和 H 处管内径/mm	球 C 体积 $(±5\%)/$ mL
1	0.003	0.6～3	0.51	185	3.0～3.3	4.0
2	0.01	2～10	0.71	185	3.0～3.3	4.0
3	0.03	6～30	0.93	185	3.0～3.3	4.0
4	0.1	20～100	1.26	185	3.0～3.3	4.0
5	0.3	60～300	1.64	185	3.0～3.3	4.0
6	1.0	200～1 000	2.24	185	3.0～3.3	4.0
7	3.0	600～3 000	2.93	185	3.0～3.6	4.0
8	10	2 000～10 000	4.00	185	4.4～4.8	4.0
9	30	6 000～30 000	5.5	185	6.0～6.7	4.0
10	100	20 000～100 000	7.70	210	7.70	4.0
11	300	60 000～300 000	10.00	210	10.00	4.0
[a] 所有尺寸标号黏度计的最小流动时间均为 200 s。						

单位为毫米

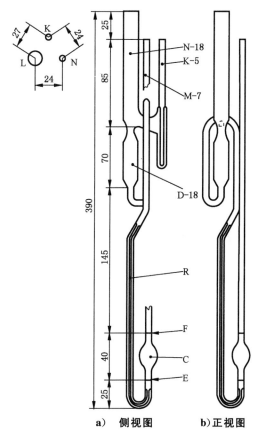

a) 侧视图   b) 正视图

注：长度尺寸公差见 4.2 规定。

图 C.4 兰茨-蔡特富克斯逆流黏度计

表 C.4 兰茨-蔡特富克斯逆流黏度计尺寸和运动黏度范围

尺寸标号	标称黏度计常数/ (mm^2/s^2)	运动黏度范围[a]/ (mm^2/s)	管 R 内径(±2%)/ mm	管 R 长度/ mm	球 C 体积(±5%)/ mL
5	0.3	60～300	1.65	490	2.7
6	1.0	200～1 000	2.25	490	2.7
7	3.0	600～3 000	3.00	490	2.7
8	10.0	2 000～10 000	4.10	490	2.7
9	30.0	6 000～30 000	5.20	490	2.7
10	100.0	20 000～100 000	5.20	490	0.85
[a] 所有尺寸标号黏度计的最小流动时间均为 200 s。					

ICS 75.080
E 30

中华人民共和国国家标准

GB/T 30515—2014

透明和不透明液体石油产品运动黏度
测定法及动力黏度计算法

Petroleum products—Transparent and opaque liquids—Determination of
kinematic viscosity and calculation of dynamic viscosity

(ISO 3104:1994,MOD)

2014-02-19 发布

2014-06-01 实施

中华人民共和国国家质量监督检验检疫总局
中国国家标准化管理委员会 发布

前　言

本标准按照 GB/T 1.1—2009 给出的规则起草。

本标准使用重新起草法修改采用 ISO 3104:1994《透明及不透明液体石油产品运动黏度测定法及动力黏度计算法》。

本标准与 ISO 3104:1994 的技术性差异及其原因如下：

——在第 2 章"规范性引用文件"中，增加了 GB/T 514—2005、GB/T 1885、SH/T 0173—1992、SH/T 0526、SH/T 0604 和 JJG 155 标准和规程的引用；

——在第 6 章"仪器"中，在毛细管黏度计类型中增加了符合 SH/T 0173—1992 要求的黏度计；

——在 6.1 中增加按 JJG 155 对黏度计进行校准和检定的内容；

——在第 9 章"透明液体黏度的测定"中，为了使标准更加具有可操作性，增加了如果样品中含有水，必要时用滤纸过滤脱水的内容；

——增加 9.3 和 10.5，补充透明和不透明液体试样密度的测定步骤，以完善方法；

——取消了 ISO 3104:1994 的附录 C，将其内容在 6.5.2 中增加，并删除了原附录 C 中的注。

本标准由全国石油产品和润滑剂标准化技术委员会(SAC/TC 280)提出。

本标准由全国石油产品和润滑剂标准化技术委员会石油燃料和润滑剂分技术委员会(SAC/TC 280/SC 1)归口。

本标准负责起草单位：中国石油化工股份有限公司上海高桥分公司、中国石油化工股份有限公司石油化工科学研究院、中国检验检疫科学研究院、中化化工标准化研究所。

本标准参加起草单位：中国石油化工股份有限公司润滑油研发(上海)中心、中国石油天然气股份有限公司润滑油公司华东润滑油厂。

本标准主要起草人：戴建芳、杨婷婷、陈洁、吕文继、满国瑜。

引　言

　　许多石油产品及有些非石油基材料被用作仪器设备的润滑剂,仪器设备的正常运转通常有赖于具有适当黏度的液体润滑剂。此外,许多石油燃料的运动黏度对于确定燃料的最佳存储、处理及操作条件是非常重要的。因此,对许多产品而言,精确测定其运动黏度是非常必要的。

透明和不透明液体石油产品运动黏度
测定法及动力黏度计算法

警告:本标准的应用可能涉及某些有危险性的材料、操作和设备,但并未对与此有关的所有安全问题都提出建议。用户在使用本标准前有责任制定相应的安全和保护措施,并确定相关规章限制的适用性。

1 范围

本标准规定了采用玻璃毛细管运动黏度计测定液体石油产品运动黏度的方法,及其动力黏度的计算方法。

本标准适用于透明和不透明的液体石油产品。

注:本标准测定所得的黏度结果与样品的特性有关,其主要适用于剪切应力和剪切速率成比例的液体(即牛顿液体)。然而,如果液体的黏度受剪切速率的影响十分显著,采用不同内径的毛细管黏度计所得结果可能会不同。本标准也包括了在某些条件下呈现为非牛顿液体特性的燃料油的黏度测定试验步骤及精密度规定。

2 规范性引用文件

下列文件对于本文件的应用是必不可少的。凡是注日期的引用文件,仅注日期的版本适用于本文件。凡是不注日期的引用文件,其最新版本(包括所有的修改单)适用于本文件。

GB/T 514—2005 石油产品试验用玻璃液体温度计技术条件

GB/T 1884 原油和液体石油产品密度实验室测定法(密度计法)(GB/T 1884—2000,eqv ISO 3675:1998)

GB/T 1885 石油计量表

GB/T 6682 分析实验室用水规格和试验方法(GB/T 6682—2008,ISO 3696:1987,MOD)

GB/T 30514—2014 玻璃毛细管运动黏度计 规格和操作说明(ISO 3105:1994,MOD)

JJG 155 工作毛细管粘度计检定规程

SH/T 0173—1992 玻璃毛细管黏度计技术条件

SH/T 0526 黏度标准油

SH/T 0604 原油和石油产品密度测定法(U形振动管法)(SH/T 0604—2000,eqv ISO 12185:1996)

3 术语和定义

下列术语和定义适用于本文件。

3.1

运动黏度 kinematic viscosity

v

重力下液体流动时所受的阻力。

注：对于给定的液体静压头下的重力流动，液体的压头与其密度 ρ 成比例。对于特定的黏度计，一定体积的液体流过的时间是直接与运动黏度 υ 成比例的，即 $\upsilon = \eta/\rho$，η 为动力黏度系数。

3.2

密度　density

ρ

一定温度下单位体积物质的质量。

3.3

动力黏度　dynamic viscosity

η

液体剪切应力与剪切速率之比。有时也称作动力黏度系数，或简称黏度。因此动力黏度是用来衡量液体流动或变形的阻力的量。

注：某些场合下，动力黏度用于表示一个与频率相关的量，即剪切应力和剪切速率随时间变化的正弦曲线。

4　方法概要

在已知严格控制的温度下及可重现的驱动压头条件下，测量一定体积的液体在重力作用下流过已校准的玻璃毛细管黏度计的时间，所测量的时间与黏度计校准常数之积即为液体的运动黏度。由运动黏度与液体密度的乘积得到其动力黏度。

5　试剂与材料

5.1　清洗液：铬酸洗液或不含铬的强氧化性酸洗液。

警告：铬酸有毒，有害身体健康，是公认的致癌物质，具有强腐蚀性，并且对有机组织具有潜在的危害。使用时要佩戴防护面罩，穿长款的防护服，戴合适的手套。酸会挥发成蒸气。使用过的铬酸暴露在空气中时要非常小心，因为它仍有毒性，避免吸入蒸气。不含铬的强氧化性酸洗液也具有强腐蚀性，对有机组织也具有潜在危害，但是没有像铬一样的特殊处理问题。

5.2　样品溶剂：能够与样品完全混溶，使用前过滤。

注：轻质汽油和石脑油适合做大多数样品的溶剂。对于残渣燃料油，可能有必要使用芳烃溶剂如甲苯、二甲苯等溶解样品，以除去样品中的沥青质。

5.3　干燥溶剂：易挥发且可与样品溶剂、水混合，使用前过滤。

注：丙酮是合适的干燥溶剂。

5.4　水：去离子水或蒸馏水，符合 GB/T 6682 中三级水要求。

5.5　有证黏度标准油：用作试验过程符合性的核查。可采用符合 GB/T 30514 中规定的黏度标准油，也可使用符合 SH/T 0526 所规定的黏度标准油。

6　仪器

6.1　黏度计

6.1.1　玻璃毛细管黏度计类型见附录 A，应符合 GB/T 30514 或 SH/T 0173—1992 的要求，黏度计应校准检定，其运动黏度测量精密度应符合第 14 章的规定。

注：表 A.1 中所列的黏度计其规格应符合 GB/T 30514 和 SH/T 0173—1992 的要求。本标准并不限定只可使用表 A.1 中所列的黏度计。附录 A 中给出了更多指导说明。

对于自动黏度计，如果其运动黏度测量精密度在第 14 章规定的范围之内，则也可以采用。当运动黏度小于 10 mm²/s,且流动时间少于 200 s 时,需要进行动能修正(见 GB/T 30514)。

6.1.2 黏度计应按 GB/T 30514 或 JJG 155 中的规定进行校准或检定,并确定黏度计常数。

6.2 黏度计夹持器

当黏度计构造为所装液体的上弯月面正对其下弯月面时,夹持器应确保悬挂的黏度计在各方向上与垂直方向偏离小于 1°;当黏度计构造为所装液体的上弯月面与其下弯月面位置有所偏移时,夹持器应确保悬挂的黏度计在各方向上与垂直方向偏离小于 0.3°(见 GB/T 30514)。

> 注:垂直方向可通过使用铅垂线来确定,但是对于边角不透明的矩形浴,利用铅垂线就不能得到完全满意的效果。

6.3 恒温浴

6.3.1 恒温浴采用透明液体作为介质,并具有足够的深度,应使在整个测量过程中,恒温浴液面高于黏度计内试样液面 20 mm 以上,黏度计底部高于恒温浴底 20 mm 以上。

6.3.2 温度控制应满足以下要求:对于一系列流动时间的测定,在 15 ℃~100 ℃ 范围内时,在黏度计长度方向的任意点、或各黏度计之间、或在温度计位置处的恒温浴介质温度与设定温度之差不应超过 ±0.02 ℃;对于在 15 ℃~100 ℃ 范围之外的温度时,恒温浴介质温度与设定温度之差不应超过 ±0.05 ℃。

6.4 温度测量装置

6.4.1 测定温度在 0 ℃~100 ℃ 范围内,可使用经校准的精度为 ±0.02 ℃ 或更高的玻璃液体温度计(见附录 B),或者其他具有同等精度的测量装置。同一恒温浴中使用两支温度计时,两支温度计相差不应超过 0.04 ℃。

> 注:如果使用经校准的玻璃液体温度计,宜同时使用两支温度计。

6.4.2 测定温度在 0 ℃~100 ℃ 范围之外的温度时,可使用经校准的精度为 ±0.05 ℃ 或更高的玻璃液体温度计,当使用两支温度计测定同一恒温浴时,两支温度计相差不应超过 0.1 ℃。

6.5 计时器

6.5.1 精确至 0.1 s 或更高,测量时间在 200 s 到 900 s 范围内,读取的精度在 ±0.07% 以内。

> 注:如果电流频率的精度可控制在 0.05% 及以上,也可以使用电动计时装置;但有些公共电力系统所提供的交流电流是间歇而非连续控制的,若将其用作电动计时装置的电源,在黏度流动测量中会造成很大的误差。

6.5.2 定期检查计时器的准确性,并记录检查的结果。

7 校准验证

7.1 按照试验操作步骤,采用有证黏度标准油对黏度计进行校准验证。如果测出的运动黏度与公认参考值相差超出 ±0.35%,那么就要检查试验的每一个步骤,包括温度计和黏度计,找到误差的来源。

> 注:一般来说,大部分误差是由于黏度计毛细管中有污染及温度计误差所导致的。用黏度标准油测定得到的正确结果,也不能排除是由于诸多误差相互抵消而致的可能性。

7.2 校准常数 C 取决于校准所在地的重力加速度,因此校准实验室应同时提供所在地的重力加速度值。如果测试实验室与校准实验室的重力加速度 g 相差超过 0.1%,校准常数 C 应按式(1)进行修正:

$$C_1 = \frac{g_1}{g_2} C_2 \qquad\qquad\qquad (1)$$

式中:

C_1——测试实验室黏度计常数,单位为二次方毫米每二次方秒(mm²/s²);

g_1——测试实验室重力加速度,单位为米每二次方秒(m/s²);

C_2——校准实验室检定的黏度计常数,单位为二次方毫米每二次方秒(mm^2/s^2);

g_2——校准实验室重力加速度,单位为米每二次方秒(m/s^2)。

8 试验步骤

8.1 调整和维持黏度计恒温浴至设定温度,并符合 6.3 中给出的范围限制要求。考虑附录 B 中给出的条件以及温度计检定证书给出的温度校正值。温度计应垂直悬挂在浴中与校准时相同的浸没深度。

> 注:为了获得可靠的温度读数,宜同时使用两支有效检定的温度计(见 6.4),通过放大倍数约 5 倍的放大镜观察温度,以消除视觉误差。

8.2 选择清洁、干燥并已校准的黏度计,其运动黏度测量范围包括被测试样预计的运动黏度值(即非常黏稠的液体用毛细管内径较粗的黏度计,流动性较好的液体用毛细管内径较细的黏度计)。流动时间不能少于 200 s,或 GB/T 30514 中所规定的更长的时间。

> 注:不同类型的黏度计有不同的特殊操作细节,在 GB/T 30514—2014 的附录 A、附录 B 和附录 C 中列出了不同类型黏度计的操作说明。

8.2.1 当测定温度低于露点时,需在黏度计开口端附加充满松散干燥剂的干燥管。干燥管应与黏度计的设计相匹配,其在仪器中产生的压力不应阻止试样的流动。通过对其中一个干燥管运用真空抽吸的方式小心排除黏度计中的潮湿气体。最后,在黏度计放入恒温浴之前,将试样吸入到黏度计工作毛细管和计时球中,然后使其流回,作为防止潮气冷凝在管壁的附加保护。

8.2.2 用于测定硅树脂液体、氟烃及其他清洗溶剂不易清除干净的液体的黏度计,除了在校准时以外,通常都是这类液体专用的。这类黏度计要经常进行校准。洗过这些黏度计的清洗溶剂不能再用来清洗其他的黏度计。

9 透明液体运动黏度的测定

9.1 按照仪器的设计要求,将试样充装入黏度计,并放置于恒温浴中,此操作应与校准仪器时一致。如果样品中含有固体颗粒,则在充装试样时,使用 75 μm 的滤网进行过滤(见 GB/T 30514)。如果样品中含有水,必要时用滤纸过滤脱水。

> 注:通常采用表 A.1 中 A 类和 B 类黏度计测定透明液体的运动黏度。

9.1.1 对于某些呈胶类性状的产品,应采用较高的测定温度保证其自由流动,以使由不同毛细管直径的黏度计可以得到相近的运动黏度结果。

9.1.2 把装好试样的黏度计放在恒温浴中保持足够长的时间,以达到试验温度。当一个恒温浴中同时放有几支黏度计时,如果正在测定某支黏度计的流动时间时,不应放入或取出另一支黏度计。

由于温度平衡时间根据仪器、温度和运动黏度的不同而不同,故需通过试验来确定适当的温度平衡时间。

> 注:除具有很高运动黏度的试样外,一般 30 min 应足够。

9.1.3 在试样达到温度平衡之后,根据黏度计的设计需要,调整试样体积到黏度计的指定刻线(见 GB/T 30514)。

9.2 采用抽吸(如果试样不含有易挥发组分)或施压的方式调整试样的上弯月面到合适的位置,除非在 GB/T 30514 黏度计操作说明中有其他规定,一般是在毛细管臂第一个计时标线上方 7 mm 左右。在试样自由流动情况下,测定弯月面流过第一个计时标线至第二个计时标线所需的时间,精确至 0.1 s(见 6.5)。如果流动时间小于规定的最小流动时间(见 8.2),则选择一支毛细管直径更小的黏度计重新测定。

9.2.1 按照 9.2 步骤,再次测定试样的流动时间并记录时间测定值。

9.2.2 如果两次测定结果符合确定性要求(见 14.1),用两个结果的平均值计算试样的运动黏度;如果两次测定结果不相符,则需要重新清洗、干燥黏度计,过滤试样后,重新测定并记录试验结果。

9.3 根据计算试样动力黏度的需要,在与测定运动黏度相同的温度下,按 GB/T 1884 或 SH/T 0604 及 GB/T 1885 测定试样的密度。

10 不透明液体运动黏度的测定

10.1 对于热裂解气缸油和黑色润滑油,按照 10.2 操作,以确保试样的代表性。其他燃料油及类似的多蜡产品,其运动黏度会受其受热过程的影响,在 10.1.1～10.1.6 中描述了尽量减少此影响的步骤。

注:通常测定不透明液体所用的黏度计是逆流型的,如表 A.1 中所列的 C 型。

10.1.1 装在原容器中的试样,放到 60 ℃±2 ℃的烘箱中加热 1 h。

10.1.2 用一根合适的、足够长的搅拌棒,要能够到达容器底部,充分搅和样品,直到没有任何沉积物或蜡状物附着在搅拌棒上。

10.1.3 重新拧紧容器盖子,剧烈晃动 1 min 使样品完全混合均匀。

注:对于多蜡的试样和具有很高运动黏度的试样,需要提高加热温度超过 60 ℃,以使样品混合均匀。加热好的试样,在搅拌或晃动时,应能充分流动。

10.1.4 立即倾倒能足够充装两支黏度计的试样至 100 mL 的玻璃烧瓶中,松松地盖上瓶盖。

10.1.5 将玻璃烧瓶放入沸水浴中浸泡 30 min。

注:如果不透明液体试样中含水量较多,在加热到较高温度时可能会发生爆沸溢出现象,所以要非常小心。

10.1.6 从沸水浴中取出玻璃烧瓶,塞紧瓶盖摇晃 1 min。

10.2 按照仪器的设计要求,将试样充装入两支黏度计。例如,适用于非透明液体的蔡特富克斯十字臂或 BS/IP/RFU 型黏度计,试样需用 75 μm 的过滤膜过滤后装入黏度计。对于需加热预处理的试样,使用一个预加热过的过滤器,防止试样在过滤过程中凝固。

注:因试样需在黏度置于恒温浴前注入黏度计中,故黏度计在注入试样前,于恒温炉中进行预加热。确保试样温度不被冷却至低于测试温度。

10.2.1 放入恒温浴中 10 min 后,根据黏度计的设计要求,调整试样的体积,以符合 GB/T 30514 中试样充装要求。

10.2.2 将装有试样的黏度计放在恒温浴中保持足够长的时间,直到达到试验温度。如果一个恒温浴中同时放有几支黏度计时,当正在测定某支黏度计的流动时间时,不应放入或取出另一支黏度计。

10.3 当试样自由流动时,记录试样从第一个计时标线到第二个计时标线所需的时间,精确至 0.1 s。对于需要加热预处理的试样(见 10.1),在预处理结束后 1 h 内完成流动时间的测定。

10.4 计算两次测定所得两个运动黏度的平均值(mm²/s)。

对于残渣燃料油,如果两次测定的运动黏度符合确定性要求(见 14.1),计算两个测定值的平均值,用两个测定值的平均值作为试样的运动黏度结果。如果两次测定值不相符,在彻底清洗、干燥黏度计和过滤试样后,重新进行测定。

注:对于其他非透明液体,没有提供精密度。

10.5 根据计算试样动力黏度的需要,在与测定运动黏度相同的温度下,按 GB/T 1884 或 SH/T 0604 及 GB/T 1885 测定试样的密度。

11 清洗黏度计

11.1 在测定试样的运动黏度之后,应将黏度计用样品溶剂彻底清洗,然后用干燥溶剂对黏度计进行清洗,再用经过滤的干燥空气流缓慢通过并干燥黏度计 2 min,或直到溶剂痕迹被除去为止。

11.2 定期用清洗液(见 5.1)对黏度计进行清洗。用清洗液浸泡管内壁几个小时以彻底除去黏度计管内壁残存的有机物痕迹,然后用水彻底清洗,再用干燥溶剂清洗内壁,最后用过滤后的空气干燥黏度计。如果黏度计内壁残存的有机残渣中可能存在钡盐,需用盐酸将黏度计先清洗一遍,再使用清洗液来洗涤黏度计。

11.3 不要用碱性清洗溶液洗涤黏度计,否则在黏度计校准时有可能发生变化。

12 计算

12.1 试样的运动黏度 $\upsilon(\mathrm{mm^2/s})$ 按式(2)计算:

$$\upsilon = C \times t \qquad\qquad\qquad (2)$$

式中:

υ ——运动黏度,单位为二次方毫米每秒($\mathrm{mm^2/s}$);

C ——黏度计常数,单位为二次方毫米每二次方秒($\mathrm{mm^2/s^2}$);

t ——流动时间,单位为秒(s)。

12.2 试样的动力黏度 $\eta(\mathrm{mPa \cdot s})$ 按式(3)计算:

$$\eta = \upsilon \times \rho \times 10^{-3} \qquad\qquad\qquad (3)$$

式中:

η ——试样的动力黏度,单位为毫帕斯卡秒($\mathrm{mPa \cdot s}$);

υ ——试样的运动黏度,单位为二次方毫米每秒($\mathrm{mm^2/s}$);

ρ ——在与测定运动黏度时相同的温度下的试样密度,单位为千克每立方米($\mathrm{kg/m^3}$)。

13 结果表示

报告运动黏度和(或)动力黏度的试验结果,取四位有效数字,同时报告试验温度。

14 精密度

按下述规定判断试验结果的可靠性(95%置信水平)。

注 1:基础油的精密度数据是采用 40 ℃黏度范围在 8 $\mathrm{mm^2/s}$~1 005 $\mathrm{mm^2/s}$ 和 100 ℃黏度范围在 2 $\mathrm{mm^2/s}$~ 43 $\mathrm{mm^2/s}$ 的 6 个矿物油在多个试验室进行试验,并经过统计得到的,于 1989 年首次发布。

注 2:在 40 ℃和 100 ℃的调合润滑油的精密度数据是采用 40 ℃黏度范围在 36 $\mathrm{mm^2/s}$~340 $\mathrm{mm^2/s}$ 和 100 ℃黏度范围在 6 $\mathrm{mm^2/s}$~25 $\mathrm{mm^2/s}$ 的 7 个调合发动机油在多个试验室进行试验,并经过统计得到的,于 1991 年首次发布。

注 3:在 150 ℃的调合润滑油精密度数据是采用 150 ℃黏度范围在 7~19 $\mathrm{mm^2/s}$ 的 8 个调合发动机油在多个试验室进行试验,并经过统计得到的,于 1991 年首次发布。

注 4:石油蜡的精密度数据是采用 100 ℃黏度范围在 3 $\mathrm{mm^2/s}$~16 $\mathrm{mm^2/s}$ 的 5 个石油蜡在多个试验室进行试验,并经过统计得到的,于 1988 年首次发布。

注 5:残渣燃料油的精密度数据是采用 50 ℃黏度范围在 30 $\mathrm{mm^2/s}$~1 300 $\mathrm{mm^2/s}$ 和 80 ℃、100 ℃黏度范围在 5 $\mathrm{mm^2/s}$~170 $\mathrm{mm^2/s}$ 的 14 个残渣燃料油在多个试验室进行试验,并经过统计得到的,于 1984 年首次发布。

注 6:添加剂的精密度数据是采用 100 ℃黏度范围在 145 $\mathrm{mm^2/s}$~500 $\mathrm{mm^2/s}$ 的 8 个添加剂在多个试验室进行试验,并经过统计得到的,于 1997 年首次发布。

注 7:瓦斯油的精密度数据是采用 40 ℃黏度范围在 1 $\mathrm{mm^2/s}$~13 $\mathrm{mm^2/s}$ 的 8 个瓦斯油在多个试验室进行试验,并经过统计得到的,于 1997 年首次发布。

注 8:煤油的精密度数据是采用—20 ℃黏度范围在 4.3 $\mathrm{mm^2/s}$~5.6 $\mathrm{mm^2/s}$ 的 9 个煤油在多个试验室进行试验,并经过统计得到的,于 1997 年首次发布。

14.1 确定性(d):在同一实验室,由同一个操作者,使用同一仪器操作,对得到一个试验结果进行连续测定的测定值之差不应超过表 1 的要求。

表 1 确定性

样品	温度 ℃	确定性
基础油	40 和 100	0.002 0y 或 0.20％y(见注 1)
调合润滑油	40 和 100	0.001 3y 或 0.13％y(见注 2)
调合润滑油	150	0.015y 或 1.5％y(见注 3)
石油蜡	100	0.008 0y 或 0.80％y(见注 4)
残渣燃料油	80 和 100	0.011(y+8)(见注 5)
残渣燃料油	50	0.017y 或 1.7％y(见注 5)
润滑油添加剂	100	0.001 06$y^{1.1}$(见注 6)
瓦斯油	40	0.001 3(y+1)(见注 7)
煤油	—20	0.001 8y(见注 8)
注:y 为所比较的两次测定值的平均值。		

14.2 重复性(r):在同一实验室,同一个操作者,使用同一仪器,在相同条件下对同一试样进行连续测定,得到的两个试验结果之差不应超过表 2 的要求。

表 2 重复性

样品	温度 ℃	重复性 mm²/s
基础油	40 和 100	0.001 1x 或 0.11％x(见注 1)
调合润滑油	40 和 100	0.002 6x 或 0.26％x(见注 2)
调合润滑油	150	0.005 6x 或 0.56％x(见注 3)
石油蜡	100	0.014 1$x^{1.2}$(见注 4)
残渣燃料油	80 和 100	0.013(x+8)(见注 5)
残渣燃料油	50	0.015x 或 1.5％x(见注 5)
润滑油添加剂	100	0.001 92$x^{1.1}$(见注 6)
瓦斯油	40	0.004 3(x+1)(见注 7)
煤油	—20	0.007x(见注 8)
注:x 为所比较的两个重复测定运动黏度试验结果的算术平均值,单位为 mm²/s。		

14.3 再现性(R):在不同的实验室,由不同的操作者,使用不同仪器,对同一试样进行测定,得到的两个单一、独立的试验结果之差不应超过表 3 要求。

表 3　再现性

样品	温度 ℃	再现性 mm²/s
基础油	40 和 100	$0.006\ 5x$ 或 $0.65\%x$（见注 1）
调合润滑油	40 和 100	$0.007\ 6x$ 或 $0.76\%x$（见注 2）
调合润滑油	150	$0.018x$ 或 $1.8\%x$（见注 3）
石油蜡	100	$0.036\ 6x^{1.2}$（见注 4）
残渣燃料油	80 和 100	$0.04(x+8)$（见注 5）
残渣燃料油	50	$0.074x$ 或 $7.4\%x$（见注 5）
润滑油添加剂	100	$0.008\ 62x^{1.1}$（见注 6）
瓦斯油	40	$0.008\ 2(x+1)$（见注 7）
煤油	-20	$0.019x$（见注 8）
注：x 为所比较的两个单一独立运动黏度试验结果的算术平均值，单位为 mm²/s。		

注：对用过油无法确定其精密度，但是预计其精密度比调合润滑油的精密度更差。由于这些用过油变化性极大，所以它的精密度很难确定。

15　试验报告

试验报告应包括下列内容：

a)　测试产品的完整信息；

b)　引用本标准；

c)　试验结果（见第 13 章）；

d)　注明按协议或其他原因与规定试验步骤存在的任何差异；

e)　试验日期；

f)　实验室的名称及地址。

附　录　A

（规范性附录）

黏度计的类型、校准和验证

A.1　黏度计类型

表 A.1 中列出了石油产品黏度测定常用的毛细管黏度计。各类黏度计的规格及操作说明详见 GB/T 30514 及 SH/T 0173—1992。

表 A.1　黏度计类型和名称

类型	黏度计名称	运动黏度范围[a]/(mm²/s)
A	适用于透明液体的改进型奥斯特瓦尔德黏度计： 　坎农-芬斯克常规黏度计[b] 　蔡特富克斯黏度计 　BS/U 型黏度计[b] 　BS/U/M 小型黏度计 　SIL[b] 黏度计 　坎农-曼宁半微量黏度计 　平开维奇[b] 黏度计（推荐使用 SH/T 0173—1992 中 BMN-1 型和 BMN-2 型黏度计）	0.5～20 000 0.6～3 000 0.9～10 000 0.2～100 0.6～10 000 0.4～20 000 0.6～17 000
B	适用于透明液体的悬液式黏度计： 　BS/IP/SL[b] 黏度计 　BS/IP/SL(S)[b] 黏度计 　BS/IP/MSL 黏度计 　乌别洛德[b] 黏度计 　菲茨西蒙斯黏度计 　艾特兰泰克[b] 黏度计 　坎农-乌别洛德(A)，坎农-乌别洛德稀释(B)[b] 黏度计 　坎农-乌别洛德半微量黏度计 　DIN 乌别洛德黏度计	3.5～100 000 1.05～10 000 0.6～3 000 0.3～100 000 0.6～1 200 0.75～5 000 0.5～100 000 0.4～20 000 0.35～50 000
C	适用于透明和不透明液体的逆流黏度计： 　坎农-芬斯克不透明黏度计（同 SH/T 0173—1992 中 BMN-3 型黏度计） 　蔡特富克斯十字臂黏度计 　BS/IP/RF U 型逆流黏度计 　兰茨-蔡特富克斯逆流黏度计	0.4～20 000 0.6～100 000 0.6～300 000 60～100 000
[a]　每个运动黏度范围均需要一系列的黏度计，为了避免动能修正，这些黏度计设计的流动时间要超出 200 s，在 GB/T 30514 中有特别注明的除外。		
[b]　在这一系列的黏度计中，对于具有最小标称黏度计常数的黏度计，其最小流动时间要超出 200 s。		

A.2 校准

采用具有可溯源至国家标准的具有检定证书的一等标准黏度计对工作标准黏度计进行校准。分析用黏度计应与工作标准黏度计或一等标准黏度计,或按照 GB/T 30514 中的步骤进行对照校准;对有些黏度计,也可采用 JJG 155 进行校准。测定黏度计的常数,精确到其值的 0.1%。

A.3 验证

黏度计常数可以采用与 A.2 相似的步骤进行验证,或者采用有证黏度标准油进行核查。

注:黏度标准油可以用来确认核查实验室试验过程的准确性。

若测定的运动黏度与公认参考值的差值超过了±0.35%,重新检查过程中的每一步骤,包括温度计、计时器和黏度计,寻找产生误差的来源。

注1:应该意识到,即使从一个有证的黏度标准油获得了正确结果,也不能排除产生误差原因之间叠加抵消的可能性。

注2:黏度标准油可以市场购得,并且具有由多次测试得到的公认参考值。GB/T 30514—2014 的表1给出了黏度标准油的品种和各温度范围的近似运动黏度值,也可使用符合 SH/T 0526 所规定的黏度标准油。

附　录　B

（规范性附录）

运动黏度测试用温度计

B.1　温度计类型和规格

使用符合表 B.1 温度计通用技术要求及图 B.1 中任一类型的温度计。表 B.2 给出了符合表 B.1 规定的温度计技术条件，并具有规定测试温度要求的 ASTM、IP 和 ASTM/IP 温度计。

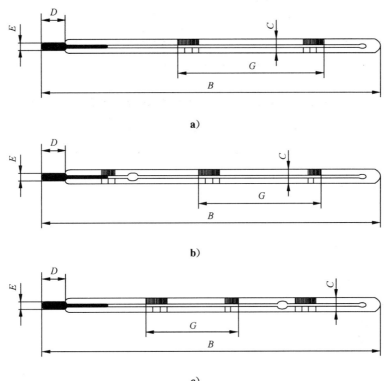

a)

b)

c)

注：温度计的差异主要在于冰点刻度位置的不同。图 B.1a)的温度计中，冰点在刻度范围内，图 B.1b)的温度计中，冰点在最低刻度线以下，而图 B.1c)的温度计中，冰点则在最高刻度线之上。

图 B.1　温度计类型

表 B.1　温度计通用技术要求

浸没深度	全浸
刻度标尺： 分度值/℃ 长刻线间隔/℃ 数字标刻间隔/℃	 0.05 0.1 和 0.5 1
最大刻线宽度/mm	0.1
示值允差/℃	0.1

表 B.1（续）

浸没深度	全浸
安全泡： 允许加热最高温度/℃	105（对温度计最大刻线为 90 ℃） 120（对温度计最大刻线在 90 ℃和 95 ℃之间） 130（对温度计最大刻线在 95 ℃和 105 ℃之间） 170（对于温度计最大刻线超过 105 ℃）
B 总长度/mm	300～310
C 棒外径/mm	6.0～8.0
D 感温泡长度/mm	45～55
E 感温泡外径/mm	≤棒外径
G 刻度范围长度/mm	40～90

表 B.2　符合通用技术要求的 ASTM/IP 温度计

温度计型号	测试温度/℃
ASTM 110C/IP93C（即 GB/T 514—2005 中 GB-21 号）	135
ASTM 121C/IP 32C	98.9 和 100
ASTM 129C/IP 36C	93.3
ASTM 48C/IP 90C	82.2
IP 100C	80
ASTM 47C/IP 35C	60
ASTM 29C/IP 34C	54.4
ASTM 46C/IP 66C	50
ASTM 120C/IP 92C	40
ASTM 28C/IP 31C	37.8
ASTM 118C	30
ASTM 45C/IP 30C	25
ASTM 44C/IP 29C	20
ASTM 128C/IP 33C	0
ASTM 72C/IP 67C	−17.8
ASTM 127C/IP 99C	−20
ASTM 126C/IP 71C	−26.1
ASTM 73C/IP 68C	−40
ASTM 74C/IP 69C	−53.9

B.2　温度计校准

B.2.1　使用精度为 0.02 ℃或者更好的玻璃液体温度计，其检定应在有资质的实验室进行，并且具有可溯源至国家标准的检定证书。或者使用具有相同校准检定要求的其他温度测量装置，如精度相同或更高的铂电阻温度计。

B.2.2　玻璃液体温度计的刻度修正值在储存和使用过程中可能会发生变化，因此需要定期重新校准。

最方便的方法就是在工作实验室通过重新校准冰点来完成,其他刻度修正值随冰点的变化而变化。

注:冰点校准周期不宜超过6个月,对于新的温度计宜在最初使用的6个月内每月校准一次。除非冰点校准时的偏差已经超过1个刻度或距离上次全面校准已经过了5年,否则没有必要为了满足准确性而进行全面校准。

如果使用其他的温度测量装置,也需要定期重新校准。

应保留所有的校准记录。

B.2.3 重新校验玻璃液体温度计冰点的步骤列于 B.2.3.1~B.2.3.3。

B.2.3.1 选择干净的冰块,由蒸馏水或纯净水制成。去除任何混浊或者不干净的部分。用蒸馏水冲洗冰块,刮削或压碎成小的冰块,避免直接用手或与其他任何化学性不洁物体接触,把压碎的冰块和大量的水倒入一个冰桶中,形成一个雪泥,加水量不应多至使冰浮起来。当冰融化时,排掉一部分水并添加更多的碎冰。插入温度计使深度至低于0℃一个刻度

B.2.3.2 至少3 min后,在观察温度的同时,与温度计轴成直角重复轻拍。连续两次读数间隔至少1 min,误差控制在0.005℃以下。

B.2.3.3 记录冰点读数,测定0℃时温度计的修正值。如果修正值比前次校准所得值高或者低,则其他温度点的修正值也要做相应的改变。

在校验温度计过程中应满足以下条件:

a) 温度计应垂直放置;

b) 用放大倍数约5倍的放大镜观察温度计读数,以消除视觉误差;

c) 冰点温度的读数精确至0.005℃。

B.2.4 在使用温度计时,其浸没在恒温浴中的深度应与其进行校准时相同。例如,一支全浸式的玻璃液体温度计,应该浸没至汞柱的顶端,而温度计棒的其余部分和最顶部的安全室暴露于室温和环境大气压下。在实际应用中,这意味着汞柱的顶部应处于距恒温浴介质表面相当于四个刻度范围之内的位置。

注:如果不能满足条件(B.2.4),则可能需要另外的修正。

ICS 75.160.30
E 46

中华人民共和国国家标准

GB/T 30517—2014

液化石油气中游离水的试验　目视法

Test method for free water in liquefied petroleum gas—Visual inspection

2014-02-19 发布

2014-06-01 实施

中华人民共和国国家质量监督检验检疫总局
中国国家标准化管理委员会　发布

前　言

本标准按照 GB/T 1.1—2009 给出的规则起草。

本标准使用重新起草法修改采用欧洲标准 EN 15469:2007《石油产品　液化石油气中游离水的试验　目视法》。

本标准与 EN 15469:2007 相比在结构上有较多调整,附录 A 中列出了本标准与 EN 15469:2007 的章条编号对照表。

本标准与 EN 15469:2007 的技术性差异及其原因如下:

——增加了规范性引用文件,行业标准 SH/T 0233《液化石油气采样法》;

——增加了取样的内容(见第 8 章),以提高标准的可操作性。

为了使用方便,本标准还做了如下编辑性修改:

——将标准名称修改为《液化石油气中游离水的试验　目视法》;

——删除了参考文献中的 EN ISO 4257《液化石油气手动采样法》;

——将参考文献中的 EN ISO 3993 修改为我国相应的标准 SH/T 0221;

——增加了资料性附录 A。

本标准由全国石油产品和润滑剂标准化技术委员会(SAC/TC 280)提出。

本标准由全国石油产品和润滑剂标准化技术委员会石油燃料和润滑剂分技术委员会(SAC/TC 280/SC 1)归口。

本标准起草单位:中国石油化工股份有限公司石油化工科学研究院。

本标准主要起草人:赵丽萍、吴明清。

液化石油气中游离水的试验 目视法

警告：本标准可能涉及某些有危险性的材料、操作和设备，但是并未对与此有关的所有安全问题都提出建议。因此，使用者在应用本标准前应建立适当的安全和防护措施，并确定相关规章限制的适用性。

1 范围

本标准规定了使用目视法测定液化石油气在 0 ℃以下游离水存在的试验方法。

注：通常试验温度不低于—5 ℃。

本标准适用于液化石油气。

2 规范性引用文件

下列文件对于本文件的应用是必不可少的。凡是注日期的引用文件，仅注日期的版本适用于本文件。凡是不注日期的引用文件，其最新版本（包括所有的修改单）适用于本文件。

SH/T 0233 液化石油气采样法

3 术语和定义

下列术语和定义适用于本文件。

3.1

液化石油气 liquefied petroleum gases；LPG

在环境温度和压力适当的情况下，能以液相储存和处理的石油气体。其主要成分是丙烷、丁烷及少量的丙烯、丁烯、戊烷、戊烯。

4 方法概要

将液化石油气试样转移到透明的耐压测试罐中，试样量占容器体积的 50%，然后将测试罐置于 0 ℃以下冷浴中冷却不少于 1 h，观察试样中有无冰晶生成。

当没有冰晶时试验结果为"通过"；如果有冰晶存在则试验结果为"不通过"。

LPG 样品，当含溶解水或游离水时，在饱和蒸汽压、0 ℃以上的温度条件下均为透明的、不浑浊的，因此两个液相很难分辨。LPG 和水都是无色的，在室温下很难确定两个液相的分离界面，只有使用透明容器并在适宜的光线下才能分辨。而冰则比水的透明度差很多，更容易被观测到，如果水结成冰，可见度会提高。

5 方法应用

本方法用于检测液化石油气（LPG）中携带的游离水。多余的水分会引起设备腐蚀老化、分相以及结冰，导致阀门、泵及调节器的堵塞。

6 仪器

6.1 样品罐:配有底阀,阀杆应尽量短以防止转移到测试罐过程中可能容存游离水,如果没有这样的设备,则可以使用传统的样品罐,按照9.1.2进行操作。

6.2 测试罐:透明的,容积为 250 mL。测试罐应配有热电偶以测定液体温度,还应配有底阀和顶部放空阀。

> 注:透明的液化石油气测试罐为玻璃或塑料制,如 SH/T 0221 所述密度计圆筒或其他玻璃或塑料制,耐压并带有底阀、顶部放空阀的容器。

6.3 冷浴:可以将温度控制在 0 ℃以下。

> 注:通常试验温度控制在不低于−5 ℃,低温冷却水浴不适用于本标准。

7 仪器的准备

清洗测试罐之前,罐中的残留 LPG 样品应该以液态的形式排空,防止气态排空而导致 LPG 残留在罐壁上。

测试罐(6.2)应该以合适的清洗溶剂(无水乙醇或异丙醇)仔细清洗之后,用氮气或干燥的空气干燥。通过抽真空的方法将测试罐中的氮气、空气排除。再向罐中通入干燥的气态丁烷来释放真空。在使用之前,测试罐应密闭并储存在干燥的条件下,确保底阀内部没有存留液体(水和溶剂)。

警告:气态丁烷易燃、易爆,在通入丁烷释放真空的操作中,应具备排除蒸气的安全措施。

8 取样

液化石油气的取样按照 SH/T 0233 进行。采样器应由适宜等级的不锈钢制成,可以是单阀型或双阀型,排出管型或非排出管型。采样器的大小可按试验需要量确定,采样器应能耐压 3.1 MPa 以上,并定期进行 2.0 MPa 气密试验。

9 试验步骤

9.1 试样的引入

警告:操作人员应避免液化石油气接触皮肤,应戴上手套和防护眼镜,避免吸入蒸气。

9.1.1 在试样转移到测试罐之前,将测试罐置于冷浴中(见 6.3)至少 30 min。

9.1.2 为防止样品罐的底阀处存水,用力摇晃样品罐,使水滴在 LPG 液相分散均匀。

9.1.3 将装有待测样品的样品罐(垂直放置)底阀连接到测试罐。连接管线的直径应尽量小,防止将大量的空气引入到测试罐中,确保连接的整个线路不漏气,然后打开样品罐的底阀。

9.1.4 打开测试罐的进口阀,使试样流入。如有必要,将测试罐的放空阀轻轻打开,将 LPG 装到测试罐体积的 50% 位置。

9.1.5 关闭所有的阀,将测试罐与样品罐分离。

9.1.6 将所有的阀关闭后,检查测试罐是否漏气;如果漏气,丢弃试样并在测试罐修复后重新取样。

警告:液化石油气易燃、易爆,当发现测试罐有雾斑、裂纹、破裂或蚀痕时要予以更换,防止测试罐炸裂及液化石油气泄漏。

9.2 测试

9.2.1 将已装入试样的测试罐,水平置于冷浴中不少于 1 h。

注：当测试罐体积或试样量大时,冷却时间可能需要超过 1 h。

9.2.2 将测试罐从冷浴中取出,立即进行观测,检查试样的底部或测试罐的底部是否有冰晶存在。

9.2.3 由于空气中的湿气,测试罐的外表面很快会覆盖一层冷冻层,使观测无法进行。如果发生这种情况,快速地将冷冻层擦掉重新观测。

9.2.4 任何冰晶的出现都应记录。通过向样品罐中添加 1 mL 的水进行相同的试验过程,可以验证样品罐中是否是存有游离水而未被检出。

注：作为试验操作者自身训练过程,通过向测试罐中添加 1 mL 的水来重复整个试验过程来模拟一个"不通过"的试验很有用。在这种情况下,冰晶很容易被检测出;这样操作者可观察到在低温试验条件下游离水存在时出现的现象。

10 报告

如果没有冰晶出现,试验结果报告为"通过";如果有冰晶出现,则试验结果报告为"不通过"。

11 精密度

试验过程的精密度无法确定,因为试验结果是"通过"或"不通过",而不是一个定量的检测。

附　录　A

（资料性附录）

本标准与 EN 15469:2007 的章条编号对照

本标准与 EN 15469:2007 的章条编号对照情况详见表 A.1。

表 A.1　本标准与 EN 15469:2007 章条编号对照表

本标准章条编号	EN 15469:2007 章条编号
2	—
3	2
4	3
5	4
6	5
7	6
8	—
9	7
10	8
11	9
注：表中的章条以外的本标准其他章条编号和 EN 15469:2007 章条编号相同且内容相对应。	

参 考 文 献

[1] SH/T 0221 液化石油气密度或相对密度测定法(压力密度计法)

ICS 75.160.30
E 46

中华人民共和国国家标准

GB/T 30518—2014

液化石油气中可溶性残留物的测定
高温气相色谱法

Determination of dissolved residues of liquefied petroleum gases—
High temperature gas chromatographic method

2014-02-19 发布

2014-06-01 实施

中华人民共和国国家质量监督检验检疫总局
中国国家标准化管理委员会　发布

前　言

本标准按照 GB/T 1.1—2009 给出的规则起草。

本标准使用重新起草法修改采用欧洲标准 EN 15470:2007《液化石油气中可溶性残留物的测定 高温气相色谱法》。

本标准与 EN 15470:2007 相比在结构上有较多调整,附录 A 中列出了本标准与 EN 15470:2007 的章条编号对照一览表。

本标准与 EN 15470:2007 的技术性差异及其原因如下:

——修改了规范性引用文件,将 EN ISO 4257 修改为 SH/T 0233,以方便使用;

——删除了 EN 15470:2007 中 7.2 方法概述,将其相关内容在本标准的第 4 章中集中进行介绍;

——将 EN 15470:2007 附录 B 的 B.6 中有关毛细管色谱柱介绍的部分内容增加到本标准的 6.11 中作为示例,以提高标准的可操作性;

——增加了取样内容(见第 7 章),以提高标准的可操作性。

为了使用方便,本标准还做了如下编辑性修改:

——增加了资料性附录 A"本标准与 EN 15470:2007 的章条编号对照";

——对 EN 15470:2007 中的资料性附录 A 中 A.1 试样转移装置部分进行了重新编辑,使其表述符合我国习惯,方便理解;

——删除了 EN 15470:2007 中资料性附录 B,其内容为 EN 15470:2007 推荐使用的一些设备。

本标准由全国石油产品和润滑剂标准化技术委员会(SAC/TC 280)提出。

本标准由全国石油产品和润滑剂标准化技术委员会石油燃料和润滑剂分技术委员会(SAC/TC 280/SC 1)归口。

本标准起草单位:中国石油化工股份有限公司石油化工科学研究院。

本标准主要起草人:赵丽萍、吴明清、常春艳、李涛。

引　言

　　本标准的优点在于试验所需液化石油气样品量少(50 g～75 g),定量结果能表明残留物的来源(瓦斯油、润滑油、增塑剂等)。

　　本标准已发展成为常用残留物测定方法 ISO 13757 的替代方法,本标准更安全、环保,数据更准确。

　　本标准的精密度考察范围是 20 mg/kg～100 mg/kg 的有代表性的试样,没有进行更高含量残留物试验精密度的验证。

　　注:EN 15471 为重量法检测残留物的方法,可作为替换方法,同本标准具有相同的适用范围,在数据的可靠性上略
　　　　差于本标准。

液化石油气中可溶性残留物的测定
高温气相色谱法

警告：本标准可能涉及某些有危险性的材料、操作和设备，但是并未对与此有关的所有安全问题都提出建议。因此，使用者在应用本标准前应建立适当的安全和防护措施，并确定相关规章限制的适用性。

1 范围

本标准规定了测定液化石油气（LPG）中可溶性残留物含量的试验方法，测定范围是 40 mg/kg～100 mg/kg，如果残留物含量更高可通过调整试样量来控制。

> **注**：残留物含量在 40 mg/kg～100 mg/kg 范围外的也可使用本标准进行测定，但精密度在残留物含量 20 mg/kg～100 mg/kg 范围之外并未进行考察，其适用性未经验证。

可溶性残留物的测定是将试样在环境温度下挥发，在 105 ℃烘干后，用气相色谱进行检测。

本标准不适于固体样品及高分子聚合物（＞1 000 g/mol）的测定。

2 规范性引用文件

下列文件对于本文件的应用是必不可少的。凡是注日期的引用文件，仅注日期的版本适用于本文件。凡是不注日期的引用文件，其最新版本（包括所有的修改单）适用于本文件。

SH/T 0233 液化石油气采样法

3 术语和定义

下列术语和定义适用于本文件。

3.1

液化石油气 liquefied petroleum gases；LPG

在适当的压力和环境温度下，能以液相形式进行储存、处理的石油气体，其主要成分是丙烷、丁烷及少量的丙烯、丁烯、戊烷和（或）戊烯。

4 方法概要

将玻璃锥形瓶置于装有异丙醇和干冰的冷浴中进行冷却，从样品罐中将 LPG 试样（50 g～75 g 左右）以液态的形式转移至冷却的玻璃锥形瓶中。将转移到玻璃锥形瓶中的 LPG 试样进行自然蒸发，自然蒸发结束后置于 105 ℃的烘箱内 1 h。冷却后用含有内标物的二硫化碳溶液对残留物进行稀释，稀释后的混合物通过气相色谱仪进行分析，并通过内标法进行定量计算。

5 试剂和材料

5.1 异丙醇：分析纯。

5.2 干冰:固态,用于冷却。

5.3 二硫化碳:分析纯(含量不小于99.9%)。

5.4 正辛烷:分析纯(含量不小于99.9%)。

5.5 戊烷:分析纯(含量不小于99.5%)。

5.6 氦气:含量大于99.999%。

5.7 氢气:含量大于99.999%。

5.8 空气:含量大于99.999%。

6 仪器

6.1 样品罐:总质量在称量天平量程范围内。不锈钢材质优先,带有两个无油的不锈钢阀,与 SH/T 0233 中论述一致。

6.2 冷浴:0.5 L～2 L 的杜瓦瓶或保温桶,装入适当的冷却液体,如异丙醇和干冰的混合液,以获得 −60 ℃以下的低温。

6.3 取样装置:见附录 B。

6.4 称量天平:最大量程根据样品罐的质量确定(例如16 kg、30 kg),精度为1 g 或更小。

6.5 分析天平:精度为0.1 mg 或更小。

6.6 排气管线:外径为1.6 mm 不锈钢钢管,长15 cm,见 B.2。

6.7 玻璃锥形瓶:100 mL～150 mL 带有旋盖的玻璃锥形瓶;或带有聚四氟乙烯塞的100 mL～150 mL 具塞玻璃锥形瓶。

6.8 隔垫:聚四氟乙烯(PTFE)-硅橡胶材质,用于旋盖玻璃锥形瓶。

6.9 实验室手套:PVC 材质,不带滑石粉。

6.10 气相色谱仪:配置自动进样器及积分仪。

6.11 毛细管色谱柱:弱极性高温毛细柱(如固定液为5%苯基聚氧硅烷,内径:0.53 mm,膜厚:0.15 μm,长度:10 m)。

6.12 烘箱:可将温度控制在105 ℃,精度为±1 ℃。

注:烘箱使用条件为自然对流。

7 取样

液化石油气的取样按照 SH/T 0233 进行。采样器应由适宜等级的不锈钢制成,可以是单阀型或双阀型,排出管型或非排出管型。采样器的大小可按试验需要量确定,采样器应能耐压3.1 MPa 以上,并定期进行2.0 MPa 气密试验。

8 试验步骤

8.1 安全性

警告:试验应在防爆通风橱内进行。为了排出 LPG 和二硫化碳蒸气应该采用必要的安全措施,尤其注意要对仪器进行接地来减少静电风险。

8.2 试样转移过程

8.2.1 将样品罐(6.1)放置到称量天平(6.4)上。

8.2.2 用附录 B 所列的设备组装装置,并根据图 B.1 所示,将样品罐底阀连接到样品转移管线,同时连接排气管线。

8.2.3 将转移管线放在支撑物上,防止试验操作过程对天平造成干扰。

8.2.4 冷浴(6.2)的准备:向保温桶或杜瓦瓶中添加干冰和异丙醇。

8.2.5 玻璃锥形瓶(6.7)的清洗:用分析纯的戊烷清洗玻璃锥形瓶。

8.2.6 准备好旋盖和带有两个孔的隔垫(6.8)(或直接使用带有两个孔的聚四氟乙烯塞),孔径大小允许 1.6 mm 钢管通过。

8.2.7 取样前将干净的玻璃锥形瓶(其适配的旋盖和隔垫或聚四氟乙烯塞以及排气管线均已安装好) 放到冷浴中至少 1 min。

注:这可以确保更好地将试样引入到玻璃锥形瓶中。

8.2.8 关闭针型阀。

8.2.9 小心地打开样品罐,缓慢地打开针型阀使试样充满并清洗连接管线。

8.2.10 当 LPG 试样均匀地流出时关闭针型阀。

8.2.11 将不锈钢插入管的终端插入到玻璃锥形瓶中。

8.2.12 记录样品罐的质量 m_1。

8.2.13 通过调节针型阀对 LPG 试样的转移速度进行调节。

8.2.14 当转移量达 100 mL 时,关闭针型阀。

8.2.15 记录样品罐的质量 m_2。

8.2.16 LPG 试样的质量 (m) 以克(g)计,通过计算 $(m=m_1-m_2)$ 求得。

8.2.17 通过重复以上试样转移过程来取得需要的试样量。

8.3 蒸发过程

8.3.1 将转移管线断开,使试样通过排气管线蒸发。排气管线的下端不应插在液面以下。

8.3.2 蒸发过程在试样转移时就已开始;装有 LPG 的玻璃锥形瓶可以在室温下(不高于 25 ℃)自然挥发,或通过合适的设备逐渐加热挥发,但温度不应超过 25 ℃。

8.3.3 蒸发过程应在通风橱中进行。

8.3.4 当自然蒸发过程结束时,将玻璃锥形瓶的旋盖或塞子打开,放在 105 ℃烘箱中恒温 1 h。然后将玻璃锥形瓶盖(塞)上,在干燥器中冷却 30 min。此时玻璃锥形瓶中含有可溶性蒸发残留物,其含量随后可通过气相色谱仪进行检测。自然蒸发结束时,玻璃锥形瓶中应不含液体残留物及液滴。

警告:当玻璃锥形瓶盖上旋盖时,其隔垫的 PTFE 面应朝下;应将玻璃锥形瓶直立放置。

8.4 气相色谱法测定蒸发残留物

8.4.1 概述

将由 8.3 所得到的蒸发残留物冷却后用含有内标物的二硫化碳溶液(溶液 A)进行稀释,稀释后的混合物通过气相色谱仪进行分析,并通过内标法进行定量计算。

8.4.2 溶液 A 的准备

溶液 A:40 mg(精确到 0.1 mg)正辛烷稀释到 100 g 二硫化碳中。

8.4.3 试验条件

推荐的试验条件在表 1 中列出。

表 1 试验条件

载气	气体	氮气
	流速	4 mL/min
进样口	类型	不分流
	温度	380 ℃
进样器	类型	自动
	进样量	2 μL
检测器	类型	FID
	温度	400 ℃
	氢气流速	30 mL/min
	空气流速	350 mL/min
	尾吹气流速	30 mL/min
信号	方式	补偿
柱箱温度	起始温度	10 ℃保持 1 min
	最后温度	400 ℃
	升温速率	15 ℃/min

8.4.4 空白试验

首先对气相色谱柱进行充分老化。

将 2 μL 的溶液 A 注射到色谱柱中,对色谱图中 n-C_8 到分析物结束之间的峰进行面积积分(参见附录 C 中图 C.1)。

S_b 区域的积分面积值不应超过 n-C_8 峰面积的 2%,空白试验 S_b 区域的积分面积将从残留物测试试验积分面积 S_x 中扣除。

8.4.5 试样分析

将盖上旋盖(或具塞)玻璃锥形瓶进行称重,结果精确到 10 mg。

将约 4 mL 的溶液 A 加入到含有蒸发残留物的带盖(或具塞)玻璃锥形瓶中,进行称重,结果精确到 10 mg。用混合溶液仔细、缓慢清洗玻璃锥形瓶的内壁,在此玻璃锥形瓶中形成的溶液 X 用于气相色谱分析。

如果含有蒸发残留物的玻璃锥形瓶在烘箱内蒸发后,不能立即进行气相色谱分析,则将玻璃锥形瓶存放在干燥器中避光保存,直到分析前才用溶液 A 对残留物进行溶解。

与空白试验相同的操作条件,注射溶液 X 进入气相色谱仪进行分析。

色谱积分面积(S_x)是从 n-C_8 开始到分析物结束为止(参见附录 C 中图 C.2)。

9 计算

可溶性蒸发残留物含量(ER)通过式(1)计算,以 mg/kg 表示:

$$ER = \frac{(S_x - S_b)\, c_i \times 1\,000 \times M_s}{m S_i} \quad\cdots\cdots\cdots\cdots\cdots\cdots\cdots\cdots(1)$$

式中：

S_x——残留物测试试验色谱图中表示 n-C$_8$ 到分析物结束之间峰的积分面积；

S_b——空白试验色谱图中 n-C$_8$ 到分析物结束之间峰的积分面积；

c_i ——溶液 A 中内标物正辛烷的浓度，单位为毫克每克（mg/g）；

M_s——溶液 A 用来溶解可溶性蒸发残留物的质量，单位为克（g）；

S_i ——内标物的峰面积；

m ——LPG 试样的质量，单位为克（g）。

10 报告

报告可溶性蒸发残留物结果精确到 1 mg/kg。

11 精密度

11.1 概述

本标准精密度验证范围是 20 mg/kg～100 mg/kg，由实验室之间的试验结果按照 ISO 4259 方法经统计分析确定（95%置信水平）。

11.2 重复性（r）

重复性：同一实验室的同一操作者，使用同一台仪器，对同一试样进行试验，测得的两个重复试验结果之差不应超过表 2 的计算值和表 3 的典型值。

表 2 精密度 单位为毫克每千克

重复性（r）	再现性（R）
$r = 0.054X + 3.51$	$R = 0.14X + 9.06$
注：X 为两个试验结果的平均值，单位为毫克每千克（mg/kg）。	

表 3 精密度典型值 单位为毫克每千克

残留物含量	重复性（r）	再现性（R）
20	5	12
50	6	16
75	8	20
100	9	23

11.3 再现性（R）

再现性：在不同的实验室，由不同的操作者，使用不同仪器，对同一试样进行的试验，测得的两个单一和独立的试验结果之差不应超过表 2 的计算值和表 3 的典型值。

附 录 A

（资料性附录）

本标准与 EN 15470:2007 的章条编号对照

表 A.1 给出了本标准与 EN 15470:2007 的章条编号差异对照一览表。

表 A.1 本标准与 EN 15470:2007 的章条编号对照

本标准章条编号	EN 15470:2007 章条编号
6.12	—
7	—
8.1	7.1
—	7.2
8.2	7.3
8.3	7.4
8.4	7.5
9	8
10	9
11	10
附录 A	—
附录 B	附录 A
注：表中的章条以外的本标准其他章条编号和 EN 15470:2007 章条编号相同且内容相对应。	

附 录 B
（规范性附录）
样品转移和蒸发设备

B.1 样品转移设备

包括：
——转移管线：外径 1.6 mm 的 PTFE 或其他不易被抽提的聚合物材质管线，长为 1 m；
——针型阀：针型阀[如世伟洛克（Swagelock）的 SS-SS2 针形阀，可用适合的螺帽连接安装]，一端和 PTFE 管相连并连接到样品罐的底阀，另一端连接到不锈钢插入管，安装针型阀使得液化石油气转移过程流速稳定、规律；
——不锈钢插入管：外径 1.6 mm 的不锈钢钢管，长 15 cm，尖端可以通入玻璃锥形瓶隔垫（或聚四氟乙烯塞）的小孔。

B.2 排气管线

外径 1.6 mm 不锈钢钢管，长 15 cm，尖端可以通过玻璃锥形瓶隔垫（或聚四氟乙烯塞）的小孔，上端连接管线可直接将 LPG 蒸气排到通风橱。

图 B.1 为 LPG 样品转移装置图。

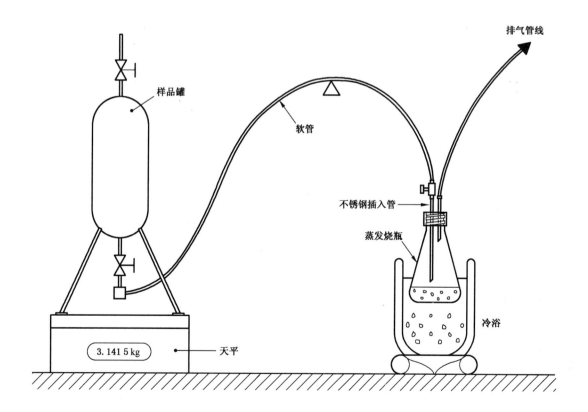

图 B.1 LPG 样品转移装置

附　录　C

（资料性附录）

气相色谱测试实例

气相色谱测试实例见图 C.1、图 C.2。

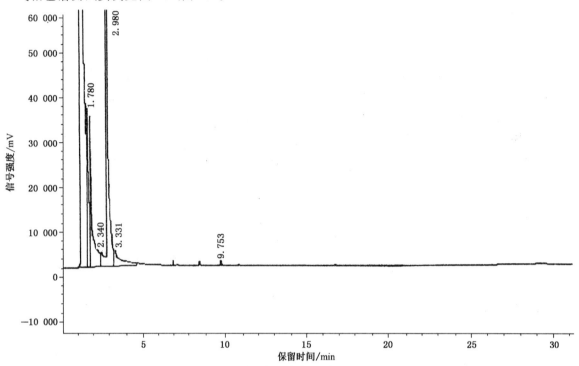

图 C.1　空白试验的气相色谱图实例

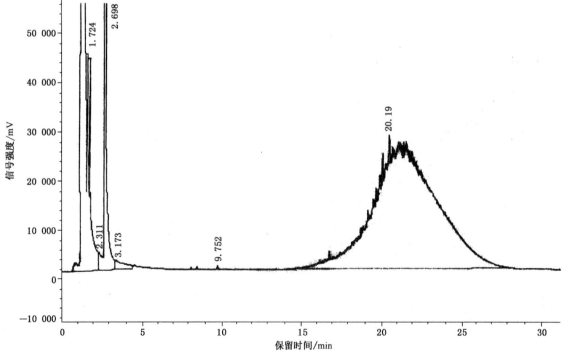

图 C.2　残留物测试试验的气相色谱图实例

参 考 文 献

[1] ISO 4259 石油产品试验方法精密度数据的确定和应用
[2] ISO 13757 液化石油气可溶性残留物测定 高温法
[3] EN 15471 液化石油气可溶性残留物测定 高温称重法

ICS 75.160.20
E 31

中华人民共和国国家标准

GB/T 30519—2014

轻质石油馏分和产品中
烃族组成和苯的测定 多维气相色谱法

Determination of hydrocarbon types and benzene in light petroleum
distillates and products—Multidimensional gas chromatographic method

2014-02-19 发布
2014-06-01 实施

中华人民共和国国家质量监督检验检疫总局
中国国家标准化管理委员会 发布

前　言

本标准按照 GB/T 1.1—2009 给出的规则起草。

本标准由全国石油产品和润滑剂标准化技术委员会(SAC/TC 280)提出。

本标准由全国石油产品和润滑剂标准化技术委员会石油燃料和润滑剂分技术委员会(SAC/TC 280/SC 1)归口。

本标准负责起草单位:中国石油化工股份有限公司石油化工科学研究院。

本标准参加起草单位:国家油品质量监督检验中心、中国石油天然气股份有限公司东北销售分公司、中国神华煤制油化工有限公司上海研究院、深圳市计量质量检测研究院和中国石油化工股份有限公司济南分公司。

本标准主要起草人:徐广通、杨婷婷、王维民、顾惠明、王瑞荣、杨丽华、李思源、潘强、姜元博。

引　言

　　轻质石油馏分和产品主要指溶剂油、汽油调合组分和成品汽油等物质,这些物质的沸点较低、易于挥发,而这类物质中存在的芳烃、苯和烯烃由于其自身的毒性和不稳定性可能对人体的健康、环境或产品的稳定性产生不利的影响。因此在汽油、溶剂油等产品标准中经常对苯、芳烃和烯烃的含量进行限制。在生产、加工环节,出于质量控制的目的,生产企业则需要对相应馏程的石油馏分中的烃族组分进行控制分析。本标准试验方法的制定旨在建立一个针对轻质石油馏分和产品中烃族组成和苯的测量方法,以解决现存试验方法应用的局限性或存在的问题。

轻质石油馏分和产品中
烃族组成和苯的测定　多维气相色谱法

警告：本标准可能涉及某些有危险性的材料、操作和设备，但是并未对与此有关的所有安全问题都提出建议。因此，使用者在应用本标准之前应建立适当的安全和防护措施，并确定相关规章限制的适用性。

1　范围

本标准规定了用多维气相色谱技术测定轻质石油馏分和产品中烃族组成和苯含量的试验方法。

本标准适用于终馏点不高于 215 ℃ 的轻质石油馏分或产品如汽油调合组分、溶剂油、汽油产品等中的烃族组成和苯含量的测定。测定浓度范围烯烃体积分数（或质量分数）为 0.5% ～70%、芳烃体积分数（或质量分数）为 1% ～80%，苯体积分数（或质量分数）为 0.2% ～10%。对馏程符合本标准要求、由其他非常规原油如页岩或油砂加工得到的汽油产品或由非石油矿物燃料合成加工的烃类燃料如费托合成油等本方法也同样适用。超出含量范围的样品本方法也可测定，但没有给出精密度数据。

对车用汽油，为改善汽油产品性能或其他目的，常含有醚类或醇类含氧化合物组分，也可能有多种含氧化合物组分共存，此时样品中的醚类化合物会随烯烃组分一起出峰，醇类化合物则随 C_7^+ 芳烃组分一起出峰。对于含有含氧化合物的汽油样品，用相关试验方法（如 SH/T 0663）测定其中的含氧化合物类型和含量，并参照附录 A 的步骤对烃族组成结果进行必要校正后，适用于本标准。

本标准不适用于测定除苯外的各烃族中的单体组分含量。

2　规范性引用文件

下列文件对于本文件的应用是必不可少的。凡是注日期的引用文件，仅注日期的版本适用于本文件。凡是不注日期的引用文件，其最新版本（包括所有的修改单）适用于本文件。

GB/T 4756　石油液体手工取样法（GB/T 4756—1998，eqv ISO 3170：1988）

GB/T 6683　石油产品试验方法精密度数据确定法（GB/T 6683—1997，neq ISO 4259：1988）

GB 17930　车用汽油

SH/T 0663　汽油中某些醇类和醚类测定法（气相色谱法）

ASTM D6733　用 50 米长毛细管高分辨气相色谱法测定火花点火式发动机燃料中单体烃组分的试验方法（Standard test method for determination of individual components in spark ignition engine fuels by 50 meter capillary high resolution gas chromatography）

ASTM D6839　火花点火式发动机燃料中烃组成、苯和含氧化合物测定法（气相色谱法）（Standard test method for hydrocarbon types, oxygenated compounds and benzene in spark ignition engine fuels by gas chromatography）

3　术语和定义

下列术语和定义适用于本文件。

3.1

饱和烃 saturates or saturated hydrocarbon

碳数 4 到 12 的链烷烃和环烷烃。

3.2

烯烃 olefins or olefinic hydrocarbon

碳数 4 到 12 的链烯烃和环烯烃(大于六元环的环二烯在芳烃组分处出峰)。

3.3

苯 benzene

最小碳数的芳烃。

3.4

C_7^+ 芳烃 C_7^+ aromatics

轻质石油馏分或产品中除苯外的其他芳烃组分,包括单环取代芳烃、芳烯烃以及大于六元环的环二烯组分。

3.5

总芳烃 total aromatics or aromatic hydrocarbon

苯(3.3)和 C_7^+ 芳烃(3.4)之总和。

3.6

烯烃捕集阱 olefins trap

分析系统中用于从饱和烃和烯烃的混合物中选择性保留烯烃组分的色谱柱。该柱在特定的温度下对烯烃组分的捕集与释放具有良好的可逆性,因而可以重复使用。在确定温度下该柱能从饱和烃和烯烃的混合物中选择性保留烯烃组分,并通过饱和烃组分;提高温度后保留的烯烃组分又完全释放出来。

4 方法原理和概要

4.1 气相色谱测定轻质石油馏分和产品烃族组分和苯含量的分析原理见图 1,系统及柱连接示意图见图 2。样品进入色谱系统后首先通过固定液为 N,N-双(α-氰乙基)甲酰胺的极性分离柱(简称 BCEF 柱),使脂肪烃组分和芳烃组分得到分离。由饱和烃和烯烃构成的脂肪烃组分通过烯烃捕集阱时烯烃组分被选择性保留,饱和烃组分则穿过烯烃捕集阱进入氢火焰离子化检测器(FID)检测。待饱和烃组分通过烯烃捕集阱后,此时芳烃组分中的苯尚未到达极性分离柱的柱尾,通过六通阀切换使烯烃捕集阱封闭并暂时脱离载气流路,此时苯通过旁路进入检测器检测;苯洗脱检测后,通过切换另一个六通阀对 C_7^+ 芳烃组分进行反吹,C_7^+ 芳烃组分进入检测器检测,待 C_7^+ 芳烃检测完毕后,再次通过阀的切换使烯烃捕集阱置于载气流路中,在适当的条件下使烯烃捕集阱中捕集的烯烃完全脱附并进入检测器检测,检出的色谱峰依次为饱和烃、苯、C_7^+ 芳烃和烯烃。对一些溶剂油产品,其质量指标主要是苯或芳烃总量,不需测定烯烃含量,则进样后的样品无需通过烯烃捕集阱,只需在苯洗脱后对 BCEF 柱进行反吹即可,此时,检出的色谱峰依次为饱和烃、苯和 C_7^+ 芳烃。

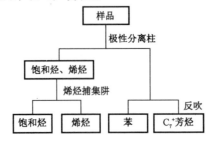

图 1 分析原理图

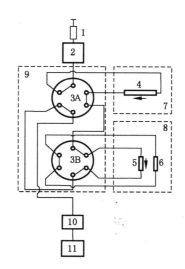

说明：

    1——进样器；

    2——汽化室；

3A、3B——六通切换阀；

    4——极性分离柱；

    5——烯烃捕集阱；

    6——平衡柱；

    7——色谱柱箱；

    8——烯烃捕集阱温控箱；

    9——阀温控制箱；

  10——火焰离子化检测器；

  11——记录与数据处理单元。

图 2　气相色谱仪及分离系统示意图

4.2　样品勿需预处理可直接进样,采用参比样品确定各烃族组分的保留时间。按确定步骤测量试样中各烃族组分的色谱峰面积,采用校正的面积归一化方法定量,计算试样中各烃族组分的体积分数或质量分数。一个汽油样品的色谱分析时间约 12 min,溶剂油分析约 9 min 左右。

5　方法应用

5.1　一些轻质石油馏分或产品对其烃族组成指标有特定的限值要求。如汽油中的烯烃、芳烃和苯含量是汽油产品标准中的重要质量指标,而苯含量和芳烃含量也是一些溶剂油产品重要的质量指标。本标准提供了一个采用多维气相色谱技术快速测定轻质石油馏分、汽油调合组分、车用汽油和溶剂油产品中饱和烃、烯烃、芳烃和苯含量的试验方法。

5.2　色谱方法影响分析结果的因素较少,分析结果精度较高,试验步骤简单,分析周期较短,有利于改善试验环境、减轻劳动强度、降低试验成本。

6　干扰物质

6.1　样品中的高碳数脂肪烃(C_{12} 以上,不含 C_{12})在 BCEF 柱中与苯的分离可能不完全,影响苯和芳烃组分的检测,因此样品的终馏点不应超过 215 ℃。

6.2　汽油样品中的醚类化合物如甲基叔丁基醚会在烯烃捕集阱中保留,与烯烃一起出峰,此时得到色谱图中的烯烃面积分数包括醚类化合物;醇类化合物如乙醇、甲醇会在 C_7^+ 芳烃的保留时间范围内出峰,此时得到的 C_7^+ 芳烃含量包括醇类化合物;可根据相关方法如 SH/T 0663 测定的汽油中醚类或醇类化合物的含量对结果进行校正,见附录 A。

6.3 样品中的少量含硫、氮的化合物在烯烃捕集阱中可能产生不可逆吸附,最终可能降低烯烃捕集阱的容量或使用寿命,经多种样品的实验表明,未发现对测定结果产生影响。

6.4 样品中的抗氧剂、清净剂、抗静电剂、含铅抗爆剂和含锰抗爆剂未发现对分析结果产生影响。

6.5 样品中溶解的少量水不干扰测定,如存在游离水可由无水硫酸钠或滤纸过滤脱除。

7 仪器

7.1 气相色谱仪:色谱仪器至少应包括汽化室、控温色谱柱箱、火焰离子化检测器(FID)和色谱工作站。微量注射器或自动进样器都能很好的进样。稳定的载气和检测器气体流速控制对获得准确、可靠、重复性好的分析结果非常关键,建议采用具有电子流量控制的色谱系统。火焰离子化检测器应满足或优于表 1 中的要求。为实施本试验方法,还需一些必要的硬件设备,包括色谱柱、烯烃捕集阱、平衡柱、切换阀及相应的控温装置。符合下列性能和参数要求的任何气相色谱仪均可采用。仪器及分离系统的示意图见图 2。

表 1 火焰离子化检测器性能要求

性　　能	典型值
噪声/A	$10^{-13} \sim 10^{-12}$
漂移/(A/h)	10^{-12}
检测限($n\text{-}C_6H_{14}$)/(g/s)	$10^{-11} \sim 10^{-10}$
线性范围	$10^5 \sim 10^6$

7.2 烯烃捕集阱:烯烃捕集阱的作用是在特定的温度下,当样品中经极性柱分离出的脂肪烃(饱和烃和烯烃的混合组分)通过时,应完全保留脂肪烃中的烯烃组分,通过饱和烃组分。一般烯烃捕集时的温度为 120 ℃～135 ℃。当温度升高后,该烯烃捕集阱应完全释放所有保留的烯烃组分,一般释放温度为190 ℃～210 ℃。具体温度的设定可根据烯烃捕集阱的具体情况确定。烯烃捕集阱的性能可以用系统验证样品或质量控制样品进行验证。如发现烯烃捕集阱有烯烃逃逸现象,建议调整操作条件直至更换烯烃捕集阱。

7.3 平衡柱:对烃族组分无保留或吸附,只起压力平衡作用,以保证阀切换时基线的平稳。

7.4 切换阀:按本标准规定的分析步骤进行操作,分析系统应包括两个两点位六通阀,阀的切换可以是手动也可以是自动,为保证阀切换时间的准确,建议采用自动切换阀。

7.5 分析系统组件的温度控制:极性分离柱、烯烃捕集阱、切换阀都应具有独立的温度控制系统,接触样品的所有部件都应保持一定的温度以防止样品冷凝。表 2 列出一些组件典型的控制温度范围。一些组件要求采用等温操作,一些要求采用可重复的程序升温操作。表 2 中所列温度只是一个典型的操作温度范围,具体使用时可以根据极性分离柱或烯烃捕集阱的具体情况进行适当调整,温度控制可以采用各种方式满足分析系统的要求。

表 2　系统组件的温度控制

系统组件	典型操作温度/℃	加热方式
极性分离柱	100～120	恒温
烯烃捕集阱	115～210	程序升温 30 ℃/min～50 ℃/min
切换阀	100～160	恒温
样品管线	100～160	恒温

7.6　阀切换驱动系统:如阀切换采用气动驱动系统,要注意供给气动系统的空气压力满足驱动的要求,以实现阀的迅速切换。

7.7　载气纯化装置:为保障烯烃捕集阱的使用寿命,除气相色谱常规使用的分子筛、活性炭等净化器脱除载气中的水和烃类杂质外,应安装专门的脱氧净化器,确保载气中的氧含量在 1 μL/L 以下。

7.8　色谱柱:极性分离柱,凡满足苯与脂肪烃中的正十二烷或 1-十一烯完全分离及苯与甲苯完全分离、并留有合适阀切换时间的色谱柱均可以使用。为保证分离效果,要求苯与 1-十一烯的保留时间比($t_{苯}/t_{1-十一烯}$)大于 1.5 且分辨率 Rs 大于 2.0,甲苯与苯的保留时间比($t_{甲苯}/t_{苯}$)大于 1.25 且分辨率 Rs 大于 1.1。推荐采用 BCEF 作固定液,涂渍量 25%,酸洗 6201 或 Chromosorb P(AW) 200 μm～300 μm 作载体,柱管材料为内衬石英的不锈钢管或内壁脱活的不锈钢管,长度 5m,内径 2 mm。图 3 为一个典型的极性柱性能验证谱图。

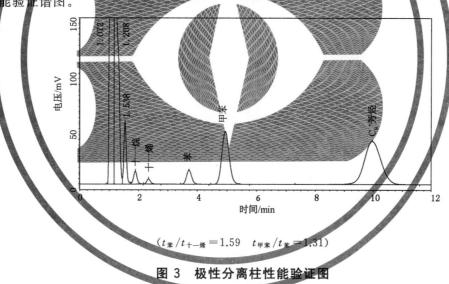

$(t_{苯}/t_{十一烯}=1.59\quad t_{甲苯}/t_{苯}=1.31)$

图 3　极性分离柱性能验证图

7.9　记录与数据处理单元:建议采用色谱工作站,并具有下列功能:
　　——可显示采集的色谱图;
　　——显示色谱峰的峰面积及面积百分比数据;
　　——校正因子的计算及使用;
　　——具有处理噪音和鬼峰的功能;
　　——能进行必要的手动积分处理;
　　——测定结果通过色谱峰面积或面积分数、对应的相对质量校正因子和有关参数通过校正的面积归一化方法计算。

8 试剂与材料

8.1 试剂:用于配置系统验证或质量控制的组分如正戊烷、正己烷、环己烷、甲基环己烷、正庚烷、异辛烷、正辛烷、正壬烷、正癸烷、正十一烷、正十二烷、1-戊烯、1-己烯、1-庚烯、1-辛烯、1-壬烯、1-癸烯、1-十一烯、苯、甲苯、二甲苯、丙基苯、三甲基苯等试剂,其纯度应采用分析纯或以上纯度的试剂。

警告:这些化合物均为易燃或有毒化合物,若摄取、吸入或通过皮肤吸收将对人体产生伤害或致命。

8.2 系统验证样品的制备:采用纯烃化合物定量混合,可以检验分析系统的可靠性,优化、确定系统的操作温度、阀切换时间和分析结果的准确性。典型系统验证样品的组分构成及浓度值见表3。

表 3 典型的系统验证样品的组成

烃类型	组分	质量分数/%
饱和烃	正戊烷	5.0
	正己烷	4.5
	环己烷	4.0
	正庚烷	4.5
	甲基环己烷	4.0
	正辛烷	4.0
	异辛烷	6.0
	二甲基环己烷	3.0
	正壬烷	3.0
	正癸烷	2.5
	正十一烷	1.5
烯烃	1-戊烯	5.0
	1-己烯	6.0
	1-庚烯	5.0
	1-辛烯	3.5
	1-壬烯	2.5
	1-癸烯	2.0
	1-十一烯	1.0
芳烃	苯	1.0
	甲苯	5.0
	二甲基甲苯	8.0
	乙基苯	5.0
	丙基苯	4.0
	三甲基苯	6.0
	四甲基苯	4.0
饱和烃		42.0
烯烃		25.0
苯		1
芳烃	(包括苯)	33.0
小计		100

8.3 质量控制检查样品:用于常规监测色谱系统和分离系统的可靠性,监测烯烃捕集阱的捕集能力,通过对质量控制检查样品的分析,验证测定的结果是否在方法的精度范围之内。质量控制检查样品可由与被测试样相近的烃类化合物配制而成。质量控制检查样品要采用安培瓶封装后在低温下储存,并在

储存期间保持不变。表3的系统验证样品可以作为质量控制检查样品使用,表4则为一个含有MTBE的质量控制检查样品的典型组成。

表4　含有含氧化合物的典型质量控制样品的组成

烃类型	组分	质量分数/％
饱和烃	正戊烷	5.0
	正己烷	4.5
	环己烷	4.0
	正庚烷	4.5
	甲基环己烷	4.0
	正辛烷	4.0
	异辛烷	6.0
	二甲基环己烷	3.0
	正壬烷	3.0
	正癸烷	2.5
	正十一烷	1.5
烯烃	1-戊烯	3.2
	1-己烯	3.8
	1-庚烯	3.2
	1-辛烯	2.2
	1-壬烯	1.6
	1-癸烯	1.3
	1-十一烯	0.7
芳烃	苯	1.0
	甲苯	5.4
	二甲基甲苯	8.5
	乙基苯	5.3
	丙基苯	4.2
	三甲基苯	6.4
	四甲基苯	4.2
烃组分小计		93.0
饱和烃		42.0
烯烃		16.0
苯		1.0
芳烃	(包括苯)	35.0
MTBE		7.0
总计		100.0

8.4　压缩空气:助燃气,纯度不小于99.9％。

警告:高压气体,注意安全。

8.5　氢气:燃气,纯度不小于99.9％。

警告:高压气体,极易燃。

8.6　空气和氢气都需要净化,使用分子筛、活性炭净化器脱除气体中的水和烃类物质。

8.7　载气:高纯氮气或氦气,按7.7要求净化。

8.8　样品瓶:使用上面有压盖或螺旋扣盖、且盖中衬有外层为聚四氟乙烯面的橡胶密封垫的玻璃小瓶。

9 仪器系统的建立和准备

9.1 分析仪系统的集成(色谱仪及独立的温控元件)见图2,如采用商品化系统,安装、定位和系统优化可以与生产厂联系。

9.2 载气中的杂质将对色谱柱和烯烃捕集阱的性能可能产生不利的影响,因此应按7.7要求安装可靠的载气净化系统以保证系统的正常运行。

9.3 可通过实际样品、系统验证样品或质量控制检查样品检验极性柱对脂肪烃和芳烃的分离效果及苯和 C_7^+ 芳烃组分的出峰时间,以此确定阀的切换时间。通过系统验证样品或实际样品调整烯烃捕集阱的温度直至满足烯烃和醚类化合物的捕集要求。典型的色谱操作条件见表5。

表 5 典型色谱操作条件

操作条件		典型参数
汽化室温度/ ℃		250
极性分离柱控温/ ℃		110
烯烃捕集温度/ ℃		120～135
烯烃释放温度/ ℃		190～210
载气流量/(mL/min)		25～45
检测器气体流量/(mL/min)	空气	300～500
	氢气	40～70
进样量/ μL		0.1
阀切换驱动压力/ kPa		200～300

10 系统验证和标准化

10.1 仪器系统可靠性检验:以系统验证样品作为测试样品,进行过烯烃捕集阱和不过烯烃捕集阱两次试验,比较两次试验的 C_7^+ 芳烃测量的峰面积值,如果系统正常,两次试验的 C_7^+ 芳烃测量值之差不应超过方法的重复性要求,否则应检查仪器系统的管路连接、六通阀和载气纯度等是否存在问题。

10.2 烯烃捕集阱的性能检验:烯烃捕集阱是该试验方法分析系统中最关键的部件,如烯烃捕集阱失效或达不到性能要求,将直接影响分析结果的准确性。可采用系统验证样品、质量控制样品或烯烃含量高的实际样品来检验烯烃捕集阱的性能。在确定的试验条件下,烯烃捕集阱应通过所有的饱和烃组分、捕集所有的烯烃组分,见图4。测量的结果偏差不应超过系统验证或质量控制样品中各组分含量水平的再现性要求。否则应调整分析条件以满足上述要求,如果必要应更换烯烃捕集阱。

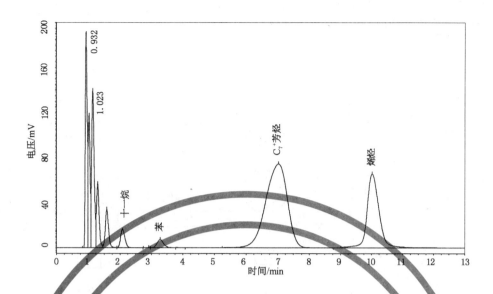

图 4   含饱和烃、烯烃、C₇⁺芳烃及苯的校正样品的色谱图

10.3   保留时间的确定:可通过校正样品或实际汽油样品确定饱和烃、苯、C₇⁺芳烃和烯烃组分的保留时间范围。表6给出了按表5条件通过柱长5 m的BCEF柱及烯烃捕集阱各烃族组分的保留时间,图4为表4的系统验证样品的色谱图。

表 6   各烃族组分的典型保留时间

组分	保留时间/ min
饱和烃	0.6～3.0
苯	3.0～4.5
C₇⁺芳烃	5.0～9.0
烯烃	9.0～13.0

11   试验步骤

11.1   样品采集与准备:按照GB/T 4756方法采样。样品采样后如不立即分析,为防止样品中轻组分挥发,样品应密封后保存在冰箱中。

11.2   分析系统准备:开机后,检查分析系统的参数设置是否准确,为净化分析系统,分析样品前需按样品的分析步骤将仪器空运行一遍,以驱除色谱柱和烯烃捕集阱中的残留杂质。

11.3   取约0.1 μL有代表性的试样在准备就绪的气相色谱系统上进样,样品行进流程如下:(1)首先通过极性分离柱,在极性分离柱上,脂肪烃与芳烃组分完全分离;(2)由极性分离柱中分离出的饱和烃与烯烃的混合物组分进入烯烃捕集阱,在烯烃捕集阱中烯烃组分被选择性保留而饱和烃则通过烯烃捕集阱并进入FID检测(见图4),在苯流出极性分离柱前,切换六通阀3B使烯烃捕集阱脱离载气流路并密封,此时从极性柱中分离出的苯通过平衡柱进入FID检测[见图5a)];(3)待苯出峰完毕后,切换另一六通阀3A,使C₇⁺(含C₇)以上的C₇⁺芳烃反吹出极性柱并进入FID检测[见图5b)];(4)在C₇⁺芳烃反吹的同时,开始升高烯烃捕集阱的温度,待C₇⁺芳烃组分完全洗脱后,再次切换六通阀3B使烯烃捕集阱重新进入载气流路,此时烯烃由烯烃捕集阱中脱附进入FID检测[见图5c)],得到的色谱图经色谱工作站及相应的分析软件处理,计算各组分的质量分数或体积分数。典型的汽油色谱图见图6。对溶剂油样品,如不需要分析烯烃,则只进行(1)、(3)步骤操作,得到的典型色谱图见图7。

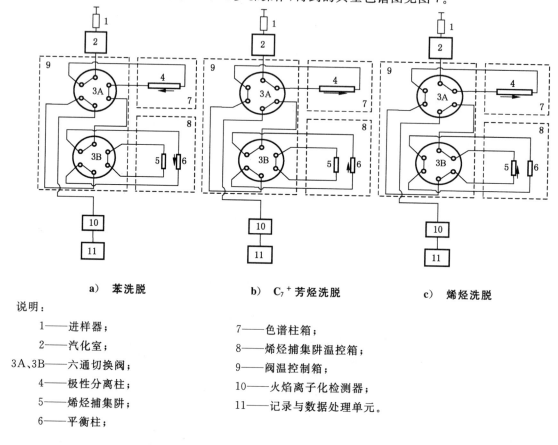

a) 苯洗脱   b) C_7^+芳烃洗脱   c) 烯烃洗脱

说明:

1——进样器;
2——汽化室;
3A、3B——六通切换阀;
4——极性分离柱;
5——烯烃捕集阱;
6——平衡柱;

7——色谱柱箱;
8——烯烃捕集阱温控箱;
9——阀温控制箱;
10——火焰离子化检测器;
11——记录与数据处理单元。

图 5　色谱操作流程

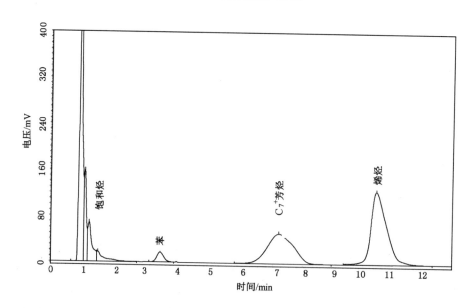

图 6　典型汽油分析的色谱图

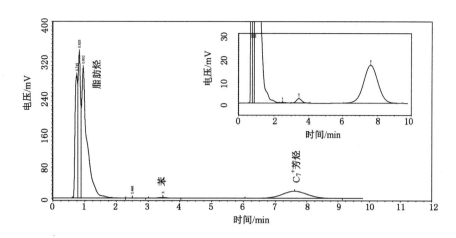

图 7 溶剂油中苯和芳烃分析的色谱图

12 质量控制检查

为确认分析系统的可靠性,在仪器运行一段时间后,应分析系统验证或质量控制检查样品。测定结果与系统验证或质量控制样品的参比数值之差应小于再现性要求,否则应确定误差源,并进行必要的修正。

13 计算和报告

13.1 试样中各烃族组成和苯含量的计算

13.1.1 检查积分仪或色谱工作站对谱图的积分状况,以确定对所有的色谱峰都进行了合理的积分,如不合理可以采用工作站的手动积分功能进行基线修正后重新积分。

注:由于汽油中的苯含量较低,不合理的基线切割和积分将对分析结果产生较大的影响。

13.1.2 相对质量校正因子:符合 GB 17930 馏程要求的汽油产品,根据各烃族不同碳数组分的分布以及在氢火焰离子化检测器上的响应,各烃族组分相对 C_7^+ 芳烃的相对质量校正因子的取值见表 7。对其他馏分样品,各烃族组分相对质量校正因子的取值和计算参见附录 B。相对 C_7^+ 芳烃的质量校正因子也可以采用标准样品通过实验根据式(1)的计算获得。

表 7 各烃族组分的平均质量校正因子

烃族组分	饱和烃	烯烃	C_7^+ 芳烃	苯
相对质量校正因子 f_i	1.074	1.052	1.000	0.980

$$f_i = \frac{m_i \times P_A}{m_A \times P_i} \quad \cdots\cdots\cdots\cdots\cdots\cdots (1)$$

式中:

f_i ——相对质量校正因子;

m_A ——标准样品中 C_7^+ 芳烃的质量分数;

P_A ——色谱测定标准样品中的 C_7^+ 芳烃的峰面积分数;

m_i ——标准样品中饱和烃、烯烃或苯的质量分数;

P_i ——色谱测定的标准样品中饱和烃、烯烃或苯的峰面积分数。

13.1.3 试样中饱和烃、烯烃、$C_7{}^+$芳烃和苯的质量分数可按式(2)进行计算。

$$m_i = \frac{P_i \times f_i}{\sum P_i f_i} \times 100\%$$ ....(2)

式中：

m_i ——试样中某组分 i 的质量分数，%；

f_i ——i 组分的相对质量校正因子；

P_i ——i 组分色谱测定的峰面积分数。

13.1.4 试样中饱和烃、烯烃、$C_7{}^+$芳烃和苯的体积分数可按式(3)进行计算。

$$V_i = \frac{P_i \times f_i / d_i}{\sum P_i \times f_i / d_i} \times 100\%$$ ....(3)

式中：

V_i ——试样中某组分 i 的体积分数，%；

f_i ——i 组分的相对质量校正因子；

P_i ——i 组分色谱测定的峰面积分数

d_i ——饱和烃、烯烃和 $C_7{}^+$芳烃的加权相对密度及苯的相对密度，见13.1.5。

13.1.5 对符合 GB 17930 馏程要求的汽油产品，各烃族组分的加权相对密度取值见表8，对特殊馏分的汽油，各烃族组分加权相对密度的计算参见附录 C。

表 8 各烃族组分在 20 ℃的加权相对密度

烃族组分	饱和烃	烯烃	$C_7{}^+$芳烃	苯
加权相对密度/(g/mL)	0.686 0	0.688 0	0.870 0	0.878 9

13.1.6 当汽油中含有醚类或醇类化合物时，应首先测定出各个含氧化合物的含量，然后按附录 A 的方法计算各烃族组分的含量。

13.2 试验结果的报告

报告试样中饱和烃、烯烃、芳烃的体积分数(或质量分数)，精确至 0.1%，芳烃含量为 $C_7{}^+$芳烃含量和苯含量之和。报告苯的体积分数(或质量分数)，精确至 0.01%。

14 精密度

14.1 概述：按照 GB/T 6683 确定方法的精密度，按下述规定判断试验结果的可靠性(95%的置信水平)。

14.2 重复性：由同一操作者，在同一实验室，使用同一台仪器，对同一试样连续测定的两个试验结果之差不应超过表9或表10所列数值。

14.3 再现性：不同实验室的不同操作者，使用不同仪器对同一试样进行试验，所测的两个单一和独立的试验结果之差不应超过表9或表10所列数值。

14.4 溶剂油中芳烃的精密度按表9评估。

表 9　精密度

%

组分	重复性	再现性	范围（体积分数）
饱和烃	0.8	1.8	28～78
烯烃	$0.12X^{0.54}$	$0.30X^{0.58}$	0.5～70
芳烃	$0.16X^{0.48}$	$0.33X^{0.54}$	1～80
苯	$0.05X^{0.64}$	$0.12X^{0.72}$	0.2～10
$C_7{}^+$芳烃	$0.14X^{0.46}$	$0.32X^{0.50}$	1～70

注：X 是组分的平均体积分数，%。

表 10　典型含量水平下的精密度

%

组分	组分含量（体积分数）	重复性	再现性
烯烃	5	0.3	0.8
	10	0.4	1.1
	15	0.5	1.4
	20	0.6	1.7
	25	0.7	1.9
	30	0.8	2.2
	35	0.8	2.4
	40	0.9	2.5
	45	0.9	2.7
	50	1	2.9
芳烃	5	0.3	0.8
	10	0.5	1.1
	15	0.6	1.4
	20	0.7	1.7
	25	0.8	1.9
	30	0.8	2.1
	35	0.9	2.3
	40	0.9	2.4
	45	1.0	2.6
苯	0.5	0.03	0.07
	1.0	0.05	0.12
	1.5	0.06	0.16
	2.0	0.08	0.20
	2.5	0.09	0.23

附 录 A

（规范性附录）

汽油样品中有含氧化合物时的结果校正

A.1 概述

成品汽油中经常添加含氧化合物如醚类或醇类物质以改善汽油的辛烷值和排放状况。当汽油中含有醚类或醇类化合物时，按本方法进行分析时，汽油中的醚类化合物将与烯烃组分一起出峰，而醇类化合物则将与 $C_7{}^+$ 芳烃组分一起出峰。因此在对汽油中烃组分测量时应将汽油中含氧化合物的响应从相应的烃组分中扣除，经校正得到真正的汽油中烃族组成的含量。根据 GB 17930 的要求，汽油中含氧化合物的含量可由 SH/T 0663 方法测定。根据测定的各含氧化合物的质量分数以及本方法试验过程中测定的各烃组分的表观峰面积的结果，按下述步骤得到汽油烃族各组分的质量或体积分数。

A.2 色谱峰面积分数的校正

A.2.1 试样中含有醚类化合物时，按式（A.1）对烯烃峰面积分数进行校正。

$$A'_{OLE} = A_{OLE} - \sum_{i=1}^{n} (C_i/f_i) \quad\quad\quad\cdots\cdots\cdots\cdots\cdots（A.1）$$

式中：

A'_{OLE}——校正后试样中烯烃组分色谱峰相应的面积分数，%；

A_{OLE}——色谱测量的表观烯烃色谱峰面积分数，%；

C_i——第 i 个醚类化合物的质量分数，%；

f_i——该醚类化合物对应的相对质量校正因子，见表 A.1。

表 A.1 汽油中典型含氧化合物的相对校正因子

含氧化合物	相对校正因子
甲基叔丁基醚（MTBE）	1.30
乙基叔丁基醚（ETBE）	1.27
甲基叔戊基醚（TAME）	1.20
乙醇	3.10
甲醇	5.20

A.2.2 试样中含有醇类化合物时，按式（A.2）对 $C_7{}^+$ 芳烃峰面积分数进行校正。

$$A'_{ARO} = A_{ARO} - \sum_{j=1}^{n} (C_j/f_j) \quad\quad\quad\cdots\cdots\cdots\cdots\cdots（A.2）$$

式中：

A'_{ARO}——校正后试样中 $C_7{}^+$ 芳烃组分色谱峰相应的面积分数，%；

A_{ARO}——色谱测量的表观 $C_7{}^+$ 芳烃色谱峰面积分数，%；

C_j——第 j 个醇类化合物的质量分数，%；

f_j——该醇类化合物对应的相对质量校正因子，见表 A.1。

A.2.3 汽油中常见的含氧化合物在氢火焰离子化检测器上的校正因子可通过参比物质实验测定。典型物质实测的相对 C_7^+ 芳烃的校正因子见表 A.1。

A.3 各烃族组分的归一化质量和体积分数的计算

对烯烃和 C_7^+ 芳烃峰面积分数校正后,再根据测定的饱和烃和苯的面积分数重新对烃组分的峰面积分数进行归一化处理,得到各烃组分归一化的面积分数 P_i,并按式(A.3)和式(A.4)计算各烃组分归一化的质量分数 m_i 和体积分数 V_i。

$$m_i = \frac{P_i \times f_i}{\sum P_i \times f_i} \times 100\% \qquad \cdots\cdots\cdots\cdots\cdots\cdots\cdots(\text{A.3})$$

$$V_i = \frac{P_i \times f_i / d_i}{\sum P_i \times f_i / d_i} \times 100\% \qquad \cdots\cdots\cdots\cdots\cdots\cdots(\text{A.4})$$

式中:

m_i——烃族组分 i 在烃组分中占的质量分数,%;

V_i——烃族组分 i 在烃组分中占的体积分数,%;

f_i——i 烃族组分的相对质量校正因子;

P_i——归一化后 i 组分色谱测定的峰面积分数,%;

d_i——饱和烃、烯烃和 C_7^+ 芳烃的加权相对密度及苯的相对密度。

A.4 汽油中各烃族组分的质量分数的计算

按式(A.5)计算试样中各烃族组分的质量分数。

$$m_i' = m_i \times (100 - \sum C_{\text{OXY}}) / 100 \qquad \cdots\cdots\cdots\cdots\cdots\cdots(\text{A.5})$$

式中:

m_i'　　——烃族组分 i 在汽油中所占的质量分数,%;

m_i　　——烃族组分 i 在烃组分中占的质量分数,%;

$\sum C_{\text{OXY}}$——试样中所有含氧化合物的质量分数之和,%。

A.5 汽油中各烃族组分的体积分数的计算

由于汽油中烃组分的密度与含氧化合物的密度不同,因此在进行体积分数换算时应考虑密度差异对体积分数的影响。

A.5.1 按式(A.6)计算试样中烃的相对加权密度 d_{HC}:

$$d_{\text{HC}} = \sum m_i \times d_i / 100 \qquad \cdots\cdots\cdots\cdots\cdots\cdots(\text{A.6})$$

式中:

d_i——第 i 种烃族组分(包括饱和烃、苯、C_7^+ 芳烃、烯烃)对应的加权相对密度;

m_i——各烃族组分 i 在烃组分中占的质量分数,%。

A.5.2 试样中含氧化合物所占的体积分数 V_{OXY} 按式(A.7)计算:

$$V_{\text{OXY}} = \sum (C_i / d_i) / [\sum (C_i / d_i) + (100 - \sum C_i) / d_{\text{HC}}] \qquad \cdots\cdots(\text{A.7})$$

式中:

C_i——第 i 种含氧化合物在试样中所占的质量分数,%;

d_i——第 i 种含氧化合物的相对密度,取值见表 A.2;

d_{HC}——汽油中烃的加权相对密度。

表 A.2　汽油中常见含氧化合物的相对密度（20 ℃）

含氧化合物	相对密度
甲基叔丁基醚（MTBE）	0.7459
乙基叔丁基醚（ETBE）	0.7440
甲基叔戊基醚（TAME）	0.7710
乙醇	0.7967
甲醇	0.7963

A.5.3　试样中各烃族组分所占的体积分数按式(A.8)计算：

$$V_i' = V_i \times (100 - V_{OXY})/100 \qquad\qquad\cdots\cdots\cdots\cdots\cdots（A.8）$$

式中：

V_i'　——烃族组分 i 在试样中所占的体积分数，%；

V_i　　——烃族组分 i 在烃组分中占的体积分数，%；

V_{OXY}　——试样中含氧化合物所占的体积分数，%。

附　录　B
（资料性附录）
各烃族组分相对质量校正因子的计算

B.1　烃类化合物相对甲烷的质量响应因子的计算

根据 ASTM D6839，按式（B.1）计算各烃族不同碳数组分在 FID 上相对甲烷的质量响应因子，见表 B.1。

$$f^M = \frac{[(12.011 \times C_n) + (1.008 \times H_n)] \times 0.748\,7}{12.011 \times C_n} \qquad\qquad\qquad (B.1)$$

式中：

f^M——某烃类化合物相对甲烷的质量响应因子；

C_n——某烃类化合物中碳原子的个数；

H_n——某烃类化合物中氢原子的个数；

12.011——碳原子的相对原子质量；

1.008——氢原子的相对原子质量；

0.748 7——相对于甲烷的校正系数。

表 B.1　在 FID 上各烃族不同碳数组分相对甲烷的质量响应因子

碳原子数	链烷烃 P	环烷烃 N	烯烃 O	芳烃 A
4	0.906		0.874	
5	0.899	0.874	0.874	
6	0.895	0.874	0.874	0.811
7	0.892	0.874	0.874	0.820
8	0.890	0.874	0.874	0.827
9	0.888	0.874	0.874	0.832
10	0.887	0.874	0.874	0.837
11+	0.887		0.874	0.840

B.2　各烃族中不同碳数组分的组成测定

采用 ASTM D6733 或 ASTM D6839 测定出烃族中不同碳数组分的组成见表 B.2。

表 B.2 不同碳数组分的质量分数 %

碳原子数	链烷烃 P	环烷烃 N	烯烃 O	芳烃 A
4	P_4		O_4	
5	P_5	N_5	O_5	
6	P_6	N_6	O_6	A_6
7	P_7	N_7	O_7	A_7
8	P_8	N_8	O_8	A_8
9	P_9	N_9	O_9	A_9
10	P_{10}	N_{10}	O_{10}	A_{10}
11+	$P_{11}{}^+$		$O_{11}{}^+$	$A_{11}{}^+$

B.3 各烃族组分相对甲烷的质量响应因子的计算

B.3.1 链烷烃相对甲烷的质量响应因子按式(B.2)计算:

$$f_P^M = \frac{\sum_i P_i \times f_{P_i}^M}{P_T} \qquad\qquad\cdots\cdots\cdots\cdots(B.2)$$

式中:

f_P^M ——总链烷烃相对甲烷的质量响应因子;

P_i ——不同碳数链烷烃的质量分数,%;

$f_{P_i}^M$ ——不同碳数链烷烃相对甲烷的质量响应因子;

P_T ——不同碳数链烷烃的质量分数之和,%。

B.3.2 环烷烃相对甲烷的质量响应因子按式(B.3)计算:

$$f_N^M = \frac{\sum_i N_i \times f_{N_i}^M}{N_T} \qquad\qquad\cdots\cdots\cdots\cdots(B.3)$$

式中:

f_N^M ——总环烷烃相对甲烷的质量响应因子;

N_i ——不同碳数环烷烃的质量分数,%;

$f_{N_i}^M$ ——不同碳数环烷烃相对甲烷的质量响应因子;

N_T ——不同碳数环烷烃的质量分数之和,%。

B.3.3 总饱和烃相对甲烷的质量响应因子按式(B.4)计算:

$$f_S^M = \frac{P_T \times f_P^M \times N_T \times f_N^M}{S_T} \qquad\qquad\cdots\cdots\cdots\cdots(B.4)$$

式中:

f_S^M ——总饱和烃相对甲烷的质量响应因子;

f_P^M ——总链烷烃相对甲烷的质量响应因子;

f_N^M ——总环烷烃相对甲烷的质量响应因子;

P_T ——不同碳数链烷烃的质量分数之和,%;

N_T ——不同碳数环烷烃的质量分数之和,%;

S_T ——饱和烃的质量分数,其值为 P_T、N_T 之和,%。

B.3.4 总烯烃相对甲烷的质量响应因子按式(B.5)计算:

$$f_O^M = \frac{\sum_i O_i \times f_{O_i}^M}{O_T}$$

.... (B.5)

式中:

f_O^M ——总烯烃相对甲烷的质量响应因子;

O_i ——不同碳数烯烃的质量分数,%;

$f_{O_i}^M$ ——不同碳数烯烃相对甲烷的质量响应因子;

O_T ——不同碳数烯烃的质量分数之和,%。

B.3.5 C_7^+ 芳烃相对甲烷的质量响应因子按式(B.6)计算:

$$f_A^M = \frac{\sum_i A_i \times f_{A_i}^M}{A_T}$$

.... (B.6)

式中:

f_A^M ——总 C_7^+ 苯芳烃相对甲烷的质量响应因子;

A_i ——不同碳数 C_7^+ 芳烃的质量分数,%;

$f_{A_i}^M$ ——不同碳数 C_7^+ 芳烃相对甲烷的质量响应因子;

A_T ——不同碳数 C_7^+ 芳烃的质量分数之和,%。

B.4 各烃族组分相对 C_7^+ 芳烃相对质量校正因子的计算

按式(B.7)计算各烃族组分相对 C_7^+ 芳烃的质量校正因子:

$$f_i = \frac{f_i^M}{f_A^M}$$

.... (B.7)

式中:

f_i ——饱和烃、烯烃和苯相对 C_7^+ 芳烃的质量校正因子;

f_i^M ——饱和烃、烯烃和苯相对甲烷的质量响应因子;

f_A^M ——总 C_7^+ 芳烃相对甲烷的质量响应因子。

附　录　C
（资料性附录）
各烃族组分加权相对密度的计算

C.1　各烃族不同碳数组分的相对密度

各烃族不同碳数组分引用的相对密度见表 C.1。

表 C.1　不同碳数组分的相对密度（20 ℃）

碳原子数	链烷烃 P	环烷烃 N	烯烃 O	芳烃 A
4	0.578 8		0.603 7	
5	0.626 2	0.745 4	0.647 4	
6	0.659 4	0.763 6	0.679 4	0.878 9
7	0.683 7	0.764 9	0.702 3	0.867 0
8	0.702 5	0.774 7	0.722 9	0.868 1
9	0.717 6	0.785 3	0.732 7	0.870 7
10	0.730 0	0.810 3	0.740 8	0.872 4
11+	0.740 2		0.750 3	0.873 0
注：相对密度取自 ASTM DS 4A，烃类化合物的物性常数。				

C.2　各烃族中不同碳数组分的组成测定

采用 ASTM D6733 或 ASTM D6839 测定出烃族中不同碳数组分的组成见表 C.2。

表 C.2　不同碳数组分的质量分数　　　　　　　　　　　　　　　　　%

碳原子数	链烷烃 P	环烷烃 N	烯烃 O	芳烃 A
4	P_4		O_4	
5	P_5	N_5	O_5	
6	P_6	N_6	O_6	A_6
7	P_7	N_7	O_7	A_7
8	P_8	N_8	O_8	A_8
9	P_9	N_9	O_9	A_9

表 C.2（续）

%

碳原子数	链烷烃 P	环烷烃 N	烯烃 O	芳烃 A
10	P_{10}	N_{10}	O_{10}	A_{10}
11+	$P_{11}+$		$O_{11}+$	$A_{11}+$

C.3 各烃族组分加权相对密度的计算

C.3.1 链烷烃的加权相对密度按式（C.1）计算：

$$d_P = \frac{\sum_i P_i \times d_{P_i}}{P_T} \quad\quad\cdots\cdots\cdots\cdots\cdots\cdots(C.1)$$

式中：

d_P ——链烷烃的加权相对密度；

P_i ——不同碳数链烷烃的质量分数，%；

d_{P_i} ——不同碳数链烷烃的相对密度；

P_T ——不同碳数链烷烃的质量分数之和，%。

C.3.2 环烷烃的加权相对密度按式（C.2）计算：

$$d_N = \frac{\sum_i N_i \times d_{N_i}}{N_T} \quad\quad\cdots\cdots\cdots\cdots\cdots\cdots(C.2)$$

式中：

d_N ——环烷烃的加权相对密度；

N_i ——不同碳数环烷烃的质量分数，%；

d_{N_i} ——不同碳数环烷烃的相对密度；

N_T ——不同碳数环烷烃的质量分数之和，%。

C.3.3 饱和烃的加权相对密度按式（C.3）计算：

$$d_S = \frac{P_T \times d_P + N_T \times d_N}{S_T} \quad\quad\cdots\cdots\cdots\cdots\cdots\cdots(C.3)$$

式中：

S_T ——饱和烃的质量分数，其值为 P_T、N_T 之和，%。

C.3.4 烯烃的加权相对密度按式（C.4）计算：

$$d_O = \frac{\sum_i O_i \times d_{O_i}}{O_T} \quad\quad\cdots\cdots\cdots\cdots\cdots\cdots(C.4)$$

式中：

d_O ——烯烃的加权相对密度；

O_i ——不同碳数烯烃的质量分数，%；

d_{O_i} ——不同碳数烯烃的相对密度；

O_T ——不同碳数烯烃的质量分数之和，%。

C3.5 C_7^+ 芳烃的加权相对密度按式(C.5)计算:

$$d_A = \frac{\sum_i A_i \times d_{A_i}}{A_T}$$ ································(C.5)

式中:

d_A ——C_7^+ 芳烃的加权相对密度;

A_i ——不同碳数 C_7^+ 芳烃的质量分数,%;

d_{A_i} ——不同碳数 C_7^+ 芳烃的相对密度;

A_T ——不同碳数 C_7^+ 芳烃的质量分数之和,%。

编者注:本标准中引用标准的标准号和标准名称变动如下:

原标准号	现标准号	现标准名称
SH/T 0663	NB/SH/T 0663	汽油中醇类和醚类含量的测定　气相色谱法

ICS 75.160.20
E 31

中华人民共和国国家标准

GB/T 32384—2015

中间馏分中芳烃组分的分离和测定
固相萃取-气相色谱法

Standard test method for separation and determination of aromatic fractions in
middle distillates—Solid-phase extraction and gas chromatographic method

2015-12-31 发布

2016-05-01 实施

中华人民共和国国家质量监督检验检疫总局
中国国家标准化管理委员会 发布

前　言

本标准按照 GB/T 1.1—2009 给出的规则起草。

本标准由全国石油产品和润滑剂标准化技术委员会(SAC/TC 280)提出。

本标准由全国石油产品和润滑剂标准化技术委员会石油燃料和润滑剂分技术委员会(SAC/TC 280/SC 1)归口。

本标准由中国石油化工股份有限公司石油化工科学研究院负责起草,中国石油化工股份有限公司燕山分公司、中国石油化工股份有限公司齐鲁分公司研究院、石油大学(北京)和中国石油化工股份有限公司北京化工研究院参加起草。

本标准主要起草人:刘泽龙、杨婷婷。

中间馏分中芳烃组分的分离和测定
固相萃取-气相色谱法

警告——本标准并未对所涉及的所有安全问题提出建议,本标准的用户在使用前应建立适当的安全防护措施,并确定相关规章限制的适用性。

1 范围

本标准规定了采用固相萃取-气相色谱法分离并测定中间馏分,包括含脂肪酸甲酯的柴油中芳烃组分、非芳烃组分和脂肪酸甲酯组分的方法。

本标准适用于馏分范围为 170 ℃~400 ℃的中间馏分,包括含有脂肪酸甲酯体积分数小于 10% 的柴油。

本标准分为方法一和方法二。方法一适用于不含脂肪酸甲酯的中间馏分,方法二适用于含脂肪酸甲酯体积分数小于 10% 的柴油。

本标准适用于测定含芳烃组分质量分数 4%~50% 的中间馏分样品,含脂肪酸甲酯组分体积分数为 2%~10% 的柴油样品。超出该含量范围的样品本标准也能测定,但没有给出精密度数据。

按本标准方法一分析时,芳烃中包括噻吩类含硫化合物、含氮化合物和含氧化合物;按本标准方法二分析时,含氮化合物和含氧化合物包括在脂肪酸甲酯组分中,可能对结果产生影响。

2 规范性引用文件

下列文件对于本文件的应用是必不可少的。凡是注日期的引用文件,仅注日期的版本适用于本文件。凡是不注日期的引用文件,其最新版本(包括所有的修改单)适用于本文件。

GB/T 1885 石油计量表 (GB/T 1885—1998,eqv ISO 91-2:1991)

GB/T 4756 石油液体手工取样法(GB/T 4756—1998,eqv ISO 3170:1988)

GB/T 6683 石油产品试验方法精密度数据确定法

GB/T 20828 柴油机燃料调合用生物柴油(BD100)

SH/T 0604 原油和石油产品密度测定法(U 形振动管法)(SH/T 0604—2000,eqv ISO 12185:1996)

SH/T 0606—2005 中间馏分烃类组成测定法(质谱法)

ASTM D2549 洗脱色谱分离高沸点油品的芳烃和非芳烃组分试验方法(Test method for separation of representative aromatics and nonaromatics of high-boiling oils by elution chromatography)

3 术语和定义

下列术语和定义适用于本文件。

3.1

芳烃组分 aromatic fractions
包括单环芳烃、多环芳烃、芳烯烃以及含硫、含氮和含氧的化合物。

3.2

非芳烃组分 non-aromatics fractions
对于直馏及加氢馏分样品,包括链烷烃和环烷烃,对于裂化馏分样品,还包括链烯烃和环烯烃。

3.3

固相萃取分离系统　solid phase extraction separating system

采用固相萃取原理可对中间馏分中芳烃组分、非芳烃组分以及其他化合物（如脂肪酸甲酯）组分进行有效分离的设备。

4　方法概要

方法一：将试样滴加到固相萃取柱上，采用不同极性的溶剂洗脱，分离出芳烃组分和非芳烃组分，在分离后的芳烃组分洗脱液和非芳烃组分洗脱液中加入等量的同一内标溶液，再导入气相色谱分析。根据色谱分析所得芳烃组分和非芳烃组分的峰面积和内标峰的峰面积，按照本标准规定的公式计算试样中芳烃组分和非芳烃组分的质量分数。

方法二：将试样滴加到固相萃取柱上，采用不同极性的溶剂洗脱，分离出芳烃组分、非芳烃组分及脂肪酸甲酯组分。在分离后的芳烃组分洗脱液、非芳烃组分洗脱液和脂肪酸甲酯组分洗脱液中加入等量的同一内标溶液，再导入气相色谱分析，根据色谱分析所得芳烃组分、非芳烃组分和脂肪酸甲酯组分的峰面积，各内标峰的峰面积以及脂肪酸甲酯的校正因子，按本标准规定的公式计算试样中芳烃组分、非芳烃组分及脂肪酸甲酯组分的质量分数。根据试样的密度，按照本标准规定的公式计算试样中脂肪酸甲酯组分的体积分数。

5　仪器

5.1　固相萃取分离系统

5.1.1　固相萃取柱：如图 1 所示。固相萃取柱的作用是可使中间馏分中的芳烃组分和非芳烃组分以及含脂肪酸甲酯柴油中的芳烃组分、非芳烃和脂肪酸甲酯组分有效分离。9.1 和 9.2 的所用固相萃取柱为内加约 1.5 g 固定相的 3 mL 固相萃取柱。

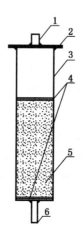

说明：
1——样品入口；
2——适配器；
3——萃取柱；
4——筛板；
5——固定相；
6——样品出口。

图 1　固相萃取柱示意图

注1：符合本标准要求的固相萃取柱均可使用。

注2：固相萃取柱应放置在干燥器中保存。

注3：固相萃取柱不可重复使用。

5.1.2 锥形瓶：25 mL。

5.1.3 注射器：2 mL,0.25 mL。

5.1.4 移液管：1 mL。

5.2 气相色谱分析系统

5.2.1 气相色谱仪：应包括汽化室、控温色谱柱箱、色谱柱、氢火焰离子化检测器和色谱工作站。符合表1所列性能和参数要求的任何气相色谱仪均可使用。

5.2.2 色谱柱：非极性石英毛细管色谱柱,使试样按沸点进行分离。

5.2.3 进样系统：可以将样品溶液导入色谱进样口,可使用微量注射器和自动进样器。

5.2.4 汽化系统：可采用分流或不分流进样,但要保证进入色谱系统的实际样品量满足柱效和检测器线性范围的要求。

5.2.5 检测器：火焰离子化检测器用来定量检测从色谱柱流出的组分,应有足够的灵敏度和稳定性。

5.2.6 色谱工作站：可显示采集的色谱图,测量色谱峰的峰面积,能进行必要的手动积分处理。

表 1 典型色谱操作参数[a]

色谱柱	石英毛细管色谱柱
尺寸	柱长 30 m、内径 0.25 mm、膜厚 0.25 μm
固定相	非极性,如 100%二甲基聚硅氧烷或 5%苯基-甲基聚硅氧烷
温度	
汽化室/℃	300
检测器/℃	350
色谱柱	60 ℃保持 2 min,再以 40 ℃/min 升至 300 ℃,保持 5 min
载气	氦气或氮气
柱流速/(mL/min)	约 1.0
分流比	约 20∶1
检测器	氢火焰离子化检测器
试样量/μL	约 0.5

> [a] 表中所给出的仪器参数为可选的参数条件,可使用 15 m～30 m 柱长、内径 0.15 mm～0.32 mm 的色谱柱,选择合适的色谱柱升温程序,以能保证所分析试样中的溶剂、样品和内标完全分离即可。

6 试剂与材料

6.1 试剂

6.1.1 无水乙醇：分析纯。

6.1.2 二氯甲烷：分析纯。

警告——有毒,若摄取或通过皮肤吸收将对人体产生伤害。

6.1.3 苯：分析纯。

警告——有毒,若摄取或通过皮肤吸收将对人体产生伤害。

6.1.4　正戊烷:分析纯。

6.1.5　正己烷:分析纯。

6.1.6　正十六烷:色谱纯。

6.1.7　C_{30}正构烷烃:色谱纯。

6.1.8　C_{32}正构烷烃:色谱纯。

6.1.9　内标溶液:C_{30}或C_{32}正构烷烃溶于正己烷中,质量浓度为 0.001 g/mL～0.005 g/mL。

6.1.10　纯生物柴油:符合 GB/T 20828 要求的生物柴油。

6.2　材料

6.2.1　压缩空气:纯度不小于 99.9%。

警告——高压气体,注意安全。

6.2.2　氢气:纯度不小于 99.9%。

警告——高压气体,极易燃。

6.2.3　载气:氮气或氦气,纯度不小于 99.99%。

警告——高压气体,注意安全。

6.3　测定脂肪酸甲酯校正因子样品

用于测定脂肪酸甲酯和烃类响应校正因子,在计算脂肪酸甲酯含量时进行校正。测定脂肪酸甲酯的校正因子样品用纯生物柴油和正十六烷配制。配制方法为分别称取符合 GB/T 20828 要求的纯生物柴油与正十六烷放入到一个玻璃容器中,纯生物柴油和正十六烷的质量比约为 1∶1。加适量二氯甲烷溶解,使样品质量分数约为 1%。

6.4　质量控制检查样品(方法一)

用于气相色谱系统的常规监测,通过对质量控制检查样品的分析确定气相色谱测定结果是否在精密度范围之内。质量控制检查样品用 SH/T 0606—2005 附录 A 色层法(或 ASTM D2549 方法)分离得到的芳烃组分和非芳烃组分配制或购买得到。配制方法为分别称取由 SH/T 0606—2005 附录 A 色层法(或 ASTM D2549 方法)分离得到的芳烃组分和非芳烃组分,放入两个玻璃容器中,分别加入等体积、等浓度的内标溶液后摇匀,根据芳烃组分和非芳烃组分的称量比例可确定质量控制检查样品芳烃组分和非芳烃组分的含量。所配制质量控制检查样品的芳烃组分和非芳烃组分应与被测试样组成相近。

6.5　质量控制检查样品(方法二)

用于气相色谱系统的常规监测,通过对质量控制检查样品的分析确定气相色谱测定结果是否在精密度范围之内。质量控制检查样品用 SH/T 0606—2005 附录 A 色层法(或 ASTM D2549 方法)分离得到的芳烃组分、非芳烃组分以及纯生物柴油配制得到。配制方法为分别称取由 SH/T 0606—2005 附录 A 色层法(或 ASTM D2549 方法)分离得到的芳烃组分和非芳烃组分以及纯生物柴油,放入三个玻璃容器中,分别加入等体积、等浓度的内标溶液后摇匀,根据芳烃组分、非芳烃组分和纯生物柴油的称量比例可确定质量控制检查样品芳烃组分、非芳烃组分和脂肪酸甲酯组分含量。所配制质量控制检查样品的芳烃组分、非芳烃组分和脂肪酸甲酯组分含量应与被测试样组成相近。

6.6　中间馏分参考样品

已知非芳烃和芳烃组分含量的中间馏分油,非芳烃和芳烃组分含量用 SH/T 0606—2005 法或 ASTM D2549 方法获得。

6.7 含脂肪酸甲酯柴油参考样品

已知非芳烃、芳烃和脂肪酸甲酯组分含量的含脂肪酸甲酯的柴油。用已知非芳烃和芳烃组分含量的中间馏分油以及纯生物柴油配制得到。所配制含脂肪酸甲酯柴油参考样品的脂肪酸甲酯组分含量应与被测试样组成相近。

7 取样

除非另有规定,取样应按 GB/T 4756 进行。样品应储存于密闭容器中。

8 气相色谱仪的准备及条件的建立

8.1 一般情况下,气相色谱仪连续运转时,分析试样前不需其他准备工作。如果仪器刚启动,则需按本标准及仪器说明书检查仪器状态,以确保仪器稳定。

8.2 通过质量控制检查样品(6.4 和 6.5)检验溶剂、样品和内标的分离效果,如有必要,调整色谱柱升温程序使三者达到完全分离。

8.3 按 9.1 或 9.2 测定质量控制检查样品(6.4 和 6.5),得到芳烃组分、非芳烃组分和脂肪酸甲酯组分的含量,并与实际值比较,以确定气相色谱法测定芳烃、非芳烃组分和脂肪酸甲酯组分含量的准确性。

9 试验步骤

9.1 方法一:不含脂肪酸甲酯的中间馏分试样的测定

9.1.1 固相萃取分离步骤

9.1.1.1 取一支固相萃取柱,用 0.5 mL 正戊烷润湿固定相。

9.1.1.2 用 0.25 mL 注射器吸取约 0.1 mL 试样滴入固相萃取柱中的上部筛板上并被完全吸附。

9.1.1.3 在固相萃取柱的样品出口下端放置一个 25 mL 锥形瓶,依次用 2 mL 正戊烷和 0.5 mL 二氯甲烷与乙醇体积比为 5∶1 的混合溶液冲洗固定相,洗脱出其中吸附的非芳烃组分,洗脱速度约为 2 mL/min,非芳烃组分的洗脱液收集于此 25 mL 锥形瓶中。待所加入的 0.5 mL 二氯甲烷与乙醇体积比为 5∶1 的混合溶液刚刚完全进入固定相时,更换另一个 25 mL 锥形瓶,再用 2 mL 二氯甲烷与乙醇体积比为 5∶1 的混合溶液冲洗固定相,洗脱出所吸附的芳烃组分,洗脱速度约为 2 mL/min,芳烃组分洗脱液收集于此 25 mL 锥形瓶中。

注:可在固相萃取柱上部的适配器上连接一个注射器加压,以控制溶剂流出速度。

9.1.1.4 用移液管分别取 1.00 mL 内标物溶液加入到接收有芳烃组分和非芳烃组分洗脱液的 25 mL 锥形瓶中,摇匀。

9.1.2 气相色谱分析

9.1.2.1 气相色谱仪的准备:分析样品前需按分析步骤将仪器空运行一次,以除去气相色谱仪内的残留物质。

9.1.2.2 将 9.1.1.4 已加入内标物的芳烃组分和非芳烃组分的洗脱液分别进行气相色谱分析,得到如图 2 所示的色谱图,根据由色谱工作站积分得到的芳烃溶液色谱图中芳烃峰和内标峰的峰面积及非芳烃溶液色谱图中非芳烃峰和内标峰的峰面积,并按照式(1)和式(2)计算芳烃组分和非芳烃组分的质量分数。

注:检查色谱工作站对谱图的积分状况,以确定所有色谱峰均进行了合理的积分(垂线积分),如不合理可改变积分参数或用手动积分功能进行重新积分。

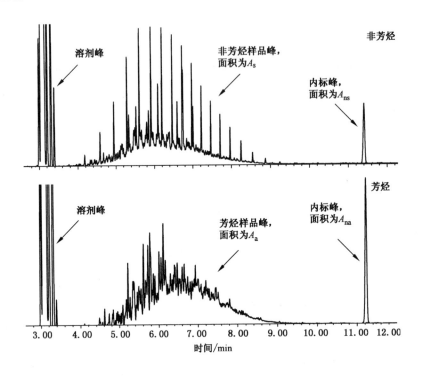

图 2　中间馏分试样芳烃和非芳烃组分色谱图

9.2　方法二：含脂肪酸甲酯的柴油试样的测定

9.2.1　固相萃取分离步骤

9.2.1.1　取一支固相萃取柱,用 0.5 mL 正戊烷润湿固定相。

9.2.1.2　用 0.25 mL 注射器吸取约 0.1 mL 试样滴入固相萃取柱中的上部筛板上并被完全吸附。

9.2.1.3　在固相萃取柱的样品出口下端放置第一个 25 mL 锥形瓶,依次用 2 mL 正戊烷和 0.5 mL 二氯甲烷和正戊烷体积比为 1:1 的混合溶液冲洗固定相,洗脱出其中吸附的非芳烃组分,洗脱速度约为 2 mL/min,非芳烃组分洗脱液收集于第一个 25 mL 锥形瓶中。待所加入的 0.5 mL 二氯甲烷和正戊烷体积比为 1:1 的混合溶液刚刚完全进入固定相时,更换第二个 25 mL 锥形瓶,再用 2 mL 二氯甲烷和正戊烷体积比为 1:1 的混合溶液冲洗固定相,洗脱出所吸附的芳烃组分,洗脱速度约为 2 mL/min,芳烃组分洗脱液收集于第二个 25 mL 锥形瓶中。待所加入的 2 mL 二氯甲烷和正戊烷体积比为 1:1 的混合溶液刚刚完全进入固定相时,更换第三个 25 mL 锥形瓶,最后用 6 mL 苯和乙醇体积比为 1:1 的混合溶液洗脱出所吸附的脂肪酸甲酯组分,洗脱速度约为 2 mL/min,脂肪酸甲酯组分洗脱液收集于第三个 25 mL 锥形瓶中。

注:可在固相萃取柱上部的适配器上连接一个注射器加压,以控制溶剂流出速度。

9.2.1.4　用移液管分别取 1.00 mL 内标物溶液加入到接收有芳烃组分、非芳烃组分和脂肪酸甲酯组分洗脱液的三个 25 mL 锥形瓶中,摇匀。

9.2.2　气相色谱分析

9.2.2.1　按照 9.1.2.1 准备气相色谱仪。

9.2.2.2　将 6.3 测定脂肪酸甲酯的校正因子的样品进行气相色谱分析,得到如图 3 所示的色谱图,根据脂肪酸甲酯和正十六烷的峰面积、配制样品时的纯生物柴油和正十六烷的称取量,按照式(3)计算脂肪酸甲酯校正因子 B。

9.2.2.3　将按 9.2.1 分离并加入内标的芳烃组分、非芳烃组分和脂肪酸甲酯组分溶液分别进行气相色谱分析,得到如图4所示的色谱图,根据由色谱工作站积分得到的芳烃溶液色谱图中芳烃峰和内标峰的峰面积、非芳烃溶液色谱图中非芳烃峰和内标峰的峰面积,脂肪酸甲酯溶液色谱图中脂肪酸甲酯峰和内标峰的峰面积,并按照式(4)、式(5)和式(6)计算试样的芳烃组分、非芳烃组分和脂肪酸甲酯组分的质量分数。根据试样的密度,按式(7)可计算试样中脂肪酸甲酯组分的体积分数。

注:检查色谱工作站对谱图的积分状况,以确定所有色谱峰均进行了合理的积分(垂线积分),如不合理可改变积分参数或用手动积分功能进行重新积分。

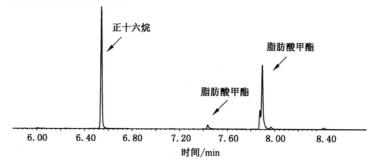

图3　测定脂肪酸甲酯的校正因子样品色谱图

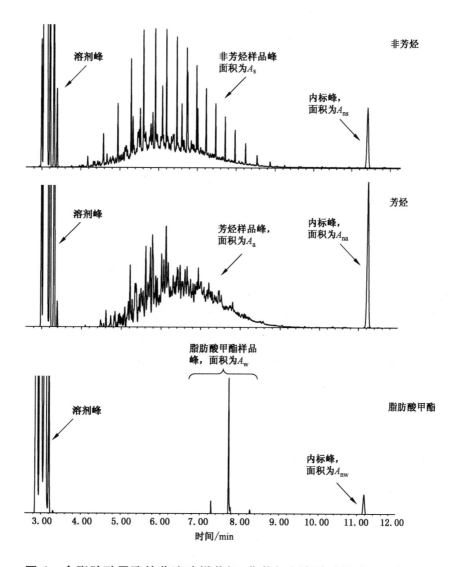

图4　含脂肪酸甲酯的柴油试样芳烃、非芳烃和脂肪酸甲酯组分色谱图

10 计算

10.1 按方法一测定的中间馏分试样结果的计算

10.1.1 试样中芳烃组分质量分数 X_1 按式(1)计算：

$$X_1 = \frac{\dfrac{A_a}{A_{na}}}{\dfrac{A_s}{A_{ns}} + \dfrac{A_a}{A_{na}}} \times 100\% \quad\quad\cdots\cdots\cdots\cdots\cdots(1)$$

10.1.2 试样中非芳烃组分质量分数 X_2 按式(2)计算：

$$X_2 = \frac{\dfrac{A_s}{A_{ns}}}{\dfrac{A_s}{A_{ns}} + \dfrac{A_a}{A_{na}}} \times 100\% \quad\quad\cdots\cdots\cdots\cdots\cdots(2)$$

式中：

A_a ——芳烃组分色谱图中芳烃的总峰面积；

A_{na} ——芳烃组分色谱图中内标物峰面积；

A_s ——非芳烃组分色谱图中非芳烃的总峰面积；

A_{ns} ——非芳烃组分色谱图中内标物峰面积。

10.2 按方法二测定的含脂肪酸甲酯柴油试样结果的计算

10.2.1 脂肪酸甲酯校正因子 B 按式(3)计算：

$$B = \frac{\dfrac{M_1}{M_2}}{\dfrac{S_w}{S_{N16}}} \quad\quad\cdots\cdots\cdots\cdots\cdots(3)$$

式中：

M_1 ——配制测定脂肪酸甲酯校正因子样品时纯生物柴油的加入量，单位为克(g)；

M_2 ——配制测定脂肪酸甲酯校正因子样品时正十六烷的加入量，单位为克(g)；

S_w ——测定脂肪酸甲酯校正因子样品色谱图中脂肪酸甲酯总峰面积；

S_{N16} ——测定脂肪酸甲酯校正因子样品色谱图中正十六烷峰面积。

10.2.2 含脂肪酸甲酯柴油试样中芳烃组分质量分数 X_3 按式(4)计算：

$$X_3 = \frac{\dfrac{A_a}{A_{na}}}{\dfrac{A_s}{A_{ns}} + \dfrac{A_a}{A_{na}} + \dfrac{(A_w \times B)}{A_{nw}}} \times 100\% \quad\quad\cdots\cdots\cdots\cdots\cdots(4)$$

10.2.3 含脂肪酸甲酯柴油试样中非芳烃组分质量分数 X_4 按式(5)计算：

$$X_4 = \frac{\dfrac{A_s}{A_{ns}}}{\dfrac{A_s}{A_{ns}} + \dfrac{A_a}{A_{na}} + \dfrac{(A_w \times B)}{A_{nw}}} \times 100\% \quad\quad\cdots\cdots\cdots\cdots\cdots(5)$$

10.2.4 含脂肪酸甲酯柴油试样中脂肪酸甲酯质量分数 X_5 按式(6)计算：

$$X_5 = \frac{\dfrac{(A_w \times B)}{A_{nw}}}{\dfrac{A_s}{A_{ns}} + \dfrac{A_a}{A_{na}} + \dfrac{(A_w \times B)}{A_{nw}}} \times 100\% \qquad \cdots\cdots (6)$$

式中：

A_w——脂肪酸甲酯色谱图中脂肪酸甲酯的总峰面积；

A_{nw}——脂肪酸甲酯色谱图中内标物峰面积；

B——脂肪酸甲酯校正因子。

10.2.5 含脂肪酸甲酯柴油试样中脂肪酸甲酯体积分数 X_6 按式(7)计算：

$$X_6 = \frac{X_5 \times d_2}{d_1} \qquad \cdots\cdots (7)$$

式中：

d_1——脂肪酸甲酯在 20 ℃的密度，$d_1 = 880.0 \text{ kg/m}^3$；

d_2——试样在 20 ℃的密度，单位为千克每立方米(kg/m³)，采用 SH/T 0604 方法测定。

注：脂肪酸甲酯在 20 ℃的密度采用了固定值 880.0 kg/m³。

11 质量控制检查

11.1 气相色谱分析质量控制检查：在仪器运行一段时间(一般为 3 个月)后或仪器系统改变后，应按 9.1.2 或 9.2.2 分析 6.4 或 6.5 的质量控制检查样品，质量控制检查样品的结果与实际值的差值应符合方法规定的再现性要求，如测定结果超出要求，应确定误差源。

11.2 固相萃取分离质量控制检查：在分析一段时间(一般为 3 个月)后，应按 9.1 分析一次已知芳烃和非芳烃组分含量的中间馏分参考样品(6.6)或应按 9.2 分析一次已知芳烃、非芳烃和脂肪酸甲酯组分含量的含脂肪酸甲酯柴油参考样品(6.7)，分析结果与实际值的差值应符合本方法规定的再现性要求，如测定结果超出要求，应确定误差源。如有必要，用 SH/T 0606—2005 方法测定固相萃取柱分离效率。

注：非芳烃组分中芳烃含量及芳烃组分中非芳烃的含量质量分数均应小于 5%。

12 精密度和偏差

12.1 精密度

12.1.1 本方法确定芳烃、非芳烃组分测定的精密度是在 5 个实验室，对 9 个中间馏分芳烃含量范围为 4%～50% 的样品进行协作试验得到的；确定含脂肪酸甲酯的柴油样品中脂肪酸甲酯含量精密度，是对 10 个不同生物柴油来源的含脂肪酸甲酯体积分数为 2%～10% 的柴油样品进行协作试验得到的；协作试验结果均按照 GB/T 6683 方法进行统计分析和计算。按下述规定判断试验结果的可靠性(95% 置信水平)。

12.1.2 重复性：由同一操作者，用相同仪器，对同一样品重复测定所得的两个结果之差不应大于表 2、表 3 中规定的重复性数值。

12.1.3 再现性：不同实验室的不同操作者，用不同仪器，对同一样品分别测定所得的两个单一和独立结果之差不应大于表 2、表 3 中规定的再现性数值。

表 2　芳烃和非芳烃组分测定精密度 %（质量分数）

组分	含量	重复性	再现性
芳烃	4~50	$0.4X^{0.36}$	$0.9X^{0.15}$
非芳烃	50~95	1.2	1.5

注：X 为所比较两个结果的平均值，%（质量分数）。

表 3　脂肪酸甲酯测定精密度 %（质量分数或体积分数）

组分	含量	重复性	再现性
脂肪酸甲酯	2~10	$0.04X+0.1$	0.5

注 1：X 为所比较两个结果的平均值，%（质量分数或体积分数）。
注 2：本精密度是在 4 个实验室经协作试验确定的，供参考。

12.2　偏差

由于没有用于确定偏差的参考物质，因此该方法的偏差无法确定。

13　报告

对于不含脂肪酸甲酯的中间馏分试样，报告包括芳烃组分和非芳烃组分的质量分数，结果取至 0.1%。对于含脂肪酸甲酯的柴油试样，报告包括芳烃组分和非芳烃组分的质量分数及脂肪酸甲酯组分的质量分数或体积分数。结果取至 0.1%。

编者注：本标准中引用标准的标准号和标准名称变动如下。

原标准号	现标准号	现标准名称	备注
GB/T 20828	GB 25199—2017	B5 柴油	6.3 中"GB/T 20828"改为"GB 25199—2017 中附录 C"

ICS 75.160.20
E 31

中华人民共和国国家标准

GB/T 32693—2016

汽油中苯胺类化合物的测定
气相色谱质谱联用法

Determination of the aniline compounds in gasoline—
By gas chromatography-mass spectrometry

2016-06-14 发布

2017-01-01 实施

中华人民共和国国家质量监督检验检疫总局
中国国家标准化管理委员会 发布

前　言

本标准按照GB/T 1.1—2009给出的规则起草。

本标准由全国石油产品和润滑剂标准化技术委员会(SAC/TC 280)提出。

本标准由全国石油产品和润滑剂标准化技术委员会石油燃料和润滑剂分技术委员会(SAC/TC 280/SC 1)归口。

本标准起草单位:深圳市计量质量检测研究院、中国石油天然气股份有限公司石油化工研究院、中海石油炼化有限责任公司。

本标准主要起草人:赵彦、徐董育、马晨菲、李冬、季明、黄伟林、张世元、林浩学、韦慧勤。

汽油中苯胺类化合物的测定
气相色谱质谱联用法

警告——本标准的使用可能涉及某些有危险的材料、操作和设备,但并未对与此有关的所有安全问题都提出建议。使用者在应用本标准之前有责任制定相应的安全和保护措施,并确定相关规章限制的适用性。

1 范围

本标准规定了采用气相色谱质谱联用法测定汽油中苯胺类化合物的方法。

本标准适用于汽油中苯胺类物质的测定,本标准中苯胺类化合物包括苯胺、邻甲基苯胺、间甲基苯胺、对甲基苯胺、N-甲基苯胺、N,N-二甲基苯胺。

各苯胺类化合物的测定范围为 10 mg/L～1 000 mg/L,超过此含量范围也可用本方法测定,但精密度未做考察。

汽油中醇类化合物、醚类化合物、丙酮、乙酸乙酯、乙酸仲丁酯和碳酸二甲酯对本方法的苯胺类化合物测定无干扰。

2 规范性引用文件

下列文件对于本文件的应用是必不可少的。凡是注日期的引用文件,仅注日期的版本适用于本文件。凡是不注日期的引用文件,其最新版本(包括所有的修改单)适用于本文件。

GB/T 1884 原油和液体石油产品密度实验室测定法(密度计法)

GB/T 1885 石油计量表

GB/T 4756 石油液体手工取样法

GB/T 6682—2008 分析实验室用水规格和试验方法

GB/T 6683 石油产品试验方法精密度数据确定法

GB/T 12808 实验室玻璃仪器 单标线吸量管

3 术语和定义

下列术语和定义适用本文件。

3.1

苯胺类化合物 aniline compounds

本标准中苯胺类化合物是指苯胺、邻甲基苯胺、间甲基苯胺、对甲基苯胺、N-甲基苯胺、N,N-二甲基苯胺六种化合物。

4 方法概要

用一定浓度的盐酸溶液与汽油中的苯胺类化合物反应生成溶于酸性水溶液的胺盐,用正戊烷去除反应后酸性水溶液中残留的油性物质。加入氢氧化钠溶液中和酸性水溶液至弱碱性,使酸性水溶液中苯胺类化合物游离出来,再用二氯甲烷提取中和后水溶液中的苯胺类化合物;定容,混匀。采用气相色谱质谱联用仪测定,外标法定量。

5 方法应用

炼油厂所生产的汽油中通常苯胺类化合物含量是极低的。汽油中非常规苯胺类化合物添加物未经过车辆使用性能、安全或环境可靠性确认,可能会对汽车的运行安全或排放带来潜在的危害。本标准提供了一种采用气相色谱质谱联用法测定汽油中苯胺类化合物的方法,可有效甄别汽油中非常规苯胺类化合物的添加,方法具有检测限低、测定结果准确度高的特点。

6 试剂和材料

除非另有说明,在分析中仅使用确认为不低于分析纯的试剂。

6.1 水:符合 GB/T 6682 —2008 中的二级水 ,或更高要求。

6.2 盐酸:ρ＝1.19 g/mL,37％(质量分数)。

6.3 二氯甲烷。

警告——二氯甲烷为易挥发和有毒化合物,若摄取、吸入或通过皮肤吸收将对人体产生伤害或致命。

6.4 正戊烷。

6.5 正庚烷。

6.6 氢氧化钠。

6.7 1.2 mol/L 盐酸溶液:取盐酸(6.2)100 mL 溶于 500 mL 水中,混合后定容至 1 L。

6.8 1 mol/L 氢氧化钠溶液:称 40.27 g 氢氧化钠(6.6)溶于 1.0 L 水中,溶解混匀,现配现用。

6.9 苯胺类化合物标准品:苯胺(CAS No.62-53-3)、邻甲基苯胺(CAS No. 95-53-4)、间甲基苯胺(CAS No.108-44-1)、对甲基苯胺(CAS No.106-49-0)、N-甲基苯胺(CAS No.100-61-8)、N,N-二甲基苯胺(CAS No.121-69-7),纯度均要求质量分数为 98.5％以上。

6.10 苯胺类化合物混合标准储备溶液:分别准确称取适量的各种苯胺类化合物标准品(6.9),用二氯甲烷(6.3)或其他能溶解苯胺类化合物的高沸点溶剂(例如:甲苯)配制成苯胺、邻甲基苯胺、间甲基苯胺、对甲基苯胺、N-甲基苯胺、N,N-二甲基苯胺浓度为 1 000 mg/L 的混合标准储备溶液。

注:标准储备溶液宜在 0 ℃～4 ℃冰箱中避光密封保存,有效期 3 个月。

6.11 苯胺类化合物标准工作溶液:吸取适量苯胺类化合物混合标准储备溶液(6.10),用二氯甲烷(6.3)或其他能溶解苯胺类化合物的高沸点溶剂(例如:甲苯)配制系列标准工作溶液。低含量系列标准工作溶液的浓度分别为 10.0 mg/L、25.0 mg/L、50.0 mg/L、100 mg/L、150 mg/L 和 200 mg/L,高含量系列标准工作溶液的浓度分别为 200 mg/L、400 mg/L、600 mg/L、750 mg/L、800 mg/L 和 1 000 mg/L。标准工作溶液至少包含六个浓度等级,并涵盖待测试样浓度范围。

6.12 精密 pH 试纸(6.0～8.0)。

6.13 氦气:载气 纯度≥99.999％。

警告——高压气体,注意安全。

6.14 质量控制(QC)样品:用于监测方法的可靠性,通过对质量控制样品的分析,验证结果精度是否在方法的范围之内。质量控制样品可选取能代表被测样品特性稳定的样品作为 QC 样品,QC 样品按照第 12 章所描述的方法检查测试过程的有效性。QC 样品要采用棕色玻璃瓶密封封装后低温下储存,并在储存期间保持不变。

7 仪器

根据制造商的说明安装和使用仪器,所有与实验样品接触的仪器部件均由对样品惰性的,且本身不发生化学反应的材料(例如玻璃)组成。

7.1 气相色谱质谱联用仪(GC-MS):仪器至少应包括汽化室、控温色谱柱箱、配有电子轰击电离源(EI源)的质谱检测器和色谱工作站,微量注射器或自动进样器都能很好的进样。

7.2 分析天平:精确到 0.000 1 g。

7.3 分液漏斗:250 mL,若干。

7.4 棕色容量瓶:容量 100 mL,A 级。

7.5 棕色色谱瓶:2.0 mL。

7.6 单刻线移液管:容量 100 mL,GB/T 12808 A 类。

8 取样

8.1 应按照 GB/T 4756 或其他相当方法采样。

8.2 自实验室收到样品起,在完成任何子样品采样前,应将原始容器冷却到 0 ℃～5 ℃下保存。

8.3 如果必要,则转移冷却样品到压力密封容器中,并在 0 ℃～5 ℃储存,直到需要分析时。

9 试样制备

9.1 用单刻线移液管(7.6)准确量取汽油试样 100 mL 于 250 mL 分液漏斗中,加入 10 mL 盐酸溶液(6.7),充分振荡(频率为 60 次/min,有条件的实验室可以在振荡萃取器中进行,振荡频率不低于60 次/min),萃取 20 min。静置 5 min 至分层后,将下层酸液移至另一 250 mL 分液漏斗;对余下试样,加入 10 mL 盐酸溶液(6.7)重复萃取一次,合并酸萃取液;余下试样再用 10 mL 水萃取三次(每次约2 min),合并水相至盛放酸萃取液的漏斗,弃去油相。

9.2 取约 25 mL 正戊烷(6.4)或正庚烷(6.5),加入到酸萃取液中,萃取 2 min,静置分层后,弃去正戊烷层;重复采用正戊烷(6.4)或正庚烷(6.5)萃取一次,将酸液中溶于正戊烷的物质除去,将经过正戊烷(6.4)或正庚烷(6.5)萃取后的酸液放入烧杯中。

9.3 在烧杯中加入约 24.5 mL 氢氧化钠溶液(6.8)中和萃取液至弱碱性[pH 值为 8.0 左右,用精密 pH试纸(6.12)测量]。转移中和的萃取溶液至分液漏斗中,用二氯甲烷(6.3)25 mL 重复萃取两次,每次萃取时间约 5 min。合并两次萃取的二氯甲烷溶液,再用 10 mL 蒸馏水清洗萃取的二氯甲烷溶液一次,萃取时间约 2 min。分层后,合并清洗后的二氯甲烷萃取溶液转移到 100 mL 棕色容量瓶(7.4)中,用二氯甲烷(6.3)定容,混匀,供 GC-MS(7.1)测定。

> 注 1:若样品中苯胺类化合物浓度超过标准工作溶液(6.11)曲线范围,可用适量的异辛烷/二甲苯(体积比为 5∶1)适当稀释样品后再取样测试。
>
> 注 2:萃取过程应规范操作,适时泄气,并注意分液漏斗泄气口不能对人,避免操作过程中发生危险。
>
> 注 3:本标准的精密度考察过程中,前处理去油溶剂为正戊烷。

10 仪器准备

10.1 气相色谱参考条件

色谱柱:高交联聚合极性毛细管色谱柱,其他类型色谱柱若被验证能够达到良好的分离效果亦可用于本标准。

色谱柱温度:初始温度为 80 ℃,保持 4 min 后以 20 ℃/min 的速率升至 150 ℃,保持 14 min,再以 30 ℃/min 的速率升至 230 ℃,保持 2 min。

进样口温度:250 ℃。

传输线温度:250 ℃。

离子源温度:230 ℃。

载气:氦气,纯度≥99.999%;流速为 1.2 mL/min。

进样量:1.0 μL。

分流比:10∶1。

10.2 质谱参考条件

电离方式:EI。

质量扫描方式:采用全扫描或选择离子扫描同时扫描的方式。全扫描的质量范围:40 u～200 u;选择离子扫描的扫描离子见表 1 中的定性离子。

电离能量:70eV。

溶剂延迟:可根据试验条件确定合适的溶剂延迟时间,如 11.0 min。

11 定性与定量

11.1 定性分析

在相同仪器分析条件下测定标准溶液和样品溶液,根据苯胺类化合物的特征离子对和色谱峰的保留时间进行定性(苯胺类化合物的定性和定量离子见表 1,保留时间参照附录 A)。若样品溶液中检出的色谱峰保留时间和标准溶液色谱峰重叠,并且扣除背景后,该样品质谱图中所选择的离子均出现,且所选择的监测离子对的相对丰度比与标准品的离子对的相对丰度比的偏差在规定允许的范围内(见表 2),则可判定样品中存在对应的被测物。上述色谱条件下,总离子流图参见附录 A 中图 A.1,各苯胺类化合物的质谱图参见附录 A 中图 A.2～图 A.7。

表 1 苯胺类化合物的定性和定量离子

目标化合物	分子式	定性离子	定量离子	丰度比
苯胺	C_6H_7N	93,66,52	93	100∶34∶5
N-甲基苯胺	C_7H_9N	106,77,51	106	100∶24∶12
邻甲基苯胺	C_7H_9N	106,77,51	106	100∶17∶7
间甲基苯胺	C_7H_9N	106,77,51	106	100∶17∶6
对甲基苯胺	C_7H_9N	106,77,51	106	100∶14∶5
N,N-二甲苯胺	$C_8H_{11}N$	120,104,77,51	120	100∶23∶14∶10

表 2 定性确定时相对离子丰度的最大允许偏差

相对离子丰度/%	＞50	＞20～50	＞10～20	≤10
允许的相对偏差/%	±20	±25	±30	±50

11.2 定量分析

取工作溶液和样品溶液分别进样仪器测定,标准工作溶液由低到高依次进样测定,记录定量选择离子积分峰面积,以标准工作溶液的浓度为横坐标,峰面积为纵坐标做图,得到标准曲线回归方程,线性相关系数 $\gamma \geqslant 0.999$。将样品溶液中苯胺类化合物的峰面积代入标准曲线,计算出各种苯胺类化合物的浓度。

12 质量控制

通过分析 QC 样品以确保仪器状态正常或检测过程无误,可每批次运行 5 个试样后验证一次标准曲线或分析 QC 样品,测定结果与 QC 样品的参比值之差应小于再现性要求,否则应确定误差源,并对方法操作和仪器状态进行必要检查。如果实验室已经建立 QC 或质量保证(QA)协议,则在确认测试结果可靠性时可以使用。

13 结果计算

13.1 根据标准曲线计算出各种苯胺类化合物的浓度 c_i(mg/L),并将其代入式(1),即得到试样中苯胺类化合物的浓度 c(mg/L):

$$c = c_i \times K \qquad\qquad\qquad\qquad (1)$$

式中:

c ——试样中各种苯胺类化合物的浓度,单位为毫克每升(mg/L);

c_i ——标准曲线中读出的各种苯胺类化合物的浓度,单位为毫克每升(mg/L);

K ——试样稀释倍数;通常 $K=1$(见 9.1),若试样经稀释(见第 9 章注 1),则 K 为稀释的体积倍数。

13.2 如果浓度结果以质量分数为单位,按式(2)进行换算:

$$w = \frac{c}{10 \times \rho} \qquad\qquad\qquad\qquad (2)$$

式中:

w ——试样中各种苯胺类化合物的质量分数,%;

c ——试样中各种苯胺类化合物的浓度,单位为毫克每升(mg/L);

ρ ——按 GB/T 1884 和 GB/T 1885 测定得到的试样密度,单位为千克每立方米(kg/m³)。

13.3 报告苯胺类化合物的浓度 c(mg/L),结果精确至 1 mg/L;报告苯胺类化合物的质量分数 w(%),结果精确至 0.000 1%。

14 精密度

14.1 概述

根据 GB/T 6683 统计方法,本标准的精密度是在 5 个协作实验室,采用 10 个不同汽油样品,苯胺类化合物浓度在 10 mg/L~1 000 mg/L 范围内的测试结果统计给出的;表3中列举了公式计算的精密度值。

14.2 重复性(95%置信水平)

同一操作者,使用同一台仪器,在相同的测试条件下,正确的按照标准操作,对同一试样两次测定结果的差值不能超过表3中重复性值(r)。

14.3 再现性(95%置信水平)

由不同的操作者,使用不同仪器,在不同的实验室,正确的按照标准操作,对同一试样得到的两个单一和独立的测定结果的差值不能超过表3中再现性值(R)。

表 3 重复性和再现性

组分	重复性 r/(mg/L)	再现性 R/(mg/L)
苯胺	$0.363X^{0.713}$	$1.200X^{0.555}$
N-甲基苯胺	$0.075X^{1.039}$	$0.161X^{0.974}$
N,N-二甲基苯胺	$0.945X^{0.555}$	$1.125X^{0.576}$
邻甲基苯胺	$0.665X^{0.620}$	$1.155X^{0.570}$
间甲基苯胺	$1.015X^{0.568}$	$1.950X^{0.501}$
对甲基苯胺	$0.667X^{0.641}$	$1.812X^{0.514}$
注:X 是两次结果的算术平均值(mg/L)。		

15 试验报告

试验报告至少应给出以下内容:

a) 试样描述;

b) 使用的标准;

c) 试验结果(13.3);

d) 与规定的分析步骤的差异;

e) 在试验中观察到的异常现象;

f) 试验日期。

附　录　A

（资料性附录）

苯胺类化合物总离子流图和质谱图

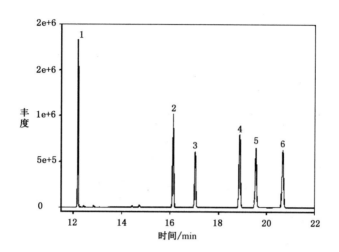

说明：

1——N,N-二甲基苯胺；

2——N-甲基苯胺；

3——苯胺；

4——邻甲基苯胺；

5——对甲基苯胺；

6——间甲基苯胺。

图 A.1　苯胺类化合物总离子流图

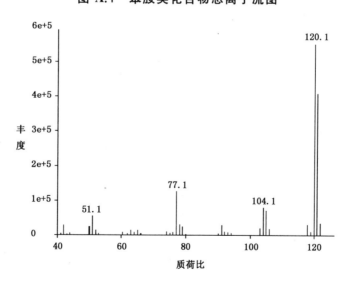

图 A.2　N,N-二甲基苯胺质谱图

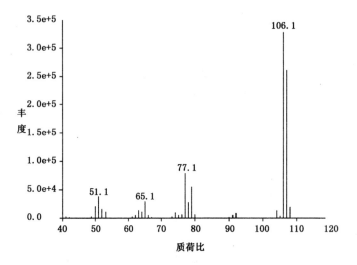

图 A.3　N-甲基苯胺质谱图

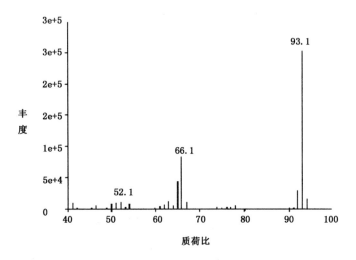

图 A.4　苯胺的质谱图

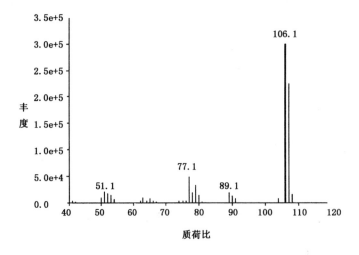

图 A.5　邻甲基苯胺质谱图

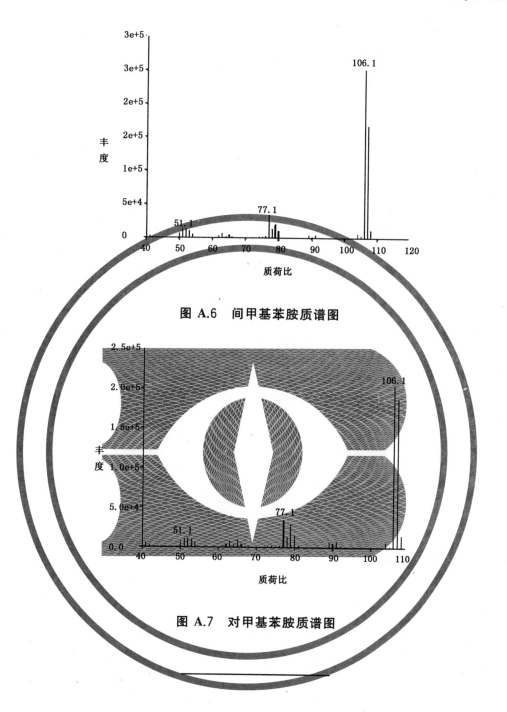

图 A.6 间甲基苯胺质谱图

图 A.7 对甲基苯胺质谱图

ICS 75.160.20
E 31

中华人民共和国国家标准

GB/T 33298—2016

柴油十六烷值的测定 风量调节法

Standard test method for determining cetane number of diesel fuels—
Airflow regulation

2016-12-13 发布
2017-07-01 实施

中华人民共和国国家质量监督检验检疫总局
中国国家标准化管理委员会 发布

前　言

本标准按照 GB/T 1.1—2009 给出的规则起草。

本标准由全国石油产品和润滑剂标准化技术委员会(SAC/TC 280)提出。

本标准由全国石油产品和润滑剂标准化技术委员会石油燃料和润滑剂分技术委员会(SAC/TC 280/SC 1)归口。

本标准起草单位:中国石油化工股份有限公司抚顺石油化工研究院、中国石化上海石油化工股份有限公司、中国石油化工股份有限公司北京燕山分公司、中国石油化工股份有限公司九江分公司、中国石油化工股份有限公司金陵分公司、中国石油化工股份有限公司上海高桥分公司、中国石油天然气股份有限公司抚顺石化分公司、上海沪顺石化装备有限公司。

本标准主要起草人:张会成、郭亚平、高波、杨晓辉、张波、武金伦、金武、曹文磊、王相福、丁明林。

柴油十六烷值的测定　风量调节法

警告——本标准涉及某些有危险的材料、操作及设备，但并未对所有的安全问题提出建议。因此，用户在使用本标准前应建立适当的安全防护措施，并确定相关规章限制的适用性。

1　范围

本标准规定了采用专用十六烷值测定机通过调节风量测定柴油十六烷值的试验方法。

本标准适用于压燃式发动机燃料十六烷值的定量测定，十六烷值的范围为0～100，典型的十六烷值测试范围为25～70。本标准也可用于非常规燃料，如合成燃料、生物柴油及类似产品，但精密度尚待确定。

2　规范性引用文件

下列文件对于本文件的应用是必不可少的。凡是注日期的引用文件，仅注日期的版本适用于本文件。凡是不注日期的引用文件，其最新版本（包括所有的修改单）适用于本文件。

GB/T 265　石油产品运动黏度测定法和动力黏度计算法

GB/T 386　柴油十六烷值测定法

GB/T 4756　石油液体手工取样法

GB/T 6682　分析实验室用水规格和试验方法

GB/T 6683　石油产品试验方法精密度数据确定法

GB/T 6986　石油产品浊点测定法

GB/T 27867　石油液体管线自动取样法

3　术语和定义

下列术语和定义适用于本文件。

3.1　通用术语和定义

3.1.1

认可参考值　accepted reference value；ARV

各方同意的、用于比较的参考值，它可以是：

——基于科学原理的理论值或实测值；

——根据某些国家或国际组织的试验工作而赋予的值；

——根据在某一科学或工程小组主持下的合作试验工作，而一致同意的公认值。

注：应用于十六烷值的认可参考值，被理解为在再现性条件下，由国家交换组、或其他被认可的交换试验组织，通过试验测得的特定参比物的十六烷值。

3.1.2

十六烷值（风量调节法）　cetane number by airflow regulation

CN

柴油在柴油机中燃烧时着火性能的指标。在规定操作条件下的专用发动机试验中，将柴油试样与标准燃料进行比较,而得到的柴油着火性能的测定值。

注:可用比较燃料在一个专用试验发动机内,在控制燃料流速、喷油时间和着火滞后期的条件下,测定进气量的多少来计算。

3.1.3
压缩比　compression ratio

活塞工作容积加燃烧室容积与燃烧室容积之比。

3.1.4
着火滞后期　ignition delay

喷油器开始喷油和燃料开始燃烧之间的时间间隔,以曲轴转角度数表示。

3.2　专用术语和定义

3.2.1
喷油提前角　injection advance

喷油器开始喷油到上止点为止的曲轴转角度数。

3.2.2
着火滞后期表　ignition delay meter

测定柴油的十六烷值时,显示喷油提前角和着火滞后期的电子仪表。

3.2.3
风量调节　airflow regulation

通过调节压缩压力,进而改变气缸不同进气量的调节。

3.2.4
检验燃料　check fuels

一种用于控制试验质量的、性质经过选择的、专门用来检查十六烷值机和评价柴油十六烷值测定准确性的柴油。其十六烷值是再现性条件下的一系列试验所确定的认可参考值。

3.2.5
燃烧传感器　combustion pickup

暴露在气缸压力下的压力变送器,指示燃烧的开始。

3.2.6
气量表读数　airflow meter reading

气量表上显示的表示进入气缸风量相对多少的数字,用于内插法计算对应的十六烷值。

3.2.7
喷油传感器　injector pickup

检测喷油嘴针栓运动的变送器,指示开始喷油的时间。

3.2.8
参比传感器　reference pickups

装在发动机飞轮上的变送器。检查着火滞后期表曲轴转角间隔和上止点的位置。

3.2.9
正标准燃料　primary reference fuels

用标准发动机测定柴油十六烷值时,用正十六烷(n-cetane)和七甲基壬烷(2,2,4,4,6,8,8-七甲基壬烷,HMN)及其按体积比配制的混合物。

注1:规定正十六烷的十六烷值为100,七甲基壬烷的十六烷值为15。

注2:正标准燃料用来检验副标准燃料、测取及检查由副标准燃料换算为正标准燃料的换算表以及作仲裁试验。见式(1):

$$CN = 100 \times V_{n\text{-cetane}} + 15 \times V_{HMN} \quad \cdots\cdots\cdots\cdots\cdots\cdots\cdots\cdots\cdots (1)$$

式中：

CN ——正标准燃料十六烷值；

$V_{n\text{-cetane}}$ ——正十六烷的体积分数，%；

V_{HMN} ——七甲基壬烷的体积分数，%。

注3：十六烷值的最初定义为：当正十六烷与 a-甲基萘（AMN）混合时，正十六烷在每百份混合物中占有的体积份数。其中，正十六烷的十六烷值为100，a-甲基萘的十六烷值为0。自从1962年，采用具有较好储存安定性和较易得到的原料，用来生产低十六烷值组分以后，就将 a-甲基萘改为七甲基壬烷。使用正十六烷和 a-甲基萘的混合物作为正标准燃料，来标定七甲基壬烷的十六烷值。发动机试验证明：七甲基壬烷具有认可标准值为15的十六烷值。

3.2.10

副标准燃料 secondary reference fuels

经过精心选择、具有稳定十六烷值、并可代替正标准燃料、用于测算柴油十六烷值的高十六烷值烃类燃料（T 燃料）和低十六烷值烃类燃料（U 燃料）及其按体积比组成的混合物。

注：这两个燃料均经被认可的交换试验组织使用正标准燃料检验校正，并分别对每一个标准燃料和两个燃料的混合物，确定其十六烷值的认可参考值。

4 方法概要

采用专用十六烷值测定机，即由一个标准的单缸、四冲程、可变进气量、喷油提前角可随时调节的专用柴油发动机进行测试。样品在特定操作条件下，通过改变气量获得试样确定的着火滞后期，记录气量表读数，根据试样的气量表读数选择差值不大于5个十六烷值单位的两种标准燃料，以同样的方法得到确定的着火滞后期，使试样的气量表读数处于两种标准燃料的气量表读数之间，用内插法计算试样的十六烷值。

5 方法应用

柴油十六烷值是柴油的关键指标之一，它表示的是柴油的着火性质，准确测定柴油的十六烷值有利于柴油产品控制、组分调合和质量监督。本方法采用的专用发动机燃烧状况接近内燃机燃烧实际工况，而且具有操作简单、测试速度快、标样和试样消耗少、检测精密度高的特点。本方法与常规柴油十六烷值的测定方法 GB/T 386 相比，具有较好相关性，可以准确反映柴油的着火性能。测定结果的比对参见附录 A。

6 干扰因素

警告——勿让燃料，尤其是标准燃料暴露在高温、日光或紫外光灯下，以尽量减少化学反应，确保十六烷值稳定。

6.1 燃料即使短期暴露在波长小于 550 nm 的可见或紫外光下，都会影响十六烷值的测定结果。

6.2 在试验测定机所处区域中的某些挥发性可燃气体和烟对十六烷值的测定结果会有影响。

7 设备

7.1 风量调节法十六烷值测定机

本标准使用可连续改变气缸进气量的专用单缸柴油发动机，包括：燃料输送系统、可调压缩压力系统、启动电机、辅助稳定系统和仪表。固定压缩比为21,气量表读数以相对值表示。整机结构见图1,组件排列示意图见图2。

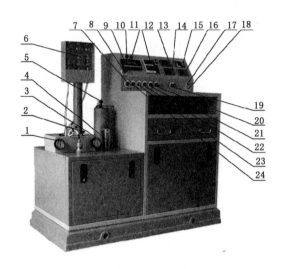

说明:

1——供油量调节旋钮;

2——切换阀;

3——供油提前角调节旋钮;

4——冷却液液位显示管;

5——冷却液储存罐;

6——燃料进样计量杯;

7——控制电源;

8——紧急停车按钮;

9——气量表;

10——水超温报警灯;

11——机油低压报警灯;

12——着火滞后期表;

13——水温表;

14——智能机油压力控制仪;

15——智能机油温度控制仪;

16——智能进气温度控制仪;

17——总累时表;

18——分累时表;

19——压缩压力调节旋钮;

20——机油加热开关;

21——进气加热开关;

22——停机按钮;

23——启动按钮;

24——放油按钮。

图 1　风量调节法十六烷值测定机

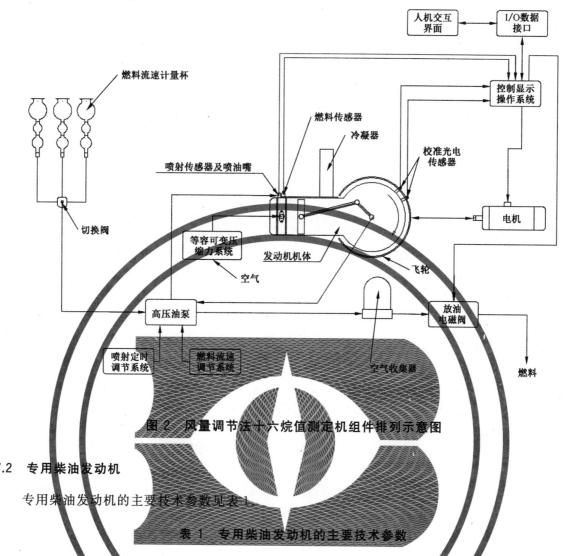

图 2　风量调节法十六烷值测定机组件排列示意图

7.2　专用柴油发动机

专用柴油发动机的主要技术参数见表 1。

表 1　专用柴油发动机的主要技术参数

项　目	说　明
发动机型式	单缸、卧式、四冲程
气缸直径/mm	90
气缸行程/mm	90
气缸工作容量/mL	573
压缩压力	0 kPa～20 kPa，满足十六烷值 15～100 的燃料压燃的测定
压缩比调节方式	风量调节
额定转速/(r/min)	1 000
冷却方式	闭式水冷却
启动方式	电启动
喷油提前角	上止点前 20°
发火延迟角	20°
喷油压力/MPa	12.75

7.3 着火滞后期表

测量喷油和着火滞后的时间,以曲轴转角度数表示,分辨显示精度0.1°。

7.4 气量表

压缩压力调节系统中的读数显示表,显示范围0~9 999,显示精度±1,对应调节压缩压力0 kPa~20 kPa。

7.5 压缩压力调节系统

满足线性调节,调节范围0 kPa~20 kPa,调节精度±2.5‰。

7.6 燃烧传感器

输出脉冲峰值电压1.5 V正脉冲。

8 试剂和材料

警告——试验所需材料的危害性和安全防护措施见附录 B。

8.1 正标准燃料

8.1.1 正十六烷:纯度≥99.0 %(体积分数),十六烷值为100。

8.1.2 七甲基壬烷:纯度≥98.0 %(体积分数),十六烷值为15。

8.1.3 正十六烷和七甲基壬烷按体积比进行混合时,对任何体积的混合物,其十六烷值均可按式(1)计算。计算结果取至小数点后两位。

8.1.4 每批正标准燃料应具有产品出厂合格证(符合GB/T 386要求),其物理-化学性质参见附录C中C.1。

8.2 副标准燃料

8.2.1 T 燃料:典型CN_{ARV}为73~75的柴油。

8.2.2 U 燃料:典型CN_{ARV}为20~22的柴油。

8.2.3 日常测定柴油的十六烷值时,可用经正标准燃料校正过的副标准燃料及其体积比组成的混合物,测定柴油试样的十六烷值。每批副标准燃料应具有产品出厂合格证(符合GB/T 386要求),其物理-化学性质参见附录C中C.2。

8.2.4 T 燃料和 U 燃料的储存和使用应在0 ℃以上,以防止产生凝固,尤其是 T 燃料。使用处于低温的燃料之前,应该将其加热至最少达到容器内燃料的浊点以上15 ℃,浊点按照GB/T 6986测试,并保持此温度至少30 min,然后将容器内燃料重新混合均匀。

8.3 检验燃料

8.3.1 低十六烷值检验燃料:典型CN_{ARV}为38~42。

8.3.2 高十六烷值检验燃料:典型CN_{ARV}为50~55。

8.3.3 检验燃料是经正标准燃料校正过的,具有固定十六烷值的两种典型的燃料。专门用于检验十六烷值机评价柴油十六烷值的准确性,不与其他燃料混用。

8.3.4 每批检验燃料应具有产品出厂合格证(符合GB/T 386要求),并附有其物理-化学性质及十六烷值。检验燃料的物理-化学性质参见附录C中C.3。

8.4 试剂

8.4.1 气缸夹套冷却液:使用水作为冷却剂,其沸点为 100 ℃±2 ℃。当因实验室海拔高度变化对冷却剂有要求时,应使用加有商品二醇类防冻剂的水,加剂量满足沸点要求。冷却剂中应加入商品化的多功能水处理剂,以减少腐蚀和降低矿物沉积物的量。水应符合 GB/T 6682 中三级水的要求。

8.4.2 曲轴箱润滑油:应使用 SF/CD 或 SG/CE 的 SAE30 黏度等级的润滑油,润滑油应含有清净添加剂,其 100 ℃运动黏度为 9.3 mm²/s~12.5 mm²/s,黏度指数不小于 85,不能使用加有黏度指数改进剂的润滑油和多级润滑油,运动黏度按 GB/T 265 测定。

9 取样

9.1 按照 GB/T 4756 或 GB/T 27867 的规定取样。

9.2 取样和储存样品均应使用不透明容器,如深棕色玻璃瓶、金属罐或反应活性较小的塑料容器,以尽量减小暴露在阳光或紫外线下。

9.3 在测定试样前,试样应在室内放置至与室温接近。

10 准备工作及标准操作条件

10.1 测定机启动检查

10.1.1 冷却液加入量应在显示管的 1/3 高度。

10.1.2 曲轴箱润滑油液位冷机状态下应在上、下标尺线之间。

10.1.3 飞轮旋转方向的检查,面对飞轮位逆时针旋转。

10.1.4 打开冷凝盘管自来水阀,直至排水口见水为止。

10.1.5 向一支进样管中加入预热燃料,排除油路中的空气。

10.2 测定机的启动及预热

10.2.1 将切换阀旋向接通有预热燃料的进样管。

10.2.2 按下启动按钮,适当增加进油量利于初始着火。

10.2.3 逆时针旋转进气量控制旋钮,加大进气量。

10.2.4 测定机连续着火后,预热约 30 min。直至达到标准操作条件。

10.3 标准操作条件

10.3.1 发动机转速

1 000 r/min±10 r/min。

10.3.2 喷油提前角

上止点前 20.0°。

10.3.3 喷油器喷油压力

12.75 MPa±0.5 MPa。

10.3.4 喷油量

(180 s±3 s)为 20 mL,(90 s±1.5 s)为 10 mL。

10.3.5 气门间隙

进气门 0.20 mm±0.025 mm,排气门 0.25 mm±0.025 mm。

10.3.6 气缸冷却液温度

100 ℃±2 ℃。

10.3.7 吸入进气气管温度

66 ℃±0.5 ℃。

10.3.8 曲轴箱润滑油温度

57 ℃±8 ℃。

10.3.9 参比传感器磁针与飞轮磁针之间间隙

2.0 mm~2.5 mm。

10.3.10 喷油针阀延长杆与喷油传感器磁针间隙

0.5 mm~0.8 mm。

10.3.11 着火滞后期

20.0°。

11 校正和测定机的检定

11.1 测定机升温时间一般需要 30 min,保证所有关键的参数达到稳定。

11.2 用检验燃料可以将测定机调整至良好状态,需要用一个或多个检验燃料进行试验。

11.3 如果用按式(2)计算的允许极限内的检验燃料进行十六烷值试验,则可将测定机的性能调整到良好状态。

$$允许极限 = CN_{ARV} \pm 1.5 \times S_{ARV} \quad\cdots\cdots\cdots\cdots\cdots\cdots\cdots\cdots (2)$$

式中:

CN_{ARV}——检验燃料认可参考值的十六烷值;

1.5 ——达到标准分布的一个选定的允差极限因数(K);

S_{ARV} ——用于确定 CN_{ARV} 的检验燃料数据的标准偏差。

11.4 假如结果超出允差极限,就不能再进行样品测定,应按照关键部件的设备保养要求,检查所有的操作条件。

12 试验步骤

12.1 将试样加入中间的进样管,按下放油阀按钮,彻底冲洗燃料系统管线,在操作中避免进入空气,否则可能会引起测定机工作失常。

12.2 燃料流速的测量和调节:为加快调节测量速度,通常使用 10 mL 计量泡。如需加大进油量,则逆时针旋转供油量调节旋钮,反之则减小进油量。最终的流速应为(180 s±3 s)/20 mL 或(90 s±1.5 s)/10 mL。得到正确的燃料流速后,记录相应的供油量调节旋钮读数作为参考。

12.3 着火滞后期表基准点的调整。将着火滞后期表开关按到"CAL"位置,查看上、下排显示窗口,通过窗口右侧的调节旋钮将上、下排显示调整为25.0°±0.2°。

12.4 喷油提前角的调整。当用试验燃料操作时将着火滞后期表开关按到"RUN"位置,此时仪表上排窗口显示实际的喷油提前角,调节喷油提前角的调节旋钮,使其达到20.0°±0.2°。

12.5 燃料着火滞后期的测量:将着火滞后期表开关按到"RUN"位置。然后旋转进气量调节旋钮(气量表指示数值与气缸内的压力和温度成正比,即指示数值越大则气缸内的压力和温度就越高)。最终调节着火滞后期表(下排窗口显示)固定在20°±0.2°范围内记录气量表读数。

12.6 选用两个相差不大于5个十六烷值单位的标准燃料,其着火滞后期为20°时,试样的气量表读数介于两个标准燃料气量表读数之间,其试验步骤与试样测定相同。

因标准燃料的性质十分相近,故从一种标准燃料改用另一种标准燃料时,可不必测量单位时间喷油量。

12.7 每当更换完燃料时,都要使发动机运转约2 min,以保证燃料系统彻底冲洗干净,并使发动机达到稳定,然后再开始进行测试。

12.8 着火滞后期读数:测试时间一般在5 min~10 min内,读数就会稳定,记录稳定后读数。试样和每一标准燃料的读数时间都应该一致,相差应不大于3 min。

12.9 无论是试样还是标准燃料,都要进行至少三次重复试验,试验按照试样、标准燃料1和标准燃料2的循环顺序进行,重复试验时要重新检查全部试验条件,以保证在标准条件下进行试验。

13 停机

13.1 每次试验完毕后,试样十六烷值低于45时,则在停机前先向一支进样管中加入预热燃料(预热燃料十六烷值应高于45/CN),待预热燃料明显的喷入气缸燃烧室时(从着火滞后期表指示可以看出),再按停车按钮。

13.2 切断着火滞后期表电源,将进样杯的燃料和管道的燃料排净。

13.3 关闭总电源。

13.4 关闭冷却水阀。

14 十六烷值的计算

14.1 分别计算试样及每种标准燃料的气量表读数的算术平均值,保留至小数点后一位。

14.2 利用内插法按式(3)计算试样的十六烷值。

$$CN = CN_1 + (CN_2 - CN_1)\frac{a_1 - a}{a_1 - a_2} \quad \cdots\cdots\cdots\cdots\cdots\cdots (3)$$

式中:

CN ——试样的十六烷值;

CN_1 ——低着火性质标准燃料的十六烷值;

CN_2 ——高着火性质标准燃料的十六烷值;

a ——试样的气量表读数算术平均值;

a_1 ——低十六烷值副标准燃料气量表读数算术平均值;

a_2 ——高十六烷值副标准燃料气量表读数算术平均值。

14.3 将计算出试样的十六烷值修约至小数点后一位。

15 报告

15.1 报告计算结果作为试样的十六烷值。

15.2 如果试样在试验前经过过滤,则应在报告中说明。

16 精密度

本方法确定十六烷值的精密度是在 7 个实验室,对 10 个十六烷值在 25～70 范围内的石油基柴油样品进行协作试验得到的,协作试验结果按照 GB/T 6683 方法进行统计分析和计算。按下述规定判断试验结果的可靠性(95％置信水平)。

16.1 重复性 r

在同一实验室,使用相同的方法,由同一操作者,使用同一仪器,对同一个试样测得的两个连续试验结果之差不应大于式(4)的计算值。重复性典型值见表 2。

$$r = 0.138m^{0.468\,9} \quad\quad\quad\quad\quad\quad\quad\quad\quad\quad\quad (4)$$

式中:

m——两次试验结果的算术平均值。

16.2 再现性 R

在不同实验室,使用相同的方法,由不同操作者,使用不同仪器,对同一个试样测得的两个单一、独立试验结果之差不应大于式(5)的计算值。再现性典型值见表 2。

$$R = 0.722m^{0.434\,2} \quad\quad\quad\quad\quad\quad\quad\quad\quad\quad\quad (5)$$

式中:

m——两次试验结果的算术平均值。

表 2 重复性和再现性典型值

平均十六烷值水平	重复性 r	再现性 R
26	0.6	3.0
30	0.7	3.2
35	0.7	3.4
40	0.8	3.6
45	0.8	3.8
50	0.9	3.9
55	0.9	4.1
60	0.9	4.3
65	1.0	4.4
68	1.0	4.5

附　录　A

（资料性附录）

本标准与GB/T 386测定结果比较

A.1　石油基样品比对试验结果

7家实验室使用本标准和GB/T 386对十六烷值在40～60范围内的5个石油基样品,进行了比对试验,结果见表A.1。

表 A.1　石油基样品十六烷值的比对试验结果

样品	方法	实验室						
		1	2	3	4	5	6	7
石油基样品 1	本方法	37.8	38.4	38.0	37.4	39.2	40.6	38.1
	GB/T 386	40.4	37.6	37.4	38.2	38.0	39.6	40.0
石油基样品 2	本方法	42.0	43.6	44.1	42.2	42.9	44.6	41.7
	GB/T 386	43.6	44.6	43.1	43.4	42.2	45.3	44.4
石油基样品 3	本方法	47.2	50.4	48.2	48.0	48.0	49.2	47.0
	GB/T 386	47.7	50.8	46.4	48.6	51.4	49.4	50.1
石油基样品 4	本方法	51.0	52.6	52.1	51.4	53.8	54.0	50.6
	GB/T 386	52.0	54.8	51.5	54.5	55.4	54.5	56.2
石油基样品 5	本方法	56.0	57.0	57.2	56.4	58.2	58.4	54.6
	GB/T 386	58.7	60.0	56.2	56.6	59.4	61.2	59.0

A.2　其他样品比对试验结果

单个实验室使用本标准和GB/T 386对十六烷值在40～60范围内的4个特殊样品(石油基样品添加生物基柴油、煤基柴油、费托合成基柴油样品和军用柴油样品),8个添加剂样品进行了比对试验,结果见表A.2。

表 A.2　其他样品十六烷值的比对试验结果

样品	本方法	GB/T 386
93％石油基＋7％生物基样品	47.4	47.9
80％石油基＋20％煤基样品	39.3	41.1
90％石油基＋10％费托合成基样品	51.2	49.7
军用柴油	56.2	57.0
A组分油加0.015％抗磨剂	38.9	38.7

表 A.2（续）

样品	本方法	GB/T 386
A 组分油加 0.3%十六烷值改进剂	42.8	43.4
A 组分油加 0.08%降凝剂	40.0	41.2
A 组分油加 0.015%抗磨剂,0.3%十六烷值改进剂,0.08%降凝剂	43.4	42.1
B 组分油加 0.015%抗磨剂	48.9	47.7
B 组分油加 0.3%十六烷值改进剂	50.8	51.5
B 组分油加 0.08%降凝剂	48.9	47.9
B 组分油加 0.015%抗磨剂,0.3%十六烷值改进剂,0.08%降凝剂	52.7	52.1
注：A 组分油为十六烷值 38.1 的石油基柴油组分,B 组分油为十六烷值 47.6 的石油基柴油组分。		

A.3 本方法与 GB/T 386 测定结果关联图

将十六烷值在 40～60 范围内的石油基样品和其他样品,用本方法和 GB/T 386 测定的结果进行关联,见图 A.1。

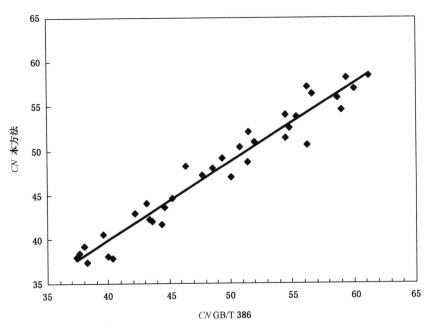

图 A.1 本方法与 GB/T 386 测定结果关联图

附　录　B
（规范性附录）
安全警告

B.1　概述

在实施本标准试验方法时,存在对操作人员产生危险的材料。有关伤害的详细资料,参见相应的材料安全数据手册,以确定每种材料的危害性。用户在使用本标准前应建立适当的安全防护措施。这些物质在下文中列出。

B.2　可燃物警告

B.2.1　可燃物可引起火灾,其蒸气有害健康。

B.2.2　可燃物包括下列物质:

  a)　柴油。
  b)　标准物。
  c)　正十六烷。
  d)　七甲基壬烷。
  e)　T 燃料。
  f)　U 燃料。
  g)　检验燃料。
  h)　预热燃料。
  i)　润滑油。

B.3　易燃物警告

B.3.1　易燃物可引起火灾,其蒸气吸入有害健康。

B.3.2　石油基溶剂。

B.4　毒物警告

B.4.1　毒物吸入或吞下有害人体健康或致命。

B.4.2　商品二醇类防冻剂。

B.5　噪声警告

B.5.1　噪声对人体有害。

B.5.2　采取防护措施:吸声、隔声、消声。

B.5.3　个人防护:耳塞、耳罩等。

附 录 C

（资料性附录）

标准燃料和检验燃料的物理化学性质

C.1 正标准燃料的物理化学性质见表 C.1。

表 C.1 正标准燃料物理化学性质

物理-化学性质	正十六烷	七甲基壬烷	试验方法
蒸馏试验:5%馏出温度/℃	286.6±1	246.9±1	GB/T 6536
温度范围(馏出 20%~80%)	在 6 ℃以内	最大 4 ℃	GB/T 6536
冰点/℃	不低于 16.2	—	GB/T 2430
碘值/(g/100 g,以 I 计)	无	—	SH/T 0234
颜色/色号	水白	—	GB/T 6540
机械杂质	无	—	GB/T 511
密度(20 ℃)/(g/mL)	—	0.784 5±0.000 2	GB/T 1884、GB/T 1885、SH/T 0604
折光率/nD^{20}	—	1.439 90±0.000 20	SH/T 0724
溴值/(g/100 g,以 Br 计)	—	最大 1.0	SH/T 0236

C.2 副标准燃料的物理化学性质见表 C.2。

表 C.2 副标准燃料物理化学性质

副标准燃料	高十六烷值副标准燃料	低十六烷值副标准燃料	试验方法
初馏点/℃	不高于 190	不低于 160	GB/T 6536
馏出 90%体积的温度范围/℃	190~270	170~270	GB/T 6536
十六烷值	不低于 74.0	不高于 21.0	GB/T 386

C.3 检验燃料的物理化学性质见表 C.3。

表 C.3 检验燃料物理化学性质

检验燃料	高十六烷值检验燃料	低十六烷值检验燃料	试验方法
初馏点/℃	不高于 190	不低于 180	GB/T 6536
馏出 90%体积的温度范围/℃	190~320	180~310	GB/T 6536
十六烷值	不低于 50.0	不高于 42.0	GB/T 386

参 考 文 献

［1］ GB/T 511 石油和石油产品及添加剂机械杂质测定法

［2］ GB/T 1884 原油和液体石油产品密度实验室测定法（密度计法）

［3］ GB/T 1885 石油计量表

［4］ GB/T 2430 航空燃料冰点测定法

［5］ GB/T 6536 石油产品常压蒸馏特性测定法

［6］ GB/T 6540 石油产品颜色测定法

［7］ SH/T 0234 轻质石油产品碘值和不饱和烃含量测定法（碘-乙醇法）

［8］ SH/T 0236 石油产品溴值测定法

［9］ SH/T 0604 原油和石油产品密度测定法（U 形振动管法）

［10］ SH/T 0724 液体烃的折射率和折射色散测定法

ICS 75.160.20
E 31

GB/T 33400—2016

中间馏分油、柴油及脂肪酸甲酯中总污染物含量测定法

Determination of total contamination in middle distillates,
diesel fuels and fatty acid methyl esters

2016-12-23 发布

2016-12-23 实施

中华人民共和国国家质量监督检验检疫总局
中国国家标准化管理委员会　发布

前　言

本标准按照 GB/T 1.1—2009 给出的规则起草。

本标准由全国石油产品和润滑剂标准化技术委员会(SAC/TC 280)提出并归口。

本标准起草单位:中国石油化工股份有限公司石油化工科学研究院。

本标准主要起草人:徐华玲、刘顺涛、刘倩、郑煜。

中间馏分油、柴油及脂肪酸甲酯
中总污染物含量测定法

警示——使用本标准的人员应有正规实验室工作的实践经验。本标准的使用可能涉及到某些有危险的材料、设备和操作,本标准并未指出所有可能的安全问题。使用者有责任采取适当的安全和健康措施,并保证符合国家有关法规规定的条件。

1 范围

本标准规定了中间馏分油、脂肪酸甲酯体积分数不大于30%的柴油及纯脂肪酸甲酯(BD100)中总污染物含量的测定方法。

本标准适用于20 ℃运动黏度不大于8 mm²/s,或40 ℃运动黏度不大于5 mm²/s的样品,例如柴油和纯脂肪酸甲酯(BD100)。本标准适用于总污染物含量为12 mg/kg～30 mg/kg的样品,并规定了精密度;也适用于总污染物含量超出该范围的样品,但其精密度未作规定。本标准也可用于测定脂肪酸甲酯体积分数大于30%的柴油及运动黏度超出上述范围的产品,但是方法的精密度没有确定。

注1:燃油系统中过多的污染物会导致过滤器阻塞及(或)硬件故障,因此不符合用户的需求。

注2:本标准在测定纯脂肪酸甲酯中总污染物含量时所测结果与相关标准存在较大差异,参见附录A。

2 规范性引用文件

下列文件对于本文件的应用是必不可少的。凡是注日期的引用文件,仅注日期的版本适用于本文件。凡是不注日期的引用文件,其最新版本(包括所有的修改单)适用于本文件。

GB/T 4756　石油液体手工取样法

GB/T 15724　实验室玻璃仪器　烧杯

GB/T 27867　石油液体管线自动取样法

EN 14275　车用燃料　汽油和柴油质量评定　加油枪和发油台取样法(Automotive fuels—Assessment of petrol and diesel fuel quality—Sampling from retail site pumps and commercial site fuel dispensers)

3 术语和定义

下列术语和定义适用于本文件。

3.1

总污染物　total contamination
试验条件下过滤后保留在滤膜上的不溶物质。

3.2

绝对压力　absolute pressure
相对零压力或绝对真空的压力。

4 方法概要

称量一定量的试样,在真空条件下用预先称量的滤膜过滤。将有残留物的滤膜洗涤、干燥并称重。

用滤膜的质量差计算总污染物含量,并以毫克每千克(mg/kg)表示。其中,纯脂肪酸甲酯、20 ℃运动黏度大于 8 mm²/s 或 40 ℃运动黏度大于 5 mm²/s 的液体石油产品,过滤之前,需要将已称重的样品用溶剂进行稀释。

5 试剂和材料

5.1 正庚烷:纯度(体积分数)不小于 99.0%,用 6.19 所述的滤膜过滤。
　　注:GB/T 5487 中参比燃料正庚烷符合要求。

5.2 二甲苯:分析纯,用 6.19 所述的滤膜过滤。

5.3 异丙醇:纯度(体积分数)不小于 99.0%。用 6.19 所述的滤膜过滤。

5.4 溶剂:750 mL 的正庚烷(5.1)和 250 mL 的二甲苯(5.2)充分混合。

6 仪器

6.1 所有玻璃器皿及样品容器都应按第 7 章中描述进行清洗。常规实验室装置及玻璃器皿见6.2～6.19。

6.2 过滤装置:如图 1 所示,本装置适用于 6.3 所述的滤膜。

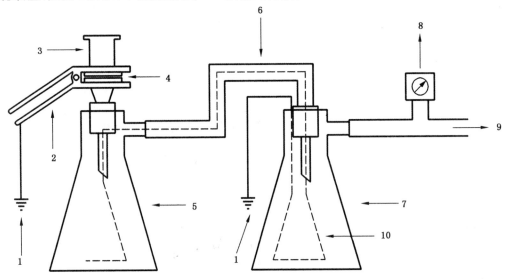

说明:
1——接地线;
2——夹子;
3——漏斗;
4——支撑筛板;
5——接收瓶;
6 ——真空管;
7 ——安全烧瓶;
8 ——真空计;
9 ——至真空泵;
10——导线。

图 1　总污染物含量测定装置示意图

6.3 滤膜:高保持力玻璃纤维,直径为 47 mm,公称孔径为 0.7 μm。用于试样过滤。

6.4 烧杯:容量 500 mL 和 1 000 mL,符合 GB/T 15724 的要求。

6.5 带刻度量筒:容量 500 mL 和 1 000 mL。

6.6 带盖玻璃瓶:0.5 L 和 1 L。

6.7 烘箱:静态(无风扇辅助循环),防爆,能加热至 110 ℃±5 ℃。

6.8 干燥器:内有新活化的变色硅胶(或相当的干燥剂)。

6.9 带盖培养皿:直径大于 50 mm。

6.10 分析天平:精确至 0.1 mg。

6.11 镊子:端头扁平,无锯齿,用以将滤膜从过滤装置转移到培养皿及从培养皿转移到分析天平托盘上。

6.12 水浴或烘箱:能将温度控制在 40 ℃±1 ℃ 和 60 ℃±1 ℃。

6.13 带喷嘴洗瓶:适用于正庚烷(5.1)。

6.14 天平:能称重至 1 500 g,精确至 0.1 g。

6.15 真空装置:能控制过滤装置中绝对压力 2 kPa~5 kPa。
    注:水环式真空泵不满足要求。

6.16 合适的干净样品容器及取样器皿。

6.17 计时器:可测量 30 min±1 min。

6.18 干净的表面皿或铝箔。

6.19 滤膜:公称孔径为 0.45 μm。用于试剂过滤。

7 样品容器及仪器的准备

警告——由于试样污染物含量极低,应保证试验在干净的环境中进行,以尽可能减小对结果的影响。

7.1 以 7.2~7.7 所述的方式严格清洗所有物件表面,包括样品容器以及仪器中的部分组件,如:
    a) 会与试样或冲洗液接触的;
    b) 能将外来杂质转移到滤膜的。

7.2 用温热自来水溶解水溶性洗涤剂进行清洗。

7.3 用温热自来水进行充分冲洗。

7.4 用蒸馏水进行充分冲洗,在此步以及后面的清洗操作中,需用清洁的试验专用夹或者手套拿取容器盖的外部。

7.5 用异丙醇(5.3)进行充分冲洗。

7.6 用正庚烷(5.1)进行充分冲洗。

7.7 用预先用正庚烷(5.1)冲洗干净并晾干的表面皿或铝箔(6.18)覆盖样品容器的顶部及连接有过滤装置(6.2)的漏斗的开口部分。

8 取样

8.1 除另有规定外,取样应按照 GB/T 27867、GB/T 4756 或 EN 14275 进行。

8.2 首选 GB/T 27867 规定的取样方式,样品最好从产品分配线或自动取样装置的取样口动态取样。在取样前,确保取样管线用待测样品冲洗过。

8.3 手动取样时,应直接将样品装入样品容器(6.16)中。

8.4 按照 GB/T 4756 的要求从静态贮存罐中取样时,应确保样品不经过其他容器直接装入事先准备好的容器中。

8.5 用玻璃瓶取样并保存样品。玻璃瓶应按照第 7 章的规定清洗。使用无色透明的玻璃瓶有助于在样品测试之前,对样品的均匀性进行目测。应确保样品尽量避光。也可用棕色玻璃瓶或在运输及储存过程中遮蔽样品以使其不受光照。为便于从加油枪取样,应使用广口瓶。

8.6 样品应装满至容器容量的 80%～85%。

8.7 为确保取样的代表性,在样品分析之前,所采集的样品应按照 9.2.4 混合均匀。

9 试样的准备

9.1 概述

确保样品容器(6.16)未粘附干扰分析结果的任何颗粒。如果不干净,用水和异丙醇(5.3)将容器的外部和封口部位冲洗干净,操作见 7.2～7.5。去除所有粘附的颗粒,避免将污染物引入到待测样品中。

注:当规定在室温下操作时,温度过高或过低可能会对试验结果造成影响,室温的操作范围一般为 15 ℃～25 ℃。

9.2 中间馏分油和柴油

9.2.1 打开样品容器密封盖,将容器及其中样品置于 40 ℃的水浴或烘箱(6.12)中 30 min～60 min,以确保析出组分能再次溶解于样品中。

9.2.2 将样品容器从水浴或烘箱中取出,拧紧密封盖,用异丙醇洗净容器外部。并将其冷却到室温。

9.2.3 将 500 mL 的烧杯(6.4)置于天平(6.14)上,扣除烧杯的质量。

9.2.4 摇动样品容器至少 10 s,每秒 1～2 次,幅度 10 cm～25 cm。将样品容器倒置,继续摇动至少 10 s,然后将样品容器正放,继续摇动至少 10 s。如果容器内壁上粘有任何可观测到的污染物,重复此摇动过程。不允许使用混合器。

9.2.5 样品摇匀后,立即迅速地向烧杯中加入约 300 mL 的试样,用天平(6.14)称量,精确至 0.1 g,将其质量记为 m_E。

9.3 纯脂肪酸甲酯

9.3.1 打开样品容器密封盖,将容器及其中样品置于 60 ℃的水浴或烘箱(6.12)中至少 2 h～2.5 h,以确保析出组分能再次溶解于样品中。

9.3.2 将样品容器从水浴或烘箱中取出,拧紧密封盖,用异丙醇洗净容器外部。并将其冷却到室温。

9.3.3 将 1 L 的玻璃瓶(6.6)置于天平(6.14)上,扣除玻璃瓶的质量。

9.3.4 摇动样品容器至少 10 s,每秒 1～2 次,幅度 10 cm～25 cm。将样品容器倒置,继续摇动至少 10 s,然后将样品容器正放,继续摇动至少 10 s。如果容器内壁上粘有任何可观测到的污染物,重复此摇动过程。不允许使用混合器。

9.3.5 样品摇匀后,立即迅速地向玻璃瓶中加入约 300 mL 的试样,用天平(6.14)称量,精确至 0.1 g,将其质量记为 m_E。

9.3.6 用 500 mL 的量筒(6.5)量取 300 mL 的溶剂(5.4),倒入已称重的试样中,充分混匀,过滤之前在室温下放置 2 h。

9.4 20 ℃运动黏度大于 8 mm²/s,或 40 ℃运动黏度大于 5 mm²/s 的液体石油产品

9.4.1 拧开样品容器密封盖,将容器及其中样品置于 40 ℃的水浴或烘箱(6.12)中 30 min～60 min,以确保析出组分能再次溶解于样品中。

9.4.2 将样品容器从水浴或烘箱中取出,拧紧密封盖,用异丙醇洗净容器外部。并将其冷却到室温。

9.4.3 将 1 L 的玻璃瓶(6.6)置于天平(6.14)上,扣除玻璃瓶的质量。

9.4.4 摇动样品容器至少 10 s,每秒 1～2 次,幅度 10 cm～25 cm。将样品容器倒置,继续摇动至少 10 s,然后将样品容器正放,继续摇动至少 10 s。如果容器内壁上粘有任何可观测到的污染物,重复此摇动过程。不允许使用混合器。

9.4.5 取少量摇匀后的样品,用正庚烷稀释至 20 ℃运动黏度不大于 8 mm²/s,或 40 ℃运动黏度不大

于 5 mm²/s,确定其稀释比例。

9.4.6 将样品摇匀后,立即迅速地向玻璃瓶中加入约 300 mL 的试样,用天平(6.14)称量,精确至 0.1 g,将其质量记为 m_E。

9.4.7 按照 9.4.5 确定的稀释比例用正庚烷(5.1)稀释已称重的试样(9.4.6),混合均匀。

10 仪器准备

10.1 过滤装置的准备

10.1.1 目测过滤装置(6.2)的内部和外部是否都洁净,若不洁净,按照第 7 章规定重新清洗。

10.1.2 遵循所有已有安全预防措施,并将仪器接地防静电。

10.1.3 装配除了滤膜(6.3)以外的其他过滤装置部分(6.2),并用正庚烷(5.1)将其内部清洗干净。确保过滤器与接收瓶之间的密封,并使用合适的密封材料确保塞子、软管、导线及安全烧瓶之间的密封性。

10.2 滤膜的准备

10.2.1 操作过程中,应用镊子(6.11)夹取滤膜(6.3)边缘。

10.2.2 将滤膜(6.3)放在预先清洗好的仪器的支撑筛板上,确保滤膜放在支撑筛板的中央,并且不能损坏滤膜,在真空下用正庚烷(5.1)冲洗滤膜。缓慢释放真空,用镊子(6.11)小心地将滤膜从支撑筛板上移走,将其放入培养皿中,盖上盖子。将培养皿放入 110 ℃±5 ℃烘箱(6.7)中至少 45 min(干燥过程中不盖盖子)。

注:滤膜一旦受损,滤膜的质量将会受到影响并造成错误的结果。

10.2.3 将装有滤膜(10.2.2)的培养皿从烘箱(6.7)中取出,盖上盖子,置入干燥器(6.8)中冷却约 45 min,并将干燥器置于分析天平(6.10)附近。

10.2.4 在试样测试之前,将滤膜(10.2.3)从培养皿中取出,立即用分析天平(6.10)称量滤膜的质量,精确至 0.1 mg,质量记录为 m_1。

10.2.5 将已称重的滤膜(10.2.4)直接放在预先清洗好的支撑筛板上,用夹钳夹住支撑筛板和漏斗的上下部分,将滤膜固定好。用正庚烷(5.1)浸泡滤膜,确保滤膜没有气泡,并且牢固地固定在过滤装置的磨光面之间。

11 试验步骤

警告——在石油产品的过滤过程中会产生静电,因此过滤装置应接地。

11.1 用 10.2 中准备好的滤膜过滤试样(9.2.5,9.3.6 或 9.4.7 所述)。装置内绝对压力应达到 2 kPa 至 5 kPa(6.15)。试样应少量逐次转移到过滤装置(6.2)中,注意在转移过程中不要使过滤装置空抽。过滤过程中的注意事项如下:

   a) 如果接收瓶中观察到泡沫,检查真空压力。如果实际压力比上述压力低,可能会导致泡沫形成;

   b) 如果试样 30 min 未完成过滤,停止过滤操作并记录已过滤的样品体积。用作修正测试样品的质量 m_E。

11.2 用洗瓶(6.13)中的正庚烷(5.1)将烧杯(9.2.5)或玻璃瓶(9.3.5 或 9.4.6)中的沉淀冲洗到滤膜(11.1)上,用正庚烷仔细冲洗烧杯或玻璃瓶的内壁和底部,并将洗涤液过滤。重复此洗涤操作两次。

11.3 用洗瓶(6.13)中的正庚烷(5.1)冲洗过滤装置(6.2)漏斗的内壁和滤膜(11.2),抽吸至干。应该用缓缓的溶剂细流,沿圆周移动着冲洗漏斗。重复洗涤操作至少两次。

11.4 小心移走漏斗,在真空下用缓缓的正庚烷(5.1)流从边缘向中心冲洗滤膜(11.3)。注意不要将滤膜(11.3)表面的颗粒物冲走。继续抽真空直到洗涤结束后 10 s～15 s 或者直至滤膜上的洗涤液完全被抽走。

11.5 缓慢释放真空,用清洁的镊子(6.11)小心地将滤膜(11.4)从支撑筛板上移走,将滤膜(11.4)放在培养皿(参照10.2)中,盖上盖子。将装滤膜(11.4)的培养皿放在 110 ℃±5 ℃ 烘箱中干燥 45 min(干燥过程中不盖盖子)。然后取出装有滤膜(11.4)的培养皿,盖上盖,置于干燥器(6.8)中冷却约 45 min,且干燥器置于分析天平附近。

11.6 将滤膜(11.5)从培养皿中取出,用分析天平(6.10)称量滤膜的质量,精确至 0.1 mg,质量记录为 m_2。滤膜应恒重。

> 注:11.5 中所述的温度和时间足以去除洗涤介质。但是,滤膜的恒重对结果非常重要。如果滤膜不恒重,按照 11.5 所述的方式对滤膜进一步干燥。

12 结果计算

按式(1)计算试样中总污染物含量 μ(mg/kg):

$$\mu = \frac{1\,000(m_2 - m_1)}{m_E} \quad\cdots\cdots\cdots\cdots\cdots\cdots(1)$$

式中:

m_1——滤膜(10.2.4)质量,单位为毫克(mg);

m_2——过滤后滤膜(11.6)质量,单位为毫克(mg);

m_E——试样(9.2.5,9.3.5 或 9.4.6)质量,单位为克(g)。

13 结果表述

报告试样的总污染物含量 μ,精确至 0.5 mg/kg。或报告过滤失败,并注明已过滤的样品体积[11.1b)所述]。

14 精密度

14.1 总则

按下述规定判断试验结果的可靠性(95%的置信水平)。

本标准的精密度是参考 ISO 4259 对多个实验室的检测结果进行统计得到。

14.2 重复性

同一操作者,在同样操作条件下使用同一仪器,按照方法规定的步骤,对同一试样进行测定,所得的两个连续试验结果之差不应超过式(2)规定的数值。

$$r = 0.064\,4X + 1.609\,9 \quad\cdots\cdots\cdots\cdots\cdots\cdots(2)$$

式中:

X ——两个连续试验结果的算术平均值,单位为毫克每千克(mg/kg)。

14.3 再现性

不同操作者,在不同实验室,使用不同的仪器,按照方法规定的步骤,对同一试样进行测定,所得的两个单一、独立的试验结果之差不应超过式(3)规定的数值。

$$R = 0.164\,4X + 4.111\,0 \quad\cdots\cdots\cdots\cdots\cdots\cdots(3)$$

式中：

X ——两个单一、独立试验结果的算术平均值，单位为毫克每千克（mg/kg）。

15 试验报告

报告应至少包含以下内容：

a) 试样的类型和名称；

b) 使用的方法标准；

c) 使用的取样步骤（第8章）；

d) 试验结果（第13章）；

e) 如出现 11.1b)中所述情况，需注明"过滤失败"，并注明已过滤的样品体积，单位为毫升（mL）；

f) 协议或其他规定与本方法试验步骤的任何偏离；

g) 试验日期。

附　录　A

（资料性附录）

本标准与 EN 12662:1998 的主要技术差异

欧洲生物柴油质量管理协会（Association Quality Management Biodiesel，AGQM）网站公布了关于 EN 12662:2014 应用的说明，其中指出在测定纯脂肪酸甲酯中总污染物含量时，EN 12662:2014 与 EN 12662:1998 结果相差较大，对此也进行了试验验证。

由于本标准参考 EN 12662:2014 制定，因此将本标准与 EN 12662:1998 的技术差异列于表 A.1，以供参考使用。

表 A.1　本标准与 EN 12662:1998 的主要技术差异

项目		本标准	EN 12662:1998
滤膜		平均孔径为 0.7 μm 的高保持力玻璃纤维膜	平均孔径为 0.8 μm 的硝化纤维膜
样品量		约 300 mL	250 g～500 g
样品预处理	中间馏分油和柴油	40 ℃的水浴或烘箱中 30 min～60 min，冷却至室温，取约 300 mL 样品称重后测定	称量 250 g～500 g 样品，在 40 ℃的烘箱中烘约 30 min 后直接过滤
	纯脂肪酸甲酯	60 ℃烘箱或水浴中至少 2 h～2.5 h，冷却，取约 300 mL 样品称重后用 300 mL 溶剂稀释（正庚烷：二甲苯＝3：1），放置 2 h 后测定	
精密度	重复性	$r=0.064\ 4X+1.609\ 9$ 其中，X 为两个结果的算术平均值	两个试验结果之差不超过其算术平均值的 10%
	再现性	$R=0.164\ 4X+4.111\ 0$ 其中，X 为两个结果的算术平均值	两个独立的试验结果之差不超过其算术平均值的 30%

参 考 文 献

［1］　GB/T 5487　汽油辛烷值的测定　研究法

［2］　ISO 4259，Petroleum products—Determination and application of precision data in relation to methods of test

［3］　EN 12662：1998，Liquid petroleum products—Determination of contamination in middle distillates

---

ICS 75.160.20
E 31

中华人民共和国国家标准

GB/T 33646—2017

车用汽油中酯类化合物的测定
气相色谱法

Determination of the ester compounds in motor rasoline—
Gas chromatography

2017-05-12 发布

2017-12-01 实施

中华人民共和国国家质量监督检验检疫总局
中国国家标准化管理委员会
发布

前　言

本标准按照 GB/T 1.1—2009 给出的规则起草。

本标准由全国石油产品和润滑剂标准化技术委员会(SAC/TC 280)提出并归口。

本标准起草单位:深圳市计量质量检测研究院、中国石油天然气股份有限公司石油化工研究院、中海石油炼化有限责任公司、国家石油产品质量监督检验中心(沈阳)。

本标准主要起草人:赵彦、林浩学、王琳、徐董育、季明、张世元、黄伟林、欧阳克川、吕焕明、李冬。

引　言

　　酯类化合物可能会对汽车的运行安全或排放带来潜在的危害。本标准提供了一种采用气相色谱法测定车用汽油中酯类化合物的方法,可有效甄别车用汽油中酯类化合物的添加,方法具有检测限低、测定结果准确度高的特点。

车用汽油中酯类化合物的测定
气相色谱法

警示——使用本标准的人员应有正规实验室工作的实践经验。本标准的使用可能涉及某些有危险的材料、设备和操作,本标准并未指出所有可能的安全问题。使用者有责任采取适当的安全和健康措施,并保证符合国家有关法规规定的条件。

1 范围

本标准规定了车用汽油中酯类化合物(包括乙酸乙酯、乙酸仲丁酯、碳酸二甲酯)的测定方法。

本标准适用于车用汽油,酯类化合物测定浓度为 50 mg/L~2 000 mg/L,超过此含量范围用本方法也可测定,但精密度未做考察。

本标准不适用于含醇汽油,某些醇类化合物(如甲醇、乙醇、叔戊醇和仲丁醇)和酮类化合物(如丙酮和丁酮)可能会对酯类化合物的测定产生干扰。

2 规范性引用文件

下列文件对于本文件的应用是必不可少的。凡是注日期的引用文件,仅注日期的版本适用于本文件。凡是不注日期的引用文件,其最新版本(包括所有的修改单)适用于本文件。

GB/T 1884 原油和液体石油产品密度实验室测定法(密度计法)

GB/T 1885 石油计量表

GB/T 4756 石油液体手工取样法

GB/T 6683 石油产品试验方法精密度数据确定法

SH/T 0604 原油和石油产品密度测定法(U 形振动管法)

3 术语和定义

下列术语和定义适用于本文件。

3.1

酯类化合物 ester compounds

本标准中酯类化合物是指乙酸乙酯、乙酸仲丁酯和碳酸二甲酯。

4 方法概要

试样直接进入配置有串联双柱的气相色谱仪中进行测定。试样首先通过一个非极性固定相的色谱柱,组分依沸点顺序分离。待正辛烷流出后,反吹非极性柱,将沸点大于正辛烷的组分反吹出去。正辛烷、酯类化合物及轻组分随后通过一个强极性固定相的色谱柱对酯类化合物进行分离。流出的组分用热导检测器或氢离子火焰检测器检测,并用记录仪记录,测量峰面积,并采用外标法计算各组分的浓度。

5 试剂和材料

5.1 乙酸乙酯:纯度 99% 以上。

5.2 乙酸仲丁酯:纯度 99% 以上。

5.3 碳酸二甲酯:纯度 99% 以上。

5.4 标准储备溶液的配制:分别称取 2.0 g(精确到 0.1 mg)乙酸乙酯(5.1)、乙酸仲丁酯(5.2)、碳酸二甲酯(5.3),置于 100 mL 容量瓶中,用异辛烷-二甲苯(体积比为 5:1)溶液定容,摇匀,备用。

5.5 标准工作溶液的配置:移取适量体积标准储备溶液(5.4),用异辛烷-二甲苯(体积比为 5:1)逐级稀释,配制成浓度范围为 50 mg/L～2 000 mg/L 的标准工作溶液,摇匀。标准工作溶液浓度应包含被测样品中酯类化合物的浓度,标准工作溶液系列应至少包含 5 个浓度等级。

5.6 正壬烷:分析纯。

5.7 正辛烷:分析纯。

5.8 异辛烷:分析纯。

5.9 二甲苯:分析纯。

5.10 压缩空气:提供阀动力,压力应满足阀切换动力要求(若装置有其他方式为阀提供动力此材料可不配置)。

> 注:如装置的检测器为其他类型,需按照仪器要求配制相应材料。例如,检测器为氢火焰检测器,需配制空气、氮气、氢气。

5.11 质量控制(QC)样品:用于监测方法的可靠性,通过对质量控制样品的分析,验证结果精度是否在方法的范围之内。质量控制样品可选取能代表被测样品特性的稳定的样品作为 QC 样品,可以由与被测化合物基体相近的车用汽油样品配置或购买得到,QC 样品要密封封装后低温下储存,并在储存期间保持不变,QC 样品按照第 10 章所描述的方法检查测试过程的有效性。

6 仪器设备

6.1 气相色谱仪:至少包括气化室、控温柱箱、阀切换装置、热导检测器(或氢离子火焰检测器)和色谱工作站,阀切换反吹系统见附录 A。

6.2 色谱柱包括以下两种类型:

    a) 非极性固定相色谱柱:0.8 m×3.2 mm,内填有 Chromosorb W[含质量分数为 10% 的二甲基聚硅氧烷(如 OV-101),180 μm～250 μm];

    b) 强极性色谱柱:4.6 m×3.2 mm,内填有 Chromosorb P[含质量分数为 20% 的 1,2,3-三(2-氰基乙氧基)丙烷(TCEP),150 μm～180 μm]。

6.3 进样装置:配 10 μL 进样针的自动或手动进样装置均可,建议采用自动进样装置。

6.4 电子天平:精确到 0.000 1 g。

6.5 容量瓶:100 mL 。

6.6 样品瓶:使用上面有压盖或螺纹扣盖,且盖中有外层为聚四氟乙烯面的橡胶密封垫的玻璃小瓶。

6.7 移液管:0.5 mL,1.0 mL,2.0 mL,5.0 mL。

7 取样

7.1 应按照 GB/T 4756 或其他相当方法采样。

7.2 自实验室收到样品起,在完成任何子样品采样前,应将原始容器冷却到 0 ℃～5 ℃下保存。

7.3 如果必要,则转移冷却样品到压力密封容器中,并在 0 ℃～5 ℃储存,直到需要分析时。

8 试验步骤

8.1 气相色谱条件

使用的仪器不同,最佳分析条件也可能不同,因此不可能给出气相色谱分析的通用参数。设定的参数应保证被测组分得到有效分离和测定。附录 A 中给出的参数经证明是可行的。

8.2 进样

直接取约 1.5 mL 样品于 2.0 mL 样品瓶(6.6)中,手动或者采用自动进样器进 1.0 μL 试样于气相色谱仪中(6.1),按照优化的方法条件进行色谱分析。

若样品中酯类化合物含量超过第 1 章所规定的测试范围,需对样品进行适量稀释(如体积比为 5∶1 的异辛烷-二甲苯溶液)。

8.3 定性分析

在相同仪器分析条件下测定标准工作溶液(5.5)和试样,根据酯类化合物色谱峰的保留时间进行定性。三种酯类化合物的参考保留时间参见附录 B。

8.4 定量分析

用系列标准工作溶液分别进样仪器测定,以标准工作溶液的浓度为横坐标,峰面积为纵坐标做图,得到标准工作曲线回归方程,线性相关系数 r 不小于 0.995。将试样中酯类化合物的峰面积代入标准工作曲线,计算出试样中酯类化合物的浓度。

9 结果计算

9.1 根据标准工作曲线计算出各酯类化合物的浓度 c_i,并将其代入式(1),即得到试样中各酯类化合物的浓度 c。

$$c = c_i \times K \qquad\qquad\qquad\cdots\cdots\cdots\cdots\cdots(1)$$

式中:

c ——试样中各酯类化合物的浓度,单位为毫克每升(mg/L);

c_i ——标准工作曲线中读出的酯类化合物的浓度,单位为毫克每升(mg/L);

K ——试样稀释倍数;通常 $K=1$(见 8.2),若试样经稀释(见 8.2),则 K 为稀释的体积倍数。

9.2 如果结果要求以质量分数为单位,按式(2)进行换算:

$$w = \frac{c}{10 \times \rho} \qquad\qquad\cdots\cdots\cdots\cdots\cdots\cdots(2)$$

式中:

w ——试样中各种酯类化合物的质量分数,%;

c ——试样中各种酯类化合物的浓度,单位为毫克每升(mg/L);

ρ ——按 GB/T 1884、GB/T 1885 或 SH/T 0604 测定得到的试样密度,单位为千克每立方米(kg/m³)。

9.3 报告酯类化合物的浓度 c,结果精确至 1 mg/L。报告酯类化合物的质量百分浓度 w(%),结果精确至 0.000 1%(质量分数)。

10 精密度

10.1 概述

根据 GB/T 6683 统计方法,本标准的精密度是根据 5 家协作实验室,10 个不同汽油样品,酯类化合物浓度在 50 mg/L~2 000 mg/L 范围内的测试结果统计给出的,表 1 中列举了公式计算的精密度值。

10.2 重复性(95%置信水平)

同一操作者,使用同一台仪器,在相同的测试条件下,正确的按照标准操作,对同一试样两次测定结果的差值不应超过表 1 中重复性限(r)。

10.3 再现性(95%置信水平)

由不同的操作者,使用不同仪器,在不同的实验室,正确的按照标准操作,对同一试样得到的两个单一和独立的测定结果的差值不应超过表 1 中再现性限(R)。

表 1 重复性限和再现性限

组分	重复性限(r)/(mg/L)	再现性限(R)/(mg/L)
乙酸乙酯	$1.753X^{0.394}$	$3.514X^{0.389}$
乙酸仲丁酯	$6.440X^{0.187}$	$18.038X^{0.137}$
碳酸二甲酯	$5.828X^{0.229}$	$9.836X^{0.237}$
注:X 为两个结果的算术平均值。		

11 质量保证和控制

通过分析 QC 样品以确保仪器状态正常或检测过程无误,每次开机应新建标准工作曲线,且运行 20 个样品后验证一次标准工作曲线或分析 QC 样品。取中间校正浓度重新校正标准工作曲线,线性相关系数满足要求,则标准工作曲线验证通过,否则应确定误差来源,并对方法操作和仪器状态进行必要检查。测定结果与 QC 样品的参比值之差应小于方法再现性要求,否则应确定误差源,并对方法操作和仪器状态进行必要检查。如果实验室已经建立 QC 或质量保证(QA)协议,则在确认测试结果可靠性时可以使用。

12 试验报告

试验报告至少应给出以下内容:
a) 试样描述;
b) 使用的标准;
c) 试验结果(见 9.3);
d) 与规定的分析步骤的差异;
e) 在试验中观察到的异常现象;
f) 试验日期。

附　录　A

（规范性附录）

阀反吹系统的建立及仪器参数

A.1　阀反吹柱系统的建立

A.1.1　将阀调整到正吹位置（图 A.1 中 1），调节流量控制阀 A 使流量达到表 A.1 流量设定值。测量检测器出口样品侧的流量。

A.1.2　将阀调整到反吹位置（图 A.1 中 2），测量检测器出口样品侧的流量。如果和表 A.1 比较流量发生了变化，调节流量控制阀 B，使流量变化在±1 mL/min 以内。

A.1.3　将阀从正吹到反吹位置切换几次，并观察基线，阀切换最初带来的压力的变化，应不会产生基线的变动和漂移。如果基线变动，轻微调节流量控制阀 B，使基线平稳。

A.2　反吹时间的确定

准备含正辛烷体积比为 5% 的正壬烷溶液。在正吹状态下向系统注入 1 μL 的此溶液。记录色谱图直到正壬烷流出，记录笔回到基线。测量从进样直到记录笔回到正辛烷和正壬烷峰之间的基线的时间，以秒为单位。此时，正辛烷已全部流出，而正壬烷没有。此测定时间的一半可近似作为"反吹时间"，并应在 30 s～60 s 之间微调。重复包括进样在内的上述操作，按以上确定的"反吹时间"切换至反吹状态。如此得到的正辛烷的色谱图中正壬烷峰应很小或看不到。如果有必要，可做进一步实验，调节"反吹时间"，直到全部正辛烷出峰，只有很少或没有正壬烷的峰。这样得到的实际阀操作的"反吹时间"，要求应用于后续所有的校准和分析中。

A.3　仪器条件参数

使用的仪器不同，最佳分析条件也可能不同，因此不可能给出气相色谱分析的通用参数。设定的参数应保证被测组分得到有效分离和测定。表 A.1 中的仪器参数经证明是可行的。

表 A.1　仪器操作条件

项目	条件
载气（氦气，纯度＞99.999%）流量	20 mL/min
进样口温度	250 ℃
色谱柱温度	110 ℃
阀切换时间（打开时间）	2.5 min
阀切换时间（关闭时间）	20 min
进样体积	1 μL
检测器温度（TCD 检测器）	200 ℃
非极性色谱柱	见 6.2
极性色谱柱	见 6.2

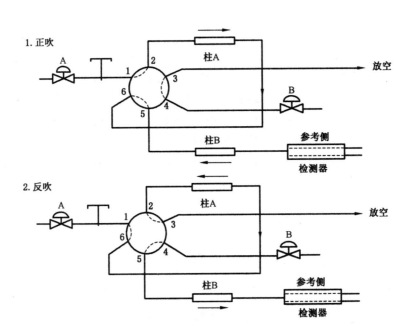

图 A.1　色谱仪阀切换系统

附 录 B

（资料性附录）

车用汽油中酯类化合物的色谱图

车用汽油中酯类化合物的色谱图见图 B.1。

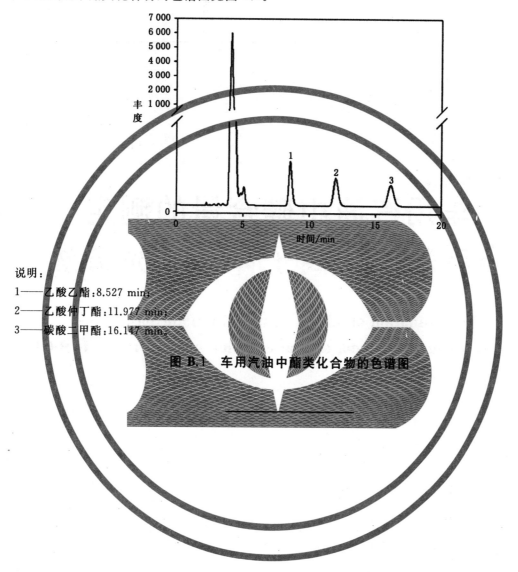

说明：
1——乙酸乙酯：8.527 min；
2——乙酸仲丁酯：11.977 min；
3——碳酸二甲酯：16.147 min。

图 B.1 车用汽油中酯类化合物的色谱图

ICS 75.160.20
E 30

中华人民共和国国家标准

GB/T 33647—2017

车用汽油中硅含量的测定
电感耦合等离子体发射光谱法

Determination of silicon content in motor gasoline—
Inductively coupled plasma optical emission spectrometry（ICP-OES）

2017-05-12 发布

2017-12-01 实施

中华人民共和国国家质量监督检验检疫总局
中国国家标准化管理委员会 发 布

前　言

本标准按照 GB/T 1.1—2009 给出的规则起草。

本标准由全国石油产品和润滑剂标准化技术委员会(SAC/TC 280)提出并归口。

本标准起草单位:国家石油石化产品质量监督检验中心(广东)、国家石油产品质量监督检验中心(沈阳)、中国石油天然气股份有限公司东北销售分公司、中国石油化工股份有限公司石油化工科学研究院、中国石油天然气股份有限公司石油化工研究院。

本标准主要起草人:闻环、张文媚、吕焕明、杨丽华、高萍、王轲、何京、刘慧琴。

引　言

　　车用汽油中的硅,可引起氧传感器失灵,经燃烧后生成二氧化硅,在发动机和催化转化器内形成沉积物,致使汽车发动机发生故障。本标准提供了采用电感耦合等离子体发射光谱仪测定车用汽油中硅含量的试验方法。本标准可用于测定车用汽油中的有机硅化合物,对颗粒粒径为 15 μm 以下的无机硅化合物也能够检测到。

车用汽油中硅含量的测定
电感耦合等离子体发射光谱法

1 范围

本标准规定了采用电感耦合等离子体发射光谱仪(ICP-OES)测定车用汽油中硅含量的试验方法。

本标准适用于测定硅含量为 1.0 mg/kg～50.0 mg/kg 的车用汽油(含氧化合物体积分数不超过15%),例如含甲基叔丁基醚的车用汽油、车用甲醇汽油(M15)和车用乙醇汽油(E10)。对于硅含量高于 50.0 mg/kg 的车用汽油样品,可经更高比例异辛烷稀释后按照本标准方法测定,但其精密度暂未统计。

采用本标准进行检测时,车用汽油中的某些元素如硫、铅、铁、锰、磷和氯,不会对硅含量测定结果造成干扰影响。

2 规范性引用文件

下列文件对于本文件的应用是必不可少的。凡是注日期的引用文件,仅注日期的版本适用于本文件。凡是不注日期的引用文件,其最新版本(包括所有的修改单)适用于本文件。

GB/T 4756 石油液体手工取样法

GB/T 17476 使用过的润滑油中添加剂元素、磨损金属和污染物以及基础油中某些元素测定法(电感耦合等离子体发射光谱法)

3 方法概要

将一份经过准确称量的车用汽油样品,用异辛烷作为稀释溶剂按 1:4 质量比进行稀释。通过蠕动泵将试样溶液导入 ICP-OES 仪器中进行测定。将试样溶液测定的发射信号响应值与标准工作曲线进行比较,计算试样中的硅含量。

4 干扰

4.1 光谱干扰

4.1.1 为了测量光谱的干扰,所有试样溶液硅含量应落在标准工作曲线的线性范围内。

4.1.2 光谱干扰通常可以通过选择合适的分析波长来避免。如果光谱干扰仍不可避免,需要按照仪器厂家提供的操作说明书进行光谱校正。

4.1.3 如果通过以上方法无法消除干扰时,可根据 GB/T 17476 中光谱干扰校正的经验方法进行校正。

4.2 黏度影响

试样溶液和标准溶液的黏度不同,可能会引起进样速率和雾化效率的不同。这些差别对分析准确度会带来不利影响,通过蠕动泵进样和对试样溶液进行基体匹配,可减少该影响。

5 仪器

5.1 电感耦合等离子体发射光谱仪

具备有石英炬管的 ICP 仪器和高频发生器(RF-Generator)能形成等离子体的发射光谱仪,推荐配备加氧装置和雾化室制冷装置。

5.2 雾化器

可以使用同心雾化器或高盐雾化器。汽油试样通常无肉眼可见颗粒物,使用同心雾化器可获得更高的灵敏度。

注:使用不同类型的雾化器可能会影响硅含量测定结果。

5.3 蠕动泵(推荐使用)

为了提供稳定的进样操作,推荐使用蠕动泵进样,泵速范围为 0.5 mL/min~3 mL/min。

5.4 蠕动泵进样管

蠕动泵进样管的使用性能应确保与有机溶剂(稀释剂)接触至少 6 h 而不会出现溶胀、溶解、变硬等形状变化,推荐使用合成橡胶管。

5.5 试样容器

30 mL~120 mL 带螺纹盖的塑料瓶或玻璃瓶。

5.6 天平

精确至 0.000 1 g。

6 试剂和材料

6.1 异辛烷:分析纯。

6.2 硅有机标准物质:配制或购买浓度不低于 500 mg/kg 的硅有机标准溶液,例如,纯度大于 99% 的六甲基二硅氧烷用异辛烷稀释配制得到 1 000 mg/kg 硅有机标准溶液。

注:对于硅含量高于 100 mg/kg 的车用汽油样品,使用六甲基二硅氧烷作为标准物质更为合适,基础油为基体的硅有机标准溶液可能会导致检测结果偏高。

6.3 氩气、氧气:纯度不低于 99.995%(体积分数)。

6.4 10%(质量分数)硝酸溶液。

6.5 质量控制(QC)样品:选取与待测车用汽油硅含量相近的车用汽油样品作为 QC 样品,也可以采用适量的硅有机标准物质用异辛烷稀释制备得到。QC 样品建议采用带螺纹盖的玻璃瓶密封盛装,在低于 10 ℃ 环境下避光储存。

7 取样

按照 GB/T 4756 的标准要求取样。

8 标准溶液和试样溶液的制备

8.1 空白溶液

用异辛烷作为空白溶液。

8.2 标准溶液的制备

称取 0.5 g(准确至 0.000 1 g)浓度为 1 000 mg/kg 的硅有机标准溶液盛于 100 mL 玻璃或塑料样品瓶中,加入约 49.5 g 异辛烷稀释后准确称量,摇匀,得到 10.0 mg/kg 硅标准溶液。再取该标准溶液经异辛烷稀释,分别配制 0.1 mg/kg、0.5 mg/kg、2.0 mg/kg、5.0 mg/kg、10.0 mg/kg 的硅系列标准溶液。

8.3 试样溶液制备

称取 5 g(准确至 0.000 1 g)车用汽油样品置于试样容器中,样品:异辛烷按 1:4 质量比进行稀释后再次称重,充分摇匀并加盖密封保存待测。当样品硅含量过高时,允许采用更高的稀释比。

9 仪器准备

9.1 仪器条件

由于各种仪器及 ICP 激发源之间设备的差异,故不能给出统一固定的仪器操作条件。请参考各仪器操作手册中给出的有机溶剂进样的操作条件,建立其选择使用有机溶剂测定的仪器操作条件。表 1 中列举的 ICP-OES 典型设置条件是在辅助气中加入氧气。如果在载气中加入氧气,氧气流量和载气流量应适当降低。开机后,应按照仪器操作手册推荐时间进行仪器预热。等离子体点燃后,先吸入异辛烷溶剂至进样系统,并观察等离子体状态是否稳定。如果发现石英炬管内壁有积炭生成,立即停止进样,更换石英炬管并查找问题原因。

表 1 硅含量测定的 ICP-OES 典型设置条件

发射功率	1 500 W	冷却气(氩气)流速	14 L/min～15 L/min
观测方式	垂直型	载气(氩气)流速	0.5 L/min～0.8 L/min
雾化室温度	−10 ℃	辅助气(氩气)流速	0.8 L/min～1.2 L/min
硅检测波长	251.612 nm,288.158 nm	氧气流速	0.02 L/min～0.05 L/min

9.2 试样容器

试样容器在使用前先用 10%(质量分数)硝酸溶液清洗,然后用蒸馏水反复冲洗数次,晾干。不要直接使用盛装过高硅含量样品的试样容器。

10 校准

10.1 对空白溶液(8.1)和硅系列标准溶液(8.2)分别进行测定,每个溶液重复测定三次。在确定标准溶液中硅的平均响应值前,要从每一个标准溶液的信号响应值中减去平均空白响应值。

10.2 在每一个硅标准溶液测定后,用异辛烷溶剂冲洗进样系统。如果高浓度硅标准溶液测定后,用异辛烷冲洗并检查溶剂信号响应值,确保进样系统中的硅被冲洗干净。

10.3 建立以标准溶液硅含量(mg/kg)为 X 轴,平均响应值为 Y 轴的标准工作曲线。标准工作曲线的线性相关系数应至少不低于 0.99。试样溶液的测定浓度应落在标准工作曲线线性范围内。

10.4 每天测定样品时须用标准溶液检查系统性能至少一次。

11 试验步骤

11.1 空白溶液(8.1)和试样溶液(8.3),按照与标准溶液相同的测定条件进行测定。每次吸入试样溶液前,先喷雾异辛烷溶剂 60 s,再测定试样溶液中硅的发射信号响应值。

11.2 空白溶液和试样溶液重复测定三次。在确定试样溶液中硅的平均响应值前,要从每一个试样溶液的信号响应值中减去平均空白响应值。

12 结果计算

车用汽油样品中的硅含量 X［单位为毫克每千克(mg/kg)］按式(1)进行计算:

$$X = (I_e - I_{bk})/(S \times K_g) \quad\quad\quad\quad\cdots\cdots\cdots\cdots\cdots\cdots\cdots(1)$$

式中:

I_e ——试样溶液中硅的平均响应值;

I_{bk} ——空白的平均响应值;

S ——标准曲线斜率(kg/mg);

K_g ——质量稀释系数,即样品质量/样品加稀释溶剂的总质量(g/g)。

13 质量控制

13.1 使用 QC 样品前,应确定 QC 样品的平均值和控制限。

13.2 建议每天测定样品时用 QC 样品检查一次。当测定大批量样品时,应增加 QC 样品检查频次。

13.3 如果所得结果超出控制限,为了确保结果的准确性,需对仪器进行再校准,重新测定样品。

14 精密度

14.1 概述

根据 GB/T 6683 的方法,本标准的精密度是通过 12 家协作实验室对硅含量在 1.0 mg/kg～50.0 mg/kg 范围的 5 个车用汽油样品的测试结果得出的。协作实验室所使用的仪器均配有加氧装置和雾化室制冷装置。按下列规定判断试验结果的可靠性(95％置信水平)。

14.2 重复性 r

同一操作人员,采用相同设备,在稳定的操作条件下,对同一试样连续测定两次所得结果之差不应超过式(2)的计算值:

$$r = 0.365x^{0.505} \quad\quad\quad\quad\cdots\cdots\cdots\cdots\cdots\cdots\cdots(2)$$

式中:

x——两个试验结果的平均值,单位为毫克每千克(mg/kg)。

14.3 再现性 R

不同操作人员在不同实验室,对相同的试样所得两个单一、独立测定结果之差不应超过式(3)的计算值：

$$R = 0.623 x^{0.737} \quad \cdots\cdots\cdots\cdots\cdots\cdots\cdots\cdots(3)$$

式中：

x——两个试验结果的平均值，单位为毫克每千克（mg/kg）。

14.4 偏差

方法的偏差未确定。

15 试验报告

硅含量结果报告精确至 0.1 mg/kg。

参 考 文 献

[1]　GB/T 6683　石油产品试验方法精密度数据确定法

ICS 75.160.20
E 31

中华人民共和国国家标准

GB/T 33648—2017

车用汽油中典型非常规添加物的
识别与测定　红外光谱法

Test method for identification and determination of specific non-regular additives
in motor gasoline—Infrared spectroscopic method

2017-05-12 发布

2017-12-01 实施

中华人民共和国国家质量监督检验检疫总局
中国国家标准化管理委员会 发布

前　言

本标准按照 GB/T 1.1—2009 给出的规则起草。

本标准由全国石油产品和润滑剂标准化技术委员会（SAC/TC 280）提出并归口。

本标准负责起草单位：中国石油化工股份有限公司石油化工科学研究院。

本标准参加起草单位：国家石油产品质量监督检验中心、深圳市计量质量检测研究院、贵州省产品质量监督检验院、太仓出入境检验检疫局、浙江省质量检测科学研究院、中国石油石油化工研究院。

本标准主要起草人：徐广通、杨玉蕊、赵彦、李晓云、宋昌盛、廖上富、孙悦超、季明、安谧。

引　言

　　为了实施《车用汽油》标准 GB 17930—2013 中规定的"车用汽油中不得人为加入甲缩醛、苯胺类"等添加物的要求，提出本试验方法来检测车用汽油中是否含有一些典型的非常规添加物以适应市场监管的需求。基于近年来车用汽油流通市场发现的非常规添加物使用状况，本标准所指车用汽油中典型的非常规添加物包括苯胺类、二甲氧基甲烷(甲缩醛)和酯类等物质。由于未经系统的环境、行车及排放试验进行确认，这些添加物的使用会对驾驶者的身体健康、汽车的安全运行或汽车尾气中污染物的排放带来不确定的影响。因此快速、有效地识别并测定车用汽油中这些非常规添加物对保护消费者利益和汽车的运行安全及有效控制汽车污染物的排放具有重要意义。本标准所采用的红外光谱技术具有测量速度快、不破坏样品、分析成本低并便于实现现场分析的特点。

车用汽油中典型非常规添加物的
识别与测定　红外光谱法

警示——使用本标准的人员应有正规实验室工作的实践经验。本标准的使用可能涉及某些有危险的材料、设备和操作，本标准并未指出所有可能的安全问题。使用者有责任采取适当的安全和健康措施，并保证符合国家有关法规规定的条件。

1　范围

本标准规定了采用红外光谱法快速识别并测定车用汽油中苯胺类、二甲氧基甲烷（甲缩醛）和酯类等典型非常规添加物的试验方法。

本标准适用于测定车用汽油及汽油调合组分中特定的非常规添加物，识别及测定添加物的浓度范围分别为苯胺 3 g/L～35 g/L、N-甲基苯胺 4 g/L～35 g/L、二甲氧基甲烷 3 g/L～35 g/L、乙酸仲丁酯 3 g/L～35 g/L、碳酸二甲酯 1.5 g/L～16 g/L。试样中非常规添加物的含量如低于上述测定范围的下限，则无法有效识别或定量分析。对添加物含量高于上述测定范围上限的样品，可将样品适当稀释后测定；如果样品中含有邻甲基苯胺和对甲基苯胺，则按测量苯胺的试验方法进行识别并定量；如果样品中含有其他酯类化合物，则按乙酸仲丁酯的试验方法进行识别并定量。但此种情况下，本标准的精密度不适用。

2　规范性引用文件

下列文件对于本文件的应用是必不可少的。凡是注日期的引用文件，仅注日期的版本适用于本文件。凡是不注日期的引用文件，其最新版本（包括所有的修改单）适用于本文件。

GB/T 4756　石油液体手工取样法

GB/T 6683　石油产品试验方法精密度数据确定法

GB/T 21186　傅里叶变换红外光谱仪

3　术语和定义

下列术语和定义适用于本文件。

3.1

典型非常规添加物　specific non-regular additives

本标准所指的典型非常规添加物包括苯胺类、N-甲基苯胺、二甲氧基甲烷、脂肪酸单酯和碳酸二甲酯。

注：以上添加物未经系统地对环境、行车及排放试验进行安全确认。

3.2

苯胺类化合物　aniline compounds

本标准所指的苯胺类化合物包括苯胺、邻甲基苯胺、对甲基苯胺和间甲基苯胺、N-甲基苯胺。

注：苯胺、邻甲基苯胺、对甲基苯胺和间甲基苯胺具有相似的红外光谱特征，可以同时被识别，在本方法中采用苯胺为模型化合物进行定量测定；N-甲基苯胺因其具有独特的光谱特征，单独对其进行识别和定量测定。

3.3

二甲氧基甲烷 dimethoxymethane

二甲氧基甲烷俗称甲缩醛,又名甲撑二甲醚、二甲醇缩甲醛。

3.4

酯类化合物 ester compounds

本标准中所指的酯类化合物包括脂肪酸单酯类化合物和碳酸二甲酯。

> 注：脂肪酸单酯类化合物具有相似的光谱特征,可一同被识别、测定。考虑目前在汽油中发现的主要是乙酸仲丁酯,故本标准中以乙酸仲丁酯为模型化合物对脂肪酸单酯类化合物进行计量。碳酸二甲酯具有独特的光谱特征,故单独对其进行识别和定量分析。

4 原理

4.1 车用汽油中烃类组分的红外光谱特征主要是饱和烃、烯烃和芳烃中各种C—H基团的伸缩振动和弯曲振动,以及一些特定基团如双键和苯环的光谱特征。烃类化合物中基团的典型光谱特征见表1。含有甲基叔丁基醚(MTBE)和乙醇的汽油除含烃基团的红外吸收特征外,会增加C—O键的光谱特征,乙醇汽油中还含有—OH的光谱特征。饱和烃、芳烃、烯烃、MTBE或乙醇的典型光谱特征见表1。本标准中拟识别测定的各种典型非常规添加物均可在红外光谱的测量范围内找到与烃类基团不同的特征吸收谱带。由于这些谱带不受车用汽油组分的干扰,因此可借助这些谱带对特定的非常规添加物进行识别和测量,典型非常规添加物的光谱特征见表2。

> 注：由于车用汽油基础烃组分的不同会带有一定的溶剂效应,导致特定基团红外吸收峰位置会略有变化,但在一定的峰值窗口范围内不影响对添加物的甄别。

4.2 通过手动或自动进样方式将待测的车用汽油样品注入特定光程的样品池中,以空池为背景测量其红外光谱吸收图,根据非常规添加物的红外光谱特征对其进行定性识别,并根据其特征光谱的吸光度值和建立的校正曲线对其含量进行测定。如特征光谱谱带的吸光度超过2.0 AU,可将样品用混合溶剂稀释合理倍数后重新测量。

表 1 车用汽油中典型的物及红外光谱特征

序号	组分类型	吸收特征/cm⁻¹	基团归属
1	饱和烃	2 800～3 000	—CH₃,—CH₂—,—CH—,C—H 伸缩振动
		1 350～1 465	—CH₃,—CH₂—,—CH— C—H 弯曲振动
2	烯烃	3 000～3 100	=C—H 伸缩振动
		910,970	=C—H 弯曲振动
		1 600～1 650	C=C 伸缩振动
3	芳烃	3 000～3 200	芳环=C—H 伸缩振动
		650～900	芳环=C—H 弯曲振动
		1 500～1 600	芳环骨架振动
4	MTBE	1 075,1 208	C—O 伸缩振动
5	乙醇	1 050,1 080	C—O 伸缩振动
		3 100～3 600 宽带吸收	O—H 伸缩振动

表 2　车用汽油中的典型非常规添加物及红外吸收特征

序号	添加物	吸收特征/cm⁻¹	化学键或基团归属
1	苯胺	3 390,3 481	$-NH_2$
		1 276	C—N
2	N-甲基苯胺	3 434	$-NH-$
		1 263,1 320	C—N—C
3	二甲氧基甲烷	930,1 046,1 141	$-O-CH_2-O-$
4	乙酸仲丁酯	1 743	C=O
		1 243	C—O
5	碳酸二甲酯	1 760	C=O
		1 281	C—O

5　干扰物质

5.1　烃类汽油调合组分不会对本标准中所规定的添加物的识别和测定产生干扰。

5.2　车用汽油样品中采用的醚类化合物如 MTBE 不会对本标准中规定的添加物的识别产生影响。

5.3　当车用汽油中苯胺类、碳酸二甲酯和乙醇或甲醇化合物可能共存时,碳酸二甲酯在 1 280 cm⁻¹ 的 C—O 吸收特征会影响苯胺类化合物 1 276 cm⁻¹ 处的 C—N 吸收谱带的识别。醇中的—OH 基团在 3 100～3 600 cm⁻¹ 的宽带吸收会影响胺类添加物 N—H 吸收特征的识别并对苯胺类化合物的定量分析产生影响。研究发现,当样品中乙酸仲丁酯与胺类或醇类化合物共存时,不影响乙酸仲丁酯的识别,但会影响乙酸仲丁酯定量的准确性。

6　试剂和材料

6.1　校准用的标准物质:苯胺、N-甲基苯胺、二甲氧基甲烷、乙酸仲丁酯、碳酸二甲酯均为分析纯或分析纯以上级别试剂。

6.2　混合溶剂:稀释用溶剂为石油醚1(沸点范围 60 ℃～90 ℃)、石油醚2(沸点范围 90 ℃～120 ℃)和二甲苯三种溶剂的混合溶剂,纯度为分析纯;混合体积比例为 35∶35∶30。

6.3　样品池冲洗溶剂:正己烷,分析纯。

　　警告——这些化合物均为易燃或有毒化合物,若摄取、吸入或通过皮肤吸收将对人体产生伤害或致命。

7　仪器

7.1　傅里叶变换红外光谱仪:选用的红外光谱仪应符合 GB/T 21186 要求。光谱的有效波数测量范围不少于 650 cm⁻¹～4 000 cm⁻¹,光谱分辨率优于 2 cm⁻¹(含 2 cm⁻¹),信噪比优于 10 000∶1,波长准确性优于 0.01 cm⁻¹,数据采集间隔优于 0.5 cm⁻¹(含 0.5 cm⁻¹)。

7.2　样品池:防干涉透射式样品池,样品池光程 0.1 mm。为防止样品池窗口材料潮解而影响透过率,样品池可采用的窗口材料为 ZnSe 晶体;为获得良好的信噪比和平稳的光谱基线,样品池不应产生干涉条纹,可采用具有楔形结构的抗干涉样品池。其他材质的窗口材料也可使用,如 KBr、CaF₂ 等,但应注意窗片材料受潮对透光度的影响。手工或自动进样均可,测量时样品池内不应有气泡存在。

7.3　光谱处理软件:具有基线处理和谱图微分等功能,以量取添加物光谱特征峰峰高,进行定量计算。

7.4　容量瓶:25 mL。

7.5　移液管:10 mL。

8　取样

8.1　采用本试验方法分析样品时,应按 GB/T 4576 的规定取样。

8.2　样品分析前应在室温 15 ℃～27 ℃下恒定。

9　试验步骤

9.1　光谱测量:设置仪器光谱测量的测量模式为吸收光谱,波长范围为 650 cm^{-1}～4 000 cm^{-1},光谱分辨率 2 cm^{-1},光谱采集数据点间隔为 0.5 cm^{-1},为获得良好的信噪比,建议光谱的扫描次数不少于32 次。放入样品池,以空池为参比测量光谱的背景信号,将测量样品或校准样品注入样品池中,并确保充满样品池且无气泡存在。为避免前面样品测量可能产生的记忆效应,样品注入量不应少于 10 mL,测量样品的吸收光谱。

　　注:背景测量时将样品池中存留的样品或冲洗溶剂吹扫干净非常重要,以免影响背景测量。

9.2　样品的稀释:如典型非常规添加物定量特征峰吸收谱带的吸光度超过 2.0 AU,可将样品用混合溶剂稀释后再测量。典型操作为用移液管移取试样 10 mL 于 25 mL 容量瓶中,用混合溶剂稀释到25 mL,按 9.1 方法测量光谱。

10　定性与定量分析

10.1　典型非常规添加物的定性识别

　　图 1～图 5 为苯胺、N-甲基苯胺、二甲氧基甲烷、乙酸仲丁酯和碳酸二甲酯等五种典型非常规添加物在车用汽油中不同添加量[以克每升为单位(g/L)]时的红外光谱特征。可以看出这些特征与车用汽油(空白谱线)自身的红外光谱有显著的区别。表 3 为所要识别的这些典型非常规添加物的特征谱带及位移的窗口范围。当测量试样的红外光谱中同时具有某一添加物指定的特征吸收时,即可推断该样品中含有某种或某几种添加物。

　　注:可能加入车用汽油中的苯胺、邻甲基苯胺和对甲基苯胺均按苯胺进行识别并报告含量。可能加入车用汽油的
　　　其他脂肪酸单酯化合物以乙酸仲丁酯的形式进行识别并报告含量。

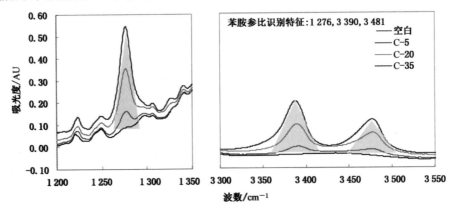

图 1　含苯胺车用汽油的红外光谱特征

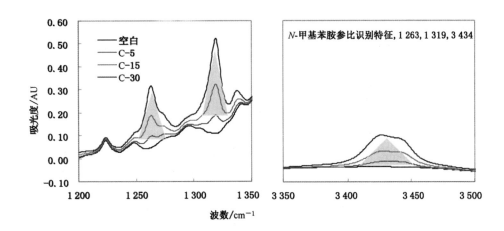

图 2　含 N-甲基苯胺车用汽油的红外光谱特征

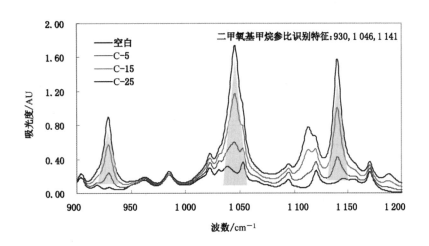

图 3　含二甲氧基甲烷(甲缩醛)车用汽油的红外光谱特征

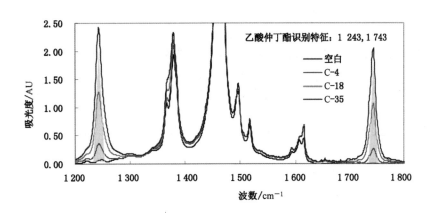

图 4　含乙酸仲丁酯车用汽油的红外光谱特征

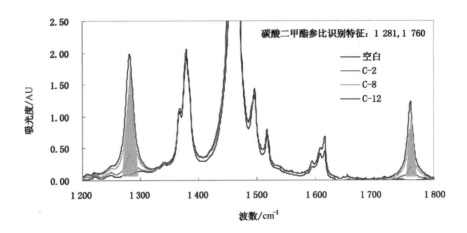

图 5　含碳酸二甲酯车用汽油的红外光谱特征

表 3　车用汽油中的典型非常规添加物识别的特征谱带及定量特征谱带

序号	非常规添加物	定性识别谱带及位移范围/cm⁻¹	定量谱带位置/cm⁻¹
1	苯胺类	$1\,276\pm6,3\,390\pm8,3\,481\pm8$	$3\,390\pm8$
2	N-甲基苯胺	$1\,319\pm4,3\,434\pm15$	$1\,319\pm4$
3	二甲氧基甲烷	$930\pm4,1\,046\pm4,1\,141\pm4$	$1\,141\pm4$
4	脂肪酸单酯类	$1\,243\pm4,1\,743\pm4$	$1\,743\pm4$
5	碳酸二甲酯	$1\,281\pm4,1\,760\pm4$	$1\,760\pm4$
当车用汽油中含有邻甲基苯胺或对甲基苯胺时,可以在苯胺的特征谱带范围内予以识别。如含间甲基苯胺,其中 C—N 键的吸收谱带位移到 1 293 cm⁻¹。			

10.2　定量分析

10.2.1　根据郎伯比尔定律,车用汽油中各添加物特征吸收谱带的吸光度与其含量在一定范围内成线性关系。因此,可建立添加物定量特征谱带吸光度与含量的定量校准曲线。根据试样光谱测量后所识别的添加物定量特征谱带的吸光度可计算其含量。

10.2.2　定量谱带及吸光度的测量:车用汽油中 5 种典型非常规添加物的定量谱带及基线位置见表 4。

表 4　车用汽油中的典型非常规添加物的定量特征谱带及基线范围

序号	非常规添加物	定量特征谱带/cm⁻¹	基线范围/cm⁻¹
1	苯胺类	3 390	3 320～3 550
2	N-甲基苯胺	1 320	1 285～1 330
3	二甲氧基甲烷	1 141	1 127～1 162
4	脂肪酸单酯类	1 743	1 685～1 770
5	碳酸二甲酯	1 760	1 685～1 810
注:基线点为基线范围附近的峰谷。			

10.2.3　校准样品的配制:在 25 mL 容量瓶中,以混合溶剂(6.2)为稀释溶剂,依照表 5 含量范围,准确

称取各标准物质(6.1),配制表5所示的校准试样。

表 5 校准试样配制表

序号	添加物	校正曲线质量浓度/(g/L)
1	苯胺	5,10,20,30,35
2	N-甲基苯胺	5,10,20,30,35
3	二甲氧基甲烷	4,8,18,25,35
4	乙酸仲丁酯	4,8,18,25,35
5	碳酸二甲酯	2,4,8,12,16

10.2.4 定量特征谱带吸光度的测量:对校正样品或试样中识别出的典型非常规添加物,定量谱带的基线测量范围见表4,其特征吸收峰高值的测量方法见图6~图10。

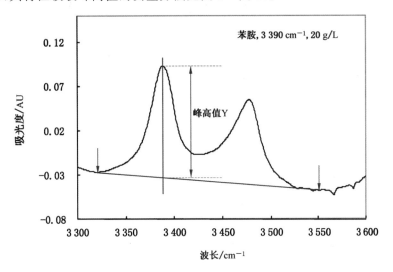

图 6 车用汽油中苯胺定量峰高值的测量

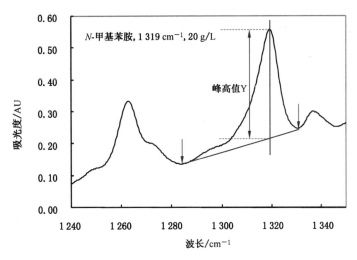

图 7 车用汽油中 N-甲基苯胺定量峰高值的测量

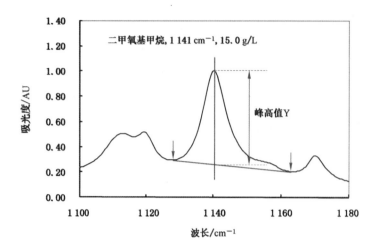

图 8　车用汽油中二甲氧基甲烷(甲缩醛)定量峰高值的测量

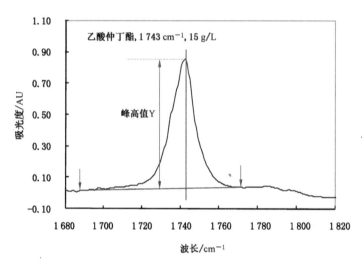

图 9　车用汽油中乙酸仲丁酯定量峰高值的测量

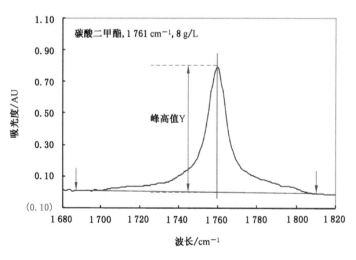

图 10　车用汽油中碳酸二甲酯定量峰高值的测量

10.2.5 定量校准曲线:通过测量不同含量某添加物 i 定量特征谱带的吸光度值 Y,可以获得该添加物在对应定量特征谱带下吸光度对应添加物含量的定量校准曲线,见式(1)。为保证定量的准确性,定量校正曲线的相关系数(R^2)不应小于0.99。

$$Y_i = a_i c_i + b_i \qquad\qquad\qquad\qquad (1)$$

式中:

Y_i ——所测量的某 i 添加物定量特征谱带的吸光度;

c_i ——i 添加物的质量浓度,单位为克每升(g/L);

a_i ——i 添加物回归曲线的斜率;

b_i ——i 添加物回归曲线截距;

i ——某种添加物 i。

10.2.6 样品的测量:按9.1步骤测定待测样品的红外吸收光谱图,如发现有本标准规定的添加物存在,按10.2.4方法测量其吸光度值,按式(2)计算其含量。如添加物定量特征峰的谱带强度高于2.0 AU,则按9.2步骤进行稀释后测量其红外光谱。

11 结果计算

依据谱图测量出的添加物定量特征谱带的吸光值,计算出分析试样中添加物 i 的浓度值 c_i,见式(2)。如样品经过稀释,则样品中添加物的实际浓度应将根据式(2)计算得到的浓度值 c_i 乘以样品稀释的倍数 s。

$$c_i = \frac{Y_i - b_i}{a_i} \times s \qquad\qquad\qquad\qquad (2)$$

式中:

c_i ——测量试样中 i 添加物的质量浓度,单位为克每升(g/L);

Y_i ——测量试样中 i 添加物光谱测量的吸光度值;

a_i、b_i ——i 添加物式(1)中校正曲线的参数值;

s ——测量试样的稀释倍数,见9.2试样稀释。

12 试验结果的表示

如非常规添加物在车用汽油中的含量以质量浓度[单位为克每升(g/L)]表示,则添加物在车用汽油中的含量即为第11章中的结果计算值,精确至0.1 g/L。

如要求添加物在车用汽油中的含量以质量分数(%)报告,则质量分数 X 的换算方法见式(3):

$$X_i = \frac{c_i}{10 \times d} \qquad\qquad\qquad\qquad (3)$$

式中:

X_i ——为添加物 i 在测量样品中的质量分数(%),精确至0.01%;

c_i ——为添加物 i 在测量样品中的质量浓度,单位为克每升(g/L);

d ——为所测量车用汽油样品的密度值,单位为克每毫升(g/mL)。

13 精密度

13.1 概述:按照GB/T 6683确定方法的精密度,按下述规定判断试验结果的可靠性(95%的置信水平)。

13.2 重复性:同一操作者,使用同一台仪器,在相同的测试条件下,正确的按照标准操作,对同一试样两次测定结果的差值不能超过表6中所列数值。

13.3 再现性:不同实验室的不同操作者,使用不同仪器对同一试样进行试验,所测的两个单一和独立的试验结果之差不应超过表6中所列数值。

表 6 重复性和再现性

序号	添加物	重复性/(g/L)	再现性/(g/L)	范围/(g/L)
1	苯胺	$0.11 \times m^{0.58}$	$0.22 \times m^{0.68}$	3~35
2	N-甲基苯胺	$0.14 \times m^{0.45}$	$0.24 \times m^{0.57}$	4~35
3	二甲氧基甲烷	$0.15 \times m^{0.37}$	$0.80 \times m^{0.43}$	3~35
4	乙酸仲丁酯	$0.012 \times m^{0.91}$	$0.45 \times m^{0.43}$	3~35
5	碳酸二甲酯	$0.07 \times m^{0.42}$	$0.28 \times m^{0.76}$	1.5~16
注:m 为两个结果的算术平均值。				

14 试验报告

试验报告至少应给出以下内容:
a) 试样描述;
b) 使用的标准;
c) 试验结果(见第12章);
d) 与规定的分析步骤的差异;
e) 在试验中观察到的异常现象;
f) 试验日期。

ICS 75.160.20
E 31

中华人民共和国国家标准

GB/T 33649—2017

车用汽油中含氧化合物和苯胺类化合物的测定 气相色谱法

Determination of oxygenates and aniline compounds in motor gasoline—
Gas chromatography

2017-05-12 发布

2017-12-01 实施

中华人民共和国国家质量监督检验检疫总局
中国国家标准化管理委员会 发布

前　　言

本标准按照 GB/T 1.1—2009 给出的规则起草。

本标准由全国石油产品和润滑剂标准化技术委员会(SAC/TC 280)提出并归口。

本标准负责起草单位：中国石油化工股份有限公司石油化工科学研究院。

本标准参加起草单位：深圳市计量质量检测研究院、国家石油石化产品质量监督检验中心(广东)、中国石油化工股份有限公司上海石油化工研究院和中国石油天然气股份有限公司兰州石化分公司。

本标准主要起草人：李长秀、赵彦、徐董育、闻环、吴梅、高枝荣、郭星。

引　言

　　车用汽油中的二甲氧基甲烷、乙酸乙酯、乙酸仲丁酯、苯胺、N-甲基苯胺、邻甲基苯胺、间甲基苯胺和对甲基苯胺等非常规的添加组分,会对车用汽油质量和使用性能造成影响,测定这些组分的含量有利于对车用汽油产品的质量控制和监督。

车用汽油中含氧化合物和苯胺类化合物的
测定　气相色谱法

警示——使用本标准的人员应有正规实验室工作的实践经验。本标准的使用可能涉及某些有危险的材料、设备和操作，本标准并未指出所有可能的安全问题。使用者有责任采取适当的安全和健康措施，并保证符合国家有关法规规定的条件。

1　范围

本标准规定了采用气相色谱法测定车用汽油中含氧化合物及苯胺类化合物组分含量的方法。

本标准适用于测定车用汽油（包括乙醇汽油）中二甲氧基甲烷（又名甲缩醛）、乙酸乙酯、乙酸仲丁酯、苯胺、N-甲基苯胺、邻甲基苯胺、间甲基苯胺和对甲基苯胺的含量；本标准也可用于测定车用汽油中的甲基叔丁基醚、甲醇等含氧化合物组分的含量。添加组分测定的质量分数范围分别为，甲基叔丁基醚：0.05%～15%；甲醇、乙酸仲丁酯、二甲氧基甲烷、乙酸乙酯和苯胺：0.05%～10%；N-甲基苯胺、邻甲基苯胺、对甲基苯胺和间甲基苯胺：0.01%～10%。

注：本标准可以定性检测到碳酸二甲酯，但未包含定量测定的内容。

需要时，本标准也可以用于测定 C2～C4 醇、乙基叔丁基醚、叔戊基甲基醚等含氧化合物的含量，但本标准并未提供有关这些组分的精密度数据，这些含氧化合物的含量可按照 NB/SH/T 0663 方法测定。

车用汽油中有可能含有的微量丙酮、丁酮等酮类化合物不干扰测定。

2　规范性引用文件

下列文件对于本文件的应用是必不可少的。凡是注日期的引用文件，仅注日期的版本适用于本文件。凡是不注日期的引用文件，其最新版本（包括所有的修改单）适用于本文件。

GB/T 4756　石油液体手工取样法

GB/T 6683　石油产品试验方法精密度数据确定法

GB/T 27867　石油液体管线自动取样法

NB/SH/T 0663　汽油中醇类和醚类含量的测定　气相色谱法

3　方法概要

3.1　将待测试样与内标物乙二醇二甲基醚（或 2-己酮）一起导入一个带有微板流路控制的中心切割（Deans switch）组件和两根毛细管色谱柱的色谱系统。组分首先进入非极性色谱柱并按照沸点顺序分离，通过中心切割组件电磁阀的切换仅使沸点小于 2-己酮的组分从非极性柱流出后进入与之相连的强极性色谱柱，其余组分直接通过检测器检测。进入强极性色谱柱的组分在该色谱柱上实现烃类组分和含氧化合物的分离，并通过氢火焰离子化检测器检测，采用内标法定量。可以定量检测汽油馏分中二甲氧基甲烷、乙酸乙酯、乙酸仲丁酯的含量，也可以同时检测试样中所含甲基叔丁基醚（MTBE）、甲醇等含氧化合物的含量。

3.2 进行第二次进样分析,调整中心切割组件的电磁阀切换时间,使苯胺类组分与烃类组分一起进入强极性分析柱,在分析柱上苯胺类化合物与烃类组分实现分离,并通过氢火焰离子化检测器检测,内标法定量,可以定量测定苯胺、N-甲基苯胺、邻甲基苯胺、间甲基苯胺和对甲基苯胺的含量。

4 试剂和材料

4.1 除非另有规定,本方法使用的试剂均为分析纯,允许使用其他更高纯度的试剂。

4.2 载气:氮气,纯度不小于99.99%。

警告——高压压缩气体。

4.3 燃气:氢气,纯度不小于99.99%。

警告——高压压缩气体。

4.4 空气:干燥空气,不含有机化合物。

4.5 载气净化器:用于净化载气。

4.6 用于定性和定量的试剂,包括:甲醇、乙醇、异丙醇、正丙醇、异丁醇、仲丁醇、叔丁醇、甲基叔丁基醚(MTBE)、乙基叔丁基醚(ETBE)、二异丙醚(DIPE)、甲基叔戊基醚(TAME)、二甲氧基甲烷、乙酸乙酯、乙酸仲丁酯、苯胺、N甲基苯胺、邻甲基苯胺、间甲基苯胺、对甲基苯胺、2-己酮、正庚烷、异辛烷、二甲苯。

4.7 质量控制检查样品:用于常规监测色谱系统可靠性的样品,含有质量分数分别为1%的二甲氧基甲烷、乙酸仲丁酯和苯胺的汽油试样,由向不含有这些组分的汽油试样中定量加入上述组分配制而成或购买得到。质量控制检查样品要采用安瓿瓶封装后在0℃~4℃保存,并在储存期间保持组成不变。

5 仪器设备

5.1 气相色谱仪:带有分流/不分流进样口、双氢火焰离子化检测器(FID)和中心切割(Deans Switch)组件,可以在表1给出的条件下操作的色谱仪均可使用,图1为系统连接示意图。

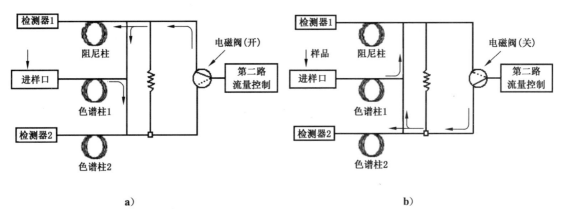

说明:
a) 电磁阀开,组分从色谱柱1进入色谱柱2;
b) 电磁阀关,组分从色谱柱1进入阻尼柱。

图 1 系统连接示意图

表 1 典型仪器条件

设备	分析条件				
柱箱	柱箱程序：100 ℃保持 5 min，然后以 5 ℃/min 速率升温至 210 ℃，保持 8 min。 运行时间：35 min				
前进样口	模式：分流；　　分流比：80∶1～100∶1 汽化室温度：250 ℃ 载气（N_2）：恒压，68.95 kPa 总流量：33 mL/min；分流流量：30 mL/min				
色谱柱	色谱柱 1：非极性柱，DB-1，柱长 30 m，内径 0.32 mm，液膜厚度 1.0 μm；色谱柱 2：强极性柱，OxyPLOT 或 Lowox，柱长 10 m，内径 0.53 mm，液膜厚度 10 μm				
压力控制模块（PCM）	恒定压力：29.51 kPa				
前/后检测器（FID）	温度：280 ℃；氢气流量：30 mL/min 空气流量：350 mL/min；尾吹流量：25 mL/min				
运行时间表[a] 　第一次进样 　第二次进样	时间 /min	名称	位置	设定值	第 8 章对应时间
	0.1	电磁阀	1	打开	
	4.0	电磁阀	1	关闭	T_1
	采用 OxyPLOT 色谱柱				
	0.1	电磁阀	1	打开	
	11.0	电磁阀	1	关闭	T_2
	采用 Lowox 色谱柱				
	3.2	电磁阀	1	打开	
	11.0	电磁阀	1	关闭	T_2
进样量	0.2 μL				
[a] 表中给出了典型的运行时间表，合适的运行时间表按照 7.3 的要求确定。					

5.2　色谱柱：色谱柱 1 为非极性柱，固定相为交联 100% 甲基聚硅氧烷，柱长 30 m，内径 0.32 mm，液膜厚度 1.0 μm；色谱柱 2 为强极性柱，类型为 DB-OxyPLOT 或 CP-Lowox（见注），柱长 10 m，内径 0.53 mm，液膜厚度 10 μm。能获得如 8.1 中所示分离效果的其他色谱柱也可使用。

5.3　记录仪：电子积分仪或可记录色谱图的计算机。电子积分仪或计算机能测定质量分数为 0.01% 的组分，并有满意的信噪比。

5.4　微量注射器：容量为 5 μL 或 10 μL。

5.5　天平：精确到 0.000 1 g。

5.6　容量瓶或具塞小瓶：10 mL、100 mL。

5.7　刻度移液管：1 mL、10 mL。

6　取样

取样应确保所取样品具有代表性。从贮藏罐或生产管线中取样时，按照 GB/T 4756 或 GB/T 27867 推荐的方法取样。样品应在 0 ℃～4 ℃ 条件下储存。

7　仪器准备

7.1　仪器配置及条件的建立

色谱系统的连接如图 1 所示。采用微板流路控制的中心切割（Deans switch）系统，可以实现组分在两根不同类型的色谱柱间的切换。色谱柱1入口与分流进样口相连,出口通过 Deans switch 连接组件与色谱柱2相连,色谱柱2出口与检测器相连接,阻尼柱为一段空石英毛细管柱,其阻力与色谱柱2相匹配。通过改变电磁阀的开关位置,可以改变流出色谱柱1的载气流动方向,使流出色谱柱1的组分选择进入色谱柱2进一步分离或直接通过阻尼柱进入检测器检测。色谱柱1为非极性的毛细管色谱柱,色谱柱2为对含氧化合物有特殊保留能力的强极性色谱柱。进样开始时,电磁阀设定"打开"的状态,车用汽油试样通过进样口注入色谱系统后,试样中组分在色谱柱1上首先按照沸点顺序分离,并顺次进入色谱柱2[图1a]。当沸点小于2-己酮的烃类和非烃组分进入色谱柱2后,关闭电磁阀,改变载气流向,使沸点大于2-己酮的组分通过阻尼柱进入检测器1检测[图1b],从而消除重烃组分对含氧化合物的影响。轻烃组分和含氧化合物进入色谱柱2分离,经检测器2检测。

7.2 色谱柱老化

由于方法所使用的分析柱为一种特殊的强极性毛细管柱,低温下会吸附环境中的水及其他杂质,影响色谱柱的分离效果,因此色谱柱在使用前应充分老化。对于新色谱柱,应在300 ℃下老化10 h以上,对于较长时间未开机运行的色谱柱,分析前应在210 ℃老化4 h以上,需要时将老化温度提高至300 ℃。

7.3 切阀时间的确定

7.3.1 配制一个含2-己酮和间甲基苯胺各约5%的正己烷溶液,将阀置于关闭状态,向色谱系统注入0.2 μL该溶液,并同时启动色谱仪,记录色谱图。此时所有组分流经色谱柱1后,通过阻尼柱进入检测器1(FID1)被检测,观察得到的色谱图。在色谱图上,2-己酮出峰结束的时间加0.1 min为切阀时间 T_1,间甲基苯胺出峰结束的时间加0.1 min为切阀时间 T_2。

7.3.2 第一次进样时,设定0.1 min电磁阀开,T_1 时间电磁阀关,使在色谱柱1上保留时间不大于 T_1 的所有组分都进入色谱柱2,使含氧化合物和烃类组分获得分离,并进入检测器2进行检测,所有保留时间大于 T_1 的组分流出色谱柱1后通过阻尼柱进入检测器1检测;第二次进样时,设定0.1 min电磁阀开,T_2 时间电磁阀关,使在色谱柱1上保留时间不大于 T_2 的所有组分都进入色谱柱2,使苯胺类化合物和烃类组分获得分离,并进入检测器2进行检测,所有保留时间大于 T_2 的组分流出色谱柱1后通过阻尼柱进入检测器1检测。

对于采用 Lowox 色谱柱的情形,第二次进样时,电磁阀开的时间也可以选择乙酸仲丁酯从色谱柱1流出前的时间,时间的确定可参考附录A的相关内容。

7.4 色谱柱分离度确认

配制一含乙酸仲丁酯和异丁醇各1%的正己烷溶液,在确定的色谱条件下分析该混合溶液,采用确定的第一次进样的阀切换时间切换阀,记录色谱图。按照式(1)计算乙酸仲丁酯和异丁醇色谱峰的分离度(Res),应不小于1.5。否则需重新老化或更换分析柱。

$$\mathrm{Res} = \frac{2(t_{R(A)} - t_{R(B)})}{1.699(W_{h(A)} + W_{h(B)})} \qquad \cdots\cdots\cdots\cdots\cdots\cdots\cdots (1)$$

式中:
$t_{R(A)}$ ——乙酸仲丁酯的保留时间,单位为分(min);
$t_{R(B)}$ ——异丁醇的保留时间,单位为分(min);
$W_{h(A)}$ ——乙酸仲丁酯的半峰宽,单位为分(min);
$W_{h(B)}$ ——异丁醇的半峰宽,单位为分(min)。

8 校正

8.1 定性

配制含有 C1～C4 醇、MTBE、ETBE、TAME、DIPE、二甲氧基甲烷、乙酸乙酯、乙酸仲丁酯、乙二醇二甲基醚(或 2-己酮)、苯胺、N-甲基苯胺、邻甲基苯胺、间甲基苯胺和对甲基苯胺各约 1%的正庚烷混合标样,在表 1 的条件下进样分析测定,并按照表 1 中的条件或 7.3 中确定的时间打开或关闭电磁阀。根据各组分峰的保留时间对组分进行定性。

采用 OxyPLOT 色谱柱作分析柱时,第一次进样得到的色谱图见图 2,第二次进样得到的苯胺类化合物在色谱柱 2 上的色谱图见图 3。

采用 Lowox 色谱柱作分析柱时,第一次进样得到的色谱柱 2 上的色谱图见图 4,第二次进样得到的苯胺类化合物在色谱柱 2 上的色谱图见图 5。第二次进样选择的电磁阀打开时间为乙酸仲丁酯出峰前的时间(3.2 min)。

由于使用的强极性色谱柱的极性可能存在微小差别,同时色谱柱极易吸收水分造成分离情况的改变,因此在对组分定性时要根据所采用的色谱柱的实际分离情况确定。需要时,可以运用中心切割的方式,通过设定不同的电磁阀开关时间,将目标组分切割至分析柱上进行定性定量,或使某些干扰组分不进入分析柱从而消除其对定性定量的干扰。详细的说明参见附录 A。

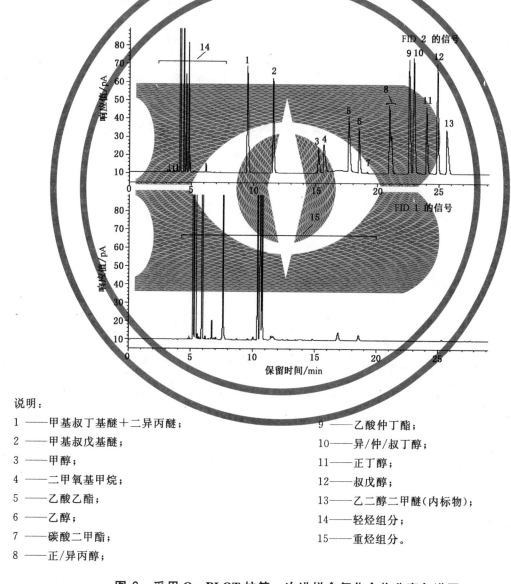

说明:

1 ——甲基叔丁基醚+二异丙醚;
2 ——甲基叔戊基醚;
3 ——甲醇;
4 ——二甲氧基甲烷;
5 ——乙酸乙酯;
6 ——乙醇;
7 ——碳酸二甲酯;
8 ——正/异丙醇;

9 ——乙酸仲丁酯;
10——异/仲/叔丁醇;
11——正丁醇;
12——叔戊醇;
13——乙二醇二甲醚(内标物);
14——轻烃组分;
15——重烃组分。

图 2　采用 OxyPLOT 柱第一次进样含氧化合物分离色谱图

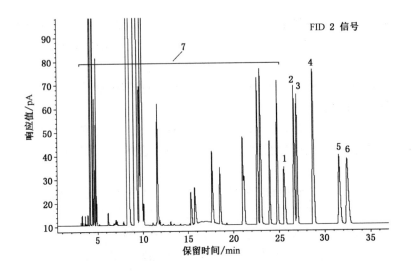

说明：

1——乙二醇二甲醚(内标物)；

2——N-甲基苯胺；

3——苯胺；

4——邻甲基苯胺；

5——间甲基苯胺；

6——对甲基苯胺；

7——烃类和含氧化合物。

图 3 采用 OxyPLOT 柱第二次进样苯胺类化合物分离色谱图

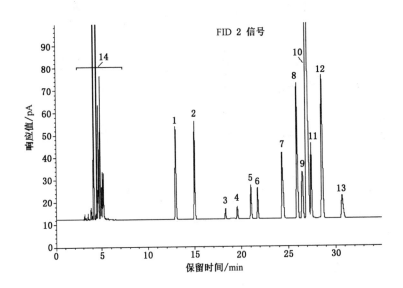

说明：

1 ——甲基叔丁基醚＋二异丙醚；

2 ——甲基叔戊基醚；

3 ——甲醇；

4 ——二甲氧基甲烷；

5 ——乙酸乙酯；

6 ——乙醇；

7 ——正/异丙醇；

8 ——乙酸仲丁酯；

9 ——异/仲/叔丁醇；

10——2-己酮(内标物)；

11——正丁醇；

12——叔戊醇；

13——乙二醇二甲醚；

14——重烃组分。

图 4 采用 Lowox 柱第一次进样含氧化合物分离色谱图

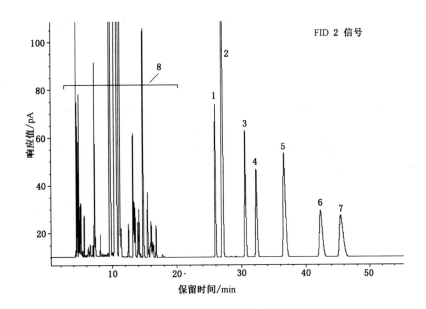

说明：
1——乙酸仲丁酯；
2——2-己酮（内标物）；
3——N-甲基苯胺；
4——苯胺；
5——邻甲基苯胺；
6——间甲基苯胺；
7——对甲基苯胺；
8——烃类和含氧化合物。

图 5　采用 Lowox 柱第二次进样苯胺类化合物分离色谱图

8.2　校正标样的制备

8.2.1　按照纯物质的挥发性由低到高的次序精确称量和混合各组分，配制含多组分的所需浓度的标样，组分包括二甲氧基甲烷、乙酸仲丁酯、乙酸乙酯、苯胺、N-甲基苯胺、邻甲基苯胺、间甲基苯胺和乙二醇二甲基醚。采用 Lowox 色谱柱时，用 2-己酮代替乙二醇二甲基醚。称量的顺序依次为甲基苯胺、苯胺、乙酸仲丁酯、乙酸乙酯和二甲氧基甲烷。对于每一个待测组分，至少采用 5 个校正点，并且确保每一组分浓度位于校正范围之内。为尽量避免组分之间的相互干扰，也可以单独配制或分组配制所需的组分标样。需要时，也可配制含 C1～C4 醇、MTBE、TAME 等组分不同浓度的标样，用于对这些组分进行定量分析。标样中组分的质量分数范围为 0.01%～10%。对于不同的待测组分，可以根据试样中实际的加入含量范围选择不同浓度的校正标样。

注：当苯胺和 N-甲基苯胺质量分数高于 5% 时，两者色谱峰会有明显的重叠，单独配制两组分的标样可以消除组分含量高导致的相互间的干扰。

8.2.2　在制备标样之前，采用毛细管气相色谱法测定各组分的纯度，并对试剂纯度进行校正。应采用纯度不低于 99.5% 的试剂。

8.2.3　按如下步骤采用移液管、滴管或注射器将一定体积的待测组分转移至 100 mL 容量瓶或 100 mL 具塞小瓶中用以制备标样。盖上瓶盖并记录空容量瓶或小瓶的质量，精确至 0.1 mg。打开瓶盖并小心地从最不易挥发的组分开始向瓶中加入待测组分。盖上瓶盖并记录加入的待测组分的净质量（W_i），精确至 0.1 mg。对每个待测组分重复此加样和称重步骤。所有加入的待测组分体积分数不要超过 50%。类似地，加入 5 mL 内标物（乙二醇二甲基醚或 2-己酮），记录它的净质量（W_s），精确至 0.1 mg。用异辛烷-二甲苯混合溶液(体积比1:1)稀释每一个标样至刻度。当不用时,将加盖的校正标样在 0 ℃～4 ℃ 下密封保存。

8.3 校正过程

8.3.1 按照表1的条件分析每一个校正标样。对于第一次分析,在 0.1 min 和时间 T_1 进行电磁阀的开关操作。对于第二次分析,在 0.1 min 和时间 T_2 进行电磁阀开关操作。

8.3.2 按照8.3.1的步骤分析校正标样。从第一次分析中测得含氧化合物和内标峰的面积。从第二次分析中测得内标物和苯胺类化合物的峰面积。按照式(2)和式(3)确定每一标样中每一组分的响应比 (rsp_i)和质量比(amt_i)。

$$\mathrm{rsp}_i = A_i/A_s \qquad \cdots\cdots\cdots\cdots\cdots\cdots\cdots\cdots (2)$$

式中:

A_i ——待测组分的峰面积;

A_s ——内标物的峰面积。

$$\mathrm{amt}_i = W_i/W_s \qquad \cdots\cdots\cdots\cdots\cdots\cdots\cdots\cdots (3)$$

式中:

W_i ——待测组分的质量,单位为克(g);

W_s ——内标物的质量,单位为克(g)。

8.3.3 以响应比(rsp_i)作 Y 轴,质量比(amt_i)作 X 轴,根据最小二乘法作出每个待测组分的校正曲线。示例见图6。组分的校正曲线可以按照式(4)来表示:

$$\mathrm{rsp}_i = (a_i)(\mathrm{amt}_i) + b_i \qquad \cdots\cdots\cdots\cdots\cdots\cdots\cdots\cdots (4)$$

式中:

rsp_i ——待测化合物 i 的响应比(y 轴);

a_i ——待测化合物 i 的线性方程式的斜率;

amt_i ——待测化合物 i 的质量比(x 轴);

b_i ——y 轴截距。

8.3.4 根据最小二乘法计算每一组分的校正曲线的相关系数 r^2 值。r^2 值应不低于0.990。如果 r^2 没有获得应有的值,重新运行校正过程或检查仪器参数和硬件设备。

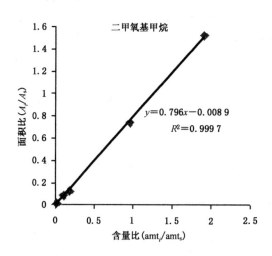

图 6 校正曲线绘制示例

9 试验步骤

9.1 试样溶液制备:取0.5 mL内标物转移至10 mL容量瓶或具塞小瓶中。记录加内标物的净质量(W_s),精确至0.1 mg。重新称量容量瓶或具塞小瓶,向容量瓶或小瓶中加入9.5 mL冷却过的车用汽油试样,加盖,并记录所加试样的净质量(W_g)。完全混合均匀。如果使用自动进样器,那么转移一部分溶液到气相色谱用玻璃小瓶中。用有聚四氟乙烯衬垫片的铝帽密封气相色谱用玻璃小瓶。如果不立即分析此试样溶液,应将其在0 ℃~5 ℃下密封保存。

9.2 色谱分析:按校正分析所用相同进样技术和进样量,将0.2 μL有代表性的试样溶液(9.1)导入色谱仪。对试样溶液进行两次色谱分析,并按7.3确定的时间进行电磁阀的开关操作。第一次分析采用时间0.1 min和T_1打开和关闭电磁阀。第二次分析采用时间0.1 min和T_2打开和关闭电磁阀。

10 结果计算

10.1 组分的质量分数:对峰定性以后,从第一次分析中测量含氧化合物和内标物的峰面积。从第二次分析中测量苯胺类化合物和内标物的峰面积。按照式(4)已求出的方程的斜率和y轴截距,采用待测组分对内标物的响应比(rsp_i)来计算车用汽油试样中每个待测组分的质量(W_i),计算式(5)如下:

$$W_i = \frac{(A_i/A_s) - b_i}{a_i} \times W_s \quad\quad\quad\quad\quad\quad (5)$$

式中:

W_i ——待测组分i的质量,单位为克(g);

A_i ——待测组分i的峰面积;

A_s ——内标物的峰面积;

W_s ——加入内标物的质量,单位为克(g);

a_i、b_i——按照式(4)求出的方程的斜率和截距。

10.2 按式(6)计算每个待测组分的质量分数w_i,%:

$$w_i = \frac{W_i}{W_g} \times 100 \quad\quad\quad\quad\quad\quad (6)$$

式中:

W_g——车用汽油试样的质量,单位为克(g)。

10.3 报告待测组分的质量分数w_i,结果精确至0.01%。

11 精密度

11.1 概述

本标准的精密度是通过6个实验室对22个含不同添加组分的汽油试样的测试结果,按照GB/T 6683方法的要求,经统计计算确定的(95%的置信水平)。

11.2 重复性(r)

同一操作人员利用相同设备,在稳定的操作条件下,对同一试样,重复测定所得两个结果之差,不应超过表2中的重复性限。

11.3 再现性(R)

不同操作人员在不同实验室,对相同的试样所得两个单一、独立测试结果之差,不应超过表2中的再现性限。

表 2　重复性限和再现性限　　　　　　　　　　%（质量分数）

组分	重复性限(r)	再现性限(R)	含量范围
甲醇	$0.055\,9X^{0.568}$	$0.240X^{0.393}$	0.05～10
甲基叔丁基醚	$0.037\,3X^{0.701}$	$0.189X^{0.670}$	0.05～15
乙酸仲丁酯	$0.035\,8X^{0.653}$	$0.157X^{0.468}$	0.05～10
二甲氧基甲烷	$0.036\,3X^{0.511}$	$0.245X^{0.725}$	0.05～10
乙酸乙酯	$0.028\,2X^{0.654}$	$0.136X^{0.571}$	0.05～10
苯胺	$0.056\,0X^{0.624}$	$0.218X^{0.559}$	0.05～10
N-甲基苯胺	$0.039\,1X^{0.793}$	$0.131X^{0.663}$	0.01～10
邻甲基苯胺	$0.037\,5X^{0.807}$	$0.144X^{0.638}$	0.01～10
对/间甲基苯胺	$0.047\,5X^{0.623}$	$0.184X^{0.541}$	0.01～10
注：X 为两次测定结果的平均值。			

11.4　偏差

由于没有合适的标准物质，因此本方法的偏差未确定。

12　质量保证和控制

为确认分析系统的可靠性，在仪器运行一段时间后，可以分析两次质量控制检查样品。质量控制检查样品的分析步骤应与汽油样品分析步骤一致。质量控制检查样品两次测定结果的差值应符合方法规定的重复性要求，并且两次测定结果的平均值应符合质量控制规范对测定准确度的要求。如测定结果超出要求，应确定误差源，并进行必要的修正。

13　试验报告

试验报告至少应给出以下几个方面的内容：
——试验对象；
——所使用的标准（包括发布或出版年号）；
——试验结果；
——观察到的异常现象；
——试验日期。

附　录　A

（资料性附录）

中心切割法用于组分的定性和干扰的消除

A.1　酯类化合物的不同分离情况

由于 OxyPLOT 对含氧化合物有特殊的保留,而酯类化合物中含有两个氧原子,因此在色谱柱上表现出较强的保留,同时酯类的保留情况随色谱柱的老化情况会发生一定的改变。通常情况下,色谱柱经 300 ℃老化后,可以获得如标准中图 2～图 5 的分离效果,但不同的 OxyPLOT 和 Lowox 色谱柱、不同的老化情况下,色谱柱也可能存在极性的微小差异,使酯类组分的保留情况发生变化。图 A.1 为乙酸仲丁酯与 C4 醇在不同的色谱柱上分离的几种不同情况。图 A.2 为两根 OxyPLOT 色谱柱上乙醇和乙酸乙酯的分离情况。在两根不同的色谱柱上,乙醇和乙酸乙酯的出峰顺序发生了改变。其中图 A.2a)和图 A.2b)为同一根色谱柱不同的老化时间后的分离情况。为确保定性的准确,组分定性应采用酯类化合物的标样确定峰的定性归属。

碳酸二甲酯(CH_3O—CO—OCH_3)由于其独特的分子结构,含有 3 个氧原子,表现出与本标准采用的分析柱较强的相互作用力,使得在本标准采用的强极性分析柱上色谱峰明显变形(见图 A.3),给定量带来困难,因此本标准没有包含对碳酸二甲酯进行定量测定的内容。当碳酸二甲酯含量较高(大于1%)时,会使得甲醇和二甲氧基甲烷出峰区间的色谱基线抬高,有可能影响低含量甲醇和二甲氧基甲烷测定的灵敏度。

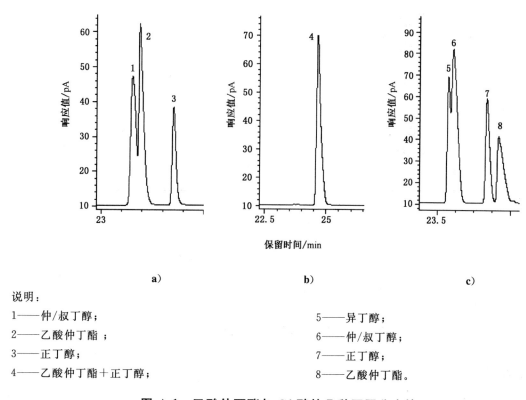

a)　　　　　　　　　　b)　　　　　　　　　　c)

说明:

1——仲/叔丁醇;

2——乙酸仲丁酯;

3——正丁醇;

4——乙酸仲丁酯＋正丁醇;

5——异丁醇;

6——仲/叔丁醇;

7——正丁醇;

8——乙酸仲丁酯。

图 A.1　乙酸仲丁酯与 C4 醇的几种不同分离情况

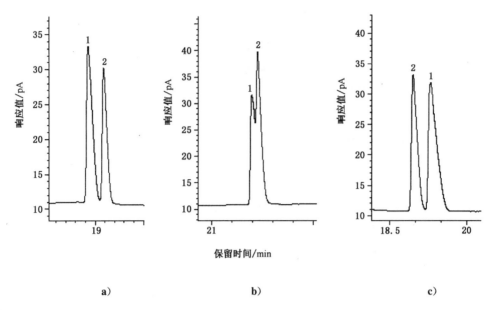

说明：

1——乙酸乙酯；

2——乙醇。

图 A.2　乙酸乙酯与乙醇的几种不同分离情况

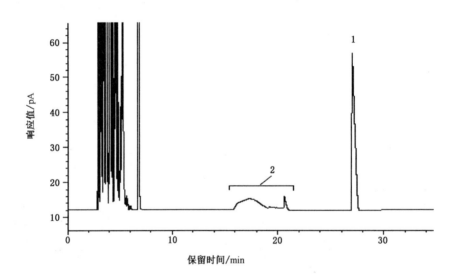

说明：

1——乙二醇二甲醚(内标物)；

2——碳酸二甲酯。

图 A.3　碳酸二甲酯的分离情况

A.2　干扰及消除

A.2.1　组分在非极性柱上的分离情况

本方法采用了中心切割(Dean Switch)色谱系统，可以实现对某个色谱峰的切割，因此，可以根据组分在非极性柱 1 上的分离情况,选择对目标化合物进行准确切割,来消除其他组分可能对定量带来的干扰。

图 A.4 为质量分数分别为 2% 的各种化合物在色谱柱 1(DB-1)上的分离情况,可以根据组分在色谱柱 1 的保留时间来确定合适的切阀时间,以实现某个组分的切割,可以消除组分间的干扰。

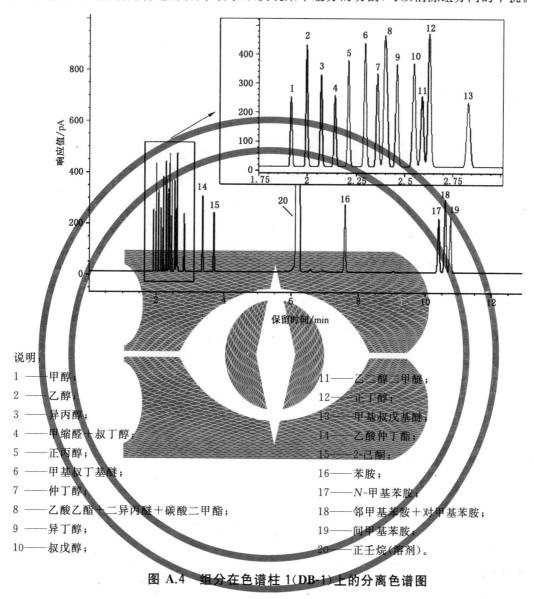

说明:
1——甲醇;
2——乙醇;
3——异丙醇;
4——甲缩醛＋叔丁醇;
5——正丙醇;
6——甲基叔丁基醚;
7——仲丁醇;
8——乙酸乙酯＋二异丙醚＋碳酸二甲酯;
9——异丁醇;
10——叔戊醇;
11——乙二醇甲醚;
12——正丁醇;
13——甲基叔戊基醚;
14——乙酸仲丁酯;
15——2-己酮;
16——苯胺;
17——N-甲基苯胺;
18——邻甲基苯胺＋对甲基苯胺;
19——间甲基苯胺;
20——正壬烷(溶剂)。

图 A.4　组分在色谱柱 1(DB-1)上的分离色谱图

A.2.2　乙酸乙酯和乙醇

由于在 OxyPLOT 或 Lowox 色谱柱上,乙醇和乙酸乙酯色谱峰出峰时间比较接近,当乙醇含量很高时,会使分离变差,因此,对于含乙醇体积分数为 10% 的乙醇汽油,有可能会影响乙酸乙酯的定量。从色谱图 A.4 可知,在色谱柱 1 上流出的时间有明显间隔,为使乙醇组分不进入色谱柱 2 影响乙酸乙酯的测定,可以增加一组阀切换操作,在乙醇色谱峰流出柱 1 之前的时间点,将电磁阀置于"关"状态,乙醇色谱峰完全流出色谱柱 1 的时间点,将电磁阀设定为"开"状态,这样可以使乙醇组分全部通过阻尼柱进入检测器 1,而不进入色谱柱 2,从而消除了对乙酸乙酯测定的干扰。图 A.5 为乙醇和乙酸乙酯的分离情况。其中图 A.5a)为 5% 的乙醇和 5% 的乙酸乙酯的分离情况,图 A.5b)为在 1.96 min 和 2.06 min 设定阀"关"和"开",将 1.96 min～2.06 min 之间从色谱柱 1 流出的乙醇组分切割至阻尼柱时色谱柱 2 上

GB/T 33649—2017

的分离情况,色谱柱 2 上乙酸乙酯出峰而乙醇不出峰,同时其他组分的测定不受干扰。

对于某些需要测定乙醇含量的情形,如果存在高含量乙酸乙酯的干扰,可以在乙酸乙酯在 DB-1 色谱柱流出的时间前和流出结束后的时间,增加一组电磁阀切换操作,消除乙酸乙酯对乙醇测定的干扰。

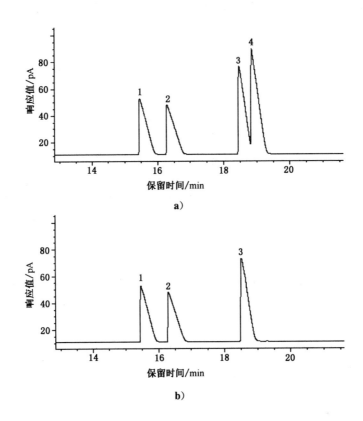

说明:
1——甲醇;
2——甲缩醛;
3——乙酸乙酯;
4——乙醇。

注：a):0.1 min 阀开,4.0 min 阀关；b):0.1 min 阀开,1.96 min 阀关,2.06 min 阀开,4.0 min 阀关。

图 A.5　乙酸乙酯测定干扰的消除

A.2.3　乙酸仲丁酯

在 OxyPLOT 或 Lowox 色谱柱上,乙酸仲丁酯和 C4 醇出峰时间比较接近,当 C4 醇含量很高时,会使分离变差,有可能造成乙酸仲丁酯与 C4 醇分离不完全,影响定量,如图 A.6a)中所示。通过中心切割的方式,进样后根据乙酸仲丁酯在柱 1 的出峰时间,在乙酸仲丁酯从柱 1 流出前(3.2 min)将阀置于"开"状态,在乙酸仲丁酯全部从柱 1 流出进入柱 2 后(3.5 min),将阀置于"关"状态,使仅有乙酸仲丁酯进入色谱柱 2,从而可以消除 C4 醇的干扰,得到乙酸仲丁酯的实际色谱峰面积用于定量计算。分离谱图如图 A.6b)所示。

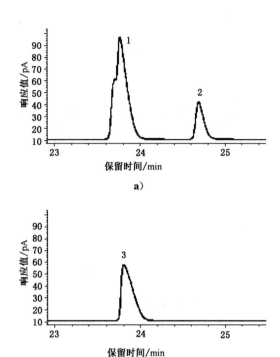

说明：
1——乙酸仲丁酯＋叔丁醇；
2——正丁醇；
3——乙酸仲丁酯。
注：a）:0.1 min 阀开,4.0 min 阀关;b）:3.1 min 阀开,3.5 min 阀关。

图 A.6　乙酸仲丁酯测定干扰的消除

A.2.4　苯胺和 N-甲基苯胺

有些情况下,苯胺和 N-甲基苯胺在色谱柱 2 上未达基线分离。需要确定峰的准确归属或精确的色谱峰面积时,可以通过设定不同的切阀时间获得两者的精确的色谱峰面积。图 A.7 为不同切阀时间苯胺和 N-甲基苯胺的出峰情况。图 A.7a）为 0.1 min 电磁阀置于"开"、11.0 min 电磁阀置于"关"时苯胺和 N-甲基苯胺在色谱柱 2 上的分离情况,图 A.7b）为 0.1 min 电磁阀置于"开"、8.0 min 电磁阀置于"关"时的情况,此时苯胺进入色谱柱 2 出峰而 N-甲基苯胺未进入色谱柱 2,可以得到苯胺的准确的色谱峰面积。

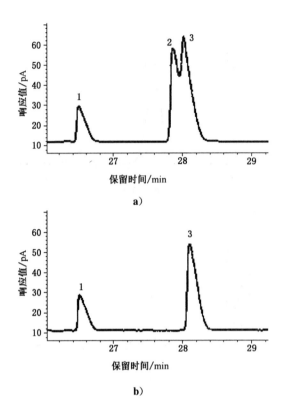

a）

b）

说明：

1——乙二醇二甲醚；

2——N-甲基苯胺；

3——苯胺。

注：a）：0.1 min 阀开，11.0 min 阀关；b）：0.1 min 阀开，8.0 min 阀关。

图 A.7　苯胺和 N-甲基苯胺不同的切阀时间在色谱柱 2 的出峰情况

ICS 75.140
E 42

中华人民共和国国家标准

GB/T 34097—2017

石油产品光安定性测定法

Test method for light stability of petroleum products

2017-07-31 发布

2018-02-01 实施

中华人民共和国国家质量监督检验检疫总局
中国国家标准化管理委员会 发布

前　言

本标准按照 GB/T 1.1—2009 给出的规则起草。

本标准由全国石油产品和润滑剂标准化技术委员会(SAC/TC 280)提出并归口。

本标准负责起草单位:中国石油化工股份有限公司抚顺石油化工研究院。

本标准参加起草单位:中国石油化工股份有限公司北京燕山分公司、中石化南阳能源化工有限公司、中国石油化工股份有限公司荆门分公司、中国石油化工股份有限公司茂名分公司、中国石油化工股份有限公司上海高桥分公司、中国石油化工股份有限公司济南分公司、中国石油天然气股份有限公司大庆炼化分公司、中国石油天然气股份有限公司大连石化分公司、中国石油天然气股份有限公司大庆石化分公司。

本标准起草人:赵彬、耿晨晨、凌凤香、王世珍、侯玉梅、钟东标、宁苏明、李化泽、郑荣、张波、祝维倩、颜平兴、王喜江、严益民。

石油产品光安定性测定法

警告——使用本标准的人员应有正规实验室工作的实践经验。本标准的使用可能涉及某些有危险的材料、设备和操作,本标准并未指出所有可能的安全问题。使用者有责任采取适当的安全和健康措施,并保证符合国家有关法规规定的条件。

1 范围

本标准规定了测定石油产品光安定性的仪器设备、试剂材料、试验步骤、数据处理和精密度等内容。

本标准适用于浅色的精制石油产品,包括石蜡、白油、液体石蜡、橡胶填充油、绝缘油、润滑油基础油和喷气燃料等,其光安定性测定范围为+30赛波特颜色号～-16赛波特颜色号。

本标准不适用于汽油、溶剂油、石脑油等轻质石油产品,以及柴油、润滑油等深色石油产品。

2 规范性引用文件

下列文件对于本文件的应用是必不可少的。凡是注日期的引用文件,仅注日期的版本适用于本文件。凡是不注日期的引用文件,其最新版本(包括所有的修改单)适用于本文件。

NB/SH/T 0905 石油产品颜色的测定 自动三刺激值法

3 术语和定义

下列术语和定义适用于本文件。

3.1

光安定性 light stability

在规定的条件下,石油产品抵抗紫外光照射而保持其性质不发生永久变化的能力,以赛波特颜色号表示。

3.2

赛波特颜色 saybolt color

一种经验尺度,表示透明石油产品的颜色,用 GB/T 3555 或 NB/SH/T 0905 测定,赛波特颜色号范围在-16(最深)到+30(最浅)之间。

[NB/SH/T 0905—2015,定义3.5]

4 原理

将盛满密封试样的试样皿置于光安定性测定仪恒温照射室中,在一定温度和紫外光强度下照射一定时间,然后用自动色度仪测定光照后试样的颜色,用赛波特颜色号表示试样的光安定性结果。

5 仪器设备

5.1 光安定性测定仪:包括带有数字显示的温度照度控制单元、紫外光照射加热单元以及试样恒温照射室。仪器温度控制范围 85.0 ℃～95.0 ℃,控温精度±1.0 ℃,显示精度 0.1 ℃;照射到试样表面的紫外光照度为 12.0 mW/cm²±0.3 mW/cm²。试样恒温照射室由铸铝材料制成,内部圆角,空气对流良好,便于控温,上部受光面采用对 365 nm 波长紫外光吸收小的石英玻璃板。仪器前部有玻璃看窗,便于观察试样照射情况。

5.2 紫外线高压汞灯:直管形,功率 375 W,紫外线波长 365 nm,灯管有效弧长 140 mm。

5.3 紫外辐射照度计:UV-A 型,UV-365 探头,波长范围 320 nm~400 nm,峰值波长 365 nm。紫外辐射照度计应定期送国家权威计量部门用高压汞灯光源校准 12 mW/cm² 附近照度值。紫外辐射照度计探测器材料的年变化率较大,频繁使用时其测量值更易产生漂移,如对其测量值产生怀疑应及时重新校准。

5.4 交流稳压电源:可调压,工作电压 220 V,功率不小于 2 kW,稳压精度不大于 1%。

5.5 自动色度仪:三刺激滤光片色度仪,用于测定试样赛波特颜色,符合 NB/SH/T 0905 要求,可加热至 99 ℃,能恒温。

5.6 计时器:秒表或其他计时装置。

5.7 试样皿:普通玻璃制,圆形平底,内径 40.0 mm±1.0 mm,外径不大于 44.0 mm,高 20.0 mm±0.5 mm,底厚 1.0 mm,壁厚 1.5 mm~2.0 mm,上口磨平,与石英玻璃片密封良好,盖上石英玻璃片后体积 22.0 mL~25.0 mL;试样皿上有不易擦掉的编号。

5.8 石英玻璃片:圆形,直径 55 mm±1 mm,厚 2.5 mm±0.2 mm。

5.9 石英比色皿:光程 100 mm。

5.10 烘箱:能加热至 90 ℃ 并恒温。

5.11 水浴:能加热至 90 ℃ 并恒温。

5.12 温度计:精度 0.5 ℃,范围 50 ℃~100 ℃ 或相当的温度计。

5.13 电子天平:精度 1 mg。

5.14 游标卡尺:分度 0.02 mm。

5.15 砂纸:240 号,或者粒度相近的砂纸。

5.16 烧杯:100 mL。

6 试剂和材料

6.1 清洗溶剂:正庚烷或异辛烷,或者其他常用清洗溶剂,分析纯。

6.2 质控样品:已知准确光安定性结果的样品。可将典型样品严格按标准操作,在规定条件下的仪器上至少测试 20 次,计算光安定性结果的平均值得到,或者购买相应的商品。质控样品应选择均匀、性质稳定的样品,并确保具有足够的数量。

6.3 无绒滤纸。

6.4 擦镜纸。

7 准备工作

7.1 试样皿和石英玻璃片的检验:新试样皿和石英玻璃片投入使用前,用游标卡尺检查其尺寸是否符合 5.7 和 5.8 要求,试样皿磨口是否平整,与石英玻璃片密封是否良好。将试样皿装满水,盖上石英玻璃片,不得有气泡,称量其装水前后的质量,将水的体积作为试样皿的体积,此体积应符合 5.7 体积要求。如果试样皿上口不平整,可在已放置在平面上的砂纸上打磨。

7.2 质量控制:根据仪器稳定性和使用频率定期(如每 20 个试样或每半个月一次)使用质控样品对试样测定结果进行质量控制;试验用的仪器设备、主要材料改变时也应使用质控样品进行质量控制。当质控样品测定结果与已知的结果之差大于 2 赛波特颜色号时,表明试验操作过程(如试样进入空气、试样光照后温度未稳定等)或仪器设备(光安定性测定仪、照度计、自动色度仪和试样皿等)可能有问题,应做进一步的分析研究。

8 试验步骤

8.1 按说明书做好自动色度仪的准备工作。

8.2 将洁净的试样皿、石英玻璃片和石英比色皿在烘箱中预热至 85 ℃±2 ℃。

8.3 将试样置于烧杯中,固体试样在 85 ℃±2 ℃水浴中加热熔化,液体试样在 85 ℃±2 ℃恒温。试样加热和恒温时间不应超过 1 h。

8.4 打开光安定性测定仪电源,按下汞灯触发键,点亮高压汞灯。

8.5 当仪器的恒温照射室温度达到 90.0 ℃±1.0 ℃,仪器显示照度值稳定后,将紫外辐射照度计探头水平置于试样皿槽内,快速检测光安定性测定仪照度值。按仪器说明书调节照度使之控制在 12.0 mW/cm² ±0.3 mW/cm² 范围内,照度值保持稳定 5 min 后即可装入试样。

8.6 从试样恒温照射室中取出试样皿架,将预热好的试样皿放在其上,向试样皿中注入试样,待试样将溢出时,迅速将预热好的石英玻璃片沿试样皿边推盖上,试样皿内应无气泡。立即将试样皿架放回恒温照射室中,并开始计时。

　　警告——紫外线伤害眼睛和皮肤,操作者在操作中应尽量避免紫外线的直接照射,尤其注意保护眼睛,应戴上紫外线防护眼镜。

8.7 在紫外光照射试样过程中,通过玻璃看窗观察恒温照射室内试样情况,如果发现试样皿中进入气泡、石英玻璃片脱落等试样与空气接触情况,则此试样作废。

8.8 紫外光照射试样 45 min±10 s 后,立即取出试样皿架。如果试样常温为固体,立即将其注入预热好的石英比色皿中,擦净比色皿表面,置于恒温温度为 85 ℃±2 ℃的自动色度仪样品室中,按仪器说明书测定试样的赛波特颜色,至少连续测定 3 次以上;如果试样常温为液体,将其注入石英比色皿中,擦净比色皿表面,放置至室温且无热波后,置于常温的自动色度仪样品室中,测定其赛波特颜色,至少连续测定 3 次以上。记录测得的连续读数。

9 试验数据处理

9.1 将自动色度仪连续测得的 3 个差值不超过 1 个赛波特颜色号的读数取平均值,修约至整数。

9.2 取平行测定两个试验结果中较小的结果(较深颜色)作为试样的光安定性试验结果,以赛波特颜色号表示。

10 精密度

10.1 重复性:在同一实验室,由同一操作者使用同一设备,按相同的测试方法,并在短时间内对同一试样相互独立进行测试,获得的两次独立测试结果之差不大于 1.5 赛波特颜色号,以大于此值的情况不超过 5%为前提。

10.2 再现性:在不同实验室,由不同的操作者使用不同的设备,按相同的测试方法,对同一试样相互独立进行测试,获得的两个独立测试结果之差不大于表 1 所列数值,以大于所列数值的情况不超过 5%为前提。

表 1　试验结果的再现性精密度

光安定性结果（赛波特颜色号）	再现性（赛波特颜色号）
+29	2.5
+25	2.9
+20	3.1
+15	3.3
+10	3.5
+5	3.6
0	3.7
−5	3.8
−10	3.9
−15	4.0

10.3 偏差：由于光安定性是通过定义一种方法而得到的，因此按本方法试验步骤得到的结果没有偏差。

11　试验报告

按 9.2 报告试样的光安定性试验结果；对于石蜡样品，用于判断其光安定性是否符合相应的产品标准时，按附录 A 报告。

附 录 A
（规范性附录）
石蜡样品试验结果的报告

对于石蜡样品的试验结果，用于判断其光安定性是否符合相应的产品标准时，按表 A.1 换算成相应的数值并报告。

表 A.1 石蜡样品光安定性试验结果的报告

测定值（赛波特颜色号）	换算值（号）	测定值（赛波特颜色号）	换算值（号）
＞＋30	0.5	＋7～＋5	6.0
＋30	1.0	＋4～＋2	6.5
＋29～＋28	1.5	＋1～－1	7.0
＋27～＋26	2.0	－2～－4	7.5
＋25	2.5	－5～－6	8.0
＋24	3.0	－7～－8	8.5
＋23～＋22	3.5	－9～－10	9.0
＋21～＋20	4.0	－11～－12	9.5
＋19～＋15	4.5	－13～－14	10.0
＋14～＋12	5.0	≤－15	＞10.0
＋11～＋8	5.5		

参 考 文 献

[1] GB/T 3555 石油产品赛波特颜色测定法(赛波特比色计法)

ICS 75.160.20
E 31

中华人民共和国国家标准

GB/T 34099—2017

残渣燃料油中铝、硅、钒、镍、铁、钠、钙、锌及磷含量的测定 电感耦合等离子发射光谱法

Determination of aluminium, silicon, vanadium, nickel, iron,
sodium, calcium, zinc and phosphorus in residual fuel oil—
Inductively coupled plasma emission spectrometry method

2017-07-31 发布

2018-02-01 实施

中华人民共和国国家质量监督检验检疫总局
中国国家标准化管理委员会　发布

前　言

本标准按照 GB/T 1.1—2009 给出的规则起草。

本标准由全国石油产品和润滑剂标准化技术委员会(SAC/TC 280)提出并归口。

本标准起草单位:中国石油化工股份有限公司石油化工科学研究院。

本标准主要起草人:颜景杰、薛艳。

残渣燃料油中铝、硅、钒、镍、铁、钠、钙、锌及磷含量的测定 电感耦合等离子发射光谱法

警示——使用本标准的人员应有正规实验室工作的实践经验。本标准的使用可能涉及某些有危险的材料、设备和操作,本标准并未指出所有可能的安全问题。使用者有责任采取适当的安全和健康措施,并保证符合国家有关法规规定的条件。

1 范围

本标准规定了用电感耦合等离子体发射光谱仪测定残渣燃料油中铝、硅、钒、铁、镍、钠、钙、锌及磷含量的分析方法。

本标准适用于残渣燃料油,各种元素的测定范围详见表1。

表 1 测定范围

元素	质量分数范围/(mg/kg)
Al	5～150
Si	10～250
V	1～400
Ni	1～100
Fe	2～60
Na	1～100
Ca	3～100
Zn	1～70
P	1～60

若残渣燃料油中的硫质量分数大于0.3%,则在样品预处理时不需加硫磺作为灰化助剂。第10章中的精密度数据是由硫质量分数大于0.3%的燃料油得出的。

残渣燃料油中的铝和硅含量之间具有一定的关联性,根据铝或硅的含量或者根据两种元素的含量可以估计残渣燃料油中催化剂粉末的含量。

2 规范性引用文件

下列文件对于本文件的应用是必不可少的。凡是注日期的引用文件,仅注日期的版本适用于本文件。凡是不注日期的引用文件,其最新版本(包括所有的修改单)适用于本文件。

GB/T 4756　石油液体手工取样法

GB/T 6682—2008　分析实验室用水规格和试验方法

GB/T 12804—2011　实验室玻璃仪器　量筒

GB/T 12806—2011　实验室玻璃仪器　单标线容量瓶

GB/T 12807—1991　实验室玻璃仪器　分度吸量管

GB/T 12808—2015　实验室玻璃仪器　单标线吸量管

GB/T 15724—2008　实验室玻璃仪器　烧杯

GB/T 27867　石油液体管线自动取样法

3　方法概要

将已知质量的试样经加热、点燃及燃烧后得到碳质残余物,残余物用马弗炉烧去残炭后得到灰分。灰分用四硼酸二锂—氟化锂助熔剂熔融,熔融混合物再用酒石酸—盐酸混合溶液溶解,最后用水稀释至一定体积。将得到的水溶液用电感耦合等离子体发射光谱仪进行测定,通过比较试样测试液与标准溶液的待测元素共振线的发射强度,得到各种待测元素的浓度,进而计算得到试样中各种元素的含量。

4　仪器

4.1　概述:本标准所用仪器及设备的说明详见 4.2~4.16。所有的铂皿及玻璃容器都要求无钠,使用前需用热盐酸溶液(5.8)仔细清洗,然后用去离子水彻底冲洗。

4.2　电感耦合等离子体发射光谱仪:任何顺序扫描或全谱直读的电感耦合等离子体发射光谱仪均可使用。

4.3　铂坩埚:容量为 100 mL,内径不小于 70 mm,用熔融的硫酸氢钾(5.2)进行清洗。

注:推荐的清洗方法如下:将 5 g 硫酸氢钾置于铂坩埚中,在马弗炉内加热到 525 ℃±25 ℃或在本生灯上加热
　　5 min。冷却后用去离子水彻底冲洗,干燥后备用。

4.4　锆坩埚:容量为 30 mL~50 mL,带有相同材质的盖子。

4.5　搅拌器:非充气式的高速剪切型。

4.6　烘箱:能够将温度控制在 50 ℃~60 ℃。

4.7　马弗炉:可实现恒温 525 ℃±25 ℃及 925 ℃±25 ℃。炉子的正面和背面最好有些小孔,以便使干燥的空气慢速通过。确保耐火壁完好,没有松散的颗粒。

4.8　电加热板:带或不带磁力搅拌功能。

4.9　容量瓶:100 mL 及 1 000 mL,符合 GB/T 12806—2011 的 A 级要求。

4.10　移液管:1 mL、2 mL、5 mL、10 mL、20 mL 和 25 mL,符合 GB/T 12808—2015 的 A 级要求。

4.11　移液管:1 mL 及 2 mL,分度值为 0.1 mL,符合 GB/T 12807—1991 要求。

4.12　量筒:10 mL、25 mL、50 mL 和 100 mL,符合 GB/T 12804—2011 要求。

4.13　烧杯:400 mL,符合 GB/T 15724—2008 要求。

4.14　滤纸:无灰定量滤纸,最大灰分质量分数不超过 0.01%。

4.15　塑料瓶:100 mL 及 1 000 mL,适合长期储存稀酸溶液。

4.16　分析天平:感量为 0.2 mg。

5　试剂和材料

5.1　概述

所用试剂均为分析纯或更高纯度。试验用水至少应符合 GB/T 6682—2008 规定的三级水要求。

5.2 硫酸氢钾（KHSO₄）

固体。

5.3 灰化助剂

硫磺,纯度优于质量分数 99.9％。

5.4 异丙醇

5.5 甲苯

5.6 甲苯-异丙醇混合物

甲苯与异丙醇体积比为 1∶1。

5.7 盐酸

质量分数为 36％。

5.8 盐酸溶液(1∶1)

盐酸(5.7)与水体积比为 1∶1。

5.9 盐酸溶液(1∶2)

盐酸(5.7)与水体积比为 1∶2。

5.10 四硼酸二锂

5.11 氟化锂

5.12 助熔剂

质量分数为 90％四硼酸二锂(5.10)与质量分数为 10％氟化锂(5.11)的混合物。

5.13 酒石酸

5.14 酒石酸-盐酸混合溶液

将约 5 g 的酒石酸(5.13)溶解于约 500 mL 经 40 mL 盐酸(5.7)酸化的水中,再用水稀释至 1 000 mL。

5.15 硝酸

质量分数为 70％。

5.16 硝酸溶液(1＋1)

硝酸(5.15)与水体积比为 1∶1。

5.17 标准溶液的制备

5.17.1 铝标准溶液:可以使用市售的 1 000 mg/L 铝标准溶液或者按照 5.17.2 制备。

5.17.2 铝标准溶液的制备:称取 1.000 g±0.001 g 金属铝丝(质量分数＞99.9％)于 400 mL 烧杯

(4.13)中,加入 50 mL 浓盐酸(5.7),加热溶解。冷却后,将溶液转移至 1 000 mL 容量瓶(4.9)中,用水稀释至刻度,得到 1 000 mg/L 铝标准溶液。

5.17.3 硅标准溶液:可以使用市售的 1 000 mg/L 硅标准溶液或者按照 5.17.4 制备。

5.17.4 硅标准溶液的制备:称取 2.140 g±0.001 g 纯度优于 99.99%的二氧化硅和 8 g 氢氧化钠于带密封盖的锆坩埚(4.4)内,进行熔融,加热时要控制电炉炉丝呈暗红色,直到熔融物变成清澈液体。冷却后将已呈固态的熔融物放入 400 mL 烧杯中,加入 100 mL 盐酸溶液(5.9)进行溶解。冷却后将溶液转移至 1 000 mL 容量瓶中(4.9),用水稀释至刻度,得到 1 000 mg/L 硅标准溶液,然后立即转移至 1 000 mL 塑料瓶(4.15)内以便长期保存。

5.17.5 钒标准溶液:可以使用市售的 1 000 mg/L 钒标准溶液或者按照 5.17.6 制备。

5.17.6 钒标准溶液的制备:称取 1.000 g±0.001 g 金属钒(质量分数＞99.9%)于 400 mL 烧杯(4.13)中,加入 40 mL 硝酸溶液(5.16),缓慢加热溶解。冷却后,将溶液转移至 1 000 mL 容量瓶(4.9)中,用水稀释至刻度,得到 1 000 mg/L 钒标准溶液。

5.17.7 镍标准溶液:可以使用市售的 1 000 mg/L 镍标准溶液或者按照 5.17.8 制备。

5.17.8 镍标准溶液的制备:称取 1.000 g±0.001 g 金属镍(质量分数＞99.9%)于 400 mL 烧杯(4.13)中,加入 40 mL 硝酸溶液(5.16),缓慢加热溶解。冷却后,将溶液转移至 1 000 mL 容量瓶(4.9)中,用水稀释至刻度,得到 1 000 mg/L 镍标准溶液。

5.17.9 铁标准溶液:可以使用市售的 1 000 mg/L 铁标准溶液或者按照 5.17.10 制备。

5.17.10 铁标准溶液的制备:称取 1.000 g±0.001 g 金属铁(质量分数＞99.9%)于 400 mL 烧杯(4.13)中,加入 40 mL 盐酸溶液(5.8),缓慢加热溶解。冷却后,将溶液转移至 1 000 mL 容量瓶(4.9)中,用水稀释至刻度,得到 1 000 mg/L 铁标准溶液。

5.17.11 钠标准溶液:可以使用市售的 1 000 mg/L 钠标准溶液或者按照 5.17.12 制备。

5.17.12 钠标准溶液的制备:称取 2.542 g±0.001 g 氯化钠($NaCl$)于 400 mL 烧杯(4.13)中,用水溶解。将溶液转移至 1 000 mL 容量瓶(4.9)中,用水稀释至刻度,得到 1 000 mg/L 钠标准溶液。

5.17.13 钙标准溶液:可以使用市售的 1 000 mg/L 钙标准溶液或者按照 5.17.14 制备。

5.17.14 钙标准溶液的制备:称取 2.498 g±0.001 g 碳酸钙($CaCO_3$)于 400 mL 烧杯(4.13)中,加入 100 mL 水并滴加 10 mL 盐酸溶液(5.8)进行溶解。将溶液转移至 1 000 mL 容量瓶(4.9)中,用水稀释至刻度,得到 1 000 mg/L 钙标准溶液。

5.17.15 锌标准溶液:可以使用市售的 1 000 mg/L 锌标准溶液或者按照 5.17.16 制备。

5.17.16 锌标准溶液的制备:称取 1.000 g±0.001 g 金属锌(质量分数＞99.9%)于 400 mL 烧杯(4.13)中,用少量的盐酸溶液(5.8)溶解。将溶液转移至 1 000 mL 容量瓶(4.9)中,用水稀释至刻度,得到 1 000 mg/L 锌标准溶液。

5.17.17 磷标准溶液:可以使用市售的 1 000 mg/L 磷标准溶液或者按照 5.17.18 制备。

5.17.18 磷标准溶液的制备:称取 4.264 g±0.001 g 磷酸氢二铵$[(NH_4)_2HPO_4]$于 400 mL 烧杯(4.13)中,用水溶解。将溶液转移至 1 000 mL 容量瓶(4.9)中,用水稀释至刻度,得到 1 000 mg/L 磷标准溶液。

6 取样

6.1 除特殊说明外,所有的实验室样品均需按照 GB/T 4756 或 GB/T 27867 方法采集得到。

6.2 将实验室样品在原容器中彻底混合均匀后再取试样。样品混合方法如下:将盛样容器放在温度为 50 ℃～60 ℃的烘箱(4.6)内加热至样品完全液化并达到均一黏度为止。将搅拌器(4.5)棒插入到盛样容器中,搅拌棒插入深度应使棒头距容器底部约为 5 mm,搅拌样品约 5 min。

> 注:如果不按此程序均化样品,所得结果将无效。

7 试验步骤

7.1 取样量

称取 20 g～50 g 充分混合后的样品(6.2)作为试样,以得到 5 mg～50 mg 的灰分为宜。

取样量的多少取决于灰分的多少。若待测元素中的任一元素含量超出工作曲线浓度范围,则应将试液稀释后重新测定该元素的含量。可根据稀释倍数选用容量瓶(4.9)和移液管(4.10 或 4.11)。

7.2 试样溶液的准备

7.2.1 实验室样品充分混合后,立即移取试样于已称重的铂坩埚(4.3)中,然后称量坩埚及试样总重,精确至 0.1 g,得到待测试样的质量。

7.2.2 若样品中硫质量分数低于 0.3%,需在铂坩埚中加入 0.3 g 的灰化助剂硫磺(5.3),并将硫磺尽可能均匀地撒在试样上部。

若只测铝、硅及铁元素,或者已知灰化助剂对样品空白影响不大,可直接进行 7.5 步骤。若不清楚灰化助剂对空白值的影响,或者需要测定钒、镍、钠、钙、锌及磷元素,则需要将灰化助剂作为空白样进行测试。

7.2.3 将盛样的铂坩埚置于电炉上,缓缓加热直到把试样点燃。保持加热温度以使试样中的可燃组分全部烧掉,只剩下残炭及灰分。

注:若试样中含有大量水分,炭化时会因鼓泡现象导致样品部分损失。

若发生鼓泡现象,应废弃该试样,重新取样,并在新试样中加入 1 mL～2 mL 异丙醇(5.4)后再进行加热。若鼓泡现象仍未消失,应加入 10 mL 甲苯-异丙醇混合液(5.6)于试样中并混合均匀,再放入一些条状无灰滤纸(4.14)于混合物中,缓慢加热。

注:当纸条开始燃烧时,大部分水分已被脱除。

7.2.4 将炭化后的铂坩埚放入 525 ℃±25 ℃的马弗炉(4.7)内,确保坩埚中的灰分不受马弗炉内壁中难熔物的污染,因为这种污染将影响硅的测定结果。恒温加热直到炭被烧尽,仅剩下灰分。

注:这一步骤可能需要过夜。

7.2.5 取出铂坩埚冷却至室温,加入 0.4 g 助熔剂(5.12)并使与灰分混合。再将铂坩埚放入已预热到 925 ℃±25 ℃的马弗炉内 5 min。取出,确保助熔剂与灰分已充分接触,再将铂坩埚放入马弗炉内,在 925 ℃±25 ℃下加热 10 min。

7.2.6 取出铂坩埚,待熔融物冷却至室温后,加入 50 mL 酒石酸-盐酸混合溶液(5.14),将铂坩埚放在电热板(4.8)上,在确保不沸腾的情况下缓慢加热至熔融物全部溶解。

注1:过度蒸发溶液可能会生成难溶的硅沉淀。

注2:为了完全溶解熔融物,需要延长加热时间,可采用磁力搅拌器或摇动的方法加速溶解过程。

7.2.7 溶液冷却后转移到 100 mL 容量瓶(4.9)中,用去离子水清洗铂坩埚数次确保试样全部转移,然后用水稀释至刻度,将定容后的溶液转移到 100 mL 塑料瓶(4.15)中。

注:因稀酸溶液中含有四氟硼酸(来自助熔剂),所以需将溶液转移到塑料瓶中。但储存试验表明,一周内该溶液对玻璃器具无侵蚀作用,并且溶液中含有的游离氟化物离子质量浓度小于 5 mg/L。

7.3 空白溶液的配制

在 100 mL 容量瓶中,加入 0.4 g 助熔剂(5.12)和 50 mL 酒石酸-盐酸混合溶液(5.14),用水稀释至 100 mL,混匀后立即转移到 100 mL 塑料瓶(4.15)内。

7.4 标准校正溶液的配制

7.4.1 铝、硅、钒、镍、铁、钠、钙、锌和磷标准校正溶液：取 25 mL 质量浓度为 1 000 mg/L 的标准溶液(5.17.1、5.17.3、5.17.5、5.17.7、5.17.9、5.17.11、5.17.13、5.17.15 及 5.17.17)到 100 mL 容量瓶中，用水稀释到刻度，得到质量浓度为 250 mg/L 的标准标液。再取 36 个洁净的 100 mL 容量瓶，分别加入 0.4 g 助熔剂(5.12)和 50 mL 酒石酸-盐酸混合溶液(5.14)；向其中 4 个容量瓶中，分别加入 2 mL、4 mL、10 mL 和 20 mL 质量浓度为 250 mg/L 的铝标准溶液，并用水稀释到刻度，得到四种铝标准校正溶液，质量浓度分别为 5 mg/L、10 mg/L、25 mg/L 和 50 mg/L；向另外 4 个容量瓶中分别加入 2 mL、4 mL、10 mL 和 20 mL 质量浓度为 250 mg/L 的硅标准溶液，并用水稀释到刻度，得到四种硅标准校正溶液。采用相同的方法，得到其他元素(钒、镍、铁、钠、钙、锌和磷)的标准校正溶液。

> 注：各种元素(铝、硅、钒、镍、铁、钠、钙、锌和磷共 9 种)的系列标准溶液的质量浓度均包括 5 mg/L、10 mg/L、25 mg/L 和 50 mg/L。

7.4.2 储存：将所有的标准校正溶液转移到 100 mL 塑料瓶中(4.15)保存。

当铝、硅、钒、镍、铁、钠、钙、锌和磷元素同时测定时，从 5 mg/L 到 50 mg/L 的每种元素的标准校正溶液可合并使用，只要保证 5.17.1～5.17.18 中制备的标准溶液间无所用试剂不匹配情况，或在一定浓度范围内的其他元素对被测元素只能造成空白级别的干扰。

7.5 光谱仪操作条件

7.5.1 总则：按照仪器说明书操作电感耦合等离子体发射光谱仪、设定仪器的工作参数。

> 注：由于不同仪器在设计上、ICP 激发源及所选分析波长方面存在差异，较难详细规定所需的操作条件。表 2 中提供的波长仅供用户参考，用户可根据所用仪器及样品情况考察选用其他合适的波长进行测定。

表 2 元素波长

元素	推荐波长/nm	其他波长/nm
Al	396.15	167.01
Si	251.61	288.15
Na	589.59	588.99
V	292.40	209.88/292.46/309.31/311.07
Ni	231.60	221.68/232.00
Fe	259.94	
Ca	317.93	393.36/422.67
Zn	213.86	
P	214.91	213.61/178.22
注：表中提供的波长仅供用户参考，用户可根据所用仪器及样品情况考察选用其他合适的波长进行测定。		

7.5.2 蠕动泵：如果使用蠕动泵，每天开机前要检查泵管，查看是否需要更换。校验溶液的吸入速率，并调到合适值。

7.5.3 ICP 激发源：进行分析前，ICP 激发源应稳定 30 min 以上。在此预热期间，导入蒸馏水或去离子水到等离子火炬中。

> 注：某些制造商可能推荐更长的预热时间。

7.5.4 元素谱图：在仪器正常操作条件下，按要求测定被测元素谱图。

7.5.5 操作参数：为了能够测定所需的元素，需给仪器设定合适的操作参数，主要包括：元素、波长、背景校正点、内标元素校正点、积分时间和三次连续重复积分。

7.5.6 标准曲线：在每批样品测试之前，利用空白溶液及标准工作溶液建立一个五点工作曲线。

初次使用该测试方法时，需利用空白溶液及标准工作溶液检查仪器的线性。若仪器在整个工作曲线范围内都呈线性，可以采用两点校正（空白和最高浓度）。或者，可以采用三点校正（空白、中间浓度及最高浓度）。若线性不好，可采用多点校正。

7.5.7 待测溶液的分析：在与标准溶液相同的条件下分析待测溶液（如，相同的积分时间，背景校正，等离子体条件等）。每分析完一个试样都要用蒸馏水或去离子水喷雾冲洗炬管至少 10 s。

若发现试样溶液中某些元素的浓度超出标准校正溶液的质量浓度范围，需要用空白溶液（7.3）进行稀释，以使试样溶液的浓度在标准校正溶液的质量浓度范围内。

注：可根据稀释倍数选用容量瓶（4.9）和移液管（4.10 或 4.11）。

每分析完 5 个试样，需要用标准校正溶液（任意一个）校正一次，若发现某一元素的质量浓度超出已知值的 5%，需要对仪器进行必要的调整，然后进行重新校正。

8 结果计算

用式（1）计算试样中各种元素（铝、硅、钒、镍、铁、钠、钙、锌和磷）的含量 E（mg/kg）：

$$E = \frac{100cd}{m} \quad\quad\quad\quad\quad\quad\quad\quad\cdots\cdots\cdots\cdots\cdots\cdots\cdots\cdots\cdots（1）$$

式中：

c ——试样溶液中各种待测元素的质量浓度，由校准曲线得到或直接读出，单位为毫克每升（mg/L）；

d ——稀释因子，为使试样溶液质量浓度落在校正溶液浓度范围内需要稀释的体积倍数；

m ——称取试样的质量，单位为克（g）；

100——稀释体积。

各种元素含量的测定结果应精确至 1 mg/kg。

9 精密度

9.1 概述

按下述规定判断试验结果的可靠性（95% 置信水平）。

在 9.2 及 9.3 中，除铝和硅外的其他元素的精密度数据通过 IP 367 统计得到，铝和硅的精密度数据由 IP 377 得到。

9.2 重复性

同一操作者，在同一实验室，使用同一仪器，对同一试样进行测定，所得连续两个重复测定结果之差值，不应大于表 3 重复性数值。

9.3 再现性

不同操作者，不同实验室，使用不同仪器，对同一试样按照试验方法进行正确的操作，所得的两个单一独立的试验结果之差不应大于表 3 再现性数值。

表 3　精密度表

元素	重复性/(mg/kg)	再现性/(mg/kg)
Al	$0.066\ 0x$	$0.337x$
Si	$0.064\ 3x$	$0.332x$
V	$0.654\ 9x^{0.6}$	$1.679\ 9x^{0.6}$
Ni	$0.815\ 3x^{0.55}$	$1.681\ 4x^{0.55}$
Fe	$0.635\ 8x^{0.55}$	$0.937\ 6x^{0.55}$
Na	$0.537\ 4x^{0.55}$	$1.066\ 7x^{0.55}$
Ca	$0.373\ 4x^{0.65}$	$0.644\ 0x^{0.65}$
Zn	$0.329\ 5x^{0.7}$	$0.508\ 2x^{0.7}$
P	$0.600\ 8x^{0.55}$	$1.276\ 5x^{0.55}$
其中 x 为所比较两个试验结果的平均值,单位为毫克每千克。		

表 4 为按表 3 计算得到的本方法的精密度数据典型值。

表 4　精密度典型值

元素含量/(mg/kg)	重复性/(mg/kg)							再现性/(mg/kg)						
	V	Ni	Fe	Na	Ca	Zn	P	V	Ni	Fe	Na	Ca	Zn	P
1	0.65	0.82	0.64	0.54	0.37	0.33	0.60	1.68	1.68	0.94	1.07	0.64	0.51	1.28
10	2.61	2.89	2.26	1.91	1.67	1.65	2.13	6.69	5.97	3.33	3.78	2.88	2.55	4.53
50	6.85	7.01	5.47	4.62	4.75	5.09	5.17	17.57	14.46	8.06	9.17	8.19	7.86	10.97
100	10.38	10.26		6.47	7.45			26.62	21.17		13.43	12.85		
200	15.73							40.36						
300	20.07							51.47						
400	23.85							61.17						

10　试验报告

报告应包括以下内容:

a)　引用本标准;

b)　被测产品的详细说明;

c)　试验结果(见第 8 章);

d)　试验日期。

参 考 文 献

［1］ IP 367 Petroleum products—Determination and application of precision data in relation to methods of test

［2］ IP 377 Petroleum products—Determination of aluminium and silicon in fuel oils—Inductively coupled plasma emission and atomic absorption spectroscopy methods

ICS 75.080
E 30

中华人民共和国国家标准

GB/T 34100—2017

轻质烃及发动机燃料和其他油品
中总硫含量的测定　紫外荧光法

Test method for determination of total sulfur in light hydrocarbons, spark ignition
engine fuel , diesel engine fuel, and engine oil—Ultraviolet fluorescence method

2017-07-31 发布

2018-02-01 实施

中华人民共和国国家质量监督检验检疫总局
中国国家标准化管理委员会　发布

前　言

本标准按照 GB/T 1.1—2009 给出的规则起草。

本标准由全国石油产品和润滑剂标准化技术委员会(SAC/TC 280)提出并归口。

本标准起草单位:中国石油化工股份有限公司石油化工科学研究院。

本标准起草人:何沛、高萍。

引　言

　　在石油炼制过程中,即使原料中含有痕量硫化物都能造成某些加工用的催化剂中毒。本标准适用于测定加工原料及产品中的硫含量,也可用于中间产品控制分析中硫含量的测定。

轻质烃及发动机燃料和其他油品
中总硫含量的测定　紫外荧光法

警示——使用本标准的人员应有正规实验室工作的实践经验。本标准的使用可能涉及某些有危险的材料、设备和操作,本标准并未指出所有可能的安全问题。使用者有责任采取适当的安全和健康措施,并保证符合国家有关法规规定的条件。

1　范围

本标准规定了采用紫外荧光法测定轻质烃及发动机燃料和其他油品中总硫含量的方法。

本标准适用于测定沸点范围在 25 ℃~400 ℃之间,室温下运动黏度在 0.2 mm²/s ~20 mm²/s 之间液体烃中总硫含量,包括石脑油、馏分油、发动机油、乙醇、脂肪酸甲酯(FAME)及发动机燃料,如:汽油、含氧汽油(乙醇调合油、E-85、M-85)、柴油、生物柴油、生物柴油调合燃料和喷气燃料。总硫含量测定范围在 1.0 mg/kg~8 000 mg/kg 之间。

本标准适用于测定卤素含量不大于 100 mg/kg 液体烃中总硫含量。

注:若硫含量较低,而氮含量较高时,氮含量对硫含量测定结果有影响。

2　规范性引用文件

下列文件对于本文件的应用是必不可少的。凡是注日期的引用文件,仅注日期的版本适用于本文件。凡是不注日期的引用文件,其最新版本(包括所有的修改单)适用于本文件。

GB/T 1884　原油和液体石油产品密度实验室测定法(密度计法)

GB/T 1885　石油计量表

GB/T 4756　石油液体手工取样法

GB/T 27867　石油液体管线自动取样法

GB/T 29617　数字密度计测定液体密度、相对密度和 API 比重的试验方法

SH/T 0604　原油和石油产品密度测定法(U 形振动管法)

3　方法概要

可使用注射器将试样直接注射到高温燃烧管中;也可以将试样注射到样品舟中,再将舟推入到高温燃烧管中。在高温、富氧条件下,试样中的硫氧化生成二氧化硫(SO_2)。试样燃烧后生成的气体先通过除水装置脱除气体中的水,然后经紫外(UV)灯照射,二氧化硫(SO_2)吸收紫外光的能量,转化为激发态的二氧化硫(SO_2^*)。二氧化硫(SO_2)从激发态返回到基态时所发射出的荧光,被光电倍增管检测,由所得信号值计算出试样的硫含量。

警告——暴露在过量的紫外光下对身体有害。操作者应避免人体任何部位暴露在紫外灯及次级或散射的辐射光下,特别是眼睛。

4 仪器设备

4.1 燃烧炉

用电加热炉控制温度(1 075 ℃ ±25 ℃),所设温度应确保全部试样热裂解,且将试样中的硫氧化为二氧化硫。

4.2 燃烧管

石英材质,可使用注射器直接进样方式和舟进样方式两种结构的石英管。注射器直接进样方式是用注射器直接将试样注射到高温氧化区;舟进样方式是将试样注入到进样舟内,再用进样器将其推至进样管的末端。燃烧管侧臂应有氧气和载气入口管。燃烧管的氧化区要足够大(见图1),以确保试样完全氧化燃烧。图1为常用燃烧管结构示意图。也可使用精密度能达到方法要求的其他结构石英管。

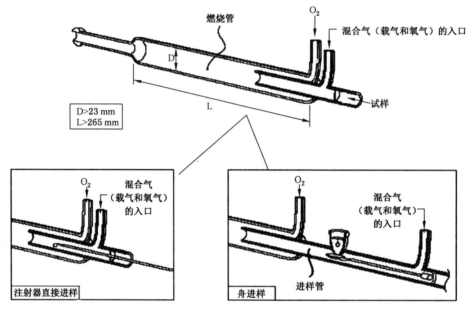

图 1 常用石英燃烧管的结构

4.3 流量控制器

为保证氧气和载气流速稳定,仪器应安装气体流量控制器。

4.4 干燥管

试样氧化燃烧生成气中含有水蒸气,在进入检测器前应除去。可采用膜式干燥管或渗透式干燥管,主要是利用膜对水的选择性透过而达到除水目的。

4.5 紫外(UV)荧光检测器

定性、定量的检测器。测量被紫外灯照射后形成的激发态二氧化硫回到基态时所发射的荧光信号。

4.6 微量注射器

可选用 10 μL、25 μL、50 μL、100 μL 的注射器。注射器针头长 50 mm±5 mm。

4.7 进样系统

4.7.1 有下列两种进样系统可供选择。

4.7.2 注射器直接进样系统:用进样器将注射器中的试样以约 1 μL/s 的恒定速度注射到石英管的载气流中,气化后的试样随载气进入氧化区。进样器的速度是可控制和可重复的。见图 2。

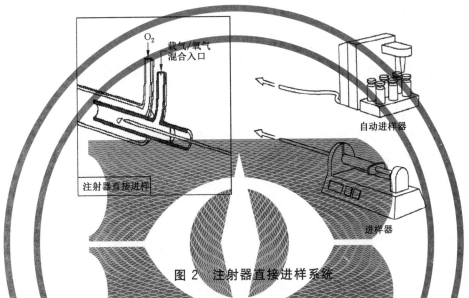

图 2 注射器直接进样系统

4.7.3 舟进样系统:进样舟和燃烧管均为石英材质。见图 3,进样管插入到燃烧管内,连接处密闭不漏气,并且进样管的前端有载气入口。进样器能将进样舟完全推入至炉子入口最热的区域,也可以将其从燃烧管中拉出。从高温区拉出的进样舟退至进样口处,此处有冷却装置,可使进样舟完全冷却。进样舟完全冷却后可以进行下一次样品的测定。进样器的速度是可控和可重复的。

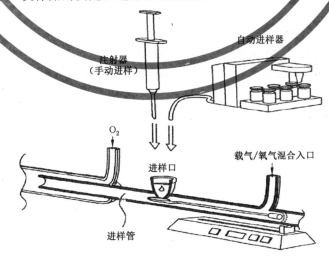

图 3 舟进样系统

4.8 制冷模块

用于舟进样方式,要求冷却温度达到 4 ℃。可选用电子制冷器,也可选用冷却套管。冷却套管需要在进样管的外层加一层石英套管,冷却液在套管内循环,以达到冷却进样舟的目的。

4.9 记录仪(可选件)

4.10 天平(可选件)

感量为 ±0.01 mg。

5 试剂和材料

5.1 试剂纯度:试验过程中所使用的试剂均为分析纯,在不降低测定结果精度的前提下,可使用其他纯度的试剂。

5.2 载气:氩气或氦气,高纯,纯度≥99.998%,水含量≤5 mg/kg。

5.3 氧气:高纯,纯度≥99.75%,水含量≤5 mg/kg,可用分子筛干燥。

> **警告——氧气能加剧燃烧。**

> 注:样品能充分燃烧,且测量精密度没有降低情况下也可以选择使用其他种类的气体,如:空气。

5.4 溶剂:甲苯,二甲苯,异辛烷,或与待测样品组分相似的其他溶剂,用于配制标准溶液和稀释试样。如果溶剂硫含量远远低于试样的硫含量,则不需要对其进行空白校正,否则,需要进行空白校正。

> **警告——易燃。**

5.5 二苯并噻吩:相对分子质量 184.26,硫质量分数为 17.40%。

5.6 正丁基硫醚:相对分子质量 146.29,硫质量分数为 21.92%。

5.7 苯并噻吩:相对分子质量 134.20,硫质量分数为 23.90%。

> 注:对试剂纯度需进行校正。

5.8 石英毛。

5.9 硫标准溶液(母液):硫质量浓度 1 000 mg/L;准确称取约 0.574 8 g 二苯并噻吩(或 0.456 2 g 正丁基硫醚或 0.418 4 g 苯并噻吩)至 100 mL 容量瓶中,再用所选溶剂稀释至刻度。母液可进一步稀释至测定所需的各个浓度。

> 注 1:可根据母液使用频率和有效期,定期重新配制。一般情况下,母液有效期为 3 个月。

> 注 2:选用与待测样品组分相近或相匹配的标准溶液能减少注射器直接进样系统和舟进样系统之间测定结果的偏差。

> 注 3:如果校准用标准溶液采用质量比的方式进行配制和稀释,则计算测定结果时需考虑单位转换问题。

> 注 4:可购买市售的标准物质。

5.10 质量控制(QC)样品:稳定的、具有代表性的石油样品。用于验证整个试验过程的准确性,见第13 章。

6 取样

6.1 按 GB/T 4756 或 GB/T 27867 方法取样。某些样品中含有易挥发性的组分,所以测定前打开装样容器,取出样品后应尽快分析,以避免样品暴露或与样品容器接触造成硫的损失和污染。

> **警告——低于室温采取的样品,在室温时样品膨胀,甚至会损坏装样容器。因此采此类样品时,不要将样品装满容器,应在样品上方留有充分的膨胀空间。**

6.2 样品采到容器后,如果不立刻使用,则分析前需将样品在容器内充分地混合。

7 安全事项

本方法涉及高温,在燃烧炉附近使用易燃品时应特别小心。

8 仪器准备

8.1 按照仪器厂家提供的说明书安装仪器,并进行漏气检查。

8.2 根据进样方式,按仪器厂家提供的操作参数调节仪器,表1给出了典型操作条件。

表 1 典型操作条件

(注射器直接进样方式)注射器进样速度/(μL/s)	1
(舟进样方式)舟进样速度/(mm/min)	140～160
炉温/℃	1 075±25
氧气流量/(mL/min)	450～500
入口氧气流量/(mL/min)	10～30
入口载气流量/(mL/min)	130～160

8.3 按照仪器厂家的要求,调节仪器的灵敏度和基线稳定性,并进行仪器的空白校正。

9 校准

9.1 选择标准曲线范围和标准溶液浓度

根据待测样品的浓度,选择表2中推荐的校准曲线范围和标准溶液浓度。建立校准曲线用的标准溶液应包含了待测试样的浓度。在精密度能达到方法要求的前提下,也可用比给出的曲线范围更窄的浓度范围建立校准曲线;而且,每条曲线的标准溶液浓度和数量也是可以改变的。

9.2 清洗注射器

分析前,用试样反复冲洗微量注射器。如果液体柱内存有气泡,则需重新冲洗注射器,确保液体柱内无气泡后,再抽取试样。

9.3 称取标准溶液

9.3.1 参考表2选择进样体积,按以下两种方法之一读取进样量,再将定量的试样注射到燃烧管或进样舟内。

注1:操作条件选定后,所有待测样品的进样量也最好相同或相近,这可使燃烧的条件一致。

注2:如果样品能充分燃烧,测量精密度没有降低,也可以改变进样量。

表 2 硫校准曲线范围和标准溶液浓度

曲线 I		曲线 II		曲线 III	
硫质量浓度 /(mg/L)	进样体积 /μL	硫质量浓度 /(mg/L)	进样体积 /μL	硫质量浓度 /(mg/L)	进样体积 /μL
0.50		5.0		100	
1.0		25.0		500	
2.5	10～20	50.0	2～10	1 000	5
5.0		100			
10.0					

9.3.2 体积法。将试样充满注射器至所需刻度,回拉注射器的柱塞,吸入一段空气,使最低液面落至 10%刻度,记录注射器中液体体积。进样后,再回拉注射器,使最低液面落至 10%刻度,记录注射器中 液体体积,两次体积读数之差即为试样的进样体积。也可以使用全自动进样器进样。

9.3.3 重量法。按 9.3.2 所述方法用注射器抽取试样至所需体积,称量注射试样前、后注射器的质量, 其差值即为注射试样的质量。注射器的质量需要用感量为±0.01 mg 的天平称量。

9.4 注射标准溶液

9.4.1 用注射器取样后,应快速地将试样定量地注入到仪器中。试样的进样方式有两种可供选择。

9.4.2 注射器直接进样方式。采用 4.7.2 进样系统,小心地将注射器针头全部插入到燃烧管入口,并将 注射器放在进样器上。注射器针头内残留的试样在高温下气化、燃烧从而导致基线发生变化,此基线变 化产生的峰即为针头峰。待基线重新稳定后,立即开始进样分析,当仪器再次恢复到稳定的基线后,拔 出注射器。注射器直接进样方式测定硫含量的重要影响因素参见附录 A。

9.4.3 舟进样方式。采用 4.7.3 进样系统,慢慢地将注射器内的试样定量地注入到放有石英毛的进样 舟内,最后一滴试样也要转移到进样舟上。拔出注射器,立刻开始进样分析。分析前仪器的基线一直保 持平稳,当进样舟接近燃烧炉,试样气化,基线出现变化。在试样气化、燃烧后,基线又重新稳定,然后将 进样舟从炉子内拉回至进样前的位置。进样舟在冷却模块上至少停留 60 s,以使其完全冷却,然后再进 行下一个试样的测试。舟进样方式测定硫含量的重要影响因素参见附录 B。

注:为使试样能完全燃烧,可减慢进样舟进样速度或增加进样舟在炉内的停留时间。对于含有易挥发性硫的样品, 注射器直接进样方式操作比较容易,还可以改善样品燃烧效果。

9.4.4 进样舟所需的冷却程度和试样注射后硫检测器启动时间均与待测样品的挥发性有关。对于易 挥发性样品,进样前进样舟的冷却效果很重要。使用 4.8 中的制冷模块冷却进样舟或加长进样舟冷却 时间可使试样的挥发降至最低。

9.5 建立校准曲线

9.5.1 采用以下两种方法之一校准仪器。

9.5.2 按步骤 9.2～9.4 操作方法,测定空白溶液和每个校准用标准溶液,每种溶液分别重复测定三次。 每次测定标准溶液的积分响应值后都要减去空白溶液的平均积分响应值,最后得到校准用标准溶液的 平均积分响应值。绘制校准曲线图,y 轴为标准溶液的平均积分响应值,x 轴为注入的标准溶液中硫的 绝对量,单位为微克。曲线应是线性的,仪器使用时每天都需要用校准溶液检查系统性能至少一次,见 第 13 章。

注 1:注射浓度为 100 mg/L 的标准溶液 10 μL,相当于建立一个 1 000 ng 或 1.0 μg 的标准点。

注2：在不影响精密度和准确度的情况下，可使用其他技术建立标准曲线。

9.5.3 如果仪器具有自动校准功能，按步骤9.2～9.4中的操作方法，分别对每个空白溶液和校准用标准溶液重复测定三次，取三次结果的平均响应值校准仪器。如果需要进行空白校正（见5.4），但又不具备此功能的仪器，可按照仪器说明书校准仪器，从而得到硫含量，单位为微克。曲线应该是线性的，每天都需要用校准溶液检查系统性能至少一次，见第13章。

9.5.4 如果采用了不同于表2给出的方法建立曲线，则要选择与待测样品浓度最接近的几个浓度建立曲线；进行样品测定时，所用的进样体积也要与建立曲线所用进样体积一致。建立校准曲线是为了计算待测样品的硫含量。

10 试验步骤

10.1 称取试样

按第9章方法获取待测试样，试样的硫含量应在校正所用标准溶液浓度范围之内，即大于低浓度标准溶液，小于高浓度标准溶液。如有必要，试样可采用质量法或体积法进行稀释，以满足范围要求：
- ——质量稀释法（m/m）：记录试样的质量、试样和溶剂的总质量；
- ——体积稀释法（m/v）：记录试样的质量、试样和溶剂的总体积。

10.2 测定试样

按9.2～9.4所述方法，测定试样溶液的响应值。

10.3 检查燃烧效果

10.3.1 检查燃烧管和气体所经流路中的其他部件，以确保试样完全氧化燃烧。

10.3.2 直接进样系统：如果观察到有积炭生成，应减少试样进样量或降低进样速度，也可以同时采取这两种措施。

10.3.3 舟进样系统：如果发现进样舟上有积炭生成，应增加进样舟在炉内的停留时间。如果在燃烧管的出口端发现有积炭，应降低进样舟的进样速度或减少试样进样量，也可以同时采取这两种措施。

10.3.4 清除和再校准：按照仪器说明书，清除部件上的积炭。在清除、调节之后，重新安装仪器，并进行漏气检查。再次分析试样前，需重新校准仪器。

10.4 计算试样平均响应值

每个试样重复测定三次，并计算出平均响应值。

10.5 试样密度

按照GB/T 1884、GB/T 1885、GB/T 29617或SH/T 0604方法测定试样在被检测时室温下的密度。

11 结果计算

11.1 使用校准曲线进行校正的仪器，试样硫含量X（mg/kg）按式(1)或式(2)计算。

$$X = \frac{(I-Y) \times 1\,000}{S \times M \times K_g} \qquad\cdots\cdots\cdots\cdots\cdots\cdots(1)$$

或

$$X = \frac{(I - Y) \times 1\,000}{S \times V \times K_v} \qquad\qquad\cdots\cdots(2)$$

式中：

I　——试样平均积分响应值；

K_g　——质量稀释系数，即试样质量与试样加溶剂总质量的比值，单位为克每克(g/g)；

K_v　——体积稀释系数，即试样质量与试样加溶剂总体积的比值，单位为克每毫升(g/mL)；

M　——注射试样的质量，重量法或通过进样体积和密度计算得出，$V \times D$，单位为毫克(mg)；

D　——试样的密度，单位为克每毫升(g/mL)；

S　——标准曲线斜率，响应值/(μgS)；

V　——进样体积，体积法或通过质量和密度计算得到，M/D，单位为微升(μL)；

Y　——空白溶液的平均积分响应值；

$1\,000$——转换因子。由μg/mg转化为μg/g时的系数。

11.2　具有自动校正功能的仪器，试样中硫含量X(mg/kg)计算公式见式(3)和式(4)：

$$X = \frac{G \times 1\,000}{M \times K_g} \qquad\qquad\cdots\cdots(3)$$

或

$$X = \frac{G \times 1\,000}{V \times D} \qquad\qquad\cdots\cdots(4)$$

式中：

K_g　——质量稀释系数，即试样质量与试样加溶剂总质量的比值，单位为克每克(g/g)；

M　——注射试样的质量，直接称量或通过进样体积和密度计算得出，$V \times D$，单位为毫克(mg)；

V　——进样体积，体积法或通过质量和密度计算得到，M/D，单位为微升(μL)；

G　——试样中硫的质量，单位为微克(μg)；

D　——试样的密度，单位为克每毫升(g/mL)(未稀释试样)，或溶液浓度，单位为克每毫升(g/mL)(体积稀释法)；

$1\,000$——转换因子，由μg/mg转化为μg/g时的系数。

12　精密度

12.1　按下述规定判断试验结果的可靠性(95％置信水平)。

12.2　重复性(r)：同一操作者，在同一实验室，使用同一仪器，对同一试样进行测定所得两个重复测定结果之间的差值，不应超过式(5)和式(6)所得数值。

$$\text{小于 400 mg/kg：} r = 0.178\,8X^{0.75} \qquad\cdots\cdots(5)$$
$$\text{大于 400 mg/kg：} r = 0.029\,02X \qquad\cdots\cdots(6)$$

式中：

X——两次试验测定结果的平均值。

12.3　再现性(R)：不同操作者，在不同实验室，使用不同仪器，对同一试样进行测定，所得两个单一和独立的结果之差不应超过式(7)和式(8)所得数值。

$$\text{小于 400 mg/kg：} R = 0.579\,7X^{0.75} \qquad\cdots\cdots(7)$$
$$\text{大于 400 mg/kg：} R = 0.126\,7X \qquad\cdots\cdots(8)$$

式中：

X——两次试验测定结果的平均值。

12.4　试样硫含量低于400 mg/kg，按上述精密度估算实例见表3。

12.5 偏差:本方法的偏差是通过对已知硫含量的烃类标准物质(SRMs)进行研究得到的。对标准参考物质进行分析所得测试结果在本标准的重复性范围内。

表 3　重复性 *r* 和再现性 *R*

硫含量/(mg/kg)	*r*	*R*
1	0.2	0.6
5	0.6	1.9
10	1.0	3.3
50	3.4	10.9
100	5.7	18.3
400	16.0	51.9

13　质量保证和控制

13.1　在每次校准后需要进行质量控制(QC)样品(见5.10)分析;使用时,每天至少分析一次QC样品。分析QC样品是为了验证仪器性能及确定试验过程的准确性。

13.2　若实验室已建立了QC及质量保证(QA)程序,可用于确定测定结果的可靠性。

13.3　若实验室没有建立QC/QA程序,可参照附录C作为QC/QA评价系统。

14　试验报告

测定结果大于或等于10 mg/kg时,报告结果保留至1 mg/kg;测定结果小于10 mg/kg时,报告结果保留至0.1 mg/kg。

附 录 A
（资料性附录）
注射器直接进样方式测定烃类化合物中硫含量的重要影响因素

A.1 燃烧炉温度

燃烧炉温度设定为 1 075 ℃±25 ℃，并且在燃烧管的燃烧裂解区域内装填石英碎片。

A.2 注射时针头位置

应将针头全部插入至燃烧管入口温度最高区域。参见仪器厂商提供的说明书，确保针头能全部推入。

A.3 针头峰

试样被定量的取到注射器后，回抽注射器的柱塞，此时试样上层存有一段空气柱，此段空气柱约占注射器玻璃管上刻度的10％。将注射器针头全部插入到进样口内，当针头穿过进样口的进样垫时会引起基线波动，此时不要积分，等针头峰消失、基线回到初始状态后再开始积分。如有需要，在注射试样前，重新设置仪器的基线。

A.4 针头在燃烧炉中的停留时间

针头在炉子中的停留时间应与注射样品的时间保持一致。对于直接注射方式，建议等到试样分析完成，仪器基线回到初始位置时，再将针头拔出，否则针头应一直插在炉子中。

A.5 进样量

通常对于硫含量较低的试样需要使用较大的进样量。选定进样量后，还需要经常检查样品燃烧情况，观察是否有样品不完全燃烧的现象（即有积炭生成），不完全燃烧的产物（积炭）可能会存在于试样燃烧后所流经的各个地方。通过减缓样品注射速度，增加裂解氧气和入口氧气的流量，或综合考虑几种因素以确保试样燃烧完全，推荐的进样量见表 A.1。

表 A.1 推荐使用的进样量

硫质量浓度范围/(mg/kg)	进样量/μL
＜5	10～20
5～100	5～10
＞100	5

A.6　进样速度与频率

缓慢地将注射器内的试样注入燃烧管内,进样速度约为 1 μL/s,(如果采用 735 型进样器,可将速度档调节至 700～750 之间)。两次进样之间的间隔即进样频率与样品类型、注射的操作技术、注射速度和针头在炉子内的停留时间有关。建议两次进样间隔最少 3.5 min。

A.7　流路、漏气检查和背压

按照仪器厂商推荐的方法进行压力测试时(压力在 13.8 kPa～20.7 kPa 之间),气体样品流路应该无漏点。在正常操作条件下,流路的背压应该在 5.2 kPa～13.8 kPa 之间。

A.8　气体流速设定

仪器提供的气体应是连续、稳定的,并且流速是可控的,以确保试样能连续、完全地燃烧。见表 A.2。

表 A.2　气体流速设定——直接注射方式

典型气体流速	浮子流量计格	质量流量控制器(MFC)/(mL/min)
入口载气流速[a]	3.4～3.6	140～160
入口氧气流速	0.4～0.6	10～20
裂解氧气流速	3.8～4.2	450～500
[a]　载气可以使用氦气或氩气。		

A.9　膜式干燥器的净化

膜式干燥器主要用于除去试样燃烧后产生的水,而此部分水也要从膜式干燥器中去除。可以采用干燥剂方法,也可以采用辅助气法。干燥剂法是仪器循环气经过装有干燥剂的洗涤管洗涤后,再给膜式干燥器提供净化气体,当洗涤管内指示剂颜色由蓝色变为粉色时需要更换干燥剂。辅助气法是外接一路经干燥后的气体以吹扫膜干燥器,设定此气体流速为 200 mL/min～250 mL/min。

A.10　样品的均匀化和校准响应值

分析前将样品或标准溶液充分地混合,使其均匀。型号为 7000 的仪器,校准曲线上所用的最低硫含量的标准溶液,其响应值不能少于 2 000 到 3 000 计数值;型号为 9000 的仪器其响应值不能低于 200 到 300 计数值;或者响应值应大于 3 倍的基线噪音。校准曲线上最高硫含量的标准溶液,其响应值要低于检测器饱和点。一般情况下,7000 型仪器使用的最高响应值在 35 000 到 45 000 计数值;9000 型仪器要求不能出现平头峰。可以调节增益因子,光电倍增管(PMT)电压和样品量,或根据需要同时进行调节以满足响应值的要求。

A.11 基线稳定性

测试前,特别是分析硫含量较低的样品前,要保证仪器的基线是稳定的、无噪音的。对于固定增益的仪器,可以通过调节光电倍增管的电压以获得仪器最大的灵敏度,同时还要保持基线稳定和无噪音信号。9000 型仪器用户可以利用基线评估和峰的临界值功能降低基线的噪音。

A.12 校准用标准溶液和标准曲线的建立

用相对于样品中硫含量较低的或者不含硫的溶剂配制校准用标准溶液,同时还需要校正溶剂和溶质纯度引入的硫含量误差。校准曲线要包括待测样品的浓度。一般情况下,不要强迫校正曲线通过原点(0,0)。测定标准溶液后,会产生一条校正曲线,此曲线是线性的,且不超过检测器动态检测范围(校正系数达到 0.999。检测器动态范围在 1 个数量级到 2 个数量级之间,如 5.0 mg/kg 到 100 mg/kg)。建立曲线后,再通过计算,最后得到样品中以质量比表示的硫含量。

附　录　B
（资料性附录）
舟进样方式测定烃类化合物中硫含量的重要影响因素

B.1　燃烧炉温度

燃烧炉温度设定为 1 075 ℃±25 ℃，并且在燃烧管的燃烧裂解区域内装填石英碎片。

B.2　进样舟的通道

参照仪器说明书要求，在组装仪器时要注意确保整个进样舟全部都能放入到炉子入口区域。

B.3　进样舟的进样速度及试样在燃烧炉内停留时间

进样舟的进样速度为 140 mm/min～160 mm/min 之间（735 型进样器档位应设定为 700～750 之间）。为确保样品能完全地燃烧，可以再降低进样舟的进样速度，也可以增加进样舟在燃烧炉内停留时间。测定完毕后，需将进样舟从燃烧炉内全部的拉出。进样舟在燃烧炉内停留时间与样品的挥发性及被测样品硫含量有关。通常情况下，样品舟在燃烧炉内停留时间为 15 s～60 s 之间。

B.4　进样量

进样量与样品的硫含量有关。一般情况下，低硫含量的样品需要采用的进样量大。确定合适的进样量后，还需要经常检查样品燃烧情况，观察是否有样品不完全燃烧的现象（即有积炭生成），不完全燃烧的产物（积炭）可能会存在于试样燃烧后所流经的各个地方。控制积炭生成的方法是降低进样舟的速度、增加进样舟在燃烧炉内的停留时间或增加裂解氧气的流量，也可以同时调节几个条件。推荐使用的进样量见表 B.1。

表 B.1　推荐使用的进样量

硫质量浓度范围/(mg/kg)	进样量/μL
<5	10～20
5～100	5～10
>100	5

B.5　进样速度和进样频率

缓慢地将注射器内的试样注射到进样舟中（进样速度约为 1 μL/s），同时小心地排出最后一滴试样。建议在进样舟中放入石英毛或类似的物体，以帮助试样定量地转移到进样舟中。两次进样之间的间隔即进样频率与进样舟的进样速度、样品硫含量、进样舟在燃烧炉内的停留时间及放置进样舟的制冷模块的制冷能力有关。典型的注射频率是两次进样之间应至少间隔 2.5 min。

B.6 注射试样时进样舟的温度

试样被注射到进样舟前,应了解待测样品的挥发性;注射试样时,要保证进样舟已经降到室温或低于室温。两次注射试样之间,进样舟在冷却套或者冷却区域内停留时间不少于 1 min。当进样舟接近燃烧炉时,随着试样的挥发,某些硫化合物可能已经被检测,低于室温进样可以减少这种挥发。

B.7 流路、漏气检查和背压

按照仪器厂商推荐的方法进行压力测试时(压力在 13.8 kPa～20.7 kPa 之间),气体样品流路应无漏点。正常操作条件下,对于没有大气进入的系统,流路的背压应该在 5.2 kPa～13.8 kPa 之间。

B.8 气体流速设定

为确保试样能连续、完全地燃烧,则仪器提供的气体应是连续、稳定地,并且流速是可控的。见表 B.2。

表 B.2 气体流速设定——舟进样方式

典型气体流速	浮子流量计/格	质量流量计(MFC)/(mL/min)
入口载气流速[a]	3.4～3.6	130～160
入口氧气流速	0.4～0.6	10～20
裂解氧气流速	3.8～4.1	450～500
[a] 载气可以使用氦气或氩气。		

B.9 膜式干燥器的净化

膜式干燥器主要用于除去试样燃烧后产生的水,而此部分水也要从膜式干燥器中去除。可以采用干燥剂方法,也可以采用辅助气法。干燥剂法是仪器中循环气经过装有干燥剂的洗涤管洗涤后,再给膜式干燥器提供净化气体,当洗涤管内指示剂颜色由蓝色变为粉色时需要更换干燥剂。辅助气法是外接一路经干燥后的气体以吹扫膜干燥器,设定此气体流速为 200 mL/min～250 mL/min。

B.10 样品的均匀化和校准响应值

分析前需将样品和标准溶液充分地混合,使其均匀。对于 7000 型的仪器,校准曲线上所用的最低硫含量的标准溶液,其响应值不能少于 2 000 到 3 000 计数值;型号为 9000 的仪器其响应值不能低于 200 到 300 计数值;或者响应值应大于 3 倍的基线噪音。校准曲线上最高硫含量的标准溶液,其响应值要低于检测器饱和点。一般情况下,对于 7000 型仪器,使用的最高响应值在 35 000 计数值到 45 000 计数值;9000 型仪器要求不能出现平头峰。因此,可以相应的调节增益因子,PMT 电压和样品量,或根据需要同时进行调节。

B.11 进样舟的空白和基线的稳定性

分析试样前,特别是分析硫含量低的样品前,将空的进样舟推入燃烧炉内,以确保进样舟和接近进样口的燃烧管内没有被污染。在燃烧炉内加热空的进样舟可以保证进样舟是干净的,然后快速的将样品舟移出燃烧管至样品注射区域。

注:如果热的进样舟返回到注射区域时引起基线的波动,则需要反复地将进样舟推入、拉出燃烧炉,直到再没有检测到硫信号。对于固定增益的仪器,可以通过调节光电倍增管的电压以获得仪器最大的灵敏度,同时还要保持基线的稳定和无噪音信号。9000 型仪器用户可以利用基线评估和峰的临界值功能降低基线的噪音。

B.12 校准用标准溶液和标准曲线的建立

用相对于样品中硫含量较低的或者不含硫的溶剂配制校准用标准溶液,同时还需要校正溶剂和溶质纯度引入的硫含量误差。校准曲线要包括待测样品的浓度。一般情况下,不要强迫校正曲线通过原点(0,0)。测定标准溶液后,会产生一条校正曲线,此曲线是线性的,且不超过检测器动态检测范围(校正系数达到 0.999。检测器动态范围在 1 个数量级到 2 个数量级之间,如 5.0 mg/kg 到 100 mg/kg)。建立曲线后,再通过计算,最后得到样品中以质量比表示的硫含量。

535

附　录　C
（资料性附录）
质量控制

C.1　通过分析质量控制(QC)样品以确定仪器性能及试验过程的准确性。

C.2　在监控试验过程之前,用户需测定 QC 样品的平均值和控制范围(见 NB/SH/T 0843,ASTM MNL7)。

C.3　记录 QC 样品数据结果,并通过控制图表或其他统计技术进行分析,以确定总体试验过程的统计控制状态(见 NB/SH/T 0843,ASTM MNL7)。调查任何一个不受控数据的产生原因,调查的结果可能(但不一定)需要重新校正仪器。

C.4　本标准中没有规定 QC 分析频率,其取决于被测样品的重要程度、检测过程的稳定性及客户的要求。通常情况下,每天测定样品时,需将 QC 样品与待测样品同时进行测定。如果当天待测样品数量增加,则 QC 分析频率也应相应增加。如果测试结果在统计控制范围内,则可相应减少 QC 分析频率。为保证数据质量,QC 数据的精密度应定期检测,见 NB/SH/T 0843 及 ASTM MNL7。

C.5　建议所选用的 QC 样品是能代表日常检测的样品。在计划使用的时间内,QC 样品能充足供应,且其在储存时间内应是均匀、稳定的。进一步的 QC 和控制图表技术见 NB/SH/T 0843 及 ASTM MNL7。

参 考 文 献

[1]　NB/SH/T 0843　石化行业分析测试系统的评价　统计技术法

[2]　ASTM MNL7　数据控制图像分析演示手册(Manual on Presentation of Data and Control Chart Analysis)

_____

ICS 75.160.20
E 31

中华人民共和国国家标准

GB/T 34101—2017

燃料油中硫化氢含量的测定
快速液相萃取法

Determination of hydrogen sulfide in fuel oils—Rapid liquid phase
extraction method

2017-07-31 发布

2018-02-01 实施

中华人民共和国国家质量监督检验检疫总局
中国国家标准化管理委员会 发 布

前　言

本标准按照 GB/T 1.1—2009 中给出的规则起草。

本标准由全国石油产品和润滑剂标准化技术委员会(SAC/TC 280)提出并归口。

本标准起草单位:广州澳凯油品检测技术服务有限公司、中国石油化工股份有限公司石油化工科学研究院。

本标准参加起草单位:中国广州分析测试中心、上海润凯油液监测有限公司、浙江省舟山出入境检验检疫局。

本标准主要起草人:余树楷、杨婷婷、李斯琪、陈江韩、周洪澍、王凯、黄秀真、岳奇贤、何明。

燃料油中硫化氢含量的测定
快速液相萃取法

警示——使用本标准的人员应有正规实验室工作的实践经验。本标准的使用可能涉及某些有危险的材料、设备和操作,本标准并未指出所有可能的安全问题。使用者有责任采取适当的安全和健康措施,并保证符合国家有关法规规定的条件。

1 范围

本标准规定了采用快速液相萃取法测定燃料油在液相中的硫化氢含量的方法。

本标准适用于 50 ℃运动黏度不大于 3 000 mm²/s 的燃料油,包括船用残渣燃料、馏分燃料和石油调合组分油中的液相硫化氢测定。本标准包括方法 A 和方法 B 两个试验步骤。

注 1:本标准也适用于测定 50 ℃运动黏度高于 3 000 mm²/s 的样品(见 7.2),但是精密度会受到影响。

注 2:有些样品如含有硫醇或烷基硫化物干扰物,且其含量高于 5 毫克每千克(mg/kg),若采用方法 B 测定会得出较高的硫化氢含量,可以采用方法 A 来消除此影响。

注 3:样品中若含有脂肪酸甲酯,对硫化氢含量测定结果没有影响。

警告——硫化氢是非常危险,有毒,易爆,无色透明的气体,可存在于原油中。硫化氢也可以在炼油厂燃料油炼制过程中形成,并在油品处理,储存和输配中释放出来。低浓度的硫化氢气体有臭鸡蛋味道;高浓度的硫化氢会导致失去味觉,头痛,头晕眼花,更高的浓度将会致命。强烈建议从事硫化氢测定的相关人员应认识到硫化氢气体的危害,并能够采取适当的措施步骤以防范暴露在有毒气体中的危害。

2 规范性引用文件

下列文件对于本文件的应用是必不可少的。凡是注日期的引用文件,仅注日期的版本适用于本文件。凡是不注日期的引用文件,其最新版本(包括所有的修改单)适用于本文件。

GB/T 4756 石油液体手工取样法

3 方法概要

将已知质量的试样注入含有稀释基础油的加热测试管内。将空气鼓泡通入试样油液,萃取其中的硫化氢气体。吹出的硫化氢连同空气一起通过一个冷却至 −20 ℃的过滤盒(仅方法 A)后进入检测器,测定空气中的硫化氢含量,从而计算出试样液相中的硫化氢含量。在方法 B 中则省略了有关低温过滤盒的相关步骤。

4 仪器设备

4.1 硫化氢测定仪器详见附录 A。方法 A 的仪器中包含一个气相处理器,方法 B 中不含气相处理器。

4.2 分析天平:单盘或双盘,感量为 0.001 g。

4.3 注射器或滴定管:20 mL,用于注入稀释油(5.1),精度为 ±1%。

4.4 吸液管:容量 1 mL,用于加入试样。精度如仪器制造商所述应该达到在 1 000 mL 时误差不超过 ±0.25%,变异系数为 0.04%。为了系统优化操作,推荐使用制造商规定型号的吸液管。

4.5 一次性注射器:容量 5 mL 或 10 mL,用于注入试样,精度为±1%。可插上针头或外加胶管,从样品表面以下 3 cm 深度处抽取试样,同时应可避免把试样注入到测试管时试样粘附到管壁。

4.6 冰箱(选用):用于存放试样(见 6.4)。冰箱应该采用适用于储存挥发性物质的防爆冰箱。

4.7 电炉/水浴(选用):可加热样品至 40 ℃,控温精度为±2 ℃(见 7.2)。电炉应该适用于加热挥发性物质。

4.8 超声波清洗器(选用):用于清洗测试管(见 11.2.3 和 11.3.3 后的注)。

5 试剂和材料

5.1 稀释油:专用的无色 API Ⅱ类基础油,40 ℃运动黏度范围为 90 mm²/s~110 mm²/s。稀释油应确保在测试条件下无硫化氢。

> 注:使用其他稀释剂如二甲苯或甲苯会损坏检测器。

5.2 校验物:校验气或校验液。

校验气:压缩氮气作为底气,纯度达到体积分数 99.999%,含有硫化氢的校验气体,其标称值可溯源至国家标准。

校验液:含有已知浓度的液相硫化氢。校验液推荐的硫化氢浓度为 2 毫克每千克(mg/kg)。校验液会随时间的延长而失效。商品化稳定的校验液应在供应商规定的有效期内使用。不稳定的校验液需要特殊的储存条件以减缓其失效时间(例如,氮封或在冰箱内保存),并应在标定后几小时内使用。对于不稳定的校验液,用户需要制定存放和使用规定。

> 注:校验液可以是 a)含有独立液相硫化氢浓度赋值的商品化的稳定校验溶液,或者 b)使用之前通过滴定方法制备和标定其浓度的液相硫化氢溶液。

5.3 甲苯:分析纯。

5.4 石油醚:60 ℃~90 ℃,分析纯。

5.5 丙酮:分析纯。

5.6 过滤盒:见图 A.4,独立封装,仅用于方法 A。

6 取样

6.1 除非另有特殊规定,取样应按照 GB/T 4756 进行。取样过程应该确保样品的完整性,并应使可能产生的硫化氢损失降至最低。当取样过程不能保证硫化氢蒸气损失最低时(例如连续滴油取样),硫化氢测定应另外专门取样。

6.2 将所采取的样品直接放入干净的硫化氢惰性容器,容器容量最少为 500 mL。容器的封口应方便吸液管(4.4)或注射器(4.5)抽取试样。为保证样品的完整性,所采取的样品应装满样品容器约 95% 的空间,取样后应立即盖上容器盖并拧紧。

> 注 1:建议采用深棕色硼硅玻璃瓶或环氧树脂内衬容器,带有不可渗透的气密性盖。
>
> 注 2:也可采用容量稍小的取样容器,但是测定精密度会受影响。
>
> 注 3:从储罐顶部取样的采样设备,还有通常应用于被惰性气体包围的船舱的密闭系统采样器,可能不允许样品直接取出放入样品容器中,在这种情况下,可以把样品通过采样器转移到样品容器。但是在转移过程中要使硫化氢的损失降至最低。

6.3 如果使用环氧树脂内衬容器,需要目测检查,确保内衬没有破损,并且容器没有凹痕。

6.4 取样后样品应尽可能快地送到实验室进行测定。如果样品不能马上测定,应放于冰箱中(4.6)储存。取样后三天内应对样品进行测定。

6.5 硫化氢测定应是样品的首个测定项目,因为任何的样品处理过程都会造成硫化氢损失,从而导致测定结果偏低。

7 样品准备

7.1 为减少硫化氢损失,对样品不要进行均质化,应避免不必要的搅动样品,也不要把样品从一个容器转移到另一个容器,在取试样前应避免不必要的打开瓶盖。

7.2 样品需要有一定的流动性以便于用吸液管(4.4)或注射器(4.5)吸取试样。如果样品在室温下难以流动,可以用水浴或电炉(4.7)温和地加热,设定的加热温度不得超过 40 ℃。

注:50 ℃运动黏度超过 500 mm²/s 的样品通常需要加热。

8 仪器准备

8.1 概述

根据制造商说明书正确地设置、校验、校准和操作仪器。

8.2 仪器使用位置

因可能会有少量的硫化氢释放,仪器应在合适的通风橱内使用,或将排气管接到抽风机上。

8.3 过滤器和连接管

8.3.1 空气输入过滤器需在每隔三个月或目测发现变色时更换。

8.3.2 根据制造商说明书确定空气泵过滤器和湿气过滤器的更换周期。

8.3.3 若目测发现变色,则应更换湿气过滤器。

8.3.4 若目测发现变色,则应更换测试管的连接胶管。

9 校验

9.1 空气流速

至少每个月一次用校准过的流量计连接到空气出口管,校验空气流速应在 375 mL/min±55 mL/min 范围内。如果流速不准确,要重新校准流量(10.1)。

9.2 测试管加热器

至少每六个月一次,插入经校准的铂电阻热电偶,校验加热器温度应为 60.0 ℃±1.0 ℃。如果温度不正确,要重新校准加热器温度(10.2)。

9.3 硫化氢检测器的有效性

至少每个月一次或更换新检测器时,按照仪器制造商说明书校验检测器性能。校验使用空气(硫化氢为 0 μmol/mol)和含硫化氢约为 25 μmol/mol 的氮气校验气(5.2)。如果检测结果偏离标称值10%,则要更换湿气过滤器,并检查液体阱、测试管和连接管线的洁净度。用空气吹扫 30 min 后再次进行校验。如果检测结果仍然超过允许值范围,则检测器需要重新校准或更换。校验工作应在室温下进行。

9.4 气相处理器的有效性(仅方法 A 适用)

至少每六个月一次校验气相处理器的温度。插入经校准的铂电阻热电偶,校验冷凝器温度应为 −20.0 ℃±2.0 ℃,如果温度不正确,要重新校准气相处理器的温度(10.4)。

9.5 仪器总体状况校验

9.5.1 实验室可采用校验液(5.2)对仪器的总体状况进行校验。建议至少每三个月进行一次校验;当安装新的检测器时,或根据实验室的质量控制要求,对硫化氢校验液进行测定。

推荐通过参加实验室间能力验证测试项目(PTS)来进行仪器总体状况校验。

如果采用商品化的校验液进行校验,若测定结果超出校验液的认可参考值 $ARV \pm R/\sqrt{2}$(R 为方法再现性)的范围,则要检查校验液是否在有效期内,并使用在有效期内的校验液重新校验;如仍不满足,则按照9.5.2进行检查。

如果采用由实验室间能力验证测试项目(PTS)所得到的校验液,若测定结果超出统计值或认可参考值 ARV 的 $\pm R/\sqrt{2}$ 的范围,则按照9.5.2进行检查。

> 注:此计算假定所采用的商品化校验液的认可参考值 ARV 或由 PTS 所得到的校验液的统计值的不确定度相比于 $R/\sqrt{2}$ 是可忽略的。建议用户对此假定进行验证。

如果采用不稳定的校验液,若测定结果超出标定值的 $\pm R/\sqrt{2}$ 的范围,则需重新制备校验液并重新进行校验试验。

9.5.2 若9.5.1中的各项要求无法满足,则需要检查空气流速(9.1),并校验硫化氢检测器的有效性(9.3);如果仍然不满足要求,则要按照仪器说明书查找故障点,或重新校准仪器。

10 校准

10.1 空气流速

按照仪器制造商说明书校准空气流速。

10.2 测试管加热器

按照仪器制造商说明书校准测试管加热器温度。

10.3 硫化氢检测器校准

检测器对静态和动态硫化氢的响应已通过仪器制造商校准。校准信息以数字形式保存在检测器组件中,可以直接由仪器中的计算机读取。校准后测定结果以毫克每千克(mg/kg)为单位计算得出。

按照制造商说明书安装新的检测器,随后应立即校验其效能(9.3)。

10.4 气相处理器温度校准(仅方法 A 适用)

按照仪器制造商说明书校准气相处理器温度。

11 试验步骤

11.1 概述——方法 A 和方法 B

推荐采用方法 A 来测定馏分燃料油和残渣燃料油中的液相硫化氢浓度。用方法 B 测定的结果会由于样品中硫醇(硫醇盐)或烷基硫化物的存在而偏高。

11.2 方法 A——适用于带有过滤盒和气相处理器的仪器

11.2.1 检查湿气过滤器和液体阱,如果目测发现有液体或出现变色现象,则应更换过滤器,倒空并清洁液体阱。

11.2.2 开机,确认加热器温度为 60.0 ℃±1.0 ℃。泵送空气直接进入检测器,吹扫仪器。

11.2.3 每次测试之前应清洁测试管和盖帽。测试管使用之前应洁净干燥。拧紧盖帽。

> 注:依次使用甲苯(5.3)、石油醚(5.4)和丙酮(5.5),并采用超声波清洗器(4.8)进行清洗,是清洁测试管、盖帽和液体阱的有效方法。

11.2.4 把新的过滤盒(5.6)插入气相处理器,拧紧盖帽。

11.2.5 启动气相处理器的冷却过程,预计需要 10 min。在抽取试样之前,应确保气相处理器已完成冷却周期,并稳定在所需试验温度上。

> 注:在过滤盒完全冷却和完成测试准备之前,检测器和气相处理器之间处于锁止状态,可阻止试样质量被输入。

11.2.6 按 11.4 步骤进行。

11.3 方法 B——适用于不带过滤盒和气相处理器的仪器

11.3.1 检查湿气过滤器和液体阱,如果目测发现有液体或出现变色现象,应更换过滤器,倒空并清洁液体阱。

11.3.2 开机,确认加热器温度为 60.0 ℃±1.0 ℃。泵送空气直接进入检测器,吹扫仪器。

11.3.3 每次测试之前应清洁测试管和盖帽。测试管使用之前应洁净干燥。拧紧盖帽。

> 注:依次使用甲苯(5.3)、石油醚(5.4)和丙酮(5.5),并采用超声波清洗器(4.8)进行清洗,是清洁测试管、盖帽和液体阱的有效方法。

11.3.4 按 11.4 步骤进行。

11.4 方法 A 和方法 B

11.4.1 拧开测试管盖帽,用注射器或滴定管(4.3)注入 20 mL±0.5 mL 的稀释油(5.1),拧紧盖帽。把测试管放进控温加热器内,连接输入输出管线。

11.4.2 泵入的空气通过测试管内的稀释油进入检测器 5 min,以使稀释油升温,并吹扫系统。

11.4.3 接着,再将空气不通过测试管直接泵送进入检测器,使注入测试管的试样不会被吹扫空气影响其中的硫化氢浓度。在注入试样之前,应确保仪器操作在旁路状态。在此条件满足之前注入试样会导致硫化氢过早损失,得出偏低的错误结果。如果怀疑发生此情况,应放弃并重新试验。如果企图在旁路模式启动之前注入试样,仪器将会发出警告。

11.4.4 表 1 给出了试验所需的试样量。试样应从样品表面 3 cm 以下抽取,可采用一次性注射器(4.5)或 1 mL 吸液管(4.4),并避免碰到样品容器底部。抽取试样时不要采用高真空度进行,并确保试样抽出后立即对样品容器进行密封,以使可能的硫化氢损失降到最低。不要用注射器或吸液管把空气压入试样中。用分析天平(4.2)称量试样,精确到 0.001 g。将包括注射器或吸液管和试样的总质量输入到仪器中。

> 注:如天平可以扣除皮重,可直接输试样净注入量,而取代输入试样注入前后的质量。

11.4.5 如果测定的硫化氢浓度与表 1 所示的试样量和预测浓度不相符,则应量取正确的试样量重复试验。

> 注:如选取了不正确的试样量,则测试精密度会受影响。

表 1 根据预测硫化氢浓度确定的取样量

预测硫化氢浓度/(mg/kg)	取样量/mL	取样方式
0~10	5	一次性注射器
>10~20	2	一次性注射器
>20	1	吸液管

11.4.6 将试样注入测试管,应确保注射器或吸液管垂直,以避免试样粘附到试管壁。确保注射器或吸液管不要接触到稀释油表面。注射器或吸液管上或内部粘附任何稀释油,会导致空注射器或吸液管质量(11.4.8)的增加,从而造成偏高的错误结果。如果出现此种情况,应放弃并重新试验。

11.4.7 一旦试样注入测试管后,应立即拧紧测试管顶部盖帽。

11.4.8 用分析天平(4.2)称量空的注射器或吸液管的质量,精确到 0.001 g,将质量输入到仪器中。

11.4.9 启动测试。以下过程将自动进行。一旦试样注入测试管,应不要推迟,立即开始测试,以避免可能发生的试样降解。

11.4.10 检测器读数回归到零。

对方法 A,空气先被直接泵送穿过过滤盒 3 min。3 min 后空气被切换到测试管,并通入测试管内的试样和稀释油。所释放出的硫化氢随空气流经气相处理器内的过滤盒被带入检测器。

对方法 B,空气被直接泵送通入测试管内的试样和稀释油,所释放出的硫化氢随空气流被带入检测器。

11.4.11 在整个 15 min 试验过程中,检测器输出的毫伏读数(mV)至少每 4 s 记录一次,方法 A 的典型图形输出见图 A.5。结果自动计算,以毫克每千克(mg/kg)显示。

11.4.12 泵入空气吹扫检测器。

11.4.13 取出并清洗测试管(11.2.3 和 11.3.3)。当取出测试管进行清洗时,检查试样和稀释油应完全混合。如果出现明显的两相共存,则需检查气路连接并重新进行试验。

11.4.14 对方法 A,取出过滤盒。

12 结果计算

按式(1)计算试样在液相中的硫化氢含量 X,以毫克每千克(mg/kg)表示:

$$X = \frac{AM}{m} \quad\quad\quad\quad\quad\quad\quad\quad\quad (1)$$

式中:

A ——整个测试时间内池输出的积分面积,单位为毫伏秒(mV·s);

M ——检测器的校准常数,单位为微克每毫伏秒($\mu g/mV·s$);

m ——试样质量,单位为克(g)。

13 结果表示

对所有完成的试验,结果记录和表示如下:

——若试样硫化氢含量小于 10 毫克每千克(mg/kg),结果精确到 0.01 毫克每千克(mg/kg);若试样硫化氢含量大于或等于 10 毫克每千克(mg/kg),结果精确到 0.1 毫克每千克(mg/kg);

——试验步骤(方法 A 或方法 B)。

14 精密度

14.1 概述

对于方法 A,馏分燃料油和残渣燃料油的精密度数据在 14.2 和 14.3 给出。在同一地点,8 个操作者采用 8 台仪器,按任意顺序重复测定 12 个样品,样品的硫化氢含量范围为 0.60 毫克每千克(mg/kg)～12.5 毫克每千克(mg/kg)。

注:数据来源于 2012 年英国能源研究院实验室的研究。

对于方法 B,残渣燃料油的精密度数据在 14.2 和 14.3 给出。在同一地点,7 个操作者采用 7 台仪器,按任意顺序重复测定 15 个样品,样品的硫化氢含量范围为 0.40 毫克每千克(mg/kg)～15.3 毫克每千克(mg/kg)。

注:数据来源于 2009 年英国能源研究院实验室的研究。

对于方法 B,馏分燃料油的精密度数据在 14.2 和 14.3 给出。在同一地点,10 个操作者采用 10 台仪器,按任意顺序重复测定 8 个样品,样品的硫化氢含量为 0.40 毫克每千克(mg/kg)～9.70 毫克每千克(mg/kg)。

注:数据来源于 2011 年英国能源研究院实验室的研究。

由于确定精密度的数据来源于同一地点的试验结果,相比较不同时间和地点获得的试验数据时,因采样、运输、储存和环境因素等的影响,再现性数据可能存在不可比性。实际上,从不同地点获得的两个结果,当它们之间的差值不超过所公布的再现性时,是可以接受的。

14.2 重复性

同一操作者,采用相同的仪器,对同一样品重复测定所获得的两个结果之差,不应超过表 2 给出的数值。方法 A 和方法 B 的重复性典型值见表 3。

14.3 再现性

在不同实验室的不同操作者,对同一样品测定所获得的两个单一和独立结果之差,不应超过表 2 给出的数值。方法 A 和方法 B 的再现性典型值见表 4。

表 2　精密度

试验步骤	重复性/ (mg/kg)	再现性/ (mg/kg)	硫化氢含量范围/ (mg/kg)
方法 A (馏分和残渣燃料油)	$0.332\,9\,X^{0.55}$	$0.445\,9\,X^{0.55}$	0.60～12.5
方法 B(馏分燃料油)	$0.209\,9\,X^{0.7}$	$0.238\,9\,X^{0.55}$	0.40～9.70
方法 B(残渣燃料油)	$0.297\,0\,X^{0.6}$	$0.523\,2\,X^{0.55}$	0.40～15.3
注 1:X 为两个测定结果的平均值,单位为毫克每千克(mg/kg)。			
注 2:超出表 2 硫化氢含量范围的测定结果是有效的,但是精密度会受影响。			

表 3　重复性典型值　　　　　　　　　　　　　单位为毫克每千克

硫化氢含量	方法 A (馏分和残渣燃料油)	方法 B (馏分燃料油)	方法 B (残渣燃料油)
0.40	—	0.11	0.17
0.60	0.25	0.15	0.22
1.00	0.33	0.21	0.30
1.50	0.42	0.28	0.38
2.00	0.49	0.34	0.45
3.00	0.61	0.45	0.57

表 3（续） 单位为毫克每千克

硫化氢含量	方法 A （馏分和残渣燃料油）	方法 B （馏分燃料油）	方法 B （残渣燃料油）
5.00	0.81	0.65	0.57
10.0	1.18	1.05	1.18
12.5	1.34	—	1.35
15.0	—	—	1.51

表 4　再现性典型值 单位为毫克每千克

硫化氢含量	方法 A （馏分和残渣燃料油）	方法 B （馏分燃料油）	方法 B （残渣燃料油）
0.40	—	0.13	0.30
0.60	0.34	0.17	0.39
1.00	0.45	0.24	0.52
1.50	0.56	0.32	0.67
2.00	0.65	0.39	0.79
3.00	0.82	0.52	1.01
5.00	1.08	0.74	1.37
10.0	1.59	1.20	2.08
12.5	1.79	—	2.38
15.0	—	—	2.66

15　试验报告

报告至少包含以下信息：
——对本标准的引用,并说明采用方法 A 或方法 B；
——所测样品的类型和完整标识；
——测试结果（见第 13 章）；
——通过协议或其他形式,对规定步骤的任何偏离；
——测试时间和日期。

附　录　A

（规范性附录）

硫化氢测定仪器

A.1　概述

仪器如图 A.1(方法 A)和图 A.2(方法 B)所示,可独立自动地操作,用于测定液体燃料油中的硫化氢含量。

A.2　仪器组件

A.2.1　空气泵过滤器:5 μm 尼龙封装,除去空气中的尘埃。

A.2.2　空气泵:具有提供流速为 375 mL/min±55 mL/min 的空气。空气用于:

——吹扫检测器、玻璃器具和管线;

——搅拌试样和稀释油混合物;

——作为载气用于萃取硫化氢气体。

A.2.3　空气输入过滤器:碳型,用于除去输入空气的潮气和污染物。

A.2.4　电磁阀:可根据正常的测试程序要求,将输入空气从测试管中切出;若硫化氢浓度过高,会导致检测器饱和,可将硫化氢气体切出检测器。

A.2.5　流量传感器:集成的电子传感器可确保空气/硫化氢混合气体进入检测器,使空气流量得到控制,并可探测到出现的任何流量问题。

A.2.6　液体阱:25 mL 带内输入管的硼硅玻璃管,用于捕捉任何液体和重蒸气。玻璃管的顶部应填充蓬松的石英棉。

A.2.7　湿气过滤器:5 μm 尼龙封装,除去空气/硫化氢混合气体中的潮气。

A.2.8　加热器:50 W 铝加热块,控制温度在 60.0 ℃±1.0 ℃,带过热保护功能。

A.2.9　温度传感器:铂电阻温度计,用于测量和控制加热器温度。

A.2.10　测试管:50 mL 硼硅玻璃管,带输送空气的内部输入管。见图 A.3。测试管用加热器加热。

A.2.11　硫化氢检测器:电化学型,专用于硫化氢检测;(气体)测量范围 0 μmol/mol～50 μmol/mol,重复性为 1‰,响应时间 T90 小于 30 s。

A.2.12　气相处理器(VPP)(仅方法 A):用于冷却过滤盒(5.6)至−20 ℃的电热设备,可使测试管中产生的气体通过过滤盒进入硫化氢检测器。

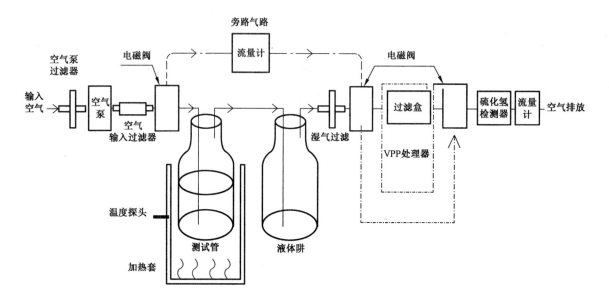

图 A.1　带气相处理器的硫化氢测定仪器(方法 A)

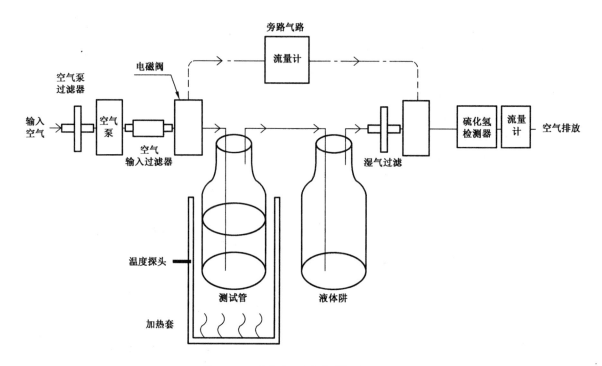

图 A.2　硫化氢测定仪器(方法 B)

单位为毫米

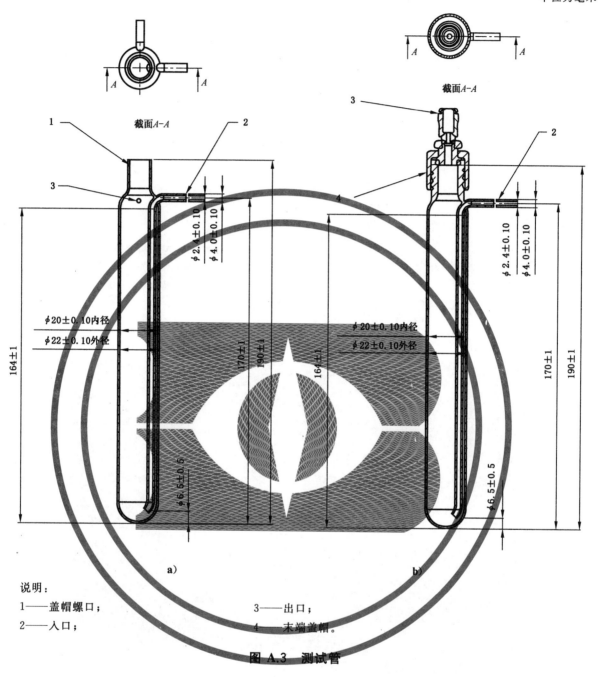

说明：

1——盖帽螺口；
2——入口；
3——出口；
4——末端盖帽。

图 A.3 测试管

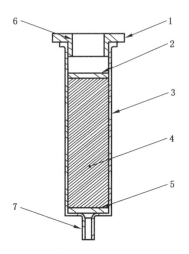

说明:

1——滤盒盖;

2——20 μm 上层烧结玻璃料;

3——6 mL 聚丙烯盒室;

4——2.8 g±5%符合特定规格要求(见制造商说明书)的吸附剂;

5——20 μm 下层烧结玻璃料;

6——输入密封室;

7——排气鲁尔(luer)接口。

图 A.4　过滤盒

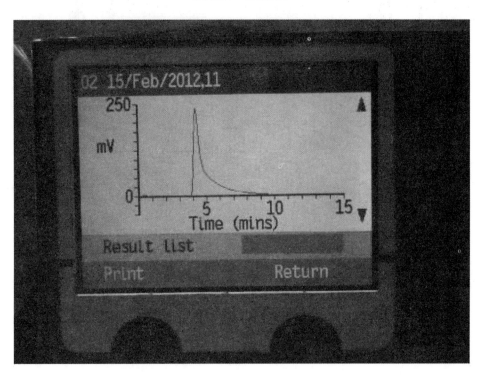

说明:

图形数据可以通过通讯口下载(见仪器制造商手册)。

图 A.5　方法 A 典型图形输出

ICS 75.160.20
E 31

中华人民共和国国家标准

GB/T 34102—2017

喷气燃料中 2,6-二叔丁基对甲酚含量的测定 微分脉冲伏安法

Determination of 2,6-ditertbutyl-p-cresol in jet fuels—
Differential pulse voltammetry

2017-07-31 发布

2018-02-01 实施

中华人民共和国国家质量监督检验检疫总局
中国国家标准化管理委员会 发布

前　言

本标准按照 GB/T 1.1—2009 给出的规则起草。

本标准由全国石油产品和润滑剂标准化技术委员会(SAC/TC 280)提出并归口。

本标准负责起草单位:中国人民解放军后勤工程学院。

本标准参加起草单位:中国人民解放军后勤保障部能源局、中国人民解放军空军油料研究所、中国人民解放军 5719 厂和中国石油化工股份有限公司镇海炼化分公司。

本标准主要起草人:史永刚、许贤、薛艳、李咏、曾维俊、文昊、蒋蕴轩、樊国志、杨晶。

引　言

　　加氢裂化、加氢精制等工艺生产的喷气燃料,需添加一定浓度的2,6-二叔丁基对甲酚抗氧剂,以提高喷气燃料的储存安定性和氧化安定性。喷气燃料中2,6-二叔丁基对甲酚抗氧剂的快速、准确与可靠测定对喷气燃料的生产、质量评价和安全使用具有重要意义。

喷气燃料中 2,6-二叔丁基对甲酚
含量的测定 微分脉冲伏安法

警示——使用本标准的人员应有正规实验室工作的实践经验。本标准的使用可能涉及某些有危险的材料、设备和操作,本标准并未指出所有可能的安全问题。使用者有责任采取适当的安全和健康措施,并保证符合国家有关法规规定的条件。

1 范围

本标准规定了采用微分脉冲伏安法测定喷气燃料中 2,6-二叔丁基对甲酚抗氧剂含量的方法。

本标准适用于 2,6-二叔丁基对甲酚含量为 8 mg/L~31 mg/L 的喷气燃料。

本标准也可用于超出该范围的喷气燃料中 2,6-二叔丁基对甲酚含量的测定,但精密度未做考察。

2 规范性引用文件

下列文件对于本文件的应用是必不可少的。凡是注日期的引用文件,仅注日期的版本适用于本文件。凡是不注日期的引用文件,其最新版本(包括所有的修改单)适用于本文件。

GB/T 4756 石油液体手工取样法

GB/T 6683 石油产品试验方法精密度数据确定法

3 术语和定义

下列术语和定义适用于本文件。

3.1

伏安法 voltammetry

采用固体电极,以测定电解过程中的电流-电压关系(伏安特性曲线)为基础的电化学分析法。

3.2

微分脉冲伏安法 differential pulse voltammetry

采用固体电极,将具有较小振幅的固定电压脉冲周期性地叠加在随时间线性增加的直流电压上,以测定电解过程中脉冲加入前后电流之差-电压关系为基础的电化学分析法。

3.3

复合电极 composite electrode

一种将工作电极、辅助电极和参比电极封装在一个电极体的电极。

4 方法概要

喷气燃料加入特定电解质溶液,用规定的复合电极,采用微分脉冲伏安法进行 2,6-二叔丁基对甲酚抗氧剂含量的测定。微分脉冲伏安分析中,当工作电极电压高于抗氧剂的氧化电势时,抗氧剂被氧化,导致阳极电流增加,形成阳极电流随扫描电压变化的氧化伏安峰。氧化伏安峰的峰电流与溶液中抗氧剂的浓度成正比。采用标准加入法,即可确定待测喷气燃料中2,6-二叔丁基对甲酚抗氧剂含量。

5 仪器设备

5.1 电化学工作站

具有微分脉冲伏安法测定功能,高稳定性,灵敏度优于10^{-9}A/V。具体要求:恒电位仪/双恒电位仪,电位范围宽于±2.4 V,槽压宽于±7.5 V;电位分辨率优于0.2 mV;电流测量分辨率优于10 pA;电流测量精度优于测定电流的±0.2%;三电极或四电极设置;输入阻抗高于1×10^{12} Ω。

5.2 电极

复合电极,电极直径8 mm,长55 mm。电极体为高密度聚乙烯或聚四氟乙烯。工作电极为玻碳电极(WE),玻碳盘直径3 mm;辅助电极(AE)和参比电极(RE)为铂丝电极,铂丝直径0.5 mm,如图1所示。

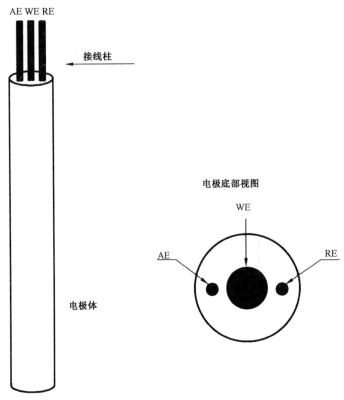

图 1 复合电极

5.3 容量瓶

10 mL。

5.4 移液管

0.5mL。

5.5 滴瓶

50 mL。

5.6 烧杯

10mL,作电解池。

5.7 天平

感量 0.1mg。

6 试剂和材料

6.1 试剂

6.1.1 无水乙醇:分析纯。

6.1.2 正庚烷:分析纯。

6.1.3 2,6-二叔丁基对甲酚:分析纯。

6.1.4 氢氧化钾:分析纯。

警告——有腐蚀性,若摄取或通过皮肤接触将对人体产生伤害。

6.1.5 氢氧化钾饱和无水乙醇溶液:无水乙醇中加入过量的氢氧化钾,充分振荡,静置。常温密封保存,储存期 90 天。

6.1.6 2,6-二叔丁基对甲酚的正庚烷溶液:500 mg/L,常温密封保存,储存期 90 天。

6.2 材料

6.2.1 定性滤纸。

6.2.2 麂皮。

7 取样

除非另有规定,取样按 GB/T 4756 进行,并储存于密闭容器。

8 仪器及操作条件

8.1 仪器准备

启动仪器,15 min～30 min 后,按仪器说明书检查仪器状态,确保仪器工作稳定可靠。

8.2 推荐操作条件

初始电压－0.5 V,终止电压＋0.5 V,电压增值 0.002 V,振幅 0.05 V,脉冲宽度 0.06 s,采样宽度 0.02 s,静置时间 2.0 s,灵敏度 1×10^{-5} A/V。

9 试验步骤

9.1 标准加入系列溶液配制

9.1.1 10 mL 容量瓶 4 只,分别加入 9.0 mL 待测试样。

9.1.2 依次用 0.5 mL 移液管在上述 4 只容量瓶中加入 0 mL、0.10 mL、0.30 mL 和 0.50 mL 浓度为 500 mg/L 的 2,6-二叔丁基对甲酚的正庚烷溶液,并用正庚烷定容,得标准加入浓度为 0.0 mg/L、5.0 mg/L、15.0 mg/L 和 25.0 mg/L 的标准加入系列溶液。

9.2 微分脉冲伏安分析

9.2.1 分别取 2 mL 待测试样标准加入溶液和氢氧化钾饱和无水乙醇溶液于电解池,充分振荡。

9.2.2 依次用滤纸和麂皮,清洁与抛光电极。

9.2.3 电极与电化学工作站连接,插入电解池,按 8.2 推荐操作条件进行微分脉冲伏安分析,记录 2,6-二叔丁基对甲酚抗氧剂氧化峰高。典型微分脉冲伏安曲线见图 2。

9.2.4 重复 9.2.2 和 9.2.3,重复测量至少 5 次,以氧化峰高平均值作为测定值。

9.2.5 重复 9.2.1～9.2.4,直至完成标准加入系列测定。

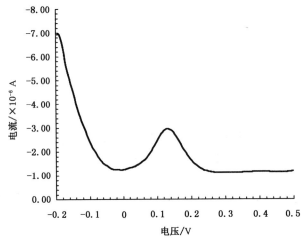

图 2 典型的喷气燃料抗氧剂微分脉冲伏安曲线

10 试验数据处理

10.1 数据记录

按表 1 记录测试数据。

表 1 测试数据

标准加入浓度/(mg/L)	氧化峰高/×10⁻⁷A					均值/×10⁻⁷A
	1	2	3	4	5	
0.0						
5.0						
15.0						
25.0						

10.2 标准加入校正曲线

以标准加入浓度(c)为自变量,氧化峰高(i_p)为因变量,按附录 A 计算,得式(1)所示标准加入曲线。

$$i_{p} = kc + b \qquad \cdots\cdots\cdots\cdots\cdots\cdots (1)$$

式中：

c ——标准加入浓度,单位为毫克每升(mg/L);

i_{p} ——氧化峰高,$\times 10^{-7}$ A;

k ——斜率,$\times 10^{-7}$ A/(mg/L);

b ——截距,$\times 10^{-7}$ A。

相关系数 R(95%置信度)应大于0.95。

10.3 2,6-二叔丁基对甲酚抗氧剂含量的计算

按式(2)计算2,6-二叔丁基对甲酚抗氧剂含量。

$$c_{0} = \frac{b}{k} \times \frac{V}{V_{0}} \qquad \cdots\cdots\cdots\cdots\cdots\cdots (2)$$

式中：

c_{0}——2,6-二叔丁基对甲酚抗氧剂含量,单位为毫克每升(mg/L);

V ——配制试样溶液所用容量瓶的体积,单位为毫升(mL),取值 10 mL;

V_{0}——取样体积,单位为毫升(mL),取值 9 mL。

11 精密度

11.1 概述

本方法确定喷气燃料中2,6-二叔丁基对甲酚的含量测定的精密度是在6个实验室,对7个2,6-二叔丁基对甲酚含量为 8 mg/L～31 mg/L 的样品进行协作试验得到的。协作试验结果按照 GB/T 6683 的方法进行统计分析和计算。按下述规定判断试验结果的可靠性(95%置信水平)。

11.1.1 重复性

由同一操作者,用相同仪器,对同一样品重复测定所得的两个结果之差不应大于 $0.58x^{0.5}$ mg/L。

11.1.2 再现性

不同实验室的不同操作者,用不同仪器,对同一样品分别测定所得的两个单一和独立结果之差不应大于 $1.08x^{0.5}$ mg/L。

11.2 偏差

本方法的偏差是通过对5个2,6-二叔丁基对甲酚含量为 18 mg/L～24 mg/L 的喷气燃料标准样本进行测定,依据误差理论计算获得的,以极限误差表示。在95%置信水平下,本方法的极限误差为 3.2 mg/L。

12 试验报告

以两次测定结果的平均值报告喷气燃料中2,6-二叔丁基对甲酚抗氧剂的含量,单位为 mg/L,结果精确至 0.1 mg/L。

附　录　A

（规范性附录）

标准加入校正曲线的确定

若有 n 个实验点 $(x_i,y_i)(i=1,2,\cdots,n)$，则观察值 y 可由式（A.1）表示：

$$y = kx + b \qquad\qquad\qquad\qquad\qquad\qquad\text{（ A.1 ）}$$

依据最小二乘法，由式（A.2）~式（A.7）可获得 k 和 b 的估计值及相关系数 R。

$$S_{xx} = \sum_{i=1}^{n}(x_i - \bar{x})^2 = \sum_{i=1}^{n}x_i^2 - \frac{1}{n}\Big(\sum_{i=1}^{n}x_i\Big)^2 \qquad\qquad\text{（ A.2 ）}$$

$$S_{yy} = \sum_{i=1}^{n}(y_i - \bar{y})^2 = \sum_{i=1}^{n}y_i^2 - \frac{1}{n}\Big(\sum_{i=1}^{n}y_i\Big)^2 \qquad\qquad\text{（ A.3 ）}$$

$$S_{xy} = \sum_{i=1}^{n}(x_i - \bar{x})(y_i - \bar{y}) = \sum_{i=1}^{n}x_iy_i - \frac{1}{n}\Big(\sum_{i=1}^{n}x_i\Big)\Big(\sum_{i=1}^{n}y_i\Big) \qquad\text{（ A.4 ）}$$

则：

$$k = \frac{S_{xy}}{S_{xx}} \qquad\qquad\qquad\qquad\qquad\qquad\text{（ A.5 ）}$$

$$b = \bar{y} - k\bar{x} \qquad\qquad\qquad\qquad\qquad\qquad\text{（ A.6 ）}$$

$$R = \frac{S_{xy}}{\sqrt{S_{xx}S_{yy}}} \qquad\qquad\qquad\qquad\qquad\text{（ A.7 ）}$$

ICS 75.140
E 49

中华人民共和国国家标准

GB/T 37160—2019

重质馏分油、渣油及原油中痕量
金属元素的测定　电感耦合
等离子体发射光谱法

Standard test method for determination of trace metals
in heavy distillate、residual oil and crude oil—Inductively coupled
plasma optical emission spectrometry(ICP-OES)

2019-03-25 发布

2019-10-01 实施

国家市场监督管理总局
中国国家标准化管理委员会　发 布

前　言

本标准按照 GB/T 1.1—2009 给出的规则起草。

本标准由全国石油产品和润滑剂标准化技术委员会(SAC/TC 280)提出并归口。

本标准起草单位:中国石油天然气股份有限公司石油化工研究院、中国石油化工股份有限公司石油化工科学研究院。

本标准主要起草人:何京、杨晓彦、王杰明、孙丽君、张婧元、姚远、陈泱、刘靖新、霍明辰、赫丽娜、孙欣婵。

引　言

　　在石油炼制过程中,原料油中的部分金属元素过高会对催化剂的反应活性造成影响,导致催化剂中毒。因此,准确测定油品中金属元素含量对于生产加工工艺流程的设计、催化剂的选择以及产品的质量控制是非常重要的。本标准可用于重质馏分油、渣油以及原油中部分金属元素的测定,为油品的后期加工、生产提供重要参数。

重质馏分油、渣油及原油中痕量金属元素的测定 电感耦合等离子体发射光谱法

警示——本标准涉及某些有危险性的材料、操作和设备,但是无意对与此有关的所有安全问题都提出建议。因此,使用者在应用本标准之前应建立适当的安全和保护措施,并确定相关规章限制的适用性。

1 范围

本标准规定了采用电感耦合等离子体发射光谱(ICP-OES)测定重质馏分油、渣油以及原油中的铝、钙、铁、钾、镁、锰、钼、钠、镍、铅、钒和锌元素的含量。

本标准适用于重质馏分油、渣油及原油中痕量金属的测定,表1给出了各元素的测定浓度范围及推荐波长。

注:重质馏分油是指经减压蒸馏馏出的组分,如重柴油、蜡油、催化原料、减压瓦斯油等。

2 规范性引用文件

下列文件对于本文件的应用是必不可少的。凡是注日期的引用文件,仅注日期的版本适用于本文件。凡是不注日期的引用文件,其最新版本(包括所有的修改单)适用于本文件。

GB/T 4756 石油液体手工取样法

GB/T 6682—2008 分析实验室用水规格和试验方法

GB/T 27867 石油液体管线自动取样法

3 方法概要

称取一定量的试样到石英杯中,根据试样量加入硫酸。将装有试样的石英杯放在电热板上加热以烧去有机物,再移入马弗炉中在550 ℃条件下烧去积炭。用王水溶解试样灰分,并加入钪内标元素标准溶液,用电感耦合等离子体发射光谱仪进行测定。

4 仪器设备

4.1 电感耦合等离子体发射光谱仪(ICP-OES):波长范围能够覆盖160 nm~760 nm,具有足够的分辨能力,能满足铝、钙、铁、钾、镁、锰、钼、钠、镍、铅、钒、锌和钪的测定。

4.2 天平:精确到0.001 g。

4.3 石英杯:250 mL,推荐杯身直径为7 cm。

4.4 搅拌棒:石英材质,长度超过杯口5 cm以上。

4.5 表面皿:石英材质,用于覆盖石英杯,推荐表面皿直径为8 cm以上。

4.6 容量瓶:25 mL和100 mL。

4.7 移液管:1 mL、5 mL和10 mL。

4.8 量筒:2 mL、5 mL 和 10 mL。

4.9 塑料瓶:细口带螺纹,100 mL,适合长期储存稀酸溶液。

4.10 马弗炉:操作温度可达到 600 ℃,控温精度为±5 ℃。

4.11 电热板:温度可调,工作温度可达 500 ℃。

4.12 坩埚钳:夹取石英杯。

4.13 滴管:2 mL。

4.14 烘箱:能将温度控制在 50 ℃~60 ℃。

4.15 水浴:能将温度控制在 50 ℃~100 ℃。

5 试剂和材料

5.1 试剂纯度:本标准使用的所有试剂均为分析纯或更高纯度。如果使用其他级别的试剂,应检查试剂是否有足够的纯度以保证结果的准确性不受影响。

5.2 盐酸:质量分数为 36%~38%。

警示——盐酸为腐蚀性酸,可引起灼伤。

5.3 硝酸:质量分数为 65%~68%。

警示——硝酸为腐蚀性酸,可引起灼伤。

5.4 王水:硝酸与盐酸按照体积比为 1∶3 混合,每次使用前需重新配制。

警示——王水为腐蚀性酸,可引起灼伤。

5.5 硫酸:质量分数为 95%~98%。

警示——硫酸为腐蚀性酸,可引起灼伤。

5.6 水:去离子水,符合 GB/T 6682—2008 中二级水要求。

5.7 钪内标元素标准溶液:浓度为 1 000 mg/L,可使用市售的标准溶液。

5.8 金属元素标准溶液:铝、钙、铁、钾、镁、锰、钼、钠、镍、铅、钒和锌浓度分别为 1 000 mg/L,可使用市售的标准溶液。

6 安全事项

本标准需要用到高压气体和腐蚀性酸,在使用硝酸、盐酸、硫酸、王水过程中应配备适当的个人保护设备,开启氩气和压缩空气等高压气体时应使用专门的工具。

7 取样和试样的处理

7.1 除特殊说明外,所有的实验室试样均应按照 GB/T 4756、GB/T 27867 规定的方法取样。

7.2 称取的试样应具有代表性,黏稠的试样可采用加热方式使其自由流动。对于大部分试样,水浴加热可以得到较为满意的结果,而对于黏度过大的试样则需使用电热板加热到使其自由流动。

7.3 对于某些含水的试样,应在电热板上加热并覆盖表面皿,慢慢升温蒸发水分。

7.4 对于待测元素含量较低或过高的试样可增加或减少取样量。

8 准备工作

警示——准备工作中需要用到腐蚀性酸,在使用硝酸、盐酸、硫酸、王水过程中要在通风橱中进行,并佩戴手套和护目镜。

8.1 石英杯清洗

每次使用前应清洗石英杯。用量筒(4.8)量取 10 mL 盐酸(5.2)至石英杯中,将石英杯置于电热板(4.11)上煮沸,用水(5.6)将石英杯冲洗干净,烘干待用。

8.2 钪内标元素标准溶液的配制

8.2.1 钪内标元素标准贮存溶液:100 mg/L。用移液管(4.7)移取 10 mL 浓度为 1 000 mg/L 的钪内标元素标准溶液(5.7)到 100 mL 容量瓶(4.6)中,再用移液管移取 5 mL 盐酸(5.2)到容量瓶中,用水(5.6)定容并混合均匀。将溶液储存在 100 mL 塑料瓶(4.9)中备用。此溶液保存期为一个月。

8.2.2 钪内标元素标准溶液:10 mg/L。用移液管移取 10 mL 浓度为 100 mg/L 的钪内标元素标准贮存溶液(8.2.1)到 100 mL 容量瓶中,再用移液管移取 5 mL 盐酸到容量瓶中,用水定容并混合均匀。将溶液储存在 100 mL 塑料瓶中备用。此溶液保存期为一个月。

8.3 金属元素标准贮存溶液配制

8.3.1 金属元素标准贮存溶液 A:用移液管(4.7)分别移取 10 mL 浓度为 1 000 mg/L 的铝、钙、铁、钾、镁和锰金属元素标准溶液(5.8)到 100 mL 的容量瓶(4.6)中,再用移液管移取 4 mL 王水(5.4)到容量瓶中,用水(5.6)稀释至刻度,得到浓度为 100 mg/L 的金属元素标准贮存溶液 A。此溶液保存期为一个月。

8.3.2 金属元素标准贮存溶液 B:用移液管(4.7)分别移取 10 mL 浓度为 1 000 mg/L 的钼、钠、镍、铅、钒和锌金属元素标准溶液(5.8)到 100 mL 的容量瓶(4.6)中,再用移液管移取 4 mL 王水(5.4)到容量瓶中,用水(5.6)稀释至刻度,得到浓度为 100 mg/L 的金属元素标准贮存溶液 B。此溶液保存期为一个月。

8.4 空白溶液配制

用移液管移取 1 mL 浓度为 100 mg/L 的钪内标元素标准贮存溶液(8.2.1)到 100 mL 容量瓶中,用移液管移取 4 mL 王水到容量瓶中,用水稀释至刻度,摇匀,得到标准空白溶液。此溶液保存期为一个月。

8.5 5 mg/L 金属元素标准工作溶液配制

用移液管分别移取 1 mL 浓度为 100 mg/L 的钪内标元素标准贮存溶液(8.2.1)、5 mL 浓度为 100 mg/L 的金属元素标准贮存溶液 A(8.3.1)、5 mL 浓度为 100 mg/L 的金属元素标准贮存溶液 B(8.3.2)和 4 mL 王水到 100 mL 容量瓶中,用水稀释至刻度,摇匀,得到浓度为 5 mg/L 的铝、钙、铁、钾、镁、锰、钼、钠、镍、铅、钒和锌金属元素标准工作溶液。此溶液保存期为一个月。

8.6 10 mg/L 金属元素标准工作溶液配制

用移液管分别移取 1 mL 浓度为 100 mg/L 的钪内标元素标准贮存溶液(8.2.1)、10 mL 浓度为 100 mg/L 的金属元素标准贮存溶液 A(8.3.1)、10 mL 浓度为 100 mg/L 的金属元素标准贮存溶液 B(8.3.2)和 4 mL 王水到 100 mL 容量瓶中,用水稀释至刻度,摇匀,得到浓度为 10 mg/L 的铝、钙、铁、钾、镁、锰、钼、钠、镍、铅、钒和锌金属元素标准工作溶液。此溶液保存期为一个月。

8.7 试样溶液制备

警示——由于加入硫酸会发生剧烈反应,因此,所有硫酸处理应在通风橱中操作,佩戴护目镜和手套并拉低通风橱可视窗。

8.7.1 称取一定量试样至石英杯(4.3)中,取样量通常为 5 g～10 g,精确到 0.001 g,盖上表面皿(4.5)。

8.7.2 用量筒(4.8)量取 2 mL 硫酸(5.5),用滴管(4.13)将硫酸从表面皿和石英杯口之间逐滴加入到试样中,直到反应逐渐减弱且不再生成气泡,将剩下的硫酸全部加入到试样中。

注 1:可以将滴管插入到表面皿和石英杯口之间以便控制反应速率。

注 2:2 mL 的硫酸适用于处理 10 g 左右的试样,更大量的试样需要更多的硫酸。

8.7.3 将盖有表面皿的石英杯置于电热板(4.11)上加热。缓慢升高电热板温度避免试样迸溅,若此过程出现大块结焦可用搅拌棒(4.4)将结焦捣碎,并把搅拌棒留在石英杯内,使得表面皿依然能覆盖大部分石英杯口。为了避免试样损失,搅拌棒应留在石英杯中直到步骤 8.7.5 后再将搅拌棒取出。

8.7.4 待试样停止生烟并全部结焦,将盖好的石英杯连同搅拌棒放入 550 ℃马弗炉(4.10)中灰化,保证积炭完全灰化,取出石英杯并冷却至室温。一般情况下灰化时间为 5 h。对于较难灰化的样品,灰化时间可能延长。

8.7.5 向石英杯中加入 10 mL 王水(5.4)溶解残渣并冲洗搅拌棒。将加入王水的石英杯放在电热板上加热,待溶液蒸发剩约 1 mL 时,取下石英杯并冷却至室温。如果试样没有完全溶解,则将试液冷却,另加入 10 mL 王水,重新蒸发。

8.7.6 用水(5.6)将石英杯中试液定量转移至 25 mL 容量瓶(4.6)中,用 5 mL 移液管(4.7)移取 2.5 mL 浓度为 10 mg/L 的钪内标元素标准溶液(8.2.2)到容量瓶中,用水稀释至刻度,摇匀待测。

8.7.7 按以上制备试样的步骤 8.7.2～8.7.6 制备试剂空白。

9 试验步骤

9.1 启动 ICP-OES 并点燃等离子体火炬,待仪器稳定。依次吸入空白溶液(8.4)、5 mg/L 金属元素标准工作溶液(8.5)和 10 mg/L 金属元素标准工作溶液(8.6),建立每个待测元素的标准工作曲线。表 1 列出了各待测元素的测定浓度范围及谱线波长。如果发生谱线重叠,则也可使用其他波长。选择波长应保持足够的灵敏度以达到必要的检测限。

9.2 依次吸入试剂空白(8.7.7)、待测试液(8.7.6),测定试液中各元素含量,并根据试样质量和定容体积计算试样中各待测元素的最终结果。

9.3 如果一个或多个元素的浓度较高超出了校准曲线浓度的范围时,则用空白溶液(8.4)将试液稀释到校准曲线的读数范围内重新测定。

表 1 元素测定浓度范围及推荐波长

元素	浓度范围 mg/kg	波长 λ nm
铝(Al)	0.20～100.00	396.153
钙(Ca)	0.40～140.00	393.366
铁(Fe)	0.10～100.00	238.204
钾(K)	0.30～100.00	766.491
镁(Mg)	0.10～100.00	279.553
锰(Mn)	0.10～100.00	257.610
钼(Mo)	0.10～100.00	202.030
钠(Na)	0.40～100.00	589.592
镍(Ni)	0.20～100.00	231.604

表 1（续）

元素	浓度范围 mg/kg	波长 λ nm
铅（Pb）	0.30～100.00	220.353
钒（V）	0.10～400.00	292.402
锌（Zn）	0.10～100.00	206.200
表 1 中提供的波长仅供用户参考，用户可根据所用仪器及试样情况选用其他合适的波长进行测定。		

10 计算

10.1 当操作者输人试样的质量和稀释体积之后，通过计算软件自动进行计算。

10.2 手动计算试样元素含量 C 按式（1）进行：

$$C = \frac{RVD}{m} \quad\quad\quad\quad\quad\quad\quad\quad (1)$$

式中：

C ——试样的元素含量，单位为毫克每千克（mg/kg）；

R ——试液中元素含量，单位为毫克每升（mg/L）；

V ——定容体积，单位为毫升（mL）；

D ——稀释倍数；

m ——试样质量，单位为克（g）。

11 结果表示

各元素含量的测定结果保留到小数点后两位，结果以 mg/kg 表示。

12 精密度和偏差

12.1 概述

本标准的精密度按照 GB/T 6683 通过实验室间统计分析结果确定。本标准的精密度通过 6 家实验室对 4 个原油、3 个重质馏分油、1 个渣油、4 个标油共 12 个试样的统计分析结果得到。对于浓度范围超出规定的试样也可采用本标准进行测定，但其精密度未经验证。按下述规定判断试验结果的可靠性（95％置信水平）。

12.2 重复性

同一操作者，在同一实验室，使用同一台仪器，按照相同的试验方法，对同一试样进行连续测定，所得到的两个结果之差不应大于表 2 规定的数值。

表 2　精密度

元素	浓度范围 mg/kg	重复性 mg/kg	再现性 mg/kg
铝(Al)	0.20～100.00	$0.230m^{0.634}$	$0.305m^{0.819}$
钙(Ca)	0.40～140.00	$0.084m^{0.888}$	$0.249m^{0.876}$
铁(Fe)	0.10～100.00	$0.232m^{0.647}$	$0.260m^{0.858}$
钾(K)	0.30～100.00	$0.216m^{0.571}$	$0.515m^{0.640}$
镁(Mg)	0.10～100.00	$0.258m^{0.566}$	$0.375m^{0.689}$
锰(Mn)	0.10～100.00	$0.090m^{0.670}$	$0.160m^{0.887}$
钼(Mo)	0.10～100.00	$0.163m^{0.688}$	$0.183m^{0.847}$
钠(Na)	0.40～100.00	$0.176m^{0.603}$	$0.924m^{0.386}$
镍(Ni)	0.20～100.00	$0.204m^{0.618}$	$0.311m^{0.760}$
铅(Pb)	0.30～100.00	$0.120m^{0.779}$	$0.185m^{0.845}$
钒(V)	0.10～400.00	$0.064m^{0.877}$	$0.185m^{0.847}$
锌(Zn)	0.10～100.00	$0.232m^{0.644}$	$0.255m^{0.799}$
注：m——两次测定结果的算术平均值，mg/kg。			

12.3　再现性

不同的操作者,在不同实验室,使用不同的仪器,按照相同的试验方法,对同一试样进行测试,所得两个单一且独立的试验结果之差不应超过表 2 规定的数值。

12.4　偏差

因为没有合适的参考物,本标准的偏差无法确定。

参 考 文 献

[1] GB/T 6683 石油产品试验方法精密度数据确定法

————————————

ICS 75.120
E 39

中华人民共和国国家标准

GB/T 37222—2018

难燃液压液喷射燃烧持久性测定
空锥射流喷嘴试验法

Determination of spray flame persistence of fire-resistant fluids—
Hollow-cone nozzle method

(ISO 15029-1:1999,Petroleum and related products—Determination of
spray ignition characteristics of fire-resistant fluids—Part 1:Spray flame
persistence—Hollow-cone nozzle method,NEQ)

2018-12-28 发布

2019-07-01 实施

国家市场监督管理总局
中国国家标准化管理委员会 发布

前　言

本标准按照 GB/T 1.1—2009 给出的规则起草。

本标准使用重新起草法参考 ISO 15029-1:1999《石油及相关产品　难燃液体喷射燃烧性能测定第 1 部分:喷射燃烧持久性　空锥射流喷嘴试验法》编制,与 ISO 15029-1:1999 的一致性程度为非等效。

本标准由全国石油产品和润滑剂标准化技术委员会(SAC/TC 280)提出并归口。

本标准起草单位:煤炭科学技术研究院有限公司、中国石化润滑油有限公司合成油脂分公司。

本标准主要起草人:王继勇、王萍、罗玉兰、于维雨、王秋敏、刘姗姗、王玉超、郭建明。

难燃液压液喷射燃烧持久性测定
空锥射流喷嘴试验法

警示——本标准的使用可能涉及到某些有危险的材料、操作和设备,但并未对与此有关的所有安全问题都提出建议。使用者在应用本标准之前有责任制定相应的安全和保护措施,并确定相关规章限制的适用性。有关安全注意事项详见第8章。

1 范围

本标准规定了使用空锥射流喷嘴试验测定难燃液压液喷射燃烧持久性的方法。对加压喷射的液体流在其不同位置施加火源予以点燃,以其火焰燃烧持久性来评价难燃液压液的喷射燃烧特性。

本标准适用于难燃液压液。

2 规范性引用文件

下列文件对于本文件的应用是必不可少的。凡是注日期的引用文件,仅注日期的版本适用于本文件。凡是不注日期的引用文件,其最新版本(包括所有的修改单)适用于本文件。

GB/T 394.1—2008 工业酒精

GB 1922—2006 油漆及清洗用溶剂油

GB/T 4756 石油液体手工取样法(GB/T 4756—2015,ISO 3170:2004,MOD)

GB/T 21449—2008 水-乙二醇型难燃液压液

SH/T 0553—1993 工业丙烷、丁烷(ISO 9162:1989,REF)

3 术语和定义

下列术语和定义适用于本文件。

3.1

喷射燃烧持久性 **spray flame persistence**

在本标准规定的试验条件下,液体经加压喷射形成喷射流,在液体喷射流长度方向的不同位置施加火源点燃液体,从移除火源开始至喷射流燃烧火焰完全熄灭为止的最长时间。

4 方法概要

将液体试样加压加热到规定的压力和温度下,通过特定喷嘴形成喷射流。沿喷射流长度方向的不同位置,采用丙烷火焰点燃液体喷射流。喷射流燃烧后,移除火源并同时开启计时器,测量喷射流持续燃烧的时间。每个位置测定结果为移除火源后喷射流持续燃烧的最长时间(s)。

5 试剂和材料

5.1 工业酒精:符合 GB 394.1—2008 一级品的要求。

5.2 溶剂油:符合 GB 1922—2006 中 2 号溶剂油的要求。

5.3 丙烷:符合 SH/T 0553—1993 中 95 号工业丙烷的要求。

6 设备

6.1 概述

喷射燃烧试验设备由液压泵、电机、溢流阀、换向阀、液箱、电加热器、温度控制器、喷嘴组件、点火装置、喷射燃烧室和高压胶管等组成,见图 1。喷射燃烧试验设备的操作步骤为:在电加热器和温度控制器作用下,试验温度满足试验要求时,调整溢流阀压力,使得难燃液压液喷射压力满足试验要求,调整好点火装置,打开换向阀进行喷射试验。

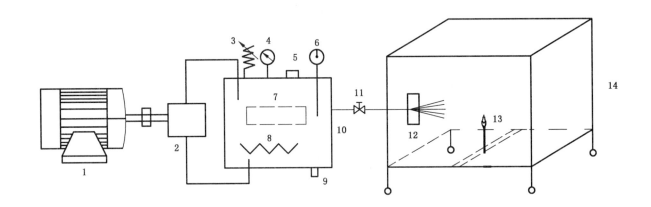

说明:

1 ——电机;	8 ——电加热器;
2 ——液压泵;	9 ——排液口;
3 ——溢流阀;	10 ——液箱;
4 ——压力表;	11 ——换向阀;
5 ——注液口;	12 ——喷嘴;
6 ——温度测量点;	13 ——丙烷灯;
7 ——温度控制器;	14 ——喷射燃烧室。

图 1 喷射燃烧试验设备示意图

6.2 液箱

液箱容积 13 L,碳钢材质。液箱内安装加热器,试验温度经温度控制器设定、控制,使液箱内的温度恒定在标准要求温度。

6.3 液压泵、电机

液压泵为轴向柱塞泵,公称排量为 2.5 mL/r;

电机为三相异步电动机,转速 910 r/min,功率为 0.75 kW。

6.4 溢流阀、换向阀

溢流阀控制试验压力,使难燃液压液的喷射试验压力为(7±0.3)MPa;

换向阀实现难燃液压液的喷射转换。

6.5 电加热器

电加热器采用直棒式管状加热器或其他形式电加热器,功率 1 kW。

6.6 温度控制器

温度控制器用于控制难燃液压液的试验温度,可采用精度 1.5 级的节点温度计或其他类型温度控制器。

6.7 喷嘴组件

80°空心锥型,额定喷孔孔径 0.51 mm,304 不锈钢材质。以 GB/T 21449—2008 中黏度等级为 46 的水-乙二醇难燃液压液为测试液,在(65±5)℃、(7±0.3)MPa 下的流量应为(27.4±0.8)L/h。

注:型号为 AAZ1/4-LNN-SS-1.5 的喷嘴组件符合本标准的试验要求,其他满足本标准要求的喷嘴组件也可以使用。

6.8 点火装置

丙烷喷灯作为试验的点火装置,在丙烷喷灯气孔全开时,产生高约为 130 mm 的蓝色火焰,其中内部淡蓝色火焰约 25 mm。点火装置安装在喷射燃烧室内,位置在沿着喷射流方向距离喷嘴分别为 0.2 m、0.4 m、0.6 m、0.8 m、1.0 m 处。

6.9 喷射燃烧室

整个试验过程在金属结构的喷射燃烧室内进行,燃烧室柜体长 1 660 mm,宽 1 080 mm,高 950 mm。在整个试验过程中,喷射燃烧室内环境温度应控制在 5 ℃~30 ℃,空气流速不大于 0.3 m/s。

6.10 高压胶管

高压胶管是喷射燃烧试验中输送难燃液胶管,丁腈橡胶材质。

6.11 计时器

秒表,电子或机械型,精确到 0.1 s。

7 取样及样品准备

除非特殊规定,样品的取样按 GB/T 4756 进行,取样数量为 30 L。

试验样品应均一、透明。若样品中含有沉淀物或游离水,应通过过滤或倾析法去除,并加以记录。样品试验前应保存在阴凉、干燥的室内,且环境温度在 0 ℃~30 ℃的范围内。

8 试验步骤

警示——因采用本试验设备进行难燃液压液喷射燃烧持久性测定时,涉及到点火、喷射流燃烧及可能接触的危害性燃烧产物等危险性操作,试验过程中应注意做好个人防护,穿防护服、戴防护口罩、手套等,并备有足量的灭火器、灭火沙箱等专用灭火器材。

8.1 向液箱中注入待测难燃液压液 5 L,开启液压泵,运行 10 min,以除去液箱内其他杂质对试验结果的影响。调节喷射试验压力为 7 MPa,打开换向阀将待测难燃液压液喷射 3 min~5 min,以除去管路中杂质对试验结果的影响。

8.2 排空上述待测难燃液压液,以尽量降低外部杂质对待测难燃液压液试验结果影响。并向液箱注入新的待测难燃液压液试样 10 L,开启液压泵,开启加热器和温度控制器直到达到试验温度(对于水基液压液或含水的乳化液的试验温度为(65±5)℃,对于其他液压液试验温度为(85±5)℃)。

8.3 当试样温度达到要求温度,试验喷射压力达到(7±0.3)MPa 时,将点火装置放在沿喷射流方向距喷嘴 0.2 m 处。点燃点火装置并使其产生高约为 130 mm 的蓝色火焰,其中内部淡蓝色火焰约 25 mm。试验在试验室燃烧箱内进行,当试验温度、压力条件稳定,且试验火焰符合要求时,打开换向阀开始喷射。

8.4 当喷射流被点燃后,移除点火装置并同时开启计时器,记录从点火装置移除到喷射流火焰熄灭的时间,精确至 0.1 s。若喷射流不能被点燃,则喷射 60 s 后停止喷射。若喷射流被点燃,且移除点火装置后,喷射流燃烧时间达 30 s 仍持续燃烧,则可停止喷射。

8.5 将点火装置分别置于沿喷射流方向,距喷嘴 0.4 m、0.6 m、0.8 m、1.0 m 处,重复 8.4 步骤,记录从点火装置移除到喷射流火焰熄灭的时间。

8.6 试验结束后,将液箱及管路中的液体排净。如果测试难燃液压液为 HFA、HFC 类型难燃液压液,则采用工业酒精清洗液箱、管路、喷嘴等部件;其他类型难燃液压液则采用溶剂油清洗。

8.7 为了清洗干净液箱、管路、喷嘴等部位,建议清洗 2 次~3 次,以降低测试难燃液压液对下次难燃液压液试验结果的影响。

9 结果表示和报告

9.1 分别记录五个不同位置(0.2 m、0.4 m、0.6 m、0.8 m、1.0 m)下,喷射流的持续燃烧时间,精确到 0.1 s。例如:X/Y/Z/P/Q,其中 X、Y、Z、P、Q 分别代表在 0.2 m、0.4 m、0.6 m、0.8 m、1.0 m 位置测得的持续燃烧时间。

9.2 报告在五个不同位置所记录的持续燃烧时间中的最大值,精确到 0.1 s。

9.3 若喷射流燃烧时间达到 30 s 以上时,报告为"不通过"。

9.4 若试验样品中含沉淀物或游离水,应加以记录。

9.5 记录难燃液压液在加热过程中出现的任何变化。

10 精密度

本标准尚未建立精密度。本标准被用于检验难燃液压液是否具备难燃性能,30 s 的最长持续燃烧时间被确定为难燃液压液喷射燃烧持久性判定的临界值。

ICS 75.160.20
E 31

中华人民共和国国家标准

GB/T 37322—2019

汽油清净性评价
汽油机进气阀沉积物模拟试验法

Test method for evaluating gasoline cleanliness—
Simulation test of intake valve deposit(IVD) of gasoline engine

2019-03-25 发布

2019-10-01 实施

国家市场监督管理总局
中国国家标准化管理委员会　发　布

前　言

本标准按照 GB/T 1.1—2009 给出的规则起草。

本标准由全国石油产品和润滑剂标准化技术委员会(SAC/TC 280)提出并归口。

本标准负责起草单位:中国石油化工股份有限公司石油化工科学研究院。

本标准参加起草单位:兰州维科石化仪器有限公司、深圳市计量质量检测研究院、山东京博石油化工有限公司、深圳市超美化工科技有限公司、广东省惠州市石油产品质量监督检验中心、路博润添加剂(珠海)有限公司、北京石油产品质量监督检验中心、天津悦泰石化科技有限公司、珠海莱科力环保科技有限公司。

本标准主要起草人:张欣、陈雨濛、张德民、赵彦、王继芹、李瑞波、闻环、戴松、王守城、钟亮、董双建、张佳、黄伟林。

引　言

　　本方法模拟进气道喷射发动机进气阀沉积物的生成过程,以沉积物生成量来判断汽油在发动机进气阀上沉积物的生成倾向,可用于汽油清净性的评价和汽油清净剂的开发。相对发动机试验,本方法具有试验时间短、样品用量少,仪器设备投资低等优势。

汽油清净性评价
汽油机进气阀沉积物模拟试验法

警示——本标准涉及某些有危险的材料、操作及设备，但并未对所有的安全问题提出建议。因此，用户在使用本标准前应建立适当的安全防护措施，并确定相关规章限制的适用性。

1 范围

本标准规定了进气道喷射汽油机进气阀沉积物的模拟试验方法，用以评价汽油机进气阀的沉积物生成倾向。

本标准适用于车用汽油和车用汽油清净剂。

注： 本标准适用于车用乙醇汽油的试验条件尚未确定，还需进行与发动机相关性的进一步考察。

2 规范性引用文件

下列文件对于本文件的应用是必不可少的。凡是注日期的引用文件，仅注日期的版本适用于本文件。凡是不注日期的引用文件，其最新版本（包括所有的修改单）适用于本文件。

GB/T 4756 石油液体手工取样法

GB 17930 车用汽油

GB/T 19230.6 评价汽油清净剂使用效果的试验方法 第6部分：汽油清净剂对汽油机进气阀和燃烧室沉积物生成倾向影响的发动机台架试验方法（M111法）

3 术语和定义

下列术语和定义适用于本文件。

3.1

进气阀沉积物 intake valve deposit
由燃料、润滑油和添加剂生成的或从外部吸入的任何沉积在进气阀表面上的物质。

3.2

校准参比燃料 calibration reference fuel
用于校准汽油机进气阀沉积物模拟试验机、具有汽油特性的稳定燃料。

3.3

校准参比剂 calibration reference detergent
用于校准汽油机进气阀沉积物模拟试验机，按照指定量加入校准参比燃料、可生成一定质量沉积物的汽油清净剂。

3.4

生焦剂 deposit accelerant
在高温和氧的环境下，促使金属表面快速生成类似发动机长期工作后进气阀上沉积物的物质。

4 方法概要

在规定的试验条件下,将定量的试样经过喷嘴与空气混合并喷射到一个已经称重并加热到试验温度条件下的沉积物收集器上,模拟汽油机进气阀沉积物生成,然后将试验后沉积物收集器称重并拍照。

5 仪器设备

5.1 试验设备

汽油机进气阀沉积物模拟试验机:技术要求详见附录 A。

5.2 试验仪器

5.2.1 分析天平:精确到 0.1 mg。

5.2.2 干燥器:含干燥剂。

5.2.3 烘箱:温度可控制在 100 ℃±2 ℃。

5.2.4 微量进样器:1 000 μL,250 μL。

5.2.5 容量瓶:300 mL。

5.2.6 镊子。

5.2.7 天平手套。

5.2.8 数字照相机:不低于 800 万像素。

6 试剂和材料

6.1 试剂

6.1.1 正庚烷:分析纯。

6.1.2 石油醚:60 ℃～90 ℃和 90 ℃～120 ℃,分析纯。

6.1.3 二甲苯:分析纯。

6.1.4 三甲苯:工业级。

6.1.5 四甲苯:工业级。

6.1.6 无水乙醇:分析纯。

6.1.7 异丙醇:分析纯。

6.2 材料

6.2.1 百洁布:粒度 240 号～280 号。

注:3M 8698 号百洁布符合本方法的使用要求。

6.2.2 水砂纸:62 μm。

6.2.3 生焦剂:见附录 B 中 B.2.1 要求。

6.2.4 环烷酸铁稀释液:见 B.2.2。

6.2.5 校准参比燃料:组成要求见表 B.1。

6.2.6 校准参比剂:见 B.2.4 要求。

6.2.7 基础试验汽油:符合 GB 17930,不含汽油清净剂且模拟进气阀沉积物质量为 7 mg～9 mg。

6.2.8　清洗剂:市售洗涤剂。

6.2.9　纸棒:滤纸卷制而成,直径 1.5 mm。

6.2.10　海绵:35D。

7　取样

7.1　按照 GB/T 4756 采取有代表性的汽油样品。取样和储存样品均应使用不透明容器,如深棕色玻璃瓶、金属罐,避免暴露在阳光或紫外线下。

7.2　在试验之前,试样应在室内放置到与室温接近。典型室温为 16 ℃～32 ℃。

8　准备工作

8.1　沉积物收集器的准备

8.1.1　将沉积物收集器用百洁布蘸水和清洗剂沿着收集器板面的长度方向打磨。对用过的有较重沉积物的收集器,可用水砂纸蘸水打磨,再用百洁布蘸水及清洗剂打磨,直到试板表面光亮无污,然后用新的百洁布沿着收集器板面的长度方向在流动的自来水中打磨并清洗干净,保证板面的工作面光洁度一致。

8.1.2　将收集器放入无水乙醇溶液中浸泡片刻,用镊子夹住放到 100 ℃的烘箱中,烘烤时间不少于30 min。

8.1.3　将收集器从烘箱中取出后冷却到室温,用事先准备好的纸棒插入收集器试板的热电偶孔中,确保测温孔内无残存物质,然后置于干燥器中不少于 4 h。

注意:干燥器与称量天平放置于同一工作台上,保证干燥器的环境与天平工作环境相同。

8.1.4　从干燥器中取出收集器进行称重,然后将其放回干燥器中,间隔 10 s 后再称,连续两次称量天平读数的差值不大于 0.1 mg,即可备用。如果差值大于 0.1 mg,将收集器放回干燥器,30 min 后重新称重,直至连续两次的读数差值不大于 0.1 mg。

注意:备用的收集器不能用裸手直接触摸,可戴手套取放。

8.2　试验设备的准备

8.2.1　仪器的试验时间设定为 85 min,喷油时间设为 75 min,试验温度设为 175 ℃(当室温≤20 ℃时,温度设为 174 ℃),温控精度为±1 ℃。接通气源,调节空气压力为 80 kPa±1 kPa,空气流量为 700 L/h±20 L/h。

8.2.2　将 30 mL 混合溶液(正庚烷与二甲苯体积比为 2:1)倒入盛样杯,将盛样杯盖上的进油口处的海绵取出,然后盖上盛样杯盖。

8.2.3　用混合溶液充分清洗盛样杯内壁后,将溶剂回收盒放置于喷嘴前,关闭试验罩上盖。

8.2.4　开启设备电源开关,用清洗模式,使盛样杯中的溶液经过进油软管和喷嘴快速喷向溶剂回收盒,喷完为止。

8.2.5　持续吹气约 3 min 使管线吹干,结束清洗模式,转换为试验模式,取出溶剂回收盒,进油口处换上新海绵。

注意:放入和取出溶剂回收盒时避免触碰喷油嘴。

8.2.6　蠕动泵的调整:计量泵的速率因试验时的环境温度不同而有差异。调整蠕动泵的速率,使 300 mL油在 73 min～75 min 之内喷完。

8.3 设备校验

按照附录B对汽油机进气阀沉积物模拟试验机进行校验。

9 试验步骤

9.1 试验环境条件

试验室温度:16 ℃~32 ℃,在通风橱内试验,强制通风。

9.2 试样的准备

9.2.1 车用汽油试样准备:用容量瓶取 300 mL 待测汽油试样倒入盛样杯中,用 1 000 μL 微量进样器抽取标定用量的生焦剂(见 B.4.1)加到待测汽油试样中混匀,更换燃料进油口处的过滤海绵,盖上杯盖。

9.2.2 车用汽油清净剂试样准备:在基础试验汽油中添加一定比例的待测汽油清净剂,取 300 mL 倒入盛样杯中,用 1 000 μL 微量进样器抽取标定用量的生焦剂(见 B.4.1)加到待测油样中混匀,更换燃料进油口处的过滤海绵,盖上杯盖。

9.3 试样的测定

9.3.1 装入已称重的沉积物收集器并夹紧,插上测温热电偶,锁定进油管。

9.3.2 启动试验,使沉积物收集器温度达到设定温度。

9.3.3 调节空气压力到 80 kPa±1 kPa,空气流量稳定在 700 L/h±20 L/h。

9.3.4 保持喷油的流量在 73 min~75 min 全部喷完。

9.3.5 经过 85 min 试验结束后,取出插在沉积物收集器上的测温热电偶,松开沉积物收集器。

9.4 收集器的处理

9.4.1 用镊子取出沉积物收集器,待冷却至室温,将其置于盛有正庚烷的容器中静置浸泡 6 min 后取出。

9.4.2 将收集器浸入盛有石油醚(60 ℃~90 ℃)的容器中,静置浸泡 1 min 取出,用纸棒塞入收集器的测温孔中,吸去孔内的试剂。

9.4.3 将收集器置于 100 ℃烘箱中 15 min 后,取出放入干燥器中,将干燥器置于天平附近,冷却至室温。

9.4.4 将收集器称重,连续两次称得的质量读数差值应在 0.1 mg 以内,称量结果为试验后沉积物收集器质量。如果差值大于 0.1 mg,将收集器放回干燥器,30 min 后重新称重,直至连续两次的读数差值不大于 0.1 mg。

9.5 照相

对试验后沉积物收集器进行拍照。

10 计算

试样的模拟进气阀沉积物质量按式(1)计算:

$$m = m_1 - m_0 \quad\quad\quad\quad\quad\quad\cdots\cdots\cdots\cdots\cdots\cdots\cdots(1)$$

式中:

m ——试验生成的沉积物质量,单位为毫克(mg);

m_1——试验后沉积物收集器的质量,单位为毫克(mg);

m_0——试验前沉积物收集器的质量,单位为毫克(mg)。

11 试验报告

报告应包括下述内容:

a) 样品信息,样品类型;

b) 试样的沉积物质量(见第 10 章),结果精确至 0.1 mg;

c) 试验后沉积物收集器的影像(见 9.5);

d) 样品为车用汽油清净剂时,同时报告基础试验汽油的沉积物质量,结果精确至 0.1 mg。

12 精密度与偏差

12.1 精密度

12.1.1 本标准的精密度是由 11 个实验室,采用 6 个具有不同沉积物水平的含车用汽油清净剂的车用汽油样品,经实验室间的协作试验,其结果按照 GB/T 6683 方法统计计算所得到的。由下述规定判定沉积物质量试验结果的可靠性(95%置信水平)。

12.1.2 重复性(r):在同一个实验室,由同一操作者,使用同一仪器,对同一个试样测得的两个连续试验结果之差不应超出表 1 中重复性规定。

12.1.3 再现性(R):在不同的实验室,由不同的操作者,使用不同的仪器,对同一试样测得的两个单一、独立的试验结果之差不应超出表 1 中再现性规定。

表 1 重复性和再现性

单位为毫克

沉积物范围	重复性(r)	再现性(R)
0.5~12	$0.344m^{0.209}$	$0.694m^{0.532}$
注:m 为两个试验结果的算术平均值,单位为毫克(mg)。		

12.2 偏差

因本标准方法的试验结果是由本方法所定义的,故无法确定偏差。

附　录　A
（规范性附录）
汽油机进气阀沉积物模拟试验机技术要求

A.1　通则

本附录规定了汽油机进气阀沉积物模拟试验机的技术要求,设备示意图如图 A.1 所示。设备主要部分由 A.2 所述的沉积物试验总成组成,如图 A.2。A.3 描述了设备的油、气、电控制部分。

A.2　沉积物试验总成

A.2.1　沉积物收集器

沉积物收集器采用厚度 4 mm 的铝板,材质 1060 铝材,加工尺寸及形状见图 A.3。收集器下沿的 2 个矩形缺口用于定位。收集器上端正中间有一热电偶插孔,孔径 ϕ1.7 mm,热电偶直径为 ϕ1.5 mm。

A.2.2　扇形喷嘴体

喷嘴体使用空气雾化扇形喷嘴,产品型号为 B1/4J＋SUF1,其中 B1/4J 为喷嘴主体,接口为 1/4BSPT 内螺纹,SUF1 为喷雾装置,由空气帽 PA73420 以及液体帽 PF2850 组合而成;喷嘴体后端的针型阀用于调节液体的输出量,开度一般不大于 2.5 圈,喷嘴体前端距离沉积物收集器为 16 mm～ 17 mm,扇形喷嘴喷射到沉积物收集器上的形状呈唇形,长度约 27 mm～32 mm,宽度约 5 mm～ 8 mm。

A.2.3　板式加热器

板式加热器由铝或铜制作,形状及尺寸见图 A.4。在加热器中放置了两支加热管,加热总功率 300 W。加热器的一端设置超温保护热电偶,防止控温系统失控引起加热器超温,超温信号可切断加热电源,保护加热器不被烧坏。

A.2.4　夹紧装置

夹紧装置使用了弹性锁紧结构,当按下夹紧装置的按钮时推杆向加热器方向弹出,顶紧加热器和沉积物收集器,使加热器和收集器紧密结合,完成夹紧动作。当向后推动加紧装置的拨片时,推杆松开,加热器与收集器分离,便于取出和放入收集器。夹紧装置由市售自动弹簧插销加装石棉隔热垫片改制而成。

A.2.5　支架

支架由铝合金或其他金属制作,在垂直放置加热器和沉积物收集器的支架两侧位置镶嵌了聚四氟乙烯隔热垫,防止加热器向支架传热。夹紧装置安装在支架中间位置上。

A.2.6　试验罩

试验罩由不锈钢板制作,将支架、沉积物收集器、加热器和夹紧装置罩在试验罩内,试验罩前端装有玻璃视窗,玻璃中心钻 ϕ40 mm 的孔,喷嘴从孔的中心伸入罩内,对准收集器喷油。试验罩上方有一个盖子,盖子上开了一个 $\phi 5$ mm 的孔,合上盖子后此孔正好对准沉积物收集器上的热电偶插孔,试验罩后端正中间开了一个 $\phi 75$ mm 孔,安装轴流风机。

A.2.7 轴流风机

轴流风机型号:75FZY2,风量 0.6 m^3/ min。

A.3 油、气、电控制部分

A.3.1 气体控制系统

空气压缩机提供 0.4 MPa～0.8 MPa 干燥压缩空气,经过滤减压阀、稳压阀、空气压力表、玻璃转子流量计,将气体压力和流量分别控制在 80 kPa、700 L/h 进入喷嘴体空气端口。气体压力控制精度 ± 1 kPa,气体流量控制精度 ± 20 L/h。

A.3.2 进样系统

汽油在盛样杯中经海绵过滤,通过进油软管,由蠕动泵控制计量后,进入喷嘴体液体端口,在喷嘴体内与空气混合后,呈扇形雾化喷出。蠕动泵输出流量 0～6 mL/min,流量控制精度 ± 0.02 mL/min。进油软管采用外径 $\phi 3.2$ mm,壁厚 0.8 mm 的氟橡胶管。

A.3.3 自动控制系统

由电磁阀控制自动进气。定时器控制蠕动泵启动、停止,完成自动进油样。控温仪控制试验温度,显示精度 0.1 ℃,控制精度 ± 1 ℃。控制温度超温时,由超温保护仪检测到超温信号后,切断加热电源并发出声光报警。从试验开始,升温/控温→喷气/喷油→保温→烘烤→降温/结束,整个过程由控制系统自动完成。

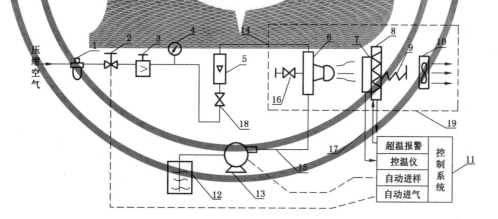

说明:
1——空气过滤减压阀;
2——电磁阀;
3——稳压阀;
4——空气压力表;
5——空气流量计;
6——扇形喷嘴体;
7——沉积物收集器;
8——板式加热器;
9——夹紧装置;
10——抽气轴流风机;
11——控制系统;
12——盛样杯;
13——蠕动泵;
14——空气管;
15——进油软管;
16——喷嘴体针阀;
17——热电偶;
18——空气流量调节阀;
19——沉积物试验总成。

图 A.1 汽油机进气阀沉积物模拟试验机示意图

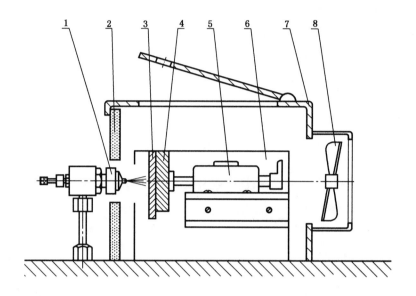

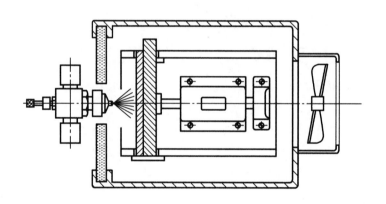

说明：

1——扇形喷嘴体；

2——玻璃视窗；

3——沉积物收集器；

4——加热板；

5——夹紧装置；

6——支架；

7——试验罩；

8——轴流风机。

图 A.2　沉积物试验总成

单位为毫米

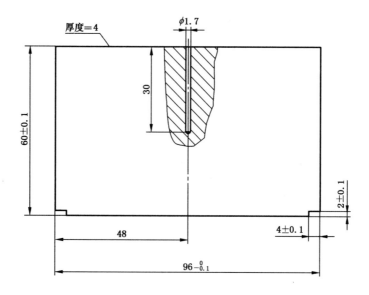

图 A.3　沉积物收集器

单位为毫米

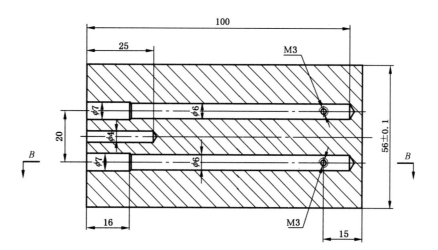

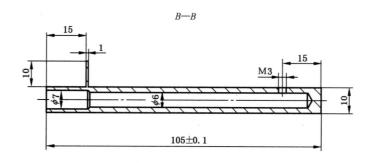

图 A.4　板式加热器

附 录 B

（规范性附录）

设 备 校 验

B.1 概述

B.1.1 本附录给出了使用校准参比燃料和校准参比剂对汽油机进气阀沉积物模拟试验机进行校准验证的方法。

B.1.2 本附录给出了确定生焦剂用量的方法。

B.2 校准材料

B.2.1 生焦剂

本方法采用双环戊二烯作为生焦剂,双环戊二烯纯度不低于 70%,其使用应当满足 B.3。其他加入汽油中能促使沉积物生成的物质,若经考察符合 B.3 的要求,也可作为本方法的生焦剂。

B.2.2 环烷酸铁稀释液

环烷酸铁采用市售 38% 溶剂油溶液,用异丙醇稀释制成含该环烷酸铁 30 mg/kg 的稀释液。

B.2.3 校准参比燃料

300 mL 校准参比燃料组成见表 B.1。

表 B.1 300 mL 校准参比燃料组成

组分	组分纯度	组分体积
石油醚(60 ℃～90 ℃)	分析纯	100 mL
石油醚(90 ℃～120 ℃)	分析纯	120 mL
二甲苯	分析纯	50 mL
三甲苯	工业级	20 mL
四甲苯	工业级	10 mL
环烷酸铁稀释液[a]	质量分数 30 mg/kg	100 μL
[a] 环烷酸铁稀释液在测试前加入至混合液中。		

B.2.4 校准参比剂

理化性质稳定且采用 GB/T 19230.6 进行试验其平均进气阀沉积物在 40 mg～60 mg 的汽油清净剂。

B.3 校准要求

B.3.1 含校准参比剂的校准参比燃料沉积物生成量为 2.0 mg±0.2 mg。

B.3.2 校准参比燃料沉积物生成量为 8 mg±1 mg。

B.4 校准步骤

B.4.1 加入校准参比剂后校准参比燃料的沉积物测试。将适量校准参比剂加入到 300 mL 校准参比燃料中,通过调整生焦剂加入量,使连续两次试验生成的沉积物质量满足 B.3.1 要求,连续两次试验的结果相差不大于 0.3 mg。此时生焦剂的用量为此设备的标定用量。

B.4.2 校准参比燃料沉积物测试。在 300 mL 校准参比燃料中加入标定用量生焦剂(B.4.1),测试结果应满足 B.3.2 要求,连续两次试验的结果相差不大于 0.3 mg。

B.4.3 当 B.4.2 试验不能满足要求时,需对设备进行调整,调整方法参见设备说明或咨询设备生产商。

B.4.4 设备调整后重复进行 B.4.1～B.4.3,直到 B.3 的两个校准要求能够同时满足。

B.5 校准周期

当发生以下情况时,需要对汽油机进气阀沉积物模拟试验机进行校准:

a) 设备安装之后待用;

b) 设备关键零配件(喷嘴体、板式加热器、控温仪、热电偶等)更换后;

c) 当样品检定结果明显不合理时;

d) 更换不同批次生焦剂时;

e) 设备停用三个月以上再重新使用时;

f) 设备正常使用时每半年校准一次。

参 考 文 献

[1]　GB/T 6683　石油产品试验方法精密度数据确定法

———————————

ICS 75.140
E 43

中华人民共和国国家标准

GB/T 38050—2019

乳化沥青渗透性测定法

Test method for permeability of emulsified asphalt

2019-10-18 发布

2020-05-01 实施

国家市场监督管理总局
中国国家标准化管理委员会 发 布

前　言

本标准按照 GB/T 1.1—2009 给出的规则起草。

本标准由全国石油产品和润滑剂标准化技术委员会(SAC/TC 280)提出并归口。

本标准起草单位：哈尔滨工业大学、中国石油大学(华东)、郑州兴和路业技术有限公司、辽宁省交通建设投资集团有限责任公司、河南高速公路发展有限责任公司。

本标准主要起草人：谭忆秋、单丽岩、虎增福、范维玉、徐慧宁、张磊、宋宪辉、王中平。

乳化沥青渗透性测定法

警示——本标准的使用可能涉及某些有危险的材料、操作和设备,但并未对与此有关的所有安全问题都提出建议。使用者在应用本标准之前有责任制定相应的安全和保护措施,并确定相关规章限制的适用性。

1 范围

本标准规定了乳化沥青渗透性测试的方法概要、仪器和材料、试验准备、试验步骤、计算、报告、精密度。

本标准适用于测定乳化沥青的渗透性。在试验设备允许的能力范围内,本标准也可用于测定稀释沥青的渗透性。

2 规范性引用文件

下列文件对于本文件的应用是必不可少的。凡是注日期的引用文件,仅注日期的版本适用于本文件。凡是不注日期的引用文件,其最新版本(包括所有的修改单)适用于本文件。

GB/T 11147   沥青取样法

GB/T 17671   水泥胶砂强度检验方法

JTG E42—2005   公路工程集料试验规程

3 术语和定义

下列术语和定义适用于本文件。

3.1

渗透系数   permeability coefficient

在规定温度、规定时间内,乳化沥青所渗透量砂的高度。

注:单位为厘米(cm)。

3.2

量砂   sand for measurement

粒径为 0.15 mm～0.3 mm 的标准砂。

4 方法概要

将一定质量的量砂装入规定尺寸的玻璃管中。测定 10 min 被乳化沥青渗透的量砂的质量,通过计算转化为被渗透量砂的高度,用渗透系数表示。

5 仪器和材料

5.1 乳化沥青渗透性测试仪:见图1,其中玻璃漏斗尺寸见图2、玻璃管尺寸见图3。玻璃漏斗,上口口径为 60 mm±0.2 mm,总长为 110 mm±0.2 mm(图 2);50 mL 玻璃管,管高为 175.1 mm±0.2 mm,管内径为 22.9 mm±0.2 mm(图 3)。

5.2 电子天平:采用感量不大于 0.1 g 的电子天平。

5.3 计时器:采用刻度为 0.1 s(或更小),误差在 0.05% 以内,整个计时范围不少于 15 min 的秒表或其他计时装置均可,也可使用电子线圈频率控制精度在 0.05% 以内的电子计时设备。

5.4 温度计:量程 0 ℃~100 ℃,分度不大于 1 ℃。

5.5 游标卡尺:量程 200 mm,精度不低于 0.02 mm。

5.6 标准筛:孔径为 0.15 mm 和 0.3 mm 的标准筛。

5.7 烧杯:容积为 10 mL 和 100 mL 烧杯各一只。

5.8 坩埚:50 mL 坩埚一只。

5.9 烘箱:控温温度不低于 150 ℃,精度不大于 1 ℃,装有温度自动调节器。

5.10 干燥器。

5.11 标准砂:符合 GB/T 17671 的要求。

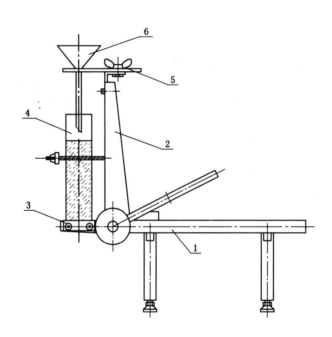

说明:

1——基座;

2——立板;

3——活动托板;

4——玻璃管;

5——漏斗托架;

6——玻璃漏斗。

图 1 乳化沥青渗透性测试仪

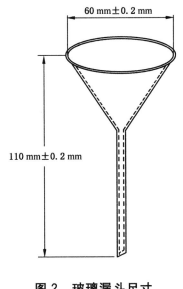

图 2　玻璃漏斗尺寸

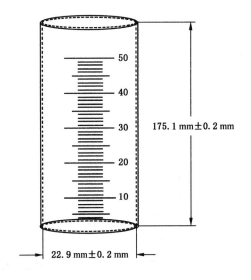

图 3　玻璃管尺寸

6　试验准备

6.1　乳化沥青

按 GB/T 11147 规定的方法称取约 50 g 乳化沥青倒入 100 mL 烧杯中备用。

6.2　量砂

筛取 0.15 mm～0.3 mm 的量砂 1 kg 置于托盘中,放入 110 ℃±2 ℃的烘箱中加热 2 h,放入干燥箱中备用。

6.3　仪器准备

将乳化沥青渗透性测试仪置于水平台上,调节仪器四个支座使水准泡居中。

7　试验步骤

7.1　在温度为 25 ℃±0.1 ℃的实验室内进行试验。

7.2　采用 JTG E42—2005 中的 T0331—1994(细集料堆积密度及紧装密度试验)测量量砂的堆积密度(g/cm³),记为 ρ。

7.3　用游标卡尺测量乳化沥青渗透性测试仪中玻璃管的内径(mm),记为 d。

7.4　称取空坩埚的质量,记为 m_0。

7.5　称取质量为 65 g±0.1 g 量砂,记为 m_1,称准至 0.01 g,并通过漏斗将量砂加入到乳化沥青渗透性测试仪的玻璃管中。

7.6　称取质量为 7 g±0.1 g 的乳化沥青倒入 10 mL 烧杯中,称准至 0.01 g,通过上述 5.1 中的玻璃漏斗将称量好的乳化沥青在 30 s 之内匀速加入至玻璃管内,从乳化沥青接触玻璃管内量砂表面时开始计时。

7.7　当渗透时间达到 10 min 时,立刻向下打开活动托板,将玻璃管下部未被乳化沥青渗透的量砂放入到坩埚内。在此过程中,若部分渗透了乳化沥青的量砂掉下,应当重新进行试验。

7.8 快速称取坩埚及量砂的质量,记为 m_2,称准至 0.01 g。

8 计算

用式(1)计算并报告乳化沥青的渗透系数:

$$S_a = \frac{400 \times (m_1 - m_2 + m_0)}{\pi \times d^2 \times \rho} \qquad\qquad (1)$$

式中:

S_a ——渗透系数,单位为厘米(cm);

m_1 ——量砂总质量,单位为克(g);

m_2 ——未被渗透的量砂和坩埚质量,单位为克(g);

m_0 ——空坩埚的质量,单位为克(g);

d ——50 mL 玻璃管内径,单位为毫米(mm);

ρ ——量砂的堆积密度,单位为克每立方厘米(g/cm³)。

9 报告

取 3 次试验的平均值作为渗透系数的报告值,小数点后保留两位有效数字。同时记录量砂的堆积密度。

10 精密度

10.1 通则

下列规则用于判定渗透系数试验结果的可接受性(95%的置信区间)。

10.2 重复性

在同一实验室,由同一操作者使用同一仪器,按照相同的测试方法,并在短时间内对同一被测对象相互进行独立测试获得的两个试验结果的绝对差值不超过 0.07 cm。

10.3 再现性

在不同实验室,由不同的操作者使用不同的仪器,按照相同的测试方法,对同一被测对象相互进行独立测试获得的两个试验结果的绝对差值不超过 0.50 cm。

————————————

ICS 75.100
E 34

中华人民共和国国家标准

GB/T 38074—2019

手动变速箱润滑油摩擦磨损性能的测定 SRV试验机法

Standard test method for determining the friction and wear properties of manual transmission fluid using a high-frequency—Linear-oscillation（SRV）test machine

2019-10-18 发布

2020-05-01 实施

国家市场监督管理总局
中国国家标准化管理委员会 发 布

前　　言

本标准按照 GB/T 1.1—2009 给出的规则起草。

本标准由全国石油产品和润滑剂标准化技术委员会(SAC/TC 280)提出并归口。

本标准起草单位:中国石化润滑油有限公司合成油脂分公司、中国石化润滑油有限公司、中国石油化工股份有限公司、中国石化润滑油北京有限责任公司、中国石化润滑油有限公司天津分公司、中国石化润滑油有限公司北京研究院、中国石油化工股份有限公司石油化工科学研究院、中国科学院兰州化学物理研究所、中国石油天然气股份有限公司兰州润滑油研究开发中心、中国石油天然气股份有限公司大连润滑油研究开发中心、清华大学、太原理工大学、军事科学院系统工程研究院军事新能源技术研究所、中国石化润滑油有限公司上海研究院、辽宁海华科技股份有限公司。

本标准主要起草人:田忠利、张华、付伟、宗明、水琳、华祖瑜、赵玉贞、罗玉兰、郑光、吴宝杰、潘威、鄂红军、杨鹤、金承华、田德盈、薛颖、郝丽春、王云霞、杨国峰、李小刚、马永宏、秦力、董晋湘、徐万里、吴立红、吕文继、李明慧。

引 言

本标准用于通过快速测定手动变速箱油的润滑性能来反映出变速箱同步器材料的摩擦行为。本标准仅仅是一种模拟同步器台架试验(如 CEC L-66-99)在 60 ℃下的模拟试验方法;本标准给出了一种材料在随机性、分散性和恒定性等条件组合下产生摩擦行为的方法,使用者需确定其试验结果与实际使用性能或其他应用之间是否具有相关性。

手动变速箱润滑油摩擦磨损性能的测定
SRV 试验机法

警示:使用本标准的人员应有正规实验室工作的实践经验。本标准并未指出所有可能的安全问题。使用者有责任采取适当的安全和健康措施,并保证符合国家有关法规规定的条件。

1 范围

本标准规定了用高频线性振动试验机(SRV)测定手动变速箱润滑油摩擦磨损性能的方法,旨在模拟汽车手动变速箱同步器材质的摩擦行为。

本标准适用于手动变速箱润滑油。

2 规范性引用文件

下列文件对于本文件的应用是必不可少的。凡是注日期的引用文件,仅注日期的版本适用于本文件。凡是不注日期的引用文件,其最新版本(包括所有的修改单)适用于本文件。

GB/T 3077 合金结构钢

YS/T 669 同步器齿环用挤制铜合金管

3 术语和定义、缩略语

3.1 术语和定义

下列术语和定义适用于本文件。

3.1.1

磨合 break-in

在新建立的摩擦副相互磨损过程中出现的一种初始转变过程。

注:此过程常常伴随有摩擦系数或磨损率或两者同时发生的瞬间转变,但不代表摩擦系统的长期行为特征。

3.1.2

摩擦系数 coefficient of friction

μ;f

两个物体间的摩擦力(F)与压在这两个物体上的正压力(N)之间的比值。

3.1.3

轮廓算术平均偏差 arithmetical mean deviation of the profile

R_a

用于测量表面粗糙度,在取样长度内表面轮廓偏距 Y 绝对值的算术平均值,见式(1):

$$R_a = \frac{1}{n} \sum_{i=1}^{n} |Y_i| \qquad\qquad\cdots\cdots\cdots\cdots\cdots\cdots\cdots(1)$$

式中:

i —— 取值点序数;

n —— 测量次数。

[GB/T 17754—2012,定义 3.16]

3.1.4

去除的峰值高度　reduced peak height

R_{pk}

高于粗糙度核心轮廓的突峰的平均高度。

[GB/T 18778.2—2003,定义3.2]

3.1.5

去除的谷值深度　reduced valley depths

R_{vk}

低于粗糙度核心轮廓的谷值的平均深度。

[GB/T 18778.2—2003,定义3.3]

3.1.6

轮廓最大高度　maximum peak to valley height

R_{y}

固体表面轮廓峰顶线和轮廓谷底线之间的距离。

[GB/T 17754—2012,定义3.20]

3.1.7

轮廓最大平均高度　maximum mean height of the profile

R_{z}

在取样长度内五个最大轮廓峰高 Y_{p} 和五个最大轮廓谷深 Y_{v} 平均值之和,见式(2):

$$R_{z} = \frac{1}{5}\left(\sum_{i=1}^{5}Y_{pi} + \sum_{i=1}^{5}Y_{vi} \right) \qquad \cdots\cdots\cdots\cdots\cdots\cdots\cdots\cdots\cdots\cdots(2)$$

式中:

i——取值点序数。

[GB/T 17754—2012,定义3.15]

3.1.8

磨损　wear

由于摩擦造成表面的变形、损伤或表层材料逐渐流失的现象和过程。

[GB/T 17754—2012,定义2.3]

3.1.9

磨损体积　wear volume

W_{v}

试验后铜板表面材料体积的损失量。

3.1.10

咬死　seizure

在摩擦表面产生黏着或材料转移,使相对运动停止或断续停止的严重磨损。

[GB/T 17754—2012,定义5.37]

注:摩擦系数急剧升高,磨损增加或出现异常噪音和振动往往表明有咬死发生。本标准中,摩擦系的增加是通过
记录仪描绘的曲线从一个稳定形态上升到一个固定高度来显示出。

3.2　缩略语

下列缩略语适用于本文件。

SRV:振动摩擦磨损[德语词汇 Schwingung(振动)、Reibung(摩擦)、Verschleiss(磨损)的首字母组
合]。

4 方法概要

利用高频线性 SRV 试验机,上试件槽口钢环与下试件铜盘采用面-面接触方式,在恒定的 260 N 试验负荷、60 ℃试验温度、50 Hz 试验振动频率、1.00 mm 试验冲程和 120 min 试验时间等条件下进行往复振动试验,读取不同试验时间段的摩擦系数。试验后观察下试件铜盘表面磨痕状况,如需可用表面形貌仪测量其表面磨痕的磨损体积(W_v)。

注:振动频率、冲程、试验温度、试验负荷以及上试件槽口钢环和下试件铜盘的材料可以根据实际情况改变。若要采用点或线接触,可以用不同形状的试件来替代上试件钢环。

5 仪器

5.1 高频线性 SRV 试验机:试验腔结构示意图见图 1。负荷为 10 N～2 500 N、频率为 1 Hz～511 Hz、冲程为 0.01 mm～5.0 mm。

5.2 注射器:量程为 1.0 mL。

5.3 超声波清洗器。

5.4 表面形貌仪(可选):2D 或 3D 表面形貌仪。

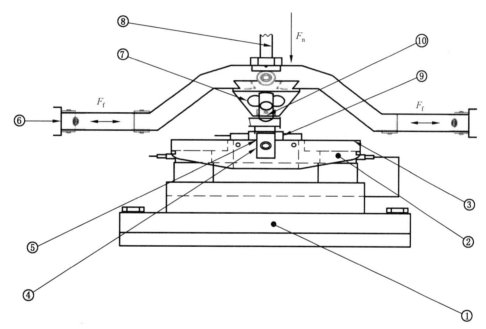

说明:
① ——底座;
② ——压电测量装置;
③ ——支撑平台;
④ ——下试件夹具;
⑤ ——电阻加热器和电阻温度计;
⑥ ——振动驱动杆;
⑦ ——上试件夹具;
⑧ ——加载杆;
⑨ ——下试件铜盘;
⑩ ——顶球和上试件槽口钢环。

图 1 试验腔结构示意图

6 试剂与材料

6.1 试剂

清洗溶剂:石油醚,60 ℃~90 ℃,分析纯。
警示:易燃品,对身体有害。

6.2 材料

6.2.1 上试件槽口钢环:材料为20CrMnTi轴承钢,符合 GB/T 3077 的要求,HRC 为 58~62,R_a 为 0.040 μm~0.060 μm,环面平行度和平面度不大于 0.004 0 mm;上试件槽口钢环平台外圆直径为 21 mm±0.10 mm,总厚度为 6 mm±0.01 mm;其中环外径为 20 mm±0.05 mm,内径为 17 mm± 0.05 mm,环高度为 1.5 mm±0.10 mm;环槽口尺寸宽×高为 1 mm×1 mm,其实物和结构尺寸分别见 图 2 和图 3 所示,其表面形貌需满足表 1 中四个参数值范围。

图 2 上试件槽口钢环实物

单位为毫米

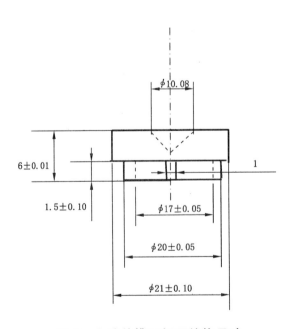

图 3 上试件槽口钢环结构尺寸

表 1　上试件槽口钢环表面形貌参数范围

项目名称	参数范围 μm
轮廓最大平均高度 R_z	0.200～0.350
轮廓算术平均偏差 R_a	0.040～0.060
去除的峰值高度 R_{pk}	0.150～0.300
去除的谷值深度 R_{vk}	0.200～0.350

6.2.2 下试件铜盘：材料为 HMn64-8-5-1.5（TL-VW084）锰黄铜，符合 YS/T 669 的要求，HB(2.5/62.5)为 210～260，R_a 为 0.040 μm～0.060 μm，平行度和平面度均不大于 0.004 0 mm，盘直径为 24 mm±0.10 mm，厚度为 7.8 mm±0.05 mm，其实物和结构尺寸分别见图 4 和图 5 所示，其表面形貌需满足表 2 中四个参数值范围。

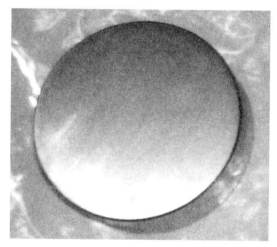

图 4　下试件铜盘实物

单位为毫米

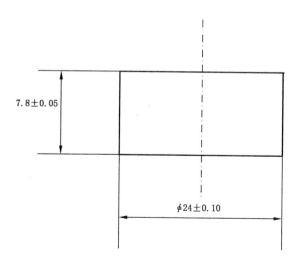

图 5　下试件铜盘结构尺寸

表 2 下试件铜盘表面形貌参数范围

项目名称	参数范围 μm
轮廓最大平均高度 R_z	0.450～0.650
轮廓算术平均偏差 R_a	0.040～0.060
去除的峰值高度 R_{pk}	0.250～0.450
去除的谷值深度 R_{vk}	0.300～0.500

6.2.3 校准油:仪器公司提供的校准油,为车辆齿轮油。

6.2.4 校准试验件:标准钢球,AISI52100 钢或相似材质,HRC 为 58～62,R_a 为 0.020 μm～0.030 μm,直径为 10 mm±0.05 mm;标准钢盘,AISI52100 钢或相似材质,HRC 为 58～62,R_z 为 0.450 μm～0.650 μm,直径为 24 mm±0.50 mm,厚度为 7.8 mm±0.10 mm。

7 校准

7.1 按照仪器操作说明书所规定的校准试验条件对试验仪器进行校准,每半年至少校准一次。

7.2 校准试验条件:温度为 50 ℃、负荷为 200 N(磨合负荷为 50 N,磨合期为 30 s)、频率为 50 Hz、冲程为 1.00 mm 和时间为 120 min,要求在达到设定温度 5 min 之后开始试验。

7.3 校准结果:要求本次校准试验的摩擦系数结果(运行 120 min)与校准油的标准值之差不能超过±0.005,如果超出此范围,需要重复测定。

> 注:本校准步骤仅对仪器的标准结构和基础测量功能进行校准。

8 仪器的准备

8.1 开启试验机、计算机,预热不少于 15 min。

8.2 进入桌面软件操作程序,打开软件连接程序进行在线自动检测和连接。

8.3 进入试验程序和步骤单元,在试验条件子菜单中,设定下列试验参数:
——试验温度:60 ℃;
——试验时间:120 min;
——试验频率:50 Hz;
——试验负荷:260 N;
——试验冲程:1.00 mm。

8.4 进入试验测量驱动程序,在试验条件类型子菜单中,输入下列参数:
——试验样品名称;
——上、下试件名称;
——试验类型;
——试验操作者;
——试验数据保存文件名称。

8.5 对试验条件如温度、负荷、频率和冲程等参数进行确认,进入试验步骤。

9 试验步骤

9.1 用蘸有清洗溶剂的实验室绸布或无毛纸巾擦拭上试件槽口钢环和下试件铜盘表面,反复擦拭直至绸布上没有黑色残留物。将上试件槽口钢环和下试件铜盘浸入盛有清洗溶剂的烧杯,置于超声波清洗器中振动 10 min,再用洁净的绸布或无毛纸巾擦拭上试件槽口钢环和下试件铜盘,确保试件表面没有条纹出现。

9.2 用注射器将 0.4 mL 试样滴在按 9.1 处理后的下试件铜盘表面,并使之均匀覆盖在下试件铜盘表面区域内。

9.3 将按 9.1 处理后的上试件槽口钢环装入顶球夹具中,并置于带有试样的下试件铜盘中间,使试样可以在上试件槽口钢环和下试件铜盘之间形成一种均匀薄层。

9.4 在确认试验机器没有加载情况下,将装有上试件槽口钢环的顶球夹具和含有试样的下试件铜盘小心地放置到试验底座上;要求在安装时下试件铜盘编号正向朝外,卡具的紧固螺钉正对着编号。

9.5 先用螺钉紧固顶球夹具,再用螺钉紧固下试件铜盘卡具;然后调整上试件槽口钢环,要求钢环槽口方向朝外,与下试件铜盘卡具紧固螺钉方向一致,即与振动方向垂直,其安装结构见图 6。

图 6 上试件槽口钢环与下试件铜盘安装结构

9.6 先进入电脑操作软件预加载程序,机器将自动施加 50 N 的负荷作磨合试验,再用扭力扳手拧紧顶球夹具和铜盘卡具至 2.5 N·m。

9.7 进入软件试验运行准备程序,机器将自动加温。

9.8 当试验温度在 60 ℃ 稳定后,试验机将自动启动在试验频率 50 Hz 和试验冲程 1.00 mm 下往复振动运行,计算机显示出各参数运行曲线图。

9.9 当机器在 50 N 负荷下磨合运行 30 s 时将自动施加到试验负荷 260 N,在此试验负荷下运行120 min±15 s,试验机和软件程序将自动停止。

9.10 试验结束后,试验机自动停机并关闭加热,自动卸载,计算机自动恢复到初始桌面程序选择界面。

9.11 进入数据分析程序,选定操作者模块,进入试验编号单元显示出各参数曲线图,读取各试验时间段对应的摩擦系数值。

9.12 拆下上试件槽口钢环和下试件铜盘,并按照 9.1 所述清洗干净。

9.13 从曲线图中读出各指定时刻(15 min、30 min、90 min 和 120 min)的摩擦系数,如果需要进行磨损分析或磨损体积(W_v)测量,可以按 2D 表面形貌仪制造商说明书对下试件铜盘上的磨斑进行表面形貌测量,然后计算出磨损体积。也可以使用 3D 表面形貌仪直接测量出铜盘的磨损体积。

10 结果报告

10.1 报告下列试验参数：

  ——温度,℃;

  ——冲程,mm;

  ——频率,Hz;

  ——试验负荷,N;

  ——上试件槽口钢环,编号;

  ——下试件铜盘,编号;

  ——试样名称。

10.2 报告运行 15 min、30 min、90 min、120 min,以及最小和最大的摩擦系数值,最终报告结果以 120 min的摩擦系数为准。如有需要可报告摩擦系数曲线。

10.3 如有需要,可使用表面形貌仪测定并报告下试件铜盘的磨损体积。

11 精密度和偏差

11.1 精密度

11.1.1 总则

本标准精密度是基于 9 个实验室的 SRV 试验机上用 9 个润滑油样品进行的循环试验,9 个样品分别在 9 个实验室运行在 120 min 时的平均摩擦系数范围为 0.047～0.153,且参照 GB/T 6683 进行试验数据统计并计算后得到的。本标准精密度统计试验的试验条件为:试验温度 60 ℃、试验负荷 260 N、试验频率 50 Hz、试验冲程 1.00 mm 和试验运行时间 120 min。按下列规定判断试验结果的可靠性(95% 置信水平)。

11.1.2 重复性,r

由同一操作者在同一实验室,使用同一仪器,对同一试样进行测定,所得的两个连续试验结果 (120 min的摩擦系数)之差不能超过式(3)中规定的值:

$$r = 0.002\,92X^{-0.978} \quad\quad\quad\quad\quad\quad\quad\quad\quad\quad (3)$$

式中:

X——样品两次测定结果的平均值。

11.1.3 再现性,R

由不同操作者在不同实验室,使用不同的仪器,对同一试样进行测定,所得的两个单一、独立的试验结果(120 min 的摩擦系数)之差不能超过式(4)中规定的值:

$$R = 0.001\,77X^{-1.432} \quad\quad\quad\quad\quad\quad\quad\quad\quad\quad (4)$$

式中:

X——样品两次测定结果的平均值。

11.2 偏差

用本试验方法评价润滑油摩擦特性无偏差,因为摩擦系数仅根据本试验方法来定义。

参 考 文 献

[1]　GB/T 6683　石油产品试验方法精密度数据确定法

[2]　GB/T 17754—2012　摩擦学术语

[3]　GB/T 18778.2—2003　产品几何量技术规范(GPS)表面结构　轮廓法　具有复合加工特征的表面　第2部分:用线性化的支承率曲线表征高度特性

[4]　CEC L-66-99　Evaluation of the Synchromesh Endurance Life using the FZG SSP 180 synchromesh test rig.

ICS 75.160.20
E 31

中华人民共和国国家标准

GB/T 38203—2019

航空涡轮燃料中脂肪酸甲酯含量的测定
高效液相色谱蒸发光散射检测器法

Determination of fatty acid methyl esters（FAME）in aviation turbine fuel—
HPLC evaporative light scattering detector method

2019-10-18 发布

2020-05-01 实施

国家市场监督管理总局
中国国家标准化管理委员会 发 布

前　言

本标准按照 GB/T 1.1—2009 给出的规则起草。

本标准由全国石油产品和润滑剂标准化技术委员会(SAC/TC 280)提出并归口。

本标准起草单位:中国石油化工股份有限公司石油化工科学研究院。

本标准主要起草人:常春艳、赵丽萍、赵玥、陶志平。

航空涡轮燃料中脂肪酸甲酯含量的测定
高效液相色谱蒸发光散射检测器法

警示——使用本标准的人员应有正规实验室工作的实践经验。本标准的使用可能涉及某些有危险的材料、设备和操作,本标准并未指出所有可能的安全问题。使用者有责任采取适当的安全和健康措施,并保证符合国家有关法规规定的条件。

1 范围

本标准规定了使用高效液相色谱蒸发光散射检测器测定航空涡轮燃料中的脂肪酸甲酯含量的方法。

本标准适用于测定航空涡轮燃料中脂肪酸甲酯含量范围为 3.0 mg/kg～140 mg/kg 的样品。

注:以椰子油为原料得到的脂肪酸甲酯挥发性较强,不宜使用本标准进行测定。

2 规范性引用文件

下列文件对于本文件的应用是必不可少的。凡是注日期的引用文件,仅注日期的版本适用于本文件。凡是不注日期的引用文件,其最新版本(包括所有的修改单)适用于本文件。

GB/T 1884　原油和液体石油产品密度实验室测定法(密度计法)

GB/T 1885　石油计量表

GB/T 4756　石油液体手工取样法

GB 6537—2018　3 号喷气燃料

GB/T 27867　石油液体管线自动取样法

NB/SH/T 0831　生物柴油中脂肪酸甲酯及亚麻酸甲酯含量的测定　气相色谱法

SH/T 0604　原油和石油产品密度测定法(U 形振动管法)

3 方法概要

通过使用配置正相硅胶柱的高效液相色谱,将航空涡轮燃料样品中的脂肪酸甲酯与烃类基质进行分离,以蒸发光散射检测器对不同组分进行检测。其中脂肪酸甲酯组分的定性和定量分析通过同标准混标对比进行。如果试样中的脂肪酸甲酯含量超出了标准曲线的范围,则以不含脂肪酸甲酯的喷气燃料进行稀释。

4 仪器

4.1 高效液相色谱仪(HPLC):配置蒸发光散射检测器,样品阀系统最大允许进样量 200 μL。色谱仪应满足操作条件的要求。

注:高效液相色谱仪可配有柱温箱,控制操作温度为 35 ℃。

4.2 蒸发光散射检测器(ELSD):检测器的灵敏度应足够高,确保特定操作条件下单组分质量浓度 0.5 mg/L GLC-10 酯类混标物,获得的峰高至少是噪音的三倍。

> 注:研究表明,一些蒸发光散射检测器有较大噪声影响,这种情况下,宜在检测器前使用分流转换阀,分流转换阀可
> 将烃类吹扫,防止进入检测器,在脂肪酸甲酯流出之前约 2 min 将阀切换连接至检测器。

4.3 色谱数据采集系统。

4.4 高效液相色谱硅胶柱:见表1。

4.5 容量瓶:容积为 10 mL、50 mL、100 mL、1 000 mL。

4.6 自动移液器:可以转移 100 μL～1 000 μL 和 1 000 μL～5 000 μL 溶液。

4.7 移液管:10 mL。

4.8 天平:精度为 0.000 1 g。

表 1 推荐使用的硅胶柱及操作条件

固定相	球型填料硅胶柱	菲罗门硅胶柱	瓦里安柱 microsorb 100-5 硅胶柱	菲罗门 Onyx-硅胶柱
粒径/μm	5	5	5	整体柱
柱长/mm	250	250	250	100
色谱柱内径/mm	4.6	4.6	4.6	4.6
流动相(体积比)	1%乙酸乙酯99%异己烷(2-甲基戊烷)	1%乙酸乙酯 99%戊烷	1%乙酸乙酯99%异己烷(2-甲基戊烷)	0.2%乙酸乙酯99.8%异己烷(2-甲基戊烷)

5 试剂和材料

5.1 如无特殊规定,本标准应使用分析纯级别以上的试剂。

5.2 GLC-10 酯类混标物:100 mg 的安瓿瓶装脂肪酸甲酯混标,为 C16∶0, C18∶0, C18∶1, C18∶2, C18∶3 五种脂肪酸甲酯组分的混合物,每种占总量的 20%(质量分数),单组分通过气相色谱测定的纯度不低于 99%。可以使用最低纯度为 99% 的单体酯,棕榈酸甲酯(C16:0)、硬脂酸甲酯(C18:0)、油酸甲酯(C18:1)、亚油酸甲酯(C18:2)和亚麻酸甲酯(C18:3)按照每种 20%(质量分数)混合制备。如果从已经打开的容器中取样,则应采用气相色谱法对每种单体酯的纯度进行重新测定。

5.3 2-甲基戊烷:HPLC 级。

5.4 正十二烷:分析纯。

5.5 戊烷:HPLC 级。

5.6 乙酸乙酯:HPLC 级。

5.7 喷气燃料:从石油馏分获得,符合 GB 6537—2018 中表1的要求,不含脂肪酸甲酯。喷气燃料用于制备校准溶液(7.1.5)、质量控制样品(8.3)以及作为空白样品。例如,当使用本标准测定时,在高效液相色谱图中,脂肪酸甲酯区域应不出峰。

> 注:该喷气燃料,可以选择除酯类和脂肪酸类加氢改质工艺生产的煤油组分。

5.8 脂肪酸甲酯:纯度大于 95% 或通过 NB/SH/T 0831 测定浓度。

> 注:用于制备质量控制样品,可以从除了椰子油以外的其他油籽中提取。

5.9 氮气:纯度不小于 99.999%(体积分数)。

6 取样

6.1 除非另有要求,取样应根据 GB/T 4756 或 GB/T 27867 要求进行,取样量至少 60 mL。

6.2 使用航空涡轮燃料专用设备进行取样,取样设备禁止与其他油品或添加剂混用。按下述要求以避免样品污染:
——手套在取样前应保持干净,并不应对样品造成交叉污染;
——在取样前冲洗取样管线确保样品不会被前面的样品污染。

6.3 使用琥珀色玻璃瓶或具有环氧树脂内衬的金属材质带盖容器。
注:ASTM D4306-12b 在第 6 章中提供了关于受痕量污染影响的测试样品所用容器适用性判断的导则。

6.4 使用的容器,应确认其仅用于航空涡轮燃料,且其脂肪酸甲酯含量小于 5 mg/kg。
注:考虑到很难彻底去除之前储存样品中的痕量的脂肪酸甲酯,宜使用新容器。

6.5 以待测样品润洗容器及瓶塞至少三次。每次清洗时,使用的样品量应为容器容积的 10%～20%。每次清洗应盖紧瓶塞,摇动容器至少 5 s,然后将样品排干净。

7 准备工作

7.1 标准样品的准备

7.1.1 先将 GLC-10(5.2)恢复至室温,然后将安瓿瓶的密封打开。
注:依照 NB/SH/T 0831 测定方法,纯度大于 99% 的脂肪酸甲酯单体,可以用于制备脂肪酸甲酯校准溶液。

7.1.2 将安瓿瓶中 GLC-10 混标物(5.2)全部定量转移至 100 mL 容量瓶(4.5)中制备脂肪酸甲酯的基础标准溶液。用约 10 mL 的正十二烷(5.4)冲洗安瓿瓶,确保将安瓿瓶内部瓶颈处粘附的脂肪酸甲酯全部转移至容量瓶中,添加冲洗液至容量瓶。

7.1.3 重复冲洗过程至少五次。

7.1.4 充分混匀 GLC-10 混标物,用正十二烷(5.4)定容至刻线。定容后的脂肪酸甲酯混合物质量浓度为 1 000 mg/L,每种组分质量浓度为 200 mg/L。当暂不使用或在三个月内使用时,于 4 ℃±2 ℃储存溶液。

7.1.5 用自动移液器(4.6)转移校正曲线用基础标准溶液。通过将表 2 所示的基础标准溶液转移至 50 mL 容量瓶中,用不含脂肪酸甲酯的喷气燃料(5.7)进行定容,以制备 0.5 mg/L～5.0 mg/L 校正用系列标准溶液。

表 2 校正标准溶液的制备

标样	基础标准溶液体积/mL	单个脂肪酸甲酯组分质量浓度/(mg/L)
L1	0.125	0.5
L2	0.25	1.0
L3	0.50	2.0
L4	0.75	3.0
L5	1.25	5.0

7.2 仪器的准备

7.2.1 根据厂商指导设置 HPLC 仪器(4.1),包含安装硅胶柱,实现等梯度洗脱(恒组成溶剂洗脱法)。如果配备柱温箱,设置温度为 35 ℃。

7.2.2 根据仪器说明打开 ELSD 检测器,接通氮气,设置氮气流速(或压力)以及蒸发温度,在检测器未达到设定的操作条件下,不应向检测器中泵入流动相。

7.2.3 准备流动相:用移液管(4.7)准确量取 10 mL 乙酸乙酯(5.6)到 1 000 mL 容量瓶(4.5)中,用 2-甲基戊烷(5.3)或戊烷(5.5)定容,充分混合。

> 注:除上述流动相外,可以使用性能达到要求(满足 7.2.5)的其他试剂作为流动相。

7.2.4 当 ELSD 检测器达到设定的操作条件(参见仪器说明书),设置泵流速 1.0 mL/min,等待系统稳定。

7.2.5 以 L5 校正溶液(表 2)进样,检测脂肪酸甲酯的所有组分是否逐个与喷气燃料的峰分开(参见图 A.1)。C16:0 的峰面积应至少是 C18:0 峰面积的 50%,降低蒸发器-漂移管的温度来提高 C16:0 相对于 C18:0 的响应,同时保证不会被后出峰的喷气燃料干扰。如果 C16:0 和 C18:0 尚未分开,调整色谱操作条件(如,流动相和色谱柱的长度)或者通过分别单独进脂肪酸甲酯样品,确定 C16:0 和 C18:0 的相对响应因子,以满足测试方法的需要。

> 注:蒸发光散射检测器漂移管的温度对检测器设置来说是最重要的参数,这个设定温度应尽量低,以得到脂肪酸甲酯最大化的响应值,但是还要足够高,使得喷气燃料样品中大部分组分都能挥发。

7.2.6 以 L1 校正溶液(表 2)进样,检查 ELSD 检测器的灵敏度,脂肪酸甲酯组分(0.5 mg/L)的峰高应至少为本操作条件下噪声水平的三倍。

8 质量控制(QC)样品的制备

8.1 用天平(4.8)称量 50 mg±1 mg 的脂肪酸甲酯(5.8)至 100 mL 的容量瓶(4.5)中,向其中添加正十二烷(5.4),震荡使得样品混合直至所有的脂肪酸甲酯溶解。

8.2 用正十二烷定容至容量瓶刻线,盖上容量瓶,震荡使得混合均匀。

8.3 用自动移液器(4.6)转移 0.4 mL 此溶液至 50 mL 容量瓶(4.5)中,添加喷气燃料(5.7)定容至刻线,通过震荡混合均匀。

8.4 当暂不使用或三个月内使用时在 4 ℃±2 ℃ 以下储存 QC 样品。

9 试验步骤

9.1 如果条件允许,试样应直接注射到色谱柱(见 9.2)。

9.2 如果试样中含有的脂肪酸甲酯组分超出标准曲线的测试范围,用喷气燃料(5.7)对试样进行稀释,直到每种组分的含量都落在校正标准曲线的范围内。用天平准确称量一个 10 mL 的容量瓶,精确至0.000 1 g,向其中添加一定量的试样并重新进行称重。记录试样质量,精确至 0.000 1 g。添加喷气燃料(5.7)混合定容。

9.3 在色谱操作系统中设置一个序列,先分析标准样品再分析试样。运行序列应包括每六次进一个标准样品确保仪器运行状态正常。每一批的试样都要运行 QC 样品(第 8 章)以及空白样品(5.7)。

9.4 运行序列(9.3),记录标样以及试样中每种脂肪酸甲酯组分的峰面积。检查基线,如果需要,进行手动积分。

9.5　确保在色谱数据处理系统的校正表中输入正确的标准样品的浓度,对脂肪酸甲酯中的每个组分(C16:0、C18:0、C18:1、C18:2 以及 C18:3)建立一个校正曲线。示例参见图 A.2。

9.6　C16:0 与 C18:0 可能会同时出峰,这种情况下可将 C16:0 与 C18:0 浓度相加并建立合并校正曲线,曲线可采用二次或三次数据拟合,强制曲线通过原点,相关系数不小于 0.995。

10　计算

10.1　通过标准曲线计算待测航空涡轮燃料及 QC 样品中每种脂肪酸甲酯组分的质量浓度,单位为毫克每升(mg/L)。将各组分(C16:0+C18:0+C18:1+C18:2+C18:3)的质量浓度加和,按照式(1)将结果从毫克每升(mg/L)转化为毫克每千克(mg/kg)。如果密度未知,需要进行测定,测定方法选择 GB/T 1884（校正时使用 GB/T 1885）或 SH/T 0604。

$$C = x/\rho \qquad\qquad\qquad\qquad (1)$$

式中:

C ——脂肪酸甲酯的含量,单位为毫克每千克(mg/kg);

x ——脂肪酸甲酯的质量浓度,单位为毫克每升(mg/L);

ρ ——样品的密度,单位为千克每升(kg/L)。

10.2　如果为满足脂肪酸甲酯组分的浓度在标准曲线的范围内,对试样进行了稀释,需进行相应换算。

11　结果表述

报告试样中总的脂肪酸甲酯的含量,结果精确至 0.1 mg/kg。

12　精密度

12.1　概述

按照下述规定判断试验结果的可靠性(95％置信水平)。

12.2　重复性(r)

同一实验室、同一操作者、使用同一台仪器、按照相同的方法、对同一试样连续测得的两个试验结果之差不应超过式(2)中的计算值。

$$r = 0.125\,1(X_1 + 4) \qquad\qquad\qquad\qquad (2)$$

式中:

X_1——两个重复测定结果的平均值,单位为毫克每千克(mg/kg)。

12.3　再现性(R)

不同实验室、不同操作者、使用不同的仪器,对同一试样测得两个单一、独立的试验结果之差不应超过式(3)的计算值。

$$R = 0.202\,2(X_2 + 4) \qquad\qquad\qquad\qquad (3)$$

式中:

X_2——两个单一、独立测定结果的平均值,单位为毫克每千克(mg/kg)。

12.4 精密度典型值

精密度典型值详见表3。

表3 重复性(r)和再现性(R)的典型值

含量/(mg/kg)	r/(mg/kg)	R/(mg/kg)
5.0	1.1	1.8
10.0	1.8	2.8
20.0	3.0	4.9
30.0	4.3	6.9
40.0	5.5	8.9
50.0	6.8	10.9
60.0	8.0	12.9
75.0	9.9	16.0
100.0	13.0	21.0
140.0	18.1	29.3

13 试验报告

试验报告中应包含以下信息：

a) 测试产品的类型和标识；

b) 本标准编号；

c) 测定结果(第11章)；

d) 任何与本标准所述试验步骤的偏离；

e) 测试人员；

f) 测试日期。

附 录 A
（资料性附录）
典型的液相色谱图

A.1 单个组分含量为 2 mg/kg 时，GLC-10 酯类混合物的蒸发光散射高效液相色谱图

GLC-10 酯类混合物，单个组分在喷气燃料中含量为 2 mg/kg 时的蒸发光散射高效液相色谱图见图 A.1，操作条件见表 A.1。

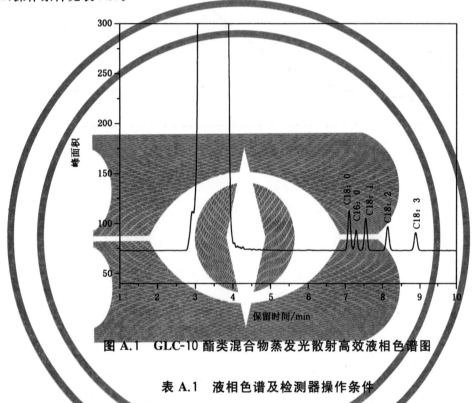

图 A.1 GLC-10 酯类混合物蒸发光散射高效液相色谱图

表 A.1 液相色谱及检测器操作条件

仪器及检测器	参数	设置
高相液相色谱	柱温	35 ℃
	流动相流速	1.0 mL/min
	进样量	80 μL
蒸发光散射检测器	蒸发温度	20 ℃
	漂移温度	30 ℃
	氮气流速	1.2 L/min

A.2 典型的校准曲线

典型的校准曲线见图 A.2，该校准曲线的组分为 C16:0，在样品中的含量范围为 0.5 mg/L～5 mg/L。

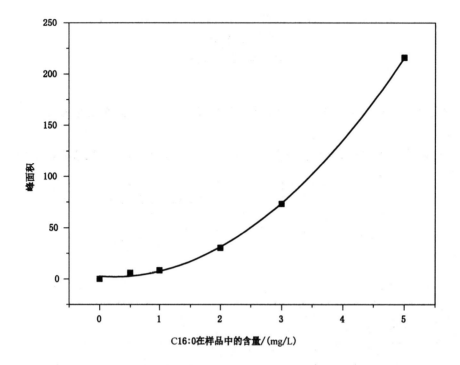

图 A.2 典型的校准曲线

参 考 文 献

[1]　ASTM D4306-12b　Standard practice for aviation fuel sample containers for tests affected by trace contamination.

———————

ICS 75.160.20
E 31

中华人民共和国国家标准

GB/T 38234—2019

航空涡轮燃料中脂肪酸甲酯含量的测定 气相色谱-质谱法

Determination of fatty acid methyl esters（FAME）in aviation turbine fuel—
Gas chromatography-mass spectrometry

2019-10-18 发布

2020-05-01 实施

国家市场监督管理总局
中国国家标准化管理委员会　发 布

前　　言

本标准按照 GB/T 1.1—2009 给出的规则起草。

本标准由全国石油产品和润滑剂标准化技术委员会(SAC/TC 280)提出并归口。

本标准起草单位:中国石油化工股份有限公司石油化工科学研究院、中国石油化工股份有限公司上海石油化工研究院、中国石油天然气股份有限公司石油化工研究院。

本标准主要起草人:王威、李诚炜、史得军。

航空涡轮燃料中脂肪酸甲酯含量的测定
气相色谱-质谱法

警示——使用本标准的人员应有正规实验室工作的实践经验。本标准的使用可能涉及某些有危险的材料、设备和操作,本标准并未指出所有可能的安全问题。使用者有责任采取适当的安全和健康措施,并保证符合国家有关法规规定的条件。

1 范围

本标准规定了采用气相色谱-质谱法定性和定量测定航空涡轮燃料中脂肪酸甲酯的试验方法。

本标准适用于测定航空涡轮燃料中来源于生物柴油的多种脂肪酸甲酯(见表1),总脂肪酸甲酯的含量测定范围为 4.5 mg/kg～140 mg/kg。

注1:航空涡轮燃料(以及受柴油或生物柴油污染的航空涡轮燃料)中可能含有一些相对分子质量较高的烃类组分,这些组分会掩盖微量脂肪酸甲酯的出峰。低碳数的脂肪酸甲酯,例如椰子油中得到的脂肪酸甲酯,会受到航空涡轮燃料中部分重组分的干扰,在含量较低时无法进行定量测定。

注2:本标准主要考察了表1所列的几种脂肪酸甲酯,这几种脂肪酸甲酯在常见生物柴油中的质量分数一般在95%以上。此外,十七酸甲酯可能存在于乳品、蛋黄卵磷脂等动物性油脂中,因此也将其包含在内。

表 1 本标准所考察的脂肪酸甲酯

脂肪酸甲酯	CAS 号	分子式	代表符号
十六酸甲酯(棕榈酸甲酯)	112-39-0	$C_{17}H_{34}O_2$	C16:0
十七酸甲酯(珠光脂酸甲酯)	1731-92-6	$C_{18}H_{36}O_2$	C17:0
十八酸甲酯(硬脂酸甲酯)	112-61-8	$C_{19}H_{38}O_2$	C18:0
十八碳烯酸甲酯(油酸甲酯)	112-62-9	$C_{19}H_{36}O_2$	C18:1
十八碳二烯酸甲酯(亚油酸甲酯)	112-63-0	$C_{19}H_{34}O_2$	C18:2
十八碳三烯酸甲酯(亚麻酸甲酯)	301-00-8	$C_{19}H_{32}O_2$	C18:3

2 规范性引用文件

下列文件对于本文件的应用是必不可少的。凡是注日期的引用文件,仅注日期的版本适用于本文件。凡是不注日期的引用文件,其最新版本(包括所有的修改单)适用于本文件。

GB/T 4756 石油液体手工取样法

GB/T 27867 石油液体管线自动取样法

SH/T 0604 原油和石油产品密度测定法(U形振动管法)

3 方法概要

将航空涡轮燃料试样与内标混合后,导入气相色谱-质谱仪(GC-MS)中,然后通过一根极性毛细管柱进行分离,将少量的脂肪酸甲酯极性化合物与航空涡轮燃料中占主要成分的非极性烃类化合物分开。

为了去除样品中重质组分产生的背景干扰,需要采用选择离子检测法(SIM)。在选择离子检测法中,所检测的离子均为脂肪酸甲酯组分的特征离子,同时又不是烃类化合物背景峰的特征离子。配制一系列不同浓度的脂肪酸甲酯标准溶液,标准溶液的溶剂为正十二烷,并使用 GC-MS 得到标准溶液的工作曲线。结合标准溶液的工作曲线和实际样品的测试结果,最终得到航空涡轮燃料中待测脂肪酸甲酯的含量。

4 仪器

4.1 气相色谱-质谱仪:配备电子轰击(EI)电离源,优选能够同时进行选择离子检测(SIM)和全扫描(SCAN)的数据采集模式,配备分流/不分流或冷柱头进样器。全扫描所得到的总离子流谱图(TIC)可以用来对每个脂肪酸甲酯样品进行定性指认。

注 1:使用带有填充玻璃毛的进样衬管是更为合适的。

注 2:如果仪器不能同时运行选择离子检测和全扫描模式,但又需要通过谱图匹配来定性指认每种脂肪酸甲酯单体,则建议每个样品测试两次,一次使用选择离子检测模式,另一次使用全扫描模式。仪器灵敏度需保证能够在正十二烷溶液中检测出 0.5 mg/kg 的每种脂肪酸甲酯单体,且信噪比至少为 10:1。仪器还需要配备数据采集和分析软件,并能够准确测出各个峰的积分面积。

注 3:选择离子检测模式用于定量测试,而全扫描模式得到的总离子流谱图数据则用来定性识别各脂肪酸甲酯单体。

4.2 色谱柱:本标准推荐以下两种强极性色谱柱,固定相为键合/交联型聚乙二醇(PEG-20M)。色谱柱1:30 m(柱长)×0.25 mm(内径)×0.25 μm(膜厚);色谱柱 2:50 m～60 m(柱长)×0.2 mm(内径)×0.4 μm(膜厚)。

注:HP INNOWAX 型色谱柱可满足本标准的使用要求。

4.3 分析天平:感量为 0.000 1 g。

4.4 具塞玻璃锥形瓶:容量为 250 mL。

4.5 容量瓶:10 mL,100 mL。

4.6 滴管。

4.7 移液枪:可调节刻度范围为 10 μL～100 μL 和 100 μL～1 000 μL。

4.8 色谱瓶:1.5 mL～2 mL,压盖或旋盖。

4.9 移液管:1 mL。

4.10 玻璃注射器:10 μL。

5 试剂和材料

5.1 表1所述的各种脂肪酸甲酯,纯度为 99% 以上,用于制备脂肪酸甲酯的校正溶液。

注:这些脂肪酸甲酯可以是分别独立包装的试剂,也可以是多种脂肪酸甲酯的混合标准试剂。

5.2 氦气:色谱柱载气均为氦气,纯度大于 99.99%。

5.3 正十二烷:纯度大于 99%。

5.4 二氯甲烷:分析纯。

警示——有毒,若摄取或通过皮肤吸收将对人体产生伤害。

5.5 氘代十七酸甲酯-d_{33}:98%(原子个数比)以上的氢原子被氘代。

6 取样

6.1 除非另有规定,取样应按照 GB/T 4756 或 GB/T 27867 进行。

6.2 使用深色玻璃瓶或环氧树脂衬里、带惰性密封盖的金属容器存放航空涡轮燃料。可以使用用过的容器,但是应确保这些容器曾只接触过脂肪酸甲酯含量低于 5 mg/kg 的航空涡轮燃料。用待取样的样品清洗取样容器和密封盖至少 3 次。每次清洗都要使用相当于容器体积 10%～20% 的样品。每次清洗都要将容器密闭,并摇晃至少 5 min,然后倒出样品。

注1：ASTM D4306 的第 6 章提供了测试样品容器是否合适的检查流程,该流程可用来检测微量杂质对容器的影响。

注2：使用新的取样容器会更为方便,因为清除以前样品中残留的微量脂肪酸甲酯极为困难。

7 准备工作

7.1 内标溶液和标准溶液的配制

7.1.1 1 000 mg/L 氘代十七酸甲酯-d_{33} 内标溶液的配制

7.1.1.1 将 100 mL 的容量瓶置于分析天平上,使用滴管加入 100 mg±0.5 mg 的氘代十七酸甲酯-d_{33}(5.5),然后加入 100 mL 正十二烷(5.3)得到 1 000 mg/L 的溶液。

7.1.1.2 不使用时,将 1 000 mg/L 的内标溶液转移至密封的玻璃容器内,置于冰箱中保持在 4 ℃±2 ℃的条件下,内标溶液需在三个月内使用。在使用前,需要检查是否有相分离或变色现象,剧烈摇晃然后静置,以除去空气气泡。如果发现内标溶液有沉淀、相分离或变色等现象,则弃去该标样。

7.1.2 1 000 mg/kg 脂肪酸甲酯母液的配制

7.1.2.1 将 250 mL 的锥形瓶(4.4)置于分析天平上,移取一定量的脂肪酸甲酯(5.1),溶于正十二烷中,得到脂肪酸甲酯母液,其中每种脂肪酸甲酯单体的浓度均为 1 000 mg/kg。

7.1.2.2 不使用时,将 1 000 mg/kg 的脂肪酸甲酯母液转移至密封的玻璃容器内,置于冰箱中保持在 4 ℃±2 ℃的条件下,脂肪酸甲酯母液需在三个月内使用。在使用前,需要检查是否有相分离或变色现象,剧烈摇晃然后静置,以除去空气气泡。如果发现脂肪酸甲酯母液有沉淀、相分离或变色等现象,则弃去该标样。

7.1.3 1 000 mg/kg 脂肪酸甲酯母液中脂肪酸甲酯含量的计算

按照式(1)计算脂肪酸甲酯母液中各种脂肪酸甲酯(Y)的含量:

$$C_{Y,1\,000} = \frac{m_Y \times 10^6}{m_T} \qquad\qquad\cdots\cdots\cdots\cdots\cdots\cdots\cdots(1)$$

式中:

$C_{Y,1\,000}$——1 000 mg/kg 脂肪酸甲酯母液中各脂肪酸甲酯(Y)的含量,单位为毫克每千克(mg/kg);

m_Y ——各脂肪酸甲酯(Y)的质量,单位为克(g);

m_T ——脂肪酸甲酯母液的总质量,单位为克(g)。

7.1.4 100 mg/kg 脂肪酸甲酯母液的配制

取 1 000 μL 的脂肪酸甲酯母液(7.1.2)至 10 mL 的容量瓶中,使用正十二烷稀释至 10 mL 后得到 100 mg/kg 的脂肪酸甲酯母液。按照式(2)计算母液中各脂肪酸甲酯(Y)的含量:

$$C_{Y,100} = \frac{C_{Y,1\,000}}{10} \qquad\qquad\cdots\cdots\cdots\cdots\cdots\cdots\cdots(2)$$

式中:

$C_{Y,100}$——100 mg/kg 脂肪酸甲酯母液中各脂肪酸甲酯(Y)的含量,单位为毫克每千克(mg/kg)。

7.1.5 脂肪酸甲酯标准溶液的配制

使用正十二烷为溶剂,配制含有 C16:0、C17:0、C18:0、C18:1、C18:2、C18:3 六种脂肪酸甲酯的标准溶液,其中每种脂肪酸甲酯的含量均为 0 mg/kg、2 mg/kg、4 mg/kg、6 mg/kg、8 mg/kg、10 mg/kg、20 mg/kg、40 mg/kg、60 mg/kg、80 mg/kg、100 mg/kg。配制过程可以直接在色谱瓶中进行,将 100 mg/kg 脂肪酸甲酯母液(7.1.4)按体积稀释,得到如表 2 所示的各溶液。配制完成后,使用玻璃注射器加入 10 μL 内标溶液(7.1.1)至各色谱瓶中,密封色谱瓶并充分摇匀。

表 2 体积稀释法从 100 mg/kg 脂肪酸甲酯母液制备 0 mg/kg~100 mg/kg 的标准溶液

标准溶液中每种脂肪酸甲酯的含量/(mg/kg)	100 mg/kg 脂肪酸甲酯母液体积/μL	正十二烷体积/μL	内标体积/μL
100	1 000	0	10
80	800	200	10
60	600	400	10
40	400	600	10
20	200	800	10
10	100	900	10
8	80	920	10
6	60	940	10
4	40	960	10
2	20	980	10
0	0	1 000	10

按照式(3)计算各脂肪酸甲酯(Y)在最终标准溶液中的精确含量:

$$C_Y = \frac{C_{Y,100} \times V_{Y,100}}{1\ 000} \quad\cdots\cdots\cdots\cdots\cdots\cdots\cdots(3)$$

式中:

C_Y ——标准溶液中各脂肪酸甲酯(Y)的含量,单位为毫克每千克(mg/kg);

$V_{Y,100}$ ——加入的 100 mg/kg 脂肪酸甲酯母液的体积数值(见表 2),单位为微升(μL)。

注:制备标样的计算过程适合使用电子数据表,建议生成一个合适的电子数据表。

7.2 仪器设置

7.2.1 气相色谱-质谱仪设置:色谱柱载气氦气的流速为 0.6 mL/min。对于色谱柱 1,气相色谱的柱温箱升温程序为初始温度 120 ℃,保持 3 min;以 3 ℃/min 的速率升温至 240 ℃,并保持 5 min;运行时间共计 48 min。对于色谱柱 2,气相色谱的柱温箱升温程序为初始温度 150 ℃,保持 5 min;以 12 ℃/min 的速率升温至 200 ℃,并保持 17 min;以 3 ℃/min 的速率升温至 252 ℃,并保持 6.5 min;运行时间共计 50 min。样品进样量为 1 μL,采用不分流进样器,进样口温度为 260 ℃。离子源为电子轰击离子源(EI),电离能量为 70 eV,离子源温度为 220 ℃,四极杆温度为 150 ℃,GC-MS 接口温度为 260 ℃,采用全扫描和选择离子检测同时采集模式,全扫描的质量扫描范围为 50 u~350 u。自动进样注射器清洗溶剂为二氯甲烷(5.4)。溶剂延迟时间为 20 min。在测试序列中高含量的标准溶液样品与空白正十二烷溶剂交替进行,以消除高含量样品的残留。

注1：大部分情况下，以上设置能够给出满意的结果。如有必要，可以对色谱柱升温程序或色谱柱型号进行优化，使各种脂肪酸甲酯及氘代内标物能够达到完全分离。

注2：在某些脂肪酸甲酯原料中，C18：1有两个峰，且彼此相隔不到0.5 min。这两个峰被归属为顺式和反式异构体，这两个峰的峰面积加和在一起视为一个样品的峰。

7.2.2 选择离子检测的设置：在使用色谱柱1及相应的柱温箱升温程序时，脂肪酸甲酯标样的保留时间和特征离子如表3所示，典型的选择离子检测(SIM)色谱图参见附录A。

表3 各脂肪酸甲酯标样及内标的保留时间及特征离子

脂肪酸甲酯	代表符号	保留时间/min	特征离子
十六酸甲酯	C16：0	22.4	227，239，270，271
氘代十七酸甲酯	C17：0 (d_{33})	24.4	317
十七酸甲酯	C17：0	25.4	241，253，284
十八酸甲酯	C18：0	28.2	255，267，298
十八碳烯酸甲酯	C18：1	28.7	264，265，296
十八碳二烯酸甲酯	C18：2	30.0	262，263，264，294，295
十八碳三烯酸甲酯	C18：3	31.8	236，263，292，293

8 校正

8.1 标准溶液中各脂肪酸甲酯的定性

使用1 000 mg/kg的脂肪酸甲酯标样(7.1.2)在全扫描模式下测试得到总离子流谱图，根据各峰的保留时间和质谱图可以对标准溶液中的各种脂肪酸甲酯进行定性。

8.2 定量校准曲线

8.2.1 按7.2.2确定的选择离子扫描条件分析标准溶液中的各个脂肪酸甲酯，得到这几种脂肪酸甲酯和内标物的峰面积，按照式(4)计算每个脂肪酸甲酯组分相对内标峰面积的比值(A)：

$$A = \frac{A_{FAME}}{A_{IS}} \quad\quad\quad\quad\quad\quad\quad\cdots\cdots\cdots\cdots(4)$$

式中：

A_{FAME}——所测脂肪酸甲酯组分的峰面积；

A_{IS}　——所测内标的峰面积。

注：许多仪器自带的软件中都包括使用内标校正和计算含量的功能。使用该功能可以自动计算校正曲线和结果，来代替式(4)。

8.2.2 本标准使用两段校准曲线，其中每种脂肪酸甲酯的校准曲线范围分别为0 mg/kg～10 mg/kg(标样含量为0 mg/kg、2 mg/kg、4 mg/kg、6 mg/kg、8 mg/kg、10 mg/kg)和0 mg/kg～100 mg/kg(标样含量为0 mg/kg、20 mg/kg、40 mg/kg、60 mg/kg、80 mg/kg、100 mg/kg)。分别为两段范围绘制校准曲线，校准曲线的纵坐标为峰面积的比值(A)[见式(4)]，横坐标为每种脂肪酸甲酯组分的含量。校准曲线要求过零点，并保证每个组分均为线性。每种脂肪酸甲酯校准曲线的相关系数都应大于0.985。如果未达到该要求，则需要重新测试整个标准溶液系列。在测试试样时，也要同时测试脂肪酸甲酯的标准溶液来校正仪器的漂移。

注：在实践中，相关系数可以达到0.995以上。

8.2.3 每个脂肪酸甲酯组分的定量校准曲线都应满足式(5)：

$$A = k \times C_{FAME} \qquad\qquad \cdots\cdots\cdots\cdots\cdots\cdots\cdots(5)$$

式中：

k ——定量校准曲线的斜率；

C_{FAME} ——标准溶液中每种脂肪酸甲酯组分的含量，单位为毫克每千克（mg/kg）。

9 试验步骤

9.1 使用移液枪向色谱瓶中加入 1 mL 待测航空涡轮燃料试样，使用玻璃注射器加入 10 μL 内标溶液，加盖密封并摇匀。

9.2 将标准溶液、加入内标的待测试样、正十二烷空白样放入自动进样器中，按照 7.2.1 和 7.2.2 中的设置进样测试。在测试完标准溶液后可以直接测试待测试样。如果每批待测试样超过 5 个，则需要在每测试 5 个试样后运行一次 2 mg/kg 的标准溶液作为质量控制样品，来检查检测器的稳定性。

9.3 在分析 25 个样品后，需要重新运行整个标准溶液系列；如果质量控制样品中 C18：0(8.2.1)的峰面积相对内标物峰面积的比值与最初标准溶液测试结果之间的偏差超过 5%，则需要弃去之前所测 5 个试样的数据，并重新进行整个标准溶液系列的测试。

10 计算和结果表示

10.1 每种脂肪酸甲酯含量的计算：对脂肪酸甲酯各谱峰定性后，根据选择离子色谱图确定各化合物的峰面积和内标峰面积。根据式(6)以及标准溶液的定量校准曲线来计算不同含量下各脂肪酸甲酯组分的含量($C_{FAME,s}$)：

$$C_{FAME,s} = \frac{A}{k} \times \frac{\rho_{sol}}{\rho_S} \qquad\qquad \cdots\cdots\cdots\cdots\cdots\cdots(6)$$

式中：

$C_{FAME,s}$ ——试样中每种脂肪酸甲酯组分的含量，单位为毫克每千克（mg/kg）；

ρ_{sol} ——正十二烷溶剂的密度（采用 SH/T 0604 方法测得），单位为克每立方厘米（g/cm³）；

ρ_S ——航空涡轮燃料试样的密度（采用 SH/T 0604 方法测得），单位为克每立方厘米（g/cm³）。

注：在计算最终结果时，需要考虑航空涡轮燃料与正十二烷的密度差异。气相色谱进样器每次注射进入的均为体积固定的试样，而航空涡轮燃料试样的密度与标准溶液的溶剂正十二烷有一定差别，因此在根据标准溶液的定量校准曲线来计算样品含量时，需要考虑二者的密度差异。

10.2 总脂肪酸甲酯含量的计算：总脂肪酸甲酯的含量为表 1 中 6 种脂肪酸甲酯含量之和。按照式(7)计算试样中总脂肪酸甲酯的含量($C_{FAME,T}$)：

$$C_{FAME,T} = \sum C_{FAME,s} \qquad\qquad \cdots\cdots\cdots\cdots\cdots\cdots(7)$$

式中：

$C_{FAME,T}$ ——试样中总脂肪酸甲酯的含量，单位为毫克每千克（mg/kg）。

10.3 结果表示：试验结果为试样中总脂肪酸甲酯的含量(10.2)，精确到 0.1 mg/kg。如果需要确定脂肪酸甲酯的来源，也可以给出每种脂肪酸甲酯组分的含量(10.1)。

11 精密度

11.1 概述：11.2 和 11.3 中给出的精密度数据是依据 IP 367 得到的。所有的数据均来自 2009 年进行的实验室间协作试验，测试仪器和测试人员的数量各为 12 个，航空涡轮燃料试样为 16 个。按下述规定判断试验结果的可靠性(95%置信水平)。

> 注1：在实验室间协作试验中，两个不含脂肪酸甲酯的样品也包含在测试样品中。在协作试验所测试的氧化脱硫醇处理和加氢处理燃料样品中均未出现偏差。
>
> 注2：数据分析时标称值为0 mg/kg和1 mg/kg的3个样品的数据及其他离群数据均被舍去，最终舍去了20%以上的数据。
>
> 注3：在实验室间协作试验中，还包括3个氧化脱硫醇处理后的样品，其标称值分别为0 mg/kg、30 mg/kg和100 mg/kg。在氧化脱硫醇处理和加氢处理燃料样品测试中均未出现偏差。

11.2 重复性(r)：同一操作者，使用同一仪器，对同一样品，测得的两个重复试验结果之差，不应超过式(8)数值。

$$r = 0.163\ 2(X_1 + 3) \quad\quad\quad\quad\quad\quad (8)$$

式中：

X_1——两个重复测定结果的平均值，单位为毫克每千克(mg/kg)。

11.3 再现性(R)：在不同实验室的不同操作者，使用不同仪器，对同一样品测得的两个单一、独立的试验结果之差，不应超过式(9)数值。

$$R = 0.257\ 9(X_2 + 3) \quad\quad\quad\quad\quad\quad (9)$$

式中：

X_2——两个单一、独立测定结果的平均值，单位为毫克每千克(mg/kg)。

11.4 精密度典型值详见表4。

表 4　重复性(r)和再现性(R)典型值表

含量/(mg/kg)	r/(mg/kg)	R/(mg/kg)
5.0	1.3	2.1
10.0	2.1	3.4
20.0	3.8	5.9
30.0	5.4	8.5
40.0	7.0	11.1
50.0	8.7	13.7
60.0	10.3	16.3
75.0	12.7	20.1
100.0	16.8	26.6
140.0	23.3	36.9

12　报告

测试报告至少需要包括以下信息：

a)　注明本标准；

b)　待测样品的类型和编号；

c)　测试结果(见10.3)；

d)　任何与试验步骤的偏离；

e)　测试日期。

附　录　A

（资料性附录）

不同脂肪酸甲酯含量的航空涡轮燃料选择离子色谱图

A.1　含量为 0 mg/kg 时典型样品中脂肪酸甲酯的选择离子色谱图

来源于棕榈油的航空涡轮燃料中加入 0 mg/kg 脂肪酸甲酯的选择离子色谱图见图 A.1。

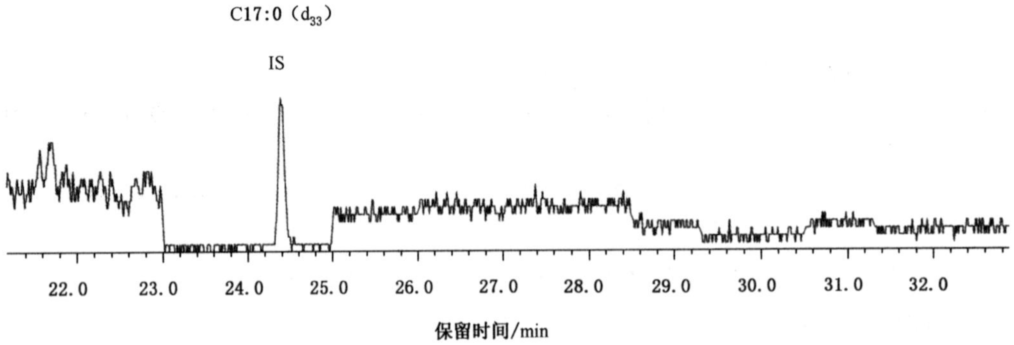

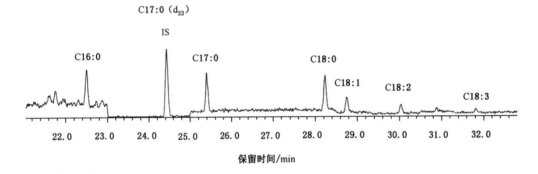

图 A.1　棕榈油航空涡轮燃料的选择离子色谱图（每种脂肪酸甲酯的含量为 0 mg/kg）

A.2　含量为 1 mg/kg 时典型样品中脂肪酸甲酯的选择离子色谱图

来源于棕榈油的航空涡轮燃料中加入 1 mg/kg 脂肪酸甲酯的选择离子色谱图见图 A.2。

图 A.2　棕榈油航空涡轮燃料的选择离子色谱图（每种脂肪酸甲酯的含量为 1 mg/kg）

A.3　含量为 5 mg/kg 时典型样品中脂肪酸甲酯的选择离子色谱图

来源于棕榈油的航空涡轮燃料中加入 5 mg/kg 脂肪酸甲酯的选择离子色谱图见图 A.3。

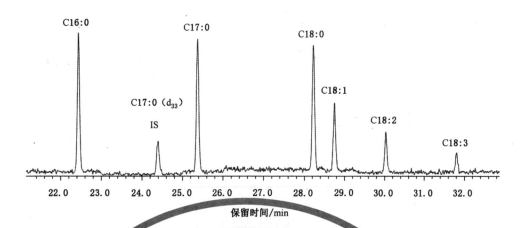

图 A.3 棕榈油航空涡轮燃料的选择离子色谱图（每种脂肪酸甲酯的含量为 5 mg/kg）

参 考 文 献

［1］ ASTM D4306，Standard practice for aviation fuel sample containers for tests affected by trace contamination.

［2］ IP 367，Petroleum products—Determination and application of precision data in relation to methods of test.

- 其他分册目录 -

石油和石油产品试验方法国家标准汇编2020（一）目录

石油和石油产品试验方法国家标准汇编 2020(二)目录

GB/T 5018—2008　润滑脂防腐蚀性试验法

GB/T 5096—2017　石油产品铜片腐蚀试验法

GB/T 5304—2001　石油沥青薄膜烘箱试验法

GB/T 5487—2015　汽油辛烷值的测定　研究法

GB/T 5654—2007　液体绝缘材料　相对电容率、介质损耗因数和直流电阻率的测量

GB/T 5816—1995　催化剂和吸附剂表面积测定法

GB/T 6531—1986　原油和燃料油中沉淀物测定法（抽提法）

GB/T 6532—2012　原油中盐含量的测定　电位滴定法

GB/T 6533—2012　原油中水和沉淀物的测定　离心法

GB/T 6534—1986　汽油气-液比测定法

GB/T 6536—2010　石油产品常压蒸馏特性测定法

GB/T 6538—2010　发动机油表观黏度的测定　冷启动模拟机法

GB/T 6539—1997　航空燃料与馏分燃料电导率测定法

GB/T 6540—1986　石油产品颜色测定法

GB/T 6541—1986　石油产品油对水界面张力测定法（圆环法）

GB/T 6683—1997　石油产品试验方法精密度数据确定法

GB/T 6986—2014　石油产品浊点测定法

GB/T 7304—2014　石油产品酸值的测定　电位滴定法

GB/T 7305—2003　石油和合成液水分离性测定法

GB/T 7325—1987　润滑脂和润滑油蒸发损失测定法

GB/T 7326—1987　润滑脂铜片腐蚀试验法

GB/T 7363—1987　石蜡中稠环芳烃试验法

GB/T 7364—2006　石蜡易炭化物试验法

GB/T 8017—2012　石油产品蒸气压的测定　雷德法

GB/T 8018—2015　汽油氧化安定性的测定　诱导期法

GB/T 8019—2008　燃料胶质含量的测定　喷射蒸发法

GB/T 8020—2015　汽油中铅含量的测定　原子吸收光谱法

GB/T 8021—2003　石油产品皂化值测定法

GB/T 8022—2019　润滑油抗乳化性能测定法

GB/T 8023—1987　液体石油产品粘度温度计算图

GB/T 8025—1987　石油蜡和石油脂微量硫测定法（微库仑法）

GB/T 8026—2014　石油蜡和石油脂滴熔点测定法

GB/T 8120—1987　高纯正庚烷和异辛烷纯度测定法（毛细管色谱法）

GB/T 8926—2012　在用的润滑油不溶物测定法

GB/T 8927—2008　石油和液体石油产品温度测量　手工法

GB/T 8928—2008　固体和半固体石油沥青密度测定法

GB/T 9168—1997　石油产品减压蒸馏测定法

石油和石油产品试验方法国家标准汇编 2020(三)目录

GB/T 12582—1990　液态烃类电导率测定法(精密静电计法)

GB/T 12583—1998　润滑剂极压性能测定法(四球法)

GB/T 12709—1991　润滑油老化特性测定法(康氏残炭法)

GB/T 13235.1—2016　石油和液体石油产品　立式圆筒形油罐容积标定　第1部分:围尺法

GB/T 13235.2—1991　石油和液体石油产品　立式圆筒形金属油罐容积标定法(光学参比线法)

GB/T 13235.3—1995　石油和液体石油产品　立式圆筒形金属油罐容积标定法(光电内测距法)

GB/T 13236—2011　石油和液体石油产品　储罐液位手工测量设备

GB/T 13287—1991　液化石油气挥发性测定法

GB/T 13377—2010　原油和液体或固体石油产品　密度或相对密度的测定　毛细管塞比重瓶和带刻
度双毛细管比重瓶法

GB/T 13894—1992　石油和液体石油产品液位测量法(手工法)

GB/T 15181—1994　球形金属罐容积标定法(围尺法)

GB/T 17039—1997　利用试验数据确定产品质量与规格相符性的实用方法

GB/T 17040—2019　石油和石油产品中硫含量的测定　能量色散X射线荧光光谱法

GB/T 17144—1997　石油产品残炭测定法(微量法)

GB/T 17474—1998　烃类溶剂中苯含量测定法(气相色谱法)

GB/T 17475—1998　重烃类混合物蒸馏试验方法(真空釜式蒸馏法)

GB/T 17476—1998　使用过的润滑油中添加剂元素、磨损金属和污染物以及基础油中某些元素测定法
(电感耦合等离子体发射光谱法)

GB/T 17605—1998　石油和液体石油产品卧式圆筒形金属油罐容积标定法(手工法)

GB/T 17623—2017　绝缘油中溶解气体组分含量的气相色谱测定法

GB/T 18273—2000　石油和液体石油产品立式罐内油量的直接静态测量法(HTG质量测量法)

GB/T 19230.1—2003　评价汽油清净剂使用效果的试验方法　第1部分:汽油清净剂防锈性能试验
方法

GB/T 19230.2—2003　评价汽油清净剂使用效果的试验方法　第2部分:汽油清净剂破乳性能试验
方法

GB/T 19230.3—2003　评价汽油清净剂使用效果的试验方法　第3部分:汽油清净剂对电子孔式燃油
喷嘴(PFI)堵塞倾向影响的试验方法